听力师职业培训教材

组织编写　中国康复辅助器具协会

主　　编　张　华

副主编　倪道凤　李兴启　张建一　王永华

编　者　（按姓氏拼音排序）

曹　文　曹永茂　陈雪清　陈振声　戴　朴　刁明芳　段吉茸

冯定香　傅新星　黄丽辉　黄治物　冀　飞　蒋　雯　李　明

李晓璐　李兴启　李玉玲　梁　巍　刘　莎　刘玉和　龙　墨

莫玲燕　倪道凤　齐　力　王　杰　王永华　魏晨靖　西品香

于黎明　张　华　张　莉　张建一　赵　非　郑　芸

编写秘书　胡墨绳　陈　静　费文轩　谢三影

人民卫生出版社

·北　京·

图书在版编目（CIP）数据

听力师职业培训教材／中国康复辅助器具协会组织
编写；张华主编. —北京：人民卫生出版社，2022.9
　ISBN 978-7-117-32640-7

　Ⅰ. ①听…　Ⅱ. ①中…②张…　Ⅲ. ①听力测定－职
业培训－教材　Ⅳ. ①Q437

中国版本图书馆 CIP 数据核字（2021）第 272404 号

| 人卫智网 | www.ipmph.com | 医学教育、学术、考试、健康，购书智慧智能综合服务平台 |
| 人卫官网 | www.pmph.com | 人卫官方资讯发布平台 |

听力师职业培训教材
Tinglishi Zhiye Peixun Jiaocai

主　　编：张　华
出版发行：人民卫生出版社（中继线 010-59780011）
地　　址：北京市朝阳区潘家园南里 19 号
邮　　编：100021
E - mail：pmph @ pmph.com
购书热线：010-59787592　010-59787584　010-65264830
印　　刷：北京盛通印刷股份有限公司
经　　销：新华书店
开　　本：889×1194　1/16　印张：30
字　　数：950 千字
版　　次：2022 年 9 月第 1 版
印　　次：2022 年 10 月第 1 次印刷
标准书号：ISBN 978-7-117-32640-7
定　　价：208.00 元

打击盗版举报电话：010-59787491　E-mail：WQ @ pmph.com
质量问题联系电话：010-59787234　E-mail：zhiliang @ pmph.com

前　言

良好的听力和前庭功能是人类生存发展语言能力的前提与基础。一旦听力受损会导致言语能力不能正常发展，前庭功能障碍则带来行动不便甚至跌倒，工作生活处处受阻，生活倍感孤独。现代听力学在预防、诊断、治疗、干预和康复等诸多方面有了很大的进展。大多数听力损失者在科学的指导下可以得到良好治疗和康复，能够和健康听力人士一样学习工作、聆听世界、幸福生活。

新中国成立以来，不断有以耳鼻咽喉头颈外科医师为主的先驱，把国外先进的听力学检查技术、助听器制造和验配技术引入我国。改革开放以后，我国的听力学事业取得长足发展和进步，目前多个领域与发达国家并驾齐驱。从一开始的助听器专业验配和原中国聋儿康复中心（现更名为中国听力语言康复研究中心）的兴建，到以后的多通道人工耳蜗植入、新生儿听力与耳聋基因联合筛查等，我国数以万计的听力损失者得到质量越来越高的服务。

听力学事业的发展需要大量优秀的听力师。近几年，我国听力学从业者人数有所增加，执业水平也大幅提高。特别是数所高校开办了听力与言语康复学专业本科教育，辅以有关机构继续教育的兴起，我国听力师教育事业也进入了新阶段。但总体来看，我国听力师的学历教育和职业规范还处于起步阶段，在数量规模、教育质量和技术水平方面，与发达国家相比还存在一定的差距，难以满足日益增长的康复需求。加上我国听力师职业制度尚未建立，职业培训与考试还属空白，行业协会的人才培养工作难以推进。

为加快改变人才紧缺状况，经过民政部、人力资源和社会保障部、中国康复辅助器具协会助听器人工耳蜗专业委员会以及业内学者数年努力，中国康复辅助器具协会助听器人工耳蜗专业委员会组织编写了《听力师职业培训教材》，以满足听力师职业培训的需要。在民政部的支持和人民卫生出版社等相关单位积极配合下，该书历时三年编撰而成。全书分基础听力学、诊断听力学和康复听力学3篇，33章及4个附录。内容结合我国国情和听力师执业范畴，借鉴了国内外听力学培训教材，形成了一套比较科学的知识理论体系。希望听力行业从业人员通过研读与培训，全面掌握和了解听力学基础知识和基本技能，进而获得听力师职业资格，更好地从事听力学临床工作，为广大听力损失患者服务。同时，本书也可作为听力学从业者从事教学和科研工作的重要参考书，以及其他行业读者了解听力学知识的主要参考读物。

三年来，全国各地学者和部分国外华裔学者数次会议讨论，几易其稿，从大纲制订、编写、审稿、定稿，历尽了艰辛。由于水平有限，敬请读者提出宝贵意见，以便再版时修订。

本书在编写过程中得到了各相关政府部门、协会、出版社、专家学者的大力支持，在此一并致谢！

张　华

2022年8月8日

目　　录

第一篇　基础听力学

第二篇　诊断听力学

第三篇 康复听力学

第 一 篇
基础听力学

第一章 | 听力学概述

听力学（audiology）是研究听觉与前庭结构、功能及其障碍的科学，涉及评估、康复、咨询、教育、研究、筛查和预防等诸多领域，以基础和应用科学研究为基础，是科学和艺术的集合体。我们一方面应用最先进的设备技术诊治听力前庭问题，一方面为听力损失个体、家庭和社会提供精准的信息以及最大程度的支持。随着科技和学科的发展，数十年前"千年铁树开了花"的"聋哑人开口讲话"现已成为普遍现象。时至今日，听力学已经成为一个充满朝气和诸多优秀学子愿意献身的职业。

今天的听力学研究范围已逐步扩展、涵盖了前庭功能领域，听力学研究的技术与昨日相比也取得了巨大进步。但是，20 世纪中叶 Carhart 提出的听力学家是"学习、了解听觉功能并从事解决听力问题"的宗旨一直没有变，围绕声音，尤其是言语声感知理解的四个主要方面依然如此：①敏感度（sensitivity）：可以听到的最微弱声音；②安静状态下的清晰度（clarity）；③噪声环境下的清晰度；④对强声的耐受度。

第一节 听力学发展简史

一、欧美听力学的发展概况

从最初的耳语声和音叉测听开始，世界各国的听力学发展历史和技术水平不尽相同，而且差异较大。听力学在欧美国家高度发达，十分热门，现已是一门独立学科。目前美国等发达国家拥有全球领先的专业化听力师团队，可以为听力损失人士提供十分理想的听力解决方案。以下以美国为例，听力学发展可分为四个阶段。

（一）孕育阶段（19 世纪初—20 世纪 20 年代早期）

听力学起源于 19 世纪初的欧洲，以德国为代表的科学家们对人耳与听力的声学机制研究有重大发现，并创立了听力自然科学。在此期间，借助显微技术的进步，人们开始了耳蜗听觉生理机制探索，提出了多种耳蜗学说。之后欧美各国陆续成立了各种听力及声学心理研究机构，其中最著名的是美国哈佛心理声学实验室（Psycho-Acoustic Laboratory at Harvard, PAL）和贝尔实验室（Bell Laboratory），为听力科学研究做出了重大贡献。1834 年，Weber 在总结前人经验基础上，首次提出骨导偏振试验。1855 年，德国人 Rinne 提出林纳试验。此后，Bezold 设计了一套音叉和音笛，频率范围在 16~20 000Hz，涵盖了人耳可听的频率范围。后经改良，至今在临床上常用的音叉有 C_{128}、C_{256}、C_{512}、$C_{1\,024}$ 和 $C_{2\,048}$ 五个倍频程频率。音叉是当时听力检查的主要手段，因此又称音叉时期。听力康复手段主要为佩戴早期简易的物理声学助听器和后期的炭精助听器，这些设备都是基于人类对早期听力学认识而研制出来的。

（二）萌芽阶段（20 世纪 20 年代中期—20 世纪 40 年代）

20 世纪 20 年代，第一代听力计上市，后经改良迅速应用于临床。以美国西北大学 Cordia C. Bunch 及其学生为代表的首批听力学家对听力检测方法进行了研究，使得检测方法逐步规范化。20 世纪 30 年代，耳蜗生理机制的研究工作取得了突破性进展，如 Békésy 提出行波学说，Wever 发现耳蜗微音器电位，这些都具有划时代的意义。听力检测技术也得到迅速发展，各种理论和方法百家争鸣、百花齐放，主要成果有纯音测听方法（Bunch，1943 年）、"升五降十"法则（Newhart 和 Segar，1945 年）、自描测听法（Békésy，1947 年）、交替双耳响度平衡试验（Dix 和 Flower，1948 年）等。这些测试方法对耳蜗和耳蜗后的病变鉴别、评估提供了十分有用的信息，尤其应用后两者方法能够评估耳蜗是否存在重振现象，因此又称响度重振年代。此时助听器设备升级为具有更大增益和更加清晰的电子管技术。这一时期的研究积累为下一时期听力学学科的诞生奠定了基础。

（三）新兴阶段（20 世纪 40 年代中期—20 世纪 70 年代早期）

第二次世界大战后，听力学得到迅速发展并成为独立学科，听力师 / 听力学家逐步走向职业化。第二次世界大战归来的大量军官、士兵因枪炮噪声导致听力受损，也有因情感或精神造成的非器质性听力损失，迫切需要听力学专业人士的帮助。在美国部队和政府的牵头下，言语 - 语言病理师、耳聋教育者、心理学家及耳鼻咽喉科医师联手合作，组建了早期的听力服务机构，专为那些听力受损的军人提供听力诊断和康复服务。随后听力学作为一个卫生保健专业迅速传播发展到大学院校、医院与社区诊所。此时，听力学的检测手段除听力计、音叉以及言语声外，阈上听功能测试也明显得到充实和增强，如交替双耳响度平衡试验（alternate binaural loudness balance test，ABLB）、短增量敏度指数试验（short increment sensitivity index，SISI）、音衰测试（tone decay test，TD）等。后期言语测听和声导抗测试及相关电生理测试手段逐步问世并得到临床推广。听力康复手段主要是助听器选配、唇读、听觉训练等。助听器技术从电子管时代逐步迈入了晶体管和集成电路时代，体积大大减小，便于佩戴。这些现象与我国 1979 年以后的听力学发展，尤其是最早期的人才队伍建设几乎如出一辙。

（四）繁荣稳定阶段（20 世纪 70 年代中期至今）

20 世纪 70 年代，伴随着各种客观测试（如耳声发射、听觉脑干诱发电位等）逐步问世、完善、成熟并成为临床常规检查，意味着听力师在评估听觉通路上有了更加全面、可靠和有效的方法。起初，听力学偏重于诊断技术，对于康复则不重视，甚至对验配助听器存在很大偏见，这种偏见导致了患者的康复需求被忽视。经过多年的努力和争取，1978 年美国言语语言听力协会立法允许听力师验配助听器，听力师的执业范围得到拓展，职能更加全面和完善。听力学教育也逐步形成了本科、硕士和博士的培养体系。1988 年听力学专业学会"美国听力学会（American Academy of Audiology，AAA）"成立。1990 年听力学专业期刊《美国听力协会杂志》面世。由此，听力学作为一门独立学科在专科行业建设和学术学会等方面日益发展成熟。

在听力学发展道路上，康复和诊断密切融合、相互促进、均衡发展，听力损失的干预技术和康复手段得到长足进步。在最常用的验配或植入助听放大装置方面，随着电声技术的发展，助听器体积逐步缩小，功率逐步增大，技术类型向多方面个性化发展。主流外观从盒式机向耳背式、迷你耳背式、耳内式、耳道式和完全耳道式等袖珍隐秘性发展。线路技术依次经历了集声器时代、炭精时代、电子管时代、晶体管和集成电路时代、数字时代和近年出现的智能无线时代。聆听效果从模拟技术阶段的听得见、数字技术阶段的听得清到智能无线阶段的听得懂。对于听力损失在重度以内的人群，绝大多数可以通过配戴助听器使言语交流得到改善。对于听力损失达极重度的人群，若配戴助听器受益小，随着人工耳蜗技术的更新换代（从单导到多导，特别是编码策略的升级）和手术技巧的改良，人工耳蜗植入逐步开展和普及，大部分人群收获了良好的效果。对于一些耳蜗畸形、听神经缺失的人群，听觉脑干植入可以获得良好的效果。在助听器验配方面，由早期的柜台式销售转变为专业个性化调试，调试技术和使用者的满意度得到逐步提升。1951 年，美国国际听力协会（International Hearing Society，IHS）成立，揭开了助听器验配师制度的序幕。之后美国国家助听装置认证委员会（National Board for Certification in Hearing Instrument Sciences，NBC-HIS）、国际助听装置研究所（International Institute for Hearing Instrument Studies，IIHIS）、美国人工听觉技术大会（American Conference of Audioprosthology，ACA）相继成立，助听器验配师获得从业资格需要通过相关的国家考试，取得相关的从业资格证。与此同时，各类语训康复中心如雨后春笋般涌现，为助听器选配和耳蜗植入人士提供了后续的语言训练康复。语言训练康复依次经历了训练为主、技术为主及训练和技术相结合三个阶段。听力学正全面朝着多元化、个性化、专业化发展。

二、我国听力学的发展概况

（一）萌芽阶段（20 世纪 20 年代—20 世纪 60 年代）

20 世纪 20 年代，我国著名耳科学专家刘瑞华首次将听力学知识引入国内，其于 1957 年编写国内首部耳科学专著《耳科学》，对当时的听力检测手段(主要为音叉和言语声)、设备和基础理论做了初步介绍。1964年，何永照教授编写我国首部听力学专著《听力学概论》，对当时听力学的主要检测、康复设备(听力计和助听装置)和理论进行了介绍。20世纪60年代，我国听力学检测手段主要是听力计、音叉和口语言语声。恰逢当时我国的药物性聋患者较多，于是许多医院和机构进行了大量的耳毒性药物的实验研究，探讨发病机制和预防措施。听力检测方面开始进行阈上听功能测试研究，有些机构进行了言语测听的研究，这些医院/机构培育了自己的听力专业技术员，极大地促进了我国听力学的发展。与此相适应，1962年，我国政府在天津开办了第一家助听器厂，为国有企业，主要生产盒式机和耳背机，是我国相当长一段时间内生产的主要听力干预产品。但是，此阶段的听力学大多是以满足耳科手术需求为主要目的，开展听力学检测的单位数量少、项目少、专业技术人员匮乏。

(二)成长阶段(20世纪70年代—21世纪初)

20世纪70年代后期，改革开放真正促进了我国内地听力学事业的发展。首先，一批以耳鼻咽喉科医师为主的学者加入到了听力学队伍、组织机构的创建中来。他们迎合国家对听力康复事业发展的需要，走出国门，引进技术，成立康复中心，并在研究生教育中有了侧重于听力学方向的教学与研究。这些人士和机构，就如同第二次世界大战后的美国，奠定了听力学在中国内地发展的基础。

1979年，北京同仁医院的邓元诚教授创办国内首家听力康复门诊机构，进行助听器验配康复工作，1983年我国创建了中华聋儿语言康复中心(1986年更名中国聋儿康复研究中心，2017年更名为中国听力语言康复研究中心)。随后各地方的医院、聋哑学校、聋儿康复机构等相继成立各种形式的听力中心，进行助听器的验配及语言康复训练。助听器验配模式从之前的柜台式的销售逐步向专业个性化调试转变，听力损失者助听器配戴舒适性和满意度得到了提高，继而提供后续服务的语训康复机构也逐步得到重视和发展。

在听力检测技术和专著方面，声导抗测试技术和电生理反应测试开始引入国内并逐步在全国推广。20世纪80年代我国自主研制了听觉诱发电位仪。1988年，耳声发射技术引入国内。国内相关机构对这些客观检测技术展开探讨和研究，建立了自己的实验数据。1993年国内第一本听力学专业期刊《听力学及言语疾病杂志》面世，1999年姜泗长、顾瑞主编的《临床听力学》及2004年韩德民、许时昂主编的《听力学基础与临床》等相关学术专著的出版。

20世纪90年代初，世界卫生组织呼吁中国重视听力障碍人士，发展听力学学科。1991年中国政府出台政策，把聋儿康复工作纳入残疾人事业的"八五"和"九五"计划纲要，当时国内缺乏听力学的技术和人才。由此，中国和澳大利亚政府进行了一系列听力学教育培养合作项目，主要包括澳大利亚派遣听力学专家到北京开展讲习班，开展"中澳听力学教育培训项目"，对临床医师为主的学员进行听力学培训，并从中选拔出学员前往澳大利亚进行专业理论培训和临床技能实践训练。

另外，许多品牌的助听器和人工耳蜗外资企业陆续进驻中国市场，尤其从1996年开始，欧美主要助听器制造商以各种形式在我国制造和/或推广产品，同时举办各种形式的听力学学习班和实习操作课程，使得"听力学"的专业概念逐渐形成，极大促进了我国听力学后期的快速发展。

(三)快速发展阶段(21世纪初至今)

在中国政府多部门的牵头和政策引导下，"早发现、早诊断、早干预和早康复"理念提出，全国各地医院陆续开展新生儿听力筛查，引进各种新技术、新设备，培养听力专业技术人员。少数大型医院或单位创办耳科及听力实验室和研究机构，开展听力、听觉功能的检测和研究，耳聋遗传机制和临床转化应用、内耳发育和毛细胞再生等在内的听觉科学研究。许多高等院校/医学院校独立或联合国外院校开办了听力学课程，培养我国自己的听力学专业人才。这些专业学生毕业后加入医院、康复机构及听力技术设备相关企业等工作。许多医院开始纷纷购置听力设备，建设标准测听室，培养听力专技人员，听力诊断技术得到长足的发展。为加快改变人才紧缺状况，经过民政部、人社部、中国康复辅助器具协会助听器人工耳蜗专业委员会以及业内学者数年努力，"听力师"于2015年7月首次被列入《中华人民共和国职业分类大典》(职业编号：2-02-35-03)。"听力师"这一职业的确立，是听力学事业发展的里程碑，标志着听力师成为我国社会生活中的一个重要职业，彰显出国家对听力康复事业的关怀和重视，为我国成为世界卫生组织防聋治聋主要实施基地做好了制度设计和人才储备。

与之相适应的听力康复行业也取得了阶段性进展,正逐步走向正规化和法制化。2004 年,原卫生部职业技能鉴定中心开始筹划论证助听器验配师资格。2007 年 4 月助听器验配师作为第 9 批新增职业纳入我国职业分类大典,标志着我国助听器验配师正式职业化。2007 年 9 月《助听器验配师国家职业标准》获得通过,于 2008 年 1 月起实施。助听器验配师国家职业设有三个等级:初级助听器验配师(国家职业资格四级)、中级助听器验配师(国家职业资格三级)和高级助听器验配师(国家职业资格二级)。2009 年助听器验配师培训教材面世并开展了四级助听器验配师的培训和考评工作。后期开展了三级助听器验配师的培训和考评工作。这些工作的开展极大地推动了我国听力学的全面快速发展。

值得一提的是,虽然我国听力学相关的硬件设施和检测技术与发达国家的差距正在逐步缩小,但是在基础研究和教育培养方面仍然存在巨大差距,国内听力学发展任重道远。

三、听力学的未来与展望

据统计,全球超过 90% 的听力损失人士生活在缺乏或几乎没有听力师的国家,美国等发达国家拥有全球绝大多数的听力师(16 000 余名)。根据澳大利亚听力中心数据推算:在每 30 万人口中澳大利亚大约有 20 位听力学家为听力损失者服务,同比例推算美国有 15 位、英国有 11 位、加拿大有 10 位、中国香港地区有 8 位。我国听力师队伍极度匮乏且水平参差不齐,估计真正接受过专业培训的听力师不足 1 万人(每 30 万人口约 2 位)。有学者指出,随着美国老年化社会进展,预计未来 30 年对听力师的需求量要增加 1 倍,听力师在美国仍是紧缺人才。在澳大利亚,约 1/6 的人群受到听力损失的困扰,美国则为约 1/10。根据全国第二次残疾人抽样调查显示,我国听力残疾人数约 2 780 万人(约为残疾人数的 1/50),每年新增约 3 万人,是全球听力残疾人数最多的国家之一。听力损失是老人年常见的慢性疾病之一,我国亦不例外。目前我国已步入或正步入老年社会,有数据显示 2014 年底我国老年人占人口总数的 15.5%,其中 60 周岁以上人口为 2.12 亿,65 周岁以上为 1.38 亿,预计到 2055 年达到 4.5 亿,和欧美等发达国家的情况相近。有研究指出,65 岁以上的老年人约 1/3 存在听力交流障碍,75 岁以上的老年人约 1/2 存在听力和交流障碍,并且老年性听力损失的人群有明显年轻化的趋势,有的人提前到四五十岁,这部分人群都需要听力师的帮助和服务。

站在前人取得的伟大成果的基础上,我们充满信心,畅想未来。在科技日新月异、互联网大数据快速发展的新时代,相信听力学定会搭乘这辆时代的高速列车飞速前进。在诊断听力学方面,将涌现出各种新的理论、技术和方法,研究领域从早期的耳蜗向整个听觉通路及前庭系统拓展,尤其是对大脑皮层的感知研究预计将有重大突破。在康复听力学方面,未来将有更多的听觉康复辅助新产品问世,诸如新技术助听装置(高音质激光式助听器和各种新型植入式助听装置),高精度神经接口的人工耳蜗(如光学和穿入式电极的人工耳蜗),听觉脑干植入,人工前庭系统及听觉中脑植入等。这些正在研究或已在临床上试验的新产品,相信经过完善后会在临床上广泛应用。此外,随着耳聋基因筛查与检测的开展及研究,从分子生物学水平层面揭示了听觉生理和病理生理机制,这些新技术、新产品定会给听力学发展增添新内容,拓展新领域。

近年来,随着国家对残障人士事业发展的重视,听力学专业各项行政法律法规的出台,特别是听力师纳入国家职业分类大典及教育部对听力学培养教育的统一规范化,必将从国家宏观层面上吸引更多的优秀人才投身听力学行业,服务于听力损失人士,积极推动我国听力学事业的发展。

第二节 听力学内容与分类

一、听力学的范畴

听力学(audiology)是一门科学和艺术相结合的独立学科,主要研究正常和不正常状态下的听觉与前庭功能,包括在病理条件下听觉前庭功能的改变及应对措施,从而帮助听力损失患者及其家庭。听力学涉及筛查、预防、评估、干预、康复、咨询、教育和研究等诸多方面,是临床医学、生理学、病理学、心理学、声学、电子学、教育学及康复学等多种学科的综合产物。近年来,随着医学生理模式到医学心理社会模式的转变,听力学的发展也朝着技术和人文的结合,提倡以人为本的听力康复服务。

听力师(audiologist)是独立从事鉴别、评估和处理听觉、平衡和其他神经系统疾患的职业工作者。

二、听力学的分类

听力学的研究范围较广,一般包括实验听力学和临床听力学。

(一)实验听力学

实验听力学(experimental audiology)是以实验手段研究听觉系统的功能、影响因素、机制及基础和应用基础方面研究的学科,主要由科研人员进行。

(二)临床听力学

临床听力学(clinical audiology)是听力学的主要内容,是指处理听觉障碍和平衡障碍的临床实践。根据工作内容和对象不同,又可分为诊断听力学、康复听力学、儿童听力学、教育听力学、职业听力学和听力障碍法医学鉴定。以上这些都是听力学最重要的组成部分,应用广泛,缺一不可,相互促进,共同发展。从事上述工作的专业人士称为临床听力学家。

1. **诊断听力学**　诊断听力学(diagnoses audiology)是指听觉和平衡功能的测试、测试结果的分析、听觉和平衡功能状况的分析和对听觉平衡程度器质性和非器质性障碍的判断。诊断听力学协助耳科、神经内科、神经外科发现病变,为言语 - 语言平衡障碍提供诊断和处理意见。

2. **康复听力学**　康复听力学(rehabilitation audiology)是指对听觉和平衡功能的改善和恢复,包括药物治疗、听力重建手术、应用助听设备、进行听力言语训练指导等。

3. **儿童听力学**　儿童听力学(pediatric audiology)是指对儿童听觉平衡生理及病理相关问题的临床实践,因儿童在生理及病理方面与成人有所差异,儿童在不同阶段也有不同的特点,在听力学诊断和康复方面都有所不同,所以特别另外分类。

4. **教育听力学**　教育听力学(educational audiology)是指专门帮助有听力障碍的在校学生的临床实践。教育听力学家通常在学校工作,配合教学需要在学校为学生提供听力检测、听力改善、听力环境改变等听力学服务,以促进听力障碍学生的学习和成长。

5. **职业听力学**　职业听力学(occupational audiology)也称工业听力学(industrial audiology),是指专门帮助高噪声职业人群的临床实践。职业听力学家对长期暴露于高噪声的听力损失职业高危人群进行保护、检测、治疗和康复,并检测环境中的噪声水平,从而提出保护大众听力健康的建议和指南。

6. **听力障碍法医学鉴定**　听力障碍法医学鉴定是指司法机关中的专职人员运用听力学技术对与案件有关人员的听力和前庭功能进行检测、鉴定后,做出鉴定结论。用作证据的鉴定结论应告知被告人。如被告人提出申请,可进行补充鉴定或重新鉴定。在我国,担任听力鉴定人一般是公安、司法机关的专职听力学法医,也可以是受司法机关委托、聘请的高等院校听力学法医学教师或具有法医学知识的医师,他们必须与案件无利害关系。

第三节　听力师职业与听力学教育

一、听力师的发展概况

听力工作者 / 听力学家始于 20 世纪 20 年代的纯音听力检测技术,当时第一代听力计(audiometer)上市并迅速应用于临床,这些进行纯音听力检测和研究的工作者便是最早的听力师。第二次世界大战后,听力学迅速发展,听力师作为专业技术人员逐步走向职业化。当时"听觉康复专业、听力师、听力学家"仅出现在早期组建的军队听力服务医院 / 机构。那时的助听器技术不发达,诊断和治疗方法也极度匮乏,工作条件十分艰苦,但是经过专业人员的努力,许多军官、士兵取得了一定的康复效果,也因此成就了一批听力学家。后来,这批听力学家通过"传、帮、带"方式将自己的经验和学识教授给学生。之后听力师迅速、广泛发展到各个社区言语与听力诊所及各类公立或私人医疗机构。由此,听力师作为一个卫生保健类职业不断地发展壮大。目前听力师的执业领域是为各个年龄段的听觉和前庭功能障碍人群提供卫生保健服务。

二、国外听力学教育和认证及听力师职业服务

(一)国外听力学教育

20世纪50年代,美国西北大学(Northwestern University)、艾奥瓦大学(The University of Iowa)和普渡大学(Purdue University)等高等学校开始开办听力学本科教育。20世纪60年代,听力学硕士教育开始在美国出现。20世纪80年代,美国开始讨论开办听力学博士教育。1992年,美国正式开设第一个听力学博士学位教育专业(doctorate of audiology, Au.D),之后迅速发展。2007年,美国将博士学位设定为听力学从业的门槛,从2012年开始执行。目前,在美国超过75所院校开展听力学课程/专业,设有学士学位、硕士学位和博士学位,教育方式包括校园和远程继续教育。在澳大利亚和加拿大,均有超过5所以上的院校开展听力学课程/专业,设有学士学位、硕士学位和博士学位,从业门槛需要硕士学位。

(二)国外听力学专业的课程设置

听力学专业的主要课程有:听觉及前庭功能的解剖与生理、教育听力学、听力学基础、耳鼻咽喉疾病概要、诊断听力学、助听器及其辅助设备、人工听觉技术、康复听力学、儿童听力学、听力学实训教材、言语科学基础、言语康复学、语言康复学和言语语言康复实训教程等。

(三)国外听力学认证

1925年美国言语语言听力协会(American Speech-Language-Hearing Association, ASHA)成立。1952年ASHA颁发第一部听力学行业准则,详细规定了听力从业者/听力师的权利和义务。目前ASHA有会员16 000多名,女性占84.4%,听力学家获得博士学位的比例达68.2%。听力学从业资格证书"听力学临床技能证书(certificate of clinical competence in audiology, CCC-A)"由其考评和颁发。另一个重要的行业学会为美国听力学会(American Academy of Audiology, AAA),于1988年成立,成员全部为听力师,目前有会员12 000多名,该机构也可为听力学专业从业人员进行评定、考核及发放从业资格证书(board certified in audiology, BCA)。AAA每年召开一次年会,介绍听力学的最新进展及相关辅助技术,传播听力学知识。

(四)国外听力师的服务内容

听力学是一项有趣且极富挑战性的工作,从业者要有吃苦耐劳、仁心与同情、甘愿奉献的精神。根据AAA的职业说明,听力师的服务内容如下:①评估与诊断听力损失及前庭平衡障碍;②处方验配与调试助听器、其他放大装置及辅助系统技术;③提供听觉康复训练,改善听力损失人士的聆听技巧和交流水平;④参与制定听力保护方案,预防噪声暴露条件下造成的听力损伤;⑤参与制定新生儿听力筛查方案;⑥评估与处理儿童和成人听觉中枢处理障碍;⑦为重度听力损失的儿童和成人提供人工耳蜗植入术前评估及术后的编程调试和康复训练;⑧评估与处理遭受耳鸣困扰的人士;⑨参与听神经和面神经的术中监测,以防损伤及提高手术效果。

(五)国外听力师的服务场所

听力学在欧美发达国家十分热门。自2006年以来,听力师一直是美国的十大热门职业之一,因其工作压力小、待遇好、工作环境好,2016年被美国职业评估为卫生保健类的最好职业。在欧美发达国家,可供听力师选择的服务场所较多,主要有:①公立和私立学校(一般指小学、中学和特殊教育);②学院和大学;③私立机构;④医院;⑤家庭保健;⑥社区听力言语中心;⑦康复中心;⑧疗养机构;⑨医师诊所;⑩工厂;⑪军队;⑫国家和卫生保健部门;⑬国家和省市机构。2014年美国言语语言听力协会(ASHA)对1 760名听力师服务场所的调查数据(表1-3-1)。

表 1-3-1　美国言语语言听力协会关于听力师服务场所的调查数据

服务场所	百分比 /%
非入住类卫生保健诊所（含医师诊所）	46.2
各类医院	28.6
学校（公立、私立 / 中小学、特殊教育）	9.1
大学	7.9
特许经营听力连锁机构	3.9
企业制造商（助听器）	3.6
其他	0.7

注：表中数据来源于 2014 年 ASHA 的调查报告

三、我国听力师的发展概况

我国听力工作者的身影出现在改革开放初期，响应国家需要，一批临床医师转岗到听力学事业的建设和研究队伍中来，采用"走出去，引进来"的策略发展听力学科。但受我国经济发展水平和人民需求的限制，我国听力师职业发展十分缓慢。到目前为止，我国听力师教育背景仍参差不齐，亟待规范。许多医疗机构的听力检测主要由护士、检验专业、临床医师以及其他专业人士转岗转业或兼职完成。与欧美国家集诊断和康复为一体的听力师不同，我国听力师多为技师，学历从中专 / 高中、大专、本科到硕士甚至博士均有，以大专学历为主，技能水准和检查结果差异巨大，造成各医疗机构的听力学检查结果难以互相认可。近年来，随着越来越多的高等院校开设听力学专业，培养出科班出身的"正规军"，为听力学行业注入新鲜血液，行业面貌正在逐步改善。

四、我国听力学教育和认证及听力师职业服务

（一）我国听力学教育

2001 年教育部设立听力学本科专业，为目录外的医学类专业，专业代码 100310W。2004 年教育部批设言语听觉科学本科专业，属少数高校试点目录外的教育学专业，专业代码 040109S。2012 年经教育部批准，听力学更名为听力与言语康复学，为特设专业，属医学技术类别下设的独立二级学科，专业代码 101008T；而言语听觉科学则更名为特殊教育，为基本专业，属教育学下的独立二级学科，专业代码 040108。与基本专业相比，特设专业是一个不够成熟、不太稳定和社会需求量不多的专业。

在"十三五"期间，教育部和国家卫生与计划生育委员会计划批设 15 所院校开设听力学本科专业。截止到 2020 年 12 月，我国已有如下院校正在开办或曾开办听力学相关专业或课程：首都医科大学（1999 年）、四川大学华西医学院（2000 年）、北京联合大学（2000 年）、复旦大学（2001—2002 年）、浙江中医药大学（2002 年）、华东师范大学（2004 年）、原温州医学院（2009 年）、滨州医学院（2013 年）、广州新华学院（2014 年）、上海中医药大学（2015 年）、昆明医科大学（2015 年）、重庆医科大学、徐州医科大学等。此外，广州中医药大学、广州药学院、上海交通大学等都正在积极申报（筹办）听力学专业。

（二）我国听力学专业的课程设置

我国的听力学本科教育属于特设专业，各学校可以根据自身师资情况设置课程。目前主要有 13 门主干课程：听力学基础、耳鼻咽喉疾病概要、诊断听力学、助听器及其辅助设备、人工听觉技术、康复听力学、儿童听力学、宏观听力学与市场营销学、听力学实训教程、言语科学基础、言语康复学、语言康复学、言语语言康复实训教程等。

（三）我国听力师认证

目前，我国听力师的从业门槛较低，尚无相关的学历学位要求，也无须相应的听力学职业资格证书。近年来，这种状况正在逐步改善。2015 年，国家职业分类大典正式将听力师职业纳入，并明确其工作范

畴,允许听力师为听力损失人士验配助听器。2016年7月,在国家卫生和计划生育委员会防聋治聋技术指导组的努力及协助下,全国高等学校听力与言语康复专业教材评审委员会成立,启动"十三五"规划教材编写工作。同年,听力师培训教材的编写、培训和考核工作同步启动。至此,我国的听力学教育事业走上了正轨,并逐步与国际接轨,相信在不久的将来定会实现飞越的发展。

(四)我国听力师服务内容

根据《中华人民共和国职业分类大典》岗位职责说明:听力师是从事听觉功能的检测、评估、补偿和保护的工程技术人员。其工作内容包括:①检查、测试听觉功能,获取听觉功能检测图和数据;②评估、分析听觉功能状况、出具听觉功能评估报告;③制定听觉功能康复方案;④使用人工耳蜗、助听器等辅助产品,补偿听觉功能;⑤进行噪声环境下人员听觉功能保护方案设计和咨询;⑥分析、处理听觉功能障碍引起的眩晕、失眠问题。

(五)我国听力师服务场所

鉴于我国目前听力师是一个全新的职业,而且从业人数极少,所以目前我国听力师的服务场所范围较欧美国家窄,主要是医疗机构(如医院、职业病防治院和养老院等)、助听辅助设备企业或者助听器验配门店、残疾人联合会、聋儿语训康复机构和学校等。此外,如果将听力学工作进行细分,可以划分出许多方向和领域,有的听力师工作范围较广,有的则专职于某一个领域,比如医疗机构或研究所的电生理测试和研究,儿童听力学的诊断和康复,助听器的验配调试及人工耳蜗的调试等。随着我国经济水平和听力学教育事业的发展,听力师的服务范围必将得到进一步拓展。

第四节　听力师的职业道德规范

道德是一种社会意识形态,它是人们共同生活及其行为的准则与规范。道德可以推动社会经济基础的形成、巩固与发展,可以保证社会关系的规范化和社会秩序的正常实施。道德促进科学技术与社会生产力的发展,维护社会物质文明、精神文明和政治文明共同进步。

职业道德,就是与人们的职业活动紧密联系的符合职业特点所要求的道德准则、道德情操与道德品质的总和,它既是对本职人员在职业活动中的行为标准和要求,同时又是职业对社会所负的道德责任与义务。听力师的职业道德是一般社会道德在听力行业中的特殊表现,是根据听力师的职业特点,调整听力师与听力损失者之间、听力师与其他相关职业之间、听力师之间、听力师与社会各部门之间的社会关系的行为规范的总和,主要包括下面几个方面。

(一)爱国守法

热爱祖国是中华民族的优良传统和崇高的思想品德,是对社会主义的一种深厚感情和为社会主义事业无私奉献的精神。伟大的人生目标往往产生于对祖国深厚的爱,一个人对祖国爱得越深,社会责任感越强烈,人生目标就越明确,人生信念越坚定。作为听力师要认识到、体验到自己所从事工作的崇高意义,意识到自己肩上担负着祖国和民族的未来,从而树立坚定信念、言行一致、兢兢业业、矢志不渝。

守法是一个文明的现代国家对公民的基本要求,也是一个文明社会的公民基本的行为准则。守法就是遵守法律禁令、履行法定义务以及享受合法权利。作为听力师要增强民主法治观念和人权观念,遵守相关法律、依法办事、依法律己,不接受患者红包、宴请,不向患者或家属索要财物;同时,依法维护自身的合法权益,善于运用法律武器与违法犯罪行为做斗争。

(二)爱岗敬业

爱岗就是热爱自己的工作岗位,热爱本职工作;敬业就是要用一种恭敬严肃的态度对待本职工作。爱岗敬业作为最基本的职业道德规范,是对从业者工作态度的一种普遍要求,是为人民服务精神的具体化。爱岗敬业的基本要求就是乐业、勤业、精业。乐业,即喜欢自己所从事的行业、岗位,必然会激发工作热情,鼓足工作动力,提高工作效率。享受工作带来的快乐是爱岗敬业的至高境界。勤业是要勤奋学习、钻研业务,不断更新知识,提高技术水平,调动与业务相关的知识技能用于工作,是爱岗敬业的保证。精业是指从业者对业务精通、技术高超,严谨求实,能够娴熟处理与业务相关的一系列问题。精业是勤业更高层次的体现,唯有通过勤业才能达到精业水平,精业是爱岗敬业的客观产物。最后,爱岗敬业还要求我们正确处理同行、同事间的关系,相互学习,团结协作。

(三) 病患至上,以人为本

病患至上就是"把患者利益放在第一位"。作为听力师,应时刻为患者着想,帮助患者解除病痛,促进康复,体现出社会主义的人道主义精神。尊重患者的人格与权利,对待患者不分民族、性别、职业、地位、财产状况,都应一视同仁;不泄露患者隐私与秘密;文明礼貌服务,举止端庄,语言文明,态度和蔼,关心和体贴患者,努力提高服务质量,改善患者的就医体验。以人为本就是确保医患在管理听力损失方面是平等积极的伙伴关系。听力师围绕患者个体的生理、心理、日常交流、社交人际等方面,注重并尊重患者的需要,与其家庭和其他沟通合作伙伴共同进行听力康复决策和目标设定,并考虑到其价值观、意愿、生活环境等。

(四) 诚实守信

诚实就是表里如一,忠诚老实。守信就是信守诺言、讲信誉、重信用,忠实履行自己承担的义务。诚实守信是各行各业的行为准则,也是做人做事的基本准则,是社会主义最基本的道德规范之一。做一个诚实守信的职业人就要做到言行一致,不欺不诈,常怀反思自查之心,明智慎独。作为听力师,应做到以诚相待,尊重患者知情同意权,不欺瞒患者病情,不夸大治疗效果,不因一己私利牺牲患者的利益,对患者耐心专业说明,增强医疗信息透明度。

在国外,听力师的职业道德规范和监督一般由行业协会来制定与实施。比如,美国听力师协会(America Academy of Audiology, AAA)制定了8条详细的听力师职业道德标准及监督管理措施,主要强调听力师在职业行为过程中对患者不能掺杂有任何个人感情,不能带有任何偏见,高度尊重患者并保守患者的个人隐私,以及在从业过程中要避免利益冲突。基本和我国对听力师的职业道德要求一致。

(张　华　冯定香　魏晨婧)

2

听觉前庭解剖基础 | 第二章

第一节　听　觉　解　剖

耳分为外耳（external ear）、中耳（middle ear）和内耳（inner ear）三部分。颞骨内包含了外耳道的骨部、中耳、内耳和内耳道（图2-1-1）。

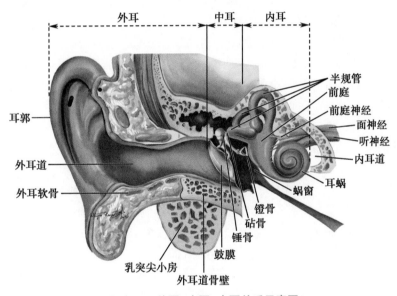

图 2-1-1　外耳、中耳、内耳关系示意图

一、颞骨的应用解剖

颞骨（temporal bone）是解剖结构最为复杂的人体结构之一，位于颅骨两侧，镶嵌在顶骨、蝶骨、颧骨和枕骨之间，参与构成颅中窝和颅后窝的侧壁和底壁。颞骨为复合骨，以外耳道为中心可将颞骨分为5部分，即鳞部、鼓部、乳突部、岩部和茎突。

二、外耳的应用解剖

外耳（external ear）包括耳郭和外耳道。

1. **耳郭**　耳郭（auricle）内含弹性软骨支架，外覆皮肤。一般与头颅约成30°角，左右对称，分前（外）面和后（内）面。耳郭前（外）面凹凸不平，主要表面标志有：耳轮、耳轮脚、耳轮结节、三角窝、舟状窝或耳舟、耳甲艇、耳甲腔、耳屏、对耳屏和耳屏间切迹等。

2. **外耳道**　外耳道（external auditory meatus）起自耳甲腔底，向内止于鼓膜，由软骨部和骨部组成，略呈 S 形弯曲，长 2.5～3.5cm。成人外耳道外 1/3 为软骨部，内 2/3 为骨部。新生儿外耳道软骨部与骨部尚未完全发育，由纤维组织所组成，故外耳道较狭窄而软组织塌陷。1 岁以下的婴儿外耳道几乎为软骨

11

所组成。外耳道有两处较狭窄,一为骨部与软骨部交界处,另一为骨部距鼓膜约 0.5cm 处,后者称为外耳道峡(isthmus)。发育正常的成人外耳道外段向内、向前微向上,中段向内、向后,内段向内、向前而微向下;故在检查成人外耳道深部或鼓膜时,需将耳郭向后上提起,使外耳道成一直线。

三、中耳的应用解剖

中耳(middle ear)介于外耳和内耳之间,是位于颞骨中的不规则含气腔和通道,包括鼓室、咽鼓管、鼓窦及乳突 4 部分。

(一)鼓室

鼓室(tympanic cavity)为颞骨内最大的不规则含气腔,位于鼓膜与内耳外侧壁之间。鼓室前方经咽鼓管与鼻咽相通,后方经鼓窦入口与鼓窦及乳突气房相通。以鼓膜紧张部的上、下缘为界,将鼓室分为 3 部:①上鼓室(epitympanum),或称鼓室上隐窝(attic),位于鼓膜紧张部上缘平面以上的鼓室腔;②中鼓室(mesotympanum),位于鼓膜紧张部上、下缘平面之间,即鼓膜紧张部与鼓室内壁之间的鼓室腔;③下鼓室(hypotympanum),位于鼓膜紧张部下缘平面以下,下达鼓室底。鼓室的上下径约 15mm,前后径约 13mm;内外径在上鼓室约 6mm,下鼓室约 4mm,中鼓室于鼓膜脐与鼓岬之间的距离最短,仅约 2mm。鼓室的容积为 1~2mL。鼓室内有听骨链、肌肉及韧带等。鼓室腔内为黏膜所覆盖,覆于鼓膜内侧面、鼓岬后部、听骨链、上鼓室、鼓窦及乳突气房者为无纤毛扁平上皮或立方上皮,余为纤毛柱状上皮。

1. 鼓室内容物 鼓室内容物包括听小骨、韧带和肌肉。

(1)听骨:为人体中最小的一组骨骼,包括锤骨、砧骨和镫骨。三者相互以关节连接形成链状,称为听骨链(ossicular chain)。听骨链位于鼓膜和前庭窗之间,通过其杠杆作用,将鼓膜感受到的振动传入内耳。

1)锤骨(malleus):形如锤,位于鼓室中部和最外侧,长约 8~9mm,有头、颈、外侧突(短侧突)、前突(长突)和柄。锤骨柄位于鼓膜黏膜层与纤维层之间,锤骨头位于上鼓室,其头的后内方有凹面,与砧骨体形成砧锤关节。

2)砧骨(incus):分为体、长脚和短脚,长脚约 7mm 长,短脚约 5mm 长。砧骨体位于上鼓室后方,其前与锤骨头相接形成砧锤关节。短脚位于鼓窦入口底部,其尖端借韧带附于砧骨窝内。长脚位于锤骨柄之后、与锤骨柄平行,末端内侧有一膨大向内的突起名豆状突(lenticular process),后者有时与长脚末端不完全融合,故又名第四听骨。豆状突与镫骨头形成砧镫关节。

3)镫骨(stapes):形如马鞍,分为头、颈、前脚、后脚和足板(foot plate),高 3~4mm。镫骨头与砧骨长脚豆状突相接。颈甚短,其后有镫骨肌腱附着。前脚较后脚细而直,两脚内面各有深沟。两脚与镫骨足板之间的空间称为闭孔。镫骨足板呈椭圆形,长 3mm,宽 1.4mm,借环状韧带(annular ligament)连接于前庭窗。

(2)听骨的韧带:有锤骨上韧带、锤骨前韧带、锤骨外侧韧带、砧骨上韧带、砧骨后韧带和镫骨环状韧带,将听骨固定于鼓室内。

(3)鼓室肌肉

1)鼓膜张肌(tensor tympani muscle):起自咽鼓管软骨部、蝶骨大翼和鼓膜张肌管壁等处,其肌腱向后绕过匙突呈直角向外止于锤骨颈下方,由三叉神经下颌支的一小支司其运动;此肌收缩时牵拉锤骨柄向内,增加鼓膜张力。

2)镫骨肌(stapedius muscle):起自鼓室后壁锥隆起内,其肌腱自锥隆起穿出后,向前下止于镫骨颈后方,由面神经的小支司其运动;此肌收缩时可牵拉镫骨头向后,使镫骨足板以后缘为支点,前缘向外跷起,以减少内耳压力。

2. 鼓室的血管与神经

(1)鼓室的血管:动脉血液主要来自颈外动脉。上颌动脉的鼓室前动脉供应鼓室前部,耳后动脉的茎乳动脉供应鼓室后部及乳突,脑膜中动脉的鼓室上动脉及岩浅动脉供应鼓室盖及内侧壁,咽升动脉的鼓室下动脉供应鼓室下部及鼓室肌肉;颈内动脉的鼓室支供应鼓室前壁。鼓膜外层由上颌动脉耳深支供给，鼓膜内层由上颌动脉鼓前支和茎乳动脉分支供给。鼓膜的血管主要分布在松弛部、锤骨柄和紧张部的周围。故当鼓膜发炎时，充血自鼓膜松弛部开始，继则延伸至锤骨柄及鼓膜其他部分。静脉流入翼静脉丛和岩上窦。

（2）鼓室的神经：主要为鼓室丛与鼓索。

1）鼓室丛（tympanic plexus）：由舌咽神经的鼓室支及颈内动脉交感神经丛的上、下颈鼓支组成，位于鼓岬表面，司鼓室、咽鼓管及乳突气房黏膜的感觉。

2）鼓索（chorda tympanic nerve）：自面神经垂直段的中部分出，在鼓索小管内向上向前，约于锥隆起的外侧进入鼓室，经砧骨长脚外侧和锤骨柄上部内侧，相当于鼓膜张肌附着处下方，向前下方经岩鼓裂出鼓室，与舌神经联合终于舌前 2/3 处，司味觉。

（二）咽鼓管

咽鼓管（eustachian tube）位于颞骨鼓部与岩部交界处，颈内动脉管的外侧，上方仅有薄骨板与鼓膜张肌相隔，为沟通鼓室与鼻咽的管道。成人咽鼓管全长约 35mm，外 1/3 为骨部，内 2/3 为软骨部。咽鼓管鼓室口位于鼓室前壁上部，咽鼓管咽口位于鼻咽侧壁，下鼻甲后端的后上方。自鼓室口向内、向前、向下达咽口，故咽鼓管与水平面约成 40° 角，与矢状面约成 45° 角。骨部为开放性管腔，内径最宽处为鼓室口，越向内越窄。骨与软骨部交界处最窄，称为峡，长约 2mm，内径约 1mm。自峡向咽口又逐渐增宽。软骨部的后内及顶壁由软骨板构成，前外壁系由黏膜和肌膜组成，静止状态时软骨部闭合成一裂隙。由于腭帆张肌、腭帆提肌、咽鼓管咽肌起于软骨壁或结缔组织膜部，前两肌止于软腭，后者止于咽后壁，故当张口、吞咽、哈欠、唱歌时借助上述三肌的收缩，可使咽口开放，以调节鼓室气压，保持鼓膜内、外压力平衡。咽鼓管黏膜为假复层纤毛柱状上皮，纤毛运动方向朝向鼻咽部，可使鼓室分泌物得以排出；又因软骨部黏膜呈皱襞样，具有活瓣作用，故能防止咽部液体进入鼓室。成人咽鼓管咽口约高于咽口 2～2.5cm；儿童咽鼓管接近水平，管腔较短、近成人的一半，且内径较宽，故儿童的咽部感染较易经此管侵入鼓室。

（三）鼓窦

鼓窦（tympanic antrum）为鼓室后上方的含气腔，内覆有纤毛黏膜上皮，前与上鼓室、后与乳突气房相连，出生时即存在。鼓窦向前经鼓窦入口与上鼓室相通，向后下通乳突气房；上方以鼓窦盖与颅中窝相隔，内壁前部有外半规管隆突，后壁借乳突气房及乙状窦骨板与颅后窝相隔，外壁为乳突皮质，相当于外耳道上三角区（Macewen 三角）。成人鼓窦的大小、形状因人而异，并与乳突气化的程度有直接关系。

（四）乳突

乳突（mastoid process）为鼓室和鼓窦的外扩部分。乳突气房分布范围因人而异，发育良好者，向上达颞鳞，向前经外耳道上部至颧突根内，向内伸达岩尖，向后伸至乙状窦后方，向下可伸入茎突。根据气房发育程度，乳突可分为 4 种类型：①气化型，乳突全部气化，气房较大而间隔的骨壁较薄，此型约占 80%；②板障型，乳突气化不良，气房小而多，形如头颅骨的板障；③硬化型，乳突未气化，骨质致密，多由于婴儿时期鼓室受羊水刺激、细菌感染或局部营养不良所致；④混合型，上述 3 型中任何 2 型同时存在或 3 型俱存者。乳突在初生时尚未发育，呈海绵状骨质，随着年龄增长逐渐发育，6 岁左右儿童的气房已有广泛的延伸，最后形成许多大小不等、形状不一、相互连通的气房，内有无纤毛的黏膜上皮覆盖。

四、内耳的应用解剖

内耳（inner ear）又称迷路（labyrinth），埋藏于颞骨岩部，结构复杂而精细，内含听觉和前庭器官。

（一）耳蜗

耳蜗（cochlea）位于前庭的前部，形似蜗牛壳，主要由中央的蜗轴和周围的骨蜗管组成。骨蜗管（蜗螺旋管）旋绕蜗轴 2.5～2.75 周。蜗底向后内方，构成内耳道底。蜗顶向前外方，靠近咽鼓管鼓室口。蜗底至蜗顶高约 5mm，蜗底最宽直径约 9mm，蜗轴呈圆锥形。骨蜗管内共有 3 个管腔：上方名前庭阶，自前庭窗开始；中间为膜蜗管，又名中阶，系膜迷路；下方名鼓阶，起自蜗窗，为蜗窗膜（第二鼓膜）所封闭。骨螺旋板顶端形成螺旋板钩，蜗轴顶端形成蜗轴板；螺旋板钩、蜗轴板和膜蜗管顶盲端共围成蜗孔。前庭阶和鼓阶的外淋巴经蜗孔相通。蜗神经纤维通过蜗轴和骨螺旋板相接处的许多小孔到达螺旋神经节。耳蜗底转的最下部、蜗窗附近有蜗水管开口，其外口在岩部下面颈静脉窝和颈内动脉管之间的三角凹内，鼓阶的外淋巴经蜗水管与蛛网膜下腔相通。

（二）膜蜗管

膜蜗管（membranous cochlear duct）位于骨螺旋板与骨蜗管外壁之间，为耳蜗内螺旋形的膜质管道，在前庭阶与鼓阶之间，又名中阶，内含内淋巴。此乃螺旋形的膜性盲管，两端均为盲端。膜蜗管的横切面呈三角形，有上、下、外三个壁：上壁为前庭膜，起自骨螺旋板，向外上止于骨蜗管的外侧壁；外壁为螺旋韧带，上覆假复层上皮，内含丰富的血管，名血管纹；下壁由骨螺旋板上面的骨膜增厚形成的螺旋缘和基底膜组成。基底膜起自骨螺旋板的游离缘，向外止于骨蜗管外壁的基底膜嵴。位于基底膜上的螺旋器又名 Corti 器，是听觉感受器的主要部分。基底膜在蜗顶较蜗底宽，即基底膜的宽度由蜗底向蜗顶逐渐增宽，而骨螺旋板及其相对的基底膜嵴则逐渐变窄。

在螺旋器中的螺旋隧道（Corti tunnel）、Nuel 间隙及外隧道的间隙中，充满着和外淋巴性质相仿的液体，称 Corti 淋巴。此系通过骨螺旋板下层中的小孔及蜗神经纤维穿过的细孔与鼓阶的外淋巴相交通。膜迷路的其他间隙均充满内淋巴。因此，螺旋器听毛细胞的营养来自 Corti 淋巴（其离子成分与外淋巴相似），而囊斑及壶腹嵴感觉细胞的营养均来自内淋巴。螺旋器（Corti 器）：位于基底膜上，自蜗底至蜗顶全长约 32mm，由内、外毛细胞，支持细胞和盖膜等组成。靠蜗轴侧有单排内毛细胞，其外侧有 3 排或更多的外毛细胞，这些是听觉感受细胞。内毛细胞呈烧瓶状，约有 3 500 个，外毛细胞呈试管状，约有12 000 个。

五、面神经的应用解剖

面神经（facial nerve）是人体中居于骨管中最长的脑神经，也是容易发生麻痹的神经之一，含有运动纤维、感觉纤维及副交感纤维，以运动纤维为主。因此，面神经从中枢到末梢之间的任何部位受损，皆可导致部分性或完全性面瘫。面神经的运动神经核位于脑桥下部，此核向上通往额叶中央前回下端的面神经皮层中枢。部分面神经核接受来自对侧大脑运动皮层的椎体束纤维，从这部分面神经核发出的运动纤维支配同侧颜面下部的肌肉。其余部分的面神经核接受来自两侧大脑皮质的锥体束纤维，从此发出的运动纤维支配额肌、眼轮匝肌、皱眉肌。因此，当一侧脑桥以上到大脑皮质之间受损时，仅引起对侧颜面下部肌肉瘫痪，而皱眉及闭眼功能均存在。面神经运动核与三叉神经、视神经及蜗神经核有联系，因此能使某些肌肉完成一定的反射性收缩，如机体受到触觉、视觉或听觉刺激时发生眨眼反射；一定强度的声刺激可引起两侧镫骨肌的反射性收缩。面神经的运动纤维绕过展神经核后，在脑桥下缘穿出脑干。

（一）面神经的全长分段

1. 运动神经核上段（supernuclear segment） 上起额叶中央前回下端的面神经皮层中枢，下达脑桥下部的面神经运动核。

2. 运动神经核段（nuclear segment） 面神经根在脑桥中离开面神经核后，绕过展神经核至脑桥下缘穿出。

3. 脑桥小脑三角段（cerebellopontine angle segment） 面神经离开脑桥后，跨过脑桥小脑三角，会同听神经抵达内耳门。此段长 13～14mm，虽不长，但可被迫扩展到 5cm 而不发生面瘫。

4. 内耳道段（internal auditory canal segment） 从内耳门至内耳道底部的一段，长约 10mm。此段面神经由内耳门进入内耳道，同听神经到达内耳道底。

5. 迷路段（labyrinthine segment） 面神经由内耳道低的前上方进入面神经管，向外于前庭与耳蜗之间到达膝神经节（geniculate ganglion）。此段最短，长 2.25～3mm。

6. 鼓室段（tympanic segment） 鼓室段又名水平段，自膝神经节起向后并微向下，经鼓室内壁的骨管，在前庭窗下方、外半规管下方，到达鼓室后壁锥隆起平面。此段长约 11mm。此处骨壁最薄，易遭病变侵蚀或手术损伤，也可先天发育缺失；亦可将此段分为鼓室段（自膝神经节到外半规管下方）与锥体段（自外半规管下方到锥隆起平面）。

7. **乳突段**（mastoid segment）　乳突段又称垂直段。自鼓室后壁锥隆起高度下达茎乳孔,长约 16mm。此段部位较深,在成人距乳突表面大多超过 2cm。颞骨内面神经全长约为 30mm;其中自膝神经节到锥隆起长约 11mm,自锥隆起到茎乳孔长约 16mm。

8. **颞骨外段**（extratemporal segment）　面神经出茎乳孔后,在茎突的外侧向外、向后行进入腮腺。主干在腮腺内分为上支与下支,两者弧形绕过腮腺岬部后又分为 5 支;各分支间的纤维互相吻合,最后分布于面部表情肌群。

（二）面神经自上而下的分支

1. **岩浅大神经**　自膝神经节的前方分出,经翼管神经到蝶腭神经节,分布到泪腺及鼻腔腺体。
2. **镫骨肌神经**　自锥隆起后方由面神经分出,经锥隆起内小管到镫骨肌。
3. **鼓索**　从镫骨肌经以下到茎乳孔之间的面神经任一部位分出,经一单独骨管进入并穿过鼓室,然后并入舌神经中。其感觉纤维司舌前 2/3 的味觉,其副交感纤维达下颌下神经节,节后纤维司下颌下腺与舌下腺的分泌。
4. **面神经出茎乳孔后发出分支**　分别支配茎突舌骨肌、二腹肌后腹、枕肌、耳后肌、部分耳上肌及耳郭内肌。
5. **面部分支**　面部分支从面神经上（颞面支）、下（颈面支）支再分出 5 支,支配面部诸肌。上支发出:①颞支,支配额肌、耳前肌、耳上肌、眼轮匝肌及皱眉肌;②颧支,支配上唇方肌与颧肌。下支发出:①颊支,支配口轮匝肌与颊肌;②下颌缘支,支配下唇方肌、降口角肌与颊肌;③颈支,支配颈阔肌。

（三）面神经的血液供给

面神经的内耳道与迷路段主要由迷路动脉的分支供给,乳突段和鼓室段的面神经由茎乳动脉和脑膜中动脉的岩浅支供给。输出静脉主要经茎乳孔和面神经管裂孔到达管外。

第二节　听觉生理学

一、声的物理学基础与听觉的一般特性

（一）声的物理学基础

声音是由一定的能量作用于可振动的物体所产生,并经某种介质（空气、液体或固体）进行传播的机械振动。在介质中某一质点沿中间轴来回发生振动,并带动周围的质点也发生振动,逐渐向各方向扩展,这就是波,而其中能产生听觉的振动波称为声波。人类能感受声波的频率在 20~20 000Hz 范围之内。常用的听觉范围,如谈话声仅在 500~3 000Hz。频率低于 20Hz 的声波叫次声波,高于 20 000Hz 的声波叫超声波。一些动物可听到超声和次声。强度很大时,超声和次声可通过非听觉途径作用于躯体;高于 160dB 的次声可损伤动物的内脏,导致死亡。声速是声波通过介质传播的速度,它和介质的性质与状态（如温度）有关。介质分子结构越紧密,声速值就越大。声波在空气、水和钢铁中的速度比值约为 1:4:12。当 0℃时,大气中的声速是 331m/s;当温度增加到 20℃时大气中的声速为 343m/s,通常将常温下的声速认定为 340m/s。

（二）声音的物理属性与听觉主观属性

声音包括两种含义,在物理学上是指声波,在生理学上指声波作用于听觉器官引起的一种主观感觉。尽管这两个含义不同,但他们之间有一定的内在联系。

1. **强度与响度**　声音的物理强度是客观的,决定于单位时间内作用于单位面积上能量的大小,可用仪器测量。当一定强度声波作用于人耳后所引起的一种辨别声音强弱的感觉称为响度（loundness）。响度是主观的感受,与声音的物理强度和频率有一定关系。声音必须达到一定强度才能产生听觉,能引起听觉的最小声音强度称为听阈（hearing threshold）。人耳的听阈随着频率不同而各异。在强度相同时,1 000~4 000Hz 的声音人耳听起来最响。将各个不同频率的听阈连接成的曲线称为听力图（audiogram）或听力曲线。

2. 频率与音调　频率是声音的物理特性,而音调是频率的主观反映。音调高低与频率的高低一致,但并不成简单的比例关系。频率不变时,音调可因强度不同而稍有差异。当声音在一定强度下,频率与音调的关系相互一致,但当强度增加时,低频率声音的音调显得更低而高频率声音的音调显得更高。

二、声音传入内耳的途径

声音主要通过两条途径传入内耳,即空气传导(air conduction)和骨传导(bone conduction)。

1. 空气传导　简称气导,是声音经外耳道通过鼓膜、听骨链传入内耳的途径。从听觉生理功能看,声波振动被耳郭收集,通过外耳道到达鼓膜,引起鼓膜-听骨链机械振动,进而镫骨足板的振动通过前庭窗使内耳淋巴液产生振动,引起蜗窗基底膜振动,导致基底膜上的螺旋器毛细胞受到刺激产生电活动;毛细胞释放神经递质激动螺旋神经节细胞,产生动作电位。神经冲动沿脑干听觉传导径路到达大脑颞叶听觉皮质中枢而产生听觉。

此外,鼓室内的空气也可先经蜗窗膜振动而产生内耳淋巴压力变化,引起基底膜发生振动。这条径路在正常人是次要的,仅在正常气导经前庭窗径路发生障碍或中断,如鼓膜大穿孔、听骨链破坏中断或固定时才作用明显。

2. 骨传导　简称骨导,指声波通过颅骨传导到内耳使内耳淋巴液发生相应的振动而引起基底膜振动,耳蜗毛细胞之后的传导过程与气导过程相同。在正常听觉功能中,外界由骨导传入耳蜗的声能甚少,但骨导听觉常用于听力损失的鉴别诊断。

(1)骨导的方式:骨导的方式有三种,包括移动式骨导、压缩性骨导和骨-鼓径路骨导。前两种骨导的声波是经颅骨直接传导到内耳,为骨导的主要途径;后一种骨导的声波先经颅骨,再经鼓室才进入内耳,为骨导的次要途径。移动式骨导又称惰性骨导,指声波作用于颅骨时颅骨包括耳蜗作为一个整体反复振动,即移动式振动。压缩式骨导是指声波的振动通过颅骨达耳蜗骨壁时,颅骨、包括耳蜗骨壁随声波的疏密相呈周期性的膨大和压缩。骨-鼓径路骨导是指颅骨在声波作用下振动时,可通过下颌骨髁突或外耳骨壁,将其传至外耳道、鼓室及四周空气中,再引起鼓膜振动。

(2)影响骨导听力阈值的因素:骨导绕过外耳和中耳直接作用于内耳,因此骨导听阈直接反映耳蜗的功能,这也是临床上应用骨导听阈判断传导性听力损失的原因。但并非骨导听阈只受耳蜗功能的影响,耳蜗外的因素(如改变外耳道压力、堵耳效应、镫骨足板固定、前半规管裂、耳硬化症)也可引起骨导阈值的改变。如耳硬化症可引起 2 000Hz 骨导阈值明显下降(称 Carhart 切迹),这可能与镫骨足板固定有关,足板手术后骨导听阈可恢复。

三、外耳的生理

外耳由耳郭和外耳道组成。耳郭可帮助判断声源的方向,其形状有利于收集声波,起采声作用。有些动物能转动耳郭以探测声源的方向,人耳耳郭的运动能力已经退化,但可通过转动头部来判断声源的位置。

(一)提高声压作用

外耳道是声波传导的通道,其一端开口于耳郭,另一端终止于鼓膜。根据物理学原理,一端封闭的管道对于波长为其长度 4 倍的声波能产生最大的共振作用,即增压作用。人类的外耳道长约 2.5cm,其共振频率的波长为 10cm,按空气中声速 340m/s 计算,推算人的外耳道共振频率应约为 3 400Hz。

(二)声源定位作用

声源定位最重要的线索是声波到达两耳时的强度差和时间差。头颅作为障碍物,可产生头影效应,使声音到达左右外耳道口出现耳间强度差(interaural intensity difference,IID)。由于头部的阻挡作用和声波绕射,使声音抵达双耳产生时间差(interaural time difference,ITD)。强度差有利于高频声源的辨向,时间差有利于低频声源的辨向。耳郭还可通过对耳后声源的阻挡和耳前声源的集音而有助于声源定位。因此,头颅、耳郭和外耳道在声源定位中都有重要作用。

四、中耳的生理

中耳的基本功能是将传至外耳道内的声波（机械振动），通过鼓膜的振动和听骨链传递到耳蜗，引起耳蜗内、外淋巴的振动，进而由毛细胞转化为电冲动，经听觉神经系统传递至大脑皮质产生听觉。中耳传递声音的过程类似于一个阻抗匹配器。声波从一种介质传递到另一种介质时透射的能量取决于两种介质声阻抗的比值。阻抗相差越大，声能传递效率越差。由于水的声阻抗远远高于空气的声阻抗，空气与内淋巴的声阻抗相差约3 800倍。当声波由空气传递到淋巴液时，将有99.9%的声能在气液交界面被反射而损失，声能损失约30dB，仅有约0.1%的声能可透射传入淋巴液中。中耳的主要功能是匹配两种传导介质的阻抗差异，避免声音从空气传递到淋巴液引起的声能损失。这种功能主要是由鼓膜与听骨链组成的传音装置完成，即鼓膜与镫骨足板的面积比、锤骨柄与砧骨长突的长度比及鼓膜的喇叭形状产生的杠杆作用。

（一）鼓膜的生理功能

从声学特性看，鼓膜就像话筒中的振膜，是一个压力感受器，具有良好的频率响应特性和较小的失真度。鼓膜的振动在频率、时程和相位上可完全跟随声波，但振动形式因声音频率不同而有差异。Békésy（1960）应用电容声探头直接研究尸头鼓膜振动时观察到，当频率2 400Hz以下的声波作用于鼓膜时，整个鼓膜沿鼓沟上缘（锤骨前突与砧骨短突的连线）切线的转轴而振动，鼓膜不同部位的振幅大小不同，以锤骨柄向下近鼓膜底部处振幅较大。

人的鼓膜面积约为85mm²，由于鼓膜周边嵌附于鼓沟内，其有效振动面积约为实际面积的2/3，即55mm²，比镫骨足板面积3.2mm²大17倍，即声压从鼓膜传至前庭窗膜可增加17倍，相当于声压增加24.6dB。由于鼓膜振幅与锤骨柄振幅之比为2∶1，鼓膜的弧形杠杆作用可使声压提高1倍。

（二）听骨链的生理

锤骨、砧骨和镫骨以其特殊的连接方式形成杠杆系统。听骨链的运动轴向前通过锤骨柄，向后通过砧骨长脚，支点相当于通过锤骨颈部前韧带与砧骨短脚之间的连线。该杠杆系统的特点是转轴位于听骨链的重心上，在传递能量的过程中惰性最小，效果最好。若加上鼓膜弧度的杠杆作用，则增益更多。声波从空气直接进入内淋巴，因介质阻抗差异而衰减的能量（约30dB），通过中耳的增压作用得到补偿。

鼓膜的振动传至锤骨柄的尖端时，当锤骨柄向内移的瞬间，锤骨头与砧骨体因其在转轴上的位置而向外转；砧骨长突及镫骨因位于转轴的下方，故其运动方向与锤骨柄一致而向内移。Békésy（1951）在人尸体上观察到，在中等强度声压作用时，镫骨足板沿其后脚的垂直轴（短轴）振动。当声强度接近痛阈时，镫骨足板沿其前后轴（长轴）呈摇摆式转动。此时，外淋巴只是在前庭窗附近振动，因而避免了强声引起的基底膜过度位移所造成的内耳损伤。

（三）中耳的增压效应

中耳增压是声波通过鼓膜、听骨链作用于前庭窗时，其振动的压力增大，而振幅减少。中耳的增压放大是通过圆锥形鼓膜的弧形杠杆作用、鼓膜和镫骨足板的面积比（area ratio）及锤骨柄和砧骨长脚的杠杆比（lever ratio）实现的。鼓膜的有效振动面积与镫骨足板面积之比为17∶1，听骨链杠杆系统中锤骨柄与砧骨长脚的长度之比为1.3∶1，故不包括鼓膜弧形杠杆作用在内的中耳增压效果为22.1倍，相当于27dB。声波从空气直接进入内淋巴，因声阻抗不同而衰减的能量，通过中耳的增压作用得到部分补偿。

（四）蜗窗的生理

正常情况下，声音经鼓膜、听骨链和镫骨足板作用于前庭窗，振动耳蜗外淋巴，再经前庭阶、蜗孔、鼓阶，最后到达蜗窗膜。由于声音传导途径的差异使到达两窗的声波相位不同，作用于两窗上的声音振动不相互抵消，为声波在外淋巴中的传导提供有利条件。若蜗窗病变（如固定），虽然前庭窗仍活动，但不能推动外淋巴振动，可出现传导性听力损失。研究表明，10%鼓膜穿孔面积可导致2 000Hz以下频率约15dB的听阈提高，但2 000Hz以上频率听力损失较少；鼓膜缺如时可造成2 000Hz以下频率约45dB的听阈提高，而在3 000Hz处听力损失可达50dB。可见听力损失随着穿孔面积的增大而增加。这可能是穿孔使鼓膜有效振动面积与镫骨足板面积之比率减少所致。鼓膜穿孔对声波不同频率的影响。当整个鼓膜大穿孔(鼓膜缺如)时听力损失程度大于中耳增压作用的 30dB,是由于声波可同时到达前庭窗和蜗窗,使两窗之间的压差抵消之故。

(五)中耳肌肉的生理

中耳肌肉包括鼓膜张肌和镫骨肌。前者由三叉神经下颌支支配,后者由面神经镫骨肌支支配。鼓膜张肌收缩时将锤骨柄与鼓膜向内牵引,使鼓膜的紧张度增加,各听小骨之间连接更为紧密,并引起镫骨足板推向前庭窗,使内耳外淋巴压力增高。镫骨肌收缩时牵引镫骨头向后移动,使足板前部向外翘起,导致内耳外淋巴压力减少。二者相互作用,可降低中耳传音功能。

在受外界声音和非声音刺激时,中耳肌肉可反射性收缩。声音刺激如纯音和白噪声;非声音刺激包括电、气流刺激及触碰外耳道等。由于鼓膜张肌对机械性刺激敏感,而对声音刺激的阈值高于镫骨肌反射阈。因此,在声音刺激引起人类的中耳肌反射收缩中镫骨肌收缩起主要作用。

当鼓膜张肌和镫骨肌同时收缩时,鼓膜内移,听骨链被压缩,中耳劲度阻抗明显增加,可使 1 500Hz以下的声音衰减 10dB 左右。中耳肌反射对高强度声刺激的保护作用,低频较高频明显。但因该反射有一定潜伏期,对于突发性的爆震声保护作用不大。

(六)咽鼓管生理

1. **保持中耳内外压力平衡**　正常情况下,由于近鼻咽腔管道的软骨管壁的弹性作用和周围组织的压力及咽部的牵拉作用,咽鼓管的咽口经常处于闭合状态。当吞咽、打哈欠、打喷嚏以及咀嚼等动作时,通过腭帆张肌、腭帆提肌及咽鼓管咽肌(其中腭帆张肌起主要作用)的收缩,咽鼓管瞬间开放,调节鼓室内气压,使之与大气压保持平衡。鼓室两侧压力相等,使中耳阻抗保持最低值,有利于鼓膜的振动和听骨链的传导。鼓室与外界气压差达到一定数值时,也可引起咽鼓管开放。当鼓室内气压大于外界气压时,气体通过咽鼓管向外排放比较容易;而当外界气体大于鼓室内气压时,气体的进入则比较困难。

2. **中耳腔的引流作用**　咽鼓管黏膜上皮细胞表面有丰富的纤毛,鼓室黏膜及咽鼓管黏膜的杯状细胞与黏液腺所产生的黏液借助纤毛运动,不断向鼻咽部流出。

3. **防声和消声作用**　正常情况下,咽鼓管处于闭合状态,可阻挡噪音、呼吸、心跳等自体声音经鼻咽部、咽鼓管直接进入鼓室。咽鼓管异常开放的患者,说话时咽鼓管不能处于闭合状态,声波经开放的咽鼓管直接进入中耳腔,引起鼓膜振动过强而产生自听过响(autophonia)症状。呼吸时引起的空气流动也可通过开放的咽鼓管进入中耳腔产生呼吸声,这种呼吸声可掩蔽经外耳道传入的外界声响。由于咽鼓管外 1/3 段(咽鼓管骨部)通常处于开放状态,呈逐渐向内(软骨部)变窄的漏斗形,且表面被覆部分皱褶的黏膜,类似吸音结构,可吸收因蜗窗膜及鼓膜振动而引起的鼓室腔内的声波,故有消声作用。

4. **防止逆行感染的作用**　正常人咽鼓管平时处于闭合状态,仅在吞咽瞬间才开放,来自鼻腔的温暖、湿润的气体在咽鼓管开放的瞬间进入中耳。咽鼓管软骨部黏膜较厚,黏膜下层有疏松结缔组织,使黏膜表面产生皱襞,后者具有活瓣作用,加上黏膜上皮的纤毛运动,对阻止鼻咽部的液体、异物及感染灶等进入鼓室具有重要意义。

五、耳蜗的生理

耳蜗的功能可概述为:①感音功能,即将传入的声能转换成适合刺激蜗神经末梢的形式;②对声音信息的编码,即分析传入声音的特性(频率与强度),使大脑能处理该刺激声中包含的信息。

(一)基底膜的振动和行波理论

当声音作用于鼓膜时,声波的机械振动通过听骨链传递到前庭窗,压力变化立即传给耳蜗内的液体和膜性结构。当前庭窗膜内移,前庭膜和基底膜也将下移,最后鼓阶的外淋巴压迫蜗窗膜,使蜗窗膜外移;当前庭窗膜外移时,整个耳蜗内的液体和膜性结构又向反方向移动,如此反复,形成振动。振动从基底膜的底部开始,按照物理学中的行波(traveling wave)原理向耳蜗的顶部方向传播。

由于耳蜗底部的基底膜劲度最大,能量从耳蜗内液体传至该部分的效率最大。另外基底膜底部距离前庭窗膜和蜗窗膜最近,根据能量传递的就近原则,声波传入内耳后将首先通过底部基底膜向蜗窗传播。因此耳蜗底部的基底膜首先振动,再以行波的形式向顶部传播。振动在基底膜上从耳蜗底部向顶部传播时,振幅逐渐增大,而传播速度逐渐变慢,波长变短。当振动达到基底膜某一部位,即基底膜共振频率与声波频率一致时,振幅最大;离开该处后,振幅迅速减小,在稍远处基底膜的位移完全停止。声波频率越高,行波传播越近,最大振幅出现的部位越靠近前庭窗处;声波频率愈低,行波传播的距离愈远,最大振幅出现的部位愈靠近蜗顶。行波的速度在行波向耳蜗顶部移行的过程中逐渐减慢,故行波的相位随着传导距离的增加而改变,其波长亦逐渐减少,但在蜗管任何点的振动频率都与刺激声波的频率相同。

(二)耳蜗对声音信息的分析功能

耳蜗对声音的分析编码功能和一般感受器相同,即不同频率的声音通过基底膜不同部位的毛细胞兴奋,经过不同的神经纤维传入中枢的特定部位形成。基底膜上不同位置的毛细胞,由于他们的机械特性、耦合特性和电共振特性不同,都有自己的特征频率。特征频率的声音只需极低的强度,就能引发该部位毛细胞反应,而低于或高于特征频率的声音需要很高强度才能引发该毛细胞同样的反应。不同频率的声音引起毛细胞反应所需强度的曲线,称为该毛细胞的谐振曲线(tuning curve)。此外,听神经发放不同频率的冲动来传递声音频率信息。频率低于 400Hz 的声音,听神经大体按声音的频率发放冲动。400~5 000Hz 声音作用时,神经纤维分成若干组,每组纤维间隔若干声波周期发放一次冲动,互相错开,以此进行,各组纤维同时发放的总数与声音频率接近。耳蜗对信息频率的编码就是通过上述的部位原则和频率原则实现的。

高强度声音通过基底膜振动的幅度和速率增加,使中枢感觉到声音增强。当声音强度增大时,基底膜振动的振幅变大,毛细胞感受器电位增大,使神经纤维发放动作电位频率增加,中枢感觉到声音变响。声音强度增加还可使基底膜振动的速率增加,被兴奋的毛细胞数目增多,复合听神经动作电位的幅度变大,中枢感觉到响度增强。由于基底膜振动的幅度和速率增加,将兴奋某些特殊的内毛细胞,传入冲动到中枢,感觉到声音响亮。

(三)耳蜗机械运动的非线性现象

哺乳动物耳蜗对声音刺激的反应具有非线性特点。耳蜗基底膜机械反应的强度与传入声波的强度具有压缩式或扩展式非线性特点。这与外毛细胞的主动收缩有关,它使人耳听觉的强度范围变得很大,也使人耳在听到强声时不会感到特别强烈。耳蜗的许多非线性现象与两音干涉有关,如双音抑制(two-tone suppression)和相互调制畸变(intermodulation distortion)。听神经纤维对单个纯音的刺激仅表现为兴奋性反应,没有抑制效应。然而一个纯音存在可影响听神经纤维对另一个纯音刺激的反应。如果适当安排某两种纯音的频率和强度,则第二种纯音能抑制或压制听神经纤维对第一种纯音的刺激反应,该现象称为双音抑制。相互调制畸变指当同时给予频率不同的两个或多个初始音刺激时,人耳可听到不同于刺激声频率的另外频率的声音,这是因为初始音的相互调制产生了畸变产物,即与初始音有特定频率关系的另外频率的声音。

(四)耳蜗生物电现象

1. **蜗内电位**　蜗内电位(endocochlear potential,EP)又称内淋巴电位,系蜗管内淋巴与鼓阶淋巴之间的电位差所致。该电位差是所有耳蜗生物电反应产生的基础,也是耳蜗完成声 - 电转换功能的基础。EP 起源于血管纹,有助于听觉感受器将声能转变为神经冲动。缺氧或代谢抑制时,能使 EP 迅速下降。

2. **耳蜗微音器电位**　耳蜗微音器电位(cochlear microphonics,CM)是耳蜗受声音刺激时,在耳蜗及其附近结构所记录到的一种与声波的频率和幅度完全一致的交流性质的电位变化。在听阈范围内,CM 能重复声波的频率,主要产生于外毛细胞。

3. **总和电位**　总和电位(summating potential,SP)是指耳蜗受声音刺激时,毛细胞产生的一种直流性质的电位变化,产生于内毛细胞。

4. **听神经动作电位**　听神经动作电位(action potential,AP)是指耳蜗对声音刺激产生的蜗神经末梢的动作电位,具有传递声音信息的作用。

六、听觉中枢生理

听觉中枢结构包括蜗神经核、上橄榄核、斜方体核、外侧丘系核、下丘、内侧膝状体及听皮层等。听觉传入通路的第一级神经元为耳蜗听神经元（又称耳蜗螺旋神经节细胞），位于耳蜗的骨性骨螺旋小骨内。人类约有 30 000 个听神经元，其中约有 95% 为Ⅰ型神经元，其周围突与内毛细胞构成突触连接；约 5% 为Ⅱ型神经元，与其周围突与外毛细胞构成突触连接。第二级神经元的胞体位于耳蜗腹侧核和耳蜗背侧核，发出的纤维大部分在脑桥内斜方体，并交叉至对侧，至上橄榄核外侧折向上行，组成外侧丘系。外侧丘系的纤维经中脑被盖的背外侧部，大多数终止于下丘。第三级神经元的胞体位于下丘，其纤维经下丘臂止于内侧膝状体。后者发出纤维组成听辐射，经内囊到达大脑皮质颞横回的听区。

听觉传导通路在蜗神经核以上各级中枢都接受双侧耳传来的信息，因此若一侧通路在外侧丘系以上受损，不会产生明显的症状；但若损伤了蜗神经、内耳或中耳，则将导致听觉障碍。

听觉的发射中枢在下丘。听觉的传入冲动到达下丘后，下丘神经元发出纤维到达上丘，后者发出的纤维经顶盖脊髓束下行至脊髓，控制脊髓前角细胞的活动，完成听觉反射。

此外，听觉通路具有较强的反馈作用。例如，大脑皮质听区还可发出下行纤维，经听觉通路上的各级神经元中继，影响内耳螺旋器的感受功能，形成听觉通路的反馈调节。

第三节 前庭系统应用解剖和生理

人体经常感受线性加速和角加速运动，运动中人的体位和周围环境都会发生改变，需要通过前庭、视觉和本体感觉三个系统组成的"平衡三联"维持身体平衡，其中前庭系统是专司平衡的器官，由前庭感受器、前庭神经、前庭神经核（vestibular nuclei, VN）、若干神经传导通路和 3 级调控中枢构成（图 2-3-1）。

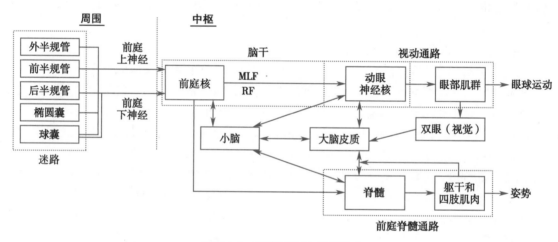

图 2-3-1 前庭系统组成示意图

前庭感受器包括 3 对半规管（semicircular canal）和 2 对耳石器（otolith organ），前者指外半规管（lateral semicircular canal, LSCC）、前半规管（anterior semicircular canal, ASCC）和后半规管（posterior semicircular canal, PSCC）；后者指椭圆囊（utricle）、球囊（saccule）。前庭（vestibule）、半规管和耳蜗一起组成骨迷路（bony labyrinth）。

前庭神经起源于内耳前庭神经节（Scarpa's ganglion）的双极细胞，分为上、下两部分，由神经分支相联系，接受来自半规管和耳石器的传入信号，并将其继续传入前庭神经核。

前庭神经节为前庭系初级神经元，前庭神经核为前庭系次级神经元。迷路和前庭神经组成外周前庭系统（peripheral vestibular system）。

前庭神经核是前庭系的初级信息整合中心，通过眼动通路（oculomotor pathway）、前庭 - 脊髓通路（vestibulospinal pathway）、前庭 - 小脑通路等，与动眼神经核、脊髓前角运动神经元及小脑相连，产生前庭 - 眼反射（vestibulo-ocular reflex, VOR）、前庭 - 脊髓反射（vestibulo-spinal reflex）等，保持视觉清晰、调整姿势，保持平衡。前庭神经核还与脑干网状结构、自主神经系统、大脑皮质等有广泛联系，感知自身空间位置、保持自主神经系统功能正常等。

前庭系统功能由脑干、小脑、大脑皮质 3 级中枢进行调控。

一、外周前庭系统应用解剖

（一）前庭

前庭位于耳蜗及半规管之间，略呈椭圆形，前下部较窄，有一椭圆孔通入耳蜗的前庭阶；后上部较宽，有 3 个骨半规管的 5 个开口通入。其外壁即为鼓室内壁，上有前庭窗及蜗窗；内壁为内耳道底；上壁骨质中有面神经迷路段穿过，前庭腔内面有从前上方向后下方弯曲的斜形骨嵴，称前庭嵴（vestibular recess）。嵴的前方为球囊隐窝（spherical recess），内含球囊。嵴的后方有椭圆囊隐窝（elliptical recess），内含椭圆囊（图 2-3-2、图 2-3-3）。

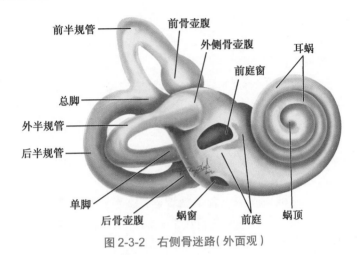

图 2-3-2 右侧骨迷路（外面观）

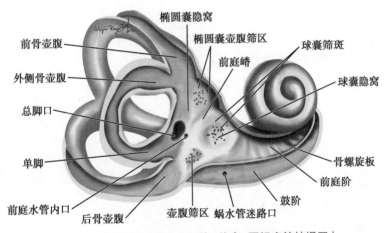

图 2-3-3 右侧骨迷路（半规管、前庭、耳蜗底转被揭开）

（二）半规管

半规管分为骨半规管（osseous semicircular canals）和膜半规管（membranous semicircular canals）。

1. 骨半规管 骨半规管为 3 个 2/3 环形的小骨管，依其所在的位置，分别称为外半规管、前半规管和后半规管。外半规管前部与 Reid 基线（眶下缘至外耳门中点的连线）向上大约 30°（图 2-3-4A）。

双耳共有 6 个半规管，依据其感受平面分为 3 组（图 2-3-4B）：①双侧外半规管为一组，当头前倾 30° 时，外半规管平面与地面平行；②左侧前半规管和右侧后半规管为一组（left A SCC right P SCC，LARP）；③右侧前半规管和左侧后半规管为一组（right A SCC left P SCC，RALP）。

三个半规管平面之间大约成 90° 角，但准确地说后半规管与外半规管平面成 92° 角，而前半规管与外半规管平面成 90° 角。外 - 后半规管平面的夹角为 75.8°～98.0°，外 - 前半规管平面的夹角为 77.0°～98.4°，后 - 前半规管平面的夹角为 75.8°～100.1°。因此，当头部转动时，每个半规管都有可能同时感受到来自

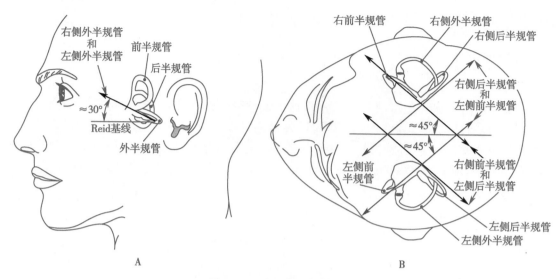

图 2-3-4 半规管位置示意图

A. 黑色箭头所示为左侧外半规管与 Reid 基线夹角；B. 图中两条黑色平行线所示为 RALP 平面，深灰色平行线标记为 LARP 平面。

不同角度的刺激。因此临床上如果良性位置性眩晕（benign positional vertigo）手法复位效果不佳时，可以考虑适当偏移方向后再行复位。

2. 膜半规管 膜半规管借纤维束固定于骨半规管内，悬浮于外淋巴（perilymph）中，借 5 个开口与椭圆囊相通，约占骨半规管内腔的 1/4，但膜壶腹几乎充满骨壶腹的大部空间。膜半规管内充满内淋巴（endolymph），内淋巴比重略高于水，成分与细胞内液相似，高 K^+ 而低 Na^+，而外淋巴成分类似于细胞外液。

半规管末端膨大形成壶腹（ampulla），内有胶样杯状组织称为嵴顶（cupula terminalis）或嵴帽。嵴帽是半规管和前庭之间的屏障，沿半规管内腔延伸，完全覆盖在壶腹的横截面上，其顶端附有黏多糖，感受头部位置的动态改变。

嵴帽的下方是壶腹嵴（crista ampullaris），呈鞍形，垂直于半规管。壶腹嵴上有高度分化的感觉上皮，有前庭神经壶腹支分布，是重要的平衡感受器，由毛细胞和支持细胞组成（图 2-3-5）。

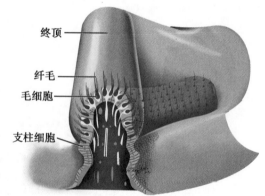

图 2-3-5 壶腹嵴模式图

前庭毛细胞分两种类型（图 2-3-6）：Ⅰ型毛细胞呈烧瓶状，胞体被神经盏（nerve chalice）样传入神经末梢所包绕，细胞之间以 1:1 或 2:4 的比例形成突触联系；Ⅱ型毛细胞呈柱状，细胞之间形成多突触联系。

每个毛细胞顶端有 1 根动纤毛和 50～100 根静纤毛。动纤毛位于一侧边缘，最长，较易弯曲；静纤毛以动纤毛为排头，按从长到短排列，离动纤毛越远则长度越短。当静纤毛束向动纤毛弯曲时，毛细胞去极化（兴奋），反之则超极化（抑制）。嵴帽下端有直径 3～5mm 的开口，动纤毛和静纤毛束由此伸入嵴帽。

（三）耳石器

1. 椭圆囊 椭圆囊底部的前外侧有椭圆形、较厚的感觉上皮区，即椭圆囊斑（macula utriculi），分布有前庭神经椭圆囊支。后壁有 5 孔，与 3 个半规管相通。前壁内侧有椭圆囊管，连接球囊与内淋巴。

2. 球囊 球囊较椭圆囊小，其前壁有球囊斑（macula sacculi），呈匙状，分布有前庭神经球囊支。椭圆囊斑和球囊斑互相垂直，均由毛细胞和支持细胞组成（图 2-3-6）。毛细胞纤毛上方覆有一层胶体膜，即耳石膜（otolith membrane），由多层以碳酸钙结晶为主的颗粒即耳石（otolith）和蛋白凝合而成，耳石可以为耳石器的运动提供惯性，加重内淋巴移动时的重力作用。

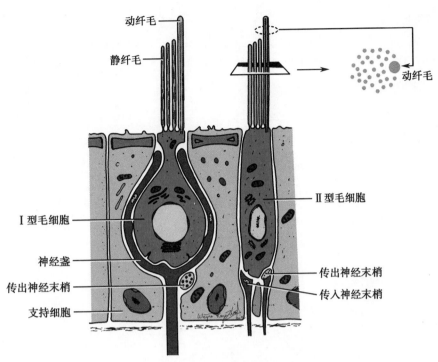

图 2-3-6　前庭Ⅰ型、Ⅱ型毛细胞模式图

　　囊斑表面中央部分有微纹（striola）（图 2-3-7），椭圆囊斑微纹呈 U 形，球囊斑微纹呈 L 形。微纹将耳石器一分为二，两侧毛细胞上动纤毛的极性相反：椭圆囊斑动纤毛弯曲方向朝向微纹，而球囊斑动纤毛弯曲方向则是背离微纹。这种结构特点使耳石器可感受到来自各方向的线性加速度刺激，并且其中总有一部分呈兴奋状态，而另一部分呈抑制状态，因此耳石器的每个部分在对侧都有各自相对应的功能配对区域。

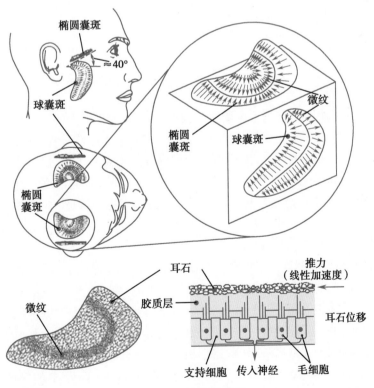

图 2-3-7　囊斑示意图

（四）前庭神经

1. 前庭上神经　前庭上神经（superior vestibular nerve）穿过内耳道底之前庭上区的小孔，分布于前半规管壶腹嵴（前壶腹神经）、外半规管壶腹嵴（外壶腹神经）、椭圆囊斑（椭圆囊神经），另有分支分布于球囊斑前上部（Voit 神经）（图 2-3-8）。

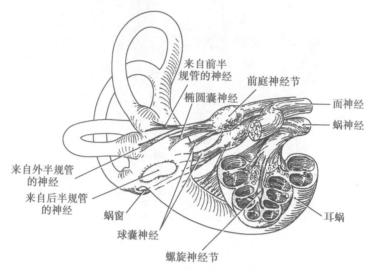

图 2-3-8　前庭神经分布示意图

2. 前庭下神经　前庭下神经（inferior vestibular nerve）穿过内耳道之前庭下区，分布于球囊斑（球囊神经）、后半规管壶腹嵴（后壶腹神经）。

（五）迷路血供

迷路血供来自迷路动脉，后者主要来自前下交通动脉（anterior inferior cerebellar artery），还有部分来自小脑上动脉或基底动脉。迷路动脉发出分支，其中前庭上动脉（anterior vestibular artery）供应前半规管、外半规管和椭圆囊，以及小部分球囊；前庭后动脉（posterior vestibular artery）供应后半规管和大部分球囊。静脉回流与动脉伴行。前庭上静脉接受来自前半规管、外半规管和椭圆囊的血液回流，前庭后静脉接受来自球囊、后半规管的血液回流。

二、外周前庭系统生理

（一）前庭毛细胞生理

1. 两类毛细胞的生理作用　前庭毛细胞在静息状态下放电频率大约为 70~100 次/s，Ⅰ型毛细胞的放电是不规则的，而Ⅱ型毛细胞的放电是规则的。所以，两类毛细胞分别感知不同频率和加速度的头部运动，前庭中枢的传入也分不规则性和规则性两种：①Ⅰ型毛细胞的不规则性输入对头部高加速度转动更敏感，帮助中枢在 VOR 启动时即可迅速探得头部运动。此外，在角前庭-眼反射（angular vestibulo-ocular reflex，aVOR）中，Ⅰ型毛细胞还参与察觉与距离有关的变化。但是，不规则性输入对头部的低频和较小加速度时产生的 VOR 没有作用。②Ⅱ型毛细胞的规则性输入，可以在更大的频率范围内，向前庭中枢提供与头动速度成比例的输入信号。

2. 双侧毛细胞兴奋和抑制程度的不一致　头部向某一侧转动时，内淋巴随之流动，在嵴帽两侧造成的压力差，使前庭毛细胞的静纤毛向动纤毛弯曲，同侧毛细胞兴奋，同时对侧毛细胞被抑制。兴奋时，初级传入神经元放电频率可由静息时的 70~100 次/s 增加到 400 次/s；而对侧神经元被抑制时，放电频率降低到 0 次/s 后就不再下降，即抑制性中断（inhibitory cutoff）。因此双侧神经元的兴奋和抑制程度是不等的，即兴奋大于抑制，这是 Ewald 第二、第三定律的生理基础，为半规管和耳石器的共同特性，也是视频头脉冲试验（video head impulse test，v-HIT）和摇头试验（head-shake test）的生理基础。双侧周围前庭传入的兴奋和抑制程度的不一致性，触发前庭中枢的平衡调节机制，使身体达到新的平衡状态。

3. **Ewald 定律** Ewald(1892)提出了半规管平面、内淋巴流动方向与诱发性眼震、头部运动方向之间的关系,称为 Ewald 定律(Ewald's Law)。

(1)Ewald 第一定律(Ewald's Law 1):半规管受刺激时,在该半规管作用平面产生与头动有关的眼球运动。

(2)Ewald 第二定律(Ewald's Law 2):在水平向的半规管,内淋巴向壶腹流动时引起较强的反应(眼震或头部运动),而内淋巴离壶腹流动时引起较弱的反应,反应强度比为2:1。

(3)Ewald 第三定律(Ewald's Law 3):在垂直向的半规管,内淋巴离壶腹流动时引起较强的反应,而内淋巴向壶腹流动引起较弱的反应。

(二)半规管生理

半规管主要感受头部旋转运动,即角加速度改变。当半规管在角加速度的作用下旋转时,内淋巴由于惰性,其流动方向与旋转方向相反。一旦内淋巴开始流动,嵴帽就会封闭其流动的通道,以阻止其流动。此时,由于内淋巴流动造成的压力差,使嵴帽中央部分呈波浪翻滚样的变形运动,壶腹嵴的基底部和顶部也会产生轻度运动。嵴帽的中央区域变形最大,所以此处壶腹嵴表面产生的剪切力也最大,导致静纤毛束运动,使毛细胞转换通道开放(或关闭),细胞膜静息电位随之发生改变:当静纤毛朝向动纤毛方向弯曲时,毛细胞兴奋(去极化),膜电位改变,称启动电位,引起毛细胞释放神经递质,作用于传入神经末梢,此为毛细胞的机械-电能转换。反之,当静纤毛背离动纤毛方向弯曲时,毛细胞抑制(超极化)。

根据 Ewald 第二、第三定律,在水平向的半规管(如外半规管),内淋巴向壶腹(椭圆囊)移动时,毛细胞兴奋;在垂直向的半规管(如前半规管和后半规管),内淋巴离壶腹(椭圆囊)移动时,毛细胞兴奋。三组半规管在各自的共同作用平面呈推拉(push-pull)的动力学改变。例如,当头部右转时,右侧外半规管毛细胞兴奋,而左侧外半规管抑制。大脑通过比较双侧外半规管的输入差异,判定头部运动的方向。

(三)耳石器生理

1. **感受头部线性加速度运动** 椭圆囊斑感受水平向、球囊感受垂直向的线性加速度改变。

头部转动时,产生线性加速度,刺激耳石器,反射性地产生眼动,其方向和头部转动方向相反,以保持视觉清晰。重力也可以看成一种向下的线性加速度。

在线性加速度的作用下,由于耳石膜中耳石的比重大于内淋巴,因此耳石的运动略滞后于内淋巴流动(惰性),导致耳石膜向逆作用力方向发生位移,在耳石膜与囊斑毛细胞表面产生剪切力,使毛细胞静纤毛弯曲,启动毛细胞的机械-电能转换过程,通过传入神经传向前庭神经核。当静纤毛向动纤毛方向弯曲时,囊斑兴奋,反之则抑制。

2. **参与 VOR** 囊斑毛细胞可感知头位变动,再通过前庭核、内侧纵束、动眼神经核,在锥体外的控制下,使眼球反向运动,使目标仍然落在视网膜黄斑部位,维持视野清晰。

3. **调整身体的姿势和体位** 双侧囊斑感受各方向的线性加速度改变,调整四肢肌张力,进而调整身体姿势和体位,保持平衡。其中,球囊斑主要调整四肢内收和外展肌的张力,而椭圆囊斑主要调整躯体伸肌和屈肌的张力。

三、中枢前庭系统应用解剖和生理

(一)前庭神经核

1. **前庭神经核复合体** 前庭神经核复合体位于脑干延髓背侧,由前庭上核、前庭下核、前庭内侧核和前庭外侧核组成。前庭内侧核、前庭上核位于前庭核腹部,主要接受来自半规管的信号,向中枢投射,主要与角 VOR(angular VOR,aVOR)的产生和前庭补偿有关。前庭下核和外侧核位于前庭核尾部,接受来自耳石器的刺激,与线性 VOR(translational VOR,tVOR)的产生有关,并作用于前庭脊髓反射。

2. **前庭神经核传入** 前庭神经核的传入有部分直接来自前庭神经,另外前庭神经核还接受来自颈部、脊髓、小脑、网状结构以及对侧前庭神经核的传入(图2-3-9)。

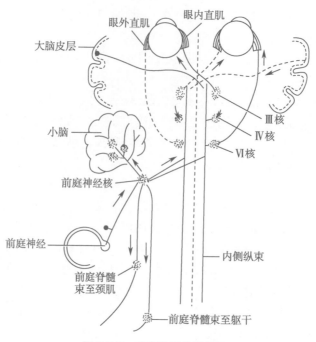

图 2-3-9　前庭神经传导径路

3. 前庭神经核传出通路　前庭神经核传出通路较为复杂，归纳如下（见图 2-3-1，图 2-3-9）。

（1）眼动通路（ocular motor pathway）：经内侧纵束（medial longitude fasciculus，MLF），到达展神经核、动眼神经核、滑车神经核等控制眼动的核团。

（2）前庭脊髓通路（vestibulospinal pathway）：通过前庭脊髓外侧束、前庭脊髓内侧束、前庭脊髓尾束和网状脊髓束，到达脊髓前角细胞运动神经元。

（3）小脑：小脑和前庭神经核、动眼神经核、大脑皮质（顶叶和岛叶）、脊髓之间存在双向联系；前庭神经的传入信号也可以直接到达小脑。传入信息经小脑下脚绳状体（juxtarestiform body），到达前庭小脑（绒球小结叶）。此外，小脑接受从脑桥核、网状核、旁正中束和下橄榄核等区域传入的视觉和眼动信号。因此，虽然小脑不是 VOR 反射弧的一部分，却是 VOR 增益（gain）调节的关键部位。VOR 增益是指眼动和头动之间的比率，增益调节发生于单侧前庭功能损伤或服用某些前庭抑制剂时。

（4）其他：中枢前庭系统和网状结构、自主神经系统、下丘、大脑皮质有密切联系，因此刺激前庭会出现眩晕、眼震、平衡失调、倾倒、自主神经反应、空间定向障碍等临床症状。

（二）前庭反射

1. 前庭 - 眼反射　VOR 的功能在于当头部短暂运动时，产生补偿性的共轭眼动，其方向与头动方向相反，从而保持视野清晰，是临床进行前庭功能检查的生理学基础。

（1）反射弧：由前庭神经节和前庭神经、前庭神经核以及控制眼动的数个核团构成。前庭神经核通过交叉性和非交叉性纤维，经对侧和同侧的内侧纵束，投射到展神经核、滑车神经核和动眼神经核，激活特定的眼外肌和其对应的拮抗肌，引起眼球运动（眼震）。

眼震（nystagmus）是一种不受主观意志控制的眼球节律性运动，前庭性眼震的特征是有交替出现的慢相（slow phase）和快相（quick phase）成分。慢相指眼球向某一方向做相对缓慢运动，由前庭刺激所致；快相则为眼球的快速回位运动，是中枢自发性矫正运动。眼震的慢相一般朝向前庭兴奋性较低的一侧，而快相则正好相反。

VOR 主要感受头部的低速和低加速度运动，因刺激前庭诱发，依赖小脑进行精细调节。

（2）分类：VOR 可分半规管 - 眼反射（canal-ocular reflex）和耳石器 - 眼反射（otolith-ocular reflex），分别产生 aVOR 和 tVOR。此外，头部静止时，在重力加速度的持续作用下，眼球会有微小的反向转动，即视反转（ocular counterrolling），也是一种由耳石器介导的 VOR。

1）半规管 - 眼反射：刺激外半规管产生水平向 aVOR，刺激前、后半规管，产生垂直向 aVOR。

A. 水平向 aVOR：头部向一侧转动，刺激同侧外半规管，输入信号经前庭神经到达前庭神经核，再交叉到对侧展神经核，激活该处运动神经元和中间神经元，导致该侧眼外直肌收缩（即被刺激的前庭对侧）；通过内侧纵束到动眼神经核，激活对侧的眼内直肌（即被刺激的前庭同侧）。某一眼外肌兴奋的同时，前庭神经核还会发出抑制性投射到它的拮抗肌，例如同侧眼外直肌兴奋的同时，则对侧眼内直肌被抑制。此外，在头部向一侧转动，则对侧外半规管被抑制，如头向左转时，则右侧外半规管被抑制，其神经元放电频率降低，有助于拮抗肌松弛。

B. 垂直向 aVOR：假想沿一侧垂直向的直肌和对侧斜肌连成一轴线，则该侧前半规管的走向与之一致。刺激前半规管，通过前庭神经核和 2 个动眼神经亚核，使同侧上直肌、对侧下斜肌兴奋收缩。刺激后半规管，致对侧下直肌、同侧上斜肌兴奋。所以，刺激垂直向的半规管，所产生的眼震是既有垂直向改变，又呈旋转性。例如，刺激右后半规管，其眼震快相向上，同时眼球向受试者的右侧旋转。因为滑车神经核、动眼神经上直肌亚核控制对侧眼外肌，所以从前庭神经核到数个动眼核团的垂直向神经投射中，兴奋性投射的会越过中线交叉到对侧，而抑制性投射不交叉。

2）耳石器 - 眼反射：是指刺激椭圆囊或球囊，信号传入到前庭外侧核，再经脑干投射到对侧展神经核，产生补偿性眼动。共有两种类型：①tVOR，对头部线性加速度的反应；②静态旋转性 VOR（static torsional VOR），对头部受持续重力加速度作用时，产生反向的抗旋转性眼动，帮助眼球对抗外力。

（3）速度存储机制（velocity storage mechanism）：主要作用是①延长来自壶腹嵴的前庭输入信号，使 aVOR 的持续时间延长；②帮助中枢区别直线加速度和重力加速度运动。速度存储机制功能异常，患者出现周期变化性眼震（periodic alternating nystagmus）。

2. **前庭 - 脊髓反射** 刺激前庭可产生脊髓反射，通过调节颈部、躯干及四肢的肌张力和运动来稳定头部和身体。前庭脊髓外侧束主要支配同侧颈部、躯体及上下肢伸肌收缩。前庭脊髓内侧束主要支配颈髓，进而支配头位。前庭脊髓反射受小脑和高级神经中枢的支配。

（三）前庭系统的特殊生理现象

1. **疲劳** 对于持续存在或反复给予的刺激，前庭系统出现反应性降低或消失的现象，称疲劳（fatigue）。疲劳程度随刺激强度加大而增强。

2. **习服和适应** 前庭习服（habituation）指前庭系统由于受到一系列相同的刺激所表现为反应性逐渐降低或衰减的现象。前庭适应（adaption）是指 VOR 系统对任何改变了的刺激，进行相应调整，以获得最佳的 VOR 反应。

3. **代偿** 代偿（compensation）是指单侧迷路功能急性丧失所引起的眩晕和一些运动症状，可在数日至数周内消失。

4. **冲动复制** 冲动复制（pattern-copy）是指当机体受到复杂而有节律的综合刺激时，中枢神经系统即可将这种传入的前庭冲动作为模型加以复制，以便加以对抗和控制。在刺激消失后，这种前庭冲动的复制尚可保留数小时至数日，以致外来刺激虽已消失，机体还存在着与受刺激时相似的反应。

（刁明芳 李晓璐）

第三章 | 听觉相关声学基础

声学（acoustics）是研究声音产生、传播、接收和效应的科学，声音的属性及其参量与听觉生理和听力测试等有着紧密的联系。听力学的各种测试如纯音测听、听觉诱发电位、耳声发射等，从本质上来说都是测量人的听觉系统对于声音刺激的主观或客观的反应。因此，听力学离不开声学。

第一节 声音的本质

声音本质是一种振动能量在弹性介质中的传播。声源和声学介质是声音的要素。从心理声学角度讲，声音是由于物体振动产生的波，通过声学介质的传播，被听觉系统所感受到的印象。

一、声源的基本属性

（一）振动和波

1. **振动声音** 产生于机械振动。抽象地说，振动是指一个物理量在观测时间内不停地经过最大值和最小值而交替变化的过程。对于声音而言，振动是指传播介质的分子相对于静止状态的位移不断在最大值和最小值之间变化的过程。当物体振动时，就会引起周围的介质发生压力和质点速度等参量的变化。作为弹性介质的空气，遇到物体振动时，其毗邻的空气就会出现压缩、膨胀或稠密、稀疏的周期性变化，并由近到远交替地向四周扩散。物体的振动可分为简谐振动、自由振动、阻尼振动及受迫振动等多种形式。

2. **简谐振动** 简谐振动是位移、速度或加速度按时间的正弦函数的振动，是周期振动的一种简单形式。简谐振动可以被定义为进行匀速圆周运动的质点，在法平面上的投影。反映该投影点相对于圆心的位移和相对于时间关系的函数为正弦函数（图 3-1-1）。此外，单摆、弹簧振子的振动特性也都可看作是简谐振动的一种特例。

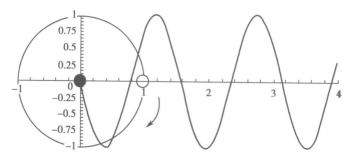

图 3-1-1 简谐振动

空心的圆圈代表沿顺时针方向做匀速圆周运动的质点，实心的点代表该质点在纵向法平面上的投影。该投影沿圆周的纵轴方向做往复运动，形成简谐振动，其位移随时间的变化规律为正弦（或余弦）曲线。

3. 振动的振幅、频率和周期 振动质点离开平衡位置的最大位移的绝对值叫作振幅。振幅描述了物体振动的范围和幅度。频率是单位时间内完成周期性变化的次数，是描述振动物体往复运动频繁程度的量。频率单位为赫兹（符号 Hz），以 f 表示。振动质点完成一次完整振动所用的时间称为周期，以 T 表示，单位为秒（s）。频率与周期互为倒数，即 $T=1/f$ 或 $f=1/T$。振动频率越高，周期越短；周期越长，频率越低。例如，频率（f）为 1 000Hz，周期（T）为 1/1 000（s），即 1ms；周期为 1s，频率为 1Hz，以此类推。

4. 受迫振动和共振 在周期性外力作用下产生的振动称为受迫振动。系统的结构、尺寸和材料以及激励该系统的方式，决定了该系统的振动频率。系统在受迫振动时，激励的任何微小频率变化都使响应减小的现象称为共振，也就是系统受迫振动的振幅趋于最大值的现象。这里所说的响应可能是位移、速度或加速度。物体或介质产生共振的频率，称为其固有频率或共振频率。当受迫振动的策动力频率和系统本身的固有频率相同或很接近时，系统产生共振。不同共振频率范围使得不同设备或物体可以像滤波器那样，有选择性地传输某些频率范围内的能量，衰减其他频率范围之内的能量。发声器件的频率与外来声音的频率相同时，则它将由于共振的作用而发声，声学中的共振现象称为共鸣。

5. 波和声波 以波动方式传播，简称为波。某一物理量的扰动或振动在空间逐点传递时形成的运动称为波。在介质任意一点，量度扰动的量（如位移）都是时间的函数；而在同一时刻，任意一点这个量都是其位置的函数。波通常可分为两大类：一类是机械振动在介质中的传播；另一类是变化的电场和磁场在空间的传播。前者称为机械波，如声波、水波；后者称为电磁波，如光波、电波和射线等。两者虽然在本质上不同，但都具有波动的共同特征。

波是振动状态的传播，介质中各质点并不随波前进，只是以交变的速度在各自的平衡位置附近振动。质点振动的方向与波动的传播方向不一定相同。质点的振动方向和波的传播方向互相垂直的波称为横波，例如手拉绳子的一端做上下抖动时，绳子上形成的波就是横波。质点的振动方向和波动的传播方向互相平行或一致的波称为纵波，例如在一根水平放置的长弹簧一端沿水平方面拉伸、压缩，使其振动时，沿着弹簧各个环节的振动形态就呈现水平移动的疏密相间的纵波波形。横波与纵波是波的两种类型。声音（即声源的振动）以声波形式在弹性介质中传播。声波在空气中传播的表现形式是纵波，空气质点振动的方向与声波传导的方向一致。

（二）声源的属性

声音产生于机械振动。物理学中把正在发声的物体叫作声源。声源和声波密不可分。声的振幅、频率、周期等特性，与传播出去的声波的振幅、频率、周期一致。人的听觉系统可接收的频率范围是 20～20 000Hz。声源不能脱离其周围的弹性介质而孤立存在。只有人耳能感知到的音频振动能量从振动源通过弹性介质传播出去，该振动源才被称为声源。声源的类型按其几何形状特点可分为点声源、线声源和平面声源等。

1. 点声源 指在空间上仅有明确位置而无范围的声源。理想状态下，点声源是空间中一个发声的点，其能量在均匀而各向同性的介质中以球面波向外辐射。球面波指的是波阵面平行于与传播方向垂直的平面的波，也就是各波阵面形成一系列同心球面（图 3-1-2A）。球面波的波阵面随着传播距离增大而增大，单位面积通过的声能以与传播距离呈平方反比的规律衰减，距离增加 1 倍，声压级衰减 6dB。实际中，当声源尺寸相对于声波的波长或传播距离比较小且声源的指向性不强时，可近似视为点声源，声能衰减也遵循距离增加 1 倍，声压级衰减 6dB 的规律。

2. 线声源 多个点声源呈线状排列时，远场分析时可看作线声源。例如火车行驶产生的噪声、公路上大量机动车辆行驶的噪声，或者输送管道辐射的噪声等。这些线声源以近似柱面波形式向外辐射噪声。柱面波指的是波阵面为同轴柱面的波（图 3-1-2B）。柱面波的衰减规律为与声源距离增加 1 倍，声压级衰减 3dB。

3. 平面声源 也叫面声源，是指在辐射平面上具有相等的辐射声能的作用的声源。其形成的平面波的波阵面与传播方向垂直（图 3-1-2C），平面上辐射声能的作用处处相等。

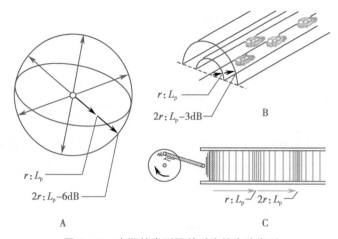

图 3-1-2 声源的类型及其对应的声波类型

A. 点声源及球面波的衰减规律；B. 线声源及柱面波的衰减规律；
C. 平面声源及平面波的衰减规律。

二、声学介质的属性

（一）质量和劲度

空气以及其他一切可传播声音的介质均具有两个重要的物理属性：质量和劲度。质量指的是物体包含的物质总量。在标准状态下（0℃，101kPa），1m³ 空气含气体分子 2.687 5 × 10²⁵ 个。每立方米空气的质量约为 1.3kg。劲度与声介质的弹性相关。声共振的固有频率即由声介质的质量和劲度所决定。固有频率与介质质量的平方根成反比，质量越大，固有频率越低；与介质劲度的平方根成正比，劲度越大，固有频率越高。声介质的质量和劲度这两个属性决定了声音的传播特性。不同频率的声音受到这两个属性的影响程度是不同的。通过声阻抗（或声导纳）的概念可以更好地理解这两个属性。

（二）声阻抗（或声导纳）

1. 声阻抗和声导纳的定义 声导抗是声导纳（Y_a）和声阻（Z_a）两者的总称。每个缩写中的下标 a，表示他们是一个声学量或计量单位。Y_a 表示声音通过一个声学系统的难易程度，Z_a 表示一个声学系统对通过其中的声音的抵抗程度，二者互为倒数。声阻抗和声导纳是从不同角度描述同一问题。

声阻抗（Z_a）是一个复数，是在波阵面的一定面积上的声压与通过这个面积的体积速度的复数比值。声阻抗可以用力阻抗表示，等于力阻抗除以有关面积的平方，单位为 Pa·s/m³。声阻抗描述介质对声波能量传递的阻尼和抵抗作用。声阻抗具有实数部分和虚数部分。声阻抗的实数部分称为声阻（R_a），虚数部分叫声抗（X_a）。声抗 X_a 包含质量声抗和劲度声抗两个部分，由下式计算：

$$X_a = \omega M_a - \frac{1}{\omega C_a} \qquad \text{式（3-1-1）}$$

式 3-1-1 中，M_a 为声质量，C_a 为声顺，声顺的倒数称为声劲，用 S_a 表示，ω 称作角频率，与声音频率 f 的关系为 $\omega = 2\pi f$。质量声抗以 ωM_a 表示，劲度声抗以 $1/(\omega C_a)$ 或 S_a/ω 表示，则有：

$$X_a = 2\pi f M_a - \frac{S_a}{2\pi f} \qquad \text{式（3-1-2）}$$

声阻抗 Z_a 由下式计算：

$$Z_a = \sqrt{R_a^2 + X_a^2} = \sqrt{R_a^2 + \left(2\pi f M_a - \frac{S_a}{2\pi f}\right)^2} \qquad \text{式（3-1-3）}$$

由式 3-1-3 可知，质量声抗和劲度声抗与频率有关，二者的抗力相位相反。高频时，声阻抗主要由质量因素 $2\pi f M_a$ 所控制，传声系统质量愈小，愈有利于高频声的传导。低频时，声阻抗主要由劲度因素

$S_a/2\pi f$ 所控制，劲度愈小愈有利于低频声的传导。摩擦因素产生的声阻，对各种频率都比较稳定，其相位与声压一致。

声导纳 (Y_a) 是声阻抗的倒数，也是一个复数，单位是 $m^3/(Pa\cdot s)$。声导纳的实数部分称为声导 (G_a)，虚数部分为声纳 (B_a)。

2. 声阻抗和中耳的传声功能　如前文所述，当声波从一种介质进入到另一种介质，如果二者的特性阻抗不同就会产生反射。声音从外耳道的气体介质传到内耳淋巴液，如果没有中耳系统的作用，声音大部分会被反射回去。

中耳既是力学的机械系统和振动系统，又是声学的振动系统和能量传递系统。它起着声波由低阻抗到高阻抗的阻抗匹配作用，从而克服了声能从空气介质到内耳淋巴液间的传递损失。中耳传声系统包括质量、劲度和摩擦三个影响中耳传导功能的分量。质量即惯性成分，主要是鼓膜与听骨链的重量和内耳淋巴液的惯性。劲度即弹性成分，主要取决于鼓膜、鼓室内的空气、听骨链韧带及关节，镫骨足板、蜗窗膜及内耳淋巴液和基底膜的弹性。劲度在中耳系统中起主要作用。摩擦即阻力成分，主要来自中耳小肌肉。阻力由摩擦产生，使部分声能转换为热能而被消耗。

三、声音的传播特性

声音以声波的形式在弹性介质中传播。声波是弹性介质中传播的压力、应力、质点位移、质点速度等的变化或几种变化的综合。弹性介质的存在是声波传播的必要条件。

（一）声波的频率、周期、波长和相位

声源和声波密不可分，声源的频率、周期等特性，与传播出去的声波的频率、周期一致。波动示意图描述了声波的特性（图 3-1-3），其中 u 为质点振动速度，y 轴为波幅，x 轴为波的传播方向，即可表示表示某一处声压随时间变化的情况，也可表示某一时刻波的传播方向上任一质点离开平衡位置的位移。

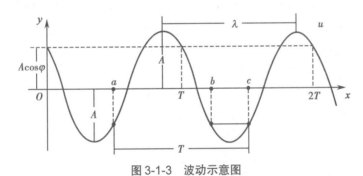

图 3-1-3　波动示意图

1. 声波的频率　频率是单位时间内传播声波的介质质点振动的次数，以 f 表示，单位为 Hz。频率是声波的重要属性之一。人的听觉系统可接收的频率范围是 20～20 000Hz，人耳最灵敏频率在 1 000～4 000Hz。

2. 声波的周期　振动的物体在往复循环的过程中重复一次所用的时间叫周期，以 T 表示，单位为秒（s）。周期和频率互为倒数关系，即 $T=1/f(s)$，或 $f=1/T(Hz)$。振动频率越高，周期越短；周期越长，频率越低。例如，频率 (f) 为 1 000Hz，周期 (T) 为 1/1 000s，即 1ms；周期为 1s，频率为 1Hz，以此类推。

3. 波长和声速　在传播声波的介质中，质点振动一个周期所传播的距离，或者说，在波形上相位相同的相邻两点间的距离叫波长，以 λ 表示，单位为米（m）。

声速是声音在介质中的传播速度，以 c 表示，单位为米每秒（m/s）。表 3-1-1 给出了不同温度下不同介质中的声速。在常温（22℃）和标准大气压下，空气中声速为 344.8m/s，通常取整为 340m/s。根据频率和波长的定义，声速可以理解为在单位时间内，介质中传播 f 个波长为 λ 的声波的距离。即声速 (c) 为频率 (f) 和波长 (λ) 的乘积，$c=f\lambda(m/s)$。当声波的频率为 1 000Hz 时，其波长 $\lambda=340(m/s)/1 000Hz$，约为 0.34m 或 34cm。频率为 100Hz，波长约为 3.4m，频率越高波长越短，频率越低波长越长。人类可听声波的波长范围为 1.7cm 至 17m，在室内声学中，波长的计算对于声场的分析有着十分重要的意义。

表 3-1-1　不同温度下不同介质中的声速

介质	声速/(m·s⁻¹)
橡胶	60
40℃的空气	355
22℃的空气	344.8
铅	1 210
金	3 240
玻璃	4 540
铜	4 600
铝	6 320

4. **相位**　在振动或波动时，质点在一个周期之内每一瞬间的振动状态（移位和速度）是不相同的（图 3-1-3）。用来描述质点在某一时刻（t）运动状态的物理量叫相位（或叫位相，周相）。它充分反映了振动的周期性特征。对简谐振动 $X=A\cos(\omega t+\varphi)$，$\omega t+\varphi$ 称作振动的相，常数 φ 称作振动的初相，即 $t=0$ 时的相。两个相位相差 π 的偶数倍，称作同相位；相差 π 的奇数倍，称作反相位。

测听用的纯音为一正弦波，每个周期的相位变化是 0°～360°。前 180° 由于空气分子受到挤压，使密度增加，形成声波的密相（condensation）；后 180° 分子向四周扩散，密度变稀疏，形成声波的疏相（rarefaction）。用耳机给声，膜片向外运动为密相，膜片向内运动为疏相。声波为疏相时，鼓膜与镫骨足板均向外运动，使基底膜上移向蜗管方向，此时毛细胞与听神经纤维受到刺激而兴奋。

两个频率相同的纯音，到达同一界面的相位差不为 0° 或 360° 时，就意味着二者的相位不同。人耳位于头的左右两侧，从某一侧声源发出的声音到达两耳的时间、强度和相位都会有差别，这对于双耳听觉及声源定位有重要意义。两个纯音作用于同一耳时，若相位相同，则互相增强，使响度加大；若相位相反，则相互削弱，使响度减小；若二者有相位差，则可产生相互干扰。

（二）声场

媒质中有声波存在的区域称为声场，均匀各向同性媒质中，边界影响可以不计的声场称为自由声场，简称自由场。自由场中声源附近瞬时声压与瞬时质点速度不同相的声场称为近场，对某个频率的声音而言，近场通常小于 2 倍其波长。自由场中离声源远处瞬时声压与瞬时质点速度同相的声场称为远场，对某个频率的声音而言，远场通常大于 2 倍其波长。远场和近场的声场分布和声音传播规律存在很大的差异。在远场中的声波呈球面波发散，遵循平方反比定律，即声源在某点产生的声压与该点至声源中心的距离的平方成反比。能量密度均匀，在各个传播方向作无规律分布的声场称为扩散声场，简称扩散场。实际进行纯音测听和言语测听用的声场多依照自由场的标准（JJF1191—2019 测听室声学特性校准规范）。

（三）声波的传播现象

1. **声波的叠加原理**　分析声波传播时可以运用叠加原理，叠加原理也叫独立作用原理，这是一个适用范围十分广泛的物理规律。叠加原理指出许多独立的物理量作用于一个系统时，其作用的和效果等于各物理量单独作用结果的总和。他们的分解或合成都遵循矢量运算的法则。

由几个声源产生的波，在同一介质中传播，如果这几个波在空间某点处相遇，该处质点的振动将是各个波所引起的振动的合成。也就是说，相遇后的各波都会对该点做出贡献，但仍独立保持自己原有的特性（频率、波长、相位和振动方向等），犹如在各自的传播中没有遇到其他波一样。这种波动传播的独立性，就是声波的叠加原理。在管弦乐队合奏或几个人同时讲话时，我们能够分辨出各种乐器或每个讲话人的声音，就是声波叠加原理的具体实例。

2. **声波的干涉和衍射**　频率相同或相近的声波相加时所得到的现象叫干涉。其特点是某种特性的幅值与原有声波相比较，具有不同的空间和时间分布。声波产生干涉的一个重要条件，就是几个声波在空间相遇时，其振幅有稳定的加强和减弱，就是声波的干涉现象。

衍射（也叫绕射）是介质中有障碍物或其他不连续性（如小孔洞）而引起的波阵面畸变。声波在传播过程中，遇到障碍物或小孔洞时，当波长远大于障碍物或孔洞的尺寸时，就会发生声波的衍射。波长与障碍物尺寸的比值越大，衍射也越大。对于 100Hz 以下的低频声，波长可达几米至十几米，很容易绕过障碍物，如果墙上有孔洞，就会产生低频泄漏。如果障碍物的尺寸远大于波长，虽然还有衍射，但在障碍物的边缘附近将形成一个没有声音的区域，叫声影区。任何物体的存在都会使声场发生畸变。人的耳郭、头颅和躯干都可能成为声波的衍射体。衍射在双耳听觉定位中也起到了一定作用。

3. 声波的反射和折射　当声波从一种介质入射到另一种介质时，若它们的特性阻抗不同，就会产生反射和折射。波阵面由两种介质之间的表面返回的过程叫反射。根据反射定律，向表面的入射角等于反射角。两种介质的声阻抗相差越大，反射越强。声波完全传不到第二种介质，而由分界处全部反射的现象叫全反射。当平面波通过空气和水的边界时，声波不论从哪个方面入射，绝大部分都会被反射回去。

当声波从一种介质进入另一种介质时，由于介质中声速的空间变化而引起的声传播方向改变的过程叫折射。在两种介质中的声速之比称为折射率。如果同一种介质存在温度差，其声阻抗会发生变化，声波就会产生折射现象。例如，白天由于阳光照射使地面附近的空气温度比上层的空气温度高，则地面附近空气中的声速比上层空气中的声速快，于是声音就向上折射；而夜晚，靠近地面的空气温度比上层空气温度下降得快，上层空气温度高于地面附近空气温度，于是声音就向地面折射。

4. 声波的散射　当声波在均匀介质中传播时，它的行进方向不会改变。但是，在声波的进行中遇到小的障碍物或介质有不均匀结构时，就会有一部分声波偏离原来的方向。声波向许多方向的不规则反射、折射或衍射的现象叫声波的散射。

（四）驻波

由于干涉现象，声场中可产生驻波。驻波是指由于频率相同的同类自由行波互相干涉而形成的空间分布固定的周期波。驻波的特点是具有固定于空间的节和腹。驻波中，声压最大的点、线或面称为波腹（antinode），声压基本为零的点、线或面称为波节（node）。最典型的驻波例子，就是弦的振动。例如，在弹拨吉他的弦时，弹拨动作首先在吉他的弦上产生一个振动，以波的形式向吉他弦固定的两端传播，然后从固定两端以相反的方向反射回来，在吉他的弦上形成一系列相向而行的波。这些波都具有相同的频率，并且以相同的速度在弦上传播。由于这些波是相干波形，所以他们瞬时的位移都会以代数和的形式相叠加。在沿着弦的各点上，质点的净位移由相关波形的叠加决定，由此形成静态的图样。波峰叠加的位置质点位移最大（也就是波腹），反相叠加的位置质点位移为 0（也就是波节）（图 3-1-4）。相邻的波腹之间和相邻的波节之间的距离均为 $\lambda/2$，而相邻的波腹和波节之间的距离为 $\lambda/4$。

（五）声波的衰减

声辐射是以波的形式进行能量传递的物理过程。声波从声源向四周辐射，波振面随着传播距离的增加而不断扩大，能量也被分散，使通过单位面积的声能相应减少。声源在单位时间内发射出的能量一定时，声音的强度随着距离的增加而衰减。当声波以球面波在自由声场中传播时，以声强表示的声音能量与距离声源的位移的平方成反比。声波在大气中传播时，除了声波的反射、衍射等散射引起的损失外，还有由于气候和自然环境等条件引起的声衰减。

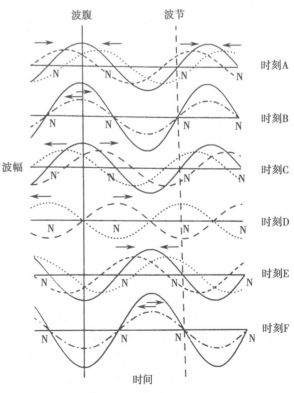

图 3-1-4　驻波示意图

第二节 声音的量度

无论是作为施加给受试者的刺激信号[例如纯音测听中的纯音信号、听觉诱发电位测试中的短声（click）或短纯音（tone burst）等信号]，还是作为从受试者记录到的反应信号（例如耳声发射中在外耳道记录到的声信号），声音信号都需要准确的量度，以便临床上对于测试结果实现量化分析。

正常人的听觉所能耐受的压强范围为 20μPa～20Pa，最高耐受阈限与最低敏感阈限的比值约为 10^6 倍。如果直接使用压强的基本单位 Pa 或者 μPa 来计量声音或者听觉阈限，会因为数值分布范围太广而产生诸多不便。在进行相互比较时，进行倍数的乘除运算也很繁复。人耳对声音强弱的分辨率也远远达不到 10^6 个能量等级。使用常用对数进行变换后得到的以分贝（dB）表示的听觉动态范围在 120dB 左右。这使得临床常用的级的范围较为适中，且便于以线性加减方式计算倍数关系，同时也符合人类对外界声刺激的感知规律。

一、分贝

（一）对数

分贝是由基本单位经过对数变换得到的。如果 $N = a^x(a > 0, aa > 0)$，即 a 的 x 次方等于 N（$a > 0$，且 $a \neq 1$），那么数 x 叫作以 a 为底 N 的对数（logarithm），记作 $x = \log_a N$。其中，a 叫作对数的底数，N 叫作真数，x 叫作"以 a 为底 N 的对数"。其中较为特殊的有两个：以 10 为底的对数叫作常用对数（common logarithm），并记为 lg；以无理数 $e(e = 2.718\,28\cdots\cdots)$ 为底的对数称为自然对数（natural logarithm），并记为 ln。0 没有对数。在实数范围内，负数无对数。式（3-2-1）～式（3-2-3）显示了对数的主要运算法则：

当 $a > 0$，且 $a \neq 1$，$M > 0$，$N > 0$ 时：

$$\log_a(M \cdot N) = \log_a M + \log_a N \qquad\qquad 式（3-2-1）$$

$$\log_a(M/N) = \log_a M - \log_a N \qquad\qquad 式（3-2-2）$$

$$\log_a M^N = N\log_a M（N 是正实数） \qquad\qquad 式（3-2-3）$$

（二）声学单位

声音本质是一种振动能量在弹性介质中的传播。声学单位是以国际单位制符号（SI）为基础，多数由基本单位表示，如声压（P）单位为帕斯卡（Pa）、声强（I）单位为瓦特每平方米（W/m²）。还有一部分可以用对数值表示，其中包括分贝（dB）。由于 dB 表示的量级都是经过取对数得到的，由对数的运算法则可知，以 dB 量度声音信号便于以线性方式计算倍数关系。

（三）级和分贝

听力学测试结果表述中常常使用到"级"的概念，如听力级、声压级等。在声学中，一个量的级指的是这个量与同类基准量的比的对数。对于一个以对数表达的"级"而言，该对数的底、基准量和级的类别必须说明。

1. **对数的底贝尔（B）和分贝（dB）** 都是级的单位，表示该量级是由基本单位经以 10 为底的常用对数变换得到的级。贝尔（B）是 bel 的缩写。一个量与同类基准量之比的以 10 为底的对数值为 1 时，称为 1 贝尔。分贝（dB）是 decibel 的缩写。其中的"deci-"表示"十分之一"，即 1dB = 0.1B。声学和听力学中最为广泛应用的计量单位就是 dB。

2. **基准量** 基准量决定了级的类别。dB 是由对数变换所得到的。如 x 为一场量，级就是 $L = 10\lg(x^2/x_0^2) = 20\lg(x/x_0)$（dB）。其中的 x_0 即为基准量。在听力学中，这个基准量值常以"零级"或"基准听阈级"的形式被提到，实际所代表的是该类级的 0dB。最基本的零级是物理学计量的基准量，即空气中声压级的基准量 20μPa（即通常所说的 0dB SPL）。

3. **级的类别** 在表达方式上，级的类别通常在前面加词冠来说明，如声压级、声功率级、听力级、掩蔽级等。如果以文字形式说明了级的类别，则 dB 后可不加后缀。如果未以文字形式说明类别，则 dB 后须加后缀说明，如 dB SPL、dB HL 等。在听力学测试中，当描述使用某一种信号测得的主观或客观阈值时，dB 后必须以后缀说明类别，也就是该信号计量所基于的基准量。

二、声压、声强、声功率和相应的级

（一）声压和声压级

1. 声压（P）　有声波时，媒质中的压力与静压的差值，单位为帕［斯卡］，符号 Pa，$1Pa = 1N/m^2$。通常情况下，声压是指有效声压，即在一段时间内瞬时声压的均方根值。这段时间应为周期的整数倍或足够长不致影响计算结果。由于声波可使弹性媒质形成疏波或密波，声压相对于静压可能是正值，叫超压；也可能是负值，叫负压。声压的大小反映了声波的强弱。人耳对 1 000Hz 纯音听阈的声压值大约为 $2 \times 10^{-5}Pa（20\mu Pa）$。人们在房间里谈话，相距 1m 处声压约为 0.05Pa；交响乐队演奏时，相距 5～10m 处声压约为 0.3Pa。

2. 声压级（L_P）　声压级（sound pressure level, SPL）是反映声信号强弱的最基本量，是声学测量中普遍采用的计量单位。某点的声压级是指该点的声压与基准声压之比的以 10 为底的对数乘以 2，单位为贝尔（B）。但通常使用分贝（dB）作为单位，此时某点的声压级是指该点的声压与基准声压之比的比值以 10 为底的对数乘以 20 倍，表达式为：

$$L_P = 20\lg\frac{P}{P_0}(dB) \tag{式（3-2-4）}$$

式中 P 代表某点的声压，P_0 为基准声压。空气中基准声压为 $20\mu Pa$；水中基准声压为 $1\mu Pa$。当声压为 1Pa 时，声压级为 94dB，这一数值被作为标准声校准器所产生的 1kHz 纯音声压级的标准值。表 3-2-1 给出了依据式（3-2-1）推导出的空气中声压与声压级的换算关系。

表 3-2-1　声压与声压级换算表

声压 /Pa	声压级 /dB SPL
100 000	194
10 000	174
1 000	154
100	134
10	114
1	94
0.1	74
0.01	54
0.001	34
0.000 1	14
0.000 02	0

（二）声强和声强级

1. 声强（I）　声场中某点处，与质点速度方向垂直的单位面积上，在单位时间内通过的声能称为瞬时声强。声强是一个矢量，具有方向属性。瞬时声强由式（3-2-5）表示：

$$I(t) = P(t) \cdot u(t) \tag{式（3-2-5）}$$

式（3-2-5）中，$I(t)$ 为瞬时声强，单位 W/m^2；$P(t)$ 为瞬时声压，单位 Pa；$u(t)$ 为瞬时质点速度，单位 m/s。

在稳态声场中，声强 I 为瞬时声强在一定时间 T 内的平均值，单位为瓦每平方米，W/m^2。其表达式为：

$$I = \frac{1}{T}\int_0^T I(t)\,dt = \frac{1}{T}\int_0^T P(t) \cdot u(t)\,dt \tag{式（3-2-6）}$$

式（3-2-6）中，T 为周期的倍数，或长到不影响计算结果的时间，单位 s。

在自由平面波和球面波的情况下，在传播方向上的声强与声压的平方成正比，与媒质的声特性阻抗成反比，即：

$$I_0 = \frac{P^2}{\rho} \cdot C \qquad\qquad 式(3\text{-}2\text{-}7)$$

式（3-2-7）中：P 为有效声压，单位 Pa；ρ 为媒质密度，单位 kg/m³；C 为声速，单位 m/s。

2. 声强级（L_I）　声强级（sound intensity level）是指声场中某一点的声强与基准声强之比的以 10 为底的对数，单位为贝尔（B）。但通常用分贝（dB）为单位，此时某点的声强级是指该点的声强与基准声强之比取以 10 为底的对数乘以 10 倍，表达式为：

$$L_I = 10\lg\frac{I}{I_0} \qquad\qquad 式(3\text{-}2\text{-}8)$$

式（3-2-8）中，I 为某点的声强，单位 W/m²；I_0 为基准声强，空气中的基准声强为 1pW/m²。

在自由行波条件下，声功率与声压关系固定，可由声压级求声强级。在一般情况下二者关系复杂，无法由声压级求声强级。

（三）声功率和声功率级

1. 声功率（W）　声功率也叫声能通量，是单位时间内通过某一面积的声能，单位为瓦，W。

声波为纵波时，声功率用式 3-2-9 表示：

$$W = \frac{1}{T}\int_S dS \int_0^T p \cdot u_n \cdot dt \qquad\qquad 式(3\text{-}2\text{-}9)$$

式（3-2-9）中，p 为瞬时声压，单位 Pa；u_n 为瞬时质点速度在面积 S 法线方向 n 的分量，单位 m/s；S 为面积，单位 m²；t 为时间，单位 s；T 为周期的倍数，或长到不影响计算结果的时间，单位 s。

在自由平面波或球面波上，通过面积 S 的平均声功率（时间平均）表达式为式 3-2-10：

$$W = \frac{p^2 \cdot S \cdot \cos\theta}{\rho \cdot c} \qquad\qquad 式(3\text{-}2\text{-}10)$$

式（3-2-10）中，p^2 为有效声压平方的时间平均，单位 Pa²；ρ 为媒质密度，单位 kg/m³；C 为声速，单位 m/s；θ 为面积 S 的法线与波法线所成的角度。

2. 声功率级　在声学测量中，声功率级是仅次于声压级的重要参量。声功率级是声功率与基准声功率之比的以 10 为底的对数，符号为 L_W，单位是贝尔（B）。但通常用分贝（dB）为单位。表达式为：

$$L_W = 10\lg\frac{W}{W_0}(\text{dB}) \qquad\qquad 式(3\text{-}2\text{-}11)$$

式（3-2-11）中，W 为声功率，单位为 W；W_0 为基准声功率，为 1pW。

三、听力学测试中的分贝

在听力学测试中，除了使用声压级分贝（dB SPL）量度声音之外，还可结合测试方法和测试信号，使用多种类别的分贝（dB）对声信号进行量度。不同类别的 dB 取决于不同的基准量，使用不同的后缀区分。当 dB 代表差值的含义时，不加后缀。

（一）dB HL（纯音听力级）

dB HL 是最常见的纯音听力图纵坐标显示的数值单位。各频率听力级的基准量（即 0dB HL）是该频率上听力正常人的听阈，即基准等效阈声压级（气导）或基准等效阈振动力级（骨导）。

气导测听的基准等效阈声压级（reference equivalent threshold sound pressure level，RETSPL）指的是对规定的频率，用规定类型的耳机，在规定的声耦合器或耳模拟器中测得的足够大数量的男女两性，年龄为 18～25 岁的耳科正常人耳的等效阈声压级的中位数，即各频率上的 0dB 听力级所对应的声压级 dB 数。TDH 39 耳机在符合 IEC 60318-3 规定的声耦合器上的纯音听力零级（表 3-2-2）。

骨导测听的基准等效阈振动力级（reference equivalent threshold vibratory force level，RETFL），指的是对规定的频率，用规定型号的骨振器（骨导耳机），在规定的机械耦合器上测得的足够大数量的男女两性，年龄为 18～25 岁的耳科学正常人的等效阈力级的中位数，即各频率上的 0dB 听力级所对应的力级分贝数。B-71 骨导耳机在符合 IEC 60318-6 规定的力耦合器上的纯音听力零级（表 3-2-3）。

表 3-2-2　TDH 39 耳机在符合 IEC 60318-3 规定的声耦合器上的纯音听力零级

频率 /Hz	纯音听力零级 /dB SPL
125	45.0
250	25.5
500	11.5
750	7.5
1 000	7.0
1 500	6.5
2 000	9.0
3 000	10.0
4 000	9.5
6 000	15.5
8 000	13.0

表 3-2-3　B-71 骨导耳机在符合 IEC 60318-6 规定的力耦合器上的纯音听力零级

频率 /Hz	纯音听力零级 /dB re 1μN
250	67.0
500	58.0
750	48.5
1 000	42.5
1 500	36.5
2 000	31.0
3 000	30.0
4 000	35.5
6 000	40.0
8 000	40.0

　　听力级反映的是测试信号级与基准等效阈级的差值。听力级的定义为：用规定的方式，规定类型的换能器于规定的频率，由换能器在规定的耳模拟器或机械耦合器中产生的声压级或振动力级，减去相应的基准等效阈声压级或基准等效阈振动力级。dB HL 既可以用于计量纯音信号，也可以用于描述受试者听阈。

（二）dB peSPL（峰等效声压级）

　　ABR 测试常使用时程小于 200ms 的短时程信号（如 tone burst/click）。这类信号具有良好的瞬态特性，更容易引出分化良好的波形。但大多数声级计的时间常数都远超过信号时程，也就造成测量结果远小于真实值。这种情况下，有一些变通的方法测量接近真实值的短时程信号声压级，即得到峰等效声压级（peak-equivalent SPL，peSPL）。其中一种方法是在示波器上获得短时程信号波形的峰 - 峰值，再将一个稳态正弦信号的峰 - 峰值（即极大值与极小值之差）调至与此相等，此时该正弦信号输出的声压级在声级计上的方均根读数即为 dB peSPL（图 3-2-1）。

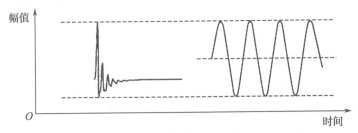

图 3-2-1　峰 - 峰等效信号级的测量方法示意图

左半部分显示了一个 100 显示的方波电脉冲信号加载到 TDH-39 耳机产生的声学短声信号，右半部分代表长时程正弦信号。

（三）dB nHL（正常听力级）

　　dB nHL（正常听力级）常用于听觉诱发电位测试的短时程测试信号的计量。在短时程信号零级的国际标准广泛使用之前，由于短时程信号参数复杂，且校准的影响因素较多，因此各个实验室或中心采用各自测得的正常听力零级，即 0dB nHL。测试一群正常听力的年轻人（至少 10 人，纯音听力计测试结果 250～8 000Hz 气导听阈≤15dB HL）能听到刺激声信号的最小刺激声强度（dB SPL 或 dB peSPL）的中位数定义为正常听力零级（0dB nHL）。2007 年国际标准化组织发布了 ISO 389-6，规定了短时程信号的零级，这意味着短时程信号在规定的换能器、强度、刺激速率等条件下，可以用 dB HL 来表示（表 3-2-4）。但以 dB HL 表示的听脑干反应测试的阈值是一个电生理反应阈，与纯音听阈（同样用 dB HL 表示）之间并不完全等同。因此，仍推荐保留使用 dB nHL 作为度量于听觉诱发电位测试信号的单位。

表 3-2-4　气导耳机的短纯音信号听力零级值(peRETSPL)　　　　　　　　　单位: dB peSPL

耳机(耳模拟器标准)	不同频率短纯音信号的听力零级值								Click
	250Hz	500Hz	1 000Hz	2 000Hz	3 000Hz	4 000Hz	6 000Hz	8 000Hz	
Sennheiser HDA 200 （IEC 60318-1）	28.0	21.5	19.5	20.0	22.0	29.0	38.0	41.0	28.0
Sennheiser HDA 280 （IEC 60318-1）	33.0	23.5	21.5	25.0	—	29.5	—	41.0	31.5
Telephonics TDH-39 （IEC 60318-1）	32.0	23.0	18.5	25.0	25.5	27.5	36.0	41.0	31.0
Etymotic Research ER-3A （IEC 60318-4）	28.0	23.5	21.5	28.5	—	32.5	—	—	35.5

（四）dB HL speech(言语听力级)

用于言语测听的言语信号是时变信号,多以 dB SPL 表示其信号级,即言语级。对足够量的耳科正常人,以指定的言语材料和指定的信号发送方式,得出的言语识别阈级的中位数称为基准语言识别阈级(即 0dB HL speech)。而言语级减去相应的基准语言识别阈级即为言语听力级(以 dB HL speech 表示)。

（五）dB EML(噪声频带的有效掩蔽级)

GB/T 4854.4—1999 中对噪声频带的有效掩蔽级的定义为当一中心频率与纯音频率相同的掩蔽声频带的存在,使该纯音的听阈上升,与此纯音的听力级相等的声压级。这在确定纯音测听的初始掩蔽级时十分重要。GB/T 7341.1—2010 规定了按照有效掩蔽级校准测听设备的窄带噪声掩蔽级。

（六）dB SL(感觉级)

指高于听阈的 dB 数,基准量为该频率的纯音听阈(dB HL)。这一单位经常用于听觉诱发电位刺激信号强度的确定。

（七）不加后缀说明的 dB

由 dB 的由来可知,当使用 dB 描述两个量之间的差值时,本质上是两个同类别的量进行倍数运算的比值经过对数转换,以差值的形式体现倍数关系。这个数值只代表了两个量之间的倍数关系,与基准量无关。因此,在描述听阈改善或变差、强度提高或降低的量、阈值或强度差异等包含"差值"含义的概念时,dB 后面不应加后缀。

四、时域和频域

时域分析与频域分析是对信号的两种观察和描述方式。时域分析是以时间为横坐标表示动态信号;频域分析是以频率轴为横坐标表示信号包含的频率成分。一般来说,时域的表示较为形象与直观,频域分析则更为简练和深入。

（一）声音的时域波形

通常提到的声音信号的"波形",是指信号幅度的瞬时值随时间分布的函数,即时域波形,是信号最直观的图形化体现。声音的时域波形横坐标为时间,纵坐标为幅度,可显示信号幅值如何随着时间变化。时域是真实世界唯一客观存在的域。

（二）频域和频谱分析

频域与时域相对。频域是指在信号进行分析时,分析其和频率有关部分,而不是和时间有关的部分。频域不是真实的,而是一个遵循特定规则的数学范畴。信号在频域下的图形通常称为频谱。频谱(frequency spectrum)是把时间函数的分量按幅值或相位表示为频率的函数的分布图形。不同性质的声音具有不同式样的频谱,可能是线谱,可能是连续谱,也可能是两者之和。声音信号包括幅度、频率、相位三个维度的属性。根据关注的维度,频谱图可分为幅度谱和相位谱。幅度谱更为常用,它是指信号幅度的瞬时值随频率分布的函数。相位谱则是指信号初始相位随频率分布的函数。幅度谱和相位谱共同确定了一个信号在频域中的完整表达形式。不同声信号的时域波形和频谱图的对照(图 3-2-2)。

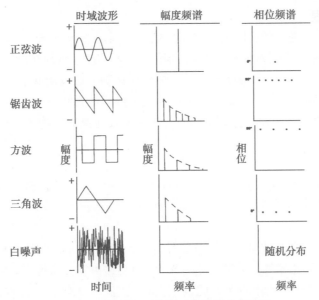

图 3-2-2 时域波形及其对应的幅度频谱图

（三）滤波和滤波器

声音信号中可能包含不同的频率分量。通过上文所述的频谱分析可获得信号中能量在各频率的分布。通过滤波的方法可以分别分析所关心的频带中信号的特征。滤波器是把信号中各分量按频率加以分隔的设备。它可使一个或几个频带中的信号分量通过时基本不衰减，其他频带中的分量则加以衰减。按其幅度 - 频率特性，滤波器分为全通滤波器、低通滤波器、高通滤波器、带通滤波器等类型（图 3-2-3）。在通带内幅频特性基本水平不衰减，阻带内的信号则几乎完全被滤掉。幅度从最大幅值下降 3dB 所对应的频率称为通带截止频率（图 3-2-4）。

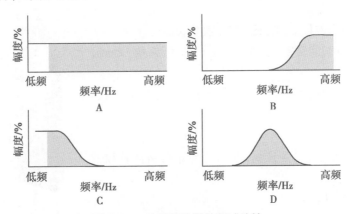

图 3-2-3 几种滤波器的频域特性

A. 全通滤波器；B. 高通滤波器；C. 低通滤波器；D. 带通滤波器。

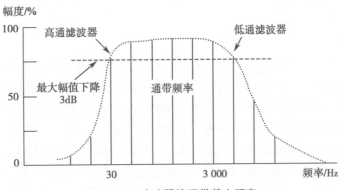

图 3-2-4 滤波器的通带截止频率

（四）声音信号的调制

调制是一种对声音信号进行塑造的数学方法。信号调制指的是用一个信号（调制信号）去控制另一作为载体的信号（载波信号），让后者的某一参数（幅值、频率、相位、脉冲宽度等）按前者的值变化。信号调制中常以一个高频正弦信号作为载波信号。基本的信号调制方法包括调幅、调频和调相。

在听力学测试中，调制信号常用的地方包括在声场下进行纯音测听时，为避免驻波使用的调频信号（有时称作啭音），还有本章第三节将要介绍的进行稳态听觉反应测试用的各种调制声信号。

五、声测量工具

声学测量工具包括传声器、前置放大器、测量放大器（声级计）、滤波器和频率计等。其中前置放大器、测量放大器和滤波器等可整合为一个测量设备，称为声级计。

（一）传声器

传声器（microphone）也叫麦克风，是将声信号转换为相应电信号的声电换能器。根据换能原理不同，传声器有动圈、电容、压电等多种类型。相对而言，电容传声器灵敏度高、性能稳定、频响曲线平滑、动态范围大，因此在声学测量中使用较多。此外，根据传声器本身对于声场的影响，传声器还可分为压力场型（也叫声压型）传声器和自由场型（也叫声场型）传声器。压力场型传声器适用于测量封闭耦合腔内的声压级，此时传声器构成壁面的一部分，测量得到的是壁面自身上的声压级，因此常用于耳机的输出测量。自由场型传声器所测得声压是消除了传声器对声场影响后的声压，其自由场灵敏度平直，具有平坦的频率响应，适用于声场下的校准测量。

（二）声级计的组成部分和功能

声级计是测量声压级的工具，可集成传声器、信号处理器和具有规定动态特性的显示器（图3-2-5）。信号处理器包括放大器、衰减器、计权网络、时间积分器或时间平均器。声级计的主要参数包括：

1. 主要性能参数

（1）检波模式：分为均方根值（RMS）和峰值（peak）。

（2）时间计权：慢档（时间常数1 000ms）、快档（时间常数125ms）和脉冲（时间常数35ms）。

（3）频率计权网络：A计权、C计权、线性计权（也有叫Z计权）和全通。

2. 主要测量参数

（1）声压级（SPL），即可测总声压级，也可经频谱分析测各频带声压级。

（2）等效连续声压级（LEQ）。

（3）声暴露级（SEQ）。

（4）测量期间最大声压级（Max）

（5）测量期间最小声压级（Min）

（6）计权声压级。

（三）频率计权网络

图3-2-5　数字式声级计

A. 安装了传声器的数字式声级计；

B. 声级计显示屏和测量参数设置面板。

为了模拟人的听觉对不同频率声音的敏感度，声学测量中常常会使用计权网络对测量到的信号进行变换。通过计权网络测得的声压级称为计权声压级，常用的有A、B、C、D等几种，其中A声级最常用。A计权模拟人耳对55dB SPL以下低强度噪声的频率特性。B计权是模拟55~85dB SPL中等强度噪声的频率特性。C计权是模拟高强度噪声的频率特性。A、B、C三种计权分别近似模拟了40方、70方和100方等响曲线。三者的区别在于对低频成分的衰减程度，A计权衰减最多，B计权次之，C计权衰减最少。更加常用的是等效连续A计权声压级，测量规定的时间内连续噪声的均方根能量，没有频率特性。dBA常用于环境噪声测量。D计权常常用于飞机噪声的测量。

（四）时间常数

在进行声测量时，针对不同时域特性的信号，声级计使用不同的时间计权。时间计权通常根据时间常数分为慢挡、快挡和脉冲挡三挡。所谓时间常数，是某一按指数规律衰变的量，其幅值衰变至某指定时刻幅值的 $1/e$ 倍时所需要的时间，单位为秒。其中 e 为自然对数的底数（2.718 28……）。通常以希腊字母 τ 表示。时间常数通常代表了一个系统响应启动或恢复的快慢。通常声级计慢挡时间常数为 1 000ms，用于测量幅度变化较慢的信号如纯音信号；快挡时间常数 125ms，用于测量幅度变化较快的信号如言语声；脉冲挡时间常数为 35ms，用于测量脉冲信号。

（五）声级计的参数设置和读数

声级计分为不同等级，最常用的是 1 级和 2 级声级计。1 级声级计具有两种检波模式：方均根值（root mean square，RMS）和峰值（peak）。使用声级计进行纯音信号的测量时，通常采用线性频率计权、慢档时间计权、以 RMS 方式检波，测量声压级。

常用的频率分析有两类，即等带宽与等比例带宽。常用是 1/1 和 1/3 倍频程滤波器。所测量的频率采用优选 1/3 倍频程频率，从低到高依次为：80Hz、100Hz、125Hz、160Hz、200Hz、250Hz、315Hz、400Hz、500Hz、630Hz、800Hz、1 000Hz、1 250Hz、1 600Hz、2 000Hz、2 500Hz、3 150Hz、4 000Hz、5 000Hz、6 300Hz、8 000Hz。为保证测试仪器设备（主要指声级计）的准确、可靠，测量之前，应使用声级计校准器进行校准。声校准器是校准传声器声压级的装置。在其耦合到规定结构及规定型号的传声器上时，能够在一个或多个规定的频率产生一个或多个已知有效声压级。常用的声级校准器可在频率为 1 000Hz 产生 94dB 或 124dB 的声压级。

第三节　常用声信号

听力学测试是测量人的听觉系统对于声音刺激的主观或客观反映。不同的测试需要使用不同时域和频域特性的声信号，并使用适当的方式量化地呈现给受试者。本节介绍几种常用声信号的特性、用途以及信号呈现方式。

一、纯音

纯音（pure tone）是最常用的听力学测试信号。纯音测听得到的听阈是听力测试的金标准。纯音是时域波形为一简单正弦时间函数的声波，具有单一音调。从频域上看，理想的纯音具有单一的谱线（图 3-3-1）。任何复杂的周期性信号都可在频域上分解为不同频率的纯音。

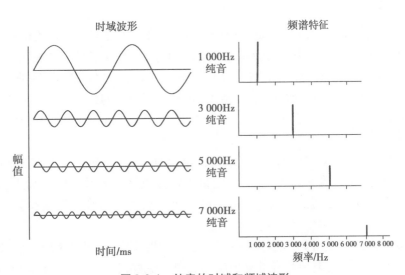

图 3-3-1　纯音的时域和频域波形

　　实际测试应用的声信号不可能是理想化的时程无限长的信号。其从无声到某一预定声压级需经过一个过程,这一过程即上升时间(rise time)。同样,声信号达到某一程度后持续的时间可长可短,这一持续时间(即时程)内声压级稳定不变,然后经过下降时间(fall time)降到无声。

　　声信号的时程和响度和频率特性都有关。例如,对1 000Hz纯音,时程(duration)需在200ms左右才能充分累积达到最高限度的响度。这时再延长时程,响度也不会增加,但缩短时程就会使响度降低。另一方面,信号时程还会影响信号的频率特性。时程越短声刺激的频谱主瓣越宽、频率特性越差,特别是低频纯音更易失去其频率特征。这也是临床上纯音测听要求每次给患者呈现信号至少1～2s的原因。

二、短时程信号

　　短时程信号是指持续时间短于200ms的信号。使用这些信号的常用测试包括记录听觉诱发电位和诱发性耳声发射等。

(一)短声

　　短声(click)是加载一个方波脉冲信号到换能器终端所产生的宽频谱的瞬态声学或振动信号。图3-2-1左图即为一个单极性短声信号的时域波形。短声是一种宽频带信号,频率特异性较差,能量主要集中在3 000～4 000Hz。图3-3-2显示了经插入式耳机播放的典型的短声频谱。

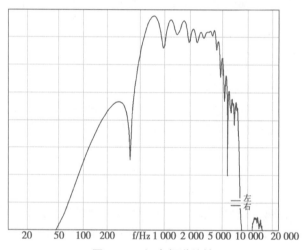

图3-3-2　短声频谱特性

(二)短音和短纯音

　　短音(tone pip)和短纯音(tone burst)是时程短于200ms的正弦信号。二者均由纯音信号施加一个时窗(包络)截取而成,包含数个正弦波。短音和短纯音的区别仅在使用线性时窗截取时在时域上是否具有平台期(持续时间)。短音不具有平台期。使用非线性时窗截取信号时,短音和短纯音并无显著区别,可统一称为短纯音。由于时程较短,所以与纯音相比,短音和短纯音的频谱并非单一谱线,而是形成一窄带,其频率特异性与时程、上升/下降时间有关。为去除测试中的刺激伪迹,通常采用由疏波信号和密波信号交替组成的交变极性短时程信号。

　　短纯音的时程指的是短纯音包络的上升沿和下降沿上50%最大幅度点之间的时间间隔(图3-3-3A)。短纯音包络的上升沿上10%最大幅度点与90%最大幅度点之间的时间间隔称为短纯音的上升时间(图3-3-3B);下降沿上90%最大幅度点与10%最大幅度点之间的时间间隔称为短纯音的下降时间(图3-3-3C)。

　　线性时窗截取的短纯音信号如图3-3-3所示。在评估听阈时,使用非线性时窗如Blackman等产生的短纯音比起一般的线性时窗短纯音引发的刺激同步性更好,同时还能保证频率特异性。目前多用Blackman时窗来截取短纯音(图3-3-4)。

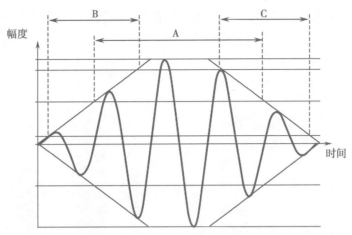

图 3-3-3　线性时窗交变极性短音 / 短纯音时域波形示意图

A. 时程；B. 上升时间；C. 下降时间。

（三）Chirp 声

Chirp 声又称线性调频脉冲声，是一种调频调制声，具有耳蜗行波延迟代偿的特性，其频率可随时间改变。它以耳蜗模型为基础，低频声音早发出，高频声音晚发出（图 3-3-5）。Chirp 声能代偿耳蜗传递时间，克服耳蜗的特殊解剖结构造成的低频区行波延迟，在耳蜗中增加了实时同步性，提高听性稳态反应（auditory steady state response，ASSR）评估听阈的效果并提高测试速率。Chirp 声在频率特异性 ABR、ASSR 测试中应用广泛。

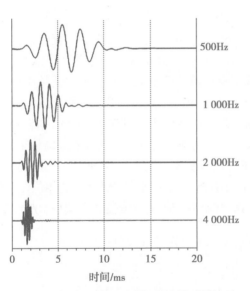

图 3-3-4　Blackman 时窗短纯音的时域波形

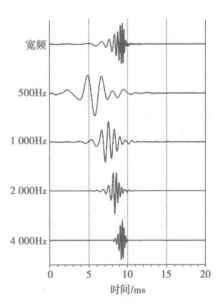

图 3-3-5　Chirp 信号波形图

（四）信号的频率特性

听力学测试需要尽可能了解受试者各个频率上的听阈水平。因此，所使用的测试信号需要具有频率特异性。在进行客观测听如 ABR 测试等时，信号的频率特异性尤为重要。ABR 反应阈值的确定需要主观判断，因而要求 ABR 波形具有较好的分化程度（即神经冲动同步化好）。这就要求刺激声具有较好的瞬态特性。因此，ABR 的刺激信号需要同时具备频率特异性和瞬态特性两个特点。

纯音具有最好的频率特异性，但是因其时程长、频谱窄，无法使得大量神经元有效同步化反应。传统的 ABR 使用短声可以在短时间诱发大量听觉神经元产生同步化神经反应，但是缺乏频率特异性。短纯音和短音综合了短声与纯音特点，理论上可在听神经同步化反应与频率特异性之间取得最佳平衡。短纯音 / 短音刺激声由其时程的长短决定频率特异性。上升、下降时间和时程越长，频率特异性越好；上升、下降时间越短,声刺激的频谱主瓣越宽、频率特性越差。非线性时窗截取的短音能够提高诱发 ABR 频率特异性。

三、复合信号

(一)言语信号

临床上常常需要进行言语测听。言语测听使用的信号,可以是监控下的现场发声,即由测试者朗读或口述,也可由发音人的物理言语声信号转换成电信号,经过控制和调整,再由电信号转换成物理言语声,如通过磁带、CD、计算机声卡等播放。与纯音、短纯音等信号不同,言语信号是波动的、复合的信号(图 3-3-6)。

图 3-3-6　某一段言语信号波形举例

言语信号的强度控制是非常重要的,使用经过校准的测试信号得到的结果才具有可比性。言语测听中使用的言语信号可用言语级(speech level,Lp)表示,也可用言语听力级(hearing level for speech,HLspeech)表示。由于言语信号幅度随时间波动,因此通常采用一段时间内的方均根值来描述言语信号级。言语听力计或者听力计中言语测听线路的校准,主要是以 1 000Hz 窄带噪声或啭音校准信号代替声强、频率和时间都不断变化的言语信号进行校准。

(二)用于 ASSR 测试的调制信号

用于 ASSR 测试的调制声信号与诱发 ABR 的瞬态信号如短声等不同。

1. **调幅声(amplitude modulation,AM)和调频声(frequency modulation,FM)**　正弦调幅或指数包络(exponential envelopes)的纯音、宽带噪声和限带噪声(band-limited noise)均可诱发 ASSR。其中正弦调幅音(波形如图 3-3-7A 所示)的频率特异性最好,调幅噪声诱发的反应振幅最大。调频声是对载波的频率进行调制,使载波的频率产生变化,调制深度的百分比是相对于载频而言,等于全部频率变化范围除以载频,调频反应振幅随调制深度和声音强度增加而增加。临床多用调制深度为 10% 的调频声。

2. **混合调制声(mixed modulation,MM)**　MM 是以同一调制频率同时调制载波的振幅和频率(波形如图 3-3-7C 所示)。如果调制频率在 80～100Hz,AM 和 FM 反应基本上是独立的,两者相加构成 MM 反应。一般 AM 反应的相位比 FM 反应的轻微延迟,MM 反应的振幅随着 AM 和 FM 之间的相位差变化,当 AM 和 FM 的反应相位一致时,振幅达到最大,仅比单独 AM 和单独 FM 反应振幅之和减少 10%～20%。

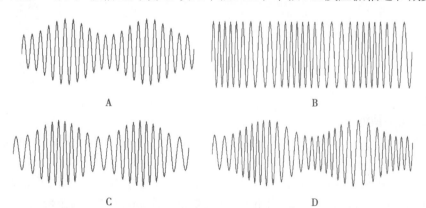

图 3-3-7　诱发听觉稳态反应的调制信号

A. Fc 为 1 000Hz,Fm 为 100Hz 调幅深度 50%;B. Fc 为 1 000Hz,Fm 为 100Hz 调频深度 30%;C. Fc 为 1 000Hz,Fm 为 100Hz 调幅深度 50%、调频深度 30% 的混合调制声;D. Fc 为 1 000Hz;调幅 Fm 为 100Hz、调制深度 50%;调频 Fm 为 80Hz、调制深度 30% 的独立调幅调频声。

3. 独立调幅调频声（independent amplitude and frequency modulation, IAFM）　IAFM 是同时以不同的调制频率对某一载波分别调幅和调频。IAFM 反应比只调幅或只调频诱发的反应振幅稍有减低（减少14%）。同时给以多个 IAFM 声，可用于评价人类听觉系统分辨频率和振幅同时变化的能力。言语模式的 IAFM 声是以不同的调制频率同时对某一载波同时分别调幅和调频，载频（500Hz、1 000Hz、2 000Hz 和4 000Hz）的调幅、调频深度与日常用语的声学特性相似，4 个载频同时给出。

四、噪声

（一）噪声的定义

在听力学测试中，噪声通常与信号相对。噪声有两层含义，一是从声学本质上是指紊乱断续或统计上随机的声振荡，二是广义上可引申为任何不需要的声音或者电干扰。本节从声学本质上介绍听力学测试中常见的噪声。

（二）噪声的种类

1. 白噪声　用固定频带宽度测量时，频谱连续并且均匀的噪声。白噪声的功率谱不随频率改变（图 3-3-8A）。

2. 粉红噪声　用正比于频率的频带宽度测量时，频谱连续并且均匀的噪声。粉红噪声的功率谱密度与频率成反比（图 3-3-8B）。

3. 窄带噪声　频谱连续且功率谱密度恒定的白噪声，通过在通频带以外基本上是恒定衰减的带通滤波器，所产生的噪声信号（图 3-3-8C）。在纯音测听时，为避免非测试耳通过交叉听力听到测试声信号，需用中心频率与测试纯音信号频率相同的窄带噪声在非测试耳施以掩蔽。所谓掩蔽，是一个声音的听阈因存在另一个声音而提高。掩蔽的大小就是提高的分贝数。

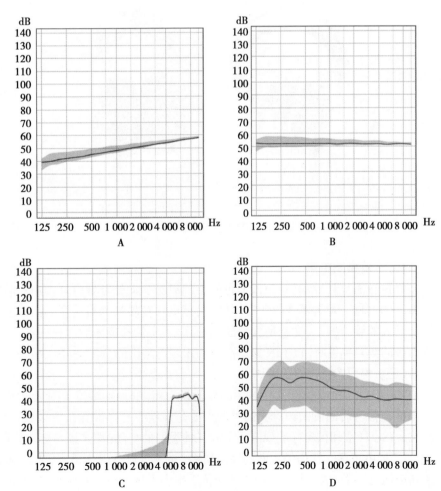

图 3-3-8　几种常用噪声的频谱图（对数频率坐标）
A. 白噪声的功率频谱；B. 粉红噪声功率频谱；C. 窄带噪声频谱；D. 国际长时平均语谱噪声频谱。

4. 言语噪声　某些声场下的噪声中言语识别测试材料使用与测试项频谱形状一致的言语谱噪声进行校准。较为常用的有国际长时平均语谱（ILTASS）噪声（图3-3-8D）和多人谈话噪声（babble noise，BN）。

（三）信噪比

信噪比是信号相对于噪声的倍数，通常以dB表示。信噪比越高，代表信号越清晰。

五、声音信号呈现方式

各种测试用的声音信号都是通过换能器将电信号转换为声信号呈现给受试者。常用换能器包括气导耳机、骨振器（骨导耳机）和扬声器。其中扬声器并不是孤立使用，而是必须在符合标准的测试声场中进行测试。

（一）气导耳机给声

空气传导又称气导，是声波经外耳道、鼓膜、听骨链，通过镫骨足板振动内耳外淋巴的过程。通过气导方式给患者呈现信号的换能器叫作气导耳机。听力测试使用的标准化的气导耳机主要包括以下几种：

1. 压耳式气导耳机　这类耳机的耳机壳呈开放式，重量较轻，同时具有良好的频率响应。常用压耳式耳机有TDH39耳机等。此类耳机亦可在外部增加耳垫（图3-3-9A）。

2. 耳罩式气导耳机　此类气导耳机的耳机壳与耳垫是完全封闭的，低频响应更好，失真较小。常用耳罩式耳机有HDA200耳机等（图3-3-9B）。

3. 插入式耳机　与前两种耳机不同，插入式耳机的换能部分与声音入耳部分是分离的，肩挂式换能器通过长约240mm的声管与乳突部接头相连接，配以海绵耳塞。抗环境噪声性能好，并可提高耳间衰减值。此外，插入式耳机比压耳式和耳罩式耳机更适用于对外耳道塌陷的受试者进行测试。常用插入式耳机有ER-3A耳机等（图3-3-9C）。

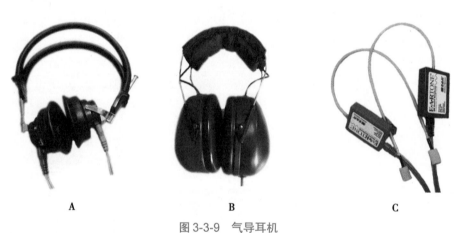

图3-3-9　气导耳机

A. 压耳式气导耳机（TDH39）；B. 耳罩式气导耳机（HAD200）；C. 插入式耳机（ER-3A）。

（二）骨振器给声

骨传导简称骨导，是指声波通过颅骨的机械振动传导到内耳，使内耳淋巴发生相应振动而引起基底膜振动的过程。骨振器又叫骨导耳机，是把电振荡转换为机械振动的换能器。在使用时，骨振器紧密地耦合到人的骨结构上，通常是乳突部，也有时置于额骨或牙齿。骨振器的输出为交变的力，以dB作为交变力级的级差单位时，以1μN为基准。临床测听常用的B-71和B-72型骨振器（图3-3-10）。

（三）声场中扬声器给声

在听力测试中经常会选用扬声器作为换能器，在声场环境下测试患者双耳聆听由一只或多只扬声器发出的声信号时的听阈。广义的声场指的是媒质中有声波存在的区域。用于声场测听的环境会有很大变化。ISO标准和国家标准规定了下列三种类型的声场，用户需考虑决定哪种声场更适用。

1. 自由声场　在均匀各向同性媒质中，声波可以自由传播，边界影响可以不计的声场叫自由场。自由场应满足以下声学要求：①扬声器应位于坐姿受试者头部的高度，参考轴径直穿过参考点。参考点与扬

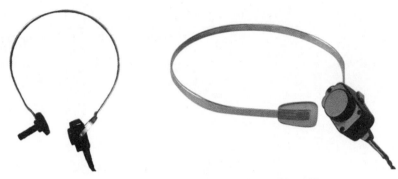

图 3-3-10　B-71(左)和 B-72(右)型骨振动器

声器之间的距离应至少为 1m；②当受试者及其座椅不在时，在偏离参考点轴线左右及上下各 0.15m 处，扬声器产生的声压级与其在参考点的声压级之差，对小于等于 4 000Hz 的任意测试频率，应不超过 ±1dB，4 000Hz 以上的任意测试信号，应不超过 ±2dB。并且参考点轴线左右各 0.15m 的两位置声压级之差，对 4 000Hz 以上的任何频率，应不超过 3dB；③当受试者及其座椅不在时，在参考轴上，距离参考点前、后各 0.15m 处，与扬声器在参考点产生的声压级之差值，与声压距离反比定律理论值的偏差，对任意测试信号，应不超过 ±1dB。

2. **扩散声场**　能量密度均匀、在各个传播方向作无规分布的声场叫作扩散声场。扩散声场应满足以下要求：①当受试者及其座椅不在时，用全向性传声器测量，对任意测试信号，在偏离参考点轴线前、后、左、右、上、下 15cm 的各位置，与参考点声压级的偏差，均不应超过 ±2.5dB。并且参考点轴线左右各 0.15m 的两位置声压级之差，应不超过 3dB；②在 500Hz 及其以上频率，对规定的最大和最小两个测量方向，在参考点的声压级偏差应在 5dB 以内。

3. **准自由声场**　若房间的六面中只有地面未铺设吸声材料，则可能对声波产生影响，叫作准自由声场。准自由声场应满足以下要求：①扬声器应位于坐姿受试者头部的高度，参考轴径直穿过参考点。参考点与扬声器的参考点之间的距离应至少为 1m；②当受试者及其座椅不在时，且所有其他正常工作条件保持不变，在偏离参考点轴线左右及上下各 0.15m 处的位置，扬声器产生的声压级与其在参考点处的声压级之差，对任意测试信号应不超过 ±2dB；③当受试者及其座椅不在时，在参考轴上，距离参考点前、后各 0.10m 处，任意测试信号，扬声器在参考点产生的声压级与声压距离反比定律理论值的偏差，应不超过 ±1dB。

事实上，实际测试环境往往难以从理论上满足三种类型中的任意一种。从有利于实践的角度出发，在声场零级校准中往往采用扩散场的零级。

国家标准《GBT 4854.7—2008 声学校准测听设备的基准零级第 7 部分：自由场与扩散场测听的基准听阈》规定了声场测听允许的最大环境噪声级。测试室内的环境声压级，应符合表 3-3-1 中所给数值的要求。

受试者在声场中受试的位置，两耳道口连接直线的中点称为参考点，是声场空间中的一个虚拟的点，信号校准和受试者接受测试均必须在参考点上进行。参考点通常与受试者坐姿耳部位置、扬声器喇叭中心点等高，且扬声器中心点沿参考轴方向与参考点的距离不少于 1m。无论采用何种入射角度，扬声器的参考轴均应直穿参考点。

声场布局的另一个重要因素是声音入射角。入射角指的是扬声器矢状参考轴面与受试者矢状面的夹角。根据信号入射方向，主要有 0° 入射、90° 入射、45° 入射等 3 种入射方式(图 3-3-11)。对不同入射角，自由声场的基准听阈声压级略有差别，需通过入射角修正值进行修正。扩散场的基准听阈声压级受入射角影响很小。

声场测听时如果使用纯音，会遇到驻波问题。为克服这一问题，要求施以可减少驻波效应的非相干信号，临床上通常使用窄带噪声或者啭音进行测试。

表 3-3-1　声场测听的最大环境噪声级 L_{max}，1/3 倍频程带

1/3 倍频程带的中心频率 /Hz	最大允许环境噪声级 L_{max}（基准：20μPa）dB 最低测试音频率	
	125Hz	250Hz
31.5	52	60
40	44	53
50	38	46
63	32	41
80	27	36
100	22	32
125	17	25
160	14	18
200	12	12
250	10	10
315	8	8
400	6	6
500	5	5
630	5	5
800	4	4
1 000	4	4
1 250	4	4
1 600	5	5
2 000	5	5
2 500	3	3
3 150	1	1
4 000	−1	−1
5 000	1	1
6 300	6	6
8 000	12	12
10 000	14	14
12 500	15	15

注："最低测试音频率"指的是声场测听时所测至的最低频率。由表中可以看出，如需测至 125Hz，声场的最大允许环境噪声级在 200Hz 以下的频率上较之仅测至 250Hz 的情况更低，即考虑了 200Hz 以下频率环境噪声对 125Hz 听阈的影响。

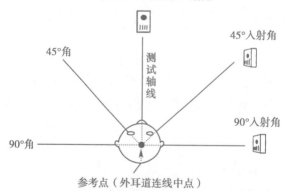

图 3-3-11　声场测听入射角示意图

（冀　飞）

第一节　听力测试环境的要求和标准

听力测试应在符合相应隔声要求的测听室内进行。不同的听力检查对测听室环境噪声的要求也不同。纯音气导和骨导测听及声场测听的国家标准对测听室的最大允许环境噪声作了具体规定。测听室的建造，涉及建筑学、声学、物理学、环境科学和听力学等多学科的综合内容。因此，必须按照国家标准的要求由专业人员进行规范化设计和建造。

一、听力测试环境的基本要求

（一）隔声要求

测听室的环境噪声对测听结果有直接影响。因此，测听室的隔声效果是设计建造测听室的关键。在建造测听室时应考虑到声波的传播特性。如前所述，行波遇到障碍物时会产生反射、绕射、吸收和透射等现象。隔声室只能减少和削弱外界噪声的干扰，而不能将声音完全拒之于室外。建筑材料的隔声量或称声衰减，由下式计算：

$$TL = -42 + 20\lg f + 20\lg M$$

公式中，TL 为隔声量（单位：dB），f 为声波频率（单位：Hz），M 为隔声材料单位面积的质量（单位：kg/m²）。

上式是建筑声学中常用的质量作用定律。由式中可知，隔声量与声波的频率和建筑材料的质量有关。对于一定频率的声波，一个密实的单层墙的隔声量取决于该墙单位面积的质量。同一堵墙对不同频率声音的隔声效果也是不一样的，对低频声音的隔声要比高频声音困难得多。

根据质量作用定律，如使用相同的建筑材料，墙的厚度增加一倍，隔声量增加 6dB，厚度再增加一倍，隔声量也再增加 6dB。依此类推，之后每增加 6dB 的隔声量，墙的质量将增加原有质量的一倍。很显然，越是到后来，为了得到 6dB 的隔声量，需要付出的代价越大。在建造隔声室时，通过增加墙的厚度来达到提高隔声效果的做法是不科学也是不经济的。为了取得好的隔声效果，可采用双层墙结构或经过特殊的隔声处理。

对于高标准隔声室，可在外室内再建一内室。内外室应采用混凝土或高标号砖及砂浆墙体材料。内室基础应作减震处理，并使内外室层间有 100mm 空气层，中间不加任何填充物，也不得有任何刚性连接，使内室完全悬空，与外室隔离。如果隔声室上面还有楼层，外层顶板与上层底板之间应有 600～700mm 的净空，建筑结构示意图如图 4-1-1 所示。

隔声室外墙面力求光滑，以增加对声音的反射。内壁和顶面及地面，用吸声材料。以提高吸声性能和减少混响时间。

对临床测听用的隔声室，可采用双层钢板中间加吸声材料，底层采取减震措施，这样既能达到隔声效果又可节省空间和经费。

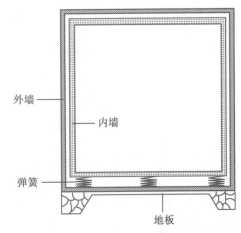

图 4-1-1　隔声室建筑结构示意图

门、窗是隔声的关键，应注意密闭，防止任何方向的声波直射或绕射入室内。因为窗户隔声较困难，所以隔声室不宜有窗户。门应采用双层结构，在两层钢板之间加玻璃棉或其他吸声材料。门扇四周用橡皮压条，框与扉之间用阶梯式结构，以提高密闭性能。隔声室的门既要坚实牢固，隔声密闭性能好，又要做到开闭灵活。如果用单门达不到隔声要求可采用双层门。

为减少外界环境噪声的影响和电磁干扰，测听室应建在相对僻静处，要远离马路，尽量避开外界噪声干扰，如马达、电梯、高频电钻、自来水管、锅炉房和木工房等。

（二）通风要求

测听室出于隔声的需要，往往采用密闭式的建筑。墙上一般不留供采光和通风用的窗户，通向室外的门也是隔声密闭的，室内不安装水暖管道。在这种布局下，室内应通风良好。机房应远离测听室，墙壁加岩棉吸声板，机组噪声应小于 60dB（A）。送风和排风管道密闭性能要好，配有阻抗消声器和消声弯头，用软接头与顶板上的预留送、排风口连接，换气量应达到 10 次 /h。室内温度为（18～25）℃±3℃，相对湿度（40%～70%）±10% 为宜。

（三）照明要求

室内照明应采用白炽灯，不宜用荧光灯，因为镇流器启动或灯管在使用过程中会发出响声，而使测听室内的环境噪声声压级增高而影响测听结果。

二、对纯音测听室环境噪声的要求

GB/T 16296.1—2018《声学　测听方法　第 1 部分：纯音气导和骨导测听法》中规定：测听室中的环境声压级应不会掩蔽测试音的规定值。对气导和骨导测听的不同频率范围和使用不同类型的测听耳机，允许的环境噪声也不相同（表 4-1-1、表 4-1-2）。

表 4-1-1 中列出用典型通用的压耳式耳机作气导测听时所允许的最大环境声压级。表 4-1-2 给出不同类型测听耳机的声衰减值。如果用其他类型耳机（如插入式耳机、耳罩式耳机等）测听，则应将这些耳机的声衰减值与典型压耳式耳机声衰减值之差值与表 4-1-1 中所列的各频率的最大允许环境声压级相加。

表 4-1-1 和表 4-1-3 中列的数值允许是需要测试的最低听阈级为 0dB，由环境噪声引起的最大误差为 +2dB。如果允许环境噪声引起的最大误差为 +5dB，则表中之值可以加 8dB。

表 4-1-1　用典型通用的压耳式耳机做气导测听时 1/3 倍频带最大允许环境声压级 L_{max}（基准：20μPa）

1/3 倍频带的中心频率 /Hz	125 ~ 8 000Hz 测试纯音的 L_{max}/dB	250 ~ 8 000Hz 测试纯音的 L_{max}/dB	500 ~ 8 000Hz 测试纯音的 L_{max}/dB
31.5	56	66	78
40	52	62	73
50	47	57	68
63	42	52	64
80	38	48	59
100	33	43	55
125	28	39	51
160	23	30	47
200	20	20	42
250	19	19	37
315	18	18	33
400	18	18	24
500	18	18	18
630	18	18	18
800	20	20	20
1 000	23	23	23
1 250	25	25	25
1 600	27	27	27

1/3 倍频带的中心频率 /Hz	125 ~ 8 000Hz 测试纯音的 $L_{\max}$/dB	250 ~ 8 000Hz 测试纯音的 $L_{\max}$/dB	500 ~ 8 000Hz 测试纯音的 $L_{\max}$/dB
2 000	30	30	30
2 500	32	32	32
3 150	34	34	34
4 000	36	36	36
5 000	35	35	35
6 300	34	34	34
8 000	33	33	33

　　测听室的建造应当考虑经济适用，使测试人员和受试者都有一个舒适的环境。测听室不宜过大或过小，过大会造成空间的浪费，而且会增加造价。面积太小可能引起室内人员的不适感。对于小型测听室，室内面积一般应不小于1m²，高度不小于2.2m，应有良好的通风和照明设备。

表 4-1-2　不同类型耳机的平均声衰减

中心频率 /Hz	典型通用压耳式耳机的平均声衰减 /dB	耳罩式耳机（HDA 200）的平均声衰减 /dB	插入式耳机（ER-3A）的平均声衰减 /dB
63	1.0	17.0	33.0
125	3.0	15.0	33.0
250	5.0	16.0	36.0
500	7.0	23.0	38.0
1 000	15.0	29.0	37.0
2 000	26.0	32.0	33.0
3 150	31.0	41.0	37.0
4 000	32.0	46.0	40.0
6 300	26.0	45.0	42.0
8 000	24.0	44.0	43.0

表 4-1-3　做低至 0dB 的听阈级骨导测听时，1/3 倍频带最大允许环境声压级 $L_{\max}$（基准：20μPa）

1/3 倍频带的中心频率 /Hz	125 ~ 8 000Hz 纯音的 $L_{\max}$/dB	250 ~ 8 000Hz 纯音的 $L_{\max}$/dB
31.5	55	63
40	47	56
50	41	49
63	35	44
80	30	39
100	25	35
125	20	28
160	17	21
200	15	15
250	13	13
315	11	11
400	9	9
500	8	8
630	8	8
800	7	7
1 000	7	7
1 250	7	7
1 600	8	8

续表

1/3 倍频带的中心频率 /Hz	125 ~ 8 000Hz 纯音的 L_{max}/dB	250 ~ 8 000Hz 纯音的 L_{max}/dB
2 000	8	8
2 500	6	6
3 150	4	4
4 000	2	2
5 000	4	4
6 300	9	9
8 000	15	15

三、声场测听对环境噪声的要求

声场测听是在测试室内用双耳聆听由扬声器发出的测听声信号。其基准听阈声压级比用耳机测听的基准等效阈声压级低。因此,声场内最大允许环境声压级低于普通纯音测听隔声室要求。声场测听的最大允许环境声压级(表 4-1-4)。

表 4-1-4　声场测听 1/3 倍频带最大允许环境声压级 L_{max}(基准:20μPa)

1/3 倍频带的中心频率 /Hz	最低测试音频率为 125Hz 的声场 L_{max}/dB	最低测试音频率为 250Hz 的声场 L_{max}/dB
31.5	52	60
40	44	53
50	38	46
63	32	41
80	27	36
100	22	32
125	17	25
160	14	18
200	12	12
250	10	10
315	8	8
400	6	6
500	5	5
630	5	5
800	4	4
1 000	4	4
1 250	4	4
1 600	5	5
2 000	5	5
2 500	3	3
3 150	1	1
4 000	−1	−1
5 000	1	1
6 300	6	6
8 000	12	12
10 000	14	14
12 500	15	15

表 4-1-3 中列的数据是对所测最低听阈为 0dB,由于环境噪声引起的最大误差为 +2dB。如果因环境噪声引起的最大误差允许为 +5dB,则表 4-1-4 中的数值,可再增加 8dB。若所测的最低听阈级不是 0dB,则最大允许环境声压级为表 4-1-4 中的值加上所测的最低听阈声压级值。

不是专业实验室或用于耳科正常人听敏度测试的声场，一般不要求所测试的最低听阈一定为0dB，最大允许误差为+2dB。因此，可适当放宽对声场最大允许环境噪声的要求。因为声场的面积比纯音测听室大得多，使用面积一般为7～10m²。这样，在满足使用要求的情况下，可以降低造价，节约经费。声场可以兼作纯音测听。

四、听觉诱发电位测试室的隔声和屏蔽

对于纯音测听和声场测听，只需满足对测听室最大允许环境声压级的要求，不考虑电磁屏蔽问题。用于听觉诱发电位的测听室或听觉生理研究实验室，除了要有一定的隔声条件，还要解决防止外界电磁波的干扰问题。通常采用紫铜网或铜板沿着房间的六个面连续铺设形成屏蔽层，铺设应包括门、操作室与测听室墙壁的观察窗及仪器连线的孔道，或者全部采用钢板屏蔽结构，形成一个全封闭的屏蔽整体。如果测听室附近有强电磁波干扰源，需要根据对周围环境的测试情况进行设计建造。

还有一个重要问题，就是诱发电位测试室需要单独埋设地线，接地电阻应小于1Ω。测试仪器的电源应经过稳压和滤波。

听觉诱发电位所用的测听信号为短时程信号，如果不作骨导测试，测听室的环境噪声只要满足表4-1-1的要求即可。这种隔声条件比较容易实现。

测听室建成后，应由专业人员按国家标准测试隔声室内31.5～8 000Hz各1/3倍频程中心频率的环境噪声声压级，不能单凭A计权声压级评定测听室的最大允许环境声压级。对声场，还应通过对参考点声学特性的测试，确定是否满足声场测听条件。必要时，应请环保部门对室内有害气体进行检测。

第二节 听力测试仪器设备

临床听力学常用的听力诊断仪器设备包括纯音听力计、言语测听设备、耳声阻抗/导纳测量仪、听觉诱发电位和耳声发射测试仪器等，可为听力损失的定性、定量和定位诊断提供依据，是耳病诊治和听力学研究的重要设备。

一、纯音听力计

纯音听力计是听功能测试最常用的声学电子仪器。它是由可以产生纯音和噪声的信号发生器、功率放大器、衰减器、指示仪表（或显示器）及测听耳机等部分组成，图4-2-1是听力计原理结构图。国际电工委员会（IEC）根据听力计的功能规定了4种类型（表4-2-1）。1型用于高级临床诊断和研究，2型用于临床诊断，3型用于基本诊断。4型听力计功能较简单，主要用于听力筛选和监测。不同型别听力计应提供的测听频率及听力级（表4-2-2）。

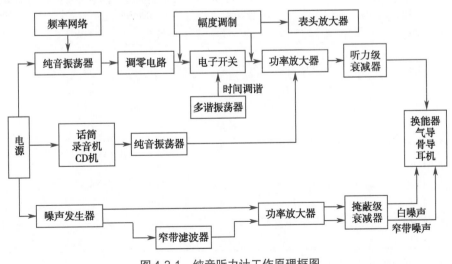

图4-2-1 纯音听力计工作原理框图

表 4-2-1　固定频率听力计的最低功能要求 *

功能	1 型	2 型	3 型	4 型
气导				
双耳机	×	×	×	×ª
附加插入式耳机	×			
骨导	×	×	×	
窄带掩蔽噪声	×	×	×	
外接信号输入	×	×		
纯音开关				
纯音出现	×	×	×	×ᵇ
纯音阻断	×	×		×ᶜ
脉冲纯音	×	×		
掩蔽路线				
对侧耳机	×	×	×	
同侧耳机	×			
骨振器	×			
参考纯音 ᵈ				
交替出现	×	×		
同时出现	×			
受试者反应系统	×	×	×	×ᶜ
电信号输出	×	×		
信号指示器	×	×		
测试信号监听				
纯音和噪声	×			
外接输入	×			
语言传输				
操作者对受试者	×	×		
受试者对操作者	×			

注：ª 如果依据要求配置头带，可以提供单耳机。

ᵇ 对自动记录听力计不作强制性要求，校准目的除外。

ᶜ 对手动听力计不作强制性要求。

ᵈ 最低要求是为了提供与测试纯音频率相同的参考纯音。

* 听力级和测试频率的要求本表不作阐述。

表 4-2-2　固定频率听力计应提供的基本频率数及其基本的最大听力级

基本频率	1 型听力计的最大听力级 /dB		2 型听力计的最大听力级 /dB		3 型听力计的最大听力级 /dB		4 型听力计的最大听力级 /dB
	气骨	骨导	气骨	骨导	气骨	骨导	只有气导
125	70	—	60	—	—	—	—
250	90	45	80	45	70	35	—
500	120	60	110	60	100	50	70
750	120	60	—	—	—	—	—
1 000	120	70	110	70	100	60	70
1 500	120	70	110	70	—	—	—
2 000	120	70	110	70	100	60	70
3 000	120	70	110	70	100	60	70
4 000	120	60	110	60	100	50	70
6 000	110	50	100	—	90	—	70
8 000	100	—	90	—	80	—	—

注：对 1～4 型听力计，最小听力级为 -10dB 或更低。

二、言语测听设备（言语听力计）

言语测听设备是使用言语声作为刺激信号进行听力测定的设备。它用耳机、骨振器或扬声器作为换能器，给受试者提供口声，录制材料或合成语声测试信号。言语听力计是在纯音听力计的基本单元上增加言语测听设备构成的，其基本功能如表4-2-3所示。

表4-2-3　言语听力计的基本功能

功能	A 类	B 类
信号输出		
双耳机	×	×
自由场等效耳机输出	×[1]	×[1]
骨振器	×	
两个扬声器或两个电信号输出[2]	×	×
对言语测试材料的监听扬声器或耳机	×	×
信号输入		
言语重放装置[2]或对录制材料的电信号输入	×	×
用于唇读测试的传声器	×	
至掩蔽通道的外部信号电输入	×	
掩蔽噪声		
言语计权掩蔽噪声	×	×
掩蔽路线		
同侧耳机	×	
用于言语测试材料或电信号输出的扬声器[2]	×	
对侧耳机	×	×
第二扬声器或电信号输出[2]	×	×
输出级控制	×	×
掩蔽级控制	×	×
阻断开关	×	
信号级指示器	×	×
对讲系统	×	

注：1. 自由场等效耳机输出不是强制性的，只作推荐。在提供时应注明 A-E 或 B-E 类；
　　2. 若功率放大器与扬声器不随言语听力计提供，制造厂应规定如何实现言语测听的要求；
　　3. 放音装置不一定由听力计制造厂提供。

三、耳声阻抗／导纳测量仪

耳声阻抗／导纳测量仪也叫声导抗仪或中耳分析仪，是用以226Hz为主的纯音探测音（有的仪器除了226Hz，还提供678Hz和1 000Hz的探测音），通过对外耳道密封腔内声阻抗／导纳模量的测量，作为诊断中耳功能的仪器。图4-2-2是耳声阻抗／导纳测量仪的原理结构图。

国际电工委员会（IEC）规定了三种型别耳阻抗／导纳测量仪的强制性功能的技术要求（表4-2-4）。对4型仪器不规定强制性功能。

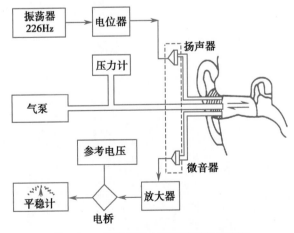

图4-2-2　耳声阻抗／导纳测量仪模式图

表 4-2-4　耳阻抗 / 导纳测量仪的强制性功能

强制性功能	型别			
	1	2	3	4
探头信号纯音频率 226Hz	×	×	×	
耳阻抗 / 导纳测试系统	×	×	×	×
测量平面鼓室测量	×	×[1]	×[1]	
耳道补偿鼓室测量	×	×[1]	×[1]	
电输出与 / 或记录仪	×[2]	×		
气动系统	×	×	×	
手动压力改变	×	×[1]	×[1]	
自动压力改变	×	×[1]	×[1]	
电输出与 / 或记录仪	×[2]	×		
声反射激化系统	×	×		
对侧路线	×	×[1]		
同侧路线	×	×[1]		
声刺激				
纯音	×	×		
宽带噪声	×			
刺激级控制	×	×		

注：1. 表示二者必具其一；
　　2. 对于 1 型仪器除可见指示器之外应增加的功能。

四、听觉诱发电位测试仪

听觉诱发电位仪是记录听神经活动的客观测听仪器。听觉系统从耳蜗末梢感受器到皮质听觉中枢，在声刺激下可诱发出一系列电位，用于临床诊断和听力学研究。

听觉诱发电位测试仪由声刺激器、前置放大器、功率放大器、滤波器、平均叠加、显示与记录存贮等部分组成，其结构原理如图 4-2-3 所示。

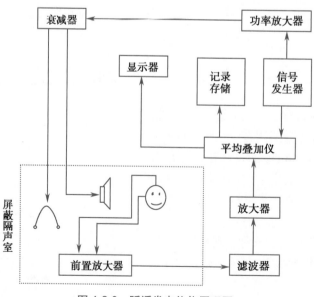

图 4-2-3　听诱发电位仪原理图

记录听觉诱发电位常用的刺激声为短声（click）和短纯音（tone burst），也叫猝发音，可记录短潜伏期反应（ABR、CM、EcochG），中潜伏期反应（MLR），40Hz AERP 和长潜伏期反应（SVR）等。

五、多频稳态听觉诱发电位仪

自 20 世纪 80 年代，人们开始研究听觉稳态诱发反应（ASSR），也称多频听性稳态反应（MASSR）测试技术。不久，一种多频稳态听觉诱发电位测试系统问世。ASSR 测试仪所用的测试信号是对 250～4 000Hz 纯音的调制声信号。调制声可按振幅调制（调幅，AM）或按频率调制（调频，FM），也可按二者混合调制（AM＋FM），常用的调制频率为 75～110Hz。

检测 ASSR 的方法是基于脑电图（EEG）的活性与振幅调制频率同步的特性，对 EEG 活性的大小和相位进行统计分析，根据 ASSR 的听阈预估预测纯音听力图。多频稳态听觉诱发反应测试主要用于婴幼儿及听力发育障碍者的听力评估。

六、耳声发射测试仪

1978 年英国人 Kemp 首先从人耳记录到耳声发射（OAE），这是听觉生理学和听力学研究的一个重要进展。耳声发射是以机械振动的形式起源于耳蜗，经过听骨链和鼓膜传导释放入外耳道的音频能量。耳声发射的记录已广泛应用于婴幼儿听力评估和耳蜗病变的早期诊断以及实验研究等方面。

耳声发射测试仪是由声刺激器、探头、放大器、滤波器、采样和平均叠加、显示和记录、控制及信号处理等部分组成，其结构原理如图 4-2-4 所示。记录耳声发射的刺激声信号，有记录瞬态耳声发射（TEOAE）的短声和短纯音以及记录畸变产物耳声发射（DPOAE）的纯音。对耳声发射的记录部分是插入外耳道内的探头。探头内有 1 个高灵敏度的微音器和 1～2 个小型耳机。记录 TEOAE 一般用 1 个耳机，记录 DPOAE 需用 2 个耳机。还有一种功能简单的全自动耳声发射听力筛查仪，主要用于新生儿听力筛查。

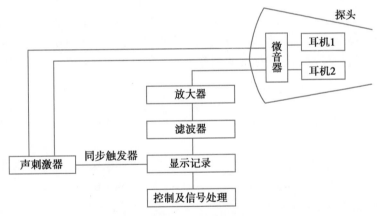

图 4-2-4　耳声发射记录仪结构原理图

随着计算机技术的发展，许多测试功能都可以通过计算机的硬件和软件来实现。目前一些先进的仪器设备可具备听觉诱发电位、多频稳态和耳声发射等多种功能于一体的测试。

第三节　听力测试及其仪器设备校准

随着听力学的进展，各种测听技术和方法在不断地改进和提高，相应的仪器设备也越来越先进。为使听力检查标准化、规范化并能在国际间进行交流，国际标准化组织（ISO）和国际电工委员会（IEC）制订了一系列与听力学有关的国际标准。我国相继等同（或等效）采用国际标准制订了相应的国家标准。此外，还根据我国国情和军情制订了职业噪声性听力损失的诊断、分级和伤残等级评定标准。标准是在实践中持续制订和修订的。有些老标准将会陆续被修订，有的已经形成了系列标准，还有些新的标准也将不断制订。

一、测听方法标准

表4-3-1中列出的4项标准规定了纯音气导和骨导测听、声场测听和言语测听的基本方法，以及对测试人员、测试设备、测试环境及测听声信号的具体要求。掌握这些标准，对确保测听结果准确可靠十分重要。

表4-3-1　测听方法标准

标准名称	国际标准代号	相应国家标准
总标题：声学测听方法		
第1部分：纯音气导和骨导测听法	ISO 8253.1：2010	GB/T 16296.1—2018
第2部分：用纯音及窄带测试信号的声场测听	ISO 8253.2：2009	GB/T 16296.2—2016
第3部分：言语测听	ISO 8253.3：2012	GB/T 16296.3—2017

二、校准测听设备的基准零级

表4-3-2列出了国际标准和国家标准规定的测听设备各种信号的基准零级。听力零级包括基准等效阈声压级（RETSPL）、基准等效阈力级（RETFL）和声场测听的基准听阈。这是通过大量18～25岁的耳科正常青年男女对每个测试频率听阈的众数值或平均听阈的声压级（dB SPL）得到的，即该频率的听力零级（0dB HL）相当于多少dB SPL。其中第4部分窄带掩蔽噪声的基准级用于校准听力计的有效掩蔽级（EM），而不是听力零级。

听力零级标准是针对不同类型的换能器（耳机）和与之适配的声学耦合腔（或仿真耳）或机械耦合器（仿真乳突）制订的。也就是说，对不同类型的耳机（如压耳式耳机、插入式耳机、耳罩式耳机、骨振器）和声场测听用的扬声器发出的声信号，都有一个特定的零级标准。听力计检定，就是根据这些标准对各种耳机的听力零级和窄带掩蔽噪声的基准级进行校准。声场测听，则应按自由场与扩散场测听的基准听阈对扬声器发出的声信号进行校准。这些标准的制订可使听阈级的表达在国际上保持一致性和统一性。

表4-3-2　校准测听设备的零级标准

标准名称	国际标准代号	相应国家标准
总标题：声学校准测听设备的基准零级		
第1部分：压耳式耳机纯音基准等效阈声压级	ISO 389-1	GB/T 4854.1—2004
第2部分：插入式耳机纯音基准等效阈声压级	ISO 389-2	GB/T 16402—1996
第3部分：骨振器纯音基准等效阈力级	ISO 389-3	GB/T 4854.3—2016
第4部分：窄带掩蔽噪声基准级	ISO 389-4	GB/T 4854.4—1999
第5部分：8kHz～16kHz频率范围纯音基准等效阈声压级	ISO 389-5	GB/T 4854.5—2008
第6部分：短时程测试信号的基准听阈	ISO 389-6	GB/T 4854.5—2014
第7部分：自由场与扩散场测听的基准听阈	ISO 389-7	GB/T 4854.7—2008
第8部分：耳罩式耳机纯音基准等效阈声压级	ISO 389-8	GB/T 4854.8—2007
第9部分：测定基准听阈级的优选测试条件	ISO 389-9	GB/T 4854.9—2016
声学　标准等响度级曲线	ISO 226	GB/T 4963—2007

三、测听仪器设备标准

根据临床测听和实验研究工作的不同需要，测听设备的配置和功能也不相同。每一种测试设备根据其功能和应用范围，可分为多种型号。每种型号的仪器都必须满足最基本的产品性能标准。表4-3-3列出的 5 项标准就是针对不同型号的听力计、耳声阻抗 / 导纳测量仪和听觉诱发电位测试仪等测听设备制定的。使用部门可根据需要选择适用的测试设备。不管是哪个国家的产品都必须符合统一的国际标准要求。测听仪器是被检定 / 校准的对象,计量测试人员应熟悉这些仪器的性能指标,并能熟练操作。

表 4-3-3　测听仪器设备标准

标准名称	国际标准代号	相应国家标准
总标题:电声学测听设备		
第 1 部分:纯音听力计	IEC 60645-1	GB/T 7341.1—2010
第 2 部分:言语测听设备	IEC 60645-2	GB/T 7341.2—1998
第 3 部分:短时程测试信号	IEC 60645-3	GB/T 7341.3—1998
第 4 部分:延伸高频测听的设备	IEC 60645-4	GB/T 7341.4—1998
第 5 部分:耳声阻抗 / 导纳的测量仪器	IEC 60645-5: 2004	GB/T 15953—2018
第 6 部分:测量耳声发射的仪器	IEC 60645-6	GB/T 7341.6[1]
第 7 部分:测量听觉诱发电位的仪器	IEC 60645-7	GB/T 7341.7[2]

注:1. 截至本书编写,标准正在制订中;
　　2. 截至本书编写,标准正在制订中。

四、测听仪器的检定校准

(一)测听仪器的检定规程和相关标准

测听仪器检定 / 校准所依据的技术文件是检定规程及其相关的标准。目前我国已制订的测听仪器检定规程有《纯音听力》《阻抗听力计》《仿真耳》《标准仿真乳突》。有关听觉诱发电位测试仪器的检定规程,要等听力零级标准《第 6 部分:短持续测试信号的基准等效阈声压级》发布实施后才能制订。检定规程是检定仪器设备的重要依据。

(二)纯音听力计的检定装置和计量器具

纯音听力计是用于测量纯音听力,尤其适用于测量听阈,为听觉系统疾病诊断提供依据的工作计量器具。听力计可以是固定频率式的,也可以是连续扫描式的。

信号的出现以及结果的记录是由手工操作的叫作手动听力计。信号的出现、听力级的改变、频率的选择或改变,以及受试者反应的记录均自动操作的叫自动记录听力计。测试程序由计算机控制的称为计算机控制听力计。

1. 听力计检定装置　检定装置由计量标准器具(声学腔、耳模拟器,也叫仿真耳、力耦合器,也叫仿真乳突)和配套测量设备(传声器、前置放大器、测量放大器、滤波器、频率计)构成(图 4-3-1)。

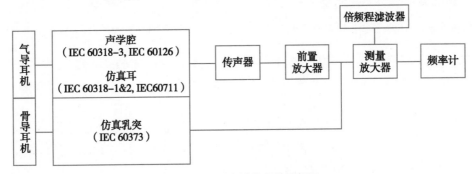

图 4-3-1　听力计检定装置框图

2. 计量标准器具

(1)校准压耳式耳机用的声耦合腔,符合 IEC 60318-3 规定(图 4-3-2)。配接 1 英寸(直径 25.4mm)声压型传声器,传声器的不确定度为 ±0.2dB($k=2$),用于 Beyer DT 48 带平耳垫和 TDH 39 带 MX/41AR

（或 51）型耳垫耳机的校准。频率范围为 125～8 000Hz。耳机与声耦合腔的静耦合力为（4.5±0.5）N（不含耳机自重），使之无漏声。

（2）校准压耳式耳机用的耳模拟器，符合 IEC 60318-1 规定（图 4-3-3）。配接 1/2 英寸（直径 12.7mm）声压型传声器，传声器的不确定度为 ±0.2dB（$k=2$），用于其他压耳式测听耳机（不包括耳罩式耳机）的校准，频率范围为 20～10 000Hz。耳机与耳模拟器的静耦合力为（4.5±0.5）N（不含耳机自重），使之无漏声。

图 4-3-2　校准压耳式耳机用声耦合腔

图 4-3-3　校准压耳式耳机用耳模拟器

在耳模拟器上加符合 IEC 60318-2 规定的适配器（图 4-3-4）可用于对耳罩式耳机和高频耳机校准。频率范围为 125～16 000Hz。

（3）校准插入式耳机用的声耦合腔，符合 IEC 60126 规定（图 4-3-5）。配接 1 英寸（直径 25.4mm）声压型传声器（U=±0.2dB，$k=2$），频率范围 200～5 000Hz。插入式（或探管式）耳机的软管直接与 2cm³ 耦合腔连接。

图 4-3-4　校准耳罩式耳机的耳模拟器加适配器

图 4-3-5　校准插入式耳机用声耦合腔

（4）校准插入式耳机用的堵耳模拟器，符合 IEC 60711 规定（图 4-3-6）。配接 1/2 英寸（直径 12.7mm）声压型传声器（$U=±0.2dB$，$k=2$），频率范围为 100～16 000Hz。插入式耳机的软管直接与堵耳模拟器连接。

（5）校准骨导耳机（骨振器）用的力耦器（仿真乳突），符合 IEC 60373 规定（图 4-3-7）。频率范围为 125～8 000Hz。骨导耳机与仿真乳突的耦合力为（5.5±0.5）N。力耦合器的不确定度，250～2 000Hz 不超过 1.0dB，3 000Hz 和 4 000Hz 不超过 2.0dB。

3. 配套设备

（1）测量放大器在听力计工作频率范围内的频响均匀度不超过 ±0.2dB，表头指示误差不超过 ±0.2dB。

（2）1/3 倍频程滤波器在标称（频带）中心频率范围 100～20 000Hz，应满足 GB/T 3241 1 级滤波器的要求。

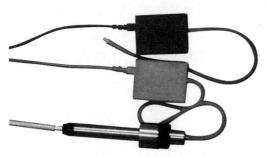

图 4-3-6　校准插入式耳机用堵耳模拟器

图 4-3-7　校准骨导耳机用力耦合器

（3）数字频率计最大允差为 0.1%。

（4）失真度测量仪频率范围 20～20 000Hz，最大允差为 10%。

4. **检定环境条件**　听力计的检定应在温度为 15～30℃，相对湿度为 30%～90%，大气压力为 86.0～106.0kPa 的隔声室内进行。

（三）检定项目和检定方法

1. **外观检查**　仔细检查被检仪器是否有机械损伤，各部分工作状态是否正常。如有问题应先进行修理，然后再检定。

2. **进入校准状态**　外观检查合格后，进入校准状态。目前国内各单位使用的测听仪器绝大多数是国外进口的，不同厂家仪器进入校准状态的模式及调整方式各不相同。主要有下列几种：

（1）通过微调机器内部的可变电位器进行校准。

（2）通过仪器设置的校准开关进入校准程序。

（3）通过仪器面板上的按键进入校准程序。

（4）通过仪器面板上各旋钮位置的设置进入校准。

仪器开启，按规定时间预热后，按照图 4-3-1 的方式与检定装置连接，对规定的项目逐项检定。

3. **各测听频率的最大允差**　将听力计气导耳机与声学腔或仿真耳连接。在数字频率计上读得的各频率的实际值与标称值的偏差，对 1 型听力计应不超过 1%，2 型听力计不超过 2%，3 型～4 型听力计不超过 3%，扫描听力计不超过 5%。

4. **总谐波失真**　表 4-3-4 给出了听力计的谐波失真要求。检定听力计谐波失真可按下列方法：

（1）将听力计的气导耳机与声学腔（或仿真耳）连接，骨导耳机与仿真乳突连接。将听力级置于各测听频率的听力级置于额定最大值，从失真度仪上读各频率的总谐波失真值。

（2）通过带通滤波器在测量放大器上测出基波及各次谐波的电压值，或者将基波和次谐波的声压级换算成电压值。

表 4-3-4　听力计的谐波失真要求

测听方式	频率 /Hz	听力级 /dB	总谐波失真 /%
气导	125～250	75 或最大输出	2.5
	315～400	90 或最大输出	2.5
	500～5 000	110	2.5
骨导	250～400	20	5.5
	500～800	50 或最大输出	5.5
	1 000～5 000	60 或最大输出	5.5

5. **听力级控制器衰减挡的允差**　将听力计和带通滤波器的中心频率置于 1 000Hz，听力计听力级置于最高档，以每档 10dB 逐次衰减，从测量放大器上读出实际衰减量，偏差应不大于 1dB。在接近 0dB 时，为避免环境噪声的影响，可在低频点测量或采用零级提升法。

6. 气导压耳式耳机的校准 压耳式耳机的基准等效阈声压级（RETSPL），取决于耳机和校准用的声耦合腔或仿真耳的型号。表 4-3-5 和表 4-3-6 给出了不同型号耳机在声耦合腔或仿真耳上校准的 RETSPL。

表 4-3-5 DT 48 和 TDH 39 耳机在符合 IEC 60318-3 规定的声学耦合上校准的 RETSPL（基准声压，20μPa）

频率 /Hz	DT48（带平耳垫）RETSPL/dB	TDH-39 带 MX41/AR 耳垫 RETSPL/dB
125	47.5	45.0
250	28.5	25.5
500	14.5	11.5
750	9.5	7.5
1 000	8.0	7.0
1 500	7.5	6.5
2 000	8.0	9.0
3 000	6.0	10.0
4 000	5.5	9.5
6 000	8.0	15.5
8 000	14.5	13.0

表 4-3-6 其他压耳式耳机在符合 IEC 60318-1 规定的仿真耳上校准的 RETSPL（基准声压，20μPa）

频率 /Hz	RETSPL/dB
125	45.0
250	27.0
500	13.5
750	9.0
1 000	7.5
1 500	7.5
2 000	9.0
3 000	11.5
4 000	12.0
6 000	16.0
8 000	15.5

7. 气导插入式耳机的校准 气导插入式耳机的 RETSPL 取决于声耦合腔和堵耳模拟器的类型。表 4-3-7 给出了校准插入式耳机用符合 IEC 60126 规定的声学耦合腔和符合 IEC 60711 规定的堵耳模拟器校准的 RETSPL。

表 4-3-7 插入式耳机的 RETSPL（基准声压，20μPa），dB

频率 /Hz	声耦合腔（IEC 60126）的 RETSPL/dB	堵耳模拟器（IEC 60711）的 RETSPL/dB
125	26.0	28.0
250	14.0	17.5
500	5.5	9.5
750	2.0	6.0
1 000	0.0	5.5
1 500	2.0	9.5
2 000	3.0	11.5
3 000	3.5	13.0
4 000	5.5	15.0
6 000	2.0	16.0
8 000	0.0	15.5

8. 耳罩式耳机的校准　校准耳罩式耳机是将符合 IEC 60318-1 要求的仿真耳和符合 IEC 60318-2 要求的适配器放到一个能满足耳机耦合力的装置上，按表 4-3-8 给出的 RETSPL 校准。

表 4-3-8　耳罩式耳机 RETSPL（基准声压，20μPa）

频率 /Hz	HDA 200 耳机（IEC 60318-1&2）的 RETSPL/dB
125	30.5
250	18.0
500	11.0
750	6.0
1 000	5.5
1 500	5.5
2 000	4.5
3 000	2.5
4 000	9.5
6 000	17.0
8 000	17.5

9. 高频耳机的校准　高频耳机用于 8 000～16 000Hz 频率范围的纯音气导测听，目前用于高频测听的耳机有耳罩式耳机和插入式耳机（ER-2），其 RETSPL 与耳机型号和校准用的仿真耳及其适配器或堵耳模拟器的类型有关。表 4-3-9 中给出了高频耳机的 RETSPL。

表 4-3-9　高频耳机的 RETSPL（基准声压，20μPa）

频率 /kHz	HDA 200（IEC 60318-1&2）的 RETSPL/dB	ER-2（IEC 60711）的 RETSPL/dB
8.0	17.5	19.0
9.0	19.0	16.0
10.0	22.0	20.0
11.2	23.0	30.5
12.5	27.5	37.0
14.0	35.0	43.5
16.0	56.0	53.0

10. 骨导耳机的校准　校准骨导耳机的基准等效阈力级（RETFL）与所用仿真乳突的力值——电压灵敏度有关。每个型号的仿真乳突在各频率的力值——电压灵敏度都不会完全一致。因此，使用不同的仿真乳突校准骨导耳机时，测量放大器上显示的实测听力零级值也不相同。测量放大器显示的各频率的骨导零级（D）如表 4-3-10 所示。

表 4-3-10　骨导听力零级实测值

测试频率 /Hz	T_F/dB
250	67.0
500	58.0
1 000	42.5
2 000	31.0
3 000	30.0
4 000	35.5

注：D 为测量放大器显示的骨导听力零级值，单位 dB；T_F 为基准等效阈力级（基准：1μN），单位 dB；S_{FDV} 为所用的仿真乳突在 1 000Hz 时的力值——电压灵敏度（基准：1V/N），单位 dB；C_F 为所用仿真乳突在 1 000Hz 以外各测试频率的力值——电压灵敏度的修正值，单位 dB。

11. **窄带掩蔽噪声的基准级**　在纯音测听时,为避免非测试耳听到测试音,需要用中心频率与测试音频率相同的窄带噪声在非测试耳加掩蔽。掩蔽噪声由听力计的压耳式耳机或插入式耳机产生,其基准级如表4-3-11所示。将表中各中心频率的基准级与相同频率纯音的基准等效阈声压级相加,即为该中心频率窄带掩蔽噪声的0dB的有效掩蔽级(0dB EM)。

掩蔽级的允差:耳机在仿真耳或耦合腔中产生的声压级与在任一掩蔽级键盘指示值的偏差应不超过−3～+5dB。

表4-3-11　窄带掩蔽噪声的基准级(基准声压,20μPa)

中心频率/Hz	带宽1/3倍频程的基准级/dB	带宽1/2倍频程的基准级/dB
125	4	4
250	4	4
500	4	6
750	5	7
1 000	6	7
1 500	6	8
2 000	6	8
3 000	6	7
4 000	5	7
6 000	5	7
8 000	5	6

12. **声压级和振动力级的允差**　气导耳机在仿真耳或耦合腔中产生的声压级,骨导耳机在仿真乳突上产生的振动力级,减去相应的基准等效阈声压级和基准等效阈力级,与任意听力级键盘指示值的偏差,在125～4 000Hz应不大于3dB;在6 000Hz和8 000Hz应不大于5dB。

(四)语言听力计的校准

用于语言测听的听力计分为A类、B类和A-E类、B-E类四种类型。A类能提供广泛应用的功能;B类只提供基本功能。采用自由场等效输出校准耳机的A类和B类听力计分别定义为A-E类和B-E类。自由场等效耳机输出级不是强制性的,只作推荐。

1. **校准信号**　校准语言听力计的信号为1/3倍频带中心频率为1 000Hz的计权无规噪声、言语噪声或频率调制音。调制信号应为重复率在4～20Hz范围内的正弦波或三角波。

2. **语言信号输出级**　输出级控制,应只用一种刻度和一个参考点,以5dB或更小的间隔校准,并注明信号输出级是声压级(SPL)还是语言听力级(HL)。对A-E类及B-E类听力计输出级刻度为声压级(基准20μPa)。对于A类和B类听力计输出级刻度为听力级。

3. **语言听力计校准**

(1)对A类、B类听力计气导压耳式耳机校准将耳机按规定的耦合力放到声学耦合腔上,用言语噪声或中心频率为1 000Hz的窄带噪声,听力计输出70dB HL,测量放大器读数为(90±2)dB SPL。

(2)对A类、B类听力计骨导耳机校准将骨导耳机按规定的耦合力放到仿真乳突上,用言语噪声或中心频率为1 000Hz的窄带噪声,听力计输出40dB HL,测量放大器读数为(95±5)dB FL。

也就是说,语言听力计单耳提供的、容易识别的测试材料的基准语言识别阈级,气导耳机为20dB SPL,骨导耳机为55dB FL。

(3)对A-E类、B-E类听力计的校准A-E类和B-E类听力计,耳机的输出应由自由场等效声压级表示。可以运用所使用型号耳机的自由场灵敏度级(G_F)与耦合腔灵敏级(G_C)之间的差值的修正数(表4-3-12、表4-3-13),用声耦合腔或仿真耳进行例行校准。为获得各耳机所产生的等效自由场声压级,将表4-3-12和表4-3-13中所给修正数加至所给型式耳机按声耦合腔或仿真耳校准所产生的声压级。

目前尚无 1/3 倍频宽带噪声基准语言识别阈级的国际标准,可按仪器厂家提供的数据进行校准。

表 4-3-12　4 种型式测听耳机采用 1/3 倍频宽带噪声作为测试信号,用声耦合腔的
自由场灵敏度级 G_F 与耦合腔灵敏度级 G_C 间的差值

中心频率 /Hz	G_F−G_C/dB			
	Beyer DT 48 带平耳垫	Telephonics TDH 39 带 MX41/AR 或 PN51 耳垫	Telephonics TDH 49 带 MX41/AR 或 PN51 耳垫	Pracitronic DH 80 带平耳垫
125	−16.5	−17.5	−21	−19.5
250	−11	−9.5	−12	−13
500	−5	−0.5	−1	−3.5
1 000	−2.5	−0.5	−2	−2.5
2 000	−7.5	−6	−7.5	−8
3 150	−6.5	−10.5	−9	−8
4 000	−5	−10.5	−9.5	−8.5
6 300	−3.5	−10.5	−10.5	−9
8 000	−2	+1.5	−5	−2

表 4-3-13　4 种型式测听耳机采用 1/3 倍频宽带噪声作为测试信号,用仿真耳的
自由场灵敏度 G_F 与仿真耳灵敏度级 G_C 间的差值

中心频率 /Hz	G_F−G_C/dB			
	Beyer DT 48 带平耳垫	Telephonics TDH 39 带 MX41/AR 或 PN51 耳垫	Telephonics TDH 49 带 MX41/AR 或 PN51 耳垫	Pracitronic DH 80 带平耳垫
125	−14	−16	−19	−17
250	−11	−10	−12	−14
500	−5.5	−1.5	−2.5	−5.5
1 000	−3	−1.5	−3	−3
2 000	−10	−7	−9	−11
3 150	−12	−10.5	−12.5	−13
4 000	−10.5	−11.5	−13	−12
6 300	−6.5	−17	−12	−11.5
8 000	−2.5	+6.5	−7.5	−6

(4) 对扬声器的校准用言语噪声校准,听力计输出 70dB HL,声场参考点位置的声压级为 (83 ± 2) dB SPL。如果采用 1/3 倍频宽带噪声,可按仪器生产厂家提供的数据校准。

第四节　前庭功能检查环境与设备

前庭功能检查的目的是了解前庭功能是否正常,以及前庭功能障碍的部位、性质和程度,使眩晕患者得到及时诊治。本节重点介绍前庭功能检查室的选址布局和检查设备。

一、检查室选址与布局

检查室要注意远离 X 线或 CT、MRI 等其他大型电磁设备,室内面积大约为 2.5m×3.5m。实验室需设置成避光暗室,通风良好,室温 20～24℃,湿度 20%～80%。除检查设备外,还应配备必要的家具,如检查床或检查椅(可调式)、水槽、脚凳、橱柜、光源等基本设施。

二、前庭功能检查设备

近年来,临床上用于前庭功能检查的设备更新较快,本节重点介绍眼震电图仪、视频眼震图仪、视频脉冲甩头记录仪、静态姿势描记仪和计算机动态姿势描记仪。

(一)眼震电图仪

眼震电图仪是一种记录眶周电极间电位差的仪器。1894 年由 Du Bois-Reymond 提出,从生物电角度来看,可以将眼球视为一个带电的偶极子,角膜带正电荷,视网膜带负电荷,而巩膜具有绝缘特性,其电轴与视轴方向一致,并形成电场。正常情况下,角膜和视网膜之间存在着静息电位。当眼球运动时,由角膜和视网膜间电位差形成的电场在空间相位发生改变,眶周电极区的电位差亦随之改变,从而产生角膜 - 视网膜电位(corneo-retinal potential, CRP)。当瞳孔位于中央时,CRP≈1mV。瞳孔每转动 1°,CRP就随之改变 15~20μV。眼震电图描记仪通过放大和记录装置,能将此微弱的电位变化描绘成特定的图形,即眼震电图(electronystagmography, ENG)。通过分析眼震图的各项参数,判断受试者的前庭功能。

(二)视频眼震电图仪

视频眼震电图仪有特制的视频眼罩,该眼罩双侧有红外摄像头,能够直接采集受试者双眼的眼动,再通过放大和记录装置,将其描绘成特定形式的眼震图形,即眼震视图(videonystagmusgraphy, VNG),进一步分析前庭功能。

上述两种眼震图仪,均需配备冷热刺激器,目前常用的刺激器有冷热气刺激器和冷热水刺激器两种。

(三)视频脉冲甩头记录仪

视频脉冲甩头(video head impulse test, vHIT)记录仪主要用于记录微弱的补偿性扫视(隐形扫视,covert saccade)。记录仪一方面采用快速、高分辨率的摄像设备测量眼球运动,同时通过眼罩内置的感应器测量头部运动,再对这两个参数进行分析,从而分别评估六个半规管的功能。

(四)静态姿势描记仪

静态姿势描记仪(静态平衡仪)是通过使用临床测试进行平衡感和稳定极限的感官交互测试,用来衡量受试者的平衡能力,对受试者感官损伤进行量化的仪器,由测试平台、传感器、放大转换系统、信号处理系统及记录仪组成。工作原理是人体站立时的重心力点与平台平面的交点,此交点因人体重心的移动,通过传感器收集变动的信号,经计算机处理后,可取得重心移动的轨迹参数。

(五)动态姿势描记仪

动态姿势描记仪包括:可平面移动和绕踝关节的轴心而转动的平台;可前转动的改变视野角度的眼罩;固定于臀部重心高处的电位器;以及平台的压力传感器等。可以测试受试者在摇摆时,与视野距离和角度所发生成比例的变化,以及踝关节角度与脚的支持平面发生的改变。因此,可以分别定量评估前庭、视觉和体感系统在姿势稳定中的作用。

(于黎明　李晓璐)

听觉心理学 | 第五章

第一节　听觉阈值与听觉能力的度量

一、听阈的定义

听阈（hearing threshold）一般分为两种：一种是最小听觉阈值；另一种是最大听觉阈值。最小听觉阈值是指人耳能听到声音的最小有效声压级；最大听觉阈值是指人耳所能忍受，不造成痛感的最大声音强度。在临床听力检测中，一般需要评估最小听觉阈值，来判断患者的听力损失情况；在助听器验配等过程中，一般两种听觉阈值都需要评估来完成助听器的调试。本章主要介绍最小听觉阈值。

最小听觉阈值反映了听觉系统的敏感程度，即受试者在多次重复试验中对规定的信号做出正确察觉反应能达到 50% 的最低声压级。最小听觉阈值小，表示微弱的声音也能听到；最小听觉阈值大，表示需要大音量才能听到。在临床听力检查中，通常采用纯音测听的方法来评估人的听觉阈值；对特殊人群，如新生儿和婴幼儿也可以通过听觉诱发电位来估计听觉反应阈值。

二、听觉能力的度量

1. **声压级**　物理测量中，声压级（sound pressure level，SPL）是指声压 P 与参考声压 P_0 比值的对数。参考声压 P_0 规定为 $2 \times 10^{-5}\mathrm{Pa}$（20μPa 是空气中的基准声压）。SPL 的具体计算公式为：

$$SPL(dB) = 10\lg(P^2/P_0^2) = 10\lg(P/P_0)^2 = 20\lg(P/P_0) \qquad 式(5\text{-}1\text{-}1)$$

2. **分贝（dB）**　人耳对不同频率的声音的敏感程度不一样。比如，正常听力的人在 2 500Hz 的听力阈值是 0dB 声压级；在 20Hz 的低频，则需要 72dB 声压级才能听见。为了方便使用和患者理解，临床上把声压级通过标准化（normalized）转换为听力级分贝 dB HL。表 5-1-1 是美国国家标准提供的声压级和听力级分贝的转换值。

表 5-1-1　美国国家标准提供的声压级和听力级分贝的转换值

频率 /Hz	声压级 /dB SPL	听力级 /dB HL
125	45	0
250	27	0
500	13.5	0
750	9	0
1 000	7.5	0
1 500	7.5	0
2 000	9	0
3 000	11.5	0
4 000	12	0
6 000	16	0
8 000	15.5	0

第二节　响度与音调

（一）响度的定义

响度是指声音音量的响亮程度，用于描述人耳对声音的主观感受；响度的单位是宋（sone），定义为在1 000Hz，声压级为40dB纯音的响度为1宋。

（二）音调的定义

声音频率的高低称为音调（pitch）。音调高对应于声音尖细，频率高；音调低对应于声音粗，频率低。音调的单位称为美（mel）。以1 000Hz，声压级为40dB的纯音的音调为标准，称为1 000美。音调除与频率相关外，与响度也有关系。

（三）等响度曲线

人耳对声音响度的感觉和声压，频率有关。等响度曲线就是描述等响条件下声压级与频率的关系曲线。每条曲线上代表不同的响度，横坐标是频率，纵坐标是声压级（图5-2-1）。

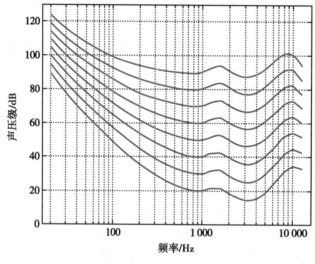

图5-2-1　等响度曲线

曲线走势两端高中间底，说明人耳对于中间频率段敏感，可以对很小的声音有反应，相反，对于低频和高频敏感度降低，则需要更大的声音才有反应。

第三节　双耳听觉

一、双耳听觉的定义和机制

（一）双耳听觉的定义

声音能通过双侧耳收集并被双侧耳听到，双耳听觉（binaural hearing）是指听觉系统处理和整合双侧耳朵听力的能力。

（二）双耳听觉的机制

从一侧收集的声音上行传入到听觉皮质的过程中，声音通过同侧和对侧听觉中枢系统共同作用实现双耳听觉。两侧耳朵听力都正常时为双侧听力（bilateral hearing），这是被动听觉机制。双耳听觉是主动的听觉机制，是指听觉中枢到听皮质整合双侧听信号的能力，双侧听力是基础。双耳听觉包括以下机制：

1. **双耳听觉的声源定位作用（binaural localization）**　人类通过比较双耳间声音到达的时间和响度来确定声源的方位，双耳的定位作用取决于两侧间的强度、时间、相位和频率差。左右水平定位靠耳间声强和时间差，大于 4 000Hz 声音的前后水平定位靠每侧耳的频谱特性。垂直定位靠垂直面内不同方向的声源变量，垂直定位的最小区分角为 3°。

（1）耳间时间差（interaural time difference，ITD）：由于左右两耳之间有一定的距离，因此除了来自前方和正后方的声音之外，由其他方向传来的声音到达两耳的时间就有先后，从而造成时间差。如果声源偏右，则声音必先到右耳后到达左耳。声源越是偏向一侧，则时间差也越大。时间差变化幅度为 0～700μs，一般约为 500μs，人耳 ITD 灵敏度为 10μs，耳间时间差在低频声音的定位中起了重要的作用。

（2）耳间强度差（interaural level difference，ILD）：由于声音到达两耳的距离不同和头颅对声音的阻隔作用，声音到达两耳的声压级就也不同。如果声源偏左，则左耳声压级大一些，而右耳声压级小一些。变化幅度可高达 30dB，人耳 ILD 灵敏度为 1dB，耳间强度差在高频声音声源定位中起了主要作用。

2. **双耳听觉的累积作用**　与单耳听声相比，双耳同时听声响度明显增加 6～10dB；双耳的听阈也比单耳听阈改善 3dB 左右。这就是双耳听觉的累积作用（binaural summation，binaural redundancy）。

3. **双耳听觉的静噪作用**　当信号和噪声同时存在时，头部使得两耳获得的信噪比不同，远离噪声的一侧耳获得更大的信噪比，两耳间信噪比差值可达 15dB，这也称为头影效应（head shadow effect）。

4. **双耳听觉的交互抑制作用**　双耳听觉的交互抑制作用（binaural squelch，release from masking）是指当不同的信号和噪声在同一位置时，调节噪声强度，信号被掩蔽。由于中枢听觉系统能够捕捉双耳的耳间时间差 ITD 和耳间强度差 ILD，双耳一种信号对另一种信号的掩蔽作用消失时，失掩蔽作用产生；当不同的信号和噪声在不同位置时，调节噪声强度，信号掩蔽作用消失，信号重新被听到，如此双耳能够听到信号声音而噪声被抑制，这种交互抑制作用最多可达 8dB，平均 2dB。

5. **双耳听觉融合和双耳听觉偏向**　双耳听觉融合（binaural fusion）是指双耳能将两个同样的声音融合为一个位置即在头部中央。双耳听觉偏向（bilateral lateralization）是指双耳能将这两个强度或时间不一样的声音融合在较大强度声音或声音较早到达的头侧。

二、双耳听觉的作用

（一）双耳听觉的主要优势

1. **提高声源定位的能力**　确定物体的方向有助于我们将注意力转向或回避某声源，这有助于寻找目标对象或回避危险，此为生存必不可少的能力。对于听力损失人士，判断声源的方向对安全尤为重要。

2. **提高安静和噪声下的言语理解**　参与多人交谈时，人耳的耳郭具有集音和降噪功能，双耳听觉则意味着两个耳郭具备集音和降噪能力，同时累积作用能够提高响度，降噪作用能够降低环境中噪声，这样既能提高安静环境又能提高噪声环境下的言语理解。对听力损失人士来说，提高信噪比即提高噪声环境下的语言分辨能力有极大的意义，这样才能够参与多人交谈的各种场景。

3. **改善音质，提高聆听舒适度**　双耳听觉带来的定位、累积、降噪、与融合作用共同提高了声音的音质和聆听舒适度，对音乐的感知也有所改善。

（二）双耳听觉的其他优势

1. **避免迟发性听觉剥夺效应**　解决听觉剥夺现象就是解决听觉中枢神经功能的渐进性衰退，双耳听觉激活两侧听觉中枢，延缓听神经功能衰退。

2. **抑制耳鸣现象，更好地缓解耳鸣**　助听器的放大声或人工耳蜗的电刺激可能抑制或掩蔽耳鸣的感觉。因此对于存在耳鸣或脑鸣的听力损失者，双耳听觉既能改善聆听效果又能消除或减缓耳鸣。

3. **减轻堵耳效应**　堵耳效应是指外耳道封闭后对自身声音如说话、咀嚼、吞咽、走路等低频声音感觉响度明显增加的一种主观感觉，双耳听觉能够减小助听器配戴时需要的增益，增加高频成分从而减轻堵耳效应。

4. **减低回声影响**　富有立体感和双耳平衡感双耳听觉融合作用能减低回声影响，增加声音的立体感和双耳平衡感。

三、听力损失患者实现双耳听觉的方法

实现双耳听觉可以帮助听力损失患者提高安静和噪声下的言语理解，提高声源定位的能力，使其听得更容易，音调、音质和音乐感知得到改善。早期干预是影响效果的最重要因素，通过双侧助听器验配、双侧人工耳蜗植入、双模式等多种方法，在患儿3岁前尽早实现双侧听力，结合有效康复，能够使更多的听力损失儿童实现双耳听觉，最大限度发挥听觉潜能。

（一）双侧助听器选配

对于双侧轻度至重度的听力损失人士，在确认没有其他选配禁忌证的前提下，原则上要双耳配戴助听器。双耳选配明显好于单耳选配，中重度听力损失患者双耳配戴助听器收益很明显，面对小声时（输入强度小的声音）双耳效果非常明显，双耳选配明显提高定位能力，早配戴比晚配戴效果要好。

（二）双侧人工耳蜗植入

双侧人工耳蜗植入可分为同时植入与顺序植入：同时植入（simultaneous implantation）是指在6个月以内两侧植入人工耳蜗；顺序植入（sequential implantation）是指6个月后先后植入两侧植入人工耳蜗。儿童双侧人工耳蜗植入的时机选择非常重要，研究表明1~3.5岁是效果最好关键期，4~7岁是效果较好开放期，8~12岁是效果可疑期。小龄儿童效果最好，8岁内儿童的第二侧人工耳蜗在12个月内效果赶上第一侧，大龄儿童第二侧人工耳蜗效果比第一侧差。成人双侧人工耳蜗植入第二侧人工耳蜗在植入后3~6个月可看到效果，双侧人工耳蜗的效果在所有方面明显好于一侧人工耳蜗，听力损失超过30年的患者植入效果差于听力损失小于20年的患者，但双侧的效果仍然好于单侧效果。

（三）双模式

双模式（bimodal hearing）是指一侧使用助听器提供的声刺激声音，另一侧使用人工耳蜗提供的电刺激声音。声刺激提供放大的声音处理自然，以低频为主；电刺激提供替代的经声音预处理、编码和声电转换后的电刺激信号，包括高频和低频成分。研究表明双侧使用人工耳蜗和一侧使用助听器、另一侧使用人工耳蜗患者的效果没有本质差别。

（齐　力　冯定香）

第一节　语音的属性及相关概念

一、语音的属性

语音是语言的组成部分和物质外壳,语言的性质决定了语音的属性。语音具有生理属性、物理属性、心理属性和社会属性。

(一)生理属性

语音的生理属性主要是指语音是由人的发音器官发出的。这些发音器官包括口、舌、鼻、喉、肺等。从纯生理的角度讲,这些器官除了喉中的声带,基本都属于呼吸系统和消化系统;称之为发音器官,是因其兼具了发音的功能。当这些器官有畸形或病变时,语音会发生异常。

(二)物理属性

语音的物理属性(或者说声学属性)指的是语音由人类的发音器官发出后,总是实现为携带各种信息的声波,因而也必然具备声音的四个要素:音高、音长、音强、音质。

(三)心理属性

语音的心理属性指的是语音除了跟说话人的发音、声波的传递有关,还与听音人感知语音的心理活动有关。说话人发出的语音以声波形式传到听者的耳朵之后,经听觉中枢神经的分析处理,最终形成声音形象。不过,听者获得的声音形象与客观的声波形式并不简单对应。此外,音高、音长、音强、音质的绝对值对于语音的感知并不重要,重要的是其相对值的差别。

(四)社会属性

语音的社会属性指的是它的约定俗成性。从言语交际的角度来说,这是语音最重要的属性。哪些语音形式能够区分不同的语言符号和意义而哪些不能,这是由使用某种语言或方言的社会群体约定俗成的。使用同一种语言或方言的人会形成相同的语音分类系统及组合原则,而使用不同的语言或方言的人会形成不同的语音分类系统及组合原则。

二、发声与构音

发声(phonation)指的是在气流帮助下,利用喉/声门作为声源产生可听声。声源的能量受声道其他部分的调制。有时,发声也作为"嗓音"的同义词使用。当然,在日常生活和非专业领域,发声常常指产生言语声的行为。

构音(articulation)也叫"调音",指的是利用声门以上的发音器官调制声源能量、构成语音的过程。

第二节　言语声的产出

言语声的顺利产出,依赖于发音器官在正确的发音部位、用正确的方法来发音。

一、发音器官

发音器官（vocal organs）实际可以分为三个部分：声门下部分、喉以及声门上部分（图 6-2-1）。三者分别对应着言语声的呼吸、发声及调音三种功能。

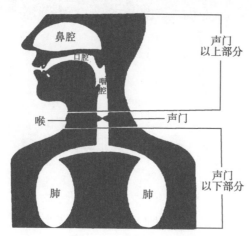

图 6-2-1 发音器官示意图

（一）声门下部分

声门下（subglottal）部分包括肺、气管、支气管、胸廓及呼吸肌群。对于发音来说，他们的主要功能是提供动力源。人类已知的语言，绝大多数是用肺里呼出的气流作为动力来发音的。

人在正常呼吸时多是通过鼻腔无意识地吸气和呼气，时间大致相等。具体吸呼气时间比约为 1∶1.2，呼吸频率为 16～20 次 /min。但在说话和歌唱时，呼吸多通过口腔进行，吸气时间缩短，呼气时间延长，吸呼气时间比一般在 1∶5～1∶12。每分钟呼吸的次数，言语在 8～10 次。与此相关，呼吸肌群及膈肌在说话及歌唱时参与的程度也不同于在正常呼吸时。当然，吸呼气时间比、呼气时长及呼吸肌群的用力程度这些指标除了与是否说话 / 歌唱有关以外，与声音的强弱、话语或歌曲的长短也是有密切关系的。我们大声说话或一口气要说、要唱很多内容时，需要有更多的呼出气流。安静、言语和歌唱时呼吸的差别如表 6-2-1 所示。

表 6-2-1 安静、言语和歌唱时呼吸的差别

项目	安静呼吸	言语呼吸	歌唱呼吸
呼吸目的	吸入 O_2，排出 CO_2，进行气体交换	谈话	歌唱
呼吸控制	非意识的被动完成	受意识控制	受意识控制
吸呼气时间比	1∶1.2	1∶5～1∶8	1∶8～1∶12
呼吸频率（次 /min）	16～20	8～10	视歌曲而定
呼吸量 /mL	500～600	1 000～1 500	1 500～2 400
呼吸途径	主要经鼻	主要经口	主要经口
肌肉动作	吸气时胸部吸气肌群用力，膈肌略微下移；呼气时胸部吸气肌群放松，腹部肌微用力帮助膈复位	吸气肌群之中提高肋骨、胸骨、固定锁骨以及后伸胸椎的各肌收缩，膈下降较明显；呼气时胸部吸气肌群放松，呼气肌群收缩，腹部各肌一齐用力，膈肌上升	吸气时，比言语呼吸有多几条肌肉参加作用；呼气时，收缩中的吸气肌群继续收缩用力，胸腹呼气肌群联合做有控制性的收缩

（二）喉

喉（larynx）位于气管的上方，舌骨以下，由多块软骨作支架，以关节、肌肉及韧带维持其位置（图 6-2-2），声带位于喉里面。

喉的软骨主要包括甲状软骨、会厌软骨、环状软骨和杓状软骨。甲状软骨体积最大，围绕喉的前面

和侧面,构成喉的保护面。会厌软骨附着于甲状软骨内侧,进食时落下,挡住气管通道,发音时抬起,打开通道。环状软骨位于甲状软骨的下面,如同底座,但前低后高,构成喉部的后缘。杓状软骨是一对体积很小的三角形软骨,位于喉的后部、环状软骨板上。

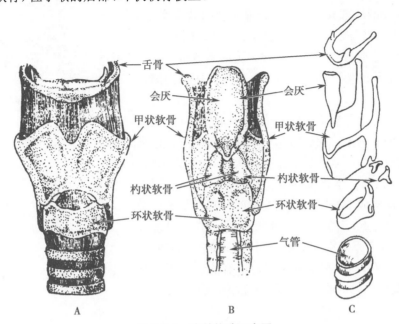

图 6-2-2　喉的构造示意图

A. 喉的正面观示意图;B. 喉的后面观示意图;C. 喉的侧面观示意图。

声带(vocal cords)连接在三个软骨上:前起自甲状软骨角,后连至两个杓状软骨。两条声带及杓状软骨之间的开合形成声门或者叫声门裂。声带及声门随着肌肉和软骨的运动而紧张或放松、打开或关上。

声门可以分为两个部分:声门裂膜间部分(约占 2/3)和声门裂软骨间部分(约占 1/3)。语音学上分别称之为气声门和音声门。正常呼吸时,声带和杓状软骨联合成三角形,气流顺利进出;说话时声门关闭,声带和杓状软骨一起靠拢,呼出的气流必须冲击声带形成振动才能出来;耳语时声带并拢但不振动,杓状软骨之间留有空隙,强气流由此摩擦而出;咳嗽时声带和杓状软骨一起紧紧并拢,必须用强烈的气流冲击声带才能咳出来。不同情况下的声带状态示意图如图 6-2-3、图 6-2-4 所示。

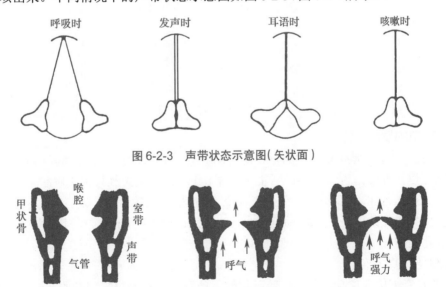

图 6-2-3　声带状态示意图(矢状面)

图 6-2-4　声带状态示意图(冠状面)

A. 声带松开时形状如三棱角;B. 发声时,三棱角形的声带即被拉成膜状,往中央靠拢;C. 两声带靠拢挡气即振动发出声音,此刻声带受强力呼气的影响往上伸张,同时声带亦因之格外增加张力。

此外,声带上方还有一对黏膜皱襞,与声带平行,称为室带。它有许多黏液腺,分泌的黏液对声带起湿润作用。有些在病理性嗓音情况下,患者会使用室带发声或室带压迫声带发声。

(三)声门上部分

声门上(supraglottal)部分构成了语音最主要的共鸣器,由喉腔、咽腔、鼻腔和口腔组成(口腔还可细分出唇腔)(图6-2-5)。喉部产生的嗓音或气流通过声门上这些共鸣腔的调节从而能发出各种不同的语音,因此发音器官的声门上部分也被称为调音器官或构音器官。

喉腔指的是声带与会厌软骨之间构成的空间。这其中也包含了声带与室带之间的喉室。咽腔本指从颅底下延到第六颈椎位置(环状软骨水平)并与器官相连的管状结构,一般分为鼻咽、口咽和喉咽。不过,在语音学领域,咽腔多指其口咽部分,即会厌软骨到悬雍垂之间构成的空间。人类的喉腔和咽腔是长期进化的结果。由于直立行走,人类的声门降低,口腔和声门呈现直角状,舌头和软腭于是有了充分的活动空间,因此人类才能够发出多种多样的声音。而口腔、唇腔和鼻腔对语音的调节更是有立竿见影的影响,其中尤以口腔的调节最为直接和灵活。

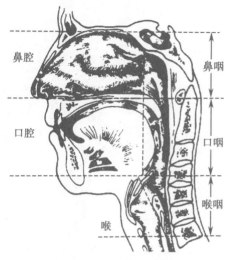

图6-2-5　共鸣腔示意图

二、发音部位

发音部位(place of articulation)也称调音部位(图6-2-6)。喉以上的发音器官统称共鸣腔,包括喉腔、咽腔、口腔、唇腔和鼻腔。而发音部位与这几个腔体都有关系。其中,口腔的变化能力最强,并常常影响到别的腔体。可以说,它是人们控制语音共鸣系统的关键。

口腔上部发音部位与口腔下部发音部位相互配合,形成一定的构音或调音姿态,辅以一定的发音方法,即可调节出不同的语音(表6-2-2)。

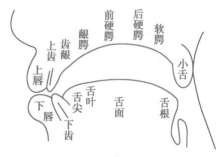

图6-2-6　发音部位示意图

(一)口腔下部的发音部位

口腔下部的发音部位都是可以活动的发音器官,属于主动发音部位,包括唇(下唇)、舌以及声带/声门。其中,舌又可以再细分为舌尖、舌叶、舌面和舌根,其所指位置大致与舌头对甜、咸、酸、苦四种味道的敏感区相合。不过,舌叶、舌面通常不仅是指舌缘,也包括中间的舌体。发音时,发音姿态主要由舌尖的活动来构成的称为"舌尖音"——如普通话的d、t、n、l、z、c、s、zh、ch、sh、r。其他如舌叶音、舌面音、舌根音等,皆可以此类推。

(二)口腔上部的发音部位

口腔上部的发音部位主要功能是为口腔下部的主动发音器官提供定位参照(表6-2-2),包括整个口腔上部和咽壁,其中有的本身也是可以活动的,如唇(上唇)、软腭和悬雍垂;其他则是固定的,如牙(上牙)、牙龈、硬腭。硬腭又可分为龈腭区、前硬腭区、后硬腭区三部分,大体上与口腔解剖学中的腭皱襞区、硬腭脂肪区、硬腭腺区对应。

表 6-2-2 发音（调音）部位表

口腔下部调音部位/器官	口腔上部调音部位/器官	调音结果简称（中）	调音结果简称（英）	音例说明
下唇	上唇	双唇音	双唇音	普通话里的 b、p、m
	上牙（牙尖）	唇齿音	唇齿音	普通话里的 f，英语的 v
舌尖	上牙（牙尖）	齿间音	齿音	英语 thin（意为"薄"）里的 th
	上牙（背面）	舌尖前音		普通话里的 z、c、s
	牙龈	舌尖中音	齿龈音	普通话里的 d、t、n、l
	龈腭（牙龈后）	舌尖后音	卷舌音	普通话里的 zh、ch、sh、r
	前硬腭	卷舌音		印度的印地语里有较多这样的发音
舌叶	龈腭（牙龈后）	舌叶音	齿龈后音	英语 shy（意为"害羞"）里的 sh
舌面	前硬腭	舌面前音	前硬腭音	普通话里的 j、q、x
	后硬腭	舌面中音	硬腭音	德语 ich（意为"我"）里的 ch
	软腭	舌面后音	软腭音	普通话里的 g、k、h
舌根	悬雍垂	小舌音	小舌音	维吾尔语里有不少这样的发音
	咽壁	咽壁音	咽壁音	阿拉伯语和希伯来语里有这样的发音
声门	（无）	喉音	声门音	英语 he（意为"他"）里的 h

注：国内多以活动发音部位为基础来进行配对发音部位的简称命名，西方则倾向于以固定发音部位来做简称命名。舌尖后音也可称翘舌音。

三、发音方法

发音方法（manner of articulation）也可以称为调音方法，主要是针对辅音来说的。对发音方法的考察和命名可以从三个方面来进行：①声腔构成阻碍和解除阻碍的方式；②声带振动与否；③气流强弱的情况。

其中，第一个方面是考察的主要方面，因而由此来确定的发音方法最为基础。以普通话为例，辅音的发音方法主要包括以下几种：

1. 塞音 塞音（stop/plosive）是指发音时声腔的某两个部分完全接触形成封闭，短时间内使气流无法通过并集聚在那里，形成较强的内部压力；然后突然除阻，气流冲出成音。因这种声音听起来有爆发、破裂的感觉，所以又称"爆破音"或"破裂音"。普通话里的塞音/爆破音有 6 个：b、p、d、t、g、k。

2. 擦音 擦音（fricative）是指发音时声腔的某两个部分靠近，形成阻碍，但是并不接触或阻塞，从而在声腔中路形成较窄的通道，然后气流从这里摩擦出去，扰动空气，发出声音。普通话里的擦音一般来说也有 6 个：f、s、sh、r、h、x。

3. 塞擦音 塞擦音（affricative）是指，发音时先是由口腔内的某两个部分完全接触，构成阻塞，堵住气流，在声腔内形成较强的内部压力；然后稍微松开阻塞，让气流挤擦而出。汉语普通话中的塞擦音仍是有 6 个：z、c、zh、ch、j、q。

4. 边音 边音（lateral）是指，发音时舌尖或舌头的一边与上腭的某处接触，形成阻碍，舌的两边或一边自然放松，气流从舌的两边或一边流出。普通话中的边音只有一个：l。

5. 鼻音 鼻音（nasal）是指，发音时软腭和悬雍垂下降，而口腔内上下某两个发音部位构成阻塞，使气流不能从口腔通过，只能从鼻腔流出。普通话中的鼻音有 3 个：m、n、ng。

6. 近音 近音（approximant），过去称为半元音、通音，是指发音时口腔里阻碍很小，通路接近于开放，气流经过口腔时只有十分轻微的摩擦，甚至没有摩擦，同时声带振动。许多人在念"衣""屋""迂"时，开头都有这样的音。这一点在《汉语拼音方案》中也有体现。这三个字开头的拼音 y（i）、w（u）、y（u）除了起隔音符号的作用，还分别对应着三个近音。此外，在比较随便的情况下，汉语拼音中的声母 r 也常常发成近音，而不是擦音。

考察声带是否振动,发音方法还可有清(voiceless)、浊(voiced)之分。发音时声带振动的音称为浊音,声带不振动的音称为清音。汉语普通话中的塞音和塞擦音都是清音。但擦音里的声母 r 通常都是浊的、带声的,要么是浊擦音,要么是近音。

至于从气流强弱来分的发音方法主要有两种:送气(aspirated)和不送气(unaspirated)。这其实是塞音和塞擦音的下位分类。汉语普通话中的不送气音有 6 个,即 b、d、g、z、zh、j,而送气音也有相应的 6 个,即 p、t、k、c、ch、q。

第三节　语音的分类

用不同的标准对语音进行分类会得到不同的结果。

一、元音、辅音及其他

根据发音时的口腔形态,同时结合听感,语言学家把语音分成元音(vowels)和辅音(consonants)两个大类。

区分元、辅音通常会考虑以下几条标准:①气流是否在口腔中路受到明显的阻碍?②声带是否振动?③是不是声腔里有某个地方肌肉特别紧张?④气流是否平稳?其中第一条是最重要的标准。而所谓"明显的阻碍"包括两种情况:一是口腔阻塞不通;二是虽通但很狭窄,气流经过时有摩擦。发元音时,口腔里没有明显的阻碍,气流振动声带,整个声腔肌肉保持均衡紧张,空气从口腔中央平稳地流出,形成层流。发 a、i、u 这几个元音时可以清楚地体会到这些特点。发辅音时,口腔中路有明显的阻碍。但是在声带是否振动这一点上并不一致,有的声带要振动,如 n、l;有的不振动,如 s、p。另外,辅音在发音时,声腔里往往有某个地方的肌肉特别紧张。通常就是在这个地方会构成对气流通路的阻碍,从而在声腔内形成较大的空气压力。也正因如此,当阻碍被克服,空气从声腔出来时气流往往比较强,形成湍流。

此外,所有的元音都能延长,听起来较为响亮。辅音却不是都能延长的,除了那些声带振动的辅音及一些摩擦音以外;有的辅音甚至稍纵即逝,单说时通常还要加上一个元音才行(如 d、t、n、l 我们常要说 dē、tē、nē、lē)。辅音在音强上通常也不如元音强。表 6-3-1 显示了元音、辅音主要特点的相互对照。

表 6-3-1　元/辅音主要特点对照表

元/辅音	口腔通道	声带	肌肉	气流
元音	无阻碍	振动	均衡紧张	平稳,层流
辅音	有阻碍	有的振动,有的不振动	特别紧张	较强,湍流

下面以普通话为例,简要介绍一下汉语里主要的元音和辅音。

(一)元音

对元音本身的分类主要涉及影响口腔共鸣腔形状改变的三个发音姿态的调节:双唇的圆展;舌面最高点的前后位置简称舌位前后;舌面隆起的高低简称舌位高低。在正常情况下,我们发音时的舌位越高,嘴就张开得越小,舌位越低,嘴就张开得越大,所以"舌位高低"(如高、半高、半低、低)这一条标准有时也用"开口度"(如闭、半闭、半开、开)来代替。舌位、唇形的不同形成不同的共鸣腔形状,从而也就形成了不同的元音。

从图 6-3-1 的左边可以看出,舌头相对微小的运动在元音音质上都会产生比较明显的差别。图的右边是在左边的基础上进行的规整、扩充和放大。右边图的纵向表示舌位高低,横向表示舌位前后,每条纵线或斜线左侧分布的是不圆唇元音,右侧是圆唇元音。需要说明的是,下图中有的国际音标符号代表的是汉语中所没有的发音。放在这里,一是为了尊重国际语音学会的工作和成果,二是为了给读者粗略地提供一个舌面元音的全貌。

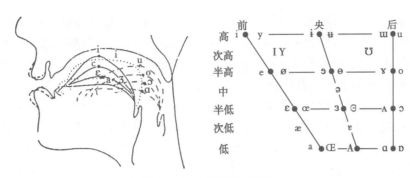

图 6-3-1　元音舌位示意图

下面我们结合普通话的汉语拼音来了解一下（方括号内是国际音标符号）。

[i]　舌面前、高、不圆唇元音，如汉语拼音 xi 中的"i"。

[e]　舌面前、半高、不圆唇元音，如汉语拼音 lei 中的"e"。

[ε]　舌面前、半低、不圆唇元音，如汉语拼音 jie、xue 中的"e"。

[a]　舌面前、低、不圆唇元音，如汉语拼音 tan、kai、zhuai 中的"a"。

[ɑ]　舌面后、低、不圆唇元音，如汉语拼音 pao、biao、fang、qiang、kuang 中的"a"。

[o]　舌面后、半高、圆唇元音，如汉语拼音 duo、wo 中的"o"。

[u]　舌面后、高、圆唇元音，如汉语拼音 pu 中的"u"和 song 中的"o"。

[y]　舌面前、高、圆唇元音，如汉语拼音 nǔ 中的"ü"。

[I]　舌面前、次高、不圆唇元音，如汉语拼音 lai、shuai，gei 中的"i"。

[ʊ]　舌面后、次高、圆唇元音，如汉语拼音 tou、jiu 中的"u"和 dao、niao 中的"o"。

[ɤ]　舌面后、半高、不圆唇元音，如汉语拼音 ge、re 中"e"的发音。

[ə]　舌面央、中、不圆唇元音，如汉语拼音 ren、wen 中的"e"。

[ɐ]　舌面央、次低、不圆唇元音，如汉语拼音儿化音 huar 中的"a"。

[A]　舌面央、低、不圆唇元音，如汉语拼音 na、jia、gua 中的"a"。

除了上面这些"舌面"元音以外，普通话中还有两个"舌尖元音"——[ɿ]和[ʅ]。它们发音时，舌尖起了主要作用：舌尖指向上牙龈及牙的背面时是[ɿ]，舌尖指向牙龈后或龈腭时是[ʅ]。

[ɿ]　舌尖前、（高）、不圆唇元音，如汉语拼音 zi、ci、si 中的"i"。

[ʅ]　舌尖后、（高）、不圆唇元音，如汉语拼音 zhi、chi、shi、ri 中的"i"。

（二）辅音

关于辅音，实际在本章上一节已经讲过。读者还可以利用表 6-3-2，结合国际音标对汉语普通话中的辅音进行一下复习。

表 6-3-2　汉语普通话中的辅音

汉语拼音	b	p	d	t	g	k	f	s	sh	x	h
国际音标	[p]	[pʰ]	[t]	[tʰ]	[k]	[kʰ]	[f]	[s]	[ʂ]	[ɕ]	[x]

汉语拼音	j	q	z	c	zh	ch	m	n	ng	l	r
国际音标	[tɕ]	[tɕʰ]	[ts]	[tsʰ]	[tʂ]	[tʂʰ]	[m]	[n]	[ŋ]	[l]	[ɻ]或[ʐ]

二、与语音单位有关的重要概念

音节（syllable）是人能够自然发出的、最小的语音单位，多由元音和辅音构成。一般来说，元音是音节的核心。以汉语为例：所有说汉语的人都会承认，"Jīntiāntiānqìduōhǎo' a（今天天气多好啊）！"这句话共有 7 个可以自然、单独发出的音节：jīn、tiān、tiān、qì、duō、hǎo、a。

音素（phone）旧称音子，是人的生理发音能力能够发出的最小的语音单位。以 tiān 这个音节为例，一个人只需稍加训练就可以分别发出 t、i、a、n 四个音素。尽管有的音素在发音过程及声学特征上还可以再分，但是从发音结果来看，音素就是最小的语音个体（或者说语音单位），是音质层面的语音片段（亦称"音段"）。所有的元音、辅音都可以看作音素。

音位（phoneme）是能够区别意义的最小的语音单位。现在使用的、绝大多数的拼音文字记录的都是某种语言的音位；汉语拼音字母代表的也是一个个音位。如果纯粹从发音、声学、甚至听觉的角度来说，任何一种语言都可以分析出成百上千个音素。有些音素虽然相互之间存在差别，却从不在同样的语音环境里出现，或者可互换而不影响语义。尽管听起来可能有点不自然，这些音素就可以归纳为一个音位，一般用比较常见的那个音素作代表。以汉语拼音字母中的 /a/ 为例，它在 tā、tuān、tāng、tiān 中的实际发音并不相同，用国际音标来表示分别是 [A]、[a]、[ɑ]、[æ]。如果把这几个音换位，如把 tuān 发成 [tʰuæn]，尽管听起来比较奇怪，普通话人群还是会把它理解为"tuān（湍）"而不是"tūn（吞）"或者别的什么。

一般来讲，一个音位经常包含若干个音素，音位和音素之间很少有一对一的关系。音素表示的是实际的发音，音位则是对音素的归纳。属于同一个音位的不同音素也可以称为这个音位的音位变体（phoneme variant）。音位的标音通常采用宽式标音，用符号外加"/ /"表示；音素或音位变体的标音则常采用严式标音，用符号外加"[ ]"表示。

区别特征（distinctive feature）指的是语音中最小的、对比性的发音特征及声学特征。比如普通话中的 b 和 p，他们都是双唇、清、爆发音，唯一的不同之处就在 p"送气"，而 b 不"送气"。[+ 送气]就是音素或音位 p 不同于 b 的区别特征。区别特征本身是不能独立发音的。

第四节　汉语语音的特点

汉语作为世界语言谱系中的一种语言，语音方面有很多特点，其中最重要的特点是音节声、韵、调三分。汉语的每个音节由声母、韵母、声调三部分组成。

一、声母

声母（initial）指的是音节开始时的辅音。普通话中的辅音一共 22 个（表 6-3-1），其中仅有 1 个不能作声母，即 ng[ŋ]（表 6-4-1）。

表 6-4-1　普通话声母表

发音部位	清不送气塞 / 塞音	清送气塞 / 塞擦音	鼻音（浊）	清擦音	其他浊音
双唇 / 唇齿	b[p]	p[pʰ]	m[m]	f[f]	
舌尖中	d[t]	t[tʰ]	n[n]		l[l]
舌面后	g[k]	k[kʰ]		h[x]	
舌面前	j[tɕ]	q[tɕʰ]		x[ɕ]	
舌尖后	zh[tʂ]	ch[tʂʰ]		sh[ʂ]	r[ɻ]或[ʐ]
舌尖前	z[ts]	c[tsʰ]		s[s]	

在普通话里有一些音节没有声母，语言学界习惯上称之为"零声母（音节）"。在拼写上，零声母音节大致可以分为两类：以高元音 i、u、ü 开头的为一类，以低元音 a 和中元音 o、e 开头的为另一类。前一类，《汉语拼音方案》规定在其前面加 y 或 w，如 yi、wu、yu（yü）；后一类，为避免音节边界发生混淆，《汉语拼音方案》规定要在音节开头加隔音符号"'"，如 xi'an（西安 ≠ xian 鲜），ji'e（饥饿 ≠ jie 街），xi'ou（西欧 ≠ xiou/xiu 休）。

二、韵母

韵母（final）是汉语音节中负载声调的部分，是出现或者说可以出现在声母后面的音段。实际上韵母本身的结构也是三分的——韵头、韵腹、韵尾（表 6-4-2）。其中，韵腹是韵母的核心，不可或缺；韵头、韵尾则是可选择有无的。

表 6-4-2　普通话韵母的结构与组成

结构名称	韵头	韵腹	韵尾
组成音素	（i/u/ü）	i/u/ü/ a/o/e	（i/u/n/ng/r）

根据韵母的头、腹、尾组成情况的不同，普通话的韵母通常分为单元音韵母、复元音韵母、鼻韵母和儿尾韵母。

单韵母有 10 个：a[A]、o[o]、e[ɤ]、i[i]、u[u]、ü[y]、ê[ɛ]、-i₁[ʅ]、-i₂[ɿ]、-e[ə]。其中 o 和 ê 用得很少，主要用在语气词里，如"哦""欸"等；而 -e 用得很多，因为它出现在轻声词"了""着""的""地""得"里。

复元音韵母有 13 个。其中，4 个韵头、韵腹、韵尾俱全——iao、iou（iu）、uai、uei（ui），它们也叫"中响复元音韵母"；4 个是"韵腹 + 韵尾"——ai、ei、ao、ou，它们也叫"前响复元音韵母"；还有 5 个是"韵头 + 韵腹"——ia、ie、ua、uo、üe（ue），它们也叫"后响复元音韵母"。

鼻韵母也叫鼻音尾韵母，共 16 个。习惯上又分前鼻音韵母和后鼻音韵母。前鼻音韵母有 8 个：an、en、ian、in、uan、uen、üan、ün，后鼻音韵母也是 8 个：ang、eng、iang、ing、uang、ueng、ong、iong。16 个鼻韵母中，10 个韵头、韵腹、韵尾俱全，6 个是"韵腹 + 韵尾"。

儿尾韵母指的以翘舌音 r 作韵尾的韵母，包括"卷舌 / 翘舌元音"er 以及所有的"儿化韵"。所谓"儿化韵"就是发生了"儿化"带 r 尾的韵母。例如花 huā + 儿 ér → 花儿 huār，伙 huǒ + 儿 ér → 伙儿 huǒr，其中的 uar、uor 都是儿尾韵母。普通话里除了 er 本身和单韵母 o、ê、-e 不能儿化以外，所有其他的韵母都能发生儿化。因此理论上说，普通话里的儿尾韵母（类）是最多的，约 30 个（有些韵母儿化后归并了）。但是，因为儿化在言语中的使用受语体、场合限制，所以儿尾韵母出现的频率并不高。

与普通话韵母有关的概念还有四呼：开口呼、齐齿呼、合口呼、撮口呼。这几个术语来自传统的汉语音韵学。"开口呼"指的是没有韵头，而韵腹又不是 i[i]、u[u]、ü[y] 的韵母，如 a、ai、ou、e、en、-i[ʅ] 等等；"齐齿呼"指的是韵头或韵腹为 i[i] 的韵母，如 i、ia、in、iang 等；"合口呼"指的是韵头或韵腹为 u[u] 的韵母，如 u、ua、uo、uei（ui）等；"撮口呼"指的是韵头或韵腹为 ü[y] 的韵母，如 ü、üe、üan、ün 等。

了解四呼对整体把握普通话音节的声韵配合规律有提纲挈领、以简驭繁的作用（表 6-4-3）。

表 6-4-3　普通话声韵配合简表

声母＼韵母	开口呼	齐齿呼	合口呼	撮口呼
b, p, m	+	+	只跟 u 相拼	
f	+		只跟 u 相拼	
d, t	+	+	+	
n, l	+	+	+	+
j, q, x		+		+
g, k, h	+		+	
zh, ch, sh, r	+		+	
z, c, s	+		+	

注：格子中的 + 号表示相应的声韵母可以搭配

三、声调

声调(tone)是具有区别词义作用的音高。普通话共有 4 个声调,其在调阶和调形上的特点可以分别概括为:高平(第一声)、高升(第二声)、低曲(第三声)、高降(第四声)(图 6-4-1)。

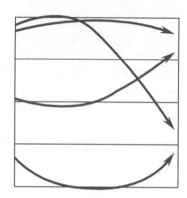

图 6-4-1 普通话声调示意图

需要注意的是:轻声不是声调而是音节在音高、音长、音强乃至音质上的弱化现象。它发生在双音节以上的词语、句子中,不能单说。轻声的调形、调值都不固定,随其前后音节的调类发生调值、调形变化。轻声的"声"不是指"声调",而是指"声音",本质上属于轻重音范畴,而不是声调范畴。

声调还可以根据发音人的相对音高描写出具体的调值。除极少数语言以外,人们一般能够感受到、并用以区分不同意义的音高最多不超过五级,由高到低为 /5/、/4/、/3/、/2/、/1/。用五度值来记音记调,普通话的第一声至第四声较常见的五度值分别是 /55/、/35/、/212/、/51/。另外,普通话的四个声调有时也被分别称为阴平、阳平、上(shǎng)声、去声。这些名称源于古代的韵书,后来根据古今调类演变的对应关系而做此命名的。

普通话的音节在连读时有可能发生变调现象。最为明显的变调现象是三声变调和"一""不"的变调。

三声变调指的是两个第三声的音节连读、连说时,前一个会变成升调。如你好 nǐ hǎo → ní hǎo,听起来跟"泥好"一样。再如"跑马场"会变成"刨麻场","纸老虎"会变成"纸劳虎"甚至"直劳虎"。

"一""不"变调指的是"一"和"不"在不同的声调前会变读成升调或降调(表 6-4-4、表 6-4-5)。

表 6-4-4 "一"的变调

连读环境	例词	变调情况
记数、数数及序数时	一二三、一九一一年、二十一个、第一层	不变调
在去声前	一致、一跳、一拜、一刻、一万、一个	yī → yí
在阴平/阳平/上声前	一只、一条、一百、一棵、一晚、一格	yī → yì

表 6-4-5 "不"的变调

连读环境	例词	变调情况
在去声字前	不但、不痛、不去、不像、不赖、不看	bù → bú
在阴平、阳平、上声字前	不单、不同、不娶、不想、不来、不堪	不变调

根据普通话语音的特点,国内开发了一系列的言语能力测试方法。我国自行编制的"普通话言语测听材料(mandarin speech test materials, MSTMs)"中的单音节和双音节词表在声韵调方面做到了三维平衡,在测试、分析时更加符合汉语语音的特点。MSTMs 在日常测试、评估中得到了广泛应用。

此外,快速简便的林氏六音测试也经过了普通话版的验证与修改。使用普通话七音进行测试(表 6-4-6),元音的第一、第二共振峰和辅音的谱峰覆盖了 200~11 000Hz 的言语频率范围。

表 6-4-6　普通话七音频率参考范围

测试音	第一共振峰 /Hz	第二共振峰 /Hz	谱峰 /Hz
m[m]			200～300
u[u]	360	740	
a[a]	900	1 400	
i[i]	300	2 500	
sh[ʂ]			4 000～6 000
x[ɕ]			6 000～8 000
s[s]			8 000～11 000

（曹　文）

7

第七章 | 听力损失的概述

第一节 听力损失的分类和病因

听力损失的病因多种多样,根据患者听力损失的类型和程度进行区分。听力损失(hearing loss)按病变性质分为三类:听觉敏度损失(hearing sensitivity loss)、阈上听力损失(suprathreshold hearing loss)和功能性听力损失(functional hearing loss)。听力损失也可以按发病的时间来分类,根据出生前后划分为先天性听力损失(congenital hearing loss)和后天性听力损失(acquired hearing loss)。听力损失还可以按照病程来分类,分为急性听力损失(acute hearing loss)、慢性听力损失(chronic hearing loss)、突发性听力损失(sudden hearing loss)、进行性听力损失(gradual hearing loss)、暂时性听力损失(temporary hearing loss)、永久性听力损失(permanent hearing loss)、进展性听力损失(progressive hearing loss)、波动性听力损失(fluctuating hearing loss)。另外,听力损失还可以按发病耳数分为单侧听力损失(unilateral hearing loss)和双侧听力损失(bilateral hearing loss)。

一、听力损失的分类

(一)听觉敏度损失

听觉敏度损失在听力损失中最为常见,它是由于听觉机制敏感度降低导致声音需要增大强度才能被接收,可以因为各种影响外耳、中耳、内耳的因素导致。听觉敏度损失又可以分为传导性听力损失(conductive hearing loss)、感音神经性听力损失(sensory/neural hearing loss)和混合性听力损失(mixed hearing loss)三种。感音神经性听力损失可进一步分为三种:病变部位在耳蜗的称为感音性听力损失(sensory hearing loss);病变部位在听神经的称为神经性听力损失(neural hearing loss);病变部位在各级听觉中枢的称为中枢性听力损失(central hearing loss)。

1. **传导性听力损失** 外耳和中耳传导路径上任何结构与功能障碍,都会导致进入内耳的声能减弱,所造成的听力损失称为传导性听力损失。有两类引起外耳和中耳异常的原因,一类是胚胎畸形导致的结构缺陷,另一类是感染或外伤导致的结构改变,典型听力图如图7-1-1所示。

2. **感音神经性听力损失** 由于耳蜗、听神经、听觉传导通路或各级神经元损害,导致声音的感受与神经冲动传递障碍以及皮质功能障碍者,分别称为感音性、神经性和中枢性听力损失,在未能区分时可统称为感音神经性听力损失,典型听力图如图7-1-2所示。

3. **混合性听力损失** 合并有外耳和/或中耳以及内耳和/或听神经、听觉传导通路、各级神经元损

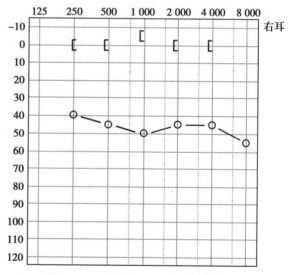

图 7-1-1 传导性听力损失典型听力图

害导致的听力损失称为混合性听力损失,典型听力图如图7-1-3所示。

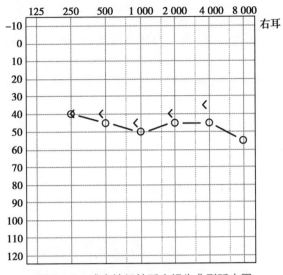

图7-1-2 感音神经性听力损失典型听力图

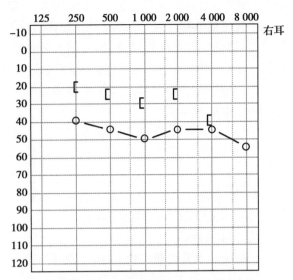

图7-1-3 混合性听力损失典型听力图

(二)阈上听力损失

阈上听力损失可伴随或不伴随听觉敏度损失,但主要表现为正确接收言语声的能力降低,即听得见声音,但听不清楚声音所代表的意思。根据可能的、潜在的损害原因将其分为两类。

1. **蜗后障碍** 当损害是由于活动性的、可检测到的疾病引起,如肿瘤或其他占位病变,或是由于外伤或脑卒中导致的,它通常被认为是蜗后障碍(retro-cochlear disorder)。也就是说,蜗后障碍是由于神经系统的结构损害造成的。

2. **听处理障碍** 当损害是由于逐渐加重的功能失调或大脑弥散改变等导致,例如老年性听力损失,通常被认为是听处理障碍(auditory processing disorder)。也就是说,听处理障碍是由于神经系统的功能性损害造成的。儿童的听处理障碍和其中枢听觉神经系统出现的特发性、不明原因的功能失调有关,主要表现为交流困难,特别是在噪声环境下的理解困难。

(三)功能性听力损失

功能性听力损失是夸大了的或伪装的听力损失,包括非器质性听力损失、癔症性聋、伪聋等等。判断是否为功能性听力损失最好的办法是弄清患者就诊目的。

二、听力损失的病因

(一)外耳疾病

外耳包括耳郭和外耳道。耳郭除耳垂外其余都是软骨结构。耳垂为脂肪和结缔组织。外耳道是从耳甲腔的底部外耳门到鼓膜,不包括鼓膜的部分。外耳道由软骨和骨性部分组成。软骨位于外耳道的外1/3,骨性部分位于外耳道的内2/3。外耳道走形呈S形弯曲,有两处狭窄。第一个狭窄位于软骨和骨性成分的交界处,因此在外耳道的外1/3处。第二个狭窄位于骨部距鼓膜约0.5cm处。

常见的外耳疾病包括先天性畸形、炎症及其他。常见的先天性耳郭疾病包括小耳畸形、外耳道闭锁、耳前瘘管。

1. **先天性耳郭畸形** 先天性耳郭畸形是由于胚胎发育时期第1、2鳃弓发育畸形所致。根据畸形严重程度分为三级:一级,耳郭形态较正常耳小,但耳郭的各部分结构存在,可以分辨;二级,耳郭没有正常的形态,呈条索状;三级,没有正常的耳郭形态,仅有少许不规则突出。

2. **外耳道闭锁** 外耳道闭锁是由于胚胎时期第一鳃沟发育畸形导致。根据畸形程度分为三度:①轻度,外耳道闭锁伴有耳郭轻度畸形;②中度,耳郭畸形明显,外耳道的软骨和骨性部分完全闭锁;③重度,耳郭三级畸形,伴有中耳畸形。

3. **耳前瘘管** 耳前瘘管也是第1、2鳃弓在胚胎发育时期融合不全导致,是常见的先天性外耳疾病。临床表现为耳郭或耳郭前皮肤一小凹。平时无症状,感染时红肿、溢脓。

4. **常见的外耳炎症** 包括耳郭化脓性软骨膜炎、外耳道湿疹和外耳道炎。

(1)耳郭化脓性软骨膜炎:常常因为外伤导致细菌感染所致,临床表现为耳郭红肿、疼痛、灼热感、皮温增高。炎症会导致耳郭软骨坏死,后期导致耳郭畸形。

(2)外耳道湿疹:是一种变应性皮炎,常由接触过敏原导致。临床表现为皮肤有少量渗出、皮肤糜烂、丘疹、水疱。

(3)外耳道炎:分为细菌性和真菌性外耳道炎。细菌性外耳道炎导致的急性外耳道炎,出现耳屏压痛,耳郭牵拉痛,外耳道内有分泌物。真菌性外耳道炎无明显疼痛,但瘙痒明显,查体可见外耳道内真菌菌丝。

(4)外耳的其他常见疾病:如耳郭假性囊肿,临床上表现为耳郭上半球形隆起。触之有波动感,无压痛,穿刺可以抽出淡黄色清亮液体。

(二)中耳疾病

1. **先天性中耳畸形** 先天性中耳畸形是第1咽囊发育障碍所致,可以与外耳畸形及内耳畸形相伴,也可单独出现,表现为单侧或双侧传导性听力损失。单纯中耳畸形包括鼓室、听小骨、咽鼓管、面神经和耳内肌等畸形,这些畸形可以单独存在,也可同时出现,其中以鼓室畸形及面神经鼓室部畸形较为多见。

(1)鼓室畸形:表现为鼓室腔周壁形态、容积的异常及鼓室内传音结构的畸形。鼓室壁的畸形常见为先天性骨质缺失或裂开,如鼓室盖或者鼓室底部的先天性缺失,可合并硬脑膜下垂或颈静脉球向鼓室内突出;鼓室内壁的前庭窗和/或蜗窗狭窄、闭锁、无窗等,而窗裂则较少见。鼓室传音结构畸形中听骨链完全缺如者很少,常见畸形包括锤骨与砧骨融合、砧骨长突缺如和锤骨足弓缺如或者部分缺如或不连接,以及锤骨足弓畸形,呈板状、一弓缺如或与足板不连接。鼓室内肌畸形主要表现为镫骨肌、鼓室张肌腱附着点肌走行方向异常,过于粗大,以锤骨肌腱畸形较多见。

(2)咽鼓管的畸形:严重的外耳道畸形常合并咽鼓管畸形,如咽鼓管异常宽大或者管口闭塞、鼓口骨质异常增生、水平位移等。

(3)面神经鼓室部的畸形:包括骨管异常、面神经形态及走行变异等。面神经鼓室部骨管异常,面神经水平段暴露,局部或整段缺如;面神经形态异常,出现面神经分叉,在鼓室部为两支,一支走在鼓岬部,另一支仍在正常位置;面神经走形异常,在面神经锥段出现移位。

一般诊断可通过局部体格检查、听力学检查、颞骨 HRCT,必要时结合 MRI 扫描。中耳畸形以手术治疗为主,通过外耳道中耳重建术,达到提高听力的目的。有残余听力而不能手术或不愿手术者,可配戴助听装置。

2. **分泌性中耳炎** 分泌性中耳炎是以中耳负压、积液及听力下降为主要特征的中耳非化脓性炎性疾病。本病常见,儿童的发病率高于成人,是引起儿童听力下降的重要原因之一。本病名称甚多,如浆液性中耳炎、急性非化脓性中耳炎、卡他性中耳炎、鼓室积液等。按病程的长短不同,可将本病分为急性和慢性两种,其中病程达 8 周以上者为慢性。分泌性中耳炎病因复杂,目前看来与多种因素有关。

(1)咽鼓管功能障碍:咽鼓管具有保持中耳内、外的气压平衡,清洁,防止逆行感染和隔声等功能。由各种原因引起的咽鼓管功能不良是酿成本病的重要原因之一:①咽鼓管阻塞;②各种原因所致的咽鼓管通气功能障碍;③咽鼓管的清洁和防御功能障碍。

(2)感染:常见的致病菌为流感嗜血杆菌和肺炎链球菌,其次为溶血性链球菌、金黄色葡萄球菌和卡他布兰汉球菌,再次为病毒感染等。致病菌的内毒素在发病机制、病变迁延为慢性的过程中具有一定的作用。

(3)免疫反应:中耳具有独立的免疫防御系统,出生后随年龄的增长而逐渐发育成熟。由于中耳积液中可检测出细菌,以及炎性介质的存在,并能检测到细菌特异性抗体、免疫复合物及补体等,说明本病可能是一种由抗体介导的免疫复合物疾病。

分泌性中耳炎在临床主要表现为听力下降、耳痛、耳内闭塞感和耳鸣等症状。病变早期检查常见传导性听力下降，鼓室图呈 C 型或者 B 型，鼓膜呈淡黄、橙红或琥珀色，慢性者可呈灰蓝或乳白色。鼓膜内陷，表现为光锥缩短、变形或消失；锤骨柄向后、上移位；锤骨外侧突明显向外突起。一般通过询问病史、电耳镜检查、听力学检查可诊断。治疗原则是解除病因，改善咽鼓管通气功能，通畅引流中耳积液，恢复中耳正常功能。

3. 化脓性中耳炎

（1）急性化脓性中耳炎：是细菌感染引起的是中耳黏膜的急性化脓性炎症。病变主要位于鼓室，但中耳其他各部位亦常受累。主要致病菌为肺炎球菌、流感嗜血杆菌、乙型溶血性链球菌、葡萄球菌等。本病多见于儿童。致病菌可通过以下三条途径侵袭中耳，咽鼓管途径、外耳道 - 鼓膜途径、血行感染，其中以咽鼓管途径最常见。临床上以耳痛、耳内流脓、鼓膜充血、穿孔，听力下降为特点。根据病史、耳镜检查、听力检查可做出诊断。治疗原则为控制感染、通畅引流及病因治疗。

（2）慢性化脓性中耳炎：是中耳黏膜、骨膜或深达骨质的慢性化脓性炎症，常与慢性乳突炎合并存在。本病很常见，临床上以耳内长期间断或持续性流脓、鼓膜穿孔和听力下降为特点。在一定条件下可引起颅内、外的并发症。本病多因急性化脓性中耳炎没有得到及时彻底治疗或治疗不当，病程迁延达 8 周以上而为慢性；或由急性坏死型中耳炎直接迁延而来。另外如腺样体肥大等鼻、咽部的慢性疾病也能使中耳炎反复发作，而成为本病发生的一个重要原因。常见致病菌多为金黄色葡萄球菌、铜绿假单胞菌以及变形杆菌等。病程较长者，两种细菌以上的混合感染较多见，且菌种常有变化。需氧菌与无芽孢厌氧菌的混合感染也逐渐受到关注。

1）症状

A. 耳溢液：间歇性或长期持续不停，急性感染时耳溢液发作或增多。分泌物为黏液脓性，或稀薄或黏稠，长期不清理可有臭味。有肉芽或息肉者，偶可有血性分泌物。

B. 听力下降：患耳可有不同程度的传导性或混合性听力损失。听力下降的程度和性质与鼓膜穿孔的大小、位置、听骨链的连续程度、迷路破坏与否有关。

C. 耳鸣：部分患者有耳鸣。

2）体征：鼓膜穿孔最常见，只要中耳感染病灶存在，穿孔就难愈合。穿孔可位于鼓膜的紧张部或松弛部，也可两者均受累。通过穿孔部位可见鼓室黏膜微红或淡白。

3）听力学检查：不同程度的传导性、混合性听力损失，亦可为感音神经性听力损失。

4）影像学检查：通过颞骨 HRCT，可以了解乳突的气化程度、听小骨的形态、中耳的各个部位及病变的范围。

慢性化脓性中耳炎治疗原则为控制感染、通畅引流、清除病灶、消除病因，尽量恢复听力。

4. 中耳胆脂瘤

中耳胆脂瘤是一种位于中耳内的囊性结构，而非真性肿瘤。胆脂瘤可继发于慢性化脓性中耳炎，慢性化脓性中耳炎也可继发于胆脂瘤的细菌感染。由于胆脂瘤可破坏周围骨质，出现严重的颅内并发症，应该引起足够的重视。胆脂瘤可分为先天性和后天性两种，后天性胆脂瘤又分为原发性和继发性两种。

1）症状

A. 耳漏：继发性胆脂瘤症状为耳内长期持续流脓，脓量多少不等，脓液常有特殊的恶臭。后天原发性胆脂瘤早期无耳内流脓，待合并感染时方有耳溢液。

B. 听力下降：原发性上鼓室内的早期局限性胆脂瘤可无任何症状，不引起明显的听力下降。如听骨链遭破坏，则可以听力下降为主诉就诊。继发性胆脂瘤一般均有较重的传导性或混合性听力损失，但有时中耳胆脂瘤可作为传音桥梁，部分患者听力损失不甚严重。

C. 耳鸣：早期多不出现耳鸣。

2）耳镜检查：鼓膜松弛部或紧张部后上方有边缘性穿孔。从穿孔处可见鼓室内有灰白色鳞屑状或豆渣样物质，伴奇臭。

3）听力学检查表现为不同程度的传导性、混合性听力损失。

4）影像学检查：颞骨高分辨率 CT 显示上鼓室、鼓窦或乳突有骨质破坏，边缘浓密、整齐。

应与不伴胆脂瘤的慢性化脓性中耳炎鉴别,治疗原则为尽早手术。

5. 耳硬化症　耳硬化症是内耳骨迷路包囊的密质骨出现灶性疏松,呈海绵状变性为特征的颞骨岩部病变。累及镫骨使之固定的称为镫骨性耳硬化症,此为临床上最常见。病灶累及耳蜗出现感音功能障碍的称为耳蜗性或迷路性耳硬化症。临床耳硬化症发病率白种人高达0.5%,女性约为男性的2.5倍,我国发病率较低,男女比例接近,以青壮年为主。

临床上主要表现为无诱因地出现单耳或者双耳缓慢进行性听力下降,起病隐匿,患者常常不能说清发病的具体时间,有的伴有耳鸣,甚至眩晕。早期病变局限于镫骨并固定,呈传导性听力损失,气骨导差大于30~45dB。病变发展后,部分患者骨导曲线在500~4 000Hz间常呈V形下降,以2 000Hz处下降最多,称卡哈切迹(Carhart notch)。若病变累及耳蜗,则显示为混合性听力损失。耳部检查发现外耳道多较宽大,鼓膜完整,外观正常,部分病例可见后上象限透红区,为鼓岬活动病灶区黏膜充血的反映,称Schwartze征,为耳硬化活动期之征象。颞骨CT或MRI,可以看到两窗区,迷路或内耳道骨壁有局灶性硬化。但阴性者不能排除耳硬化症。乳突多为气化型。

根据病史、家族史、症状及听力学检查,不难进行典型病例的诊断。各期镫骨性耳硬化症均以手术治疗为主,早中期效果良好,但晚期较差,有手术禁忌证或拒绝手术治疗者,可配戴助听器。迷路性耳硬化症除配助听器外,可试用氟化钠、碳酸钠治疗。

(三) 内耳及蜗后疾病

目前与听力损失相关的内耳及蜗后疾病较多,在此主要介绍目前临床中较引人关注的一些内耳及蜗后疾病。

1. 突发性聋

(1) 定义

1) 突发性聋(sudden hearing loss,SHL):在美国2012年发表的《突发性聋临床实践指南》中将其定义为快速起病,在72h内患者一侧或双侧耳发生的主观感受得到的听力下降。

2) 突发性感音神经性聋(sudden sensorineural hearing loss,SSNHL):是突发性聋的一个亚型:①听力损失性质为感音神经性;②满足规定的听力测试结果标准。感音神经性听力损失是指耳蜗、听神经或者更高级别的中枢听觉感知或处理出现异常。而目前最常使用的听力测试结果标准为至少连续3个相邻频率的听阈下降至少30dB。由于通常无法获取患者发病前的听力测试结果,因此听力下降程度主要通过与对侧耳的听阈相比较来确定。

3) 特发性突发性感音神经性聋(idiopathic sudden sensorineural hearing loss,ISSNHL):通过适当检查,仍无法明确具体病因的SSNHL。

(2) 流行病学:SSNHL在临床中并不少见,目前报道的发病率约为(5~20)/10万人,不过有些报道估计发病率高达160/10万人。任何年龄都可能患病,但患病的高峰年龄为50~60岁,近年来有发病年龄向年轻偏移的趋势。发病无明显性别差异,双侧耳患病者罕见,而双耳同时患病者更罕见。此外,在SSNHL患者中,30%~40%的患者伴有眩晕,耳鸣也是其常见的伴随症状。

(3) 病因:引起SSNHL的病因较多,如肿瘤、感染、颅脑外伤及窗膜破裂、药物中毒、自身免疫反应、内耳供血障碍、先天性发育异常、特发性疾病、部分梅尼埃病、多发性硬化以及结节病等,但大多数病因不明。

(4) 诊断:通过仔细询问患者病史和发病情况,并进行全面的耳科学、神经耳科学、听力学、前庭功能、影像学和实验室检查,以期找到可能的病因。

(5) 治疗:

1) 病因治疗:针对所查到的不同病因进行相应治疗。

2) ISSNHL患者的治疗:皮质类固醇仍是治疗ISSNHL患者的首选方法。皮质类固醇通常是常见的合成糖皮质激素,包括泼尼松、甲泼尼龙和地塞米松,其可通过口服、静脉和/或鼓室内注射等路径进行治疗。一般在患者发病后2周内进行激素治疗会有比较好的效果,超过4~6周则效果不明显。对于发病3个月以内的急性ISSNHL患者可考虑使用高压氧作为辅助治疗手段。不推荐常规使用抗病毒药、溶栓药、血管扩张药、血管活性物质或抗氧化剂进行治疗。当首次治疗失败、ISSNHL 未得到完全恢复时，《突发性聋临床实践指南》认为可根据患者的意愿考虑使用鼓室内类固醇灌注的方法进行补救治疗。但是在用药剂量、类固醇浓度、持续时间、频率、注射次数以及药物选择上均存在较大差异。

（6）随访：在治疗过程中应注意随访评估，通常在做出 ISSNHL 明确诊断后 6 个月内应进行随访听力测试。其目的在于评估进行性听力下降患者可能存在的其他病因、确定患者是否能获得康复、康复的效果以及是否使用补救治疗措施。听力测试主要包括纯音听阈测试、纯音平均听阈（PTA）、言语接受阈和 / 或言语分辨率测试。对于康复的定义为①如果不清楚发病前是否存在不对称听力情况，那么在对比时应以未受影响侧耳听力作为标准对照；②完全康复：要求听阈和言语分辨率应分别在对照耳听阈 10dB 以及言语分辨率 5%～10% 以内；③部分康复：分为两种情况，一种是患者在发病后听力严重下降，即使使用传统助听装置仍然完全无法依靠该侧耳聆听声音，而经过治疗后至少可以通过传统助听装置帮助其聆听声音。另一种是患者发病后至少可以通过传统助听装置帮助其聆听声音，而经过治疗后纯音听阈至少提高 10dB 或言语分辨率至少提高 10%；④康复无效：患者的听阈提高小于 10dB。

对于听力没有完全恢复的患者，临床医师应给予指导建议，包括辅助听力装置及其他支持设备。其实对于 SSNHL 患者，临床医师在诊断、干预过程中均应给予指导建议。在发病期间，听力损失应立即引起注意。

2. 听神经病

（1）定义：Starr 等在 1996 年首次使用听神经病（auditory neuropathy，AN）来描述一类行为测试和生理测试结果与听神经功能异常引起的结果一致的疾病。然而一些学者认为其暗含一种特定的病理特征，容易产生误导作用，因此尝试选用其他一些术语来描述，如听觉失同步化（auditory dys-synchrony，AD）等。但是由于听神经病的称呼现在被大多数听力学家所认同，因此本部分仍然使用听神经病这个术语来描述该类疾病。其临床表现为不明原因的、以低频听力下降为主的双耳（极少数为单耳）感音神经性听力损失，听性脑干反应（auditory brainstem response，ABR）引不出或明显异常，而诱发性耳声发射（evoked otoacoustic emission，EOAE）正常。

（2）流行病学：听神经病目前在临床中并不罕见。多发于青少年，也可婴幼儿时期起病。Davis 等报道 200 例感音神经性听力损失患者中就会有 1 名听神经病患者。Kraus 等报道听神经病在他们所研究的伴有永久性听觉丧失的人群中的发病率为 15%。Sininger 等经过研究发现 10 名通过无明显分化波形的 ABR 测试结果判断为重度或极重度感音神经性听力损失的儿童中就会有 1 名听神经病儿童。Rance 等研究发现 433 个具有听力损失高危因素的儿童中会有 1 名听神经病儿童，发病率大概为 0.23%；而在每 9 个伴有永久性听力损失的儿童中就会有 1 名听神经病儿童，发病率大概为 11.01%。

（3）病因：目前研究证明临床上存在一些可以引起听神经病的危险因素，包括高胆红素血症、缺氧、过长时间的辅助通气、早产（<28 周）、先天性脑部异常、多发性硬化等脱髓鞘疾病、其他外周神经疾病相关的症状（如腓骨肌萎缩症、弗里德赖希共济失调）以及一些遗传因素。此外，也有研究报道听神经病与病毒感染有关，高热能够导致听神经病加重。Rance 等研究发现除上述危险因素之外，脑积水、低体重、单侧中耳畸形、新生儿脑膜炎、父母的关注程度等也是导致听神经病的危险因素。Madden 等研究也发现引起听神经病的危险因素还包括耳毒性药物的使用、大脑性瘫痪以及遗传因素。

（4）诊断及分型：对于听神经病的诊断，首先应该详细询问病史。如发病时间、自觉对声音的感觉变化、平衡功能、步态、四肢感觉、视力变化、饮食情况、既往史以及家族史。听神经病患者主要为原因不明的双耳渐进性听力下降，对言语辨别不清，尤其在嘈杂环境中。大多数患者主诉可以听到声音但听不清说话意思，存在不同程度的言语交流困难，有些病例伴有耳鸣、头晕以及其他外周神经病变。要仔细询问患者的家族史，噪声暴露及耳毒性药物应用史。婴幼儿应侧重于询问出生体重和黄疸情况、Apgar 评分、生长发育情况、患儿对声音的反应等。详细的耳科检查和神经系统检查必不可少，可初步排除一些中耳疾病以及其他综合征型表现为听神经病症状的疾病。在诊断听神经病的过程中需要一系列完整的听觉测试项目，包括纯音测听、静态鼓室图 / 声镫骨肌反射测试、OAE 测试 / 耳蜗微音器电位（cochlear microphonics，CM）测试、ABR 测试。此外，在与蜗神经发育不全（cochlear nerve deficiency，CND）且不伴有内耳畸形者、听神经瘤等进行鉴别诊断时,还需要加入影像学检查。

对于听神经病的分型,顾瑞根据已报告的听神经病病例的临床表现将其归纳为:①耳蜗和脑干之间的第Ⅷ脑神经听支的神经病(不能排除同时有脑干听觉径路病变的存在):ABR 从波Ⅰ开始就严重异常;②以在听性脑干的病变为主的中枢听觉径路病变(如果有第Ⅷ脑神经听支神经病,也不是唯一的):可引出 ABR 波Ⅰ和 / 或动作电位(action potential, AP),在负总和电位(negative summating potential, -SP)和 AP 复合波中,可分辨出 AP, ABR 后几个波严重异常;③同时有耳蜗(外毛细胞)病变:部分频率的 EOAE 异常,可引出声反射;④至于是否内毛细胞病变,则临床尚难以判断,如果是内毛细胞病变,则超出了听神经的范围。

(5)治疗:本病目前尚无特殊治疗方法。目前关于助听器和人工耳蜗的效果存在差异,应注重沟通交流方式的建立。

3. 大前庭水管综合征

(1)定义:Valvassori 和 Clemis 在 1978 年发现一种类似于梅尼埃病的疾病,该病表现为波动性听力损失和眩晕。由于该疾病伴有前庭水管的扩大,因此将其命名为大前庭水管综合征(large vestibular aqueduct syndrome, LVAS),此病名至今一直在国际上使用。LVAS 是一种会同时影响耳蜗和前庭功能的疾病,它是由内耳的异常所引起。虽然在绝大多数 Pendred 综合征患者中能够发现前庭水管扩大,但大前庭水管综合征通常被认为是一种独立的综合征。前庭水管的扩大被认为隶属于 Mondini 发育异常系列中的一种小畸形,其常伴有其他部位的异常,如先天性心脏异常、外耳和 / 或中耳异常(面神经管裂、低耳郭、听骨链畸形)、增大的前庭、增大的半规管或者发育不良的耳蜗(耳蜗轴缺陷、各阶隔膜缺陷、血管纹萎缩等)。LVAS 可出现在单侧或双侧耳。

(2)流行病学:LVAS 的发病率目前尚不确定。Emmett 等对 2 683 个患有不同耳部疾病的患者进行研究发现其中 26 例患者(1%)有一侧或两侧前庭水管扩大。Hirai 等则对 854 例研究对象的颞骨进行了分析,发现其中有 11 例研究对象患有大前庭水管综合征,其发病率为 1.3%。在这 11 例研究对象中包括 2 名男性和 9 名女性,年龄范围为 0~91 岁,平均年龄为 21 岁,有 7 名年龄在 1 岁以下。Okumura 等通过研究报道它在感音神经性听力损失患者中的发病率为 7%。而关于大前庭水管综合征在儿童中的发病率情况,Levenson 等研究报道其发病率为 0.64%。Callison 等研究发现在伴有感音神经性听力损失(sensorineural hearing loss, SNHL)的 146 例听力障碍儿童中其发病率为 5%。Arjmand 等研究表明其在伴有感音神经性或混合性听力损失的儿童中的发病率为 8.5%。

(3)病因:关于导致 LVAS 发生的病因,有学者通过实验发现前庭水管在整个妊娠期间都呈进行性、非线性的增长,并且该增长在胎儿期不会下降或达到一个最大值。因此认为大前庭水管综合征可能不是胎儿形成早期前庭水管变窄受阻或失败形成的结果,而是其持续异常增长所导致的结果。而另外有学者等则通过研究发现与大前庭水管相关的非综合征性听力损失与 PDS(SLC26A4)基因突变有关联。

(4)诊断:对于 LVAS 的诊断,首先需要询问病史,包括听力下降发生的时间、突发性还是渐进性、是否伴有其他症状(如耳鸣、眩晕)、听力下降发生前是否有头部碰撞、感冒等情况出现。其次必要的耳科学和听力学检查不可缺少,如耳镜检查、电测听测试、声导抗测试、ABR 测试等。最终确诊需要影像学检查的支持,目前临床普遍认可的诊断标准是:CT 检查示总脚与前庭水管在颅后窝的外侧开口之间连线的中点的前后径超过 1.5mm,MRI 检查示前庭管和 / 或前庭囊的直径超过了后半规管的直径。不过 Vijayasekaran 等通过研究认为当颞骨岩部内前庭水管在迷路的起点与其在硬脑膜外的开口之间连线的中点超过 0.9mm 和 / 或前庭水管盖的宽度超过 1.9mm 时可诊断为前庭水管扩大。

(5)治疗:对于 LVAS 患者,一旦发生听力下降,目前尚无明确有效的干预方法。临床上有研究发现常规给予血管扩张药、神经营养药进行干预,急性起病者给予类固醇激素干预,部分配合高压氧可以使部分患者的症状得到不同程度的改善。但大部分患者随发作时间或次数的增加最终发展至极重度听力下降。此外,也有研究报道使用内淋巴囊清除术来防止大前庭水管综合征患者的听力继续下降,但效果不肯定。对于出现了听力下降的患者应尽早选配助听器,并进行听觉言语康复训练。助听器干预效果较差或无效的患者则应考虑植入人工耳蜗。目前的研究发现人工耳蜗对于重度或极重度大前庭水管综合征患者有较好的效果。此外,Can 等建议对于大前庭水管综合征的患者,尤其是医学干预无效的患者,应该进行探测性鼓膜切开术排除是否伴有外淋巴漏。

由于头部外伤、感冒喷嚏、剧烈运动等均可导致 LVAS 患者的听力进一步下降,因此叮嘱患者在生活中要尽量注意防止出现感冒、头部创伤等情况,并且避免参加剧烈的运动,慎用耳毒性药物等。

4. 老年性听力损失

(1)定义:指伴随老化过程中主要由于内耳的退行性改变引起的自然的听力损失。

(2)流行病学:随着年龄的增长,人类出现慢性疾病的可能性也在增大,其中老年性听力损失是老年人群中第三个最常见的慢性病。预计到 2050 年,约有 60% 的老年人会存在听力损失。如果将平均听阈超过 25dB HL 定义为听力损失的话,则养老院中 80% 的老年人都有听力损失。在国内,北京市 1996 年抽样调查发现,北京市区老年人的听力损失患病率在 41.84% 左右。

(3)病因:关于老年性听力损失的病因,目前可能和以下因素有关:①噪声和环境污染:人体在生命过程中不断受到交通噪声、音乐、火器发射、空调等各种噪声长期损伤的积累;②听觉系统的老化:整个听觉系统会随着年龄的增长而不断发生变化,如鼓膜变薄变硬、毛细胞和神经节细胞的缺失等;③内环境的改变:如血管病变、神经递质和神经活性物质的改变、间质改变等;④耳蜗线粒体 DNA 突变:有研究发现老年性听力损失患者 4977bp mt DNA 缺失,引起线粒体氧化磷酸化作用下降,影响了听神经系统的功能;⑤遗传因素:有研究发现老年性听力损失和遗传因素有关。

(4)诊断:60 岁以上老年人双耳渐进性听力下降,在排除了噪声性、药物中毒性等引起的听力损失后,可考虑为老年性听力损失。诊断时需要结合全身其他器官衰老情况进行综合分析。

(5)治疗:对于老年性听力损失,一是加强科普教育,提醒人们从早期开始注意避免各种引起听力损失的因素,如长期接触高强度噪声、使用耳毒性药物等;二是一旦确定为老年性听力损失,应建议尽早配戴助听器,防止听觉剥夺等现象的出现,同时帮助老年人改善交流能力,提高生活质量。

5. 听神经瘤　听神经瘤属于良性肿瘤,起源于第Ⅷ脑神经远端或神经鞘部的施万细胞,又称神经鞘膜瘤。绝大多数肿瘤来自前庭神经。听神经瘤为脑桥小脑三角处最常见的良性肿瘤,占脑桥小脑三角肿瘤的 80%~90%,占颅内肿瘤的 8%~10%。

听神经瘤多见于 30~60 多岁成人,女性较多,男女之比为 2:3,多为单侧。虽然听神经瘤起源于前庭神经,但在病变早期前庭功能逐渐被代偿,所以首发症状多为单耳进行性听力下降和耳鸣,有的表现为突发性听力下降。言语识别率下降与纯音听力下降不成比例。一旦前庭功能失去代偿,多有不稳感,偶见眩晕。面神经受累时有耳周疼痛、压迫或者麻木感;三叉神经受累时有三叉神经痛的症状。在后期,当听神经瘤向内推挤脑干或者向上突入颅中窝,可出现脑干受压及颅内压增高症状。影像学检查表明内耳道口可有扩大及占位性病变。听性脑干反应的Ⅰ波存在而Ⅴ波消失,两耳Ⅰ~Ⅴ波间期差超过 0.4ms。目前治疗以手术治疗为主,伽马刀可用于小听神经瘤的治疗。

6. 听处理障碍　中枢听处理能力通常是指中枢神经系统从第Ⅷ脑神经起传送信息至听皮质的能力,它具有对传入的大量声信息进行搜索、处理和利用,并做出正确的解释、启动及适当反应的能力。中枢听处理障碍(central auditory processing disorders,CAPD)就是中枢神经系统功能的缺陷。1996 年,美国言语听力协会将听处理障碍定义为:在有竞争的声信号及减弱的声信号中对声音的定位分辨、声音形式的识别,听觉方面对声信号时间的感受(包括对时间的分辨、掩蔽、整合和排序)等听觉功能出现的一个或多个障碍。但目前对该疾病的定义仍存在争议。

听处理障碍在中枢神经系统功能上损害的主要表现为声特征提取不足,词汇解码不足和听注意力不足。听处理障碍的诊断方法以此特征为依据,分为主观测试和客观测试。

(1)主观测试:为常用的测试手段。测试声可分为非言语声和言语声,言语声又可分为单音节词、扬扬格词、语句。给声法可分为单耳给声、双耳给声和双耳分听给声。单耳测试方法有敏化言语测听、时间压缩言语测听、合成句识别测试等;双耳测试方法有掩蔽级差测试、声源定位和偏侧测试、双耳听觉整合测试等;双耳分听测试方法有双耳两分试验(dichotic test)、双耳两分辅元音检查、交错扬扬格词测试、竞争句试验、双耳两分合成句识别试验等。

由于没有一项测试对所有类型的听处理均敏感，同时听处理障碍是听觉功能中的某一个方面的功能出现障碍，其表现可以一样但病变部位却不一样，因此选择测试方法时，宜进行配套组合测试，尽量选择测试不同功能的亚测试，不重复选择两个测试同一功能的亚测试，从而较全面地反映患者的听觉功能，提高测试的敏感性，提高诊断的有效性。

（2）客观测试：分为电生理和电声学测试、神经影像学研究。电生理测试可以直接通过比较训练前后电生理的变化，为训练效果的评价提供客观依据。常用的电生理测试有中潜伏期电反应（middle latency responses，MLR）、失匹配负波（mismatch negativity，MMN）、事件相关性电位（P300）。

听处理障碍的治疗可通过三个方面：改善环境，提高信噪比；利用多个感官获取信息来补偿听觉功能的缺陷；通过训练直接干预。训练能直接改善患者听觉功能。训练分为从下到上和从上到下以及两种方法联合使用。

目前对听处理障碍的本质没有完全了解，诊断上也没有一个公认的诊断标准，因此，尚没有关于听处理障碍的流行病学调查报告。听处理障碍的诊断绝不能仅仅依靠听力师，它需要听力师、语言康复师、儿科医师、神经内科医师、心理科医师等合作来共同诊断治疗。

（四）儿童相关疾病

外耳、中耳、内耳以及听神经以上的疾病都可能导致儿童听力下降。常见的导致儿童听力下降的外耳疾病如下：

1. 外耳道炎可见外耳道有分泌物，外耳道红肿、充血，鼓膜充血，出现传导性听力损失。外耳道耵聍栓塞也是儿童常见的导致传导性听力损失的原因。

2. 分泌性中耳炎是儿童很常见的导致传导性听力损失的原因。90%的学龄前儿童均发生过分泌性中耳炎。绝大多数的分泌性中耳炎导致的传导性听力损失是暂时性的。分泌性中耳炎的发生具有隐匿性。患儿无疼痛，家长往往发现儿童对声音反应能力下降，听小声困难，注意力不集中等表现。有时仅仅是幼儿园做听力筛查时发现。分泌性中耳炎的发生与儿童咽鼓管短、平、宽有关。随着儿童年龄增长患病率逐渐降低。

3. 急性中耳炎是导致儿童暂时性传导性听力下降的常见原因。发病原因与儿童咽鼓管短、平、宽，细菌容易从口咽部逆行进入中耳有关。临床表现为耳部疼痛。鼓膜充血明显，红肿、膨隆。

4. 慢性化脓性中耳炎也是导致儿童传导性听力损失的常见原因。儿童出生后，由于咽鼓管功能不好，乳突气化不良，容易导致慢性化脓性中耳炎。临床表现为耳部反复流脓，听力下降。

5. 先天性中耳发育畸形也会导致儿童传导性听力下降，耳郭畸形可以同时伴有中耳发育畸形，尤其是中度和重度耳郭发育畸形、外耳道闭锁患儿往往伴有中耳发育畸形。

6. 感音性听力损失是儿童常见的导致听力下降、语言发育迟滞的原因。感音性听力损失可以是先天性的，也可以是后天迟发性的。导致的原因可以是基因问题、病毒感染、新生儿高危因素，如新生儿溶血性黄疸、缺氧、低体重等。感音性听力损失往往是不可逆的，需要通过助听装置来帮助儿童听到声音，如助听器、人工耳蜗。

7. 内耳发育畸形也是导致感音性听力损失的常见原因。如大前庭水管综合征，患儿表现为出生时听力可以正常，逐渐出现进行性、波动性听力下降，也可以突发听力下降。有些患儿伴有眩晕。颞骨 CT 可以看到扩大的前庭水管。内耳发育畸形除了大前庭水管综合征，如果同时伴有耳蜗畸形还有 Mondini 综合征、Michel 综合征、共同腔。Mondini 综合征不仅有大前庭水管，同时伴有耳蜗发育不良，尤其是耳蜗第二圈和顶圈发育不良。共同腔发育畸形严重，内耳融合成一个大腔，没有耳蜗、前庭结构。

8. 突发性聋是少见的导致儿童感音性听力损失的原因。儿童突发性聋可能和病毒感染有关，如巨细胞病毒、腮腺炎病毒、流行性感冒病毒。儿童突发性聋发病率低，突发性聋患者中 14 岁以下占 3.5%。

9. 儿童常见的蜗后病变包括听神经病谱系障碍，既往称为听神经病。发病部位在耳蜗内毛细胞、听神经。临床表现为患儿能听到声音，但是不能理解言语。有典型的听力学检测结果。患儿的耳声发射正常，声反射消失。听性脑干反应测听表现为 I ～ V 波波形分化差或无分化。可以表现为不同程度的听力损失。纯音测听结果波动，不稳定。

蜗后病变除了听神经病谱系障碍，还包括听处理障碍，其是听觉中枢对声音的处理能力障碍，是中枢神经系统功能的障碍。包括在噪声环境中对声音的处理能力降低，对声音信号的时域、整合、排序等能力存在障碍。临床表现为患儿对言语声理解困难。听力学检查结果显示纯音测听、耳声发射、脑干诱发电位正常，言语测听异常。

（五）娱乐性噪声性听力损失

随着现代工业的发展，各种噪声污染越来越多的存在于人类的生存环境中，并严重地危害着人类的身心健康，尤其在一些工厂、建筑工地和某些娱乐场所的工作人员出现不同程度的听力损失，噪声是导致耳聋的常见原因。噪声性听力损失是一种因长期接触噪声刺激所引起的以听力损失为主的缓慢进行性的多系统、多部位的损伤，目前尚无有效治疗方法，故应以预防为主。研究发现，噪声性听力损失是行为相关性疾病，近几十年来，噪声性听力损失的发病率逐渐增加，与现代生活方式密切相关，发病率增加的主要原因为日益增加的娱乐性噪声暴露量和薄弱的听力防护措施。人类生存环境中广泛存在各种噪声，如交通噪声、生产噪声、军事噪声、娱乐性噪声等。娱乐性噪声指进行各种娱乐活动，包括各种播放器、乐器、儿童玩具、休闲娱乐场所、演出场所、庆祝活动、体育赛事等发出的噪声。如何预防噪声性听力损失的发生和减轻噪声损伤的程度已成为临床医疗和职业病防治工作者关注和研究的重要课题。

1. **噪声性听力损失** 噪声性听力损失（noise induced hearing loss，NIHL）是一种感音神经性听力损失，也是目前世界医学界都为之头疼的难题。噪声性听力损失又称噪声性聋，是由于长期受噪声刺激而发生的一种缓慢的、进行性的听觉损伤，损伤的部位在内耳。人体的内耳有 18 000 个听觉细胞，这是一种感受听觉的、直径约 0.01mm 的纤毛细胞，容易受噪声影响，受损后不能再生。噪声性听力损失损伤的程度与噪声的种类、强度、接触噪声的时间和个体因素等有关，主要分为暂时性阈移（temporary threshold shift，TTS）和永久性阈移（permanent threshold shift，PTS）。

（1）暂时性阈移：是指经强噪声暴露后听觉敏度出现暂时性下降，其典型表现为听觉敏度下降、耳闷感（高频听力下降引起的主观感觉），以及耳鸣。短时间暴露于强声环境所引起的听力下降，一般听力损失不超过 25dB，离开噪声环境数小时后听力可自然恢复，属于 TTS，这种现象又称为听觉疲劳，属于功能性改变；但是在听觉疲劳的基础上，再继续接触噪声刺激，功能性改变就会发展为器质性退行性病变，听力损失不能再完全恢复即出现 PTS。

（2）永久性阈移：是长期受到 78～130dB SPL 声音的刺激，也可是一次性的声创伤所导致的。声创伤（acoustic trauma），一般来说指耳部受到峰值 140dB SPL 或更强的爆炸声所导致的创伤，但是在高度敏感的人 132dB SPL 即可造成声创伤。

噪声性听力损失的病理是长期噪声刺激使耳蜗血管纹出现血循环障碍，螺旋器毛细胞损伤、脱落，严重者内毛细胞亦损伤，继之螺旋神经节发生退行性病变，病变的部位以耳蜗基底圈末段及第二圈病变最严重最明显，因此处接近鼓室且血管较细，容易受噪声的影响。而耳蜗基底圈主要负责接受 4 000Hz 的声音刺激，故早期患者以 4 000Hz 处听力损失明显。在这方面国外也有若干的解释，包括：①1934 年学者提出螺旋板在 3 000～6 000Hz 的区域的血液供应相对贫乏，且外形有狭窄区，易受淋巴振动波的冲击而受损；②1953 年和 1960 年，又有学者分别提出镫骨足板对高频声波所起的缓冲作用薄弱；③1976 年 Bohne 提出，4 000Hz 这个区域的毛细胞的支撑结构易感性更强；④1976 年 Tonndorf 提出，由于频率 3 000～4 000Hz 的声音在外耳道的共振增强，所以 4 000Hz 更容易损伤。机械损伤学说则认为这是声波机械的冲击导致听觉器官损伤，主要包括以下四个观点：①强大的液体涡流冲击蜗管，使前庭膜破裂，内、外淋巴混合导致离子成分的改变及螺旋器细胞损伤，继发血管纹萎缩和神经纤维变性；②强烈的基底膜震动导致网状层产生微孔，内淋巴渗入到毛细胞周围，引起内环境中钾离子过高，毛细胞细胞膜在异常的高钾环境中受到损害；③螺旋器与基底膜分离；④盖膜和毛细胞分离。

2. **娱乐性噪声的概念及分类** 娱乐性噪声是指由于进行各种娱乐活动所产生的，可能导致听力损失的声音。它包括的范围很广，具体分类如下：①各种播放器发出的声音：手机、MP3、电脑、收音机、汽车内音响、电视等；②各种乐器发出的声音：各种打击器等；③各种休闲娱乐场所发出的声音：KTV、迪厅、游戏厅、美发厅等；④各种演出场所发出的声音：戏剧院、影剧院、演唱会现场、各类演出现场等；

⑤各种体育赛事发出的声音：射击、足球赛事、篮球赛事、赛车、赛马等；⑥各种庆祝活动发出的声音：燃放鞭炮、婚礼现场、聚会联欢。

3. 娱乐性噪声的危害　MP3 和鞭炮等噪声致聋已逐渐深入人心，娱乐性噪声也越来越受到重视。值得关注的是，娱乐性噪声致聋的人群，不单单是声音娱乐爱好者，也包括娱乐场所的演员和各种工作人员。同时，娱乐性噪声同职业性噪声一样，这些影响并不只限于听力下降、听觉过敏、耳鸣、语言接受能力和言语信号辨别能力下降，还有头痛、头昏、失眠、心情抑郁、反应迟钝和容易激动等神经症状。其听力损失的频率早期仅在 4 000Hz，纯音听力图显示在此频率有个 V 形缺口，而单单此频率受损对于我们的日常生活影响很小，甚至根本感受不到有问题。所以这些人还会继续接触耳机、演唱会等。但随着高强度、长时间的噪声暴露，毛细胞损伤越来越多，由于内耳毛细胞的自我修复功能及个体对噪声的敏感性不同，患者可出现不同程度的听力下降、听觉过敏、耳鸣等症状，随着噪声剂量及暴露时间的逐渐累积，听力损失会从 TTS 逐步发展为 PTS。因此他们的听力常常会出现其他频率继续下降，从而影响到工作生活，而最后只有通过配戴助听器来解决。

人们感到舒适的外界声音在外耳道测到的具体数据是：安静环境下 74dB（A），嘈杂环境 84dB（A）。国内外对迪厅、射击、烟花爆竹、体育赛事、儿童玩具的噪声暴露研究情况如下：

（1）迪厅：美国研究报道，迪厅的平均声压级 104.3～112.4dB（A），个人随身听的平均声压级 75～105dB（A）。青少年 14～17 岁，到迪厅等娱乐场所活动的人群，平均阈值产生增加的趋势，特别是在 14 000～16 000Hz。

（2）射击：波士顿儿童医院听力诊断中心研究显示目前噪声源首位是射击，大口径步枪的声暴露峰值范围为 140～170dB SPL。

（3）体育赛事：科罗拉多州的足球比赛现场进行 4h 测量，平均值超过 100dB（A）。水上摩托和全地形车全油门加速时噪声暴露水平可超过 100dB（A）。美国的纳斯卡车赛暴露的声音强度更高，在距离赛道约 45m 观众座位测量到的噪声强度接近 100dB（A），前排的观众座位离赛道约 6m，其平均噪声强度可达到 106dB（A）。

（4）烟花爆竹声：从 20 世纪 80 年代末研究发现在 3m 外烟花爆竹声峰值可达到 126～156dB SPL，同时也发现儿童年龄在 9～15 岁发病更多，可能是因为儿童的听觉更加敏感，或者因为他们不能像成人能尽快地离开，所以儿童的耳朵更容易被伤害。目前国内也有研究显示燃放鞭炮可能是导致部分地区儿童听力损失发病率较高的原因之一。

通过以上数据可知，我们进行各项休闲娱乐活动并不只是放松，还会给听力带来很大的伤害。因为听力损失是一个渐进的过程，它可能进展多年都不会被注意到，一旦人们注意到自己听不清楚别人讲话、讲话时不自主地提高音量，这时就要选择助听器进行帮助。虽然助听器对言语交流有显著改善，但很难让使用者恢复到以前的言语理解清晰度，尤其是在噪声环境下理解语言会更加困难。随着生活水平的提高，娱乐性声音暴露已经成为人们的日常，人们应该防止娱乐自己时所导致的听力损失。一旦发生噪声性听力损失，不但对音乐的喜好大打折扣，而且如果加重到一定程度，恐怕连最基本的言语交流都会成为困难。

4. 噪声性听力损失的诊断及治疗　诊断需满足以下条件：明确的噪声暴露史、以进行性耳鸣或听力下降为常见症状、在 3 000～4 000Hz 处出现 V 形切迹的双侧高频听力损失。一旦诊断明确，需立刻脱离噪声源终止噪声暴露，尽早治疗。目前普遍认为机械性损伤、代谢性损害、血管性改变及易感性基因等共同参与了噪声引起的耳蜗毛细胞的死亡过程。尽早促进病变的毛细胞恢复或避免毛细胞死亡是治疗 NIHL 的关键，但至今尚无有效的特异性治疗方法，常用的治疗方法如下。

（1）药物治疗：常用的有改善微循环、降低血液黏滞度、营养神经、清除氧自由基、能量支持、抑制一氧化氮合酶、谷氨酸受体拮抗剂、脂质过氧化物抑制等药物。

（2）高压氧治疗：高压氧能有效改善内耳的缺血、缺氧状态，对短期病程（2 周）内的 NIHL 有一定的辅助治疗作用，但对陈旧性感音神经性听力损失没有作用。

5. 娱乐性噪声致聋的预防　减少噪声来源是预防 NIHL 最根本的方法。目前我国大部分人对噪声的危害性认识不足,导致长时间暴露于高强度的噪声中,且很少主动采取有效的个人保护措施,造成不可逆的听力损失。由于目前尚无有效药物治疗 NIHL,因此 NIHL 重在预防,其关键在于减少噪声暴露,对相应人群进行听力健康教育,增强风险意识。同时工作环境噪声要达到国家卫生标准,否则必须采取相应的措施。长期在娱乐噪声中工作的演员、工作人员以及声音娱乐喜好者遵循以下原则:减少接触、个体防护、定期检查、良好习惯。

第二节　听力损失的分度和听力图

一、听力损失的分度

听力损失的分级程度常以临床上纯音测听所得言语频率听阈的平均值作为标准。而言语频率听阈的平均值,在各国的计算方法不完全一致。1964 年国际标准化组织(ISO)公布的分级程度标准以 500Hz、1 000Hz、2 000Hz 的平均听阈为准。1980 年世界卫生组织(WHO)采用了与 ISO(1964)相同标准。1997 年 WHO 日内瓦会议修订标准后,将 3 000Hz 或 4 000Hz 列入计算范围。2021 年 WHO 在《世界听力报告》(*World Report on Hearing*)中对 1997 年的标准进行了修订(表 7-2-1)。2021 年分级标准与 1997 年的不同之处在于,轻度听力损失的测量起始值从 26dB 降低到 20dB;听力损失分为轻度、中度、中重度、重度、极重度和全聋;并且增加了单侧听力损失。除听力损失程度分类外,修订后的分级标准还提供了每种程度可能伴随的沟通功能的描述。

表 7-2-1　世界卫生组织(WHO)听力损失分级标准[*]

分级	较好耳听阈[‡]/dB	多数成年人在安静环境下的听觉体验	多数成年人在噪声环境下的听觉体验
正常听力	<20	听声音无困难	听声音无困难或轻度困难
轻度听力损失	20~<35	交谈无困难	交谈可能有困难
中度听力损失	35~<50	交谈可能有困难	聆听或参与交谈有困难
中重度听力损失	50~<65	交谈有困难 提高音量后没有困难	多数情况下聆听或参与交谈有困难
重度听力损失	65~<80	大部分交谈内容都听不到,提高音量后也有困难	聆听或参与交谈特别困难
极重度听力损失	80~<95	提高音量后也特别困难	听不到交谈声
完全听力损失/全聋	≥95dB	听不到言语声和大部分环境声	听不到言语声和大部分环境声
单侧听力损失	好耳<20	可能没有困难,除非声音靠近差耳	聆听或参与交谈可能有问题
	差耳≥35	声源定位可能有困难	声源定位可能有困难

注:[*]本分级仅供流行病学使用,且只适用于成人。
　　[‡]"听阈"指的是较好耳在 500Hz、1 000Hz、2 000Hz、4 000Hz 处,可检测到的最小声音强度的平均值

二、听力图

纯音听力计(pure tone audiometer)发出不同频率不同强度(声级)的纯音,来检测受试耳各频率的听觉敏度,气导和骨导各频率听阈用特定符号连线,称纯音听力图(或称听力曲线,audiogram)。纯音听力图以横坐标为频率(Hz),以纵坐标为声级(dB HL),在测试频率最大声强无反应时,在该声强处标志下作向下的箭头"↙"(右耳)或"↘"(左耳)。且"↙"或"↘"符号与相邻频率的符号不能连线。听力图可以直接反映受试耳有无听力损失,估计听力损失的程度、性质及病变部位。正常成人的听力图,气导和骨导听阈曲线均在 25dB HL 以内,气骨导之间差距小于等于 10dB。气导听阈大于骨导听阈 10dB 及以上,是传导性或混合性听力损失的表现,一般不会出现骨导听阈高于气导听阈。

第三节 听力残疾标准

听力损失是一种常见的感觉器官疾病,给患者生活造成不便,降低了患者的生活质量。我国先后于1987年和2006年进行了两次全国性的残疾人抽样调查。根据我国2006年第二次全国残疾人抽样调查的数据显示,听力残疾人群达2 780万,位于各类残疾的第一位。同时根据全世界范围来看,听力残疾者所占比例还在逐年增加。由于现代人的生活节奏加快,工作压力增大,听力残疾人群生理功能和人际交往等都受到明显的干扰。

根据2008年我国颁布的残疾人保障法解释,残疾人是指在心理、生理、人体结构、某种组织、功能丧失或者不正常,全部或部分丧失从事某种活动能力的人。目前,残疾评定主要包括六大方面,即视力残疾、听力残疾、言语残疾、肢体残疾、智力残疾、精神残疾。中华人民共和国国家质量监督检验检疫总局和中国国家标准管理委员会于2011年发布了《残疾人残疾分类和分级》的国家标准GB/26341—2010。新标准源于2006年第二次全国残疾人抽样调查残疾标准,并且在原有标准基础上更多的参考了国际标准,将其与我国国情进行了很好的衔接。除此标准基础之外,中国残疾人联合会和中华人民共和国国家卫生健康委员会共同组织编写了《残疾人残疾分类和分级国家标准实施手册》,孙喜斌教授等编写了其中《听力残疾评定手册》部分。

一、听力残疾的标准

(一)听力残疾的定义

听力残疾是指由于各种原因导致双耳不同程度的永久性听力损失,听不到或听不清周围环境声及言语声(经治疗1年以上不愈者),导致患者日常生活及社会参与受限。

听力残疾的评定标准强调双耳听力下降,并且程度的划分必须以听力较好耳作为评定依据,且病程必须至少1年以上。听力残疾包括:听力完全丧失及有残留听力但辨音不清和不能进行听说交往两类。听力残疾的原因众多,可能是先天性的或者后天性的,创伤、中耳炎、肿瘤和发育畸形等因素都可能导致不同程度的听力残疾。

在听力残疾的申报和评定过程中,最为重要的核心就是听力测试。在大规模的残疾抽样调查中,听力检测通常采用的是便携式听力检测设备进行,为普查性听力残疾评定,而对于申领残疾人证的听力残疾评定,需要由指定医疗机构的专业人员完成,为诊断性听力残疾评定。

(二)听力残疾的分级

我国先后有多个残疾人评定标准,目前全国各地采用的是2011年1月14日发布的《残疾人残疾分类和分级》,此标准是根据2006年第二次残疾人抽样调查时由孙喜斌、李兴启和张华提出的标准而定。据此标准,残疾分级是根据听力损失的程度不同而评定。不同年龄残疾者评定等级的标准也不同。3岁以上的听力残疾划分为4级,1岁以上3岁以下只评定1~3级,6月龄~1岁只评定1~2级,6月龄以内的婴儿不做听力残疾评定(表7-3-1)。

表7-3-1 听力残疾评定标准

听力残疾的级别	听力损失的程度	听力损失的表现
一级	≥91dB HL	不能依靠听觉进行言语交流,在理解、交流等活动上极重度受限,在参与社会生活方面存在严重障碍
二级	81~90dB HL	在理解和交流等活动上重度受限,在参与社会生活方面存在严重障碍
三级	61~80dB HL	在理解和交流等活动上中度受限,在参与社会生活方面存在中度障碍
四级	41~60dB HL	在理解和交流等活动上轻度受限,在参与社会生活方面存在轻度障碍

注:上表中的听力损失值均为平均纯音气导听阈,测试频率必须包括500Hz、1 000Hz、2 000Hz、4 000Hz共4个频率。

参考世界卫生组织《国际功能、残疾和健康分类》(International Classification of Function Disability and Health, ICF)，在残疾评定过程中更加注重听力问题影响残疾人士日常生活和社会参与及功能障碍等因素。我国第二次残疾人抽样调查听力残疾标准较第一次调查测试频率、分级参考标准、等级称谓、测查结果均不相同，结果显示，听力残疾呈逐年上升的趋势。

二、听力残疾的检查方法

(一)测试环境要求

听力测试应在安静的测听室进行，测试内容应为患者裸耳听力。对耳聋定残普查的测试环境亦是在安静房间内，本底噪声<50dB(A)进行，室内应限制非测听人员入内。言语识别率测试在普通安静房间内进行，用当地人发音，其言语声约70dB SPL(正常说话声)，房间本底噪声小于50dB(A)。对于听力残疾四级患者的评定，应该要求测听室本底噪声必须≤40dB(A)。

(二)评定方法

1. **行为测听法** 通过观察受试者对不同频率、不同刺激声强声音的听性行为反应，来判断其听力损失。

2. **言语识别率测试** 用听话识图法识别双音节词，测试者在受试者好耳侧并排而坐，间距0.5m，测试者(当地人)用正常言语声发音，注意避开受试者视觉，通过观察受试者对双音节词的正确识别情况，确定其言语识别率。

测试用具：汉语双音节词测听图卡。

(三)计算公式

1. **平均听力损失** 指(A)500Hz、(B)1 000Hz、(C)2 000Hz、(D)4 000Hz听力损失分贝数之和的均值。

$$平均听力损失(dB\ HL) = \frac{(A+B+C+D)}{4}$$

2. **言语识别率** 指受试者正确回答数与测试总数之比。

$$言语识别率(\%) = \frac{正确回答数}{测试卡片总数}$$

(四)注意事项

1. **纯音听力测试** 在安静房间每个频率连续测试3次，其中有2次测试结果相同方可确认听力残疾等级，其测试按照纯音测试规范执行，同时可结合言语识别率测试结果，对照听力残疾分级标准评定等级。

2. **言语识别率测试** 可选用与本方案配套的汉语双音节词测试图片及测听录音磁带，对方言地区可选用当地人发音。音量应控制在正常言语声(约70dB SPL)。

3. **行为测听** 对无言语能力的听力残疾者，要以行为测听结果作为评定依据。

4. **各级功能损害定义如下**

(1)听力残疾一级：听觉系统结构功能极重度损伤。无助听设备的帮助，残疾者无法依靠听觉进行言语交流，并且活动极重度受限，社会生活参与障碍极严重。

(2)听力残疾二级：结构功能重度损伤，无助听设备帮助，交流理解等社会活动重度受限，社会参与方面存在严重障碍。

(3)听力残疾三级：结构功能中重度损伤，无助听设备帮助，理解交流等活动中度受限，社会生活参与方面存在中度障碍。

(4)听力残疾四级：结构功能中度损伤，无助听设备帮助，理解交流等活动轻度受限，参与社会生活方面存在轻度障碍。

三、听力残疾的医学评定流程

听力残疾的医学评定需有区县级残疾人联合会委托的医疗机构进行。各级医疗机构只有在接受委托授权后方能开展评定，并且评定需要专人负责，定期接受授权单位审定考核同意后方能开展。

评定流程如下：①残疾人士或者监护人申请；②乡镇或街道办事处初审；③县级以上残联复核；④残联指定医学评估单位；⑤相应的医疗机构进行病史采集、听力测试及出具初步评测结果；⑥县级残联审查确定结果；⑦省残联审批办理相关证明。

大体上评定过程为身份审核、病史采集、专科查体、听力学检查、出具证明、残疾认定。听力学检查包括需要患者配合的主观性检查，如纯音测试和言语分辨率测试；如果在上述检查不能明确患者听力情况，或者患者主观意志干扰检测结果时，还应当进行客观听力学检查，如 ABR、ASSR 等客观检查；如与初次测试听力水平不符时，还可以进行伪聋测试或者与其他医院的检测结果进行比较。如无法明确患者听力损失程度或条件不能满足要求应该转诊到上级医院复查。据研究报道，在评定过程中仍有 0.7% 的患者主观听阈与客观听阈明显不符，存在夸大听力损失程度的情况。

四、医疗机构在听力残疾评定过程中的注意事项

随着听力损失人群的日益增多，听力残疾评定工作也成了医疗机构的一项重要任务。医疗机构应当加强对于参加评定的医师和技术人员的管理，定期组织业务学习，严格监督评定工作。医务人员应当认真负责，遵照国家法律法规办事，既不能草率办事，损害听力障碍人士的权益，也不能徇私舞弊，弄虚作假。对于纯音测试配合不佳的患者要采取分频 ABR、ASSR 等检查进行相互印证，提高准确性。同时医疗机构还应当定期对检测设备进行校准，对测试环境噪声水平进行检测。上级行政机构也应当定期组织专家对医疗机构的残疾评定工作进行考核监督。

（郑　芸）

耳鸣是人类的一种主观感受，可以说自从有了人类，即有了耳鸣，自从有了语言，才有了耳鸣的主诉；自从有了文字，才有了耳鸣的记载。中国古代有关耳鸣的医学文献，首推我国2 000多年前最早的医学经典著作《黄帝内经》中明确记载了"耳中鸣""耳数鸣""耳为之苦鸣"等耳鸣的描述以及使用中药和针灸治疗耳鸣的各种方法。国外有关耳鸣的记述，似乎也可追溯到约3 000年以前的古埃及人、亚述人与美索不达米亚人的时代对耳鸣的描述与疗法。

一、耳鸣的定义

耳鸣（tinnitus）是指周围环境中无相应声刺激或电刺激的情况下，患者自觉耳内或颅内有声音的一种主观感觉。患者听力正常或下降，产生注意力无法集中、睡眠障碍、心烦、恼怒、焦虑、抑郁等不良心理反应。

狭义耳鸣仅指主观特发性耳鸣（subjective idiopathic tinnitus），广义耳鸣除特发性耳鸣，还包括客观性耳鸣。客观性耳鸣（objective tinnitus）患者耳内或颅内的响声不但自己能听到，而且还能被他人听到。头颈部声源可以是血管搏动声、血液湍流声、肌肉活动声、耵聍在鼓膜上活动的声音等。

临床上主观特发性耳鸣多见，客观性耳鸣较少见。对临床上一类不明原因的主观性耳鸣，即通过目前的系统检查手段（包括耳和全身体格检查、听力学检查、影像学检查及实验室检查等）均未发现明显异常，或异常检查结果与耳鸣之间缺少明确的因果关系，可称之为主观特发性耳鸣（subjective idiopathic tinnitus），简称为特发性耳鸣（idiopathic tinnitus）。

国外流行病学调查研究显示成人持续耳鸣患病率在10.1%～14.5%，耳鸣患病率随年龄的增长而增加，60岁以上老年人耳鸣患病率最高达29.6%，听力正常的儿童耳鸣患病率为15%（$n=2\,000$例，年龄11～18岁）、29%（$n=93$例，样本平均年龄为5.7岁）；国内耳鸣流行病学调查研究较少，有研究者对陕北地区耳鸣流行病学调查显示耳鸣患病率高达7.8%，严重耳鸣者达1.6%。江苏省研究报道称耳鸣患病率随年龄的增加逐渐上升，被调查的老年人群耳鸣患病率为29.6%，对情绪或生活造成中重度影响的耳鸣患病率为2.5%，综合医院耳鸣就诊率约占耳鼻咽喉科门诊量的7.5%。

二、耳鸣的病因

特发性耳鸣的病因可以是单因素的，但大部分是多因素的。耳局部病变、全身疾病、心理因素等都与耳鸣发病相关。引起耳鸣的病因多且复杂，听觉通路从周围到中枢任何部位的异常均可引起耳鸣，其次全身系统的某些疾病也可诱发耳鸣。

1. **外耳病变**　多表现为声音传导障碍，常见的病因有：外耳道耵聍栓塞、外耳道异物、外耳道疖肿、外耳道皮肤病（如湿疹、真菌感染和皮炎等），也可见于肿瘤。

2. **中耳病变**　中耳疾病引起的耳鸣也可随体位变化而有所改变。常见导致耳鸣的中耳病变有：外伤性鼓膜穿孔、咽鼓管病变、急慢性中耳炎、肿瘤等；也可见于鼓室硬化、耳硬化症和鼓室内血管病变，如鼓室血管瘤、颈静脉体瘤、镫骨动脉残留等；另外，鼓室周围的血管病变也可引起耳鸣，如颈动脉球体瘤和颈静脉解剖异常等，这类疾病多可引起他觉性的搏动性耳鸣，又称脉管性耳鸣。

3. 内耳病变 多数特发性耳鸣与内耳病变有关,但引起耳鸣的机制并不十分清楚,目前比较认同的几点原因均围绕着毛细胞损伤和神经自主活动异常展开。比较常见的内耳疾病和引起内耳损伤的因素包括:梅尼埃病、突发性聋、药物中毒、噪声、老年退行性病变和病毒感染等。

噪声可对全身多系统产生影响,其中强噪声是引起耳鸣和听力下降最主要的因素。一般而言,当外界噪声大于90~120dB(A)时,内耳就会受到影响,由于个体差异的存在,表现为不同程度的耳鸣、听力下降。

4. 蜗后病变 听觉的正常感受需要听觉通路的结构完整和功能正常,一旦某个环节出现问题都可导致听觉感受的异常。其他蜗后病变还有脑桥小脑三角病变、脑干病变、颅脑外伤,甚至听觉通路上其他核团的病变以及颅内肿瘤等,这些疾病都会对听觉传导通路的电活动产生干扰,引起神经放电率异常和中枢感受障碍,因此可能产生耳鸣。

5. 全身原因 如高血压、低血压、动脉硬化、贫血等,内分泌失调如甲状腺功能减退、更年期雌激素水平低下、垂体瘤等以及鼻部(鼻腔、鼻窦和鼻咽部)疾病,阻塞性睡眠呼吸暂停低通气综合征和反流性食管炎等也是耳鸣的诱因。

三、耳鸣的分类

耳鸣的分类方法很多,但分类原则应该是为耳鸣的诊断和治疗提供最有价值的信息,同时也可为临床研究或特殊研究要求而进行分类,目前已有的十余种分类方法其互相之间没有矛盾,是以往研究者各自从不同角度对耳鸣观察、分析最后总结所获得的成果。以下介绍几种目前临床上常见的分类方法:

1. 按耳鸣被感知情况分类 通常按照检查者是否能听到患者耳鸣分为主观性耳鸣和客观性耳鸣,这也是临床最常用的分类方法。前者是指在周围环境中无相应声源和电(磁)刺激源情况下,患者自觉耳内或颅内有声音的一种主观感觉;客观性耳鸣是指耳鸣患者不但自己能听到耳鸣,他人通过接近患者或使用工具也能听到其耳鸣(图8-0-1)。

(1)客观性耳鸣:头颈部声源常与血管源性、肌源性、颞下颌关节性和呼吸性密切相关。

(2)主观性耳鸣。

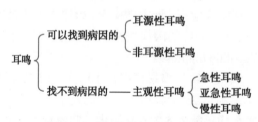

图8-0-1 耳鸣按被感知情况分类

2. 按病程分类 耳鸣病程在3个月以内为急性耳鸣;在4~12个月为亚急性耳鸣;超过12个月为慢性耳鸣。

3. 按耳鸣持续时间分类 可分为间歇性耳鸣、持续性耳鸣及阵发性耳鸣。

4. 按耳鸣耐受程度分类 代偿性耳鸣和失代偿性耳鸣:耳鸣较轻,患者能够耐受或已习惯、适应,不需进行特殊治疗为代偿性耳鸣。如耳鸣较重,伴有严重的心烦、焦虑,影响睡眠、听力及工作,尚未适应和习惯,为失代偿性。

5. 按病变部位分类 分为耳源性与非耳源性耳鸣。耳部疾病引起的耳鸣称为耳源性耳鸣,耳部疾病又可分为外耳、中耳、内耳、听神经、脑干和听觉中枢等部位的损害,这些病变部位是根据听力学的检查来判定的,实际上是听力损失的病变部位。基于耳鸣与听力损失之间的密切关系,人们习惯于把上述部位认为是耳鸣的可能病变部位。听觉系统以外的疾病如贫血、高血压、甲状腺功能亢进、肾病等产生的耳鸣为非耳源性耳鸣。

6. 按病因分类

(1)生理性耳鸣:在正常情况下,当人体处于极其安静环境时,可以听到身体内部器官、脏器维持其自然活动状态和血液流动时动脉受压所产生的脉动性声音或呼吸声、咽鼓管开放的声音、颞区及耳区受压而致部分血管阻塞时出现的搏动性声等，这些均属于亚体声，为生理性耳鸣。

（2）病理性耳鸣：任何外界机械性、噪声性、中毒性、感染性、变态反应性、药物耳毒性及全身疾病等病因所引发的耳鸣均属于病理性耳鸣的范畴。

7. 根据患者的主观陈述分类

（1）耳鸣的侧别：左耳鸣、右耳鸣、双耳鸣、颅鸣。

（2）耳鸣响度分级：①0级，无耳鸣；②1级，耳鸣轻微响，似有似无；③2级，耳鸣轻微响，但肯定可听到；④3级，耳鸣中等响度；⑤4级，耳鸣很响；⑥5级，耳鸣很响，有吵闹感；⑦6级，耳鸣极响，难以忍受。

8. 按耳鸣掩蔽测试结果分类 能掩蔽耳鸣的最小声级称最小掩蔽级，将各频率的最小掩蔽级在听力图上连线称掩蔽听力图。根据最小掩蔽级曲线与纯音听力曲线的关系将所有耳鸣患者分为五型：会聚型、分离型、重叠型、间距型和不能掩蔽型，以上分型临床应用已经较少，但与采用声治疗效果有密切关系。

四、听觉耐受下降

听觉耐受下降（reduced or decreased sound tolerance）是指对声音的容忍度降低，或指对声音的敏感性增强。耳鸣患者通常伴有听觉耐受下降和听力损失，在对耳鸣的临床诊治中，临床医师不仅应该关注伴有听力损失的耳鸣，也应对伴有听觉耐受下降的耳鸣患者有足够的认识并加以重视。因为耳鸣伴有听觉耐受下降会给患者带来诸多不良的心理反应，不仅对患者的生活、工作及社交造成严重的影响而且也给治疗带来挑战。临床上听觉耐受下降患者中以听觉过敏者居多。

（一）定义及临床表现

由于对听觉耐受下降缺乏了解，大多数学者将听觉耐受下降简单地用听觉过敏代替。其实听觉耐受下降并不等同于听觉过敏，它包括了听觉过敏（hyperacusis）和厌声症（misphonia），与之表现相关联的还有恐声症（phonophobia），他们之间有一定的相关性，但绝不能替代表述。

1. 听觉过敏 其定义为"对正常环境声音出现的异常耐受"和"对常人未感任何危害或者不适的声音做出持续夸张或者不恰当的反应"。其行为学表现为：对一些很小的声音产生惊吓或者焦虑、应激、畏声等情绪，如日常生活中的开门声、电话铃声、炒菜声、咀嚼声、钟摆声、正常交谈声等。其中耳蜗型听觉过敏的表现为耳痛、烦躁、对任何声音都无法容忍；前庭型听觉过敏可表现为当听到某些声音时出现眩晕、恶心、平衡失调。因此听觉过敏患者会有意避免参加一些可能处于噪声环境的社交活动，更甚者会避免接触生活中所有的声音。

2. 厌声症 又被称为选择性声音敏感症，定义为患者对某些特定的声音持负面反应，但并不伴听觉系统异常兴奋，而是由于听觉神经系统直接与边缘系统之间产生关联，仅边缘系统和自主系统有高度异常的反应。主要表现为对声音不喜欢、厌恶，甚至恐惧，奇怪的是主要对别人发出的声音，如咳嗽声、呼吸声等，尤其是重复性、强度不一定很大的声音，如咬指甲、打字、颤腿等声音。

3. 恐声症 是指对强声表现出的恐惧，同时也可表现为对语声的恐惧或是对自己声音的恐惧。恐声症患者可对突然发声的仪器比较害怕，如电脑音响、警报器；或是在听到气球爆破的声音，表现出极度恐慌和张口呼吸。与厌声症相比两者均伴有情绪反应，厌声症是对特定声音出现的负面情绪，而恐声症尤其是指对强声做出的恐惧反应，因此可将恐声症归属于厌声症的一种特殊现象。

（二）流行病学

关于听觉耐受下降流行病学资料的相关报道较少。Fabijanska 等（1999）通过对 10 349 例受试者的问卷调查，报道听觉过敏的患病率达 15.3%，而对 149 例听觉耐受下降患者的调查中发现厌声症患者伴有听觉过敏占 57%，不伴有听觉过敏的厌声症患者占 28.9%。儿童也会受到听觉过敏和恐声症的影响，一项学龄儿童的调查发现听觉过敏和恐声症约占 10%。许多耳鸣患者可以耳鸣与听觉耐受下降并存，其中 60% 的患者为听觉耐受下降，30% 的患者为听觉过敏。Anari 等对 100 例声音敏感的患者进行问卷调查发现约 86% 伴有耳鸣，其中 4%～5% 为严重耳鸣，保守估计在人群中大约有 1.4% 有听觉过敏，而听觉耐受下降大概是此 2 倍多。

（三）病因学

一项对造成听觉耐受下降因素的研究，报道了187例的患者中最常见的因素有近期突发的耳鸣，压力，急、慢性的噪声暴露，长期对声音的厌恶；另外约69%的患者诱因不涉及听力学因素。目前对恐声症和厌声症的病因报道较少，而对听觉过敏病因，最常见的有损伤性的噪声暴露（尤其是短暂的脉冲噪声），还包括颅脑外伤、耳鸣、特发性面神经麻痹、亨特综合征、莱姆病、镫骨切除术、外淋巴漏、梅尼埃病、内耳迷路破坏及咽鼓管异常开放。此外，偏头痛、抑郁、Addison病、颅内高压、宿醉、蛛网膜下腔麻醉后及应用巴比妥类、苯二氮䓬类、士的宁等药物后也可能出现对声音敏感。

（四）发病机制

1. 听觉过敏 由于缺乏可靠的基础资料及动物学模型，对听觉耐受下降的发病机制和耳鸣一样均不能阐述。仅在理论基础上，对听觉过敏的机制提出一些假设和学说。

（1）外周机制：1990年Jastboff等认为由耳蜗外毛细胞振动引起的异常放大的信号可能导致耳蜗内毛细胞的过度刺激，随之而产生听觉过敏。也有研究发现响度不适阈值的下降与镫骨肌反射的阈值不相关，这表明听觉过敏可能不涉及内毛细胞系统。1995年Attias等认为听觉过敏与橄榄耳蜗束的功能有关，但当其功能异常时通过传出神经支配耳蜗对外界声音产生的反应不能起抑制作用，所有外界声音都比平常稍微更响。

（2）中枢机制：在听觉传入降低后，中枢听觉传导通路上（包括耳蜗背侧核、下丘脑）的神经元敏感度增加。研究显示破坏耳蜗或者降低听觉的传入，导致耳蜗神经腹核和下丘神经元数量的减少，反应阈值下降。耳声发射表明听觉通路上有异常神经冲动的增加。Sahley发现听觉过敏和耳鸣均与身体或精神压力相关，脑啡肽和强啡肽的前体是与压力相关的脑啡肽原和强啡肽原，而在人类的耳蜗橄榄束系统中又发现了这两种神经调质，因此认为内啡肽与听觉过敏和外周耳鸣的产生、持续及恶化均有相关性，机体在应激的过程中，产生内源性强啡肽释放至内毛细胞下的突触区，此物质增强了神经递质谷氨酸的作用，使声音的强度增大，表现为听觉过敏和耳鸣。Formby的研究认为对声音响度的察觉度与中枢听觉系统的增益直接相关。

2. 厌声症 听觉系统的神经兴奋正常，而是直接在边缘系统和自主神经系统有异常兴奋，尤其对声音处于高度激活状态时，中等强度的声音也会产生很强烈的行为反应。当产生的强烈反应主要表现为恐惧时便是恐声症的表现。

（五）临床评估

目前对听觉耐受下降要进行综合性的临床评估，包括详细的病史采集、体格检查、实验室检查、影像学检查、听力学检查、心理学评估。

1. 病史 是否有噪声暴露史，何种噪声及暴露的时间，患耳是双侧还是单侧，是否有耳科疾病及手术史，有无耳鸣，有无颅脑外伤、头痛史，有无内分泌相关疾病史，是否有疲惫、味觉减退、体重下降、皮肤或黏膜颜色改变、胃肠症状及腋毛减少等，是否有对日常声音感到不适或者痛苦，是否对某种（或多种，甚至所有）噪声感到过度敏感，是否觉得对噪声敏感会对日常生活产生影响。

2. 体格检查 体温、血压、脉搏、体重；皮肤及黏膜的色泽情况，毛发分布；全面详细的耳科检查及神经系统检查。

3. 听力学检查 纯音测听、言语识别阈、响度不适阈值（loudness discomfort level，LDL）或动态范围（dynamic range，DR）、镫骨肌声反射、听性脑干反应、耳声发射等。其中LDL可作为协助诊断或者结果评估的一个测试，但其并不具有特异性，当平均响度不适阈值约为80dB HL或更低时，患者便会出现不同程度的听觉耐受下降。因此在对听觉耐受下降的患者实施听力检查时，应当谨慎，尽量避免让患者在声音暴露中感到不适。

4. 心理学评估 包括听觉过敏调查问卷（hyperacusis questionnaire，HQ）和身心精神症状调查问卷。Khalfa设计了一个14项的问卷。Nelting也制订了一个27项的听觉过敏的问卷调查，主要涉及认知反应、行为、情感影响。Dauman和Bouscau-Faure提出听觉过敏严重程度评估量表（multiple activity scale for hyperacusis，MASH）来衡量听觉过敏症状对日常生活的影响。

5. **辅助检查** 血常规、血生化、内分泌指标（皮质醇、总甲状腺素等）等各项测试等。同时针对中枢神经系统的 MRI，可用于排除一些颅脑外伤等疾病引起的听觉过敏。fMRI 还可用来评估声刺激引起的中枢神经活动，有研究发现听觉过敏的患者中脑、丘脑及听觉皮质神经兴奋更活跃。

（六）治疗原则

耳鸣伴有听觉耐受下降患者的治疗，一是积极寻找病因，针对原发病治疗；二是对于长期耳鸣伴听觉过敏患者，通常先治疗听觉过敏，待听觉过敏控制后再进行耳鸣治疗。目前还没有药物可以治疗听觉过敏，仅针对部分因听觉过敏诱发的躯体症状如不良心理反应的患者，如心烦、焦虑、睡眠障碍等，可以采用对症治疗。

1. **脱敏** 脱敏（desensitization）是治疗的主要方法，通过对患者应用各种声音治疗而逐渐脱敏，如白噪声、宽带噪声、粉红噪声，其中粉红噪声（200～6 000Hz）更可取；或者建议使用去除某些特定频率的声音，短期暴露于可调控的声音，或延长暴露于低频声音的时间，使患者恢复正常的听觉耐受。

2. **声治疗** Jastreboff 提出了针对耳鸣伴有听觉过敏的习服疗法（tinnitus retraining therapy，TRT）。根据患者严重程度将耳鸣伴听觉过敏的患者分为不同等级，然后对其进行针对性的信息咨询和声音治疗。咨询要求医师具有丰富的听觉系统知识，以达到将负面的刺激变成中性刺激的目的；声音治疗可以减少对耳鸣的感知，同时可降低听觉过敏的严重程度，系统的声治疗通过对听觉系统、边缘系统、自主神经系统再训练或达到重新平衡，增加听觉系统的滤过功能及中枢抑制作用，放松对环境的警戒，打破听觉过敏与不良情绪的关联及恶性循环链，以此减轻或消除相关症状。

对厌声症的治疗，有人提出声音脱敏感训练治疗，或是运用双侧的白噪声结合认知行为疗法。由于厌声症是边缘系统和听觉系统之间异常增强的功能联系，且主要是中枢机制的参与，所以单独的脱敏疗法不能治愈厌声症，故针对厌声症的治疗与耳鸣更相似，治疗过程中必须有声音，同时融入自己最喜欢的活动，目的在于将声音与快乐的场景相联系。如听音乐、去商场购物、参加聚会及运动等。其中声音治疗从脱敏的角度出发都是在针对听觉耐受下降患者的治疗中起着举足轻重的作用。

目前对听觉耐受下降发病机制的研究处于探讨中，其定义也不易鉴别。但其与耳鸣相似的是，两者可能产生的机制都趋于中枢化，同样听觉耐受下降，尤其是听觉过敏可以独立存在也可以是许多疾病的一个症状。但当病因不明确时，或即使病因明确且已去除，仍存在并已引起诸多不良心理反应，或是已严重影响患者的生活质量时，临床医师应该为其及时、准确地诊断和选择在目前较为有效的治疗手段是非常重要的。

五、体觉性耳鸣

某些个体的耳鸣能够通过从体觉系统、躯体运动系统和视觉运动系统输入的信号产生，耳鸣的心理声学特性能够被不同的刺激暂时性改变，此类耳鸣称为体觉性耳鸣。例如：头颈部和四肢肌肉的强力收缩，眼睛水平或垂直方向的运动，肌筋膜触发点的压力，手、指尖和面部的皮肤的刺激，手和正中神经的电刺激，手指运动，口面部的运动，颞下颌关节或翼外肌受压，这种短暂的改变被称为耳鸣的调节。因此，非听觉通路在诱发或调节耳鸣方面的作用越来越明显。尽管这种现象还没有完全被理解，这似乎为证实体觉和听力系统之间存在神经联系提供了临床证据，他们的"激活"可能在此类耳鸣产生中起着重要作用。神经可塑性在耳鸣方面是很复杂的，近来在对耳鸣的描述中发现，交感知觉可塑性似乎在通过激活体觉诱发的病例中发挥很重要的作用。这就表明神经认知和神经运动网络系统中异常联系可导致这些特殊类型的耳鸣。刺激体觉系统诱发的耳鸣变化可以通过激活听觉区域经过非经典路径来解释。

有时体觉性耳鸣患者会自发报告头部和颈部肌肉收缩时可能会产生耳鸣响度和音调的改变。然而，最近研究结果表明，很多耳鸣患者在接受专门检测时会调节耳鸣现象。Levine 最初发现当发生肌肉收缩时有 68% 的患者耳鸣出现了某种变化。不管病因或听力测定模式如何，71% 的耳鸣患者在头颈部等活动或肌肉过度收缩时能够控制他们的耳鸣。相对于肢体的肌肉收缩，头/颈部肌肉的等距运动控制耳鸣的效果会更加明显。Sanchez 等在使用一个对照组进行研究后指出 65.3% 的患者在肌肉收缩时，耳鸣的响度或音调发生了变化，然而 14% 的无耳鸣受试者在发生同样的运动时可唤起耳鸣感知。

由于肌肉收缩代表了躯体感觉系统的一种激活，两个系统之间的这些解剖连接可能解释自发的肌肉收缩对某一种类型耳鸣的影响，而刺激或抑制这种症状的出现，临床上则表现为一种调制因子。事实上，我们已经看到一些伴有典型声损伤史的患者，也可能由几种不同的躯体刺激动作引起耳鸣，其中包括腹部的收缩。

（一）躯体感觉对耳鸣的影响

躯体感觉对耳鸣的调节可表现在耳鸣的音调、响度或耳鸣定位的变化。这种调节可发生在听觉性耳鸣或者体觉性耳鸣患者。躯体感觉的刺激可诱发或者调节许多患者的耳鸣。故所有就诊的耳鸣患者都要进行躯体感觉调节的测试，若患者的耳鸣在颌面或颈部常见的日常活动（开口、咬紧牙关或转动头部）或用指尖按压鬓角、下颌骨、脸颊、乳突或颈部等情况下发生变化，则可认为该患者伴有体觉性耳鸣。在另外一些情况下，如当专业人员对耳鸣患者进行体格检查或者有目的对患者身体不同部位进行刺激，患者可能同时出现耳鸣的音调（耳鸣的缓解或者加重，通过 VAS 评分表来评估）、响度或耳鸣定位的改变，若引起以上耳鸣变化发生的动作至少一个动作涉及躯体感觉、躯体运动或视觉运动系统，则表明被检查者的耳鸣属于体觉性耳鸣。以上动作引起的体觉性耳鸣的变化时间较为短暂，无法用问卷来评估该动作前后的耳鸣变化，但相对简易的 VAS 评分量表则可快速评估该耳鸣变化的程度。

颈部主动运动（有或没有检查者的对抗）如颈部向前后移动，左右扭转，偏向左右侧都可用于检查患者体觉性耳鸣的信号是否与自颈部肌肉运动相关。对颈部如斜方肌（上缘）、胸锁乳突肌（胸部）、头夹肌（近乳突）及颈夹肌的肌筋膜触痛点或压痛点进行按摩也可用于检查体觉性耳鸣。

颌骨和上颈椎一直被认为是一个整体的运动体系。不恰当的姿势改变可诱发或者加重耳鸣，故对耳鸣患者姿势的观察对疾病的诊断与治疗很重要。例如若患者的颈部和 / 或下颌向前突出，这个姿势可能是为了弥补患者牙齿不恰当的咬合。

（二）凝视诱发耳鸣或凝视调节耳鸣

眼球的运动可诱发和调节耳鸣（凝视诱发耳鸣或凝视调节耳鸣）。检测凝视对耳鸣的影响时应让患者处于安静环境中，首先向前看（中立），后向后向右、左侧凝视，之后，向上、向下看，每个位置应保持 5～10s。耳鸣的变化可发生在眼球的每次运动中。目前尚无标准进行评估此种耳鸣变化的方法，有的仅用"有"或"无"来表述，也有用 VAS 视觉模拟量表来评估（从 0～10 或从 0～100）。

（三）压痛点对耳鸣的调节

压痛点是接触身体表面时离散的疼痛反应的区域，很多人均认同这一说法，但那些患有慢性疼痛疾病的人往往更受影响。肌激痛点和压痛点的区别在于疼痛部位和该点产生疼痛症状时的最大压力。肌激痛点指疼痛与施压处有距离，而压痛点疼痛就在施压处。为了解释压痛点和肌激痛点与耳鸣可能的关系还需要进一步作临床大样本研究。

（四）颈椎过度屈伸与耳鸣的关系

由于颈椎过度屈伸，颈椎关节、韧带和椎间盘常产生广泛损伤。这些骨和软组织损伤可能导致各种各样的临床表现。颈痛是最常见的症状，报道达到有 88%～100%。令人惊讶的是，患者中耳鸣和其他耳科症状约占 10%～15%。以上描述的耳鸣可能与肌张力、肌筋膜触发和压痛点间有关，但颈椎过度屈伸损伤后出现的耳鸣却往往不是患者重要的主诉。颈椎过度屈伸和耳鸣间的关系是有争议的，建议无论何时要谨慎把耳鸣症状归因于此类损伤。

（五）肌筋膜触发点对耳鸣的调节

肌筋膜触发点（myofascial trigger point，MTP）是位于骨骼肌纤维痉挛带中的高度过敏点。不管是在自发或机械性刺激下，都可能会引起局部疼痛或牵涉痛。当那些刺激引起类似于患者之前抱怨的那种牵涉痛时，MTP 可能是活动的（即 AMTP）或者也可能加重其痛苦。这些触发点经常出现在颈部、肩膀、骨盆和咀嚼肌等由触发点所引发的自发性疼痛或运动相关性疼痛的部位。MTP 也可是潜在的（此时称为LMTP），这些触发点位于无症状区域，只有受到刺激才能引起局部或牵涉痛。

MTP 是肌筋膜疼痛综合征患者的典型特征，但肌筋膜触发点也可以在无痛受试者中检测到，这些人通常抱怨伴有耳鸣。Travell 和 Simons 首次报道，进行胸锁乳突肌胸骨部触发点触诊时，无耳鸣患者会引起声音感知。随后，Eriksson 曾报道有 1 例患者注意到了触诊胸锁乳突肌上的 MTP 时耳鸣出现了变化，当给予局部麻醉使 MTP 失活，从而自身情况好转而得到了验证。

肌肉手法触诊是检查患者体觉性耳鸣的最简单的方法。然而，更客观的测量是用带有橡皮尖的手持式测力计测量引发 MTP 活性所需的压力（pressure algometry，PA）。PA 已经被用来记述 MTP 的触痛，也适用于测量牵拉痛阈和耐痛力。PA 测量有一定的可靠性和有效性。MTP 各种治疗过程中的前后治疗效果可通过 PA 压力阈值的测量进行评估。正确地诊断体觉性耳鸣及其调节机制主要依靠患者病史和全面的查体。然而，由于对这类形式的耳鸣近些年才开始进行详细研究，经验和积累还较少。临床医师尤其从事耳鸣诊疗的医师需要在治疗耳鸣患者的过程中逐渐了解熟悉和掌握如何去检查诊断这些类型的耳鸣，为诊断提供帮助。

（六）治疗

由于体觉性耳鸣的特殊性及治疗中发现在紧张或痉挛的局部肌肉得到缓解之后，耳鸣也随之减轻或消失。所以选择采用松弛其紧张的肌肉，解除肌肉痉挛，灭活触发点等，如按摩整骨、针灸、经皮电神经刺激等综合治疗手段具有一定疗效。也需要对某些可诱发耳鸣的特定动作如快速转头、张口、咬牙加以正规训练而得到恢复。

（李　明）

9

第九章 | 常见外周性前庭功能障碍

眩晕（vertigo）是因机体对空间定位障碍而产生的一种运动或位置性错觉，为临床常见的症状之一，患病率约为5‰～10‰。前庭系统、本体感觉系统、视觉系统及其中枢联系通路中的任何部位受到外来刺激，都能产生眩晕。其中，由内耳前庭感觉器官、前庭神经节及前庭神经功能障碍所致者，称为耳源性眩晕，亦称外周性眩晕。少数耳源性眩晕亦可由外耳、中耳的疾病所致。本章简要介绍几种临床常见的耳源性眩晕。

一、良性阵发性位置性眩晕

良性阵发性位置性眩晕（benign paroxysmal positional vertigo，BPPV）俗称"耳石症"，是一种相对于重力方向的头位变化所诱发的、以反复发作的短暂性眩晕和特征性眼球震颤为表现的外周性前庭疾病，常具有自限性，易复发。

2017年由中华耳鼻咽喉头颈外科杂志编辑委员会、中华医学会耳鼻咽喉头颈外科学分会更新了我国"良性阵发性位置性眩晕诊断和治疗指南"。

（一）流行病学

年发病率为(10.7～600)/10万，年患病率约1.6%，终生患病率约2.4%。BPPV占前庭性眩晕患者的20%～30%，男女比例为1:1.5～1:2。通常40岁以后高发，且发病率随年龄增长呈逐渐上升趋势。

（二）病因

1. 特发性BPPV 病因不明，约占50%～97%。

2. 继发性BPPV 继发于其他耳科或全身系统性疾病，如梅尼埃病、前庭神经炎、突发性聋、中耳炎、头部外伤、偏头痛、手术（中耳和内耳手术、口腔颌面手术、骨科手术等）以及使用耳毒性药物等。

（三）发病机制

BPPV是由于椭圆囊囊斑耳石膜上的耳石颗粒脱落，进入半规管，干扰内淋巴的正常流动所致。1969年Schuknecht认为BPPV产生的原因是颗粒（耳石碎片）黏附在后半规管壶腹嵴顶，称嵴帽结石症（cupulolithiasis）。1980年Epley提出管结石症（canalithiasis）理论，认为半规管腔内也可有颗粒漂浮，并且后、外、前三个半规管均可受累。目前已认识到嵴帽结石症和管结石症均可在后、外、前半规管发生，但主要以后半规管型BPPV最常见，且管结石症的发生率高于嵴帽结石症。

1. 管结石症 椭圆囊囊斑上的耳石颗粒脱落后进入半规管管腔，当头位相对于重力方向改变时，耳石颗粒受重力作用相对半规管管壁发生位移，引起内淋巴流动，导致嵴帽偏移，从而出现相应的体征和症状。当耳石颗粒移动至半规管管腔中新的重力最低点时，内淋巴流动停止，嵴帽回复至原位，症状及体征消失。

2. 嵴帽结石症 椭圆囊囊斑上的耳石颗粒脱落后黏附于嵴帽，导致嵴帽相对于内淋巴的密度改变，使其对重力敏感，从而出现相应的症状及体征。

（四）临床表现

1. 症状 BPPV典型表现是当患者头部移动到某一特定位置时，出现短暂眩晕，有旋转性眼震，但一般不伴有听力下降、耳鸣等其他耳部症状。其眼震特点为：

（1）潜伏期：管结石症潜伏期为数秒至数十秒，而嵴帽结石症常无潜伏期。

（2）时程：管结石症眼震时间<1min，而嵴帽结石症眼震时间>1min。

（3）强度：管结石症呈渐强-渐弱改变，而嵴帽结石症可持续不衰减。

（4）疲劳性：多见于后半规管BPPV。其他症状可包括恶心、呕吐等自主神经症状，头晕、头重脚轻、漂浮感、平衡不稳感以及振动幻视等。

2. **检查**　变位试验是诊断BPPV的特异性试验，包括Dix-Hallpike试验和滚转试验（roll test），其中Dix-Hallpike试验主要用于诊断后半规管BPPV；滚转试验主要用于诊断外半规管BPPV。

（五）BPPV的诊断标准

1. 相对于重力方向改变头位后出现反复发作的、短暂的眩晕或头晕。

2. Dix-Hallpike试验、滚转试验中出现眩晕及特征性位置性眼震。

3. 排除其他疾病，如前庭性偏头痛、前庭阵发症、中枢性位置性眩晕、梅尼埃病、前庭神经炎、迷路炎、前半规管裂综合征、后循环缺血、直立性低血压、心理精神源性眩晕等。

（六）治疗

耳石复位是目前治疗BPPV的主要方法，根据耳石的具体位置采用不同的复位方法，常见有Epley法、Barbecue法、Yacovino法（或称深悬头手法）等。复位后有头晕、平衡障碍等症状时，可给予改善内耳微循环的药物。复位无效以及复位后仍有头晕或平衡障碍，以及不能耐受复位治疗的患者，可以考虑采用前庭康复训练作为替代治疗，通过中枢适应和代偿机制提高患者前庭功能，减轻前庭损伤导致的后遗症。对于诊断清楚、责任半规管明确，经过1年以上规范的耳石复位等综合治疗仍然无效且活动严重受限的难治性患者，可考虑行半规管阻塞等手术。

二、梅尼埃病

梅尼埃病（Ménière disease，MD）是一种原因不明的、以膜迷路积水为主要病理特征的内耳病，临床表现为发作性眩晕、波动性听力下降、耳鸣和/或耳闷胀感。

2017年由中华耳鼻咽喉头颈外科杂志编辑委员会、中华医学会耳鼻咽喉头颈外科学分会更新了我国"梅尼埃病诊断和治疗指南"。

（一）流行病学

发病率为（10～157）/10万，患病率为（16～513）/10万。女性多于男性（约1.3：1），高发年龄40～60岁。儿童梅尼埃病患者占3%～5%。部分梅尼埃病患者存在家族聚集倾向。

（二）病因、发病机制及诱因

梅尼埃病病因不明，可能与内淋巴产生和吸收失衡有关。目前公认的发病机制主要有内淋巴管机械阻塞与内淋巴吸收障碍学说、免疫反应学说、内耳缺血学说等。通常认为梅尼埃病的发病有多种因素参与，其诱因包括劳累、精神紧张及情绪波动、睡眠障碍、不良生活事件、天气或季节变化等。

（三）临床表现

梅尼埃病患者发作期和间歇期的临床表现不同。

1. **眩晕**　发作性眩晕多持续20min～12h，常伴有恶心、呕吐等自主神经功能紊乱和走路不稳等平衡功能障碍，无意识丧失；间歇期无眩晕发作，但可伴有平衡功能障碍。双侧梅尼埃病患者可表现为头晕、不稳感、摇晃感或振动幻视。

2. **听力下降**　一般为波动性感音神经性听力下降，早期多以低中频为主，间歇期听力可恢复正常。但随着病情进展，听力损失逐渐加重，间歇期听力无法恢复至正常或发病前水平。

3. **耳鸣及耳闷胀感**　主要见于发作期。疾病早期间歇期可无耳鸣、耳闷胀感，随着病情发展，症状慢慢加重，可持续存在。

（四）诊断与鉴别诊断

梅尼埃病的诊断分为临床诊断和疑似诊断。临床诊断标准如下：

（1）2次或2次以上眩晕发作，每次持续20min～12h。

（2）病程中至少有一次听力学检查证实患耳有低到中频的感音神经性听力下降。

（3）患耳有波动性听力下降、耳鸣和/或耳闷胀感。

（4）排除其他疾病引起的眩晕，如前庭性偏头痛、突发性聋、良性阵发性位置性眩晕、迷路炎、前庭神经炎、前庭阵发症、药物中毒性眩晕、后循环缺血、颅内占位性病变等；此外，还需要排除继发性膜迷路积水。

梅尼埃病的诊断和鉴别诊断必须依据完整翔实的病史调查和必要的听 - 平衡功能检查、影像学检查等。如梅尼埃病患者合并其他不同类型的眩晕疾病，则需分别做出多个眩晕疾病的诊断。部分患者的耳蜗症状和前庭症状不是同时出现，中间有可能间隔数月至数年。

（五）治疗

治疗目的：减少或控制眩晕发作，保存听力，减轻耳鸣及耳闷胀感。

1. **发作期**　采用前庭抑制剂和糖皮质激素、脱水剂控制眩晕，同时给予支持治疗。

2. **间歇期治疗原则**　减少、控制或预防眩晕发作，同时最大限度地保护患者现存的内耳功能。

眩晕发作频繁、剧烈，6 个月非手术治疗无效的患者，可考虑行内淋巴囊手术、半规管阻塞术、前庭神经切断术、迷路切除术等手术治疗。

此外，通过前庭康复训练改善平衡功能。对于听力损失者进行听力学评估，必要时通过人工听觉辅助装置提高听力。

三、前庭神经炎

前庭神经炎（vestibular neuritis）是由病毒感染所致的前庭神经疾病，临床表现为突发性单侧前庭功能减退或丧失，患者表现为持续眩晕，但常无听力下降。

（一）病因

患者在发病前 2 周左右有上呼吸道感染病史，辅以其他血清学检查证据，目前病毒感染学说为大多数学者所接受，但尚未发现肯定的和固定的病原。还有学者提出前庭神经炎的发病与外周前庭系统供血障碍有关，亟待病理学证据支持。

（二）临床表现

1. **症状**　突发性眩晕，视物旋转，伴恶心、呕吐等自主神经症状。单侧发病时可有明显的自发性眼震，方向偏向健侧；双侧发病时，无明显眼震，症状以头晕和平衡失调为主。3～5 天后眩晕症状逐渐减轻，发病 1～6 周后，大多数患者感觉眩晕症状基本消失。无主观听觉障碍或中枢神经病变表现。

2. **检查**　前庭功能检查示患侧前庭功能明显下降，可记录到快相偏向健侧的自发性眼震，或偏向健侧的优势偏向。有少数患者在发病初期前庭反应正常甚至亢进，瘘管试验可能呈假阳性。

近年来，前庭诱发肌源性电位（vestibular evoked myogenic potential，VEMP）常被用于评估前庭神经炎患者的前庭功能状态。前庭上神经炎 VEMP 主要表现为眼源性前庭诱发肌源性电位（ocular vestibular evoked myogenic potential，oVEMP）非对称比增加。前庭下神经炎表现为患侧颈源性肌前庭诱发肌源性电位（cervical vestibular evoked myogenic potential，cVEMP）消失或反应减弱。

（三）诊断

前庭神经炎的诊断依据为：①突然发作的重度眩晕，不伴听力下降；②发病年龄多为 20～40 岁，病前有感染史；③快相向健侧的自发性眼震，眼震消失后，前庭功能检查多显示患侧前庭功能下降或丧失；④无听力下降及其他中枢神经系统病变表现；⑤多数患者可在半年内痊愈，前庭功能可有不同程度的恢复。

（四）治疗

急性期可采用抗病毒药物、糖皮质激素治疗，并给予支持疗法和相应的对症治疗，尽早进行前庭康复训练。

四、迷路炎

迷路炎（labyrinthitis）为内耳炎的一种，为感染侵入内耳骨迷路或膜迷路所致，是化脓性中耳炎的常见并发症之一，也可见于脑膜炎患者。主要临床表现为眩晕、恶心、呕吐、自发性眼震和听力下降。

按病变范围及病程变化,迷路炎可分为局限性迷路炎、浆液性迷路炎和化脓性迷路炎三类(表9-0-1)。

表9-0-1 三种迷路炎的鉴别诊断

鉴别项目	局限性迷路炎	浆液性迷路炎	化脓性迷路炎
病理	瘘管大多位于外半规管;前、后半规管或耳蜗少见	以浆液或浆液纤维素渗出为主的内耳非化脓性炎症。外淋巴隙首先受侵,逐渐向内淋巴隙扩散	迷路广泛化脓,包括感觉上皮在内的内耳完全被破坏
眩晕	发作性或激发性	持续性	严重,持续性
自发性眼震	一般无	快相向患侧或健侧	快相向健侧
倾倒	无	向健侧或患侧	向患侧
听力学诊断	传导性听力损失	感音神经性或混合性听力损失	全聋
变温试验	正常,少数亢进	患侧减弱	患侧消失
瘘管试验	(+)	(−)或(+)	(−)
治疗	抗生素控制下乳突手术,修补瘘管,同期或次期鼓室成形术	在足量抗生素控制下手术	大量抗生素治疗,炎症控制后手术

五、前庭性偏头痛

(一)病因

前庭性偏头痛(vestibular migraine, VM)属于有先兆的偏头痛范畴,是耳科医师要予以重视的眩晕病。偏头痛伴前庭症状的机制不明,有学者认为偏头痛患者因中枢对疼痛控制失调,故对外界刺激的传入极为敏感,患者的疼痛阈减低,对光敏感,此类患者中枢对前庭感受器传出的门控受到抑制,从而产生眩晕。

体位改变时眩晕加重的原因是脑皮质扩散抑制以及短暂血管痉挛。如眩晕持续时间长,则可能是由于神经活性肽进入周围或中枢前庭结构中,引起传入的初级神经元放电增加以及对动作反应的灵敏性增加所致。

(二)临床表现

多发生于青年女性,发作时间多与月经周期有关;也可发生于儿童。患者有程度不等的眩晕及感觉障碍以及头痛。眩晕可作为先兆出现,也可发生于头痛发作期和间歇期,有些可表现为位置性眩晕。

眩晕可为非旋转性眩晕,也可为运动错觉的旋转性眩晕,持续数分钟至1~2h,体位或头位改变时可加剧。

(三)诊断

有偏头痛病史,在发作前后出现前庭症状,需考虑此病。偏头痛性眩晕的诊断标准为:中度眩晕病史,确诊为偏头痛,在两次眩晕发作期间至少有一项偏头痛的特殊症状(头痛、畏光、畏声或视觉或其他不适)。

(四)治疗

对症治疗为主,必要时请神经内科医师会诊,治疗偏头痛。

六、前半规管裂综合征

前半规管裂综合征(anterior semicircular canal dehiscence syndrome, ACD)是原因不明的前半规管骨质解剖性缺裂所引起的耳蜗及前庭功能障碍。

(一)病因

病因不明,可能与头部外伤或气压伤有关,也可能与出生后颅骨发育不全有关。

(二)临床表现

多为单侧发病,主要表现为形式多样的急性或慢性前庭症状,如强声刺激引起眩晕、眼震、眼球运动、头位倾斜（Tullio 现象），常发生于外耳道、中耳或颅内压力改变时。慢性患者表现为慢性平衡失调和振动幻视。骨导听觉过敏，患侧可合并轻、中度听力损失。也有患者表现为明显的传导性听力损失，而无前庭症状。

（三）诊断

临床诊断依据为：有强声刺激或外耳、中耳、颅内压改变导致眩晕的病史；或有明显的传导性听力损失而无前庭症状，中耳功能正常者；VEMP 和声诱发的前庭 - 眼反射检查均提示患侧高振幅、低阈值。MRI 或高分辨率 CT 扫描发现前半规管裂隙及相应区域骨质变薄，手术中发现半规管裂隙，可以确诊。

（四）治疗

症状不明显的患者，可以临床观察。症状典型者，可以考虑手术治疗，手术方式主要有颅中窝入路进行半规管填塞及半规管裂修补。

（李晓璐）

第 二 篇
诊断听力学

10

第十章 | 诊断听力学概述

第一节 诊断听力学评估的目的和原则

诊断听力学作为听力学的一个重要组成部分，它可以被定义为通过病史采集，根据受试者的年龄、身体、精神以及认知状况等因素，在听力学范畴内采用一系列有效的方法来评估听觉系统传导通路的结构是否完整，听觉系统的功能是否正常。由此可见，诊断听力学评估的目的是确定听觉系统结构缺损和功能障碍的影响因素、性质、程度及其造成的相关问题。通过综合分析，对听力损失患者的听觉功能做出及时、全面、正确的判断，以便实施有效的干预手段，从而改善和提高听力损失患者的生活质量。

诊断听力学评估的基本原则是听力师在遵循实事求是的原则基础上，利用自己的专业知识和技能获取全面、可靠的临床资料，并在此基础上进行分析综合，推理判断，准确地评估听力损失患者听觉功能，从而做出符合逻辑的结论，为制订下一步合理的干预治疗方案提供可靠而有效的依据。值得注意的是，在强调诊断听力学的临床测试方法重要性的同时，听力师也要注重生理、心理、社会因素综合考虑的原则。通过对听力损失患者在现实生活中的实际状况进行全面的评估，从而完成对听力损失患者不同的临床表现及其听力学临床测试结果做出合理的分析和有效的评判。因为，尽管诊断听力学能对听力损失患者在安静环境以及实验室模拟的噪声环境下的听觉功能进行评估，但是对于听力损失患者的实际困难和个体需求，仅仅依靠临床听力检测的评估方法是不够的，或者说是不够全面的。在临床上经常可以看到听力损失患者有很相似的听力学检测结果（例如相似的听力图），他们却可能会表现出程度非常不同的交流问题和在生活中的困难。例如，居住在大城市中心、工作生活环境嘈杂而拥挤的听力损失患者（生活丰富、低信噪比）和居住在相当安静城郊的听力损失患者（生活简单、高信噪比），在实际生活中遇到的困难不同。这些不同的因素不仅造成他们对听力学干预和康复效果的需求不同，而且，也影响到对诊断听力学的临床测试方法的选择和对其检查结果的解读。

因此，根据诊断听力学的定义、目的和基本原则，听力师对于听力损失患者的听力学评估内容主要应当包括：①听力学主观体验的评估；②听力学情景因素的评估；③诊断听力学的临床测试方法。这种以患者为中心的评估模式也体现了以生物-心理-社会模式为基础的现代医学理念。

第二节 诊断听力学主观体验的评估

在病史采集过程中，了解听力损失患者的主观体验以及他们对自己的听力损失认知是诊断听力学评估内容的一个重要组成部分。诊断听力学主观体验的评估是全面的、综合的、整体的过程，主要包括评估听力损失对患者语言沟通交流能力所造成的影响，以及听力损失给生活和心理造成的影响。

（一）评估沟通能力

健康的听力是人们日常沟通交流的基础，拥有健康的听力是正常生活、工作和学习的重要保证。听力损失不仅会造成语言沟通障碍，还会影响情绪和心理状况，影响患者的生活和工作。因此，对听力损失患者沟通交流能力的评估是听力学临床诊断以及听力康复过程中的关键内容。

交流能力的评估主要是通过问诊和问卷调查对听力损失患者的接受语言和表达语言的交流能力进

行评估,从而了解在实际生活中他们的交往能力。交流能力的评估主要包括以下几个方面:①评估语言理解能力;②评估语言表达能力;③评估视觉沟通能力(如视敏度和唇读能力);④评估手语和非语言性沟通能力。

(二)评估社会活动参与状况

社会活动参与状况的评估多是通过了解和分析听力损失患者在社会生活中的个人经历和困难来实现的,它是听力诊断和听力康复进程中一个关键的评估内容。只有通过对听力损失患者在社会生活中的个人经历和听力困难的评估,才能建立正确的干预和康复目标和制定相应的康复策略。对听力损失患者活动和参与状况的评估方法多种多样,最简单常用的方法就是在临床问诊时,听力师/助听器验配师通过简单的询问来发现听力损失患者在社会活动参与方面遇到的困难。另外,还可以通过开放式和闭合式的问卷调查来全面了解。

(三)评估心理状况

听力损失给听力损失患者造成的心理问题在很多情况下远远超过了单纯听力损失所带来的影响。同时,由于听力损失患者的生活环境以及个人的性格各不相同,其周围相关患者对听力损失的态度也有着复杂性和多样性,从而听力损失患者在心理方面的体验可能会表现出一个不同的心理变化轨迹。

第三节 诊断听力学情景因素的评估

情景因素是指涉及个体生活的所有重要因素,包括环境因素和个体因素。这些因素可以影响个体的功能、活动和参与程度,特别是当个体处于非健康状态下的功能及其相关的生活状态。在病史采集过程中,情景因素的评估是指在诊断听力学评估过程中了解可能存在的影响因素,进一步帮助提高听力学临床诊断的有效性和准确性。

(一)对与诊断听力学相关的环境因素的评估

环境因素是指外部世界对个体的日常生活及其功能所形成的影响,包括自然环境、人为环境、人与人之间不同的关系和角色,对待事物的态度和价值观,社会制度和服务以及政策、法规和法律。与诊断听力学相关的环境因素的评估主要是进一步了解与听力损失患者日常生活和工作相关的自然、人为以及社会环境,分析和判断环境因素对听力损失成因的影响。因此,对环境因素的评估有利于全面了解和综合判断造成听力损失的可能因素。同时也可以更有针对性地制订听力康复计划。

(二)对与诊断听力学相关的个体因素的评估

个体因素主要是指与身体健康状况无关的个体特征,如年龄、性别、社会地位、生活经历等。由于个体因素的复杂性和多样性,目前对于个体因素的评估概括为以下几个重要方面:

1. 一般个体因素,包括年龄、性别、种族、成长经历、家庭和社会背景等方面因素。
2. 教育和职业方面的个体因素,包括教育程度、职业和修养等方面因素。
3. 心理方面的个体因素,包括性格、心理素质以及处理问题的应对方式等方面因素。

以上这些个体因素会直接影响听力损失患者在寻求听力帮助和在诊断听力评估过程中的态度和接受程度。同时,这些个体因素也会影响到诊断听力学临床测试方法和听力康复手段的有效性及患者的依从性。

第四节 诊断听力学的临床测试

一、诊断听力学中临床测试的理论

诊断听力学中临床测试的主要目的是发现个体的听觉系统是否存在损害,确定听觉系统生理功能改变所造成听力损失的性质、程度和可能的病变部位。并且在此基础上,针对可能导致听力损失的病因进行初步的分析和判断。临床诊断听力学评估方法的理论基础在于不同的听力检测手段可以对听觉系统不同部位的生理功能改变进行有效、准确的测试,从而对听觉系统生理功能障碍的性质和程度做出准确的诊断和分级。无论是主观临床听力学诊断评估方法（如纯音听阈测试、言语测听），还是客观临床听力学诊断评估方法（如声导抗检查、耳声发射、听觉脑干诱发电位），这些听力检测手段为收集整个听觉系统通路生理功能的相关资料构建了诊断听力学临床测试的基本框架（图10-4-1）。值得说明的是，尽管从理论上讲，这些诊断听力学临床测试方法具有相对高的敏感性和特异性，能够确保诊断听力学临床评估有效性和准确性。但是，有些听力检测手段会受到其他部位听觉系统生理功能障碍的影响，造成结果出现偏差（如假阳性或假阴性）。

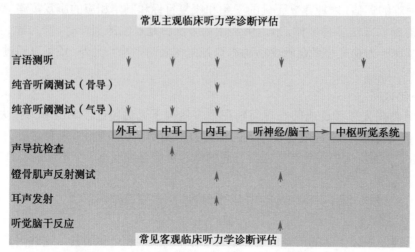

图10-4-1　诊断听力学临床测试评估的主要理论基础

二、诊断听力学临床测试的方法

诊断听力学临床测试方法一般包括耳镜检查及一系列常规的主观和客观听力学测试，如纯音测听、言语测听、声导抗、耳声发射、听觉诱发电位等。随着现代电子和计算机技术的快速发展，听力学检查方法不仅包括长期以来一直沿用的主观听力检查的评估方法，而且还包括近几十年来逐步发展的一些客观听力检查的评估方法（图10-4-2）。使用这些常见诊断听力学临床测试方法，对于确定听力损失的性质和程度提供了有价值的诊断信息，特别是在联合使用时更有助于完整、综合地了解听力损失相关的潜在病理机制。

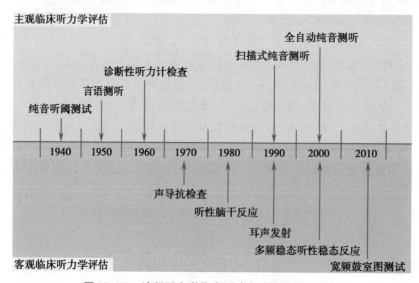

图10-4-2　诊断听力学临床测试方法的发展时间表

三、诊断听力学临床测试的应用和意义

听力师对听觉系统功能方面的诊断听力学临床测试方法并不陌生。从简单的轻声言语听力测试到

复杂的听觉脑干诱发电位的电生理测试。在这一系列的评估方法中,不同的诊断听力学临床测试方法对应着不同的临床应用范围,并为临床诊断和听力康复提供相关的依据和基础信息。例如,目前普遍使用的纯音听阈测试被认为是测量听觉敏度的金标准,为明确听力损失程度和类型,以及选择合适的干预手段提供重要依据。

言语识别测试作为一个更接近生活状态的听力学评估手段,在临床听力学诊断以及随后的听力康复中都起到非常重要的作用。因此,言语识别测试是在纯音听阈测试基础上作为临床听力学诊断和听力康复评估的重要手段。客观临床听力学诊断评估方法是指利用声音对听觉系统刺激,记录听觉系统的生理功能反应的评估手段。测试结果不受受试者主观意识影响,具有简便、快速、准确和敏感性、特异性、重复性好等特点。例如,中耳声导抗测试能够客观、简便和快速地提供中耳系统的生理功能及提示病理改变的信息。对于某些受试个体无法或不愿配合完成听觉敏度的主观测试时,听力师则需要利用客观听觉功能的测试方法。例如,使用听觉诱发电位反应测试,或是诱发性耳声发射测试来进行听觉系统电生理功能的评估。这些测试方法可以辅助判断听觉系统功能。同时,客观临床听力学诊断评估方法的结果对听觉系统病理改变的定位和诊断提供帮助。

针对不同听觉系统功能障碍导致的各种听力损失,听力师应当采用相对应的诊断听力学临床测试方法对听力损失的性质、程度、特点以及病变可能的发生部位和性质进行全面、细致的评估,从而获得准确、可靠的诊断听力学临床资料,为下一步综合分析和整合信息打下坚实的基础(表10-4-1)。

表10-4-1　针对听觉系统功能障碍导致的听力损失所采取的常见诊断听力学临床测试方法

听力损失分类	必要的诊断听力学临床测试方法		辅助的诊断听力学临床测试方法	
	检查名称	临床意义	检查名称	临床意义
传导性听力损失	耳镜检查	直接观察外耳道及鼓膜情况	耳声发射	评估内耳(外毛细胞)生理功能及其病理改变(轻度听力损失)
	纯音听阈测试(气导)	评估听觉通路的声音空气传导状况		
	纯音听阈测试(骨导)	评估听觉通路的声音骨传导状况	言语测听	评估个体对言语察觉、分辨、识别和理解等方面的能力
	声导抗检查	评估中耳系统生理功能及其病理改变		
感音神经性听力损失	耳镜检查	直接观察外耳道及鼓膜情况	镫骨肌声反射测试	评估听觉系统声反射路径的完整。结合听阈阈值,判断内耳重振情况
	纯音听阈测试(气导)	评估听觉通路的声音空气传导状况		
	纯音听阈测试(骨导)	评估听觉通路的声音骨传导状况	听觉诱发电位	评估脑干听觉传导通路上的电活动,客观反映中枢神经系统的功能
	声导抗检查	评估中耳系统生理功能及其病理改变		
	耳声发射检查	评估内耳(外毛细胞)生理功能及其病理改变	言语测听	评估个体对言语察觉、分辨、识别和理解等方面的能力
混合性听力损失	耳镜检查	直接观察外耳道及鼓膜情况	言语测听	评估个体对言语察觉、分辨、识别和理解等方面的能力
	纯音听阈测试(气导)	评估听觉通路的声音空气传导状况		
	纯音听阈测试(骨导)	评估听觉通路的声音骨传导状况		
	声导抗检查	评估中耳系统生理功能及其病理改变		
	耳声发射检查	评估内耳(外毛细胞)生理功能及其病理改变		
中枢性听觉功能紊乱	耳镜检查	直接观察外耳道及鼓膜情况		
	纯音听阈测试(气导)	评估听觉通路的声音空气传导状况		
	纯音听阈测试(骨导)	评估听觉通路的声音骨传导状况		
	声导抗检查	评估中耳系统生理功能及其病理改变		
	镫骨肌声反射测试	评估听觉系统声反射路径的完整		
	耳声发射检查	评估内耳(外毛细胞)生理功能及其病理改变		
	听觉诱发电位	评估脑干听觉传导通路上的电活动,客观反映中枢神经系统的功能		
	言语测听	评估个体对言语察觉、分辨、识别和理解等方面的能力		

　　总之，为了符合和适应现代听力学的新定义和新要求，听力师对诊断听力学的理解不能仅停留在对诊断听力学的临床测试技术的了解，掌握和应用。更重要的是听力师应该在详细描述和评估整体听觉系统功能状况的同时，需要注重全面、深入地进行病史采集来获取最直接、最实际的线索。这些关键信息资料不仅可以指导听力师有效地选择诊断听力学的临床测试方法，而且为最终做出合理的临床听力学诊断提供必要的依据。同时，对听力损失者由于听觉系统功能障碍所造成的各种问题的评估，有利于设立干预和康复决策，制定相应的干预和康复的目标。值得注意的是，听力师需要明确自己的知识和技能水平以及执业范围，在必要时进行转诊。

（赵　非）

病史是指与疾病的发生、发展及健康状况相关的信息。病史采集是指向患者询问疾病史，是诊断的重要方法之一。深入细致的问诊以掌握病情，是疾病诊断、治疗及康复的基础。

听力师往往是听力损失患者遇到的首位听力学专业人员。因此，听力师应详细采集听力学病史资料，详细了解患者听力损失或前庭功能障碍的情况，并进行全面的听力学测试或前庭功能检查，对疾病的诊断及进一步处理非常关键。

第一节　病史采集的内容

听力师进行病史采集，遵循一般疾患的病史采集原则，需在处理前有针对性地问一些与疾病有关的问题，提问应简洁、直接，尽量在最短的时间内获得尽可能多的有助于诊疗的相关信息。

（一）一般项目

一般项目中，除按病历内容填写姓名、性别、年龄、出生日期、职业（工种）、联系方式、家庭住址、记录时间、病史陈述者等，若患者为先天性听力损失，尚需填写父母的职业、文化程度和听力情况。年龄要写明多少"岁"，婴幼儿应具体到某"月"或某"天"。

（二）主诉

主诉是指患者最主要的痛苦或最明显的症状和 / 或体征，也就是本次就诊最主要的原因及其持续的时间。如果是婴幼儿，应是父母或监护人携带患儿来就诊，其缘由如：听力筛查未通过、发现孩子对声音不敏感、言语发育迟缓等。

（三）现病史

现病史应主要围绕着听力、言语障碍出现的先后，详细记录从起病到就诊时疾病的发生、发展、演变经过和诊疗情况，同时应详细询问伴随症状，这些伴随症状常常是鉴别诊断的依据。除此之外，还需要详细记录各项听力检查结果，包括耳聋基因检测、与听力相关的实验室检查及影像学检查结果、助听器的验配使用情况、听力语言发育康复情况及训练效果。

听力损失患者主要针对发病原因或诱因，患耳侧别，发现听力损失的时间，是渐进性的或是突发性的，是否伴有头晕、眩晕、耳闷胀感，是否伴有耳痛、耳鸣或耳漏，既往诊疗情况。

此外，主诉眩晕者应询问眩晕的性质（旋转性、直线性、头位性或非典型性），明确眩晕发作频率与持续时间，与体位改变是否有关，有无共济失调、恶心、呕吐、听力下降或丧失、耳漏；发病以来的详细诊疗经过及结果。有无药物中毒、屈光不正、颈椎疾病、颅内疾病及高血压、代谢性疾病病史。

（四）出生史

婴幼儿及儿童患者应将出生史单列一项，详细记录母孕期是否合并糖尿病或甲状腺功能减退；是否有风疹病毒、巨细胞病毒、疱疹病毒、梅毒螺旋体及弓形虫等感染病史；是否有孕期不当药物使用史，特别是耳毒性药物；是否有放射线接触史；详细记录分娩期间有无早产、低体重、窒息、颅内出血、产后缺氧、机械通气、溶血症、高胆红素血症等病史；是否有其他疾病及外伤史等。

（五）既往史

指患者本次发病以前的健康和疾病情况，特别是与目前疾病有密切关系的疾病，比如：高血压、高脂血症、糖尿病、肾功能不全、甲状腺功能减退及自身免疫性疾病等，是否患有中耳炎；是否患有水痘、麻疹、流行性腮腺炎、流行性脑膜炎等传染性疾病；是否有耳部手术史；是否有头部外伤史；是否有链霉素、庆大霉素等耳毒性药物使用史；是否有噪声暴露史等。了解婴幼儿及儿童患者出生后听力筛查史及预防注射史。

（六）个人史

主要包括出生地、有无外地久居史、有无不良习惯和嗜好。对于听力损失患者来说，主要是过去及目前所从事的职业、工作环境及劳动保护情况，重点了解是否有噪声接触史、接触时间及强度，是否正确使用个人噪声防护装置。

（七）家族史

家族史中，特别询问父母、兄弟姐妹及子女中是否有听力损失或与听力损失相关的疾病，若在几个成员或几代人中都有同样疾病发生，可绘出家系图示明。

第二节　问诊的方法与技巧

采集病史是诊治患者的第一步，也是医患沟通、建立良好医患关系的最重要时机。正确的采集方式和沟通技巧，使患者对检查者产生好感，提高信任度，对检查者的建议有更好的依从性，这对诊治疾病十分重要。

1. 病史采集时应直接询问患者本人。对于儿童、精神障碍、听力损失严重不能亲自叙述者，则由对病情最清楚、最了解的亲属、监护人或其他了解病情经过者代述。

2. 询问病史时，首先要有高度的同情心和责任感，态度必须和蔼、体贴耐心，对患者使用礼貌用语，交谈简单随和，使患者情绪放松，言语通俗，尽可能减少使用医学术语。对某些敏感问题可婉转探询，间接询问与该病有关的症状，使患者容易接受，并可得到真实的材料。

3. 应专心聆听患者叙述，对患者的俗语、方言要细心领会其含义，但记录时须应用医学术语。对于听力言语障碍言语交流困难者，应减慢语速，由浅入深，大声交流时面带微笑，还可以使用文字、手语或表情沟通，或通过其家属或监护人间接沟通。

4. 采集病史时一般不应打断患者陈述，但当所谈内容离题太远时，应善于使用过渡语言转换话题，及时引导患者叙述与本病有关的问题。问诊应根据患者文化水平、生活习惯、对问题的理解及表达能力，采取不同的询问方法。

5. 从主诉开始有目的、有层次、有顺序地进行询问。从症状开始的确切时间，直至目前疾病的演变过程，依次逐步深入。现病史是问诊的重点，应详细询问相关的各项内容。如果采集者提出的问题目的明确，重点突出，按顺序提问，那么患者对所提的问题就能清楚地理解。

6. 患者如有其他医疗单位的诊断证明或病情介绍，可供参考。

7. 遵守医生的职业道德，尊重患者隐私，采集病史时注意回避陌生人，对患者疾病信息或其家人的任何资料都要保密，但必须对其家属或监护人说明病情具体情况和可能的预后。

采集病史后，将患者所述按时间先后、症状主次加以整理分析，并根据需要随时加以补充或深入追问，以丰富病史内容。

（李玉玲　王　杰）

第一节　耳科检查器械和体位

耳郭位于头颅两侧，表面凸凹不平；外耳道向内、下、前方弯曲走行；鼓膜位置深在，且与外耳道呈一定角度；自然条件下很难窥清耳的全貌，因此耳科的检查需借助特定的器械，并需要受检者以相应的体位进行配合。

一、耳科检查器械

（一）光源

依检查室的条件不同，耳科检查使用的光源可有多种选择，例如比较集中的自然光、日常照明灯具以及手电筒等产生的光，甚至汽灯、油灯也可以作为光源使用。目前常规使用的光源是能量为 100W 的医用站立灯或侧照灯。一般放置于检查椅的后方，高出患者受检耳 10cm 左右，灯罩的角度和高度可自由调整为佳。

（二）额镜

额镜（head mirror）由头带、圆形凹面反光镜和连接两者的双球状关节组成（图 12-1-1），头带起固定作用。反光镜镜面直径约 8cm、焦距约 25cm，正中有一直径约为 1.5cm 的小孔，便于将视线集中于受检部位。

图 12-1-1　额镜

如在额镜上安装固定光源并配属供电电池，可组成便于携带的头灯，则使用时更加方便。

（三）耳镜

由金属或塑胶等材料制成，状如漏斗，口径大小不等，颜色深浅不一，一般 3 个或 5 个为一套，可根据受检者外耳道的宽窄进行选择（图 12-1-2A）。如果给耳镜上配上光源，则称为电耳镜，常用的电耳镜由装有电池的手柄、耳镜插座、可旋转的放大镜片和配套的一组耳镜构成（图 12-1-2B）。

（四）鼓气耳镜

由具有放大作用的密封耳镜和加压橡皮球构成（图 12-1-2C）。在耳镜一侧连接一与皮球相连的橡皮管,按压和放松皮球可以对外耳道和鼓膜施加一定的正压或负压,借助安置在耳镜后端的放大镜可以观察到鼓膜的一些细微变化。如果在电耳镜上加装橡皮球,则起到一镜多用的作用(图12-1-2D)。

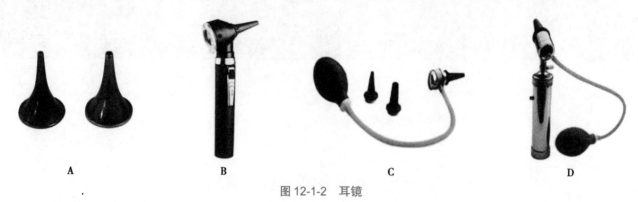

图 12-1-2　耳镜

(五)波氏球

由弹性较大的皮球和与之紧密连接的橄榄头组成,皮球用于加压,橄榄头用于封闭前鼻孔。

(六)音叉

是由金属(常用铝合金)材料制成的 Y 形发声器具,其中上半部 U 形结构称叉枝,下半部 I 形结构称叉柄(图12-1-3)。依形状和质量的不同,敲击叉枝可分别发出 128Hz、256Hz、512Hz、1 024Hz、2 048Hz 等不同频率的纯音。

除此之外,在进行耳科检查时,还会用到枪状镊、膝状镊、耵聍钩、卷棉子等器械。

图 12-1-3　音叉

二、耳科检查体位

(一)成人体位

在进行颅、面、颈部视诊和触诊时,患者需面向检查者端坐于诊查椅,以利于观察双侧相应器官和部位的位置高低和对称性。

在进行耳郭、外耳道和鼓膜的检查时,则需要患者侧坐,以保证受检耳朝向检查者,除非条件极度受限,不主张让患者正面端坐而将头颈部扭向一侧,因为这样会使得受检部位变形,不利于对局部细微变化的观察。

(二)儿童体位

由于配合程度较低,在对儿童进行检查时,建议由家长或助手将其抱坐于诊查椅上,根据检查的部位和内容,调整患儿的姿势以配合。如遇检查器械接近外耳道或鼓膜的检查,需将患儿的头部和四肢进行有效的制动,以防止身体扭动导致误伤。常规的做法是助手用一只手将患儿头部固定于自己的胸前,另一手固定其上肢和身体,并将患儿下肢夹持在自己的双腿之间,切忌由多人对患儿进行按压,否则会因患儿的恐惧招致更强烈的抵抗,反而影响到有序、有效的检查。

第二节　耳的一般检查法

一、耳郭及耳周检查法

耳郭及耳周的检查可以发现一些与听力损失有关的体征,例如 Waardenburg 综合征所表现的前额部束状白发(极端病例也可表现为全头白发)、鼻梁增宽、鼻根扁平,睑裂细小、眉毛浓密,同时伴有单侧或双侧的感音神经性听力损失、颅面骨发育不全综合征、唐氏综合征等的相关体征。

（一）耳郭检查法

重点观察耳郭的大小、形状和位置，不但应注意两侧是否对称，有无畸形、缺损、局部隆起、增厚、瘘口，皮肤有无红、肿、糜烂等，更要注意耳郭与颈部、面部其他器官的相对位置和大小比例是否合适，以及耳郭有无触痛和牵拉痛等。

（二）耳周检查法

对耳郭周围的检查要注意耳后、耳前、颧突根以及颞部有无红、肿、瘢痕、瘘管、皮肤损害等，同时要留心有无副耳及腮腺区的变化，以及耳后和下颌角淋巴结有无肿大、乳突、鼓窦部有无压痛等，更要留意有无配带各类助听器和人工中耳、人工耳蜗等植入装置留下的痕迹等。

二、外耳道及鼓膜检查法

外耳道自外向内弯曲潜行，且存在两处狭窄。在成人外耳道的软骨部分会有耳毛生长，而婴幼儿的外耳道则因发育不完全而呈腔隙状。外耳道的前下壁较后上壁长，致使鼓膜向前下倾斜，与外耳道呈一定角度，所有这些就决定了在进行外耳道和鼓膜检查时，必须配合一定的手法和器械方能窥清全貌。

（一）徒手检查法

徒手检查法（manoeuvre method）就是不用任何器械，只靠两手完成的检查。

1. **双手检查法** 对于成人，检查者一手将耳郭向后、向上、向外牵拉，尽量使弯曲外耳道变直，另一手的示指将耳屏向前推压，使外耳道口扩大，借额镜之反光观察外耳道及鼓膜。检查婴幼儿时，须将耳郭向后、向下牵拉，并将耳屏向前推移，以尽量扩大外耳道口并拉直外耳道。

2. **单手检查法** 有时另一手（一般为右手）需进行操作，可用单手拉持耳郭和耳屏，称为单手检查法。用这种方法检查左耳时，左手从受检耳郭下方，以拇指和中指挟持并牵拉耳郭，示指向前推移耳屏（图 12-2-1A）。检查右耳时，左手从受检耳郭上方以同法牵拉耳郭，推移耳屏（图 12-2-1B）。这样均可使外耳道变直，外耳道口扩大，便于对外耳道深部和鼓膜的观察。

（二）耳镜检查法

当遇到耳郭软骨弹性较差，不易牵拉、外耳道弯曲度较大或过于狭窄、耳毛过多或有异物阻挡视线时，徒手检查往往难以窥清外耳道及鼓膜全貌，需使用耳镜检查法（otoscopy）。可选择使用不同口径的耳镜协助将外耳道口扩开并取直耳道，还可起到压倒耳毛、扩大视野、便于处理异物的作用（图 12-2-1C）。

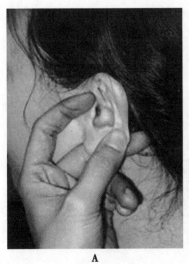 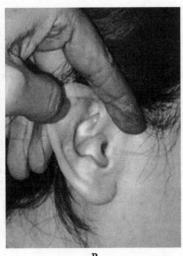 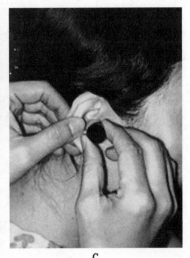

A   B   C

图 12-2-1 耳的检查法

耳镜检查法也分双手检查和单手检查两种，可视当时情况进行选择。但无论采取哪种方法，均需注意耳镜前端不得超过软骨与骨部交界处（第一狭窄），否则会因为压迫外耳道骨部而引起疼痛和 / 或反射性咳嗽。

（三）电耳镜检查法

因为电耳镜使用自身携带的电池供电，不需要借用光源和额镜，同时电耳镜配有放大镜片，便于观察耳道深部和鼓膜的细微病变，目前使用非常广泛。但是，用电耳镜检查前，一般仍需通过徒手检查法清除外耳道内的耵聍、异物、分泌物等妨碍视野的成分。

根据检查时的情况，电耳镜检查法（otoscopy）分为横握法（图 12-2-2A）和竖握法（图 12-2-2B）两种，无论哪种方法，均需注意握镜手与被检者的颅面部之间要有一个稳固的支撑点，切不可让握镜手悬空致耳镜成为支点，这样会因患者头部的移动而无法控制耳镜在外耳道的位置，严重时甚至会造成耳道损伤。

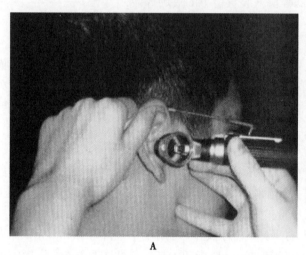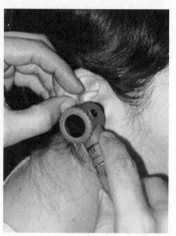

图 12-2-2　电耳镜检查法

（四）鼓气耳镜检查法

传统的鼓气耳镜不带光源，需要与额镜配合使用。近年来，也有在电耳镜上添加橡皮球和连接管的两用装置，使得操作更加方便。鼓气耳镜检查法（Siegle otoscopy）的主要目的是观察鼓膜的活动度和细微变化。

检查时，将与外耳道口径相匹配的耳镜置于外耳道内，通过反复挤压、放松橡皮球，使外耳道内交替产生正、负压，通过目镜可以观察到鼓膜的相应活动，同时还可以发现一些小的、肉眼下不易观察到的鼓膜穿孔等异常。此外，应用鼓气耳镜还可进行瘘管试验，Hennebert 试验及鼓膜按摩等。

（五）耳内镜检查法

为了更细致地观察外耳道和鼓膜的结构与变化，近年来，一种与电视监控装置相连接的内镜检查方法问世，其内镜可以是硬管镜，也可以是纤维镜，镜体可以灵活地进入耳道深部直至鼓膜近处，电视监控装置可以通过调节焦距放大被观察部位，并通过录像、照相等方式记录和保留检查结果，值得推荐。

第三节　咽鼓管功能检查法

咽鼓管的主要生理作用是调节鼓室内外的气压平衡，确保声音传导功能的正常发挥。目前咽鼓管功能检查方法很多，其中大部分是围绕测试咽鼓管的通畅度展开的。下面主要介绍两类无创性的检查方法。

一、吞咽试验法

（一）鼓膜观察法

吞咽试验法（toynbee maneuver）检查者以电耳镜或鼓气耳镜观察受试者之鼓膜，嘱受检者做吞咽动作，此时若能见到鼓膜随吞咽动作而向外鼓动，则示咽鼓管通畅。

（二）听诊管法

将听诊管两端的橄榄头分别置入检查者和受试者外耳道口内，然后嘱受检者做吞咽动作，此时如检查者能从听诊管中听到"嘘嘘"声，表示有空气从受检者的鼻咽部进入鼓室，示咽鼓管通畅。

二、咽鼓管吹张法

（一）瓦尔萨尔法

瓦尔萨尔法（Valsalva method）又称捏鼻鼓气法。受检者以拇指和示指将自己的两鼻翼捏紧，同时闭口并用力屏气，若咽鼓管通畅，检查者通过听诊管可听到鼓膜向外膨出的振动声，受检者自己也有鼓膜向外膨出的感觉。此时也可通过耳镜（电耳镜、鼓气耳镜）观察到鼓膜向外的鼓动。

（二）波利策法

波利策法（Politzer method）亦称饮水通气法。主要适用于儿童。受检者含水一口，检查者将波氏球前端的橄榄头塞于受检者一侧的前鼻孔，并以手指压紧另一侧前鼻孔，在受检者将水咽下的同时迅速捏紧橡皮球，向鼻腔内吹气。若咽鼓管功能正常，检查者从听诊管内可听到鼓膜的振动声。也可让助手通过耳镜观察鼓膜的鼓动。

除上述两类检查方法外，目前咽鼓管功能检查还有导管吹张法、鼓室滴药法、荧光素试验法、咽鼓管造影法、压力平衡试验法、内镜检查法等多种，可根据所具有的条件和检查目的进行选择。

第四节　音叉试验

在主、客观听力检查手段不断涌现的今天，音叉试验（tuning fork test）仍作为临床常用的一种听力检查方法，得益于它具有操作方便、简单易行的特点。

检查使用的音叉组一般由 5～8 只组成，根据检查项目的不同，选取的音叉的频率也不一样，做带有骨导测试性质的检查时，常选用 C_{256} 或 C_{512}。

检查时，检查者手持叉柄，用音叉臂的前 1/3 处敲击不同的部位使其发声，不同频率的音叉敲击的部位也有区别，低频音叉敲击手掌鱼际部，中频音叉敲击桡骨末端，高频音叉宜用橡胶锤敲击。注意敲击音叉时用力要适当，如用力过猛，可产生泛音而影响检查结果。

一、林纳试验

林纳试验（Rinne test，RT）亦称气-骨导听力比较试验，目的是比较被检者受试耳听取气导和骨导的时长。

（一）方法

1. 选取 C_{256} 或 C_{512} 音叉。

2. 嘱受试者听到声音时将同侧手臂举起示意，声音消失时立即将手臂放下。

3. 检查者手持叉柄，用叉臂敲击手掌鱼际部使其发声。

4. 迅速将叉柄以适当的压力，垂直放置于受试耳乳突部近发际处，用以测试骨导听力，当受试耳听不到音叉声时，立即将音叉转移到外耳道口 1cm 处，此时要保持让音叉两臂末端连线的长轴与外耳道基本一致的状态。

5. 若此时受试耳仍能听到音叉声，说明气导＞骨导（AC＞BC），记为阳性（+）（图 12-4-1A）。

6. 若气导不能听及，应再敲击音叉，先测气导听力，待不再听及时，立即测试同耳骨导听力，若此时骨导又能听及，可证实为骨导＞气导（BC＞AC），记为阴性（-）（图 12-4-1B）。

7. 若听到的气导与骨导声音时长相等（AC＝BC），记为（±）。

（二）结果评价

1.（+）为听力正常或感音神经性听力损失。

2.（-）为传导性听力损失。

3.（±）为中度传导性听力损失或混合性听力损失。

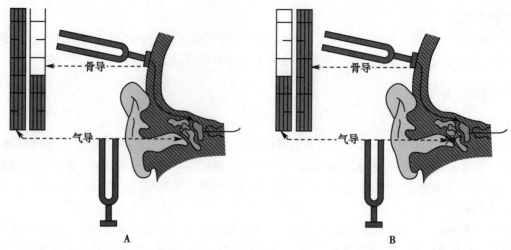

图 12-4-1 林纳试验，骨导测试应该置于乳突处

二、韦伯试验

韦伯试验（Weber test，WT）也叫骨导偏向试验，旨在鉴别单侧听力损失有无传导损失的成分。

（一）方法

1. 选取 C_{256} 或 C_{512} 音叉。

2. 检查者手持叉柄，用叉臂敲击手掌鱼际部使其发声。

3. 将叉柄底部紧压于前额正中，让受检者仔细辨别音叉声偏向哪一侧，并以手指示之。记录时以"→"表示偏向侧，以"="表示音叉声无偏向。

（二）结果评价

1. 音叉声偏向患侧（或听力损失程度较重之一侧），示该患耳为传导性听力损失（图 12-4-2A）。

2. 音叉声偏向健侧（或听力损失程度较轻之一侧），示该患耳为感音神经性听力损失（图 12-4-2B）。

3. "="示听力正常或两耳听力损失相等（图 12-4-2C）。

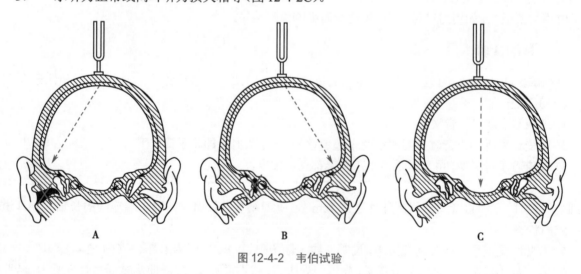

图 12-4-2 韦伯试验

三、施瓦巴赫试验

施瓦巴赫试验（Schwabach test，ST）又称为骨导比较试验，目的是比较受检耳与正常人的骨导听力。

（一）方法

1. 选取 C_{256} 或 C_{512} 音叉。

2. 检查者手持叉柄，用叉臂敲击手掌鱼际部使其发声。

3. 将叉柄底部放到正常人（通常为检查者）鼓窦区测试骨导听力，待不再听及音叉声时，迅速将音叉移至受检者受试耳鼓窦区测试之，如果此时仍能听到音叉声，则记录为(+)。

4. 敲响音叉，先放到受检者受试耳鼓窦区测试，待听不到声音后再移至正常人鼓窦区测试，若还能听到声音，则记录为(−)。

5. 通过上述方法测试，如果受检耳与正常耳听取的结果一致，则记录为(±)。

（二）结果评价

1. (+)为传导性听力损失。

2. (−)为感音神经性听力损失。

3. (±)为正常听力。

四、盖莱试验

对于鼓膜完整者，可用盖莱试验（Gelle test, GT）检查其镫骨是否活动。

（一）方法

用鼓气耳镜密闭受检耳之外耳道，在用橡皮球向外耳道内交替加、减压的同时，将敲击后的音叉（C_{256} 或 C_{512}）叉柄底部置于鼓窦区或鼓气耳镜上。此时若感到音叉声有忽高忽低的变化，则记录为(+)，若没有变化，记录为(−)。

（二）结果评价

1. (+)示镫骨底板活动。

2. (−)示镫骨底板固定。

（陈振声）

13

第十三章 | 纯音听阈测试

纯音听阈测试是听力师必须掌握的听力学最基本的检测方法，一个正确的纯音听阈结果可以准确地判断听力损失程度及听力损失类型，有助于判断引起听力损失的病变部位甚至疾病。听力师对测试中气导测试、骨导测试及掩蔽的步骤和方法力求仔细、准确、到位，注意经验的积累和总结。

测听是通过观察、记录和分析受试者对可控制刺激声信号做出的反应来了解听觉系统功能状态的检查技术。常用的声信号有纯音（pure tone）、言语（speech）、噪声（noise）、短声（click）和短纯音（tone burst）等。纯音听阈测试是指用不同频率的纯音测试受试者听觉敏度的心理物理学测听方法，包括纯音气导听阈测试和骨导听阈测试。

阈值是能够引起一定反应的最低刺激量。听阈（hearing threshold）指在规定的条件下，受试者在重复试验中做出正确察觉反应能达到 50% 的最低声压级或振动力级。临床纯音听阈测试中最常用的声强单位是听力级（dB HL）。纯音听阈测试能获得测试耳不同频率的听觉水平，临床用于评估听力损失的程度及类型、筛选听力损失人群、为听力保护提供依据、选择助听器或者人工耳蜗等听觉辅助装置适应证、监测与听力相关疾病的治疗效果、为阈上功能测试提供适当的参考测试值。

第一节 测试前的准备

一、测试环境

用于纯音听阈测试的隔声室环境噪声可干扰纯音听阈测试结果，致使听阈升高，故隔声室的室内环境噪声应达到 GB/T 7583—1987《声学纯音气导听阈测定听力保护用》要求。测试过程中，隔声室内不应出现无关的事件或他人干扰。室内温度尽可能在 15～35℃。不管是同室测试还是隔室测试，测试者应能够清楚地看到受试者的行为反应，相互间能够进行言语交流，而受试者不应看到测试者的操作、测试结果及仪器显示部分。如果是隔室测试，测试者应从观察窗或通过闭路电视系统对受试者观察和监听。

二、测试设备

（一）听力计的结构和分类

纯音听力计是听力评估的基本工具，是采用电声学原理设计而成的一种医用声学仪器，由可以产生纯音和噪声的信号发生器、功率放大器、衰减器、指示仪表（或显示器）及测听耳机等部分组成。工作时通过电子震荡、放大、衰减、调制、阻断，并经由耳机的电声转换将声信号送到受试耳。听力计可以产生不同频率和强度的纯音，以及掩蔽所用的各种噪声。

美国国家标准局（American National Standards Institute，ANSI）将听力计按功能分为四型：①Ⅰ型属高级临床诊断型或者研究型，功能最全，该类型机通常为双通道，并设有较多辅助功能，如配合言语测听用的输入端接口、配合声场测试用的功率放大器以及扬声器接口等，可完成多种阈上功能测试，供科研及临床使用。气导频率范围为 125～8 000Hz，骨导为 250～6 000Hz，按 1/3 倍频程排列。这型听力计可将高频气导扩展到 16 000Hz 或者 20 000Hz。气导最大输出强度为 120dB HL，骨导输出强度不低于 70dB

HL（气导和骨导的最大输出仅指部分频率，不是全部频率均可达到，其他类型的纯音听力计亦是如此）；②Ⅱ型为临床诊断型，多为双通道，气导频率范围为125～8 000Hz，气导最大输出一般为110dB HL、骨导输出强度不低于70dB HL，有部分阈上功能测试，设有一些辅助功能，如配合言语测听用的输入端接口；③Ⅲ型为基本诊断型，频率范围250～8 000Hz，气导最大输出为100dB HL，骨导最大输出为50dB HL。该类型听力计设置的功能相对较少，但仍配备气导耳机和骨导耳机，且具及宽带噪声和窄带噪声用于掩蔽。此类听力计体积比较小，便于携带；④Ⅳ型为筛查型或者监测型，功能最少，仅有气导耳机，频率范围500～4 000Hz，最大输出70dB HL，用于听力筛查。

（二）换能器

换能器是指电能转化为机械能的装置，纯音听力计的换能器包括气导耳机、骨导耳机和扬声器。

常用气导耳机有三种：耳罩式耳机（circumaural earphone，图3-3-9B）、压耳式耳机（supra-aural earphone，图3-3-9A）和插入式耳机（insert earphone，图3-3-9C）。压耳式耳机已沿用多年，优点为易于佩戴和校准。压耳式耳机的典型代表是美国Telephonics公司生产的TDH-39耳机，但它的频响曲线在6 000Hz附近容易出现突然变化。经过设计和工艺的改革，发展出TDH-49和TDH-50耳机，使得6 000Hz附近的频响特性比TDH-39耳机平坦得多。耳罩式耳机增加了对环境噪声的隔声性能。插入式耳机体积小巧重量轻，可直接插入耳道，相比另两种耳机耳间衰减值增加，且可避免耳道塌陷，提高6 000Hz和8 000Hz频率测试的准确性，容易为婴幼儿佩戴，并容易保持清洁。

骨导耳机是一种振动器，称为骨振器或骨振子。多数听力计使用Radio ear B-71和B-72型（图3-3-10）。

（三）听力计校准

听力计应按GB/T 7341.1—2010《电声学测听设备第1部分：纯音听力计》的要求制造，并按GB/T 4854.1—2004《声学校准测听设备的基准零级第1部分：压耳式耳机纯音基准等效阈声压级》、GB/T 4854.5—2008《声学校准测听设备的基准零级第5部分：8k～16kHz频率范围纯音基准等效阈声压级》和GB 11669—1989《声学校准纯音骨导听力计用的标准零级》的要求校准。

听力计属计量工具，是国家列入强制检定目录的医用计量器具。听力计的检查和校准分三级：

（1）A级即常规检查和主观校验。其目的是了解仪器工作是否正常，上次的校准结果有无明显变化。首先清洁听力计，检查耳机垫、耳塞、主导线及全部附件，损坏或磨损的部件应更换。接通设备电源按照推荐时间或者至少预热5min，由听力正常的测试人员进行主观检查，并检查受试者反应系统、对讲线路是否正常工作。注意尽量由同一个人进行全部检测。A级检查仅使用简单的测试，不需要测量仪器。

（2）B级即定期客观校验。每3个月（最长不超过一年）进行一次定期客观检查，包括测试信号的频率、声耦合器或耳模拟器中由耳机产生的声压级、骨振器对力耦合器产生的振动力级、掩蔽噪声级、衰减挡（在有效范围内，特别是60dB以下）及谐波失真等的测量并与标准相比较。如果频率或测试声级超出校准范围，通常可加以调节，若不可调，参考做基本校准的仪器。做校准调节时，宜记录调节前、后的测量结果。从录下仪器上的测量结果，可得知校准变化的情况。通过观察这种变化趋势，可确定需做客观校验的间隔时间。建议仪器附上校准检查表，上面的数据供下次客观校验时参考。

（3）C级，即基本校准测试。每5年或仪器曾因故障检修后，进行一次基本校准，基本校准应由有资格的实验室进行。测听设备经基本校准后，应符合IEC 60645-1定的相关要求。当仪器经基本校准返回后，宜在重新使用之前按A级或B级叙述的方法再检验一次。

三、测试前的准备

（一）对测试者的要求

听力测试应由取得相关资格的测试者进行，其资格应由国家主管机关或机构认定。测试者应具有测试经验和技巧，掌握相关的理论基础知识。实习听力师在经过专业知识和技能培训后，可以在上级听力师的指导下进行测听，最后由上级听力师确认并签字。

（二）检查仪器

测试者在每天开始工作前应对使用的听力计进行主观检查，分别佩戴气导、骨导耳机，试听不同频率、不同强度的声音,初步判断听力计工作是否正常。如有声场测听功能,用同样方式检验声场扬声器。检查应答器工作是否正常。

(三)询问病史

听力检测前简要询问病史的主要目的是了解受试者听力损失的程度、性质及可能病因,帮助确定测试时初始给声强度和选定优先测试耳(具体方法详见第十一章病史采集)。

(四)受试者准备

受试者在测试前应尽量避免接触噪声,新近暴露于噪声可引起听阈暂时性上升,须在测听报告中加以注明。助听器佩戴者在测试前2h暂时不用助听器。为了避免过度紧张而导致的错误,受试者在检查前5min来到检查室。测试前,测听人员通过询问受试者的听力情况,了解受试者的病情,与受试者建立良好的关系,以得到充分的配合,同时可了解其交谈的能力、在多大程度上依靠视觉线索,询问过程中用不同音量的语声交谈,以此估计听力损失的程度。

1. **外耳及耳镜检查**　正式测试前,用耳镜检查外耳道是否通畅、鼓膜是否完整,并检查是否有耳道塌陷。耳道塌陷是指受试者在佩戴压耳式耳机时,耳罩压迫耳屏软骨造成外耳道封闭的现象。检查耳道塌陷的方法为,用手指或手掌压住耳郭,观察耳屏是否遮盖外耳道口。如有耳道塌陷,可采用插入式耳机测试。儿童和老人容易出现此种现象。耳道塌陷将造成气导听阈升高(听阈变差),出现难以解释的气、骨导差。

2. **对受试者的指导**　为获得可靠的检查结果,需对受试者用通俗易懂的语言说明检查程序和有关事项,让其对检查有充分的了解。

测试者可以这样解释:"我给您戴上耳机测试听力;当听到耳机中发出声音时,请马上按手中的按钮(或举手),没有听到声音不要按;声音非常小,请您仔细听。我们首先测试左(右)耳"。

当受试者听到声音后,应做出明确反应。常用的反应方式有:①按下信号按钮;②举手。还应指导受试者避免不必要的活动,以防发生额外的噪声。指导后,询问受试者是否已明白,并让其知道检查过程中有任何不适可提出中断检查。如有任何疑问,应再次指导。

3. **换能器的佩戴**　检查前先去掉受试者的眼镜、头饰和助听器等物品,尽可能拨开在换能器(即气导耳机、骨导耳机或骨振器)和头部之间的头发。换能器应由测试者为受试者佩戴在正确的位置。从受试者正面佩戴气导耳机,耳机上蓝色、红色标记分别表示左耳和右耳,随后调整气导耳机的声孔正对耳道口。佩戴骨振器时应置于乳突相对平坦处,避开头发和/或耳郭,使其接触头颅部分的面积尽可能大(图13-1-1)。耳机佩戴好之后,嘱受试者不要自行调整换能器的位置。

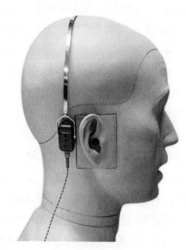

图 13-1-1　骨振器在乳突部的放置位置

第二节　纯音听阈测试

一、气导听阈测试

气导测试反映了声音在空气中经外耳、中耳传至内耳的过程,因此气导听阈测试可反映整个听觉系统的听觉敏度和功能完整性。

(一)测试要点

1. **先测试听力较好耳**　若受试者表示双耳听力无差异,则一般先测试右耳。测试频率顺序通常为1 000Hz、2 000Hz、4 000Hz、8 000Hz,复测1 000Hz、500Hz、250Hz。

2. **给声**　时间1~2s,给声的间歇期不应短于给声时间,避免节律给声。

3. **半倍频程的测试**　对以下几种情况考虑加测半倍频程，即750Hz、1 500Hz、3 000Hz和6 000Hz的听阈：①相邻两个倍频程的阈值相差≥20dB；②噪声性听力损失或疑为噪声性听力损失者；③涉及赔偿病例；④有症状者（如耳鸣）。

（二）阈值确定方法

1. **熟悉测试**　在测定听阈之前，应先发送一足够强的信号，以引导受试者做出明确的反应，使其熟悉测试任务。通过这一熟悉步骤，测试人员能够确认受试者已了解并做出反应。

下列方法供参考使用：①发送一个1 000Hz的纯音，其听力级应清晰可闻，例如对听力正常的受试者取为40dB；②以20dB一挡降低纯音级，直至不再做出反应；③以10dB一挡增加纯音级，直至做出反应；④以相同的纯音级再次发送纯音。如果反应和发送的声音一致，则已熟悉。如不一致，则宜重复发送，如再次失败，则宜重复指导。对极重度听力损失者，这些步骤可能不适用。

2. **不加掩蔽的测试步骤**　国标中规定的阈值确定方法有上升法和升降法。这两种方法仅在于发送给受试者的测试音级的次序方面有所不同。采用上升法时，发送音级逐级递增的连续测试音，直至做出反应。采用升降法时，发送音级逐级递增的连续测试音，直至做出反应，然后再发送音级逐级递减的连续测试音。当正确地进行测试时，这两种方法测得的听阈级基本相同。使用上升法测试和使用升降法测试，差别只是下述测试步骤中的第2步。

如果任一测试耳在任一频率的听阈级测试结果等于或高于40dB听力级，因存在交叉听力现象，对此结果宜慎重解释。此时对侧耳需加掩蔽。

（1）第1步：发送一个在熟悉阶段受试者做出反应的最低音级以下10dB的测试音。每次对这测试音未做出反应后，就以5dB为一挡逐次加大测试音级，直至做出反应。

（2）第2步

1）上升法：得到反应后，以10dB为一挡逐次降低测试音级，直至不再做出反应，而后再以5dB为一挡开始另一次上升，直至做出反应。如此继续测试，直至在最多5次上升中有3次反应出现在同一测试音级，则此声级就确定为听阈级（图13-2-1）。

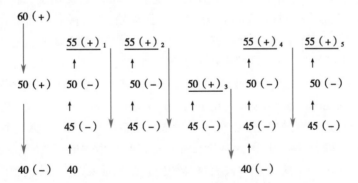

图13-2-1　上升法

+ 示有反应，− 示无反应；下角标1、2、3、4、5表示上升时最低听力级的反应序，在50dB听力级只有1次反应（3），55dB听力级有4次反应，按照5取3的原则，在反应（4）时即可确定听阈级。

如果在5次上升中，在同一声级的反应少于3次，则再发送一个比最后做出反应时的声级高10dB的测试音给受试者，然后重复常规测试步骤：做出反应后下降10dB，再以5dB为一挡上升，直至做出反应。上升法的一种简化法证明可得到几乎相同的结果，它在某些情况下适用。在这种简化上升法中，在3次上升中至少有2次在同一声级做出反应。

2）升降法：得出反应后，将测试音级增加5dB，继而以5dB一挡开始下降，直至没有反应。然后再将测试音级降低5dB，开始下一次上升测试，如此连续完成3次上升和3次下降（图13-2-2）。

升降法的简化法可适用于某些情况。简化在于省略了没有反应后再下降5dB这一步；或只需2次上升2次下降，条件是4次最小反应级之间的差不大于5dB。

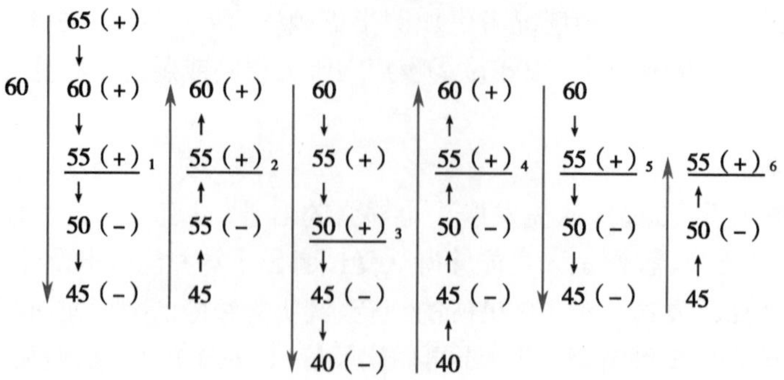

图 13-2-2 升降法

+示有反应，−示无反应；下角标1、2、3、4、5、6表示上升和降低时最低听力级的反应次数

$$听阈 = \left(\frac{55_2 + 55_4 + 55_6}{3} + \frac{55_1 + 50_3 + 55_5}{3} \right) \div 2 = 54dB$$

式中55_2、55_4、55_6分别表示上升时最低听力级，55_1、50_3、55_5表示下降时最低听力级

（3）第3步：从前面的反应估计一个可听到的测试音级，以这音级发送下一个频率的测试音，再重复第2步，对一耳完成全部频率的测试。重复第2步，测试完一耳的全部测试频率。（注：对任何频率，可做重复熟悉和简化操作。）最后，重复1 000Hz的测试。如果对该耳1 000Hz的重复测试结果，与其在开始时的测得的结果相差不超过5dB，就可以进行另一耳的测试。如能分辨出听阈级有10dB或更大的改善或变差，则应按相同的频率次序，对下一个频率重复测试，直至两次测试结果相差不超过5dB。

（4）第4步：继续进行测试，直到两耳测试完为止。

二、骨导听阈测试

骨导测试是指将骨振器（骨振子、骨导耳机）放置于颅骨，骨振器产生机械振动，引起颅骨的机械振动，将声音传至内耳的过程。骨导听觉产生的机制比较复杂，Tonndorf提出了三种学说，详细解释了骨导现象：①变形学说（distortional bone conduction）：当声波振动颅骨时，颅骨被压缩，引起膜迷路内的耳囊被压缩，前庭阶将基底膜压向鼓阶，形成行波移动，产生听觉；②听骨链惯性学说（inertial-ossicular bone conduction）：当声波振动颅骨时，引起悬挂在中耳内的听小骨运动，镫骨底板通过前庭窗将声波传入内耳，产生听觉。当骨振器放于前额时，声波振动方向与听骨链运动轴垂直，听骨链惯性骨导并不明显；③外耳道-骨鼓膜学说（external canal-osseotympanic bone conduction）：颅骨振动的能量还会传到外耳道，这些能量一部分通过外耳道口释放出去，还有一部分传到鼓膜，通过中耳进入内耳，引起听觉。这种方式产生的听觉主要影响低频骨导听阈，因此当堵住外耳道口时产生的堵耳效应（occlusion effect，OE）使低频骨导增加明显，而2 000Hz及以上频率没有堵耳效应。在正常人，这三种机制同时存在，共同引起耳蜗反应。

（一）骨振器位置的放置

多年来对骨振器的改进较少，而对骨振器的放置位置和掩蔽作了较多的调整。临床上常把骨振器置于乳突部位，谓之乳突位，也有人选用前额位，两个位置有各自的校准值。在进行骨导阈值测试时，前额位与乳突位相比，由于组织较均匀，受试者间个体差异稍小，但92%的听力学家倾向于将骨振器置于乳突位。在相同功率下，乳突位置不同频率的阈值比前额位置低8～14dB，中位差为11.5dB。鉴于乳突放置的骨振器的最大输出比气导阈值低50dB，前额位气、骨导最大输出差异更大。当骨导阈值在设备最大输出处无反应（如70dB HL），而气导阈值较高（如100dB HL）或最大输出也没有反应时，测试者无法从气、骨导阈值中确定听力损失是否存在传导成分。

（二）骨导阈值测试

1. **优先测试耳** 骨振器不论放在颅骨任何位置，都会使整个颅骨发生振动，因双侧耳蜗在同一颅骨内，因此双侧耳蜗会同时受到声音刺激，为方便掩蔽，推荐骨导检查时，先测较差耳。

2. **初始给声强度**　测试骨导听阈时,初始给声强度通常为该频率气导听阈阈上10dB。

3. **骨导听阈的确定**　骨导听阈的确定与气导听阈测试方法基本相同。

4. **骨导听阈测试的频率**　骨导听阈检查与气导听阈检查所采用的换能器不同,但测试步骤是相同的,骨导测试的频率范围为250~4 000Hz,依次为250Hz、500Hz、1 000Hz、2 000Hz和4 000Hz。

（三）骨导测试注意事项

1. **振触觉**　对于听力损失较重的受试者,将骨振器的振动感当作听到声音,称为振触觉(vibrotactile perception)。骨振器放在乳突位置时,振触觉阈在250Hz约为40dB HL、500Hz约为70dB HL、1 000Hz约为80dB HL。骨振器放于前额位置时,振触觉阈比上述值约低10dB。气导耳机也可以引起振触觉,一般在250Hz为100dB HL,500Hz为115dB HL(图13-2-3)。振触觉的个体差异较大。

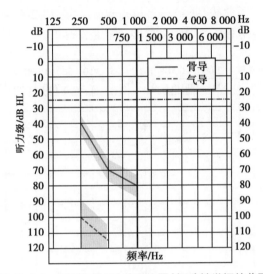

图13-2-3　气导和骨导(乳突位置)振动触觉阈的范围

2. **经气放射**　经气放射(acoustic radiation)是指骨振器发出的声音,亦可通过气导途径被听到,使骨导听阈出现偏差的现象。特别是当两耳听力有明显差异时,骨导经气放射后被未堵的非测试耳听到,从而使测试耳的骨导阈值降低,此现象在高频尤为明显。因此在测试2 000Hz以上频率骨导时,若骨气导差大于10dB,而声导抗测试结果正常,提示无中耳病变,可用堵住外耳道口方法解决。

3. **堵耳效应**　堵耳效应是指当耳机罩在耳上或耳塞置于外耳道口时,会在外耳道内形成一个封闭的空气腔,从而会导致骨导阈值下降的现象。堵耳效应通常出现在1 000Hz以下,使测得的低频骨导听阈变好,骨传导机制中的"外耳道-骨鼓膜学说"可以很好地解释这一现象。不同耳机的堵耳效应值不同,插入耳机的堵耳效应值很小,因此骨导掩蔽时,用插入式耳机更为理想;而压耳式耳机和耳罩式耳机的堵耳效应值较大,表13-2-1即为压耳式耳机堵耳效应参考值。

表13-2-1　压耳式耳机堵耳效应参考值

刺激声频率/Hz	堵耳效应参考值/dB
250	15
500	15
1 000	10
2 000	0

三、掩蔽

（一）掩蔽的含义

掩蔽(masking)是指一种声音的听阈由于另一种声音的存在而升高的现象。临床听力测试的目的是

129

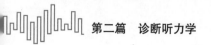
分别获得受试者两耳的真实听力。当测试耳（test ear，TE）听力较差，在测试耳给出的声音足够大时，有可能被对侧非测试耳（non-test ear，NTE）"偷听"到。此时，应考虑对非测试耳进行掩蔽，使其听阈升高，不能"偷听"测试声，从而获得测试耳的真实听阈。

（二）判断是否需要掩蔽

由非测试耳听到测试声而得到的听力结果，称为交叉听力（cross hearing）。不论气导测试还是骨导测试，均有可能出现交叉听力。如某人左耳听力正常，右耳为极重度听力损失，测试右耳气导听阈时，随着给声强度的不断增大，气导耳机振动颅骨，颅骨振动使双侧耳蜗均感受到了声音，此时听力正常的左耳耳蜗"偷听"到了右耳气导的声音，出现了气导交叉听力。测试右耳骨导时，骨振器放于颅骨之上，骨振器一发出声音，立刻引起颅骨振动，使左耳耳蜗感受到声音，形成骨导的交叉听力。由于非测试"偷听"而获得的听阈曲线也称为影子曲线（shadow audiogram）。图 13-2-4 示右耳为测试耳、左耳为非测试耳，在未掩蔽左耳的情况下获得的右耳气导听力曲线可能是左耳的影子曲线。

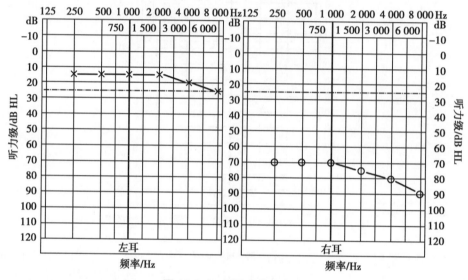

图 13-2-4　影子曲线示意图

声信号从一侧耳通过颅骨传到另一侧耳蜗过程中声音强度衰减所丢失的声能，称为耳间衰减（interaural attenuation，IA）。气导耳机振动颅骨需要消耗很多声音能量，之后多余的声音能量，才会被非测试耳耳蜗听到，这些消耗的能量（衰减的声音），就是气导的耳间衰减。常用气导耳机有压耳式耳、耳罩式耳机和插入式耳机，气导耳机与颅骨接触面积越小，耳间衰减越大，耳罩式耳机与颅骨接触面积最大，其次为压耳式耳机，插入式耳机与颅骨接触面积最小，因此三种耳机耳间衰减大小排列顺序为：IA插入＞IA压耳＞IA耳罩。

而骨导耳机以振动的形式发声，骨导耳机放在一侧耳乳突，给出声音信号后，引起整个颅骨振动，使双侧耳蜗同时受到刺激。因此骨导的耳间衰减远远小于气导耳机，从一侧乳突传到对侧耳蜗，几乎没有声能的损失，所测得的骨导听阈，不能判断是哪侧耳听到的。表 13-2-2 列出了不同换能器的耳间衰减值。

表 13-2-2　不同类型换能器的最小耳间衰减

刺激声频率 /Hz	压耳式耳机的最小耳间衰减 /dB	插入式耳机的最小耳间衰减 /dB	骨振器的最小耳间衰减 /dB
250	40	75	0
500	40	75	0
1 000	40	60	0
2 000	45	55	0
4 000	50	65	0
8 000	50	65	0

判断测试耳气导是否需要掩蔽的原则为：当测试耳气导（AC_{TE}）与非测试耳骨导（BC_{NTE}）之差大于等于耳间衰减时，需要在非测试耳加掩蔽。公式如下：$AC_{TE}-BC_{NTE}\geqslant IA$。如果使用压耳式耳机测试，则 $AC_{TE}-BC_{NTE}\geqslant 40dB$ 时，需要对非测试耳进行掩蔽。如果使用插入式耳机测试，则 $AC_{TE}-BC_{NTE}\geqslant 55dB$ 时，需要对非测试耳进行掩蔽。

判断测试耳骨导是否需要掩蔽的原则是：测试耳气导（AC_{TE}）与测试耳未掩蔽骨导（unmasked BC，$BC_{Unmasked}$）之差$\geqslant 15dB$ 时，需要在非测试耳掩蔽，公式如下：$AC_{TE}-BC_{Unmasked}\geqslant 15dB$。

（三）掩蔽噪声的种类

听力计中掩蔽噪声的种类一般有三种：①窄带噪声（narrow band noise，NBN）；②白噪声（white noise，WN）或者宽带噪声（broad band noise，BBN）；③言语噪声（speech noise，SN）。纯音听阈测试时使用的纯音信号具有固定且单一的频率，主观上感觉是单一音调的声音，物理上是瞬时值为简单正弦式时间函数的声波。要完全掩蔽这种纯音信号，至少需要以该纯音频率为中心频率的一定频带宽度的噪声，这个频带称为临界频带（critical band）。窄带噪声是比临界频带宽一些的噪声，由白噪声经过带通滤波器产生。它的中心频率与需要掩蔽的纯音信号频率一致。窄带噪声提供了最大的掩蔽效应和最小的总能量，使受试者易于区分掩蔽噪声和纯音信号，避免混淆，所以临床上多选用窄带噪声作为纯音听阈测试时的掩蔽噪声。白噪声指功率谱密度在整个频域内连续且均匀分布的噪声，听起来是非常明亮的"咝"声。言语噪声是在言语测听时使用的掩蔽噪声。

（四）掩蔽不足与过度掩蔽

掩蔽不足（undermasking）是指在非测试耳给出的掩蔽噪声太小，不足以起到掩蔽作用，非测试耳仍能偷听到部分测试声信号。

过度掩蔽（overmasking）是指在非测试耳给出的掩蔽噪声太大，以至于振动颅骨，使测试耳耳蜗听到掩蔽噪声，干扰了测试耳的测试，使测试耳的阈值提高（听力变差）。过度掩蔽公式：$NBN_{NTE}\geqslant IA+BC_{TE}+5$。此公式含义为在非测试耳加的掩蔽噪声大于或等于耳间衰减加上测试耳骨导阈值，就可能出现过度掩蔽。

（五）掩蔽方法

临床应用的掩蔽方法有多种，如平台法、阶梯法等，不论使用哪种方法，掩蔽的目的是：非测试耳的掩蔽噪声在既不出现掩蔽不足，也不出现过度掩蔽的情况下，找到测试耳的真实听阈。

1. **平台法掩蔽**　平台法在掩蔽过程中通过测试耳听阈的变化，可以观察到掩蔽不足、平台出现、过度掩蔽及中枢掩蔽等现象，适合初学者理解和掌握掩蔽技术。随着对掩蔽理论的深入理解和测试经验的积累，为节省测试时间，也可采用阶梯法或其他掩蔽方法。

（1）平台法掩蔽过程中听阈的变化：平台法掩蔽示意图（图13-2-5）中显示了开始掩蔽强度、掩蔽不足、最小有效掩蔽级、掩蔽平台、最大有效掩蔽级和过度掩蔽。从开始掩蔽强度到最小有效掩蔽级，测试耳听阈随着非测试耳掩蔽噪声的升高而升高，这是由于非测试耳掩蔽不足出现了"影子听力"。

从最小有效掩蔽级到最大有效掩蔽级，非测试耳掩蔽噪声不断升高，测试耳纯音听阈不变，出现了掩蔽平台。在平台范围内，纯音信号是由测试耳听到的，因此是测试耳的真实听阈。

超过最大有效掩蔽级，再次出现测试耳听阈随着非测试耳掩蔽噪声的升高而升高，这是由于掩蔽噪声太大，传到了测试耳，测试耳在噪声影响下，真实听阈发生了改变，出现了过度掩蔽。

图13-2-5 中平台的起始点为最小有效掩蔽级，表示掩蔽噪声刚好达到了消除交叉听力的强度，平台的终点为最大有效掩蔽级，掩蔽噪声超过这一强度，影响了测试耳真实听阈的测试。

（2）平台法气导掩蔽

1）国标 GB/T 16296.1—2017《声学测听方法第1部分：纯音气导和骨导测听法》中推荐的气导掩蔽方法：为避免非测试耳听到纯音信号，需在非测试耳加掩蔽噪声。在很大程度上检查人员的经验在选择掩蔽噪声级和加掩蔽噪声的步骤上起重要作用，国标中建议用压耳式耳机给掩蔽噪声时按下述步骤加噪声测试听阈级。

第一步：在测试耳未加掩蔽的听阈级上，给测试耳发送一个测试音。同时对非测试耳发送有效掩蔽级等于该耳听阈级的掩蔽噪声。然后加大噪声级直至听不到测试音，或噪声级超过测试音级。

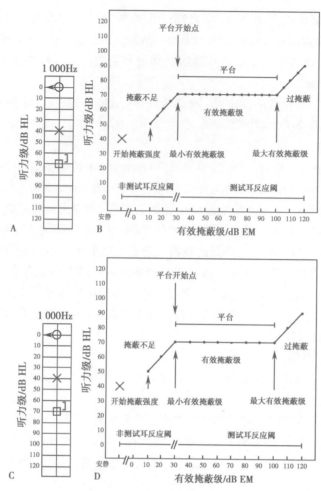

图 13-2-5　平台搜索法示意图

上图 5dB 平台搜索法，下图 10dB 平台搜索法。其中，A、C 示左耳为测试耳，未掩蔽时 1 000Hz 气导听力级为 40dB HL，右耳为非测试耳，气导听力级为 0dB HL，之差等于 40dB，满足掩蔽条件，掩蔽后听阈为 70dB HL。B、D 示在纵轴方向听力级低于 70dB HL 时，掩蔽级和测试信号强度按一定比例增长，为掩蔽不足；当达到 70dB HL 时，虽掩蔽级增长，仍能听到测试信号，出现了一个平台，即平台期；继续增加掩蔽级时，又出现了掩蔽级和测试信号强度按一定比例增长的现象，为过度掩蔽

第二步：当所加的噪声级等于测试音级时受试者仍能听到测试音，则这一音级即为听阈级。如果测试音被掩蔽，就加大其音级，直至再听到它为止。

第三步：将噪声级增加 5dB。如果受试者听不到纯音，以 5dB 步幅加大纯音级直至再次听到。重复这一步骤，直至掩蔽噪声从某一噪声级增加 10dB 以上受试者还能听到纯音。也就是说，在大于这一掩蔽噪声级时，不需要再加大纯音级受试者仍能听到纯音，该掩蔽级即为正确的掩蔽级。这一步骤可得出该测试频率的正确听阈级。记下这一正确的掩蔽级。

2）英国听力学会（British Society of Audiology，BSA）2017 年版指南推荐的气导掩蔽方法。

第一步：非测试耳给初始掩蔽级，AC_{NTE}＋10dB，即非测试耳气导听阈加 10dB，重新测试测试耳听阈。

第二步：掩蔽噪声以 10dB 为步距、纯音信号以 5dB 为步距增加。如果对纯音信号做出了反应，则增加 10dB 掩蔽噪声；如果对纯音信号没有做出反应，则以 5dB 为步距增加纯音，直至做出反应。

第三步：当掩蔽噪声连续升高 3 次，纯音听阈没有改变，或听力计达到最大输出，或掩蔽噪声使受试者感到不适，则停止测试。

第四步：连续 3 次升高掩蔽噪声，纯音听阈不变，或第 3 次升高噪声时，纯音听阈升高≤5dB，则认为建立了平台，平台建立后测得的听阈为测试耳真实阈值。

（3）平台法骨导掩蔽：对骨导掩蔽可采用与气导相同的步骤、在进行骨导掩蔽时，应在非测试耳加掩蔽。作骨导检查时不应堵住外耳道，若被堵住应注明。如用耳机或耳塞将外耳道堵塞，会在外耳与耳机间或外耳道内形成一个密闭的含气的空腔，从而使该耳的骨导听阈级降低的现象称堵耳效应（occlusion effect）。堵耳效应在低频率时明显（表 13-2-3），所以在对侧加掩蔽时需要考虑堵耳效应值。

表 13-2-3　骨导听阈测试中佩戴压耳式耳机所产生的堵耳效应值

频率 /Hz	250	500	1 000	2 000	4 000
骨导听阈 /dB	30	20	10	0	0

1）国标 GB/T 16296.1—2018《声学测听方法第 1 部分：纯音气导和骨导测听法》中推荐的骨导掩蔽方法。

第一步：在为受试者戴好骨振器后，把掩蔽耳机戴在非测试耳。注意两个换能器的头带应不要互相干扰，按第二节骨导听阈测试，在不加掩蔽噪声的条件下测出该耳骨导听阈级（因为非测试耳可能存在堵耳效应，所以这一结果不一定代表未加掩蔽时骨导听阈的真实估计）。

第二步：对非测试耳发送相当于该耳气导听阈的有效掩蔽级的掩蔽噪声。在这一声级重复发送测试音，逐次增加噪声级，直至不再听到测试音，或直到噪声级超过测试音级 40dB。

第三步：如果当噪声级在测试音级以上 40dB 时仍能听到测试音，则认为这测试音级就是听阈级。如果测试音被掩蔽，则增加其音级直至再次听到。

第四步：将噪声级增加 5dB。如果受试者听不到纯音，加大纯音级直至再次听到。重复这一步骤，直至掩蔽噪声从某一噪声级增加 10dB 以上受试者还能听到纯音。也就是说，在大于这一掩蔽噪声级时，不需要再加大纯音级受试者仍能听到纯音，该掩蔽级即为正确的掩蔽级。这一步骤可得出该测试频率的正确听阈级。记下这一正确的掩蔽级。

2）英国听力学会（British Society of Audiology，BSA）2017 年版指南推荐的骨导掩蔽方法：BSA 推荐的平台法骨导掩蔽与其气导掩蔽步骤相同，但当非测试耳没有骨气导差时（骨气导差 <15dB），初始掩蔽应增加堵耳效应值。推荐骨导初始掩蔽级为：$AC_{NTE} + OE + 10dB$，即非测试耳气导加堵耳效应再加 10dB。

（4）两种平台掩蔽法的区别：平台法中掩蔽噪声的步距，在国标和 BSA 推荐的方法中有所不同，国标中掩蔽噪声步距为 5dB，BSA 中掩蔽噪声步距为 10dB，步距越大，测试时间越少（如阶梯法、BSA 法）。当掩蔽平台较窄时，用小步距噪声，可以更好地防止出现过度掩蔽现象，但略费时，需受试者配合程度较好（如假阳性反应较少等）。

2. 阶梯掩蔽法（step masking）　根据掩蔽的适应证，判断是否需要掩蔽，以及掩蔽的频率。NTE 阈值上一次加 30dB 噪声，作为初始掩蔽级。此时，TE 仍给原来的纯音，观察受试者反应：

（1）如果 TE 仍然能听到原来的纯音信号，即加掩蔽后阈值保持不变，或者只轻微上移 5～10dB，此听阈即为 TE 的真实听力。

（2）如果 TE 听不到原来纯音信号，即加掩蔽后阈值发生改变，就把 TE 的测试音（纯音）每次增加 5dB，直至听到。如果上移 15dB，需要分析是否要进一步掩蔽；上移 20dB，往往需要进一步掩蔽；上移超过 25dB，必须进一步掩蔽。

（3）进一步掩蔽，NTE 一次增加 20dB 噪声，直到 TE 纯音信号强度不变或轻微上移为止（图 13-2-6）。

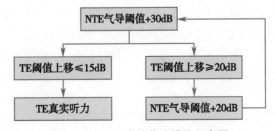

图 13-2-6　阶梯掩蔽法操作示意图

（六）掩蔽困境

临床上可能出现即使按照要求给予最小的掩蔽强度也会导致过掩蔽，即为掩蔽困境（dilemma）。由于平台法中平台的宽度是最大掩蔽级与最小掩蔽级之差，如双耳均有较大的气骨导差，平台的宽度很窄甚至根本不存在，掩蔽过程中找不到平台，极易造成过掩蔽，导致掩蔽不能完成。此种情况常见于双耳中等程度以上的传导性听力损失，当非测试耳的气导听阈和测试耳的骨导听阈间的差值达到耳间衰减值时，非测试耳的初始掩蔽强度已经产生过掩蔽，导致掩蔽失败。目前最好的解决办法是使用插入式耳机来增加耳间衰减值，特别是低频增加更显著。

还有一种情况，测试耳为传导性听力损失，非测试耳为重度或者极重度听力损失，当检查测试耳的骨导时，在非测试耳所加的掩蔽声强度很快达到了听力计的输出强度，也导致不能掩蔽。临床遇到这种情况，通常会结合其他检查，如声导抗，如果能确定测试耳为真实听力，就不在非测试耳加噪声掩蔽了。

如图 13-2-7 所示受试者双耳传导性听力损失，按照掩蔽的条件，左右耳的气骨导听力曲线均需要加掩蔽，如在 1 000Hz 左耳未掩蔽时的骨导听阈为 10dB HL，右耳无掩蔽时气导听阈大约为 50dB HL，如果希望掩蔽右耳来确定左耳的骨导阈值，从一开始就遇到了困难，因为右耳必须以 50dB 的强度掩蔽，该掩蔽声强度能经颅交叉掩蔽左耳。

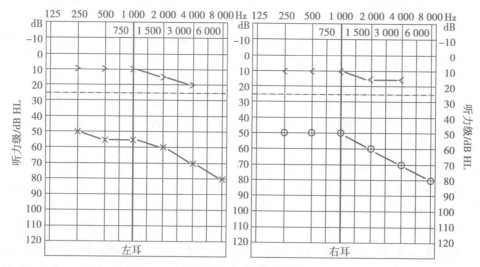

图 13-2-7　掩蔽困境示例

（七）中枢掩蔽

中枢掩蔽（central masking）是指在非测试耳给出的掩蔽噪声不足以发生过度掩蔽，而测试耳听阈却出现微小改变的现象，是中枢神经系统受抑制造成的。通常认为中枢掩蔽会造成大约 5dB 的听阈改变，有时会造成掩蔽平台判断的困难。

四、测试结果记录及分析

将检查结果按照规定的符号记录到听力表中，各点连接起来形成听力图，它是在规定条件下，按规定方法测得的测试耳的听阈级与频率的关系。临床上听力测试频率范围通常为 250～8 000Hz。1 000Hz 以下测试倍频程，1 000Hz 以上测试半倍频程的阈值，即所测频率为 250Hz、500Hz、1 000Hz、1 500Hz、2 000Hz、3 000Hz、4 000Hz、6 000Hz、8 000Hz。图 13-2-8 中横坐标为测试频率，纵坐标表示声强，其中频率以 Hz 表示，声强以 dB HL 表示。听力图中应标明听力计的种类、型号及标准零级、受检者信息和检查者、检查日期等。绘制听力图时应采用图 13-2-9 给出的符号，相邻气导用直线连接，骨导用虚线连接或者不连线，如用彩色笔记录时，一般右耳的连线和符号用红色，左耳的连线和符号用蓝色。纯音听力图临床意义如下：

1. 判断听力损失程度　世界卫生组织（WHO）2021 年公布的听力损失程度的分级标准（根据 500Hz、1 000Hz、2 000Hz 及 4 000Hz 气导平均阈值计算，见表 7-2-1）。

2. 了解听力曲线的形状,即为描述听力曲线形状常用的一些术语(表13-2-4、图13-2-10)。

3. 了解双耳听阈的对称性,双耳听觉敏度是否相同,或一耳较另一耳听力好的程度。

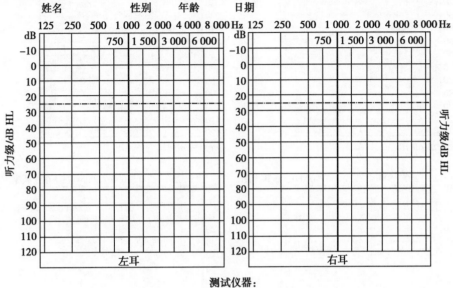

图 13-2-8　听力图

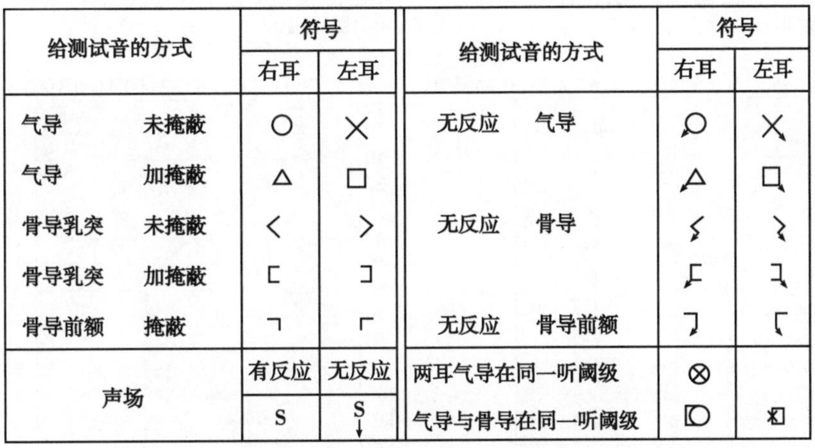

图 13-2-9　绘制听力图符号的选择

表 13-2-4　听力曲线分类

名称	描述
平坦型	相邻每倍频程之间的阈值相差≤5dB
缓降型	相邻每倍频程之间的阈值升高在5～10dB之间
显降型	相邻每倍频程之间的阈值升高在15～20dB之间
陡降型	相邻每倍频程阈值升高≥25dB
上升型	相邻每倍频程之间的阈值降低≥5dB
峰型或覆盆型	中频区(1 000～2 000Hz)无听力损失或听力损失较小,两端相邻频率阈值呈现升高,且≥20dB
谷型	中频区(1 000～2 000Hz)阈值升高≥20dB,两端相邻频率无听力损失或听力损失较小
切迹型	某一频率阈值升高≥20dB,其相邻频率迅速恢复正常或接近于正常

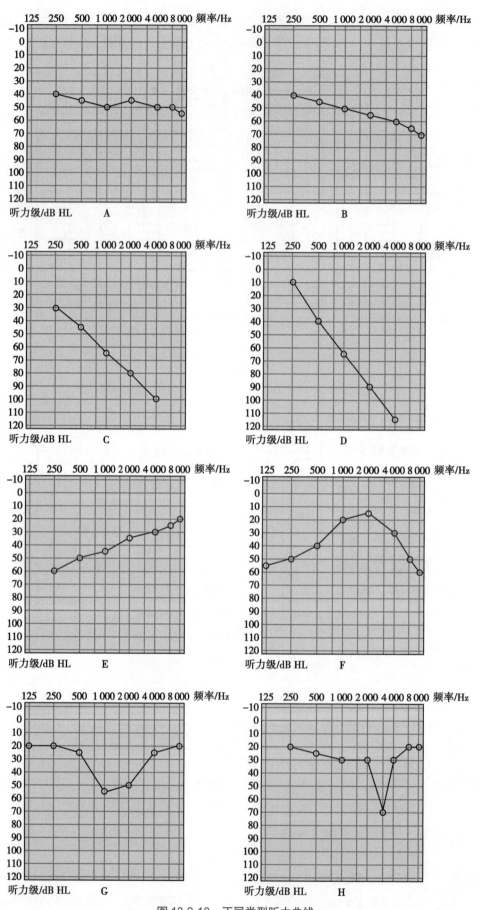

图 13-2-10 不同类型听力曲线

A. 平坦型；B. 缓降型；C. 显降型；D. 陡降型；E. 上升型；F. 峰型或覆盆型；G. 谷型；H. 切迹型。

4. 气导和骨导听阈的结合可将外周性听力损失（peripheral hearing loss）分为三型（图 13-2-11）

（1）传导性听力损失：骨导与气导之差大于 10dB，且骨导在正常范围（图 13-2-11B）。

（2）感音神经性听力损失：气骨导一致（≤10dB）且大部分频率在正常范围之外（图 13-2-11C）。

（3）混合性听力损失：骨气导之差大于 10dB，且骨导阈值在正常范围之外（图 13-2-11D）。

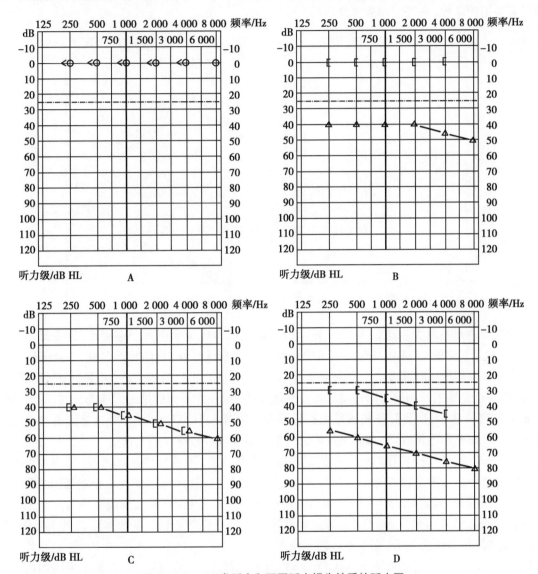

图 13-2-11 正常听力和不同听力损失性质的听力图

A. 正常听力图；B. 传导性听力损失听力图；C. 感音神经性听力损失听力图；D. 混合性听力损失听力图。

第三节 声场测听

当为低龄儿童、纯音听阈测试不配合的儿童及配戴听力辅助装置后评估功能增益时，需要在声场中完成测试。用于声场测听的环境变化很大，分为自由场（free sound-field）、扩散声场（diffuse sound-field）和准自由场（quasi-free sound-field）三种。

临床中用于测试的声场是准自由场。它需要满足的条件有：①扬声器安放于受试者坐位时的头部高度，参考轴正穿参考点，参考点与扬声器参考点间的距离至少 1m；②当受试者及其座椅不在，且所有其他正常工作条件保持不变时，扬声器距离参考点的轴上、下、左、右 0.15m 位置的声压级与参考点声压级偏离，对任意测试信号均不得大于 2dB；③当受试者及其座椅不在时，扬声器在参考轴上离参考点前 0.10m 及后 0.10m 的声压级的差值与声压距离反比定律理论值的偏离，对任意测试信号均不得大于 ±1dB。其中参考点是指当受试者位于声场受试位置时，受试者两耳道口连接直线的中点。参考轴是与扬声器辐射面垂直的轴线。对于喇叭式扬声器，该轴穿过膜片或者喇叭的几何中心。

准自由场宜建立于人流量少、远离噪声源楼层的尽端，建议以套间的形式设置测听室和观察操作室（图13-3-1），测听室对外不直接开窗，它与观察室之间设置隔声密闭门、隔声密闭观察窗。测听室和观察室均采用重型围护结构，内表面做成宽频带的强吸声结构。

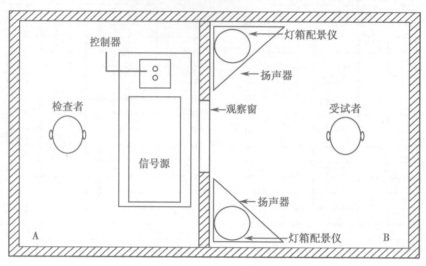

图 13-3-1　准自由声场（A 观察操作室，B 测听室）

建立的准自由场室内面积建议不小于 3m×3m，建立后对环境噪声有一定要求，详见第四章。在声场测听中，一般用调频音（FM，如啭音）或者窄带噪声作为测试信号，以防止产生驻波（standing wave）。行波是指波在介质中传播时其波形不断向前推进，但当两列振幅相同的相干波（频率和振幅均相同、振动方向一致）在同一直线上沿相反方向传播时互相叠加而成的波，并不向前推进而成为驻波，这时不能传播声能。如果只测试单耳，则要对非测试耳加护听器或者掩蔽；若行双耳测试，受试者通常难以确定所听到的测试信号是在单耳还是双耳，其结果反应的是双耳听阈或者较好耳的听阈。

如同纯音听阈测试一样需要对设备和测试环境检查和校准，两者程序基本相似，分为 3 个阶段。在阶段一还须检查环境噪声条件应与设备正常使用时的条件相当，让听阈已知且在正常范围的测试者试听刚能听到的测试信号，验证听力计的输出以及环境噪声均大致正常，查看监视线路是否正常工作。在阶段二另外要检查参考点的声压级、频率、谐波失真等。在阶段三若测试室的声学特性发生变化，如改变装置、仪器或者环境声源的位置，需要进行基本校准。

实际测试中较多见的是轴外声源入射角为 45° 和 90°（图13-3-2），相对 0° 入射角应增加适当的声压级（表13-3-1）。

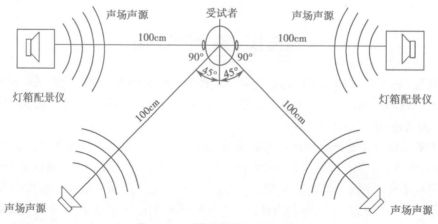

图 13-3-2　轴外声源位置示意图

表 13-3-1 最靠近扬声器侧耳应增加的声压级

测试频率 /Hz	对声入射角的修正值 /dB	
	45°	90°
125	0.5	1
160	1	1.5
200	1	1.5
250	1	2
315	1.5	2.5
400	2.5	3.5
500	3	4.5
630	3.5	5
800	3.5	5
1 000	4	5.5
1 250	4	6
1 500	3.5	5
1 600	3.5	4.5
2 000	3	2
2 500	3.5	2
3 000	5	2.5
3 150	5	2
4 000	4	−0.5
5 000	6	4
6 000	7.5	9.5
6 300	7.5	10
8 000	5.5	8.5
10 000	4.5	6
12 500	1.5	8

需要注意的是声场测试时,扬声器所发出的声音是由听力计来控制的,听力计的读数一般是以听力级为单位,在声场中用声级计测得扬声器所发出声音强度的单位是声压级,二者之间不能直接等同,需要经过最小可听场(minimum audible field,MAF)换算。MAF 是声场中扬声器为 90° 入射角给声的双耳听敏度阈(图 13-3-3、表 13-3-2)。

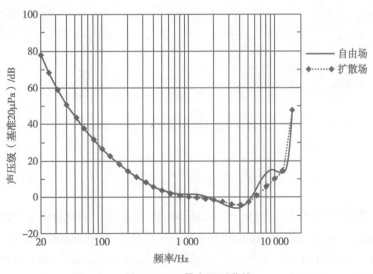

图 13-3-3 最小可听曲线

表 13-3-2　两种声场中听力级为 0 时各频率的声压级值（MAF）

给声频率 /Hz	自由声场的声强 /dB SPL	扩散声场的声强 /dB SPL	差值 /dB SPL
125	22.1	22.1	0
250	11.4	11.4	0
500	4.4	3.8	0.6
1 000	2.4	0.8	1.6
1 500	2.4	1	1.4
2 000	−1.3	−1.5	0.2
3 000	−5.8	−4	−1.8
4 000	−5.4	−3.8	−1.6
6 000	4.3	1.4	2.9
8 000	12.6	6.8	5.8

听力级与声压级之间的换算关系为：

$$听力级 = 声压级 + 声入射角的修正值 - MAF$$

例如，给予的 1 000Hz 啭音听力计表盘读数为 60dB HL，用声级计测得 45°入射角测试点的声音强度为 70dB SPL，测试点的听力级 = 70 + 4 − 2.4 = 71.6（dB HL）；其他条件不变，仅将入射角改为 90°时，测试点的听力级 = 70 + 5.5 − 2.4 = 73.1（dB HL）。如果使用的扬声器对声音是标准的线性放大，只需依次计算各个频率的修正值，然而许多扬声器在低和高强度给声时难做到纯粹的线性放大，所以推荐各声场计算自己的不同频率不同给声强度的修正值，并按要求校准。最后将检测结果按照规定的符号绘制在听力表中（表 13-3-3）。由于绝大多数声级计难以测量低于 5dB 的声压级，所以不推荐测试 10dB HL 以下的听敏度阈。

表 13-3-3　记录声场测听结果使用的符号

测试项目	右耳	左耳	双耳
气导助听器助听听阈	◎（菱形）	◇（菱形）	Ⓑ
气导助听器助听听阈无反应	◎↓	◇↓	Ⓑ↓
骨导助听器助听听阈	前额：Hf		乳突：Hm
骨导助听器助听听阈无反应	前额：Hf↓		乳突：Hm↓
人工耳蜗助听听阈	Ⓒ	Ⓧ	
人工耳蜗助听听阈无反应	Ⓒ↓	Ⓧ↓	
不舒适阈	Uo	Ux	

第四节　高频测听

进行纯音听阈检测的频率范围为 125～8 000Hz，即常频范围。一般将低于 125Hz 的听阈检测称为扩展低频测听（extended low frequency audiometry, ELFA），高于 8 000Hz 的听阈检测称为扩展高频测听（extended high frequency audiometry, EHFA）。高频测听（high frequency audiometry, HFA）是指测试从 8 000～20 000Hz 这频率范围的听阈。

一、设备及校准

在国标 GB/T 7341.4.5—1998 中对延伸高频测听的设备进行了描述,在国标 GB/T 4854.5—2008 中给出了 8 000～16 000Hz 频率范围纯音基准等效阈声压级,其对应的特定型号耳机为 ER-2 插入式耳机和 HDA 200 耳罩式耳机,如果各单位所用换能器与国标不同,应先测得自己实验室条件下的正常值。

二、高频测听的应用

由于多种原因导致我国每年新增近 3 万听力损失者,但对成人却没有较好的早期发现的方法。从后天获得性听力损失的表现来看,许多人的听力下降首先表现为高频听力下降。这是由耳蜗的解剖和生理条件决定的。因此临床上对许多疾病引起的听力损失都可以通过高频测听来监测。

(一)在噪声性听力损失中的应用

常频听力测试表明噪声引起听力阈值的早期改变是从 3 000Hz 到 6 000Hz 开始的,4 000Hz 处所形成的切迹为噪声性听力损失所具有的特征。同时多位学者研究证实噪声暴露者在常频正常时,10 000～20 000Hz 的听阈有提高,或者常频区听阈值异常时,10 000～20 000Hz 的听阈明显升高;同时未检出率也升高了。这些都说明高强度噪声对听力的损伤首先从 10 000～20 000Hz 开始,其变化是从 20 000Hz 向 10 000Hz 发展,如果不加以防护 10 000～20 000Hz 阈值的损伤达到一定程度则可波及 3 000～6 000Hz,甚至向 500Hz、1 000Hz、2 000Hz 等语频区的听阈波及。因此高频测听可作为早期检测噪声性听力损失的指标。

(二)在老年性听力损失中的应用

影响老年人听觉功能的因素有很多,如年龄因素、全身性疾病、既往噪声暴露情况以及耳毒性药物中毒等。其中单纯由于年龄因素所致的听力损失才能算是老年性听力损失。研究通过多因素回归分析发现引起高频听力下降的主要因素是年龄,其次才是噪声暴露;而引起中频听力损失的主要因素是噪声暴露,其次才是年龄因素。但老年人单纯性听力损失的很少,大多数人往往伴有听觉中枢通路功能减退的问题。因此评估老年人听觉功能时单用高频测听存在着一定的局限性,需要配合其他的方法进行检查。

(三)在糖尿病中的应用

1857 年 Jordao 首先报道了糖尿病与听力损失的关系。糖尿病可引起听神经病变,还可导致微血管的病变,营养耳蜗的螺旋动脉就是一条微血管,它使环绕内淋巴囊的血管壁增厚,导致内淋巴中毒性代谢产物的积聚,继而引起毛细胞功能障碍。由于糖尿病性听力损失多为不可逆的,因此对糖尿病患者在治疗原发病的同时,还要注意用高频测听监测患者的听力变化。

(四)在梅尼埃病中的应用

梅尼埃病是一种常见的内耳病,主要由迷路水肿,迷路内压力不断增加,造成了耳蜗微循环的障碍致听力损失。在耳蜗底回的毛细胞耗氧量最大,更需要良好的血液循环来供应其耗氧,这样迷路水肿的发展,首先使基底部的毛细胞功能出现障碍,临床上表现为高频听力下降。随着病变的发展,毛细胞功能障碍逐渐由高频向中、低频蔓延,损伤到一定程度后,才能通过常频听力检测发现听力下降,而高频测听则能较全面的了解听功能的损害,有利于早期诊断本病。

(五)在阻塞型睡眠呼吸暂停中的应用

阻塞型睡眠呼吸暂停(obstructive sleep apnea,OSA)患者在睡眠时频繁发生呼吸暂停而缺氧,这是一个慢性缺氧过程,对机体的影响是多方面的,除对中枢神经系统、心脏循环系统及肝肾功能、造血系统等有影响外,对听力也有影响。OSA 患者的扩展高频听力在各年龄段均较对照组差,即使青年组在 4 000Hz、6 000Hz、8 000Hz 的听阈也高,≥65 岁年龄组的 OSA 患者无一例能测出听阈。

(六)不同性别的应用

相关研究还对国人常频及高频的听力测试结果进行了性别分类比较,结果显示女性在常频和高频区的听力均较男性好。基于高频损伤的机制,它的用途越来越广泛,例如对耳毒性药物的应用、肾病、循环造血系统疾病、组织细胞增多症等的监测。

(曹永茂)

14

第十四章 阈上听功能测试

阈上听功能测试是指用声压级大于测试耳听阈的声信号进行的一系列测试。因既往无其他技术可帮助进行蜗性和蜗后性听力损失的定位诊断，阈上听功能测试成为了定位诊断的主要手段。近年来，快速发展的听功能测试手段及影像学技术在很大程度上取代了此种方法，但在一些条件不具备的单位，仍可以用纯音听力计进行阈上听功能测试来实现定位诊断的初步筛查。

阈上听功能测试主要包括两部分内容：响度重振测试和听觉疲劳及病理适应测试。使用纯音听力计进行测试时，响度重振测试常用双耳交替响度平衡试验（alternate binaural loudness balance test，ABLB）和短增量敏感指数试验（short increment sensitivity index，SISI）；听觉疲劳及病理适应测试常用音衰变试验（tone decay，TD）。用自动描计听力计（Békésy audiometer）进行自描测听，既可观察到重振现象也可以观察到听力疲劳及病理适应现象。声导抗测试也可以评价响度重振和听觉疲劳现象，如 Metz 重振试验、镫骨肌反射衰减试验（acoustic reflex decay，ART）。本章将着重讨论使用纯音听力计进行阈上听功能测试的方法。

第一节　交替双耳响度平衡试验

（一）概念及原理

声音的强度是一种物理量，可进行客观测量；响度则是人耳对声强的主观感觉，不能进行客观测量。正常情况下，声音强度和主观响度之间按一定的比值关系增减，声音强度增加，人耳所感到的响度亦随之增加；声音强度减小，响度也变小。响度重振（loudness recruitment）时，人耳主观感受到的响度的增加，高于给出的声音强度的增加，响度出现异常迅速的增长，此种现象称为重振现象（recruitment phenomenon），多见于耳蜗疾患，可作为耳蜗病变诊断依据之一。

例如，某人在 1 000Hz 好耳听阈为 5dB HL，差耳听阈为 45dB HL。因为 5dB HL 和 45dB HL 都为阈值，所以在阈值强度时双耳感觉到的响度是一致的。把好耳声音强度升高至 70dB HL（感觉级为 65dB SL），调整差耳声音强度至与好耳响度一致，如果该数值为 70dB HL（感觉级为 25dB SL），就表示差耳有响度异常增长，即有重振。因为，双耳响度一致时，好耳的声音感觉级为阈上 65dB，而差耳只有 25dB，也就是说差耳响度感觉的增长要快于刺激声的物理强度的增长。

（二）测试方法

首先测出两耳的纯音听阈曲线，两耳听阈相差至少 20dB 的频率才能使用本方法进行测试。而两耳听阈相差在 30~40dB 的频率，较易得到准确结果。一般选用 1 000Hz 的频率进行测试。

选好耳或相对好耳为参考耳，给出一系列不同强度的声音，嘱患者对响度是否平衡做出判断。即先在参考耳（好耳或相对好耳）用选定的频率，在其听阈声强级上增加 15~20dB；再测试另一侧耳（患耳或较差耳），从听阈的声强级开始逐渐增加，直到双侧耳的响度相等为止。然后逐次再增加 15~20dB，如法进行双耳响度平衡，并记录测试耳每次达到响度平衡时的声音强度。为了排除听觉适应（adaptation）或疲劳（fatigue）造成的误差，测试的纯音最好采用间断的 2~3 次 /s 的脉冲音，或者每次纯音的时间应为

0.5～1s,不宜过长。如此逐级增加 15～20dB 重复进行。观察有无重振现象,直到双耳响度达到一致或达该听力计的最大声强级为止。

如果只是为了确定是否有重振,至少应该测试两个强度,如参考耳的 65dB SL 和 85dB SL,将参考耳(好耳或相对好耳)声音强度固定不变,改变测试耳(患耳或较差耳)声音的强度,直到双耳的响度达到一致。

(三)结果记录及分析

响度平衡试验结果记录通常使用梯形图,记录在纯音听力曲线图上,将参考耳与测试耳响度相同的声强级分别记录在选定声强级的两侧,双耳响度一样的声音强度连线,包括双耳的听阈(图 14-1-1)。

该试验一般分 4 种结果,除了反重振以外,完全重振、部分重振及无重振均由 Jerger 等(1962)提出。

1. **完全重振**　参考耳与测试耳在同一声音强度(±10dB)上达到响度一致。如图 14-1-1A 所示,参考耳听阈为 5dB HL,测试耳听阈为 45dB HL,最终在 90dB HL 达到双耳响度平衡。

2. **无重振**　双耳在同一感觉级(±10dB)上达到响度一致。如图 14-1-1B 所示,随着强度增加,双耳始终维持在相同感觉级达到响度平衡,如参考耳在 60dB SL(70dB HL),测试耳也在 60dB SL(100dB HL),双耳响度平衡。

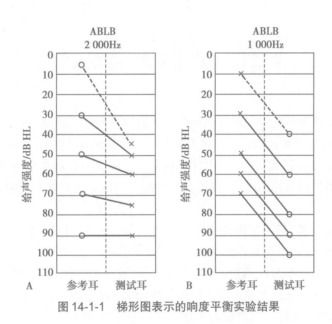

图 14-1-1　梯形图表示的响度平衡实验结果

3. **部分重振**　部分重振介于完全重振与无重振之间。如图 14-1-2A 所示,双耳达到响度一致时既不在同一声音强度(参考耳 85dB HL,测试耳 100dB HL,相差 15dB)也不在同一感觉级(参考耳 85dB SL,测试耳 50dB SL,相差 25dB)。

4. **反重振**　为达到与参考耳相同的响度,需不断增加测试耳的给声强度,双耳响度一致时,测试耳的感觉级高于参考耳 15dB 及以上,即测试耳响度感觉的增长要慢于声音刺激的物理强度的增长。如图 14-1-2B 所示,参考耳听阈为 5dB HL,测试耳听阈为 40dB HL,当双耳响度一致时参考耳的感觉级为 40dB SL(45dB HL),测试耳却要达到 65dB SL(105dB HL),比参考耳高 25dB。

一般认为重振现象发生于耳蜗毛细胞和螺旋器的病变,单纯螺旋神经节或蜗神经纤维的病变则无重振现象。因此,通过重振试验,可进一步判断听力损失的性质与病变范围,判定病变是位于耳蜗还是耳蜗以后的蜗神经、蜗神经核或其以上的听觉中枢部分。重振现象阳性,虽足以说明耳蜗病变存在,但阴性时并不能排除耳蜗病变的可能,因当耳蜗病变和蜗神经病变共存时,如前者较重,则可有重振现象,如后者较重,则可无此现象。因此,重振现象阳性者,不能排除合并神经病变,阴性者,不能排除合并耳蜗病变。临床上不应把此诊断价值估计过高,而应综合应用。

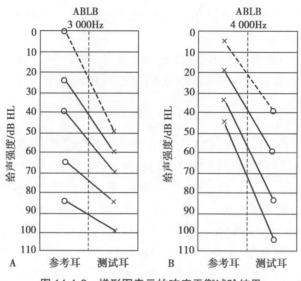

图 14-1-2 梯形图表示的响度平衡试验结果

A. 部分重振; B. 反重振。

第二节 短增量敏感指数试验

(一)概念

20 世纪四五十年代,许多研究者发现耳蜗病变患者对纯音的强度辨差(difference limen for intensity,DLI)小于正常人或非耳蜗病变者,因此假设 DLI 减小是耳蜗病变出现重振的表现。Jerger 等(1959)基于 DLI 的研究发明了短增量敏感指数试验,利用耳蜗病变对于声强的微弱变化极其敏感的特性,在听阈上 20dB 的持续声音中,周期性地增加 1dB,以测试其辨别能力。该方法可以作为响度平衡试验的补充。

(二)测试方法

先测出受试者的纯音听阈,然后在需要测试频率(分别在 500Hz、1 000Hz、2 000Hz、4 000Hz 处测试)纯音听阈上 20dB(即 20dB SL)给出持续的纯音,每间隔 5s,声音强度出现一次增量,嘱受试者觉察到响度的变化时做出反应。开始以 5dB 的增量,持续 200ms,间隔 5s 作为练习,使受试者熟悉测试,患者通常都能感觉到这一响度的变化。正式测试时,将增量改为 1dB,持续时间和间隔时间与练习测试相同,共进行 20 次增量试验,共计 100 分,每一次增量为 5 分。

(三)结果分析

通常耳蜗病变的患者能感觉到大多数的声音增量(SISI 试验阳性或高分)。正常听力或非耳蜗病变者只能感觉到少数或感觉不到增量的变化(SISI 试验阴性或低分)。

Jerger 等(1959)将得分为 70%~100% 定为阳性或 SISI 试验高分,是耳蜗病变的特征性表现;0%~20% 定为阴性或低分,见于正常人、传导性听力损失或听神经病变患者;中间得分 25%~65% 定为可疑。

第三节 音衰变试验

(一)概念

听觉器官在高强声的持续刺激后所出现的听觉敏度下降现象称为听觉疲劳;在声刺激的持续过程中产生的短暂而轻微的听力下降,即响度感随声刺激时间的延长而下降的现象,则称为听觉适应。蜗后病变时,听觉疲劳现象较正常明显,听觉适应现象在程度及速度上均超出正常范围,称为病理性适应。

音衰变试验是检测受试耳对持续纯音信号听觉能力的下降程度,以听阈与测试声信号终止强度之差表示。

（二）测试方法

首先测试纯音听阈，选择 1~2 个中频纯音作为测试声，在气导听阈上 5dB 给声，持续刺激测试耳 1min，如果测试耳在 1min 内始终能够听到此测试声，则测试结束。如果测试耳在 1min 内无法始终听到测试声，立即将测试声提高 5dB，再持续刺激 1min，若测试耳又在未满 1min 时听不到测试声，则再次提高 5dB 测试声，直到受试者能够听满 1min 为止。计算测试结束时测试声强度与听阈之间的差值。

（三）结果分析

正常耳的音衰变试验一般为 0~5dB，10~25dB 为阳性，提示耳蜗病变，大于 30dB 提示蜗后病变。

衰减量和衰减速度是音衰变试验的两个重要因素。

耳蜗病变音衰变试验的衰减量一般为 0~15dB，甚至在高频增大至 25dB，但很少超过 30dB。而蜗后病变（如听神经病变）的音衰变试验通常为 30dB、35dB 甚至达听力计最大输出。耳蜗和蜗后病变不同频率的音衰变试验有所不同，应至少选择一个低频（500Hz）和一个高频（2 000Hz）作为测试频率，根据这些测试频率的结果，再选取其他频率进行评估。

耳蜗和蜗后病变的衰减时间或衰减速度也有所不同，耳蜗病变随着声音强度的增加可持续听到声信号的时间也越来越长。但与之相反，在蜗后病变中，即使增加声音强度，衰减速度也很快。

（李玉玲）

15

第十五章 言语测听

第一节 言语测听概述

语言是人类特有的交流手段，与使用纯音信号相比，使用言语声作为刺激信号评估听功能能够更加准确地反映受试者的实际交流能力和言语理解能力。言语测听（speech audiometry）是一种用言语信号作为声刺激来检查受试者的言语听阈和言语识别能力的听力学测试方法，主要评估受试者对所听言语的听觉敏度（sensitivity）和清晰度（clarity）。

目前言语测听已被广泛地应用于评价听力障碍者的言语交流能力、预估治疗干预效果、评价人工听觉装置助听及康复效果、评估听觉及语言中枢功能、评估听力损失程度、鉴别听力损失的性质和伪聋等方面。

一、言语测听发展简史

言语测听源于 19 世纪 20 年代前后，最早用于评估电话在传输语言时的可懂度。自 1926 年美国贝尔电话实验室编辑言语测听材料并制成唱片以来，之后不断有言语测听材料问世。20 世纪 70 年代出现噪声下言语测听。目前学者仍在不断创新研发新的言语测听方法，以适应临床和研发的需求。我国自 20 世纪 60 年代开始，全国多地均有针对不同方言进行的言语测听研究，迄今言语测听尚未在我国广泛普及。其中，北京市耳鼻咽喉科研究所研发的普通话言语测听材料（Mandarin Speech Test Materials，MSTMs）得到了我国国家药品监督管理局等机构以及欧美学者的认可，并逐步得到了推广应用。下面将国内外言语测听的发展按照时间的顺序简述如下，详见表 15-1-1 和表 15-1-2。

表 15-1-1 国外主要言语测听材料历史年表

年代	作者	测试材料*
1910	Campbell	nonsense syllable
1926	Fletcher	Western Electric 4A
1947	Hudgins，等	Western Electric 4C
1947	Hudgins	PAL #9，PAL#14
1948	Egan	PAL PB-50 词表
1952	Hirsh	CIDW-1、CIDW-2 和 W-22
1955	Silverman 和 Hirsh	CID 日常语句
1959、1962	Lehiste 和 Peterson	CNC 字表
1963	Tillman	NU-4
1966	Tillman 和 Carhart	NU-6
1968	Boothroyd A	AB
1977	Kalikow	SPIN
1993	Killion 和 Villchur	SIN
1994	Nilsson、Soli 和 Sullivan	HINT

*注：nonsense syllable：无意义音节；Western Electric 4A：西电 4A；Western Electric 4C：西电 4C；PAL #9，PAL#14：哈佛大学心理声学试验室（Harvard psychoacoustic laboratories，PAL）；PAL PB-50 词表：哈佛大学心理声学试验室音素平衡 -50 词表（Psycho-acoustics laboratories phonemically balanced-50）；CIDW-1、CIDW-2 和 W-22：美国中央聋人研究院 W-1、W-2、W-22 测试（Central Institute for the Deaf，test W-1，W-2，W-22）；CNC 字表：辅音 - 词核 - 辅音（consonant-nucleus-consonant）字表；NU-4，NU-6：西北大学听力测试词表 4，词表 6（Northwestern University Auditory t＝Test No.4，No.6）；AB：Boothroyd A 所编制 CNC 词表；SPIN：噪声下言语觉察阈测试（speech perception in noise）；SIN：噪声下言语测听（speech in noise）；HINT：噪声中听力测试（hearing in noise test）。

表 15-1-2 国内主要言语测听材料

年代	作者	测试材料
1964	张家禄	语言清晰度测试音节表
1964、1966	程锦元	普通话和上海话词表和唱片
1963、1994	蔡宣猷	汉语普通话和广州话言语测听材料
1983	沈晔	单音节词表
1985	包紫薇	汉语清晰度测试基本词表
1988	顾瑞	交错扬扬格词试验和竞争语句试验
1990	张华,等	汉语最低听觉功能测试
1999	孙喜斌	聋幼儿听力言语康复评估体系
2002 至今	张华,等	普通话言语测听材料(MSTMs)
2004	刘莎,等	普通话噪声中听力测试
2009	郗昕,等	心爱飞扬中文计算机辅助言语测听系统
2010	刘博,等	汉语普通话声调识别测试材料

二、言语测听的意义

(一)评估听力损失程度和言语识别能力

与纯音听阈测试相比,言语测听能较好地反映听力损失患者在生活和工作中交流的困难程度。临床上,言语识别阈与纯音听阈具有交叉相互验证的作用,二者结合增加了检测结果的准确性。美国国家标准学会(American National Standards Institute,ANSI)已将言语测听定为耳科检查常规。

(二)为蜗后、中枢和非器质性听力损失提供诊断依据

言语测听可为中枢听觉功能障碍的诊断提供依据。但由于高位中枢性听力损失对常规阈上言语测听的影响很小甚至没有影响,为了实现评价言语中枢能力的目的,通常引入噪声或竞争性言语,增加测试的难度。例如,竞争语句和交错扬扬格词测试都是常用的中枢听觉功能言语测听方法。

由于受精神、心理等主观因素影响的非器质性听力损失患者,不能配合纯音听力测试,或者主观测听结果与客观检查结果存在较大差异,可以利用言语测听辅助进行听力损失性质的诊断和伪聋的鉴别。

(三)评价助听装置和言语康复的效果

言语测听对于评价助听器的配戴效果、人工耳蜗术前评估和术后康复效果具有重要作用,其结果目前已经成为耳蜗植入适应证、助听器验配的重要依据。术后评估有助于听力师/康复师了解患者对言语声的感知情况,有利于人工听觉装置的编程调试和言语训练方案的制订与修改。

第二节 言语测听前的准备

一、设备、环境及材料

(一)言语听力设备

言语测听设备通常包括诊断型听力计(diagnostic audiometer)、磁带/CD播放机、气导耳机、骨导耳机、扬声器、麦克风等。听力计与磁带/CD播放机(或听力计内置的言语测听软件系统)连接实现言语信号的播放及强度控制功能,听力计具有音量控制系统(volume unit,VU表),使测试者得以监测输出强度。诊断型听力计均具备掩蔽功能,用于掩蔽非测试耳。耳机及扬声器与听力计连接实现刺激信号的输出功能。在进行隔室测试时,需使用对讲系统(talkback system),便于测试者和被测试者之间的交流。

(二)言语测听环境

言语测听需在标准隔声室内进行。隔声室可为双室或单室。双室测试时受试者坐于里间,外间供测

试者操作听力计之用。内外间隔单向玻璃,便于观察测试。单室受试者与测试人员同在一室。隔声室的声学要求与纯音听阈测试所用隔声室一致。

(三)言语测听材料

言语测听材料是指各种言语测听词、句表及录有这些词表的 CD 盘、磁带、唱片或电脑文件。在测试过程中,应根据测试的目的、要求,遵循相关技术指南与标准,选用合适的测试材料。言语识别率测试需采用音位平衡单音节词表,言语识别阈测试需采用扬扬格双音节词表。随着人工听觉技术和诊断听力学技术的进展,噪声下言语测听等各种新的言语测听材料与方法也逐渐问世和被推广。

在日常临床工作及科研工作中,推荐使用标准录音材料测试。标准的录制材料要含有校准音,以确保不同机构的测试方法和结果一致并具有可比性。

二、考虑的因素

(一)给声方式

言语测听的给声方式(method of presentation)一般分为口语给声和录音播放给声,前者由测试者自己发声,后者则采用标准统一的录音给声。

1. **录音给声** 测试时使用录音材料播放词表称为录音给声。通常一套言语测听材料只采用一位发音人(播音员或者经过发音训练的人士)录制。在正式发布前,经过录制的测试材料均经过效度(validity)和信度(reliability)等评估,因此不可更换录音材料。也就是说,相同的测试材料但不同的录音就意味着具有不同难度的不同测试。因为不同发音人或同一发音人不同时间朗读同一测试材料其发音不能确保完全一致。使用录音给声方式使测试标准化,便于不同测试设备、不同测试机构间对测试结果进行比较。

2. **口语给声** 口语给声又可分为监控口语给声和直接口语给声。

(1)监控口语给声:监控口语给声是指测试者直接通过听力计的麦克风将测试内容念给受试者听,测试中,发音人需根据听力计 VU 表显示控制发音音量,使其在整个测试过程中尽量保持音量相同。口语给声的缺点是未经训练的发音人很难确保发音方式和强度一致。但口语给声方式简便易行,尤其是对注意力不易集中的儿童和反应慢的老年受试者尤为方便。

(2)直接口语给声:临床上也可以采用面对面直接口语发音的方法,即受试者和测试者面对面对坐,相距 1~2m 进行言语测听。此方法可以粗略判断言语识别能力,但不能进行阈值测试。长期从事言语测听的测试者,建议接受专业普通话发音训练。

(二)输出方式

1. **耳机输出** 耳机包括气导压耳式耳机、插入式耳机与骨导耳机。对于重度混合性听力损失者,由于气导听力损失较重,最佳言语识别率不能达到100%。这种情况下,需进行骨导言语识别阈测试。骨导言语识别阈测试一般用于不能配合用纯音作刺激声来测听阈的儿童。通过比较气、骨导的言语识别阈的差值来辅助判断听力损失性质。言语识别阈的气骨导差提示可能存在传导性听力损失。500Hz、1 000Hz 和 2 000Hz 的骨导平均纯音阈值和骨导言语识别阈高度相关。

2. **声场测听** 声场测听以扬声器作为换能器。声场通常由 1~4 个扬声器组成,它们按相对受试者 0°、45° 或 90° 的位置排列。扬声器的高度应与坐位受试者外耳道口高度一致,与受试者距离以具体测试方法决定。

(三)受试者的反应方式

言语测听中受试者的反应方式(response format)有两种:开放项(open-set)测试和封闭项(closed-set)测试。开放项测试,即为受试者听到测试言语声后直接复述,测试不具有备选答案。复述方式可以是口述、书写或手语交流,对于言语觉察阈(speech detection threshold,SDT)也可以采用类似纯音听阈测试的"听到就举手"的反应模式。开放项测试比较灵活,不存在机会得分,但打分常常比较费时。封闭项测试,即受试者听到测试言语声后在几个备选项中选择正确答案。两者比较,封闭项测试容易。由于封闭项列存在有机会猜测因素(chance factor,guessing floor),这样就限制了其可使用的得分范围。例如,若测试词位于三个衬托词之中(四选一),猜测因素为25%,即无论受试者是否正确感知到了测试词,他仍然有 25% 的机会答对。这样，可使用得分范围是 25%～100%（75%），因为存在猜测正确的机会值（chance level）。测试采用何种反应方式需根据测试材料要求、受试者听觉和言语能力及测试目的进行选择。

（四）记分方法

测试时，可以采用综合记分法（synthetic scoring procedure），即受试者必须正确感知全部测试词才能得分；也可以采用分析式记分法（analytic-type），只要受试者答对测试词中一部分即可得分。如受试者听到下 /xià/ 一字时，若采用全或无打分，必须辅音 /x/、元音 /ia/ 和声调（四声）都正确才能得分；而若采用音素打分，听懂一部分音素即给得分，如听成架 /jià/，给予元音 /ia/ 和声调（四声）得分，而不给辅音得分（将 /x/ 错听成为 /j/）。采用分析式记分法可增加测试的灵敏度，可以帮助测试者了解何种音素回答错误，其结果对后续康复训练具有一定指导作用。

影响记分准确性的因素有：受试者的方言或发音障碍、测试者的听力损失、对受试者回答的主观看法和判断记分可靠性。具体测试方法和反应方式要根据受试者的状态和测试要求选择。

（五）测试的替换词表

有些受试者（如人工耳蜗术后）需要经常接受言语测听，即一位患者进行多次言语测听。如果可供测试的替换词表（alternative forms of a test）过少可导致习得效应。因此，必须有几套可以替换的测试词表，这些可替换的词表/句表相互之间必须具有等价性，即使用一个表格的得分要相等于其他表格的得分。

三、校准问题

为确保言语测听准确性，需对测试设备进行言语零级校准。言语听力零级校准主要是针对言语听力计的输出而言，校准信号采用 1 000Hz 纯音，且该校准信号强度应与言语测听材料强度均方根值一致，二者差异在 ±0.5dB 内。将换能器输出的言语信号的声压级（言语级，dB SPL）数值与听力计表盘显示的听力级（dB HL）数值，满足如下公式所描述的对应关系：dB SPL$_{换能器}$＝dB HL$_{表盘}$＋ΔL。针对不同的换能器及不同的扬声器方位角，其对应关系如表 15-2-1 所示。

表 15-2-1　常用换能器基准等效声压级

换能器	ΔL/dB
压耳式耳机	
TDH-49 或 TDH-50（使用 NBS 9A 耦合腔）	20.0
TDH-39（使用 NBS 9A 耦合腔）	19.5
TDH 系列耳机（使用 IEC318 耦合腔）	20.0
包耳式耳机	
Sennheiser HAD 200（使用 IEC 60318-2 耦合腔配合 1 型适配器）	19.0
插入式耳机	
EAR-3A（使用 HA-1 耦合腔或 HA-2 硬导管耦合腔）	12.5
EAR-3A（使用封闭阻塞耳模拟器）	18.0
骨振器	
乳突位（基准力为 1μN）	55.0
前额处（基准力为 1μN）	63.5
前额-乳突	8.5
自由声场扬声器	
自由声场双听 0° 入射角	14.5
自由声场双听 45° 入射角	12.5
自由声场双听 90° 入射角	11.0

言语听力零级的校准可与纯音及窄带测试信号的校准一并进行。关于言语听力零级的校准需参照国际标准 GB/T 7341.2—1998《听力计 第二部分：语言测听设备》和 GB/T 17696—1999《声学 测听方法 第三部分：语言测听》部分。

第三节 用于听力诊断的常用言语测听项目

一、言语觉察阈测试

（一）定义

言语觉察阈（speech detection threshold，SDT）是指受试者正确感知到 50% 言语信号所需强度。与言语识别阈相比，SDT 较少使用，通常在不能获得 SRT 或 SRT 不能为听敏感性提供适当指示时，改为测试 SDT。

（二）测试方法

SDT 的测试方法与纯音听阈测试方法相似，当受试者察觉到有言语声存在，就按照规定的方式反应，例如，举手或按反应键。若有反应，即降低 10dB，若无反应，即增加 5dB。直至患者在同一强度下，3 次中 2 次有反应即可。

（三）临床意义

SDT 常用于不能口语表达或者很难完成言语识别阈测试的成人。SDT 通常比言语识别阈低 7dB。

二、言语识别阈测试

（一）定义

言语识别阈（speech reception threshold，SRT）又称言语接受阈或扬扬格词识别阈，是指受试者能正确识别 50% 测试词所需的最低给声强度。SRT 测试选用扬扬格词作为测试材料，扬扬格（spondee words）即两个音节重音相同的双音节词。

（二）测试方法

具体测试的操作方法有多种，这里介绍两种普遍使用的、简单且快速的测试方法。

1. "降十升五"法

（1）熟悉测试：在正式测试之前，以受试者能够听清强度播放一些测试词，使其熟悉测试方法。通常以受试者 500Hz、1 000Hz、2 000Hz 和 4 000Hz 平均纯音听阈以上 30～40dB HL 进行。

（2）正式测试：①起始给声强度为 30dB HL，播放一个扬扬格词，如果回答正确，表明此强度高于 SRT；②如果回答错误，将给声强度上调至 50dB HL，播放一个扬扬格词，如果回答仍然错误，以 10dB 为步距增加给声强度，每增加一次强度播放一个扬扬格词，直至回答正确或达到听力计的最大输出，如达到听力计最大输出强度仍无正确反应则停止测试；③得到正确回答以后，降低 10dB 并播放一个词；④若回答不正确，升高 5dB 并播放一个词，如回答仍不正确，再升高 5dB 直到得到一个正确的回答；⑤从此点开始，重复步骤③～④，直到在一个确定的给声强度得到 3 次正确的回答；⑥ SRT 的定义为获得至少 50% 正确回答的最低声级，受试者在此强度 3 次给声最少有 2 次正确回答。

2. 美国言语语言听力协会推荐方法

（1）摸索初始给声强度：①在预估 SRT 上 30～40dB HL 的强度播放一词；②若听错，升 20dB 播放一词……直至听对；③若听对，降 10dB 播放一词……直至听错；④在刚刚听错的同一给声强度上再听一词，若听对则降 10dB，直至连续两词在同一声级均听错；⑤在连续两次出现错误的给声强度上增加 10dB，即为初始给声强度。

（2）正式测试：①在起始级强度播放 5 个测试项，理论上这 5 个测试项应全部反应正确，如果不能全部反应正确，适当增加给声强度，直到全部反应正确；②以 5dB 为步距降低给声强度，每降低 5dB 播放 5 个测试项，直到某一强度 5 个测试项全部反应错误，测试结束。

（3）SRT 计算方法：SRT = 起始级 - 测试过程中正确反应的数量 + 2dB（校正因子）。

（三）掩蔽方法

当测试耳未掩蔽的 SRT 阈值与非测试耳 500Hz、1 000Hz 和 2 000Hz 三个频率纯音骨导听阈平均值之差≥40dB时，即需要掩蔽。且当两耳未掩蔽SRT阈值存在明显差别时，即使不知道骨导阈值，也需要掩蔽。

SRT的掩蔽声常为言语噪声。初始噪声强度为非测试耳500Hz、1 000Hz和2 000Hz三个频率纯音气导平均阈值上30dB，测试耳以未掩蔽的SRT为给声强度，播放6个测试词，若正确的词语低于3个，则升高给声强度。若测试耳的SRT阈值上升≤15dB，则无需进一步掩蔽，该阈值即为真实阈值；若测试耳的SRT阈值上升≥20dB时，就需进一步增加噪声强度20dB，但不要过度掩蔽。

（四）SRT的临床意义

1. **与纯音听阈交叉验证** 通常认为，若SRT和500Hz、1 000Hz、2 000Hz三个频率平均听阈差异在±6dB以内，表示二者结果非常一致。如果差异在±7~±12dB，表示二者一致性尚可，如果此差异≥±13dB，说明二者结果不一致。当出现不一致的结果，且不能以患者自身的原因（如不是患者的母语）或听力损失曲线来解释时，需复测纯音听阈或SRT，或两者均需复测。若复测后仍不一致，则考虑可能存在蜗后性听力损失或伪聋等情况。

2. **作为言语听觉敏度的评估指标** SRT是临床上常用的评价言语听觉敏度的一项指标。若SRT≤25dB HL，言语听觉敏度正常；SRT在25~40dB HL之间，言语听觉敏度轻度损失；SRT在45~60dB HL之间，言语听觉敏度中度损失；SRT在65~90dB HL间，言语听觉敏度重度损失；SRT≥90dB HL，言语听觉敏度极重度损失。

3. **用于确定阈上言语测听的给声强度** 进行阈上言语测听时需要确定适当的给声强度，通常可以SRT为基础来确定。普遍认为听力正常成人在SRT上30dB可以达到最大的言语识别率。

三、言语识别率测试

（一）定义

言语识别率（speech recognition score，SRS）又称词语辨别率（word recognition score，WRS）、言语辨别率或言语分辨率，即每张词表中识别正确的词语的百分比。测试使用音位平衡（phonemically balanced，PB）单音节词。PB是指整张词表中音素的出现比率与该种言语日常生活会话中音素出现的比率基本一致。在汉语普通话测试材料中（如MSTMs的单音节词表），除元音（韵母）和辅音（声母）平衡外，还需兼顾声调的出现比率与普通话日常生活会话中声调出现的比率基本一致，即三维平衡。

最大言语识别率（PB_{max}）：以指定的言语信号和指定的输出方式，分别以不同的输出强度进行测试得到一系列识别率得分，数值最大的一个即为PB_{max}。研究显示，不同受试者使用不同测试材料，PB_{max}值可能不同。

言语识别-强度函数（Performance-Intensity function，P-I）曲线：是一种心理测试曲线，在言语测听中，描述识别正确率与给声强度之间的关系，又称言语测听清晰度-强度函数。

（二）测试方法

SRS测试为阈上言语测听。通常先测得受试者一侧耳的SRT，在SRT阈上的某一强度作为测试给声强度，此强度在一张测试词表内保持不变，测得这张词表中正确识别词语的百分比。此测试可以反映在特定阈上水平受试者对单音节词的识别情况。因此，在测试SRS时必须标明此次测试的输出强度。

1. **PB_{max}** 通常用SRT阈上25~30dB HL进行测试，然后以5dB或10dB一挡增加输出强度，直至测得最大识别率或受试者感到不舒服或疲劳为止。若在较高的强度测得的百分数反而较低，应在较低言语级继续进行，以找出识别率的最高得分。

2. **P-I曲线** 第一个测试强度为SRT+30dB，选取一张测试表，进行SRS的测试，以10dB为步距降低给声强度，每个给声强度测试一张词表，直至SRS下降至10%~20%。为了获得较精确的P-I曲线，通常需要测得5~6个给声强度，使正确率覆盖10%~90%的范围。若考虑到患者可能具有蜗后病变的可能性，则再以SRT+50dB为给声强度，检测是否存在回跌（rollover）现象。

（三）掩蔽方法

由于SRS为阈上测试，容易产生交叉听力，需要掩蔽的可能性更大。是否需要掩蔽取决于测试耳给声强度与非测试耳纯音骨导听阈之差，若≥耳间衰减（以40dB计算）即需要掩蔽。

Goldstein 和 Newman 建议在非测试耳不存在传导性听力损失的前提下,非测试耳的掩蔽噪声强度 = 测试耳给声强度 − 30dB;若非测试耳具有传导性听力损失,则掩蔽强度还需要加上骨气导阈值差值。但应注意超掩蔽的问题。

（四）临床意义

1. SRS 的临床意义 安静状态下测得的 SRS 可以评估受试者辨别言语的能力,以及在响度足够时言语辨别的最大能力(PB_{max})。根据 WHO(1980)建议,根据安静状态下声场测听,以受试者舒适强度输出的单音节词识别率将言语识别障碍(impairment of speech discrimination)分为以下几级:①双耳极重度识别障碍:SRS < 40%;②双耳重度识别障碍:SRS 在 40%~49% 之间;③双耳中重度识别障碍:SRS 在 50%~59% 之间;④双耳中度识别障碍:SRS 在 60%~79% 之间;⑤双耳轻度识别障碍:SRS 在 80%~90% 之间。

2. P-I 曲线的临床意义 P-I 曲线可为听力损失类型的鉴别提供依据。将受试者 P-I 曲线与听力正常者 P-I 曲线进行对比。若 P-I 曲线整体右移,形状基本保持不变,PB_{max} 与听力正常人接近,此曲线代表传导性听力损失,右移的强度数值即为听力损失程度;若 P-I 曲线整体右移,且曲线坡度变缓,PB_{max} 不能达到接近听力正常人的水平,此曲线代表感音性听力损失;若 P-I 曲线走行与感音性听力损失的 P-I 曲线走行相似,但是在给声强度继续增大的情况下,出现识别率显著降低,即曲线回跌(rollover)现象,则考虑是否存在蜗后病变(图 15-3-1)。通过计算回跌指数(rollover index,RI)可以大致判断听力损失的类型。一般讲,使用单音节词测试的 RI > 0.45,可以高度怀疑蜗后病变。$RI = (PB_{max} - PB_{min})/PB_{max}$。

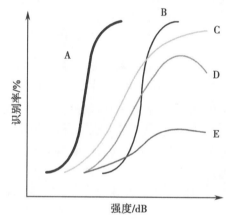

图 15-3-1 言语听力图的类型
A. 正常型;B. 平移型;C. 平缓型;D. 回跌型;E. 低矮型。

第四节 噪声下言语识别测试

听力损失者(尤其是感音神经性听力损失者),即使在配戴助听器或植入人工耳蜗后仍然可能存在噪声中言语感知困难的现象,且无法通过安静状态下 SRS 预估其噪声下言语辨别能力。因此,准确评估听力障碍者噪声下言语感知能力非常重要,也是评估人工听觉技术效果的重要指标。

噪声下言语识别测试是在实验条件下,尽量模拟人们日常交流环境,考察受试者噪声下言语识别能力。噪声可为白噪声、言语声、环境噪声、多人谈话的语噪声(babble)等。信号和噪声的强度差称为信噪比(signal-to-noise ratio,S/N)。如信号为 70dB HL,噪声 40dB HL,则 S/N 为 + 30dB;如信号为 40dB HL,噪声 60dB HL,则 S/N 为 −20dB。

以噪声下语句识别测试为例,通常采用 4 种 S/N:+ 5dB、0dB、−5dB、−10dB。4 种 S/N 条件下,言语信号强度均为 MCL,噪声强度分别为 MCL-5、MCL、MCL + 5、MCL + 10。每种 S/N 测试一组短句,计算正确识别率。

在噪声下言语识别测试中,有时需要灵活调整 S/N 条件,使测试结果尽量覆盖 20%~80% 识别率范围,避免得分过低或过高,出现天花板效应和地板效应。

近几年噪声下言语测听材料发展很快,现就三种常用测试材料进行简要介绍。

一、噪声下言语听力测试

噪声下言语听力测试(hearing in noise test,HINT)最早由 Nilsson 在 1994 年报道,以短句作为测试材料,模拟日常交流言语的动态特点。所用材料选自 Bamford-Kowal-Bench(BKB)语句,有 25 张音位平衡句表,每张 10 个语句,语句冗余度较高,每句 6~8 个字。测试时采用自适应的方法,测试中噪声强度固定,根据聆听者每个测试项目(即每个测试语句)回答的正误调整言语声强度来改变 S/N,以整句作为计分单位,直到取得言语接受阈(reception thresholds for sentences,RTSs),即聆听者能听懂 50% 言语测听材料时的 S/N。安静条件下阈值以 dB(A)表示,噪声条件下以 S/N 来表示。

2005 年北京市耳鼻咽喉科研究所与香港大学、美国 House 耳科研究所合作,根据英文 HINT 的编制方法,编写汉语普通话版噪声下言语测听材料(mandarin HINT,MHINT)。MHINT 由 1 张练习表(含 10 个短句)和 12 张测试表(每表 20 句)组成,并进行母语普通话成人 MHINT 正常值的标准化。HINT 测试已被开发成十几个国家语言。广泛应用于助听器、人工耳蜗植入术前后及 BAHA 的评估中,是目前临床工作中较为常用的噪声下语句测试材料之一。

二、快速噪声下言语测听

Killion 等开发的快速噪声下言语测听(quick speech in noise test,Quick SIN)是噪声下言语测听的缩短版。材料选自美国电气和电子工程师协会(Institute of Electrical and Electronic Engineers,IEEE)语句材料,含有较少的语义信息,使受试者更多地依赖听觉系统来理解所听到的内容。测试中以多人谈话作为噪声,不断改变 S/N,最终计算受试者信噪比损失(SNR loss)。Quick SIN 测试时间短,每张句表测试时间在 1min 左右,计分简单,等价性较好,能较方便地应用于临床和科研。

近年来,国内学者针对汉语普通话开发多套噪声下语句测试,但目前临床应用尚不广泛。1993 年张华等开发了汉语噪声中言语觉察测试。这是国内第一个噪声下语句测试材料,选用汉语口语中的日常生活短句,句长为 7~8 个单音节词,背景噪声为 12 人同时谈话的 babble 噪声。任丹丹等针对英文版 Quick SIN 材料特点,专门选取了适合国人的汉语普通话测试材料,建立相应的计分公式,使之成为能够进行实际应用的普通话噪声下快速言语测听(mandarin quick SIN,M-Quick SIN)。

三、可接受噪声级测试

可接受噪声级测试(acceptable noise level,ANL)由 Nabelek 于 1991 年首先开发,主要用于评估受试者接受背景噪声的意愿和能力。ANL 为受试者聆听言语的舒适阈(most comfortable level,MCL)与在此聆听条件下能接受的最大背景噪声级(background noise level,BN)之间的差值。背景噪声选取 12 人同时谈话的 babble 噪声。研究表明,可以 ANL 值预测助听器选配成功率,ANL 值越小受试者接受噪声的能力越强,助听器选配成功率越高。2011 年陈建勇等开发了汉语普通话版 ANL 测试,材料选自中小学课本中的短文。

(张　华)

16

第十六章　声导抗测试

声导抗（acoustic immitance）是声阻抗（acoustic impedance）及声导纳（acoustic admittance）结合的统称。中耳对外界传来的声能有阻碍（声阻和声抗）的特性，又有传导（声导和声纳）的特性。通过测试中耳的声阻抗或声导纳，可以了解中耳的功能状态，因此分别称之为声阻抗/声导纳测试，听力学常用声导抗测试作为两者的通用术语。声导抗测试出现在 20 世纪 70 年代，现作为一项客观听力学检查方法被广泛使用。

第一节　声导抗测试概述

一、发展史

1820 年 Wollaston 首次报道了中耳功能的相关研究，即中耳负压可改变鼓膜的紧张程度从而导致听觉敏度下降。随后，Lucae 于 1876 年首次进行人类鼓膜及中耳特性的声学研究。自 1892 年 Heaviside 定义阻抗这个电学术语后，研究电话接收器的工程师进行最早的声阻抗定量测试。1930 年 Troger 首次报道 1 例（1 只）人耳声导抗测试，使用探管插入人耳进行测试，测得结果与鼓膜处相近。大样本的正常耳和病理耳声导抗测试是由 Metz 在 1946 年开展，Metz 所使用的设备叫作声阻抗桥，是第一台基于机电原理并可测试声反射的声阻抗仪器。在接下来的 40 年，声反射测试结果的准确性及精密程度随着仪器设备的不断完善而得以提升。19 世纪 50 年代，Grason-Stadler 公司根据 Zwislocki 的机械声桥设计，开发出可应用于临床测试的早期仪器。如今的临床设备以数字技术为基础，测试更加方便、有效、稳定，鼓室图、声反射测试已成为常规听力学检查项目。

二、常用中英文术语

声导抗测试常用中英文术语见表 16-1-1。

表 16-1-1　声导抗测试常用中英文术语

英文（缩写）	中文
acoustic immitance	声导抗
acoustic impedance（Z_a）	声阻抗
acoustic admittance（Y_a）	声导纳
mass（M）	质量
stiffness（S）	劲度
friction（F）	摩擦
acoustic resistance（R_a）	声阻
acoustic reactance（X_a）	声抗

英文（缩写）	中文
acoustic conductance（G_a）	声导
acoustic susceptance（B_a）	声纳
compliant acoustic susceptance（jB_a）	顺性声纳（劲度声纳）
mass acoustic susceptance（$-jB_a$）	质量声纳
resonant frequency	共振频率
tympanogram	鼓室图
tympanogram peak pressure（TPP）	鼓室图峰压
tympanogram width（TW）	鼓室宽度
tympanogram gradient（TG）	鼓室梯度
peak compensated static acoustic admittance（Peak Y）	峰补偿静态声导纳
equivalent ear canal volume（V_{ea}）	等效耳道容积
wideband acoustic immittance（WAI）	宽频声导抗

三、测试原理

（一）基本声学原理

中耳是一个机械传声系统，中耳的传声能力主要受质量（mass）、劲度（stiffness）和摩擦（friction）的影响。当声音通过外耳道和鼓膜传递到中耳时，由于中耳的阻抗效应，一部分声音能量克服阻力传递到内耳，另一部分能量则被中耳反射回来而损失。声阻抗（impedance）由声阻（acoustic resistance）和声抗（acoustic reactance）组成，声阻由摩擦力决定，声抗由劲度和质量决定。声阻抗越大，传入中耳的能量越少，反之，声阻抗越小，传入中耳的能量越多。导纳（admittance）是阻抗的倒数，声导纳由声导（acoustic conductance）和声纳（acoustic susceptance）组成。声导与声阻对应，由摩擦决定，而摩擦力与传入的声音频率无关，所以无论高频还是低频的探测音，摩擦力不变，声阻和声导不变。声纳与声抗对应，受弹性和质量的影响，与传入的声音频率有关。当给予低频的探测音时，与弹性有关的声纳占主导，当给予高频的探测音时，与质量有关的声纳占主导。基于简单机械系统原理，中耳系统的阻抗大小（Z）受到劲度（S）、质量（M）和摩擦（阻力，R）三方面因素的影响，是三者的矢量和。

与弹性有关的顺性声纳和与质量有关的质量声纳二者相位互成180°角，某频率探测音可使质量声纳和顺性声纳相等，由于二者相位相反，互相抵消，故总声纳为0，这时声纳仅由声导决定，该频率称为中耳共振频率（resonant frequency）。中耳共振频率是中耳的固有特性，当探测音频率高于共振频率，中耳声导纳中质量因素占主导，中耳声导纳以质量声纳为主；反之，当探测音频率低于共振频率，劲度占主要因素，中耳以顺性声纳为主。给予226Hz等低频探测音时，正常中耳主要表现出鼓膜、蜗窗膜、中耳内空气、中耳肌及外耳道、听小骨韧带的劲度特征，同时也会受到以下一些因素的影响，例如听小骨及中耳内气体（乳突气房）惯性作用、中耳腔内空气摩擦特性以及镫骨与椭圆囊之间的摩擦作用等。

（二）导抗测试名词相互关系

应用于中耳功能测试的术语在过去的几年里比较繁杂，造成了不少困扰。现将基本的概念做以下的对照说明（图16-1-1）。

（三）等效容积原理

等效容积（equivalent volume）是指未知或不可测试的腔体的容积可以通过某些可测得的已知容积容器进行估算。如在测试中，外耳道容积显示1.5mL，即外耳道容积与1.5mL硬壁腔体容积相等，则等效容积是1.5mL。由图16-1-2所示，声音信号通过容积不等的腔体，声能的吸收和反射表现不同，当通过小容积腔体时，反射信号（声音能量反射）增强；反之，当通过大容积腔体时，反射信号（声音能量反射）减弱。

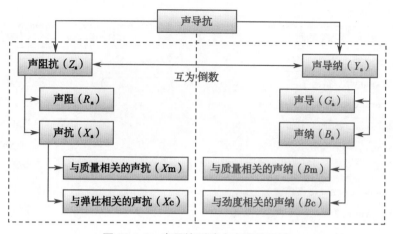

图 16-1-1　声导抗测试中术语关系图

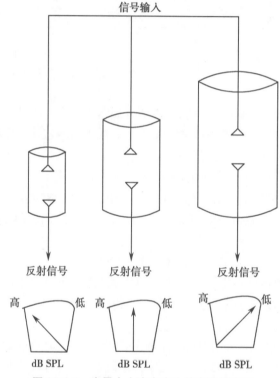

图 16-1-2　容量大小决定产生的声压级高低

（四）探测音与声阻抗和声导纳的关系

当传导低频声音时，中耳系统的劲度成分占主导地位，换句话说，以低频为探测音测试中耳声导纳特性（例如：220/226Hz）时，所测量出的声阻抗或声导纳主要反映的是与劲度相关的声抗（即容抗）或声纳（即劲度声纳，也称顺性声纳，compliant acoustic susceptance，jB_a）。反之，当传导高频声音时，中耳系统的质量成分占主导地位，换句话说，以高频声为探测音（例如：1 000Hz）时，所测量出的声阻抗或声导纳主要反映的是与质量相关的声抗（即质抗）或声纳（即质量声纳，mass acoustic susceptance）。

四、测试方法及常见操作问题

（一）测试仪器

目前临床测试仪器均可以测试中耳声导纳值并绘成鼓室图，有些仪器包含更多功能，如鼓室图和同侧声反射、对侧声反射和声反射衰减等。

声导抗测试系统的探头，一般由 4 个小管组成，分别是：气泵，提供正负压；探测信号发生装置，通过内部微小的换能器（耳机）给不同频率探测音；同侧声反射驱动装置，通过换能器（耳机）给刺激声；麦克风，用来记录反射声能。如果进行对侧声反射测试，系统还包含另一根探管，即对侧声反射驱动装置。

（二）仪器校准

声导抗仪器和纯音听力计等听力设备一样，仪器校准非常重要。通常包括确保声音信号的强度、频率准确不失真，气泵系统压力及压力变化速度准确，声导纳测试系统的 Y_a 值在容许偏差范围内，声反射和声衰减的刺激信号和记录准确。除定期进行实验室校准外，日常校准也非常重要。主要包括两方面，一方面仪器设备自校，另一方面测试者进行生物校准（即选固定正常耳，进行测试）。

（三）测试前注意事项

测试前应先进行耳镜检查，查看外耳道和鼓膜情况，如果存在耵聍、异物、分泌物、鼓膜穿孔等，需尽可能先行处理。

第二节 鼓 室 图

鼓室图（tympanogram）反映中耳声导抗与耳道内压力变化的动态关系。虽然目前存在高频、多频和宽频等探测音，在实际操作中，大多数临床机构仍选用单成分单频率鼓室图。

一、单频鼓室图

（一）低频鼓室图

低频探测音（500Hz 以下），中耳系统以顺性声纳为主，声导和质量声纳可以忽略，声导纳值可以顺性声纳代替。低频单成分鼓室图常用的探测音频率是 220/226Hz，测量的中耳声导纳成分以顺性声纳为主，又称声顺。图 16-2-1 显示在低频探测音测试时，随外耳道气压变化，鼓膜劲度和反射能量变化的关系。气压接近 0daPa 时，鼓膜活动度最大，声顺达到最大值，反射能量最低，随耳道内正压或负压的增大，鼓膜活动度减弱，声顺值减小，反射能量增大。

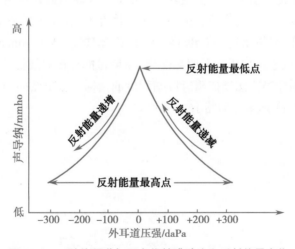

图 16-2-1　随外耳道气压变化鼓膜劲度和反射能量变化

1. 主要参数 描述 226Hz 的探测音鼓室图，需参考以下几项参数（图 16-2-2，图 16-2-3，表 16-2-1）：

（1）外耳道等效耳道容积 V_{ec}：静态声导纳测试可以用容积原理解释，即将在已知声强声音引入未知物理特性（容积）的传声系统，通过反射能量的数量，计算未知传声系统的等效容积特性。在鼓室图测试中，探头平面上测得的声导纳包括了探头和鼓膜之间密闭空气的声导纳以及鼓膜处中耳系统的声导纳两部分，其中探头和鼓膜之间密闭空气的声导纳临床上用 V_{ec} 表示，称外耳道等效容积。听力损失和中耳疾病指南指出,儿童外耳道等效容积平均值为0.7mL,90%置信区间为0.4~1.0mL;成人外耳道等效容积平均值为1.1mL,90%置信区间0.6~1.5mL。如图16-2-2所示,临床常在+200daPa处估算外耳和中耳容积,与−300daPa(A处)相比,A处外耳道容积偏小,中耳容积偏大。

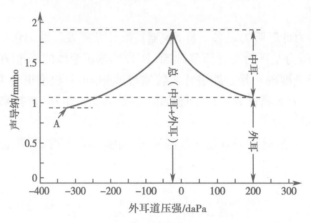

图16-2-2　等效耳道容积 V_{ec} 图示

(2)峰补偿静态声导纳(peak Y_{tm} 或 peak Y):在226Hz探测音鼓室图中,鼓室图高度(tympanogram height)可以称为静态声导纳(声顺)(static compliance),当外耳道内压力为+200daPa时,测得的鼓膜处于紧张状态时探头平面处声导纳接近于外耳道内空气的声导纳。鼓室图峰压处测得的声导纳减去外耳道内空气的声导纳(即+200daPa处 Y_a 值),即静态声导纳(或声顺)。美国言语语言听力协会(American Speech-Language-Hearing Association,ASHA,1990)听力损失和中耳疾病指南指出226Hz声导抗测试中Peak Y_{tm},儿童平均值为0.5mL,90%的置信区间为0.2~0.9mL;成人平均值为0.8mL,90%的置信区间为0.3~1.4mL。

(3)鼓室图峰压(TPP):在单峰鼓室图中,与鼓室图峰值所对应的压力值(deca Pascal,daPa)为峰压,鼓室图峰压处中耳处于最佳传声状态。鼓室图峰压可以间接反映咽鼓管功能,如TPP为负压或正压说明咽鼓管不能起到平衡中耳内外压力的作用。鼓室峰压值接近大气压,可以基本排除咽鼓管功能异常。如果鼓室峰压值显著偏向负值,可以采用Valsalva吹张,即捏鼻鼓气,或Toynbee吹张,即捏鼻吞咽,然后再做鼓室图,看负压情况能否改善。如压力无明显变化,说明可能存在咽鼓管功能异常(图16-2-3)。

(4)鼓室宽度(TW):描述鼓室图峰值附近陡峭程度的指标。鼓室图中,位于峰值一半位置的两点之间的鼓室图的压力宽度(deca Pascal),如图16-2-3所示。

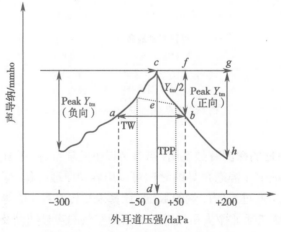

图16-2-3　226Hz鼓室图常见参数图解

（5）鼓室梯度（TG）：是描述 TPP 附近陡峭程度的另一个指标。最常用的计算方式是鼓室图峰压两侧各 50daPa 处连线与峰压之间的高度与 peak Y_{tm} 高度之比，如图 16-2-3 所示，TG $= ce/gh$。

2. **鼓室图分型** Jerger（1970）鼓室图分型仅针对低频探测音鼓室图而言，分为 A、B、C 三型。A 型鼓室图又可以根据峰值幅度的大小，分为 A_d 和 A_s 两个亚型。5 个类型的鼓室图分析如表 16-2-1、图 16-2-4 所示。

表 16-2-1 鼓室图分型

类型	声顺 /mL	峰压值 /daPa	临床听力学意义
A 型	0.3~1.6	−100~+50	提示鼓室压正常，峰值幅度正常
A_s 型	0~0.3	−100~+50	提示中耳劲度异常，峰值幅度较低，多见于听骨链固定、耳硬化症
A_d 型	>1.6	−100~+50	提示鼓膜松弛，峰值幅度较高，多见于鼓膜病变（如鼓膜愈合性穿孔、鼓膜钙斑），听骨链中断或镫骨切除术
B 型		无峰	提示中耳存在一些病理变化，峰值幅度较低，声顺值很高，多见于鼓膜穿孔，或鼓膜的活动度受限，峰值幅度很低，多见于中耳炎
C 型	0.3~1.6	<−100	提示中耳负压，可能是中耳炎的先兆或愈后，声顺值一般在正常范围

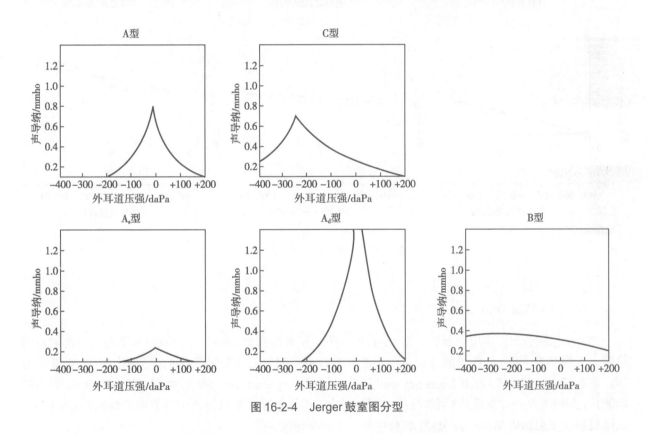

图 16-2-4 Jerger 鼓室图分型

单频鼓室图虽然可以提示中耳传声系统是否存在病变，但存在局限性：①一种中耳疾病可能对应不同鼓室图类型，反之，同一鼓室图类型可能代表不同中耳疾病；②同一耳可能发生多重中耳病变，但鼓室图主要体现近鼓膜病变的情况，如鼓膜穿孔合并中耳胆脂瘤（镫骨固定），此时鼓膜病变将决定鼓室图类型，其他病变对鼓室图的影响体现不出；③鼓室图不能反映疾病的进程，正常耳与病变耳鼓室图存在很多交叉重叠。虽然存在一些不足，但在临床测试中，鼓室图可与耳镜检查、纯音听阈测试等听力学检查交叉验证，是必不可少的中耳测试项目。

（二）高频单成分鼓室图

高频鼓室图以 1 000Hz 探测音鼓室图最为常见，主要运用于婴幼儿中耳功能检查。研究表明 226Hz

鼓室图在婴幼儿中耳功能检查中存在较高的假阳性率，特别是 6 月龄以内的婴儿。婴儿出生后 6 个月内，外耳和中耳结构会发生一系列的变化，如骨性耳道形成，顺应性降低，中耳腔发育，鼓膜的劲度声纳增大。

1 000Hz 鼓室图的判断标准，按改良 Baldwin（2006）基线法分型（图 16-2-5），在鼓室图 −400daPa～+200daPa 之间连线称为基线，根据基线与峰值位置关系将鼓室图分为 3 类：①正峰型，峰点在基线之上，含单峰（A1）和双峰（A2、A3）两类；②负峰型，峰点在基线之下（B）；③不确定型，无法确定正负峰（C、D）。

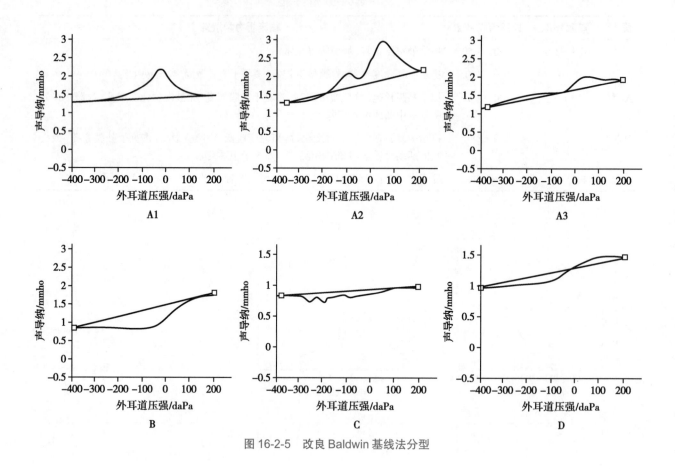

图 16-2-5　改良 Baldwin 基线法分型

二、多频多成分鼓室图

226Hz 探测音主要运用于鼓膜异常（穿孔或内陷），中耳疾病（积液和压力异常）和咽鼓管功能障碍的检测。大量研究表明，低频单成分鼓室图不能有效检测高阻抗的病理情况，例如耳硬化症、听骨链固定等。多频多成分鼓室图（multifrequency multicomponent tympanometry，MFT）使用 200～2 000Hz 的扫描刺激声，测得多个声导抗成分（例如导抗、声导、声抗、相位角等），用以提高中耳异常的检出率。MFT 测试结果解读主要运用 Vanhuyse 分型，目前主要用于科学研究。

近年来，宽频声导抗（wideband acoustic immittance，WAI）测试技术尝试在临床中运用。WAI 是中耳对 0.2～8kHz 范围声音能量的反射与吸收的效率，是评估中耳功能的一项客观检查，对分泌性中耳炎、耳硬化症、听骨链中断等病变具有诊断意义。Eriksholm Workshop（2013）对于中耳宽频吸收测试（wideband absorbance measurement of the middle ear）做出的共识指出：WAI 作为基于能量（powered-based）和阻抗（impedance-based）的宽频测试统称。图 16-2-6 所示，宽频声导抗 3D 鼓室图，以频率、压力和吸收率为坐标，提示随频率和压力改变中耳对声能的吸收情况。图 16-2-7 所示，为 3D 鼓室图里提取出 2 个压力（0daPa、−6daPa）得到的二维结果。

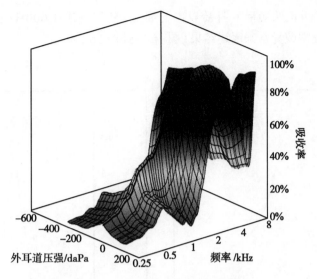

图 16-2-6　正常青年右耳 3D 鼓室图

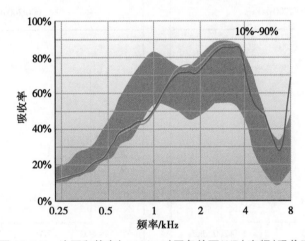

图 16-2-7　峰压和静态（ ambient ）压条件下 WB（ 宽频 ）吸收率

三、鼓室图临床应用

226Hz 鼓室图参数在临床中的表现见表 16-2-2。2016 年分泌性中耳炎（更新版）临床实践指南指出：A 型鼓室图提示中耳积液概率很低，中耳压力正常；B 型鼓室图曲线平坦，提示积液概率高，需要注意测试用的耳塞是否碰到外耳道壁或者外耳道有堵塞；C 型鼓室图存在积液可能性，中耳负压。有时鼓室图也会呈现正压情况，声顺值正常，峰压值为正压，常见于急性中耳炎早期或消散期，或刚擤鼻后、哭啼、快速升降等情况。

表 16-2-2　常见中耳疾病的鼓室图参数临床表现

病变	V_{ea}	Y_{tm}	TW	TPP
鼓膜穿孔	增加	平坦	不能测试	不能测试
中耳积液	正常	降低 / 平坦	增宽	负压 / 不能测试
听骨链中断	正常	升高	正常	正常
鼓膜病变	正常	升高	正常	正常
耳硬化症	正常	正常 / 降低	正常 / 降低	正常
锤骨固定	正常	降低 / 平坦	增宽	正常
咽鼓管堵塞	正常	正常	正常	负压
鼓膜置管通畅	增加	平坦	不能测试	不能测试

在临床运用中，对于纠正胎龄后 6 月龄以内的婴儿，建议使用 1 000Hz 探测音的声导抗测试，按 Baldwin（2006）分型，用正常或异常来表述结果（图 16-2-8、图 16-2-9）。

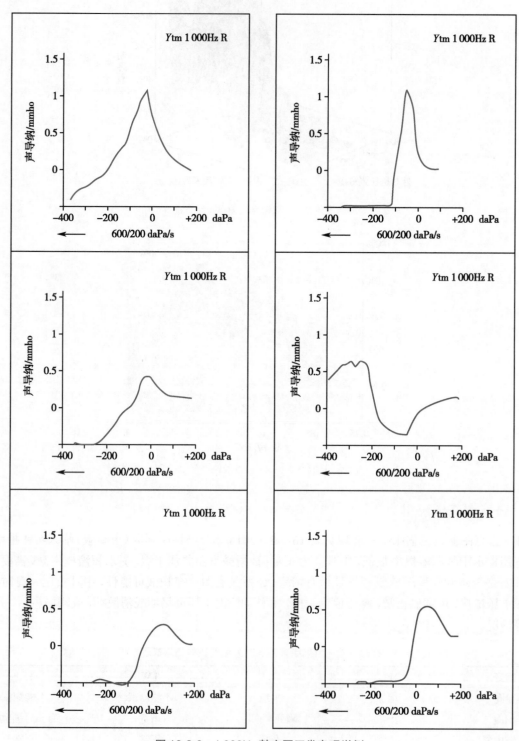

图 16-2-8　1 000Hz 鼓室图正常表现举例

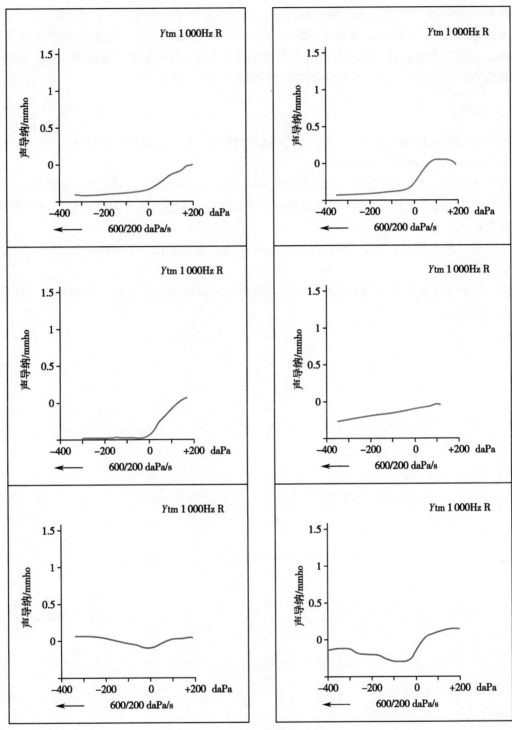

图 16-2-9　1 000Hz 鼓室图异常表现举例

第三节　声反射测试

声反射（acoustic reflex）是指当人耳（任一耳）受到足够大强度的声音刺激时，双侧镫骨肌收缩，使镫骨足板离开前庭窗，从而减少进入内耳的声能，起到保护内耳免受强声损伤的作用。镫骨肌收缩会导致中耳对探测音反射能量的变化，通过外耳道内的探头记录这一能量变化。声反射可以反映与中耳、耳蜗和镫骨肌有关联的神经系统的情况。声反射是双侧保护性反射，即一侧耳受到强声刺激可引起双侧镫骨肌收缩，且具备良好的可重复性，通过比较反射能量数值与给声强度、同侧和对侧声反射是否出现等一系列测试结果,为临床提供有价值的诊断信息。

　　除了强声外,触摸外耳道和面部局部皮肤、说话、喊叫、咀嚼或打哈欠等也能引起中耳肌肉收缩,称为非声反射。目前对于解释镫骨肌声反射现象的机制尚不明确,最著名的学说是中耳保护机制学说等,其核心是镫骨肌声反射减少传入内耳的声能来保护耳蜗不受强声损伤。

一、生理机制

　　声反射的反射弧已经非常明确。一侧耳受到强声刺激后,会引发 4 条声反射弧,2 条同侧和 2 条对侧,分别是(图 16-3-1,以刺激右耳为例):

　　(1)第一条同侧非交叉声反射弧:刺激耳耳蜗—听神经—耳蜗腹核—面神经核—面神经—镫骨肌。

　　(2)第二条同侧非交叉声反射弧:刺激耳耳蜗—听神经—耳蜗腹核—上橄榄核复合体—面神经核—面神经—镫骨肌。

　　(3)第一条对侧交叉声反射弧:刺激耳耳蜗—听神经—耳蜗腹核—上橄榄核复合体—对侧面神经核—面神经—镫骨肌。

　　(4)第二条对侧交叉声反射弧:刺激耳耳蜗—听神经—耳蜗腹核—对侧上橄榄核复合体—面神经核—面神经—镫骨肌。

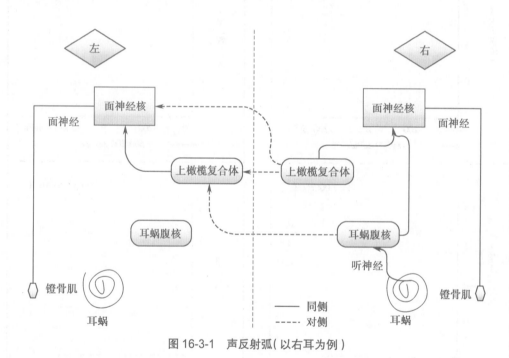

图 16-3-1　声反射弧(以右耳为例)

二、测试方法

　　声反射测试是以纯音或噪声(如窄带噪声、白噪声、低通噪声、高通噪声等)为刺激声诱发镫骨肌反射,声反射引起的中耳导纳的变化可以用鼓室图测试一样的仪器测得。

(一)声反射阈

　　声反射阈(acoustic reflex threshold, ART)是指能重复引出声反射的最小刺激声强度。正常耳的声反射阈为 70～95dB HL。Wiley 等(1987)得出在不同声刺激条件下,正常耳同侧和对侧声反射阈的平均值(表 16-3-1)。

　　临床上,通常采用 500Hz、1 000Hz、2 000Hz 的纯音作为刺激声,以 5dB 步距提高刺激声强度(图 16-3-2)。在声导抗筛查时,可以用某一强度,如 100dB HL 刺激声进行声反射测试。声反射引出的标准是能够重复引起中耳声导纳变化幅度大于等于 0.03mmho 的最小声刺激。对于感音神经性听力损失患者,常因存在重振现象，使得声反射阈值偏低，即 ART 与 PTA（平均听阈）差值减小，当二者差值≤50dB 时，提示可能存在蜗性病变。

部分引出或阈值升高提示在该频率可能存在听力损失。声反射消失提示可能存在中耳疾病或听/面神经有关的神经问题，例如听神经瘤和听神经病，或面神经有关的神经问题。但有很少一部分人，虽然听阈正常且未见可诊断的疾病，亦表现为声反射消失的情况。

表 16-3-1　不同刺激声下正常耳同侧和对侧声反射阈平均值

刺激声	同侧声反射阈/dB HL	对侧声反射阈/dB HL
500Hz 纯音	79.9±5.0	84.6±6.3
1 000Hz 纯音	82.0±5.2	85.9±5.2
2 000Hz 纯音	86.2±5.9	84.4±5.7
4 000Hz 纯音	87.5±3.5	89.8±8.9
BBN（宽带噪声）	64.6±6.9	66.3±8.8

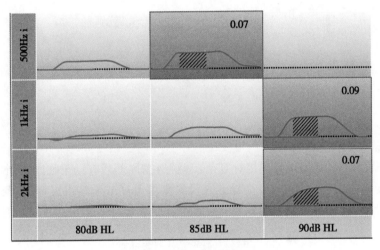

图 16-3-2　声反射图

（二）声反射衰减

声反射衰减（acoustic reflex decay）是指在持续声刺激下，声反射幅度出现降低的现象。临床常用测试方法为刺激声强度固定在声反射阈值上 10dB，连续给声大于 10s，如果在给声 5s 时，声反射幅度已降低 50%，则说明声反射衰减阳性。刺激频率一般使用 500Hz 或 1 000Hz 纯音对侧给声。声反射衰减对蜗后病变敏感，例如脑桥小脑三角处的肿瘤，或贝尔麻痹（Bell palsy）。如果声反射衰减阳性，且衰减出现在 5s 以内，提示可能存在听神经问题。声反射衰减测试操作简单，但在操作过程中需要注意，当刺激强度超过 105dB HL 时，防止出现由于给声强度过大引起听力暂时或永久阈移。

三、临床应用

在声反射测试的临床应用之前，首先明确探管放置的耳称为探测耳，给予刺激声的耳称为刺激耳。同侧声反射是指探测耳和刺激耳为同一侧耳，反之，对侧声反射是指探测耳和刺激耳为不同侧耳。声反射的记录标记，此处以刺激耳命名为例，如右耳对侧声反射是指右耳为刺激耳，左耳为探测耳（表 16-3-2，图 16-3-3）。

表 16-3-2　同侧和对侧声反射测试情况描述（以刺激耳命名）

测试条件	刺激耳	探测耳	记录到声反射耳
右耳同侧	右耳	右耳	右耳
右耳对侧	右耳	左耳	左耳
左耳同侧	左耳	左耳	左耳
左耳对侧	左耳	右耳	右耳

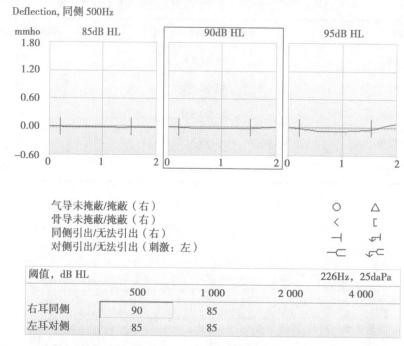

图 16-3-3　声反射阈测试图

声反射测试操作简单，但其工作原理相对复杂，理解透彻原理后有助于临床诊断，参见表 16-3-3。传导性听力损失的病变部位在外耳和中耳，会导致声反射阈值升高或无法引出，如耳硬化症患者的镫骨足板被固定在周围的骨壁上，镫骨的活动性降低，导致镫骨肌收缩的时候鼓膜的活动度（劲度）不够，引起

表 16-3-3　声反射临床表现（以单侧病变为例）

病变类型	患耳声反射	声反射结果
轻度传导性听力损失	同侧	阈值升高
	对侧	阈值升高
中/重度传导性听力损失	同侧	阈值升高或无法引出
	对侧	阈值升高或无法引出
轻度感音性听力损失	同侧	阈值升高
	对侧	阈值升高
中/重度感音性听力损失	同侧	阈值升高或无法引出或阈值降低（重振）
	对侧	阈值升高或无法引出或阈值降低（重振）
听神经损伤	同侧	无法引出
	对侧	无法引出
低位脑干损伤	同侧	无法引出
	对侧	无法引出
高位脑干损伤	同侧	引出
	对侧	无法引出
面神经损伤	同侧	无法引出
	对侧	引出

声反射阈值升高或无法引出。感音性听力损失的病变部位在耳蜗,会导致声反射阈值升高或无法引出,然而,耳蜗感音神经性听力损失会引起重振现象,即声反射阈与纯音听阈的差值变小。神经性听力损失的病变部位在听神经及脑干,其中听神经病变时患耳同侧声反射和对侧声反射均无法引出,低位脑干病变时患耳同侧和对侧声反射均无法引出,高位脑干病变时患耳同侧声反射引出和对侧声反射无法引出。面神经损失时,患耳同侧声反射无法引出和对侧声发射引出。

(蒋 雯 陈 静)

17

第十七章 | 耳声发射测试

第一节　耳声发射测试概述

耳声发射（otoacoustic emission，OAE）的发现和记录是 20 世纪后叶听觉生理学和听力学研究最重要的进展。早在 1948 年 Gold 就提出听觉灵敏的耳蜗内存在电 - 机械换能活动的"主动机制"的假说，但直到 1978 年 David T Kemp 报道从外耳道内记录到来自耳蜗的音频信号，他认为这一音频信号是由耳蜗内耗能的主动活动产生的，将其称为"耳声发射"。这才为耳蜗主动机制的假说提供了直接证据。这一发现是现代听觉生理学上具有划时代意义的重大突破，而且为临床听力学提供了一个了解耳蜗功能的重要检查方法。

一、定义

Kemp 定义耳声发射是一种产生于耳蜗，经听骨链和鼓膜传导释放于外耳道的音频能量。OAE 起源于耳蜗的机械振动，这种振动的能量来自耳蜗外毛细胞（outer hair cell，OHC）的主动运动。OHC 主动运动可以是自发的，也可以是外来刺激诱发的反应。这种 OHC 的主动运动经与螺旋器相邻结构的机械联系使基底膜发生相应形式的机械振动。这种振动在内耳淋巴液中以压力变化的形式传导，从前庭窗依次推动听骨链和鼓膜振动，再引起外耳道内空气振动。这种振动被放置在外耳道内的麦克风收集记录，已经证实这一振动频率在声频范围内，因此被称为 OAE。这个传导途径恰好和声音传入内耳的过程相反，但是，OAE 是耳蜗主动活动产生的。

二、产生机制

OAE 是产生于耳蜗，要了解 OAE 的产生机制必然与耳蜗机制有关。传统观念认为耳蜗对声能的反应是被动的，声波经外耳、中耳传递到耳蜗，经前庭窗引起耳蜗内外淋巴振动，进而引起基底膜机械振动和内淋巴振动、基底膜和盖膜之间的剪切运动，使得螺旋器的毛细胞纤毛弯曲，兴奋毛细胞，引起毛细胞底部突触释放递质，冲动经听神经传递到听觉中枢。传统的耳蜗对声波频率的分析主要有两种学说：共振学说和行波学说。

（一）共振学说

共振学说是 100 多年前由 Helmholtz 提出的，认为耳蜗对频率的分析是在声波振动传入耳蜗以后，不同频率声波在基底膜不同部位引起最大振动，耳蜗基底膜的放射状纤维在蜗基部较短，越近蜗顶越长，耳蜗基底部对高频共振，尖部对低频共振，这样，在耳蜗内不同部位对不同的声波频率进行分析，这也就是耳蜗机制的"部位原则"。

（二）行波学说

匈牙利学者 G. Von Békésy（1960）用微音器成功地直接观察声波引起的基底膜运动，并测定基底膜的张力，提出了行波学说，基底膜振动是以行波方式由蜗底向蜗顶移动，不同频率的声波引起的行波都从基底膜底部即靠近前庭窗处开始，在基底膜上相应位置出现最大振幅；高频率的声音引起的基底膜振动只局限于蜗底部，频率越低，越接近蜗顶，最大振幅出现后，行波很快消失。

但是，G. von Békésy 最初的行波观察是用 110dB SPL 的声强输入在尸体上进行的，对于这个强度基底膜运动的振幅约 1×10^6Å（1Å ＝ 10^{-10}m，1 个氢原子直径），而较小运动基底膜位移的观察受到技术限制。假定内耳的行为是线性的，0～10dB SPL 的声强输入基底膜运动应是 10^{-4}～10^{-5}Å，小于氢原子直径。因此，传统的观点不能解释耳蜗对低强度刺激的反应。

近年来，耳蜗解剖观察清楚地显示 OHC 和内毛细胞（inner hair cell，IHC）在形态上、生理学上、反应特性和神经分布模式方面明显不同。Davis 提出耳蜗放大假说，认为放大发生在行波尖端，耳蜗对 ＞60dB 的高强度声音是被动的能量换能器，对 ＜60dB 的声音输入提供主动的输入信号放大。这个假说被用放射活性示踪元素测量证实。

Brownell 等（1985）研究发现 OHC 对化学的、电子的或声学／机械刺激的收缩能力，OHC 收缩是和耳蜗电环境变化同步的，证实 OHC 具有能动性。在低强度刺激时毛细胞收缩，可能和静纤毛的微运动有关；OHC 活动可能起着加强耳蜗隔部振动的敏感性和频率调谐，起着"耳蜗放大器"的作用，其增加基底膜的运动和内淋巴的整体运动，产生 IHC 静纤毛触发运动的必要液体动力。

Rhode（1971）报道基底膜运动的非线性特性，提出耳蜗可能存在"主动增益控制"机制。1978 年 Kemp 首先报道从人耳记录到 OAE，这一发现证实耳蜗内存在主动释能过程，部分能量逆向的进行生物电 - 机械转换，释放于外耳道，可被放置于外耳道的精密麦克风记录为 OAE。因此，OAE 是耳蜗主动释能过程的副产品，并为耳蜗存在主动释能机制提供了证据，也为临床听力学检查提供一种无创检测耳蜗不同部位 OHC 功能的新手段。

三、分类

根据是否有外界刺激将 OAE 分为两大类：自发性耳声发射（spontaneous otoacoustic emissions，SOAEs）和诱发性耳声发射（evoked otoacoustic emissions，EOAEs）。

（一）自发性耳声发射

SOAEs 是耳蜗在没有任何外界刺激的情况下持续向外发射机械能量，可在外耳道内记录到的声信号，表现为单频或多频的谱峰（图 17-1-1）。

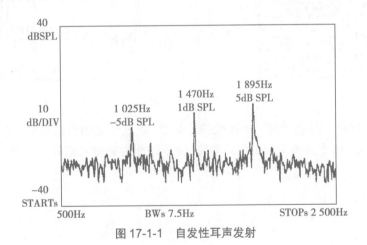

图 17-1-1　自发性耳声发射

（二）诱发性耳声发射

EOAEs 是耳蜗受到外界声刺激的情况下向外发射机械能量，可在外耳道内记录到的声信号。在 EOAEs 中依据刺激声信号的不同又分为：瞬态诱发耳声发射（transiently evoked otoacoustic emissions，TEOAEs）、畸变产物耳声发射（distortion product otoacoustic emissions，DPOAEs）、刺激频率耳声发射（stimulus frequency otoacoustic emissions，SFOAEs）、电诱发耳声发射（electrically evoked otoacoustic emissions，EEOAEs）。

1. 瞬态诱发耳声发射　耳蜗受到外部短暂脉冲声（一般为短声或短音，时程在数毫秒之内）刺激后经过一定潜伏期，以一定形式释放出的音频能量，其形式由刺激声的特点决定。由于它能重复刺激声的内容，类似回声，是 Kemp 最早报告，也被称之为"Kemp 回声"（图 17-1-2）。

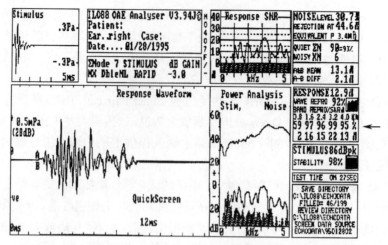

图 17-1-2 Otodynamics ILO 88 记录的新生儿瞬态诱发耳声发射

2. 畸变产物耳声发射 耳蜗是一个非线性的生物系统，当受到两个具有一定频率比关系的纯音（被称为原始音，频率分别以 f_1 和 f_2 表示，$f_1 < f_2$）刺激时，在耳蜗主动机制的非线性调制下，其释放的声频中出现具有 $nf_1 \pm mf_2$ 关系的畸变频率，称为畸变产物耳声发射，常见的有 $2f_1 - f_2$ 和 $f_2 - f_1$（图 17-1-3）。

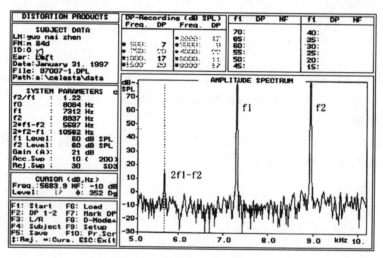

图 17-1-3 畸变产物耳声发射

3. 刺激频率耳声发射 耳蜗受到一个连续纯音刺激，经过一定的潜伏期后，将与刺激音性质相同的音频能量发射回外耳道，由于其频率与刺激频率完全相同，称为刺激频率耳声发射（图 17-1-4）。

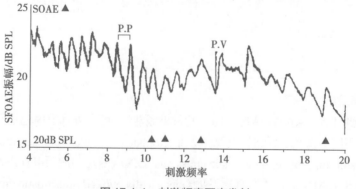

图 17-1-4 刺激频率耳声发射

4. 电诱发耳声发射 用交流电刺激耳蜗可以诱发出与刺激电流相同频率的 OAE，称为电诱发耳声发射。

四、特性

（一）非线性

OAE 振幅在低刺激强度时随刺激强度增加呈线性增长，当刺激强度接近 40~60dB SPL 时，幅值的增长减慢并趋于饱和。这是其重要特点，反映其生物学来源的属性。

（二）锁相性

OAE 的相位依赖于声刺激信号的相位，且跟随其变化发生相应的相位变化。

（三）可重复性和稳定性

个体 OAE 具有良好的可重复性和稳定性，正常听力耳青年人 EOAEs 可连续数年无明显变化。有报告 DPOAEs 在 1h 内强度变化一般不超过 1dB，1 周之内变化 <3dB。

（四）受听力状况的影响

因 OAE 产生于耳蜗，经中耳内听骨链逆行释放到外耳道，其记录结果受耳蜗病变和中耳病变的影响。在蜗性听力损失听阈超过 40~50dB HL 时，其明显减弱，甚至消失（图 17-1-5）。因为其产生于耳蜗，蜗后性听力损失和中枢性听力损失一般不会影响 OAE；但如果内耳道占位病变压迫内听动脉，影响耳蜗血供，损伤耳蜗，也会影响 OAE。中枢性听力损失影响到传出神经系统，如橄榄耳蜗束，可能影响 OAE 的幅度。

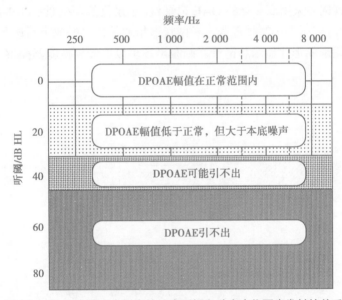

图 17-1-5　感音性听力损失的纯音听阈和畸变产物耳声发射的关系

（五）OAE 的强度低

正常情况下，OAE 的强度一般在 -5~20dB SPL，很少超过 30dB SPL。

五、注意事项

OAE 是来自耳蜗经听骨链和鼓膜释放到外耳道的音频能量引起外耳道内空气振动被记录到的声音信号，其强度很低，任何传导到外耳道的噪声都可能影响其记录，因此，任何 OAE 的记录都必须尽量减少噪声的影响。

（一）测试环境

OAE 记录应在安静环境下完成，环境噪声应控制在 30dB（A）以下。OAE 记录时用外耳道内插入式探头，探头周围用泡沫塑料或海绵制成的探头塞密封外耳道。

（二）患者准备

受试者呼吸、心跳、吞咽和其他身体活动都可以产生内源性噪声，影响 OAE 记录，因此，检查前要告知受试者尽量避免身体活动和吞咽动作,平静呼吸。测试过程中,受试者保持觉醒,防止因睡觉打鼾产生噪声影响记录。不合作儿童可用镇静催眠药。还要避免连接探头的电缆和受试者身体摩擦或受试者身体和其他物体摩擦产生噪声,影响记录。

(三)减少干扰

测试仪器会采用带通滤波、平均叠加和锁相放大等技术剔除噪声干扰。

(四)探头检测

测试前运行设备附带的探头检测程序,确保探头与外耳道耦合正确;必要时测试中重复运行该程序,检查探头位置是否发生变化,确保测试数据准确可靠。

第二节　瞬态诱发耳声发射测试

以短声或其他短暂声信号诱发的 OAE 称为瞬态诱发耳声发射(TEOAEs)。如前所述,是 Kemp 最早报道的 OAE 形式,也被称之为"Kemp 回声"。

一、记录

(一)记录仪器

目前临床上 OAE 测试多采用商品化的 OAE 记录仪,记录仪的探头(图 17-2-1)内包含给予声刺激的微型耳机和记录外耳道内声压变化的微音器。经微音器拾取的信号经放大后送至平均叠加仪,平均叠加提高信噪比,再以时域图形的形式显示和记录。刺激声还可以用骨导换能器提供。

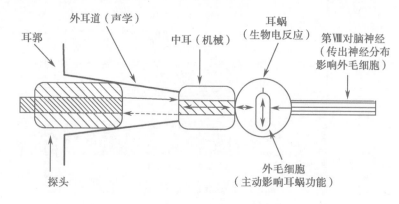

图 17-2-1　瞬态诱发耳声发射探头示意图

(二)探头检测

记录探头在外耳道内的放置情况直接影响记录结果可靠性,商品化 OAE 记录仪都附有探头耦合检查程序,在测试前和测试过程中应经常运行这一程序,预防因探头移位导致记录结果不准确。

(三)刺激声及刺激强度

记录 TEOAEs 用短暂脉冲声刺激,一般为短声或短音,时程在数毫秒之内。听力正常的青年人以中等强度刺激声(60~80dB SPL)刺激时,诱发的 TEOAE 强度在 -5~20dB SPL 之间。

(四)识别

识别所得的反应是否为 TEOAEs 的主要依据是:是否是非线性变化;是否有良好重复性;潜伏期随刺激强度降低而延长的变化趋势;不同频率的反应出现时间不同,高频潜伏期短,低频潜伏期长,此现象又被称为频率离散现象。

不同厂家出售的 OAE 记录设备均显示检出 TEOAEs 反应的时域波形（图 17-2-2），但 TEOAEs 反应图形略有不同，两通道记录的波形要重叠良好，在 TEOAEs 中不同频率成分出现的时间不同，高频成分先出现，低频成分后出现，以 dB SPL 值显示反应相关的信号强度。

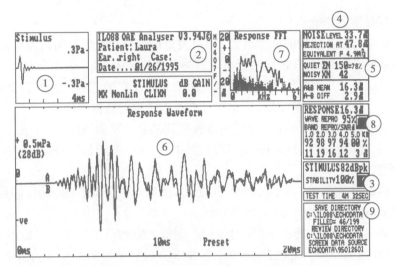

图 17-2-2　Otodynamics ILO 88 记录的 TEOAE

①短声刺激的声学波形；②一般信息；③外耳道内峰刺激强度级和在平均处理中的第一个和最后一个呈现的强度的一致性；④ TEOAE 记录期间外耳道内的噪声级和噪声切断水平；⑤刺激数和总刺激的百分比；⑥在外耳道内记录的 TEOAE 波形；⑦在最大测量区 TEOAE 反应谱；⑧整个 TEOAE 反应振幅；⑨测试时间。

二、特性

（一）潜伏期

用短声或短纯音作刺激信号记录的 TEOAEs 有一个短暂的潜伏期，这个潜伏期长于理论上声波进出耳蜗所需的时间，有学者认为这个潜伏期包含双向换能和滤波过程所需时间。OAE 的潜伏期和频率有关，Kemp 报道 5 000Hz 的 OAE 潜伏期约为 4ms，500Hz OAE 的潜伏期约为 12ms。

（二）频谱及优势频率

TEOAEs 频率多在 500~5 000Hz 范围内，其中以 1 000~3 000Hz 为主。TEOAEs 频谱在一定频率范围内可基本反映刺激信号的频率内容。正常人短声诱发的 TEOAEs 频谱一般分为宽的连续谱形和多峰状谱形。多峰状谱多见于青年人，60 岁以上就少见此种谱形。婴幼儿与成人有明显差别：平均幅值一般大于成人的幅值；短声刺激时其频率成分中高频成分较成人多。TEOAEs 的优势频率一般不随刺激强度变化而改变，因此有人认为这反映耳蜗内存在着位置固定的 TEOAEs 发生器。短声诱发的 TEOAEs 具有频率离散性，如前所述，在时间上高频成分先出现，其后中频和低频成分依次出现，这与行波在基底膜上传播的距离有关。

（三）反应阈和强度增长的非线性

正常听力者 TEOAEs 反应阈一般低于受试者对刺激声的主观感受阈，因为 OAE 是神经前反应。40 岁以后 OAE 的反应阈呈上升趋势，与耳蜗功能的退化有关。

在正常人，当以中等强度（60~80dB SPL）声刺激时，TEOAEs 强度在 -5~20dB SPL；在低刺激强度时其幅度增长近乎线性，随刺激强度增加其幅度增长趋于饱和，增长曲线呈明显的非线性。

（四）TEOAEs 和 SOAEs

当受试耳存在 SOAEs 时，可对 TEOAEs 产生干扰，影响 TEOAEs 的波形、反应阈和增长曲线。

（五）对侧声刺激的影响

对侧声刺激可引起同侧 TEOAEs 幅值下降，这被认为是听觉传出系统对耳蜗生理活动的反馈调节。

（六）TEOAEs 与纯音听阈

有研究显示 TEOAEs 的阈值和幅值与纯音听阈之间存在相关性。

三、影响因素

（一）刺激、记录参数的影响

TEOAEs 的频谱与刺激声信号的频谱有关，如用宽带短声作刺激信号则诱发出宽带反应；如用短纯音刺激则诱发出具频率特性的反应，反应的频率范围与刺激信号相近。

TEOAEs 的频谱还与记录仪器的滤波设置和所用的时间窗有关，剔除的最初记录的时间越长，可能丢失较多的高频成分；记录的时间窗缩短，会丢失一些长潜伏期的低频成分。

TEOAEs 的幅值与刺激强度有关，在中低刺激强度其幅值表现为线性增长，在高刺激强度时出现饱和现象，即虽然刺激强度增加，但 TEOAEs 幅值增长很少，甚至没有增长。TEOAEs 幅值个体差异很大。

（二）受试者因素

SOAEs 对 TEOAEs 也有影响，其不仅影响 TEOAEs 的频谱，还影响 TEOAEs 的强度。因此，有研究显示存在 SOAEs 者 TEOAEs 的幅值偏高，阈值较低。

受试者的年龄影响 TEOAEs 的检出率，对阈值和幅值的影响存在异议。听力正常人的 TEOAEs 强度多在 $-5 \sim 20dB$ SPL 之间，极少超过 20dB SPL。在听力正常人群 TEOAEs 的引出率是：60 岁以下为 100%，60 岁以上引出率下降。婴儿、儿童和成人 TEOAEs 幅值存在差异，在临床测试中应予注意。

有研究报道 TEOAEs 的幅值存在性别和耳间差异，女性高于男性，右耳高于左耳。

（三）环境噪声的影响

环境和患者自身的噪声对 TEOAEs 有重要影响，因此，临床诊断型 OAE 的记录应该在与纯音听阈测试所需的声学条件一致的隔声室内进行。

四、临床应用

（一）听力筛查

TEOAEs 是目前常规用于新生儿听力筛查的主要技术和方法。一般认为，在一个特定频段引出 TEOAEs，表明耳蜗的这个频段的敏感性大约为 $20 \sim 40dB$ HL 或更好。有研究认为，在某一特定倍频程能引出 TEOAEs，则该倍频程听力敏感性应该为 30dB HL，在正常范围内，否则提示耳蜗功能不正常。正常新生儿 TEOAEs 的引出率 100%。筛查型耳声发射仪 TEOAEs 最常用的刺激声是短声（clicks），短声刺激诱发出的能量主要是广谱、高频能量，可使耳蜗广泛的频谱范围兴奋，有利于了解整个耳蜗功能情况。刺激声强度范围：$72 \sim 80dB$ peSPL（各厂家的仪器可能略有差异）。判断是否通过筛查型 TEOAEs 主要观察两个指标：总的 OAE 能量较本底噪声≥3dB；重复率≥50%。常用筛查型 TEOAEs 设备中可以自动显示筛查结果："pass"（通过）或"refer"（需要复查）。

（二）听力损失的鉴别

现已确认，OAE 来源于耳蜗，是耳蜗内 OHC 主动活动的结果，测试 OAE 有助于评估耳蜗功能，并联合其他测试方法，对感音神经性听力损失进行定性定位诊断。如感音神经性听力损失，可以正常检出 TEOAEs，可以初步判定听力损失部位不在耳蜗，如同时引不出镫骨肌反射，听性脑干反应相应参数异常，可以判定存在蜗后病变，如听神经病、脑桥小脑三角占位、多发性硬化等。当然，如果蜗后病变累及耳蜗的血液供应或神经支配，也可引起 TEOAEs 异常。

（三）预估听阈

一系列研究显示，任一频率的行为阈值均与具有较宽频率范围的短声诱发的 TEOAEs 阈值存在对应关系，因此不能用短声诱发的 TEOAEs 阈值预估行为阈值。但是，随着临床研究的深入，或许利用高级的统计分析方法能达到用 TEOAEs 预估行为阈值的目的。当然，OAE 主要反映耳蜗 OHC 功能。

（四）评估橄榄耳蜗束功能

对侧给予声刺激可以使记录侧 OAE 幅值下降，这与脑干耳蜗核、上橄榄复合体等低位脑干结构有关

的听觉传入 / 传出神经系统有关,可用于研究相关的低位脑干结构的功能,特别是橄榄耳蜗束的功能。

第三节 畸变产物耳声发射测试

当耳蜗受到多于一个频率的声刺激时,由于其主动机制非线性活动,会产生各种形式的畸变,于是其释放返回到外耳道的 OAE 能量中会含有刺激频率以外的其他畸变频率,这些统称为畸变产物耳声发射(DPOAEs)。目前临床所用的 DPOAEs 是用有一定频率比关系的两个连续纯音刺激耳蜗,其产生的 DPOAEs 频率与刺激声(又称原始音)有固定的关系,以 f_1 代表两个纯音中的低频音,f_2 代表其中的高频音,可以用公式表示为 $nf_1 \pm mf_2$(n 和 m 都是整数)。人类中 $2f_1 - f_2$ 频率处 DPOAEs 强度较高,易于记录,是临床中较为常用的 DPOAEs。

一、记录

(一)记录仪器

记录 DPOAEs 的仪器较记录 TEOAEs 的仪器相对复杂一些,它是由 2 个具有一定频率比关系的纯音刺激耳蜗,因此其探头内要有 2 个耳机和 1 个记录耳道内声信号的微音器(图 17-3-1)。

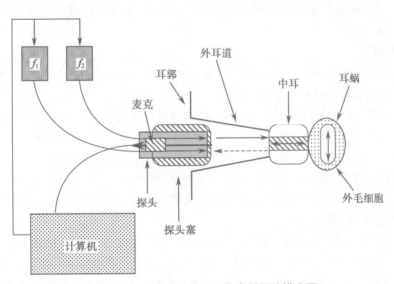

图 17-3-1 记录畸变产物耳声发射探头模式图

在 TEOAEs 中已经提到,记录探头在外耳道内放置情况直接影响记录结果可靠性,商品化的耳声发射记录仪都附有探头耦合检查程序,在测试前和测试过程中应经常运行这一程序,预防因探头移位导致记录结果不准确。另外,要对两个原始音的声强进行校验,保证两个原始音的强度稳定,才能获得可靠的结果。

(二)刺激参数的选择

DPOAEs 是由一定频率比关系的两个纯音诱发的,这两个纯音的频率和强度对 DPOAEs 的幅值和频率有影响,一系列研究显示人类 $f_2 : f_1 = 1.22$,L_1(f_1 的强度)$= 65$dB SPL,L_2(f_2 的强度)$= 55$dB SPL 能更准确地反映耳蜗功能状况。推荐临床测试采用这样的刺激参数。

(三)DPOAEs 的识别

DPOAEs 的出现频率与两个原始音 f_1 和 f_2 相关,在记录系统显示的适时图形中同时显示诱发信号和噪声二者的幅度,噪声出现在记录频率两侧,稳定的记录条件下 DPOAEs 信号幅度高于噪声幅度,初期研究认为二者相差(信噪比)3dB,就可以判定高的信号是引出的 DPOAEs(图 17-3-2),近期推荐信噪比 5dB 或 6dB 为引出。由于人类 $2f_1 - f_2$ 幅度最大,比较稳定,临床通常指的 DPOAEs 就是用这种频比关系的刺激声诱发的。

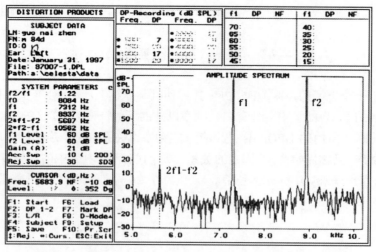

图 17-3-2　Celesta-503 耳声发射测试系统记录的畸变产物耳声发射

二、特性

正常听力人耳 DPOAEs 引出率文献报道差异较大（90%～100%）。这个差别可能和测试仪器、测试参数和技术、测试人群有关。

（一）幅值和潜伏期

DPOAEs 引出幅值较高的频率在 1 000～8 000Hz（f_2 或 f_2 与 f_1 的几何均数）范围内，多数情况下，DPOAEs 幅值比刺激所用的原始音强度低约 60dB。

DPOAEs 的反应阈受记录系统和受试者的噪声水平影响，还受听力损失的性质、程度和部位的影响。

DPOAEs 的潜伏期与两个原始音频率有关，或者说和测试频率有关，测试频率高，潜伏期短，测试频率低，则潜伏期长，这与基底膜的频率特性和行波在基底膜上传递的时间有关。

一定频率和相位的纯音刺激会对 DPOAEs 产生抑制，因此有学者用声掩蔽法研究 DPOAEs 在基底膜上的产生部位，认为 $2f_1-f_2$ DPOAEs 产生部位在基底膜上 f_1 和 f_2 频率定位处之间靠近 f_2 处。

（二）畸变产物耳声发射听力图

当原始音的强度、强度差和频率比保持不变时，DPOAEs 幅度与原始音频率的函数曲线称为畸变产物耳声发射听力图（DP 图）（图 17-3-3）。DP 图一般以 DPOAEs 的幅度为纵坐标，以原始音 f_2 频率为横坐标，显示 DPOAEs 幅值与 f_2 频率之间的函数关系。为什么横坐标用 f_2，可能是大多数认为 $2f_1-f_2$ 处的测试反映基底膜上 f_2 处的听觉敏度。

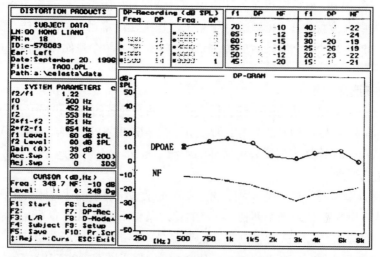

图 17-3-3　Celesta-503 耳声发射测试系统记录的 DP 图（或 DP 听力图）

NF：本底噪声

三、测试参数及影响因素

（一）测试参数的影响

DPOAEs 是由一定频率比关系的两个纯音诱发的,这两个初始纯音的频率和强度直接影响 DPOAEs 的幅值和频率,一系列研究显示,$f_2:f_1$ 的频率增大或减小,都会影响 DPOAEs 幅值。有学者认为高强度原始音引出的 DPOAEs 反映的是耳蜗的被动机制,不是耳蜗的主动机制,只有主动机制负责耳蜗的敏感度和精细调谐功能,因此,不适合用高强度原始音进行临床 DPOAEs 测试。而当两个原始音频率比 $f_2:f_1=1.22$,强度 L_1(f_1 的强度)=65dB SPL,L_2(f_2 的强度)=55dB SPL 时,能更准确地反映耳蜗功能状况。推荐临床 DPOAEs 测试采用这样的刺激参数。

另外,探头与外耳道耦合状态影响测试结果,密封性好,结果稳定。

（二）受试者因素

1. **年龄** 文献报道在 5～79 岁大样本人群研究发现,年龄、听阈和频率对 DPOAEs 的幅值有显著影响,随着年龄、听阈和 f_2 频率升高 DPOAEs 幅值下降。在 96 例 18～72 岁不同年龄组听力正常人的研究显示,随年龄增大 DPOAE 检出率和平均幅值逐渐下降,平均阈值逐渐提高,输入 - 输出曲线逐渐变平坦。青年组、中年组和老年前期组平均 DP 图在 1 000Hz 和 6 000Hz 左右各有一个高峰,3 000Hz 左右有一低谷,老年组高频区峰消失(图 17-3-4)。

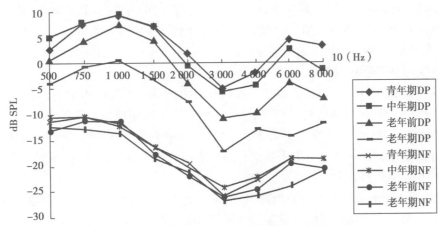

图 17-3-4　各年龄组平均畸变产物耳声发射听力图
DP. DPOAE;NF. 本底噪声。

2. **性别** DPOAEs 是否具有性别差异,不同的研究结果不尽一致,一般认为 DPOAEs 幅值虽然存在性别差异,但差异很小,不足以影响其临床结果分析。笔者对 96 例 18～72 岁正常听力受试者分为青年组、中年组、老年前期组和老年组比较研究显示,年龄对 DPOAE 的影响女性组比男性组明显:在青年组,多数频率女性幅值较高,阈值较低;老年组与青年组相反,多数频率均为男性幅值较高,阈值较低。

（三）听力损失程度和病变部位

1. **外耳道病变** 外耳道内耵聍、胎脂等可堵塞探头;外耳道狭窄、外耳道炎、囊肿、栓塞等影响探头耦合;早产儿、新生儿骨性外耳道壁发育不完善,外耳道软、易塌陷,探头可被阻塞。这些都可影响 DPOAEs 测试结果。

2. **中耳病变** 异常的中耳压力、鼓膜穿孔、耳硬化症、胆脂瘤、中耳积液、中耳炎等影响刺激声的传入和 OAE 能量的传出。临床实践发现 DPOAEs 对中耳病变甚至比声导抗更敏感。中耳炎时一般记录不到 OAE,中耳炎消失后可以重新记录到 OAE。

3. **耳蜗病变** 暴露于耳毒性药物或噪声(包括娱乐性噪声),凡引起 OHC 缺失或损害的病变都可影响 DPOAEs 的记录。在常规的频率范围内,DPOAEs 变化先于听阈的变化。

DPOAEs 结果常与蜗性听力损失的听力类型相关,有助于某些疾病的诊断,可以对新生儿听力进行分频率评估。

4. 蜗后病变　一般蜗后病变不影响 DPOAEs 记录，但若蜗后病变影响内耳血供，也会导致 DPOAEs 改变。

四、临床应用

（一）畸变产物耳声发射与纯音听阈

绝大多数听力正常耳均可引出 DPOAEs，与纯音听力图频率相对应的频率进行研究，DP 图与常规纯音听力图存在一定的对应关系。感音神经性听力损失 DPOAEs 检出率随听力损失加重而下降，幅值降低。临床经验显示，在感音神经性听力损失，DPOAEs 能否引出更重要的是取决于病变部位，其对耳蜗功能改变很敏感，在蜗后病变，如未累及耳蜗对 DPOAEs 影响很小。如直接或间接影响耳蜗（病变影响内耳血供）DPOAEs 也会改变。

（二）听力筛查

DPOAEs 能反映蜗性听力损失的频率特性，可用于筛查，检测 20～30dB HL 以上的听力损失。

在听力筛查中所用的刺激声 $f_1 : f_2 = 1 : 1.2$，对应强度 L_1/L_2 设定为 65/55dB SPL，或 65/50dB SPL。判断是否通过筛查型 DPOAEs 的标准有多种，常用判断听力筛查通过的指标为：单个频率 DPOAEs 大于本底噪声≥5dB 或 6dB 设定为通过；总的 DPOAEs 通过为 6 个频段中有 4 个通过。否则需进一步复查。常用筛查型 DPOAEs 设备中可以自动显示筛查结果："pass"（通过）或"refer"（需要复查）。

DPOAEs 和 TEOAEs 都可以用于新生儿、婴幼儿听力筛查，DPOAEs 具频率特性，适合早期发现耳蜗病变，如耳毒性药物及噪声所致听力损失；但较 TEOAEs 测试耗时长，且受环境影响大，测试过程中，短暂的噪声改变都可造成 DPOAEs 某一频点不通过。

（三）鉴别听力损失的部位/类型

前已述及 OAE 来源于耳蜗 OHC，在感音神经性听力损失 DPOAEs 能否引出，可用于鉴别引起听力损失病变的部位/性质：其对耳蜗功能改变很敏感，DPOAEs 引不出或幅值下降提示耳蜗病变或感音性听力损失，在蜗后病变/神经性听力损失如未累及耳蜗，如脑桥小脑三角肿瘤、听神经病等，理论上，不影响 DPOAEs 检出或影响很小，因此，可用于鉴别耳蜗和蜗后病变。但是如果蜗后病变直接或间接影响到耳蜗（如病变影响内耳血供），DPOAEs 也会改变。

在感音神经性听力损失婴幼儿中，听神经病发病率可达 10%～15%，因此，DPOAEs 是诊断听神经病的重要指标。当然，要联合应用听性脑干反应测听等其他听力学检查综合判断。

（四）确定微细的中耳病变

由于测试 DPOAEs 的刺激声需通过中耳传入内耳，来自耳蜗的 OAE 要经过中耳释放于外耳道，中耳病变直接影响 DPOAEs 的记录，即便是微细的中耳病变，也可能引起 DPOAEs 的改变，因此，DPOAEs 也可作为微细中耳病变的测试指标。

（五）检测橄榄耳蜗束传出神经系统的功能

研究发现，对侧声刺激可引起同侧诱发 OAE 幅值下降，这被认为是听觉传出系统对耳蜗生理活动的反馈调节。基于此，临床利用对侧声刺激对 OAE 的抑制作用，检测耳蜗传出神经系统的功能。

（六）听力监测

耳毒性药物或噪声暴露主要影响耳蜗，在纯音听阈改变前高频 DPOAEs 幅值可减小或引不出，因此可用于耳毒性药物使用过程中或噪声暴露作业时的听力监测。

（倪道凤）

听觉诱发电位 第十八章

第一节 听觉诱发电位基础

一、概况及分类

（一）发展史

关于听觉诱发电位（auditory evoked potentials，AEP）的研究早在 20 世纪 20 年代就开始进行，只是一直停留在动物试验阶段，采用损伤性电极记录。当计算机问世，特别是平均叠加仪的发展，才使在人头颅上行表面电极记录成为可能。所以电反应测听（electrical response audiometry，ERA）的发展史是从 AEP 的动物试验研究开始。

1924 年，Berger 发现声刺激后脑电波被抑制。1927 年，Forber 用短声刺激诱发出听神经的电冲动反应。1932 年，Davis H 记录电极植入脑后，通过耳机可监听到不清楚语词。1937—1939 年，Davis PA 发现 K 复合波为给声和撤声反应，并以此来综合评价听力。1950 年，Davi H 发现总和电位（summation potential，SP）。1950 年，Bekesy 发现蜗内直流电位（endocochlear potential，EP）。1950—1954 年，Dawsor 研制平均叠加仪。1958 年，Geisler 用电子计算机记录到人的 AEP。1962—1963 年，Williams Davis 用数字计算机观察到睡眠中的声诱发电位波形。1964 年，Walter 诱发出偶发负变异（contingent negative variation，CNV）和 P_{300} 迟发反应。1967 年，Yoshie 和 Aran 用平均叠加仪在人记录到耳蜗电图（electrocochleogram，ECochG）。1969 年，成立了国际电反应测听学会（IERASG），作为听力学一个分支。1971 年，Tewett 用听性脑干反应（auditory brainstem responses，ABR）评价婴幼儿听力。1974 年，商品化的电反应测听仪上市。1978 年，电反应测听仪引入中国。

（二）发展现状

AEP 目前已在临床诊断和评估中广泛应用。ABR 在神经科和耳神经外科已广泛应用，其时域变化（Ⅰ～Ⅲ、Ⅲ～Ⅴ、Ⅰ～Ⅴ波间期）可进一步鉴别诊断蜗性听力损失还是蜗后性听力损失，而 ECochG 的应用并不普及。外周听觉生理学对耳蜗放大机制、内毛细胞（inner hair cells，IHC）和外毛细胞（outer hair cells，OHC）相互关系、耳蜗传入和传出通路之间相互关系的深入研究，以及临床上梅尼埃病、听神经病发病率增加，都将大大促进 ECochG 的应用。然而，随着社会经济的发展，人们对客观评估听力损失程度的要求越来越高，期望对特殊人群的听力情况做出评估，并准确鉴别伪聋、夸大聋。但由于刺激声的局限性以及 ABR 和复合动作电位（compound action potential，CAP）均为同步化反应，既要使听神经纤维保持较高程度的同步化放电，又要反映耳蜗各圈的功能，似乎是一个不可调和的矛盾，因此听力学家们从如下两个方面做了努力，一是选择既能诱发同步化程度高的神经冲动、又有较好频率特异性的声刺激，如过滤短声（filtered click）、短音（tone pip）、短纯音（tone burst）、宽带 chirp；二是探索出其他可以用纯音，甚至语言刺激诱发出的电位，如 40Hz 听觉事件相关电位、SN_{10}（慢负波）、SVR（颅顶慢反应）、P_{300}，但这些电位又受精神状态的影响，受试者必须配合。

同时，对于 ABR 这一客观反应，仅依靠主观判断其阈值有误判或判断不准的问题。从 ERA 问世后不久，人们就开始探索，渴望通过计算机模拟软件进行客观判断。近几年，多频听性稳态反应问世，尽管在临床应用中还存在一定问题,但相信通过努力不断完善会逐渐弥补 ABR 的这一不足。

(三)分类

因为各种 AEP 的生理学特性差异较大,所以通常按不同 AEP 的特点进行分类。如果根据记录电极位置不同可分为颅顶电位(vortex potentials,VP)和 ECochG。根据生理特点进行分类:①交流电位(AC),如微音电位(cochlear microphonics,CM)、频率跟随反应(frequency-following response,FFR);②直流电位(DC),如 SP、颅顶慢电位(slow vertex response,SVR)和 CNV。根据出现时间进行分类,如表 18-1-1 所示。

表 18-1-1　听觉诱发电位分类(根据出现时间)

类别	来源	频率特性	潜伏期 /ms	最佳反应	临床意义
耳蜗电图	螺旋器		0	SP(DC)	有
初	内、外毛细胞	100~3 000Hz	0	CM(AC)	
	第Ⅷ脑神经		1~4	CAP(N₁)	明显
颅顶电位					
快	第Ⅷ神经,脑干	100~2 000Hz	2~12	ABR	明显
中	神经源性皮层Ⅰ肌源性"声动"	5~100Hz	12~50	MLR	有
慢	皮层Ⅱ(清醒)	2~10Hz	50~300	SVR,MMN	有
	皮层Ⅲ(睡眠)		200~800	持续电位(直流)	可疑
				P₂₀₀−N₃₀₀	有
迟	皮层Ⅳ	直流	250~600	P₃₀₀	有
	额叶	直流	DC 偏移	CNV(DC)	有

注:SP. 总和电位;DC. 直流电位;CM. 微音电位;AC. 交流电位;CAP. 复合动作电位;ABR. 脑干听觉诱发反应;MLR. 中潜伏期反应;SVR. 颅顶慢电位;MMN. 失匹配负波;CNV. 偶发负变异。

二、神经生物学基础

(一)神经细胞的结构及外环境

1. 神经细胞体、树突和轴突

(1)细胞体和树突:神经系统活动的基本单元是神经细胞,也称为神经元。它的功能是接受并传导来自其他细胞或其他神经细胞的信息。神经细胞的特殊结构是完成这一功能的基础。神经细胞由胞体(soma)、树突(dentrites)、轴突(axon)和轴突末梢(axonal terminals)组成。图 18-1-1 示耳蜗螺旋神经节Ⅰ型神经元及其双极连接。

树突是从细胞体发出的突起。刚从细胞体发出时仅是神经细胞胞体的延伸,称为初级树突,初级树突可反复分枝,形成树状结构,树突由此而得名。其功能主要是接受信息的传入。

(2)轴突:轴突是从神经细胞发出的一细而长的突起,每个神经细胞有一条轴突。大多数神经元细胞的轴突从细胞体出发,少数从树突的起始部分发生。轴突在离开细胞体的地方呈圆锥状,称为轴丘。初始段后的轴突表面常覆盖一层髓鞘(myelin),髓鞘是由 Schwann 细胞组成,每隔 0.5~22μm 都有一段无髓鞘的郎飞结,这种轴突称为有髓鞘纤维。另外也有一些轴突表面无髓鞘,称为无髓鞘纤维。轴突内的物质是轴浆,神经细胞的许多重要的化学物质的运输是靠轴浆完成的。轴膜是动作电位赖以传导的重要结构基础,神经细胞产生的动作电位将沿着轴突的走向传到轴突末梢,并在此转化为化学递质(神经递质)的释放,将信息传递到其他神经细胞。因此轴突的走向及其与之投向的靶细胞和突触是决定神经细胞作用性质的重要因素。有的神经细胞轴突较短,它与靶细胞都在同一神经结构内,这类细胞称为中间神经细胞或高尔基Ⅱ型神经细胞。有的神经细胞的轴突较长,它与靶细胞分别处在不同的神经结构,这类细胞称为投射神经细胞或高尔基Ⅰ型神经细胞。轴突在到达靶细胞附近形成分枝状,每个分枝末端有纽扣状的终扣（boutons），它与靶细胞形成突触（图 18-1-1）。

耳蜗螺旋神经节处的神经细胞是双极神经元，其一侧是树突，接受来自 IHC 或 OHC 的信息。在耳蜗螺旋神经节处树突极短，出 Habenular 孔后即脱去髓鞘，基本与神经元形成一体，称为细胞体 - 树突结构（图 18-1-1 右侧）。另一侧是向中枢侧的轴突，轴突将信息传入下一级神经元，即耳蜗核（图 18-1-1 左侧）。耳蜗核神经细胞的轴突又进一步组成了继续向高级中枢传递信息的投射纤维。

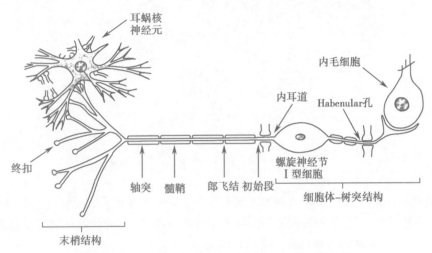

图 18-1-1　耳蜗螺旋神经节 I 型神经元及其双极连接

在耳蜗螺旋神经节处的神经元，其树突中的 I 型纤维接受来自 IHC 的信息；II 型纤维是接受来自 OHC 的信息（图 18-1-2）。I 型纤维与 IHC 底的细胞膜形成突触（synapse）连接，这个突触与 IHC 一起构成了螺旋神经节细胞对传入信息的接受区域。在耳蜗内的传入通路较为复杂，除了 I 型纤维与 IHC 形成突触连接外，来自橄榄耳蜗束的传出纤维与 I 型传入纤维又形成一个突触连接，最终形成一个传入突触复合体。而 OHC 直接与传入神经和传出神经形成突触连接（图 18-1-3）。在耳蜗传入神经纤维中，接受来自 IHC 信息的 I 型纤维占 95% 以上，而接受来自 OHC 信息的 II 型传入纤维仅占 5%。一个 IHC 可与多达 20 根 I 型纤维形成突触；一根传出纤维侧支支配 10 多个 OHC。上述的 I 型和 II 型传入纤维树突内存在多种细胞器，包括合成蛋白质所需的核糖体等。

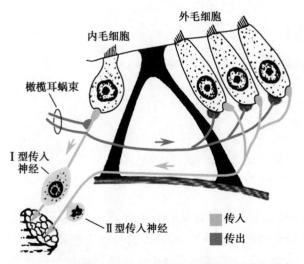

图 18-1-2　螺旋神经节 I 型纤维与内毛细胞、II 型纤维与外毛细胞相接示意图

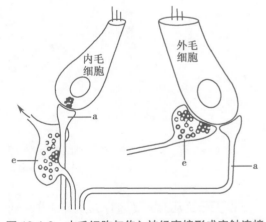

图 18-1-3　内毛细胞与传入神经直接形成突触连接（左 a），传出神经末梢与听神经树突的突触小结构成传出突触（左 e），右外毛细胞与传出神经（右 e）和传入神经（右 a）直接形成突触连接

2. 细胞膜的化学组成和分子结构　细胞膜主要由脂质和蛋白质以及少量的糖类等物质构成脂质双分子流体镶嵌模型（fluid mosaic model）（图 18-1-4），即细胞膜以脂质双分子液态层为基架，其中镶嵌着具

有不同分子结构、不同生理功能的蛋白质。脂质部分阻止离子自由跨膜流动,而蛋白质分子则形成不同构型、不同功能的离子跨膜通路,即各种离子通道。这种结构是可兴奋细胞产生动作电位的重要基础。

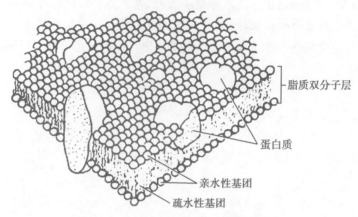

图 18-1-4 细胞膜脂质双分子流体镶嵌模型

3. 神经细胞的外环境 神经细胞的周围是胶质细胞,在中枢神经系统对胶质细胞的研究已较深入,其数量是神经细胞的两倍。胶质细胞不直接参与神经信息的传递,但对神经细胞起着修复、吞噬、支持、物质交换等重要作用,从而保证神经细胞正常功能的完成。

许多研究表明,胶质细胞与中枢谷氨酸能神经细胞之间存在着谷氨酸 - 谷氨酰胺(Glu-Gln)循环,以此维持神经细胞内谷氨酸(Glu)的平衡状态,防止因谷氨酸(Glu)在细胞内堆积而产生兴奋性毒性。在耳蜗中,IHC、OHC 类似于神经细胞,而支持细胞有许多类似胶质细胞的功能。最新研究表明,在耳蜗内的支持细胞与 IHC 之间也存在 Glu-Gln 循环,不过有些环节还有待实验证明(图 18-1-5)。耳蜗支持细胞除起支持和营养作用外,还与钾循环有关,有调节耳蜗功能、增强毛细胞的韧性等作用。

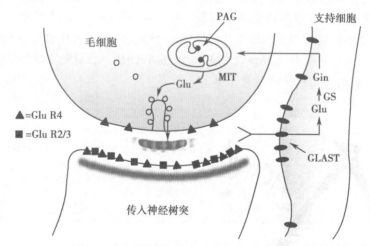

图 18-1-5 内毛细胞与传入神经突触连接及谷氨酸 - 谷氨酰胺(Glu-Gln)循环机制
GLAST:谷氨酸转运载体,GS:谷氨酰胺合成酶。

以上的这些作用是通过细胞外液实现的。在中枢神经细胞与胶质细胞间有宽约 15～20nm 的间隙,其间即为细胞外液。神经细胞的细胞内液、细胞外液中的离子浓度有着显著不同,例如细胞内 K^+ 浓度为 140mmol/L,Na^+ 浓度为 7mmol/L,而细胞外 K^+ 浓度为 3mmol/L,Na^+ 浓度为 140mmol/L。这种细胞内外离子浓度的差异在神经细胞功能活动中具有重要的作用。

在耳蜗中,毛细胞的纤毛和表皮板浸泡在内淋巴中,内淋巴离子成分与毛细胞内液近似,属细胞内液。毛细胞的胞体和底部则与 Corti 液、外淋巴相接触(图 18-1-6)。Corti 液、外淋巴的离子成分与脑脊液相近,属细胞外液。

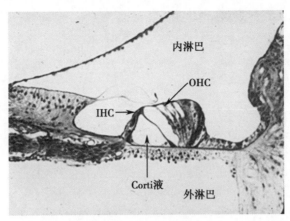

图 18-1-6　耳蜗螺旋器

OHC、IHC 浸泡在 Corti 液与外淋巴中,纤毛、表皮板、盖膜等则浸泡在内淋巴中。

(二)神经细胞的功能

神经细胞主要功能是信息处理,即接受、整合、传导和传递信息。既有可兴奋特性的耳蜗毛细胞也有接受、初级处理和传递信息的细胞,信息在神经细胞的表达方式主要为电信号或化学信号两种。

1. **神经细胞电现象**　早在公元前 300 多年,Aristohe 发现电龟的放电现象(一种"震击"作用),解剖学证明,电龟的"震击"是由肌电板单位组成的如同蓄电池的电板电震所致,每个肌电板可产生 0.14V 电压。18 世纪,伽尔佛尼研究神经 - 肌肉放电现象,如图 18-1-7 所示,当刺激甲标本的神经纤维时,甲标本肌肉收缩,观察通过神经与甲标本肌肉相接的乙标本,发现乙标本的肌肉同样收缩。

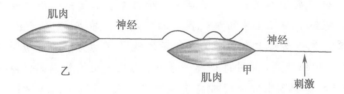

图 18-1-7　经典的神经 - 肌肉放电现象

1830 年电流计问世,实验神经电位 - 电流计可显示神经冲动通过时的动作电位。1902 年 Julius Bernstein(德国)根据当时关于电离和电化学的理论成果提出形成动作电位的"膜学说"。1939 年起英国 Hodgkin 和 Huxley 在枪乌贼的巨大神经轴突进行电生理实验,证实静息电位膜学说,对动作电位的产生做了新的解释和论证。1949 年 Hodgkin 和 B.Katz 提出的"离子学说"阐明静息电位和动作电位的最一般的原理。1976 年 Ensin Neher 和 Bert Sak 发明膜片钳技术,可直接观察和记录到细胞膜单个离子通道的活性,阐明形成动作电位的分子生理学机制。随着分子生物学技术的发展,现可以克隆出离子通道的蛋白质结构。

2. **静息电位与膜电位**　有些细胞(组织)接受相对较小的化学或电刺激后,可表现出某种形式的兴奋性反应,这种细胞(组织)称为可兴奋细胞(组织)。

在细胞处于静息状态下,细胞膜内外两侧存在着电位差,细胞膜的内侧较膜外为负,这种电位差即静息电位(resting potential)。静息电位的大小通常以膜内电位负值的绝对值大小表示。如果膜外电位设为 0,则膜内电位大都在 $-10 \sim -100$mV 之间。高等哺乳动物的神经的静息电位为 $-70 \sim -90$mV(图 18-1-8)。静息电位在大多数细胞是一种稳定的直流电位。

如前所述,细胞膜内、外离子有很大浓度差,这是细胞膜上离子载体不断将离子由低浓度侧向高浓度侧主动转运的结果,这是一耗能过程。这种细胞膜两侧离子梯度形成离子跨膜流动的驱动力,但因为细胞膜的特殊脂质双分子层结构,使得通常情况下离子难以顺梯度流动,只有在细胞膜上该离子通道开放时,离子才能在这种驱动力下由高浓度侧向低浓度侧流动。

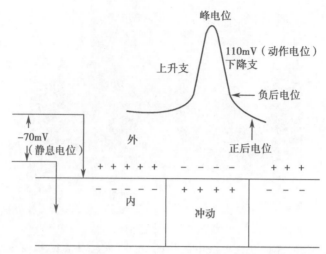

图 18-1-8　动作电位的构成：上升支、峰电位、下降支、负后电位和正后电位

离子通道（ion channels）是膜内具有中央孔结构的跨膜蛋白，其"孔"有一个"门"（gate）装置，此"门"可因受特异性刺激而开或关，从而表达不同的信息。根据离子通道有无门控，将离子通道分为：非门控离子通道，即"门"总是处于开放状态的离子通道；门控离子通道，即通道具有开和关转换的"门"控制行为。根据引起"门"开放的刺激特点的不同，又分电压门控离子通道和递质门控离子通道。在耳蜗毛细胞纤毛上还有机-电换能通道，在传入突触后膜上还有代谢型离子通道。电压门控离子通道主要参与产生动作电位；递质门控离子通道主要参与产生突触电位，而非门控离子通道的作用主要参与形成静息电位。

Ca^{2+} 作为生命元素，在细胞内必须处于平衡状态（图 18-1-9）。各种类型的 Ca^{2+} 通道的开启、Ca^{2+} 库对 Ca^{2+} 的摄入和释放以及 Ca^{2+} 泵等，均需要相互协调，方能维持细胞的生命。神经细胞也不例外，然而神经细胞的膜内、外总是存在离子浓度差。细胞膜内、外的离子浓度差的形成是离子从低浓度向高浓度主动转运的结果，这种转运依靠类似于泵的细胞膜上的特定蛋白质完成，如 Ca^{2+}-ATP 酶、Na^+-K^+-ATP 酶等，此为一耗能过程。离子载体借助于离子浓度差所带的能量帮助离子进行跨膜转运。细胞膜上的 Na^+-K^+-ATP 酶不断将钠离子泵出细胞膜，同时将钾离子泵入，由此产生细胞内高钾细胞外低钾的内外浓度差（图 18-1-9 右下角）。静息时细胞膜上的非门控离子通道仅对 K^+ 有较强的通透性，因为细胞内 K^+ 浓度高

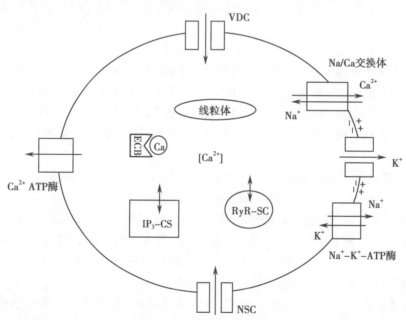

图 18-1-9　细胞内 Ca^{2+} 平衡系统及静息电位的 K^+ 跨膜流动

VDC. 电压依赖性 Ca^{2+} 通道；NSC. 非选择性阳离子通道；ECB. 内源性 Ca^{2+} 结合蛋白；
IP_3-CS. 三磷酸肌醇敏感 Ca^{2+} 库；RyR-SC. Ryanodine 敏感 Ca^{2+} 库；K^+. 非门控 K^+ 通道。

于细胞外，在浓度差的驱动下 K^+ 由细胞内移向细胞外，细胞内、外液中正、负离子原是呈电中性的，此时正离子的外移产生细胞内负外正的电位差，即膜外为正，膜内为负。当浓度差所致的驱动力和电位差所致的反驱动力相平衡时，即形成内负外正的静息电位，因此静息电位即钾平衡电位（图 18-1-9 右中）。神经细胞在静息时，其细胞膜的非门控 K^+ 通道除对 K^+ 有较强的通透性外，还对 Na^+ 和 Cl^- 具有一定的通透性。因此神经细胞静息电位形成主要是由于 K^+ 跨膜流动形成，同时还有部分 Na^+ 和很少部分 Cl^- 参与。在病理因素损伤或外界因素的刺激下，神经细胞膜电位可发生去极化或超极化变化，使其细胞功能受到影响。

3. 动作电位与离子通道

（1）动作电位：通常神经细胞静息时处于极化状态（polarization），即膜两侧电位保持着内负外正的静息状态。当受到某种刺激使神经细胞膜去极化达到或超过阈电位时，即可在极短的时间内突然变化为膜内为正、膜外为负，然后又回到静息电位，从而出现一个陡峭的峰电位变化，即动作电位。

（2）动作电位的构成

1）膜内电位在短时间内由原来的 $-70 \sim -90mV$ 变到 $+20 \sim +40mV$，由内负外正变为内正外负，构成了动作电位变化曲线的上升支。

2）膜内电位由零值变正的数值，称为超射值。

3）刺激所引起的内外电位倒转是暂时的（神经在 $0.5 \sim 2.0ms$ 内完成），很快膜内电位下降，构成了动作电位曲线的下降支。

4）短促而尖锐的脉冲样变化称为峰电位。

5）峰电位下降一般要经历微小而较缓慢的波动，称为后电位，一般先持续 $5 \sim 30ms$ 的负后电位，再出现一段延续较长的正后电位。

（3）动作电位的产生机制：Ensin Neher 等创造的膜片钳单通道记录技术，为从分子水平了解生物膜离子通道的开放与关闭、动力学、选择性和通透性等膜信息提供直接手段。离子通道与神经、肌肉和突触电位密切相关。通道的开关过程与产生电信号的神经系统反应相一致，这些微弱电流由神经系统和组织综合加工放大后形成神经冲动，使生物体做出相应反应。例如对于钠依赖性动作电位来说，单靠一个钠通道的开放还不足以产生动作电位上升相，它必须至少上千个单钠通道开放后才能产生动作电位的上升相。

1）去极相的产生：细胞膜内、外 Na^+ 浓度差很大，膜外 Na^+ 浓度显著高于膜内。当神经细胞的胞膜受到刺激时，膜上少量 Na^+ 通道开放，少量的 Na^+ 将顺浓度差内流至胞内。Na^+ 是带正电的离子，它的内流将使得胞内电位轻度去极化。当膜电位减少到阈电位时，大量的电压门控型 Na^+ 通道被激活而开放，Na^+ 内流速度急剧增大，在 Na^+ 的化学驱动力和静息时膜内原已维持着的负电场对 Na^+ 吸引的作用，致使 Na^+ 大量通过易化扩散跨膜进入细胞内，以至于超过了 K^+ 外流。随着 Na^+ 内流增加，膜进一步去极化，而去极化本身又促使更多的 Na^+ 通道开放，膜对 Na^+ 通透性又进一步增加，形成正反馈，膜内电位迅速由负变正，形成了动作电位的上升支。由于膜外 Na^+ 浓度势能较高，Na^+ 在膜内负电位减小到 0 时，Na^+ 化学梯度可继续驱使 Na^+ 内流，直至 Na^+ 的平衡电位，形成动作电位中的超射。

2）复极相的产生：细胞膜在去极化过程中，Na^+ 通道开放时间很短，仅万分之几秒，随后 Na^+ 通道关闭而失活。使 Na^+ 通道开放的膜去极化也使电压门控 K^+ 通道延迟开放，膜对 K^+ 的通透性增大，膜内 K^+ 顺电化学驱动力向膜外扩散，使膜内电位又从正值向负值转变，直至原来的静息电位水平，形成动作电位的下降支即复极相。快速的上升支和下降支组成了动作电位中的锋电位。

3）后电位的产生：锋电位发生后，产生微小而持续时间较长的后电位。包括负后电位和正后电位。

负后电位紧接于锋电位下降支后，膜电位比静息电位小，持续约 $5 \sim 30ms$，幅度约为锋电位的 $5\% \sim 6\%$。一般认为负后电位的产生是在复极时迅速外流的 K^+ 蓄积在膜外附近，暂时阻碍 K^+ 外流的结果。

正后电位是在负后电位后出现超极化的电位，持续 50ms 至数秒，幅度为锋电位的 0.2%。正后电位前半部分的形成主要是由于 K^+ 通道仍然处于一定的开放状态，对 K^+ 过度通透可持续数毫秒，使较多的 K^+ 扩散到膜外，引起膜内正离子"过多"缺失，后半部分主要由于 Na^+ 泵作用，使 Na^+ 过度外流的结果。

神经纤维每兴奋一次，进入细胞内的 Na^+ 浓度增加约 $1/100\,000 \sim 1/80\,000$，这种微小的变化，足以激活膜上的 Na^+ 泵，使之加速转运，逆浓度差将细胞内多余的 Na^+ 排到细胞外，细胞外多余的 K^+ 摄入。

后电位完结后，电位恢复到静息状态，膜内外 Na^+、K^+ 分布也恢复到静息状态，即指兴奋性恢复正常，可再次接受刺激产生兴奋。

以上过程可以看出，两种离子通过膜结构中电压门控性 K^+ 通道和 Na^+ 通道进行的异化扩散，是形成神经细胞静息电位和动作电位的直接原因。膜两侧离子浓度梯度及可调控的离子通道是动作电位产生的基础，而动作电位是各种可兴奋细胞(组织)产生兴奋的共同机制。

正因为生物电的产生是以膜两侧离子浓度梯度及膜离子通道开放和关闭改变离子的通透性为基础，所以改变膜内、外离子浓度或用人工方法调控通道的开关，都将影响生物电的质和量。

（4）动作电位的分类

1）钠依赖性动作电位：动作电位的上升相主要由 Na^+ 快速内流形成，而这是由于电压门控 Na^+ 通道开放所致。钠依赖性动作电位的特点是：上升相幅度大，下降相速度快。发生部位在细胞体和轴突处，并沿轴突传到轴突末梢。

2）钠/钙依赖性动作电位：此种动作电位除了 Na^+ 通道、K^+ 通道参与外，还有 Ca^{2+} 通道的作用。通过 Ca^{2+} 通道 Ca^{2+} 向胞内流动，部分抵消了 K^+ 外流造成的电位快速下降，从而使动作电位下降较慢。钠/钙依赖性动作电位发生的主要部位在细胞轴突末梢处。它的功能主要是在动作电位期间使电压依赖性高阈值 Ca^{2+} 通道开放，胞外 Ca^{2+} 内流增加，触发轴突末梢释放神经递质。

3）钙依赖性动作电位：该动作电位的特点是幅度低，持续时间长，上升相是在去极化达到高阈值 Ca^{2+} 通道的激活值后 Ca^{2+} 通道开放引起 Ca^{2+} 内流所致（图 18-1-10），下降相是延迟外向整流 K^+ 通道和钙依赖性 K^+ 通道开放引起的 K^+ 外流所致。其发生的主要部位是树突处。

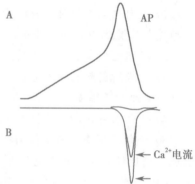

图 18-1-10 动作电位波形（A）与电压钳 Ca^{2+} 通道电流（B）之间的关系

此外，作用于动作电位下降相的还有钙依赖性 K^+ 通道。此 K^+ 通道主要依赖于细胞内 Ca^{2+} 浓度的提高，而 Ca^{2+} 增加的途径有：激活的过程使电压依赖性 Ca^{2+} 通道开放，胞外 Ca^{2+} 内流；或经受体门控通道开放内流；或经胞内钙库（如线粒体、IP_3 等）释放使 Ca^{2+} 增加，从而进一步激活 K^+ 通道使 K^+ 外流，细胞出现超极化后电位。相当于耳蜗毛细胞受机械声波刺激后使纤毛的机-电换能通道打开，胞外 K^+ 和 Ca^{2+} 内流，激活毛细胞侧壁上钙依赖性 K^+ 通道开放使 K^+ 外流，一方面使毛细胞复极化，另一方面形成钾电流参与耳蜗内的钾循环（图 18-1-11）。

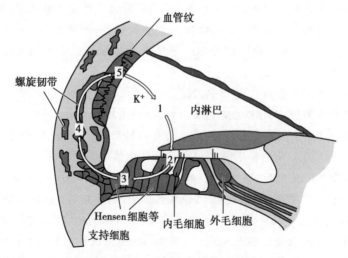

图 18-1-11 耳蜗 K^+ 循环示意图

1. 内淋巴；2. 外毛细胞；3. Hensen 细胞等支持细胞；4. 螺旋韧带；5. 血管纹。

（5）动作电位及其在同一细胞的传导：在自然条件下，神经细胞的动作电位只能由感受器细胞膜和突触后膜的去极化型局部电变化引发。

1）实验性阈电位和锋电位的形成：先用一对刺激电极同直流电源相连，然后把刺入轴突膜内的一个电极同电源负极相连，该负电极的插入将引起膜不同程度的超极化，这时，即使用很强的刺激也不会引起诱发电位（图18-1-12）。

当膜内的刺激同电源正极相连时，电极的刺入将引起去极化，当逐渐加大刺激强度，使膜内去极化到达某一临界值时，就可记录到一个明显的突然上升的电位，即产生了一次动作电位。将能引起动作电位的最低电位值称为阈电位（threshold membrane potential）。一般细胞阈电位大都较其静息电位高10～15mV。

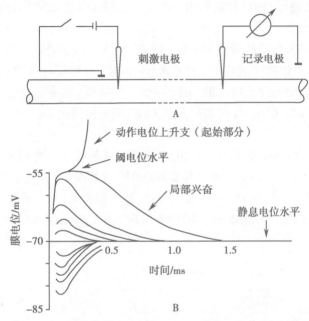

图 18-1-12　局部兴奋的试验布置（A）和试验结果（B）示意图

2）局部兴奋及其特性：阈下刺激引起Na^+通道少量开放，这时少量Na^+内流造成的去极化和电刺激造成的去极化叠加，在受刺激的局部出现一个较小的去极化，称为局部兴奋。局部兴奋的强度较弱，很快会被外流的K^+抵消，不能引发大量Na^+通道开放，即不能诱发动作电位。其特点为：①无全或无现象，阈下刺激范围内，随强度的增大而增大；②电紧张性扩布，即阈下刺激产生的局部兴奋可以使邻近的膜产生类似的去极化，但随距离的增加迅速减小以至于消失，不能在膜上作远距离传播；③可以相互叠加，局部兴奋可在空间上和/或时间上进行总合，若干个局部兴奋在时间、空间上的总和可能形成阈上刺激而诱发动作电位。

3）兴奋在同一细胞上的传导机制：可兴奋细胞任何一个部位的细胞膜所产生的动作电位，都可沿着细胞膜向周围传播，表现为动作电位沿整个细胞膜的传导。

无髓神经纤维的某一段受到足够强的外加刺激出现动作电位，由于细胞膜两侧的溶液都是导电的，于是在已兴奋的神经段和其相邻的未兴奋的神经段之间，产生局部电流，流动方向是：膜外的正电荷由未兴奋段移向已兴奋段，膜内的正电荷由已兴奋段移向未兴奋段，造成未兴奋段膜内电位升高而膜外电位降低，引起去极化，达阈电位时，使该段出现动作电位。

有髓神经纤维在轴突外面包有一层相当厚的髓鞘，而构成髓鞘的胶质是不导电的，只有在髓鞘暂时中断的郎飞结处，轴突膜才能和外液接触，当有髓纤维受刺激时，动作电位只能在邻近刺激点的郎飞结处产生，形成跳跃式传导。

4）动作电位的传导速度：在不同神经纤维上动作电位的传导速度不尽相同，因为在有髓纤维动作电位只能在郎飞结处产生，呈跳跃式传导，显然有髓鞘纤维比无髓鞘纤维快。有髓鞘纤维典型的传导速度为10m/s，动作电位的持续时间大约为2ms，因此跨膜距离为2cm。在耳蜗传入神经的动作电位可以通过观察此指标的变化了解神经冲动的同步化程度,从而进一步推测传入神经及突触是否正常。

正常情况下影响动作电位传导速度的因素:①髓鞘或膜电阻,有髓鞘存在使传导速度加快,如果脱髓鞘,则传导速度减慢;②与神经纤维的束径有关,因为神经冲动传导速度与膜电阻和膜内电阻有关,膜电阻与纤维的半径成正比,而膜内组与半径的平方成反比,所以神经纤维直径越大,传导速度越快;③与膜去极化快慢有关去极化愈快,达到阈电位所需时间愈短,引起兴奋愈快,传导速度也就愈快。

(三)耳蜗毛细胞及其传入、传出通路

1. **耳蜗 IHC、OHC 结构、功能比较** 随着在体胞内电位记录技术的发展(Dallos P 和 Russel IJ),人们发现 IHC 具有较高的敏感性,其表现为:OHC 在低声强时有超极化直流电位,OHC 最大输出小于 IHC。IHC、OHC 具有不同的锁相特征,IHC 超前 OHC 90°。IHC 响应于基底膜的运动速度,OHC 响应于基底膜的位移。

OHC 与盖膜、基底膜共同构成感受效应系统,即驱动系统,调节 IHC 的频率选择性和敏感性,而目前尚未发现 OHC 本身可产生传向中枢的冲动。然而低声强时,IHC 反应需要 OHC 来驱动或者激活。

以上的发现修正了过去双元理论提及的 OHC 决定反应阈值(响应低声强刺激),IHC 响应高声强刺激的说法,而认为 IHC 较 OHC 更敏感,但前提是在 OHC 完好的情况下,一旦 OHC 受损,IHC 的敏感性将下降。

正因为 OHC 有主动机制及驱动作用,使 OHC 胞内记录的感受器电位表现出非线性特点;而胞外(中阶记录)的 CM、SP 也为非线性。但在噪声暴露后,OHC 受到损伤,上述非线性特点减弱,表现出 IHC 的被动线性特点。以上试验结果进一步说明,此非线性特点来自 OHC。试验中也观察到 CM 的两音抑制现象,但噪声暴露后,两音抑制现象减弱。顺铂灌流后,OHC 受损,CM、SP 和 CAP 非线性特点减弱(表 18-1-2)。

表 18-1-2 内毛细胞、外毛细胞的特点比较

特点	内毛细胞	外毛细胞
数量	约 3 500 个,烧杯状	约 12 000 个,试管状
行数	单行	3 行
突触连接	与 95% 的传入神经纤维形成突触连接	少许与传入神经纤维形成突触连接(<5%)
与传出神经关系	与传出神经不直接连接	与传出神经纤维直接相连
纤毛数量	每个细胞有 50~70 根纤毛	每个细胞有 40~150 根纤毛
损伤后状态	受损伤后,传入纤维可退化	受损伤后,传入纤维不退化
支配方式	每个细胞与 20 根传入纤维相连	1 根传出纤维侧支支配 10 多个外毛细胞
髓鞘	传入纤维有髓鞘	一般无髓鞘
作用	原发感受器	驱动、调制内毛细胞
放大方式	被动放大	主动放大
反应方式	对盖膜下液体流动的速度起反应	纤毛与盖膜直接相接(镶嵌在盖膜内面)靠盖膜机械运动刺激,当疏相波时,纤毛束向较长的纤毛方向偏移,引起兴奋;密相波时,不引起兴奋
接受刺激方式	纤毛与盖膜不直接相连,靠内淋巴流动速度刺激	除了受盖膜机械运动的刺激外,还受传出纤维的支配,在传入、传出纤维的共同作用下,可能会改变内毛细胞的张力,增加其传入神经的灵敏度
对药物的敏感性	不易受药物、噪声损伤	易受药物、噪声损伤

2. **耳蜗 OHC 的兴奋性特点** OHC 的静纤毛是以高低不等分布于表皮板上,各纤毛的顶尖部有"尖连接"(tip-link),纤毛上有机 - 电换能通道,是非选择性离子通道,除 Ca^{2+} 通道外,主要以 K^+ 通道为主,当纤毛受到盖膜位移机械刺激后,如果向较高(长)一侧的纤毛弯曲时,K^+ 通道开启,通透性增加,K^+ 向胞

体内流增多;而向相反方向弯曲时通道开启减少,K$^+$电流也相应减弱,因此这种K$^+$电流可随声波刺激频率的正、负相摆动而受到调变,这一方面形成感受器电位,另一方面导致毛细胞去极化。当毛细胞去极化后,使得分布于毛细胞底侧壁上L型Ca^{2+}通道开启,胞外Ca^{2+}进入胞内,胞内Ca^{2+}增加又激活毛细胞侧壁的钙依赖性K$^+$通道开启,形成Ca^{2+}依赖性K$^+$电流(I$_{KCa}$)使毛细胞超极化,当K$^+$进入Corti液(成分同外淋巴)后参与耳蜗内K$^+$循环;此外OHC的底侧壁上电压依赖性外向K$^+$电流,对胞外的K$^+$有高度选择性和依赖性(图18-1-13)。这种电流可能与形成静息电位有关;浸于淋巴液中的静纤毛还有ATP激活的与ATP受体P$_2$X型相偶联的Ca^{2+}通道形成Ca^{2+}内向性离子流,使毛细胞去极化;另外,在耳蜗传出神经与OHC底部形成的突触后膜还有乙酰胆碱(ACh)可激活的ACh离子型受体通道开启,一般是先Ca^{2+}内流,使细胞产生去极化,然后由Ca^{2+}又引起Ca^{2+}依赖性K$^+$通道开启,形成外向型K$^+$电流使OHC超极化。

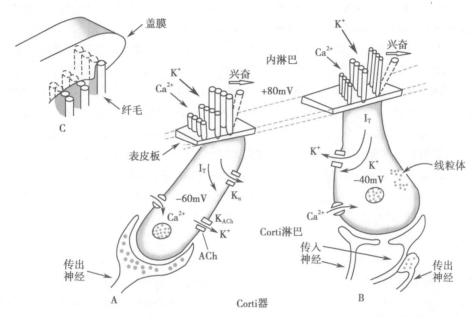

图18-1-13 内毛细胞、外毛细胞纤毛的机-电转换通道和细胞膜的主要离子通道开启过程
A.外毛细胞;B.内毛细胞;C.纤毛与盖膜之间的镶嵌关系;Ir由声波引起的纤毛摆动所控制的换能电流。

早在19世纪就有人认识到听觉系统存在传出神经。1946年发现上橄榄复合体(superior olivory complex,SOC)。SOC与耳蜗螺旋器之间有传出神经联系,称橄榄耳蜗束(olivocochlear bundle,OCB)。内侧橄榄耳蜗束(medial olivocochea,MOC)以较粗的有髓鞘纤维通过交叉与不交叉两种纤维支配双侧耳蜗OHC,人体有95%左右的MOC纤维自第四脑室底中线交叉至对侧,约5%的MOC纤维不交叉,在猫和小鼠,交叉的MOC纤维约占70%~75%,在大鼠、豚鼠和猴则占60%~65%。MOC纤维在OHC底部直接与细胞膜形成突触。业已证明,ACh是MOC传出神经系统的主要神经递质,以后又发现了γ-氨基丁酸(GABA)。在活体OHC底部用GABA可引起胞体可逆性伸长,ACh则引起OHC可逆的缓慢收缩。说明这两种神经递质在耳蜗放大系统的调控中起相互平衡的作用。

3. 耳蜗IHC的兴奋性特点 与OHC一样,在IHC表皮板上也有高低不等的静纤毛,因为静纤毛是浸泡在内淋巴中的,当受到内淋巴波动的机械刺激时,纤毛产生内外摆动,并引起纤毛底部机-电换能通道(非选择性阳离子通道,以K$^+$通道为主,其次是Ca^{2+}通道)开启,以开放程度调节换能电流大小(图18-1-13)。当阳离子电流增大时,IHC去极化。这种去极化使IHC底侧壁Ca^{2+}通道开启,形成Ca^{2+}内流,细胞内Ca^{2+}浓度的增加一方面导致神经递质的释放,引起所支配的神经纤维产生动作电位,另一方面使细胞侧壁上的Ca^{2+}依赖性K$^+$通道开启,形成外向性K$^+$电流(I$_{KCa}$)使毛细胞超极化,从而恢复到静息电位水平。除此以外,K$^+$外流还参与耳蜗K$^+$循环和动态平衡(图18-1-11)。

IHC兴奋后释放出神经递质(Glu)到突触,并与突触后膜上的Glu递质受体相结合,激活与Glu受体

相偶联的 Na^+ 通道的开启，Na^+ 内流使传入神经末梢去极化，从而产生动作电位。但也有报道称，可能激活了与 Glu 受体相耦联的 Ca^{2+} 通道的开启，Ca^{2+} 内流使神经末梢去极化。但后者引起的是幅度低、下降缓慢的动作电位。

业已证明，在中枢神经系统，神经元与胶质细胞间存在 Glu-Gln 循环。目前不少学者也在探讨耳蜗中是否存在着此循环机制，推测当 IHC 释放出 Glu 至 IHC 与Ⅰ型螺旋神经节神经元之间的突触间隙，一部分 Glu 激活离子型 Glu 受体，使非选择型阳离子通道开启，引起神经末梢的兴奋，对于过量释放再被突触后膜受体结合后过多的 Glu，由支持细胞上的 Glu 转运体（GLAST）转运进入支持细胞，在 Glu 合成酶的作用下转变为谷氨酰胺（Gln），并释放到细胞外，由 IHC 摄取后在磷酸激活的 Gln 酶作用下重新合成 Glu 完成循环。在中枢神经系统内 Glu 受体可分为离子型受体（包括 $iGluk_1 \sim iGluk_4$）和代谢型受体。前者可分为 NMDA 受体（NMDA 受体又包括 NR1 和 NR2 两个亚型）和非 NMDA 受体，而后者又可分为 AMPA 受体（包括 $iGluk_1 \sim iGluk_4$）和海藻酸（KA）受体。实验证明，在耳蜗中存在 NMDA 和 AMPA 受体。NMDA 受体亚型 NR2B 主要分布在螺旋神经节底部，特别是在邻近 OHC 处。此外，在 IHC 上还存在 Glu 受体即自身受体；当对离体培养的 IHC 加入外源性 Glu 后，用激光共聚集显微镜可观察到，IHC 内游离 Ca^{2+} 增加，由此也证明 IHC 膜上存在 Glu 自身受体，并以正反馈机制调节细胞内的 Ca^{2+}。当外源性 Glu 行全耳蜗灌流时，会引起 CAP 幅值下降，阈值升高。而 CM、SP 未改变，提示 Glu 选择性破坏 IHC 及 IHC 下突触而不伤及 OHC，从而推断 IHC 上有 Glu 代谢受体，OHC 上则无此受体。当 IHC 受损后会继续诱发传入神经末梢的退行性病变，证明 Glu 及其代谢型受体对神经末梢有营养作用。

4. 耳蜗传入突触复合体结构及功能 内毛细胞突触复合体（the inner hair cell synaptic complex）包括：①传入突触由 IHC 和传入听神经树突的突触小结（lutton）构成（图 18-1-3 左 a）；②传出突触由外侧橄榄耳蜗束（lateral olivocochlea，LOC）的无髓鞘传出神经末梢大部分与同侧传入听神经树突的突触小结构成（图 18-1-3 左 e）；③OHC 则与传出神经（图 18-1-3 右 e）、传入神经（图 18-1-3 右 a）直接形成突触连接。

这种突触复合体具有以下特点：

（1）IHC 与所有的螺旋神经节Ⅰ型细胞形成突触并组成放射状传入神经纤维，进入脑干的耳蜗核。在哺乳类动物，耳蜗每个 IHC 约有 10～30 个活动区，每个活动区只与一条传入神经纤维的突触小结形成突触连接。IHC 上的一个活动区提供一条传入神经纤维上的所有听觉信息。同时起源于同侧上橄榄复合体（ISO）外侧的小神经元通过传出突触对 IHC 下的传入突触进行反馈调节。

以上这些结构对言语的时间整合及相位编码等可能起重要作用，即在耳蜗信息传入部位就开始对言语进行编码和初级的识别。听神经病患者言语识别率下降程度与其纯音听力下降不成比例，这也许是原因之一。

（2）突触前膜"快速可释放池"（readily releasable pool，RRP）的耗竭现象可能在听觉快速适应过程中起重要作用。实验证明小鼠耳蜗底回 IHC 的 25 个活动区域中的每一个区域，都可以在突触前膜以最快 2 000 个囊泡 /s 的速率快速释放递质。这么高的突触前膜融合速率显然可以满足听神经上最高频率的冲动发放。而且某些毛细胞仅对某一频率范围的声刺激产生反应而表现出电位共振，这种电位共振依赖于 L 型 Ca^{2+} 通道及 Ca^{2+} 激活的 K^+ 通道。这些 IHC 及突触前膜的"RRP"和 Ca^{2+} 通道的特点为耳蜗的频率分析机理之一——排放理论提供了重要依据，而频率分析又是言语识别的基础。在突触前膜记录到反映 RRP 耗竭的 IHC 出胞速率减慢的现象，其时程与快速听觉适应的时程相似，且 RRP 恢复时程的两个阶段与听神经 CAP 从适应中恢复的时程也相似。因此，突触前膜的 RRP 耗竭现象可能在听觉快速适应中起重要作用。而传入突触的突触抑制作用，即同侧橄榄耳蜗束的传出神经递质多巴胺的作用，可能是快速听觉适应的基础。这实际是一种学习记忆的过程，而这个过程也是言语识别的基础。所以听觉适应对言语的识别至关重要。

（3）IHC 拥有功能不同的活动区，它们分别与具有不同自主频率和阈值的听神经纤维形成突触连接，而活动区之间不同的释放特性可解释听神经纤维间自主频率的变化。已观察到功能不同的活动区 RRP 恢复动力学是有差异的。换句话说，与听皮质相似，耳蜗 IHC 上也有空间分布特点，即位置编码作用，这也是耳蜗进行言语编码的基础之一。

5. 耳蜗感受器电位与 K$^+$ 循环

（1）耳蜗毛细胞的微环境及 K$^+$ 循环：在前面已述，外淋巴离子成分与细胞间（外）液相近。在螺旋器中，毛细胞纤毛浸泡在内淋巴中，而胞体和底部则被 Corti 液和外淋巴包围（Corti 液和外淋巴离子成分相近）。内淋巴与外淋巴成分的重要区别在于内淋巴像细胞内液一样，高钾（约 150mmol/L）而低钠（约 1mmol/L），外淋巴则是低钾（约 3mmol/L）、高钠（约 140mmol/L）。因此，如果相对于外淋巴毛细胞内的电位大约为 −60mV，而内淋巴相对于外淋巴有大约 80mV 的正电位，故在毛细胞纤毛侧的内（外淋巴）、外（内淋巴）绝对电位差值为 140mV（图 18-1-14）。在中阶（内淋巴）记录到的直流电位高达 80mV，称为蜗内直流电位（EP）。

实验证明，形成如此大的电位差是靠 K$^+$ 循环形成的（图 18-1-11）。而内淋巴的高钾并不是来源于血管纹丰富的血液供给，而是来自血管纹中多种细胞的协同活动和耳蜗毛细胞、支持细胞等构成的 K$^+$ 循环。K$^+$ 循环可能存在三种途径：① K$^+$ 通过支持细胞间的缝隙连接到达螺旋韧带，然后通过螺旋韧带到达血管纹，最后进入内淋巴；② K$^+$ 通过外淋巴到螺旋韧带，通过血管纹进入内淋巴；③ K$^+$ 通过支持细胞到达螺旋韧带的纤维细胞和齿间细胞，最后通过齿间细胞的 Na$^+$-K$^+$-ATP 酶泵入内淋巴。以上均提示耳蜗中支持细胞在保持耳蜗 K$^+$ 循环和毛细胞正常功能发挥着重要作用。实验证明，Hensen 细胞上的电压依赖性钾电流参与了耳蜗中 K$^+$ 循环以及 EP 的形成。

（2）耳蜗感受器电位与 K$^+$ 电流：前面已论述在毛细胞纤毛侧的内、外存在 140mV 的电位差，在纤毛顶的机械 - 电换能通道开启时 K$^+$ 内流使毛细胞去极化，继而使毛细胞侧壁上的 Ca^{2+} 依赖性 K$^+$ 通道打开，形成毛细胞外向钾电流，称为换能电流。

早些时候 Davis 认为 EP 和跨越毛细胞顶部的电动势（总共 140mV）是感受器电位产生的动力。当耳蜗接受声波刺激后，耳蜗中淋巴液和基底膜产生振动，于是镶嵌于盖膜中的 OHC 的纤毛与盖膜之间产生相对位移，包括相位、方向、大小，使之阻抗值产生相应的变化，其位移的变化（即阻抗大小）调制上述换能器电流，于是产生随声波频率变化的感受器电位，即耳蜗微音器电位（CM），而新近离子通道研究证明，上述电阻之变化实际上是纤毛上的机械 - 电换能通道开放状态的变化。

受声波刺激后，纤毛向最高的纤毛方向弯曲时，这种机械 - 电换能通道开启使 K$^+$ 进入细胞内增多，毛细胞去极化（产生兴奋）。而向相反方向弯曲时通道开启减少，于是流经毛细胞的 K$^+$ 电流会根据纤毛摆动方向，大小受到调节。这种电流在毛细胞侧膜上产生的电压就是感受器电位（receptor potential）。

那么毛细胞纤毛顶端上的机 - 电换能通道是如何开启和关闭的呢？有一个"门控弹簧"假设可以比较好地解释此问题。当纤毛向长纤毛方向弯曲时，纤毛之间的连接桥张力可能增加，使本来关闭的离子通道的塞子被拔出，从而打开离子通道，使离子向细胞内流增加，毛细胞兴奋；当纤毛向短纤毛方向弯曲时，纤毛之间的连接桥张力下降，离子通道关闭，中断离子向细胞内流，毛细胞不兴奋，这就是所谓负相波使毛细胞兴奋，正相波毛细胞不兴奋的机制所在（图 18-1-14）。

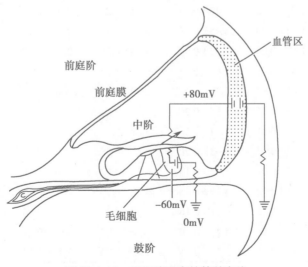

图 18-1-14　毛细胞兴奋的等效电路

总之，凡是在听觉通路（从周边到中枢）上，任何一个环节受病理因素的影响诸如：耳蜗 K^+ 循环的障碍使 EP 下降；Glu-Gln 循环障碍，使突触 Glu 堆积造成 Glu 兴奋性毒性；毛细胞 Ca^{2+} 通道过渡开放，使胞内 Ca^{2+} 超载，以及压迫神经纤维、传入神经纤维脱髓鞘病等都会引起电生理指标，包括耳蜗电位、ABR、40Hz 听觉事件相关电位（40Hz auditory event related potential，40Hz AERP）、多频听性稳态反应（multiple frequency auditory steady-state response，MASSR）等缺如或出现异常。

（四）正常听力的听觉系统与神经细胞的发育

1. 神经细胞的发育过程 上述几部分均叙述的是正常成年神经细胞或听毛细胞的结构和功能，但神经系统在自胚胎起的整个发育过程中，神经细胞的结构和神经细胞间的联系将发生巨大的变化，如未成熟的神经细胞在结构和功能上表现出很大的可塑性，这种可塑性在维持正常细胞功能或代偿性恢复过程中也有重要作用。

神经细胞从外胚层分化而来。全过程为在中胚层诱导因子的作用下，外胚层细胞首先分化出神经细胞前体，在某种因子（如某种神经营养因子）的作用下分化成神经细胞或胶质细胞。除少数外，大部分细胞都迁移，到达它们最终所在的部位，在发育过程中一方面增生、完善，同时也发生大量的死亡和凋亡，即增生与死亡同时存在，直到总数减少到正常成年时的数目。前体细胞受神经营养因子的作用才能定向分化成某一种特定功能的细胞，这些神经营养因子还对在发育过程中的细胞是生存还是死亡起重要作用。

2. 正常听力听觉系统的发育过程及电生理指标的表现

（1）听觉系统及其生理特性发育：神经纤维髓鞘在出生后继续发育，听神经和脑干的髓鞘形成在出生后 6 个月完成；突触连接的发育及形成要 6 月龄～1 岁完成或更长；而从脑干投射到听皮质神经纤维的髓鞘形成持续到 5 岁；胼胝体的髓鞘形成持续到 15～20 岁；通过胼胝体联系起来的两个半球的信息整合在语言感受中起重要作用。

电生理试验证明，听神经水平的反应（CAP），其幅度和潜伏期在出生后 1 个月即达到成人水平；ABR 中较晚的成分（波 V）3 岁时达到成人水平；而中潜伏期反应（middle latency response，MLR 或 40Hz AERP）在 10～14 岁仍未成熟。

国内研究证明，ABR 的各波间期，包括 I～V、I～Ⅲ、Ⅲ～V 间期的临床观察，对于神经突触的发育和病变有重要的诊断价值。史伟等观察正常听力婴幼儿 ABR 各波间期随月龄变化的情况：当在出生后 42 天时，ABR 各波间期均比正常成人长；当 3 月龄时，I～Ⅲ 缩短，而Ⅲ～V 仍较正常成人长；当 6 月龄时，I～Ⅲ 间期进一步缩短与正常成人的接近，Ⅲ～V 还没有缩短的趋势（表 18-1-3）。

表 18-1-3 各组不同刺激声强度下的 ABR 结果（$n=40$ 耳）

组别	刺激声强度 /dB nHL	波潜伏期 /ms			波间期 /ms		
		I	Ⅲ	V	I～Ⅲ	Ⅲ～V	I～V
A 组（6 周龄）	100	1.49±0.08	4.42±0.16*	6.61±0.25*	2.93±0.18*	2.19±0.17△	5.12±0.28*
	90	1.54±0.09	4.45±0.16	6.66±0.26	2.91±0.18	2.21±0.18	5.12±0.27
	80	1.63±0.08	4.52±0.17	6.74±0.26	2.89±0.17	2.23±0.18	5.12±0.27
	70	1.83±0.12	4.64±0.18	6.87±0.26	2.80±0.19	2.23±0.18	5.04±0.27
B 组（3 月龄）	100	1.47±0.07	4.35±0.20*	6.50±0.25*	2.88±0.18*	2.14±0.15△	5.03±0.25*
	90	1.53±0.07	4.38±0.20	6.57±0.24	2.85±0.19	2.20±0.15	5.05±0.23
	80	1.64±0.11	4.44±0.20	6.67±0.26	2.80±0.17	2.23±0.17	5.03±0.25
	70	1.84±0.13	4.62±0.22	6.80±0.28	2.78±0.18	2.18±0.20	4.95±0.25
C 组（6 月龄）	100	1.45±0.07	4.17±0.15*	6.32±0.22*	2.71±0.15*	2.15±0.18△	4.87±0.20*
	90	1.48±0.08	4.19±0.15	6.36±0.21	2.70±0.15	2.16±0.16	4.87±0.20
	80	1.60±0.11	4.27±0.16	6.43±0.24	2.68±0.16	2.16±0.20	4.84±0.23
	70	1.79±0.14	4.42±0.20	6.56±0.24	2.63±0.17	2.14±0.20	4.77±0.23
对照组	100	1.45±0.07	3.77±0.11*	5.49±0.20*	2.33±0.13*	1.72±0.14*	4.05±0.20*

注：△与对照组比较，$P<0.01$；*A、B、C 组及对照组每两两之间比较，$P<0.01$。

刚出生时婴儿的 ABR I 波潜伏期较正常成人长，到出生后 42 天时，I 波潜伏期缩短与成人接近（表 18-1-4），可见耳蜗内传入通路的第一级即螺旋神经节之突触传递，并不是在胚胎时期发育成熟，而是在出生后 1 个月才发育成熟。

表 18-1-4　正常听力级 70dB 短声刺激下不同月龄婴儿 ABR 潜伏期与波间期的比较

组别	耳数（耳）	潜伏期 /ms			波间期 /ms		
		I	III	V	I ~ III	III ~ V	I ~ V
新生儿	40	1.65 ± 0.17	4.56 ± 0.19	6.72 ± 0.23	2.91 ± 0.18	2.17 ± 0.21	5.08 ± 0.20
42d	40	1.47 ± 0.13	4.38 ± 0.13	6.51 ± 0.19	2.91 ± 0.13	2.13 ± 0.16	5.04 ± 0.16
3 月龄	40	1.46 ± 0.10	4.20 ± 0.24	6.28 ± 0.22	2.74 ± 0.17	2.08 ± 0.23	4.82 ± 0.16
6 月龄	40	1.46 ± 0.12	4.12 ± 0.25	6.05 ± 0.31	2.66 ± 0.18	1.93 ± 0.28	4.59 ± 0.25
F 值		19.91	35.59	57.33	22.81	8.78	53.19
P 值		0.000 0	0.000 0	0.000 0	0.000 0	0.000 0	0.000 0

（2）对声强感知的发育：心理声学（psychoacoustics）研究表明，其行为反应阈值可在 6 月龄以内的婴儿测得，与成人的相应阈值相差约 15dB，但在噪声环境中，因心理发育及经验积累不够，5~6 岁时尚未达到成人水平。

（3）对频率感知的发育：用心理学调谐曲线可测得频率分辨率（frequency resolution，记为 △ f）能力，而频率鉴别（frequency discrimination）则是鉴别不同频率的能力，幼儿在 6 月龄时比成人差 3 倍，对频率的辨别能力，低频与高频不同。低频范围：3 月龄内已达成人水平，高频范围：6 月龄已达成人水平，低频与高频结果的不一致性可能对时域信息的提取要比蜗神经信息的发育快。

（4）声音时域信息鉴别的发育：6 月龄婴儿明显不成熟，对声音中的一段时间间隔的分辨能力较成人差 10 倍。

（5）听觉处理（auditory processing）发育：虽然儿童对听觉复杂的处理能力较早出现，但要达到成人水平则要持续相当长时间。因为儿童必须学习与事件相关联的声音形式，听觉处理技巧依赖于练习和经验。有人认为：出生后 6 个月以前可看出儿童具有母语的语音学知识，而这些知识的完善要持续到青春期。对词语知识：在 1~1.5 岁已具备，2~4 岁快速增加，在以后的阶段持续发展。关于婴儿的语音学知识，有学者发现 3 月龄婴儿可对元音的声学变化作出反应（当然这些变化不足以改变元音性质）。6 月龄时，如果元音是其母语中的一部分，则停止对这些变化反应。此发现提示，6 月龄婴儿已具有关于代表某一种语音的特征性声音范围（sound range）的知识。

（6）听觉言语感知（auditory speech perception）：当讲话人发出声音代表某种语言形式（language pattern），这就意味着人们得到的印象不再是产生声音的物理或事物所引起的内部象征（internal representation），而是语言形式的内部象征——音节、音素、词汇、句子、故事等。此时的背景包含语音要素：语音发生于词汇的背景中，词汇发生于短语的背景中，语言发生于句子的背景中，句子发生于对话的背景中。听觉言语感知涉及听者的语言知识、语音学、词汇学、语句学、语义学、社会语言学、语法等。语言感知处理技巧包括记忆回顾（retrieval）和语言知识的应用、理解等。所以，听觉语言感知比一般听觉感知复杂得多。

（7）知识和经验的积累在听觉感知的作用：尤其在言语感知及语言处理技巧的发育过程中起关键作用，有人认为，上述感觉（感知）迹象的数量依赖于外周机制的状态，与经验无关。但有人认为这种感知迹象不仅依赖于外周机制的完整性，也依赖于外周和中枢机制间相互作用，经验在这种相互作用中起重要作用。有实验表明，新生猫放在持续的 8 000Hz 纯音环境下饲养 3 个月，当发育到成年时，研究听觉皮质对不同频率声最佳反应的空间分布，发现 8 000Hz 频率的区域比正常环境下长大的猫大 1 倍。这个现象有两个含义：听觉皮质空间组织受新生个体成长环境中声音特性的影响；环境中的声音的行为意义并非影响发育的必须因素。此发现支持如下假说：听觉经验在听觉系统的发育中起作用，听觉系统为从神经传入的声音信息中获得感觉迹象而进行最佳组织和整合，该假说对听觉障碍患者早期听力康复有实际指导意义。

三、检测原理及技术

（一）容积导体及偶极子

1. **听觉诱发电位**　听觉诱发电位（AEP）是从头皮表面电极记录出的。AEP 均为场电位，分为远场记录和近场记录的场电位。

（1）远场记录：记录电极未直接与兴奋性组织接触，而是置于颅外称为容积导体的远场记录，如 ABR、40Hz AERP、SVR 等。

（2）近场记录：耳蜗鼓岬电极或鼓膜电极等，可通过组织液及蜗窗膜和外淋巴有效地接触可谓近场记录，如 ECochG 等。

而无论是远场记录还是近场记录，其电位大小均与容积导体及偶极子有关。

2. **容积导体的概念**　颅内的大脑及其内含组织是一个很好的容积导体，因为内含有溶解状态的导电性能相当好的电解质，且分布均匀。在大脑任何一点的电位大小与偶极子电动势（即电压差）决定的电场强度 E 成正比，与该点到偶极子连线中点的距离（r）成反比，与其夹角（θ）的余弦成正比（图 18-1-15）。

由容积导体的概念可引申出两个值得注意的问题：①任何一个电源发生器的电位在头颅不同位置均能记录到，只是其电位幅度，相位不同；②头颅某点的电位绝不是代表单一的电源发生器，而是多个发生器电位的总和，但不是简单的串联或并联。

3. **等电位线**　在头顶记录到的诱发电位是远场记录，一个先决条件是许多放电的神经元的同步活动构成了有效的外电场，这些神经元上诱发电位的锁相特性保证了这一点。Vaughau 等在 1970 年从头皮的各点记录了听觉的 SVR，根据结果绘出了 P_{200} 电位在头部的电场分布及等电位线图（图 18-1-16）。在头顶此电位的极性为正，且振幅最高；向侧方大约 80° 电位振幅减至最小，大于 80° 电位极性反转为负相，且振幅又逐渐增大。这个极性反转区大致相当于大脑外侧裂的位置。从图 18-1-16 所示的等电位线也可见头颅不同位置记录到的电位，其电位幅度和相位都不尽相同。

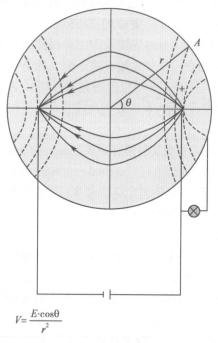

$$V = \frac{E \cdot \cos\theta}{r^2}$$

图 18-1-15　容积导体及偶极子

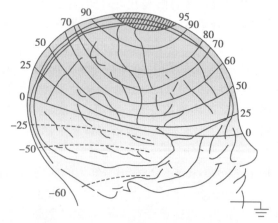

图 18-1-16　听觉诱发电位的等电位线

对短声反应的 P_{200} 波在头皮上的电场分布，以下额为参考电极。

（二）数字平均器及叠加原理

1. **诱发电位的基本概念**　诱发电位（evoked potential, EP）是相对于自发电位而言的，人为地刺激感受器或传入神经引起的中枢神经系统的电活动称为 EP。

EP 具有四个特征：①反应是在受刺激后经一定潜伏期出现；②呈现特定的波形；③反应是在一瞬间

出现（而自发脑电是长时间，周期性地出现）；④有相应的电位分布区，其分布位置与面积取决于有关组织的结构特征。

2. 表面电极记录 EP 的发展过程　如前所述，用损伤性电极来记录声诱发电位早在 20 世纪 20 年代就开始，但用无损的表面电极记录声诱发电位，则是随着计算机技术的发展才逐渐出现并完善的。人体听觉系统声诱发电位是利用声音刺激在听觉系统不同结构中诱发出的微弱电反应，可用电极和放大器将其记录下来。然而从头皮上引导出来的声诱发电位振幅很小，大多小于 $1\mu V$，只有自发脑电的 1%，故常规的生物电记录技术不能获取人体 AEP。

诱发反应（evoked response）是指机体对某个外加刺激所产生的反应，通过诱发反应可以了解生物体各部分之间的关系。与刺激无关的其他反应，例如自发反应（脑电、肌电、心电、皮肤电等）常常要比所要研究的诱发反应大得多，因此待测信号常常淹没在很强的自发反应或噪声之中。当试图通过放大来记录待测信号时，噪声干扰通常也会被放大。通常的抗干扰措施如屏蔽、去耦、接地等方法可以抑制测量系统外部的噪声，但对系统内部噪声（热运动白噪声、放大器中晶体管 PN 结的散粒噪声、其他生物电等）却无能为力。如果噪声频谱高于或低于信号的频谱，可以应用滤波技术提取有用信号，但如果信号与噪声频谱相互重叠，则滤波技术也无能为力。早在 1875 年 Richard Caton 首次从兔脑表面直接记录到 EP。但因其波幅小（$0.1\sim10\mu V$），并埋藏在自发脑电图（electroencephalogram，EEG）活动中，故无法进行细致和广泛的研究。所以只有采用有效的数据处理的方法，才能对待测信号进行提取和加工。

1947 年 Dawson 首先介绍用照相叠加技术记录 EP，并首次从人记录到 EP，应用 EP 对肌阵挛癫痫患者进行研究。1951 年 Dawson 介绍数字平均技术，并在生理学会上示范了第一台平均仪，从而开创了 EP 应用的新纪元。1958 年林肯实验室创制成了一台平均相应计算机（ARC-1）。这是一台通用的、带有磁芯贮存器的半导体化的高速数字计算机。计算机由诱发反应的刺激所触发，然后再触发一个模 - 数转换器（ADC），后者收集反应的瞬间振幅，并用二进制数字编码，然后将数字贮存在一系列磁芯记录器之中。20 世纪 90 年代初我国制造的 TQ-19 型计算机，能把重复的讯号对准相位进行累加，可以把淹没在噪声中无法辨认的微弱讯号清晰地显示出来。

3. 叠加平均仪的原理

（1）基本原理：在人体 AEP 的测试中，如果把实验重复记录几次就可以发现，诱发放电虽然在振幅方面没有什么特征，但是在时间方面都有一个特征，即它总是在刺激后经过一定的潜伏期才出现。如果严格地以刺激时间为标准，将每次实验结果相叠加，即将每一点的电位线性相加，叠加 N 次后将使诱发放电的振幅增加到原来的 N 倍；而来自自发反应的自发放电和来自机内机外的噪声所引起的干扰放电则都是随机信号，在矢量相加过程中由于相位不同会相互抵消一部分，从而不能使其振幅成倍地增加，而是增加到原来的 $\sqrt{N}$ 倍。假设叠加 4 次，那么待测信号将增加到原来的 4 倍，背景噪声增加到原来的 2 倍，信噪比（single noise ratio，SNR）将增加到原来的 2 倍。通过这样叠加将使得待测信号从噪声背景中突显出来。叠加法也称平均诱发反应法（averaged evoked response，AER），是处理微弱诱发放电的第一个关键步骤。

从上述原理可知，通过累加可以增加 SNR，增加叠加次数可使 SNR 加大，具体如下：同步反应的振幅（A）随累加次数 N 而增加，即

$$\sum_{i=1}^{N} A_i = A_1 + A_2 + \cdots + A_N = N \cdot A$$

而无规噪声（B）随其均方根值增加，即：

$$\sum_{i=1}^{N} B_i^2 = \sqrt{B_1^2 + B_2^2 + \cdots + B_N^2} = \sqrt{N} \cdot B$$

实际增加的 SNR 等于：

$$N \cdot \frac{A}{B \cdot \sqrt{N}} = \sqrt{N} \cdot A/B$$

由上式可见，SNR 的增加与累加次数的平方根成正比，即累加 900 次可使 SNR 提高 30 倍，而把累加次数增加到 2 500 次（即累加次数增多 2.8 倍），仅能使 SNR 提高 50 倍（即 SNR 仅较原来增大 1.7 倍）。可见一味增加累加次数，获益并不大，而且耗费时间、易使受试者疲劳。

对 EP 和噪声进行叠加平均的过程如图 18-1-17 所示，平均之前，待测信号被淹没在噪声信号中，随平均次数的增加，噪声信号逐渐变小，而待测信号变大，从而提高 SNR。

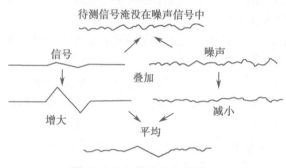

图 18-1-17　数字平均器原理

这种平均方法对 ABR 来说是适用的，而源于大脑皮层的长潜伏期 EP 的波幅和形态，会随觉醒和注意水平的不同而有相当大的变化，叠加后的效果不理想。另外短潜伏期 EP，在某些疾病状态下也可能变为无定形、不规律的反应，叠加平均后的效果就比较差，故临床应用中应根据此原理，对反应的波形变异做具体分析。

（2）其他增加 SNR 的方法：事实上，小于 0.1μV 的 EP 平均技术很难记录出来。如要成功检测到待测信号，就要增加 SNR，即增强信号和 / 或降低噪声。尽管背景噪声可以控制在一定强度下，但完全消除背景噪声是不可能的。除了通过平均技术达到提高 SNR 的目的外，通常还用以下方法增加 SNR。

1）剔除伪迹：力求反应的波形、潜伏期和波幅精确可靠。干扰电刺激和肌电波常为待测信号的数十倍至数百倍，如不剔出将严重影响检测结果。

2）重复测试：当刺激重复 N 次时，待测信号的幅度原则上增加到 N 倍，噪声增加到 $\sqrt{N}$ 倍，最终 SNR 将增加到原来的 $\sqrt{N}$ 倍。

3）平均技术：加减平均技术（±averaging）即在进行标准单纯加法平均技术处理的同时，对输入的信号也进行一套交替的加减法的平均处理，此时 EP 信号因相位不同而相互抵消，而无规律的噪声残余反而被显现出来。将残存噪声的频谱用计算机滤过处理，能使噪声减少。

4）时间变换滤波（time-varying filtering）：简称时变滤波，此技术不只是单处理频率范围的问题，而是同时测试 EP 和噪声在时域和频域的相对强度。优点是能够区别出与 EP 有着同样频谱特征但发生时间却不同的噪声；能减少所用的刺激和叠加次数。

时变滤波处理过程同时也会带来相应的缺点，即电位幅值可能变小，测量不准确，在极端的情况下反应甚至可能小至不能鉴别，从而出现误判。

在下列情况下的信号是无法平均的：①起源于刺激的电伪迹，但可交替改变刺激信号的相位，以消除电伪迹；②和 50Hz 干扰有谐波关系的刺激率，如 20 次 /s；③记录长潜伏期 EP 时，若刺激频率是有规律的，而受试者又能预料到刺激开始的时间；④跟随视听刺激出现的某些肌电伪迹（微反射，micro reflexes）；⑤吞咽和变换体位时出现的爆发性的肌电伪迹。所以不要过分夸大平均技术的作用，因为盲目增加平均次数是不可能把这种伪迹消除掉的。

应该注意到，诱发刺激信号不一定完全相同，神经组织的反应时间也常会有波动，这都会使波形失真。刺激信号及反应时间上的波动会使瞬态特性受到影响，当高频成分受到阻断的情况下，特别是当时间波动恰好使反应波形错后成为反相波形时，平均的结果只会相互抵消。而叠加次数过多，失去的高频成分也多，因此平均次数还应视 EP 大小、频率变动情况而定。

（三）电反应测听实际应用及要求

1. 电屏蔽隔声室的建造及要求

（1）六面双层紫铜网：规格22目/平方吋，用来屏蔽高频电磁波。

（2）六面铁板或铁皮，用来屏蔽低频电磁波。

（3）地线电阻≤0.5Ω，新近的电反应测听仪共模抑制比如果>100dB，则不一定要使用屏蔽铜网。

地线安置：如果周围电干扰较小，用1m²紫铜板埋入地下1.5～3m深，在南方地下较湿，埋1.5m深即可，在北方，因土地较干燥，则需埋入3m以下。为了节省铜板，可用改良的地线埋入法。先用三根镀锌的钢管砸入地里所需深度，再用电焊将三根（角）钢带与三根钢管分别相连（图18-1-18）。

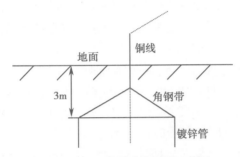

图 18-1-18 简易地线埋植示意图

（4）背景噪声：可按一般测听室的要求，应小于30dB（A），如果要进行科研工作，则要求应<16dB（A），如果仅做听力损失者在一般安静的病房也可。

以上屏蔽及地线电阻要求，要视机器本身抗干扰能力的程度及周围电磁波干扰大小而定，当周围安静而电干扰较小时，同样可进行正常工作。

2. 电反应测听仪的调试 一般原则：通读使用说明书，然后对照机器各部件熟悉各旋钮的功能及操作方法；在通电以前，注意电源电压选择开关是在120V或240V，电源接至稳压电源。注意电源线插头，花绿色是地线，红色是火线，黑色是零线。再用万用表在电源插座上分清火线、零线、地线插孔，电源线的三个插头对号入座。

检查声刺激器能否正常发出声音，再检查放大器示波器和叠加仪是否能正常工作。

检查方法如下：将银盘电极接至负载电阻，其方法如图18-1-19所示。

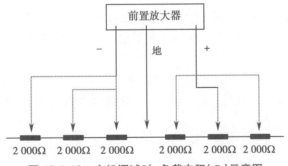

图 18-1-19 主机调试时，负载电阻（Ω）示意图

调节主放大器灵敏度至最低挡，打开主放大器开关，启动示波器显示，用手轻轻触动如图18-1-19中的电阻，观察示波器扫描线波动幅度是否能增加，如果幅度有变化，说明示波器、放大器工作正常。再调节主放大器灵敏度至较高挡，打开声刺激器开关，启动叠加仪，此时计算机开始工作，如果负载电阻在8 000Ω，叠加512～1 024次，基线是平的，则说明叠加仪工作正常。如果干扰信号大，则说明地线电阻大，或周围电干扰大，或者是主机有问题。

为了进一步说明是否因周围电干扰问题，可将三根电极线平行靠近，在叠加后示波器显示干扰信号较小时，就可说明上述情况存在（或将极间电阻变小后，再观察干扰信号也可）。

3. 如何使波形清晰易认 AEP 在临床上的诊断价值无疑已经得到肯定,但要为临床提供比较确切可靠的依据还有待于解决多方面的问题,需要积累更多的经验。AEP 波形的清晰度和重复性都可能受到刺激条件、记录方法以及它们内部相连的环节、患者等因素变化的影响,除了在第三节中将对有关问题进行详细论述外,本节就如何使 AEP 波形清晰易认的问题从另外一个角度进行简述。

(1)声刺激重复率(即刺激间隔)

1)作 CAP 记录时,如果在高声强刺激,因为 CAP 的波幅较大,持续时间较长,如果刺激间隔太短,则 CAP 来不及反应完全,第二次刺激的反应可能落在前一次反应的不应期内。所以,CAP 幅度反而减小,此时,特别是在做正常值时,应将刺激间隔增长,即由 10 次/s 减少到 5 次/s。

2)作 ABR 记录时,一般来说,比较高的刺激重复率(即刺激间隔较短)在一定的周期内得到大量的反应总和,但对改善波形的清晰度不利,重复率越高,将引起早期波形的消失,特别容易使波 V 的确切界限受到影响,一般情况以 10～20 次/s 为宜。

3)作 SP 记录时,则要求刺激重复率要高,或用持续时间长的短纯音刺激,以消除 CAP。

4)作 SVR 记录时,则以 2 次/s,即间隔 500ms 为宜,而作 CNV 时,刺激间隔则要求 2 000～4 000ms。

(2)扫描时间的选择:根据 Davis 的意见,按电位出现的时间来分类可分为快、中、慢、晚期反应,作不同电位的记录时,必须选择不同的扫描时间。当作 ABR 记录时,一般选择 20ms 为适宜,如果选 10ms,则波形拉宽,峰尖不易辨认,计算潜伏期时就会受到影响,且 10ms 以后的波形往往记录不清楚。中期反应记录时,扫描时间选 50ms 为宜;当作 SVR 时,扫描时间选 500ms 为宜;作 CNV 时,选 2 000ms 为宜。

(3)声刺激类型:因为 ABR 是给声反应,因此,它取决于神经同步化的程度,而同步化主要发生在耳蜗基底圈,越往顶圈,同步化程度越差,因此刺激声选择时程越短的或越高频的声信号越好,但此种声信号无频率变化的特性,或频率特性较差。虽然,短纯音有频率特性,且其诱发的 ABR 反应阈可用于帮助确定相应频率上的主观听阈,但短纯音诱发的 ABR 波形分化较宽频信号诱发的 ABR 差,且频率越高,所诱发 ABR 的波形分化越好。

对听力有障碍者可根据听力图来选择刺激声,如果 4 000Hz 听力太差(其余频率尚好),短声(click)可能引不出 ABR,可以用 8 000Hz、2 000Hz 或 1 000Hz 的短音来诱发 ABR。

(4)刺激强度:蜗后病变会影响神经冲动传导的速度。可用 ABR 来正确估计蜗后传导的时间以进行蜗后病变的鉴别诊断,但至少需要出现十分确切的 2 个波形或 1 个波形,一般认为,用 I～V 间期来判断蜗后病变的实际意义更大,但有时因病变严重,波 V 缺如,也必须得显示出波 I 才行。ABR 的 5 个波中,波 V 的出现最为稳固,最不易受到刺激强度的影响;而波 I 在低强度时,则往往不出现。简单增加刺激强度,可达到出现波 I 的目的,但有的患者听力损失太严重,尽管增加强度,但仍引不出,所以靠增加刺激强度来引出波 I 是有局限性的,此时最好检测近电场记录的 CAP。

4. 如何识别和判断 AEP 波形 前节简述了如何通过改善测试条件、选择合适的参数等来获得清晰易认的波形,应该说这本身包含了识别波形的问题,但对初学者或刚从事 ERA 工作者而言,如何判断和识别波形仍有一个经验积累过程。

(1)在正式测试电反应以前,用所测试的刺激声(如短声)做主观听阈测试,其方法和纯音听阈测试法相同,一般来说,CAP 和 ABR 的波 V 反应阈与短声主观听阈可相差 5～10dB,但不可超过 10dB,因长时间刺激可能出现疲劳现象,可在测试完毕后,再测一次主观听阈,与最后测得的客观反应阈进行比较,因为,目前多用同一感觉级 SL 的声强来诱发双耳 ABR,比较双耳各波潜伏期差,所以准确测试主观听阈是非常重要的。

(2)从潜伏期的变化来判断波形:如果是正常耳,在阈值强度时,CAP 潜伏期大约在 4～5ms,ABR 的 V 潜伏期在 8～9ms,如果是单耳听力下降,可在同一感觉级声强情况下测试双耳 ABR,如是蜗后病变,则 ILD≥0.4ms(即患耳的波 V 潜伏期长于健耳),且 I～V 间期延长(正常值 4.5ms);如是耳蜗性病变,平坦型听力下降有重振现象者 ILD 为负值(即患耳波 V 潜伏期反而比健耳的短),高频陡降型听力下降者 I～V 间期反而缩短。

（3）在测试 ABR 反应阈时，可从潜伏期来判断，随着刺激声强的减弱，ABR 波Ⅴ潜伏期延长。如果此时出现潜伏期过短的波形，可能是肌电干扰。通常 ABR 波Ⅴ后面是一个比较大的切迹，在确定 ABR 波Ⅴ最小反应强度时（即阈值确定），必须再降低 5dB，诱发不出波Ⅴ时，方能确定上一个强度为阈值。

（4）波形的正负相位：文献上有的波峰向上，有的则向下，为什么同是 CAP，画出的波形峰尖方向不一样呢？这是因为所用的记录电极和参考电极换位之故，因放大器的正负极是固定的，而叠加仪无论是正、负波形，都可叠加，根据容积导体的概念，当某一组织去极化出现正电位时，相对于这点的别的位置的组织则为负电位，如果放大器的正、负极与此相一致，则向上的波峰为负，如果将参考电极和记录电极位置交换一下，则波峰向下为负。至于记录的波形波峰尖向上还是向下，要视个人习惯而定。

总之，ABR 有时往往得不到确切的结论，在临床应用上虽然有许多优点，但不是万能，须结合其他诊断手段进行综合评估，有时仍离不开基本纯音听力图的帮助。

（四）声刺激和非声条件对 AEP 的影响

1. 刺激声种类及选择 一个声信号从无声到某一预定强度有一个过程，这一过程即上升时间（rise time）。声信号达到某一程度后持续的时间可长或短，这一持续时间（即时程）内声强级稳定不变，然后经过下降时间（fall time）降到无声。声信号的时程和人主观感觉到的响度有关。对 1 000Hz 纯音，时程（duration）需在 200ms 左右才能充分累积达到最高限度的响度。这时再延长时程，响度也不会增加，但缩短时程就会使响度降低。上升时间太短会出现短声（click）伪迹。上升时间越短声刺激的频谱主瓣越宽、频率特性越差，特别是低频纯音更易失去其频率特征。

ECochG 的全部反应持续不到 4ms，ABR 也在 10ms 以内，用上升和持续时间较长的纯音来测试显然是不适用。上升时间越长，神经元对纯音的反应的同步性越差。在听觉的早期和中期反应中，反应是由声信号的开始而诱发出的"给声"（on-effect）反应。只有用上升时间短的声信号才能达到神经冲动同步化好的要求。因此选用怎样的声信号才获得最满意的 AEP，是 ERA 技术中的一个重要问题。这包括声信号的上升时间、时程、频率特性、强度、相位、以及需用重复多少次声刺激，声刺激间的间隔时间为多少，用哪种耳机（或扬声器），是单耳还是双耳给声，是否掩蔽等。

（1）短声（click）：是将波宽为 0.1ms 的方波（或正弦波）送至扬声器或耳机而发出来的清脆短促的声音。基本上是一种宽频带噪声，频率特异性较差，能量主要集中在 3 000～4 000Hz。

（2）滤过短声（filtered click）：是将波宽为 0.1ms 的方波经由某一特定频率 1/3 倍频程滤波器滤波后送至扬声器或耳机而形成的声音。诱发出的 CAP 波形在滤过频率为低频时，分化较差（图 18-1-20）。时域形状为一串（6～7 个）振幅先递增后递减的准正弦波；频率特性，由滤波器的中心频率决定（图 18-1-21B）。

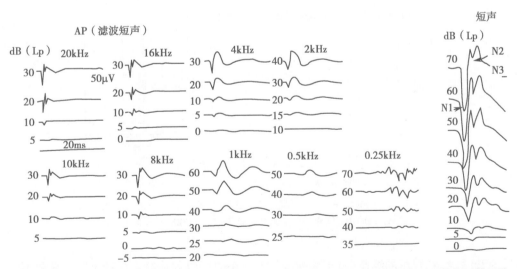

图 18-1-20 左图示在豚鼠蜗窗处用滤波短声（250～20 000Hz）引导复合动作电位示低频时波形分化差；右图示在豚鼠蜗窗处用中心频率 4 000Hz 的短声引导复合动作电位，低强度时，电位波形分化仍较好

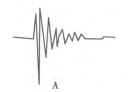 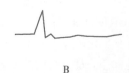 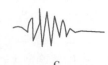 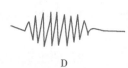

A B C D

图 18-1-21 不同刺激声的声学波形

A. 滤波短声（扬声器）；B. 滤波短声（TDH39 耳机）；C. 短音；D. 短纯音。

（3）短音（tone pip）：由纯音信号施加一个时窗（包络）后形成，有数个准正弦波，频率特异性与滤过短声相近（图 18-1-21）。目前多用 Blackman 时窗来包络纯音，其频率特异性较好（图 18-1-22）。

1 000Hz 短纯音时程：4 000μs， Blackman时窗包络

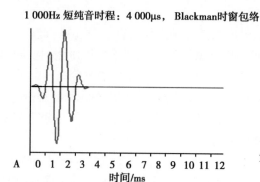 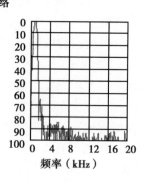

A 0 1 2 3 4 5 6 7 8 9 10 11 12
时间/ms 频率（kHz）

1 000Hz 短纯音时程：4 000μs， Blackman时窗包络

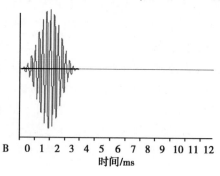 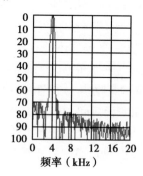

B 0 1 2 3 4 5 6 7 8 9 10 11 12
时间/ms 频率（kHz）

1 000Hz 短纯音时程：4 000μs， Blackman时窗包络

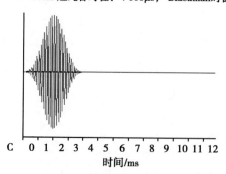 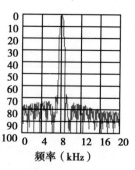

C 0 1 2 3 4 5 6 7 8 9 10 11 12
时间/ms 频率（kHz）

图 18-1-22 Blackman 包络短音。左侧为其声波波形，右侧为其频谱图

A. 1 000Hz 短音；B. 4 000Hz 短音；C. 8 000Hz 短音。

（4）短纯音：比纯音较短的纯音（真正的纯音是不存在的），时程从数十毫秒至数百毫秒不等，因有一定的上升/下降时间，所以与纯音相比，短纯音有较多的不纯成分，频谱形成一窄带，其频率特异性与时程、上升/下降时间有关（图 18-1-23）。

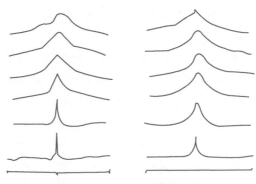

图 18-1-23　短纯音频谱示意图

左：自上而下信号时程依次为 20ms、50ms、100ms、200ms、400ms 及持续纯
音，上升下降时间均为 10ms；右：自上而下上升下降时间依次为 0ms、2.5ms、
10ms、20ms、50ms，信号时程均为 100ms，声级标度均为 40dB。

　　即使是同一种电信号，经由不同的给声器或耳机发声，其输出的声学波形也会有较大的差异。如图 18-1-21A、图 18-1-21B 滤波短声的声学波形并不相同，这会影响 AEP 波形的变异（详细参看本节第二部分）。图 18-1-24 显示了不同刺激声的频谱图。

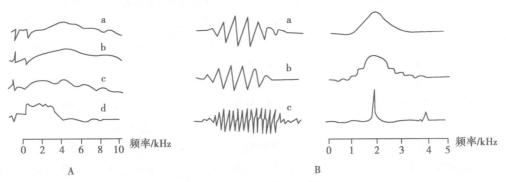

图 18-1-24　短声频谱示意图

A. 单个短声的频谱，b～d 为用 540μs 宽的矩形波冲击 TDH 49 耳机、4219 型仿真耳、普通扬声器所产生短声的频谱；a 同 b，但相位相反；B. 左侧为声波形，右侧为频谱，a 为滤波短声，1/3 倍频程滤波器的中心频率为 2 000Hz；b 为 2 000Hz 短音；c 为 2 000Hz 短纯音。

2. 刺激声参数对 AEP 的影响

　　（1）声强度对 EP 的影响：改变短声刺激的强度，会使 ECochG 及脑干电反应的潜伏期、振幅以及波形发生变化。各波的潜伏期随声强增高而缩短。例如波 V 潜伏期在刺激声为 80dB nHL 时为 5.6ms 左右，而刺激声为 10dB nHL 则为 8.2ms 左右。潜伏期标准差在声强减小时稍有增大。在 70dB nHL 时波 V 潜伏期标准差为 0.2～0.25ms，而在 30dB nHL 时潜伏期的标准差为 0.3ms。

　　声强 - 潜伏期的函数关系呈一线性回归线。如 0dB 时潜伏期为 8.28ms，声强 - 潜伏期函数曲线的斜率为 −38μs/dB。正常斜率范围在 −20～−50μs/dB 之间。然而也可见到在高强度时斜率仅为 −10μs/dB，而低强度时斜率达 −60μs/dB 的情况。这一关系并不完全是线性的。

　　除波 I 外，其他波和波 V 的斜率类似，强度减弱时，波 I 的潜伏期变动较大，特别是在中等强度范围内，因此波 I ～ V 的峰间潜伏期在不同刺激级时可不相同。在 70dB SL 时为 4.02ms 左右，而在 30dB SL 时减到 3.68ms。

　　脑干反应的振幅与刺激声强的关系，研究得较少。它们之间的关系也受到所用的滤波通带的影响。例如用 100Hz 以下截止频率的高通滤波时，波 V 和后面的颅顶负波间的振幅于 70dB nHL 时约为 0.6μV，到 20dB nHL 时则减至 0.3μV。声强低于 20dB nHL 时振幅减小较快，高于 70dB nHL 时振幅增加较慢。如果用截止频率在 100Hz 以上的高通滤波，则波 V 的振幅较小，而且在较弱的声强时即已达到最大值。

　　脑干反应前几个波的振幅比波 V 的振幅减小得快些。在 30dB nHL 时，对于刺激速率为 10 次 /s 的短声，波Ⅴ振幅约为 70dB nHL 时的 60%；而波Ⅰ和波Ⅲ则降到 30% 左右。通常于听阈上 20dB 时可清晰辨认波Ⅴ，而前几个波则在 50dB nHL 以下时难以辨认。

鉴于声强对反应振幅和辨认率的影响，在测试之前应先测受试者两耳的主观听阈。尽可能用受试耳阈上 60～70dB 的短声测试。低于 60dB SL 时有些受试者的波Ⅰ～Ⅲ峰间潜伏期可缩短。如果对受试者的听阈不清楚可先从 70dB nHL 开始，逐渐增加到 80 或 90dB nHL，直到得出可靠的可重复的结果。应该记住多数市售的电反应测听仪不可能发出大于 95～100dB nHL 的声强，而且耳机在这样的高声强级也不会呈线性响应。这就是说，当听力损失超过 20dB 时，就只可能用低于最适宜的声级（70dB SL）的刺激来测试。目前还没有一种满意的方法可以将正常对照值用在这些受试者。可以用的一种办法是测得一组传导性听力损失和一组感音性听力损失患者在不同声强级时的标准值；另一种办法是以波Ⅰ为基准，得出与Ⅰ波相对照的峰间潜伏期值。

Ⅴ波的振幅、潜伏期与声音强度间的关系比较复杂。从刚可检出的大约阈上 5dB 到反应清楚的听阈上 20dB，其振幅增加迅速而明显，从 20dB 到 80dB 反应振幅增加比较慢，80dB 只是 20dB 的反应振幅的 2 倍稍多一些。高于 80dB，这种关系可有不同表现，有些人的反应振幅随声级之增加而很快增高，有些个体是慢慢增高，另一些人则"饱和"在一恒定水平，甚至当声音强度高至 100dB 或 110dB 时反应振幅却稍稍降低。

一般来说，声强上升，EP 幅度增高，潜伏期缩短，但有的电位（如 CM）出现非线性。

（2）声极性（polarity）或相位（phase）的影响：在改变短声相位时，反应波的潜伏期和振幅可有相当显著的变化。这可见于正常成人，而在婴儿则更常见且较明显，高频听力损失者也明显。在 ABR，疏相短声引出的波Ⅰ振幅常大于密相短声引出的波Ⅰ振幅，潜伏期一般较短（较正常成人短 0.04 或 0.07ms）。在高频听力损失时，密相和疏相的波Ⅰ潜伏期相差较大，有时可达 1.0ms。增加刺激重复率时，密相短声比疏相短声的反应波Ⅰ潜伏期延长明显。短声的极性对波Ⅲ和波Ⅴ的影响不明显。因此疏相短声的波Ⅰ较大，有的学者认为波Ⅰ～Ⅴ峰间潜伏期较密相短声引出的波Ⅰ～Ⅴ峰间潜伏期长。

不同作者的观点差异较大。有的认为相位的影响使反应均值基本没有差异，而有的作者发现在组内就有较大的个体差异。Ornitz 等以动物试验证明短声极性（或相位）涉及的 ABR 潜伏期变化可能依赖于声刺激的频率成分。如频率主要集中在 4 000Hz 或 4 000Hz 以上，观察反相极性短声的差分式 ABR 可能性减小。但低频成分声信号对差分式 ABR 的出现可能有高的概率。

不宜常规地用相位交替短声，因为交替短声会使反应峰模糊失真，从而使原有的耳蜗病变在检查中漏诊。有时用交替短声有助于区别波Ⅰ及 CM。如用两种短声，就必须对它们的各种重复率和强度引出的反应都得出正常值。必须校准送入耳机的电信号是否极性相同，引起的声刺激是否相位相同，并校准某一已知的电极性引起的声刺激的类型。最简单的办法是与一组定标过的耳机相比较。

（3）声信号包络（即上升、下降、持续时间）的影响：Hecox 观察到声信号上升时间从 0ms 增加至 10ms，ABR 波Ⅴ潜伏期增加了 2ms 以上；持续时间从 0.5ms 增加到 30ms 时，波Ⅴ潜伏期增加了约 0.5ms；而声信号的下降时间对波Ⅴ潜伏影响最小，进一步证明 ABR 是一种给声反应。用 80dB nHL 的短纯音，在 0～10ms 范围内改变上升时间，可观察到：随上升时间增加，CAP 的 N_1 振幅逐渐减低，潜伏期逐渐延长。当上升时间为 0 时，改变短纯音的持续时间对 CAP 几乎没有影响，AP 与声刺激的开始点关系密切。这些结果提示，当测试 ECochG 中的 AP 时，特别是应用鼓室外描记法（ET 法）的情况下，选用上升时间为 0 的一段纯音比较有利，然而这样做的结果不利于对频率因素的分析，很可能都是对开始瞬时声的反应。

皮层慢反应是一种给声反应，大部分 AEP 均属此种。它出现于对短声或短音（tone pips）的反应中，也在连续纯音给声时出现。纯音上升时间不超过 20ms 为宜，20ms 与 3ms 的上升时间所引出的 N_{90}～P_{180} 之振幅并无差别。持续时间 30ms 的纯音与更长纯音比较，效果相同。在连续给声的情况突然改变其强度或频率也可诱发出颅顶电位（vertex potential, VP），这与安静时给声的效果一样，其增量与减量的有效值取决于变化速率。

在一个持续时间较长的短纯音终止时可出现一个 EP——撤声反应，它没有给声反应可靠，且振幅只为后者的 1/3 左右。声音持续数秒者比仅为 1～2s 者 EP 振幅稍大。奇怪的是，撤声反应的潜伏期从声强度开始减弱点测量约为 15ms，比给声反应的潜伏期短。撤声反应有时会对给声反应造成干扰，如用时程约 75ms 的短纯音作为刺激，其撤声反应的 N_1 波将重叠在给声反应的 P_2 波上，从而使幅度降低。因此选用短纯音的时程，以短至 40ms 以内或长至 ≥150ms 为合适。

（4）声信号频率的影响：因为 ABR 是一给声反应，依赖于神经发放的同步化程度，所以上升时间短的刺激是理想的声刺激信号。上升时间越短反应的同步化越好，但频率特性越差。较高频率的短音可引起较佳的同步化反应又可保留较好的频率特性。用短声或是用高频的短音都可引出清晰的可识别的ABR 波形，而且随着短音频率的增高波形的清晰度逐渐增加。

但当用短音作为刺激时 ABR 的波Ⅴ潜伏期与刺激声的频率呈反比，即频率高波Ⅴ潜伏期较短，而频率低时Ⅴ潜伏期较长。低频（250Hz、500Hz、1 000Hz）的短音对 ABR 的形态和振幅影响较大，且这种信号引起的 ABR 振幅远远小于由短声诱发的反应，反应各波波界分化不清，这与神经元群的同步程度有关。

当用不同频率（500Hz、1 000Hz、2 000Hz、4 000Hz、8 000Hz）的短纯音与一个 4 000Hz 的单周正弦波产生的短声诱发 CAP 时，发现以 4 000Hz 的短纯音及短声诱发出的 CAP 振幅最高，波形最稳定，−SP/AP 比值变异最小。如在 80～90dB nHL 声音作用下，4 000Hz 短纯音的 CAP 振幅为 28～38mV，2 000Hz 者为 18～28mV，1 000Hz 为 16～22mV，短声引出者 AP 振幅最高，可达 53mV。各种声音刺激所得到的 −SP/AP 比值列于表 18-1-5。

表 18-1-5　短声与各个频率短纯音在不同强度时所得到的 −SP/AP 正常值

频率	90dB	80dB	70dB	60dB
短纯音				
2 000Hz	0.25 ± 0.08	0.20 ± 0.03	0.10 ± 0.04	0.16 ± 0.06
4 000Hz	0.16 ± 0.05	0.17 ± 0.03	0.18 ± 0.03	0.18 ± 0.05
8 000Hz	0.17 ± 0.09	0.16 ± 0.08	0.11 ± 0.05	无 SP
短声	0.20 ± 0.04	0.18 ± 0.05	0.19 ± 0.05	$0.16 \pm 0. 04$

纯音频率与 N_{90}～P_{180} 的振幅关系较简单。全部可闻声频均可诱发出 VP，但以中频（1 000Hz 与 2 000Hz）反应最大，频率或高或低均可使反应明显减小，对中频或高频的反应波形比对 250Hz 及 500Hz 的反应波形更陡峭些。

（5）电声换能器（耳机、扬声器）的影响：在 ECochG 中，CM 和 SP 是与耳蜗分隔的运动同时发生的。第一个声波到达鼓膜后只几分之一毫秒，CM 和 SP 即发生，因此 ECochG 的潜伏期极短。用一般耳机时，如声刺激为高强度的，电伪迹就会成为一个很麻烦的问题。这可以在测试时把扬声器放在距受试耳 1m 以外处给声，通过声波延迟到达鼓膜的办法来解决。也可采用插入式耳机，声波通过导声管到达外耳道，可有约 0.9ms 的延迟。用高导磁合金（mumetal）屏蔽的电磁耳机可减少电伪迹，然而屏蔽会改变耳机的声学特性。

由不同换能器发出的短声声学特性不同，这可使记录的反应发生明显的变化，特别是在低强度时更明显。Coats 和 Kidder（1980）指出，即使耳机相同，但耳垫不同或有无屏蔽也会使波形明显改变。由于扬声器种类众多，频率特性各异，还没有一个扬声器像 TDH 系列耳机那样被听力设备厂家广泛采用，且测试时没有耳机遮耳，使得用扬声器得出的波形与用耳机得出的不同。配助听器宜用自由声场 - 扬声器给声法。

Starr 和 Brackman（1979）报告经电子耳蜗给电刺激，引出的脑干反应早 1.5～2.6ms。

经耳机给短声时，比给通常的持续纯音的耳间传递时间要少，耳间衰减平均约 65dB。短声的耳间衰减比低频纯音的大而和高频纯音的耳间衰减大致相等。在双侧传导性听力损失时这会引起测试和分析的困难，这时可用 ECochG 做进一步的检查。

Jerger 和 Haycs（1976）等用骨导短声刺激测试 ABR。骨导引出的波Ⅴ的潜伏期比相同感觉级的气导短声的反应平均迟 0.36～0.46ms。这可能与骨导耳机不能像气导耳机那样输出足够大的高频能量有关。

（6）给声刺激的速率（stimulation rate）：在 ERA 中要平均成百上千次声刺激引出的反应。这种声刺激应该以怎样的重复率（repeat rate）送给受试耳呢？或者说"刺激间隔"（interstimulus interval，ISI）是多少呢？ISI 太长或刺激率太慢，会增加测试时间，而受试者难以长时间地控制自己；ISI 太短（或刺激率太快），反应又会减弱，潜伏期会延长。

例如，对 ABR 来说，波 V 的峰潜伏期，以平均每次 5.1μs 的递减率随着刺激率（在 10 次 /s 和 100 次 /s 之间）的加快而延长。然而这一关系不完全是线性的，在较快的重复率时影响较显著，当刺激率减到 10 次 /s 以下后，潜伏期就不再有明显的改变。将短声重复率从 10 次 /s 增加到 80 次 /s，波 I、波 III 及波 V 的潜伏期分别增加 0.14ms、0.23ms 和 0.39ms；疏相短声 70dB SL 诱发的波 I～V 峰间潜伏期从（3.96±0.22）ms 增加到（4.41±0.31）ms，密相短声的这一效应不那么明显。在刺激频率增快时，波 V 的振幅相对稳定，直至 ISI 减至约 30ms 时才开始改变。ISI 为 20ms 时波 V 振幅约为 100m 时的 90%，10ms 时约为 80%。从刺激 10 次 /s 增加到 80 次 /s，波 V 振幅约减小 10%，而波 I 及波 III 则减小约 50%。

在 ECochG，刺激频率的变化对耳蜗神经的动作电位影响不大。Eggermost 报道如用频率较高、声强较大的短纯音，刺激率超过 100/s 时，CAP 潜伏期最多只增加 0.8ms。用短声时改变刺激频率则对 CAP 影响很小（100/s 时只增加 0.1ms）。

在刺激重复率加快时，CAP 振幅随之减小。重复率为 40/s 的短声引出的 CAP 只有重复率为 10/s 的短声引出的 CAP 的 53%。与此不同的是，CM 与 SP 不受刺激重复率的影响。早在 1949 年 Davis 等已发现刺激间隔长至 7s 时，VP 振幅最高。但间隔时间过长则使试验时间过长，势必影响受试者状态。应以收集时间在 1min 以内，能获取最高振幅的刺激间隔为适宜。实验证明是 1～2s，过长或过短均不甚理想。有人发现令刺激间隔不规则出现，即在一定范围内（0.5～4s）随机改变，可使 EP 振幅稍稍增高（10%）。

（7）单耳给声与双耳给声：双耳听力正常者，双耳给声时比单耳给声时 ABR 振幅大，Davis 报道双耳给声时波 V 振幅比单耳给声高约 25%，个别的达 75%。ECochG 是单侧特性，故双耳给声时其振幅未必有增大现象。当同时给两种声音刺激时，N_{90}～P_{180} 波幅比单耳刺激时只高 20% 左右，同侧与对侧刺激的反应潜伏期并无差别，两侧正中神经电刺激在一侧躯体感觉手区记录的 N_1 或 P_2 波峰潜伏期也证明了这点。

疏波诱发的波 I 振幅大于密波引起的波 I 振幅，且潜伏期短，高频听力损失时，上述二者差异更大，用交替短声可使 CM 消失，以区别波 I。

3. 非声条件对 AEP 的影响

（1）受试者状态

1）年龄：不同年龄的 VP 可有所不同。在出生后头几天到几周，VP 变化较大。这和中枢神经系统的成熟过程有关。初生后几天或几周内这种差异很有规律，Rapin 及 Barnet 等都对这种关系做过系统描述，这对于研究中枢神经系统的成熟过程是非常重要的。对于听力学来说，VP 的年龄差异给人们增加了识别真伪的困难。婴儿的觉醒与睡眠状态界限较模糊，或可较快地发生转变，因此在测试中这次结果和下次结果的波形可明显不同。新生儿的 ABR 波 I 振幅较大，潜伏期较长，而波 V 的振幅和潜伏期和成人的差不多。正常新生儿的波 I～V 峰间潜伏期平均为 5.0～5.3ms。新生儿波 II 不清楚，而波 I 比成人的明显。以 10 次 /s 的重复率给短声刺激，新生儿对 60dB nHL 的脑干反应波 V 潜伏期为 7.1ms，对 20dB nHL 为 8.5ms。随着发育成熟新生儿波 I 潜伏期逐渐变短，至 6～12 月龄时达到正常的成人值。波 V 潜伏期通常在 18 月龄时才达到正常成人值。

ABR 的潜伏期、振幅和波形，自 18 月龄直至中年，均很稳定。中年之后波 V 潜伏期可以延长（0～0.2ms）。50 岁以后正常值的上限较高，50～60 岁后平均波 I～III 峰间潜伏期稍长。

Galambos 等（1978）用方波短声测得新生儿的反应阈值在成人行为听阈之上 10～30dB。而 Kaga 及 Yoshisato（1980）用 3 000Hz 单周正弦波短声测得新生儿反应阈在成人行为听阈之上 30dB。加快给声重复率，新生儿的潜伏期延长要比成人明显，自 10 次 /s 增加到 80 次 /s，可使波 V 潜伏期平均延长 0.8ms，而成人只延长 0.4ms。

2）性别：女性成人的波 III、波 V 的潜伏期比男性的短，波 III 平均短 0.15ms，波 V 平均短 0.22ms（0.05～0.36ms）。波 I 无明显的性别差异，因此女性成人的波 I～V 峰间潜伏期约短 0.21ms。女性的反应振幅比男性的大，波 I 约大 30%，波 III 大 23%，波 V 大 30%。儿童无性别差异。McClcll 及 McCrca（1979）报道性别差异开始于 14 岁。Donovan（1980）报道 8 岁时即已出现明显的性别差异。在经期 I-V 峰间潜伏期稍有变化，在 12～26 天之间平均为 3.81ms，其他日期为 3.92ms。

3）体温：体温降低会使脑干反应的潜伏期延长。这见于体外循环或低温麻醉时。体温每降低 1℃，波 V 潜伏期延长 0.25ms（或 0.45ms），这可能与不同的麻醉药导致的神经传导阻滞有关。

4）药物：睡眠的不同深度对颅顶慢皮层反应有明显的影响，故在测试醒觉颅顶慢反应时应避免用镇静药。Rapin 及 Graziani（1967）报道戊巴比妥钠使婴儿的慢反应不清晰。ABR 则较不易受药物的影响。巴比妥类药物对脑干反应无影响，水合氯醛等可减小肌源性伪迹，对 ABR 的清晰辨认还有帮助。乙醇及具有降低体温作用的麻醉药可使脑干反应潜伏期延长。镇静药、麻醉药对 ECochG 无影响，但甘油等改变内耳液体压力的药物会影响 ECochG 的图形。肌肉松弛对中期肌源性反应有影响。

5）受试者的精神状态：颅顶慢反应需要受试者保持清醒的状态，必要时让受试者心算。中期肌源性反应需受试者清醒并保持颈肌适当的张力。一般认为镇静药及睡眠对脑干反应影响不大。但有些作者报道 AEP 中的早电位受注意力的影响。脑干电位没有长时间的习服现象，在 1h 的测试时间内前后两度扫描 2 400 次，结果并无差别。而颅顶慢反应则有习服性，不过在 2h 的测试过程中不致影响测试结果所得的阈值。

清醒状态下的 VP 是个很可靠的反应，只要受试者听力良好而能合作，一般均可成功地记录出这种反应。然而这种反应与受试者状态关系密切，随觉醒水平不同而有规律地变化，这与脑电背景活动有关。当困倦时 VP 显著降低，而当高度注意或清醒时则 VP 明显升高。在 ERA 中需要受试者维持足够的清醒水平时，可让他们阅读书籍、欣赏图片或静静地玩玩具。

（2）测试环境：由于 AEP 在微伏数量级，属于小讯号测量技术，所以屏蔽与抗干扰技术是非常重要的。近代的 ERA 仪器一般都具有较高的共模抑制比，有的还设计了抵消 50 周干扰的特殊电路，使得能够在普通病房并无屏蔽的条件下给患者检查。尽管如此，仍有必要提出以下几点注意事项：①仪器要确实接好地线，记录系统单独接地；②仪器要远离强干扰源，如高频理疗机、大功率交流变压器、X 射线机、电梯等；③尽量缩短输入导线并最好使之屏蔽；④输入与耦联导线不可扭结，需妥善焊牢；⑤插头与插座要接触良好；⑥导联电极与皮肤间的电阻需 <5kΩ，若过大则可能将干扰信号引入。一般用乙醚乙醇混合液脱去皮脂；头皮必要时可用细砂纸磨去少许角质层；对购入的或自配的导电膏质量进行检查，确保其导电性好；电极用毕后要及时把表面清洁干净。注意到这几点便不难使皮肤电阻符合测试要求。也可使用 100Hz 的交流电脉冲与交流阻抗表来测电极阻抗值。由于 EP 是交流信号，因此用后者测出的电极阻抗值更接近于实际情况。

ERA 检查应当在隔声屏蔽室内进行，这是由于环境噪声的掩蔽作用可以使 EP 的振幅明显减低、阈值提高以及潜伏期延长；交流电场可能对微伏数量级的 EP 造成干扰，严重时测试无法进行。表 18-1-6 所列出的隔声室衰减值可作为设计和检验的基本要求。

表 18-1-6 隔声室对气源声的衰减值

频带 /Hz	衰减值 /dB
37.5～<75	35
75～<150	48
150～<300	64
300～<600	79
600～<1 200	81
1 200～<2 400	79
2 400～<4 800	>83
4 800～<9 600	>80

（3）滤波范围：AEP 各组波的生物电频率特性不同。快（早期）反应为 100～2 000Hz，中期反应为 5～100Hz，慢反应为 2～10Hz。采用不同的滤波范围可使所需要的 EP 通过而将其他频率成分的生物电排

除，以减少背景噪声。滤波范围的改变对记录的波形有影响。例如，在早期许多 ABR 的记录用的是 200～500Hz 间的滤波，得出的 ABR 波 V 要比现在用较低截止频率带通记录的小。尽管 ABR 在 100～1 500Hz 范围内均易发现，但如果过分进行较高频带的滤波（即降低低通截止频率），就会使诱发的反应变得平坦，波峰不清晰，波形界线不清楚，甚至使反应波的潜伏期延长；而当增宽了低频滤波截止范围时，又会导致更多的诱发反应成分混杂在一起，波峰识别变得困难，波潜伏期减小。当高通截止频率低于 100Hz 时，肌电和自发脑电也可混在诱发反应中；超过 100Hz 时又会使所记录的反应中慢的成分失真，特别是使波 V 的负波失真，使波难以辨认。鉴于此，一般人认为高通截止频率为 1～30Hz，低通截止频率为 3 000～5 000Hz 的滤波带宽最为合适。总而言之，滤波范围必须视所需观察的诱发电活动而定。

其次，滤波的斜率也对波形有影响。例如斜率极陡的高通滤波可影响波形。在 ABR 记录中用斜率极陡的 40Hz 高通滤波会使对低频声反应中的波 V 减小，而使后面的颅顶负波（SN_{10}）增强。用中等强度的短声作刺激信号时，可用 100～3 000Hz 的带通放大器记录 ABR。但用低强度的短声或低频声时，反应所含的电能量主要集中在 100Hz 以下，此时则用 10～20Hz 的低频截止滤波，否则会影响记录的波形。

（4）电极位置：电极（electrode）是拾取声诱发电位并经导线送至分析处理系统的关键部件。电极有碟形、耳夹式、针形、耳道珠形等类型，电极记录分近场记录和远场记录。远场记录采用头皮电极。

做 ABR 记录时，一般标准的双通路记录是应用 4 个电极记录。电极位置分别为眉心、发际、同侧和对侧耳垂（或乳突）。接地电极位置在眉心，记录电极在发际，参考电极在同侧耳垂或乳突。ABR 记录的是同侧耳垂（或乳突）与发际电极之间的电位差。也可以用单通道（即应用 3 个电极）记录。接地电极位置在眉心，记录电极在对侧耳垂（或乳突），参考电极在同侧耳垂（或乳突）。此时 ABR 记录的是同侧耳垂（或乳突）与对侧耳垂（或乳突）电极之间的电位差。在记录 AEP（常用于记录长潜伏期 EP，即听觉中枢的电反应）时，也可用多个电极放置于头皮不同的部位。这些不同部位放置的电极组成一个 10～20 道国际电极系统（international electrode system）。电极位置按以下规律命名：以 N 代表鼻根点到枕外隆凸尖（inion）分成相距 10% 或 20% 的间距，在 N 后间距 10% 处称为 F_{PZ}，F 为额，P 为近额（frontoproxional）点，Z 为中线；再后 20% 为 Fz（额中线）；再后 20% 的 Cz 为冠中线；再后 20% 为顶（vertex）。Cz（冠中线）是在两外耳道口之间的中点，也是头顶的中心。奇数表示在左侧，偶数表示在右侧，Z 表示电极放在中线，F 为额，C 为冠状，P 为顶，O 为枕，T 为颞区，A 代表耳，M 代表乳突。

不少学者研究了在一个较宽的范围内变化电极位置对 ABR 的影响，研究结果表明在头顶上各位置或在颈部的许多位置上，其电反应均有差异，但有的差异意义较小。记录电极放在颅顶或者是额部发际时，二者记录出来的电反应差异较小，但后者可避免移动头发，标记清楚，显然操作起来方便得多。如果 ABR 的电活动是出现在参考中性位置的每付电极上时，则记录到的电反应波形相位就是一定的；而当改变参考电极的位置时，就会使有的波形幅度减小，有的波形幅度增大。如果参考电极放在对侧乳突时，除比在同侧耳垂记录到的波形稍小外，其余反应基本相同。如用外耳道电极代替耳垂电极，则波 I 较大，但后者波 V 清晰；如参考电极放在对侧乳突或耳垂，则引出的波 I 很小，甚至缺如，波 II 潜伏期延迟 0.1ms，波 III 有报道延长的，有报道缩短的，也有报道相同的，但幅度比同侧记录的小 1/2～2/3；波 IV 潜伏期无差异，但波 IV 峰到 IV～V 间的波谷的振幅比同侧记录的大，波 IV 重复性较好，于是波 V 的识别率增大。但有的报道认为在整个 2～4ms 的潜伏期范围内，同侧和对侧记录的反应波中有些相位不一的趋势。Mair 研究工作证明，在颅顶与颈部之间进行记录时，未能改善波 V 或后继负电位的清晰度，波 I 倒有较好的改善。颅顶下方为一大块等电位的颈部组织，是记录颅内电位放置参考电极的良好部位。如上所述，除 ABR 外，记录其他 EP 时，参考电极放在颈部（包括乳突和耳垂）任何一处都无明显差别（图 18-1-25）。

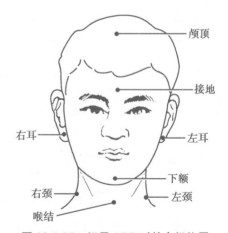

图 18-1-25 记录 ABR 时的电极位置

第二节　耳　蜗　电　图

耳蜗电图（ECochG）是一种近场记录早期 AEP 的技术，在声刺激（尤其是短声刺激）诱发条件下内耳产生的三种电反应，所记录的电位包括 CM、SP 和听神经动作电位（action potential，AP）。CM 及 SP 一般认为是源于毛细胞的反应，AP 为听神经反应，因此，ECochG 被认为是了解人耳听觉感受器和听神经功能的临床检测指标。

ECochG 属于客观听力检查法，不依赖于患者的主观行为反应，检查结果精确并有高度可重复性，因属近场记录，反应呈严格的单侧性，无对侧耳的反应与双耳相互作用，故测试时不需要在对侧耳加掩蔽噪声。同时，ECochG 只反映耳蜗及耳蜗神经的活动，为诊断内耳疾病的重要方法之一，但却不能用以了解较高中枢层面的听觉功能状态。根据记录电极放置的位置，ECochG 分为鼓膜外记录和鼓膜内记录。鼓膜内记录是针型电极需要穿过鼓膜，直接放置在蜗岬处（波幅最大，但是为有创记录）；鼓膜外记录的电极可以放置在：①外耳道后壁近鼓膜处；②外耳道壁上。以下将主要讲述外耳道后壁近鼓膜处记录的方法。

一、测试记录方法

1. **电极制作**　以直径 0.3～0.5mm 长约 10cm 的细银丝，一端用酒精灯焰烧成小圆球形，球的直径应尽量大一些，一般不得小于 1mm。另一端焊接一条多股细软塑胶线，并将裸露的银丝部分套以内直径为 0.5～0.7mm 的细硅胶管，使之绝缘，银球端裸露 2～3mm。然后把电极球端放入盐水溶液中通直流电进行乏极化处理，当然有条件的可采用带 Teflon 绝缘的铂金丝，直径 0.3～0.5mm 烧成 1mm 左右的小圆球后即可。

2. **电极放置**　清除外耳道耳垢后，用乙醚、乙醇混合液或丙酮溶液在外耳道后下壁、额部和耳垂对皮肤进行脱脂处理，在银球电极端涂以导电膏，然后将此电极置于外耳道后下壁近鼓膜处作为记录电极，用橡皮膏将电极固定在耳郭。并将参考电极和地极加导电膏分别固定于同侧耳垂（或乳突）和额部，极间电阻至少应小于 5kΩ，越小越好。

3. **仪器参数设置**　参数选择滤波范围 50～1 500Hz，扫描时间 10ms，灵敏度 50μV，给声刺激重复率 10～20 次/s。叠加 500 次，刺激声一般选用交替短声（alt click）。

临床检查因只需获得有关 SP、AP 的参数，常采用交替极性的短声刺激以消除 CM 的干扰来获得良好的 SP、AP 复合波形。

4. **反应阈测试**　受试者平卧于检查台上，放松保持安静。开始测试时先行主观听阈测试。刺激声强度一般从受试者对测试信号的主观听阈上 70dB 开始每 10dB 一挡地下降至引不出反应（即 AP 消失），并于最低反应级重复一次，以得出可靠的反应阈。

二、波形特点

ECochG 包括 CM、SP 和 AP。在临床检查中采用极性交替的短声只引出 SP 和 AP 复合波形（图 18-2-1）。

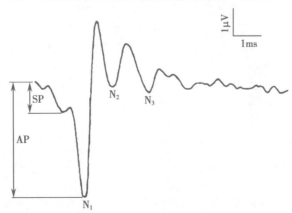

图 18-2-1　正常成人 ECochG（SP 和 AP 复合波形）图及 SP、AP 振幅测量示意图

正常人 AP 由 2 个负波 N_1 和 N_2 为主要成分,在低刺激强度时只有 1 个负波,至 40~50dB nHL 时,开始出现 2 个负波,但 N_1 成为主要的反应波,振幅随刺激声增加而增大,AP 的 N_1 潜伏期无明显改变。随着刺激强度降低,潜伏期逐渐延长,至阈值时,N_1 潜伏期约为 4~5ms。不同相位的短声,潜伏期稍有不同。正常人 AP 反应阈约为 10dB SL,听力损失耳与 2 000~4 000Hz 纯音听阈有较好相关性,两者阈值差别在 10dB 左右。ECochG 的反应阈值主要指 AP 的反应阈值,通常以 N_1 为其观察指标如图 18-2-2 所示。

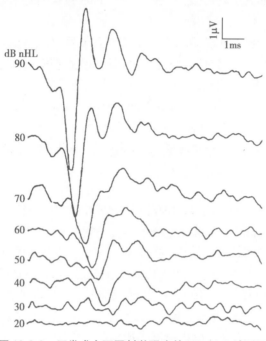

图 18-2-2 正常成人不同刺激强度的 ECochG 波形图

三、SP 和 AP 振幅的测量

在采用极性交替短声刺激诱发引出的 SP 和 AP 复合波形中,SP 和 AP 的振幅测量都以刺激前基线为零值。−SP 振幅为 SP-AP 复合波上升段中一个转折点至基线的幅度。AP 振幅为 SP-AP 复合波 AP 峰($N1$)至基线的幅度(图 18-2-1)。

四、SP 和 AP 面积的测量

1. **SP 面积计算法** 包括以刺激开始点为基线起点(图 18-2-3,bs 点),以 br 为终点所包含的面积。如图 18-2-3A 所示的阴影面积。

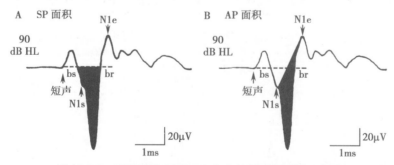

图 18-2-3 耳蜗电图 SP 和 AP 复合波形面积测量示意图

2. **AP 面积计算法** 包括以 SP 波为起点(图 18-2-3,N1s 点)及以外 AP 至 N1 波起点(图 18-2-3,N1e 点)连线所含面积(图 18-2-3B)。

3. **SP/AP 面积比 = SP 面积 /AP 面积**。

五、临床应用

目前 CM 在临床应用尚无肯定的价值，因此，在临床测试 ECochG 时，也多用极性交替短声消除 CM 波对 SP-AP 波的影响来获得清晰的 SP-AP 复合波。临床对 ECochG 的关注点集中在 SP-AP 复合波形，其应用主要有以下几点：

1. 作为梅尼埃病的诊断依据　20 世纪 70 年代以来，很多学者研究探讨 ECochG 在梅尼埃病诊断中的价值，认为典型的改变是 -SP 异常增大，导致 -SP/AP 比值增高，以及 -SP-AP 复合波形异常增宽，但各家报道的阳性率差异较大。其特征表现为：①AP 和 SP 复合波变宽；②-SP 增大，约半数以上患者其幅值 -SP/AP>0.4（正常范围的上限），以及面积 SP/AP>1.9（正常范围的上限）；③图形可出现许多异常。Portmann 和 Aran 将其分为：①分裂型，AP 呈双峰或多峰；②部分融合；③完全融合，AP 波形增宽；④$N_2>N_1$（也称早 M 型）。

一般认为幅值和面积 SP/AP 比值增加是 SP 增大的结果，Eggermont（1974）认为膜迷路积水使 SP 增大，因此 SP/AP 值增加为内淋巴积水之特异性参数。但是，SP 振幅增高也见于突发性聋、外淋巴漏和噪声性听力损伤及其他蜗性听力损伤相关病变。进行脱水试验时（如甘油试验），观察 SP/AP 的动态变化，可使诊断梅尼埃病的阳性率提高。

2. 蜗后病变诊断

（1）蜗后性听力损失随着听力损失的加重，ABR 波 I 通常消失，这时可以应用 ECochG 技术来证实波 I，以获得 I～V 波间潜伏期值，从而对蜗后病变进行确诊并定位（包括从脑干至皮质的病变，一般不影响 ECochG）。

（2）蜗后性听力损失者以听神经瘤为多见。其 ECochG 的 AP 异常波形多为宽波与多峰，比梅尼埃病之宽波宽，振幅小。在病变较轻时，可见 ECochG 反应阈比同一频率的纯音主观听阈低 10～20dB 的现象。

3. 听阈评估　听力损失严重时，当所有其他客观测试（如声反射、ABR、MLR 和 40Hz AERP）不能评估听阈时，可通过 ECochG 来达到目的。

4. 其他　术中监测听力等：①颅后窝手术中的监测；②内淋巴囊减压术中监测；③神经瘤术中监测。

第三节　听性脑干反应

一、概述

听性脑干反应（ABR）是听觉诱发电位（AEP）测试技术中的一种，AEP 是通过听觉系统对声刺激反应所诱发的一系列电活动变化过程，通常用来了解听功能状态，诊断听觉系统病变。AEP 测试技术能够了解听觉系统中神经功能的活动，是用于帮助神经学诊断和听力评估的强有力的测试技术。

早在 1930 年 Weber 与 Bray 在猫的蜗窗记录到对声反应的电位（耳蜗微音电位），随后 1939 年在清醒的受试者记录到 AEP，直到 Dawson（1951，1954）采用平均叠加技术记录到 AEP 这种微弱信号电位，并随着小型化电子计算机的问世才大大加速了电反应测听（ERA）的研究步伐，使得比脑电活动小得多且易被神经脑电活动所掩盖的 AEP 记录进入临床实用阶段。

1967 年 Portman 与 Aran 用经穿透鼓膜的鼓岬电极，Yoshie 等采用外耳道电极，通过计算机平均叠加技术记录到耳蜗电图（ECochG）。1970—1971 年 Jewett 首次报道"远场"记录到听性脑干电位，此后，由耳蜗和脑干发生的 AEP 在临床得到了广泛应用直至今日。

（一）听觉诱发电位分类

临床 AEP 分类见表 18-3-1，主要根据刺激后诱发反应的潜伏期来分类。其典型波形见图 18-3-1。

表 18-3-1　听觉诱发反应分类

类别	潜伏期 /ms	记录部位	可能来源部位	声刺激种类	刺激重复率 /(次·s)	带通滤波 /Hz
耳蜗电图（ECochG）	0.1～4	中耳鼓岬 外耳道近鼓膜处 外耳道壁	耳蜗（CM 和 SP） 听神经（AP）	click	10～20	100～2 500
听性脑干反应（ABR）	1.0～10.0	颅顶、耳垂或乳突	听神经、脑干核团和听觉中枢通路	click 短纯音	10～30	100～2 500
频率跟随反应（FFR）	0 至声刺激持续时间	颅顶、耳垂或乳突	听神经、脑干核团和听觉中枢通路	纯音	5	不定
慢负电位（SN_{10}）	8～12	颅顶、耳垂或乳突	不确定	短纯音	5～10	20～100
中潜伏期反应（MLR）	10～80	颅顶、耳垂或乳突	丘脑、初级听皮质	click	5～40	30～250
相关电位（40Hz AERP）	8～100	颅顶、耳垂或乳突	不确定	click 短纯音	40 及左右	30～150
迟电位（N_1-P_2、P_{300}、CNV）	80～500	颅顶、耳垂或乳突	初级听皮质及相关皮层	click	1～2	0.1～30

（二）听觉诱发电位相关概念

1. 诱发与非诱发电位　在无外界刺激时可以通过不间断的方式记录到生物电活动，在这种方式中获得的电位类型是一种非诱发电位，如自发脑电图（EE）活动的记录。蜗内直流电位（EP）是由外界刺激在时间上被锁定的刺激后诱发引起的电位记录反应，这种反应通常采用特殊技术（如叠加技术）从信号较强的非诱发电位或生理噪声中被提取出来的。

2. 神经放电的同步性　要想在脑干水平获得可辨认的听觉刺激诱发反应，就需要使大量神经元参与同步放电活动。由于诱发反应幅值很低在 μV 级，人体本底生理噪声又大，尤其是脑电图在 mV 级。听觉诱发反应的低振幅和远场记录就需要大量增加放电神经单元数量，因此需要一个拥有快速启动反应的刺激方式，如脉冲声，可在短时间周期内引起众多神经元同步放电。也就是说在很短时间内放电神经元越多，在脑干部位产生的电位场才能越大，则记录到的信号（波峰）幅值将越大（如短声诱发的 ABR）。因此，对声诱发电位测试，陡峭的起始刺激声最为可取，而变化慢的刺激不能同时引起足够数量的神经元同步放电。

3. 神经同步放电与听力　为阐明神经同步放电与听力的关系，这里以 ABR 为例来阐释要记录可辨认的 ABR 波形，必须诱发大量的神经同步放电。严重听力损失者，或低强度刺激难以或不能诱发足够的神经元同步放电，则 ABR 波形分化不好或缺失，甚至引不出来，因此 ABR 波形的缺失通常指听力严重损失。如：听力学测试表明外周听力正常时，在多发性硬化病例中 ABR 波形缺失普遍存在。此外，在中枢神经系统未完全成熟的早产儿或者在测试记录过程中出现技术错误时，ABR 波形也可以缺失。

4. 时间锁定和信号平均　EP 是和外界特定的事件存在相关联一致性（如声刺激和触发记录反应同步相一致）。对计算分析起始声刺激出现的时间给予锁定以保证大量的记录反应信号能够进行线性叠加。而过强的背景电噪声和生理本底噪声等一系列干扰，由于它的随机属性（即噪声在 1 000 次叠加中出现正向和负向的概率相同，各为 50% 左右，而被相互抵消，使其振幅越来越小，即噪声越来越小），平均叠加后噪声将被减弱，相反和外界特定事件（如声刺激触发）相关的神经反应（有用的记录信号）平均叠加后将被保留和增强。图 18-3-2 表示叠加次数与背景生理噪声强度减少的关系，叠加后噪声强度 = 本底生理噪声 ×$1/\sqrt{\text{叠加次数}}$。

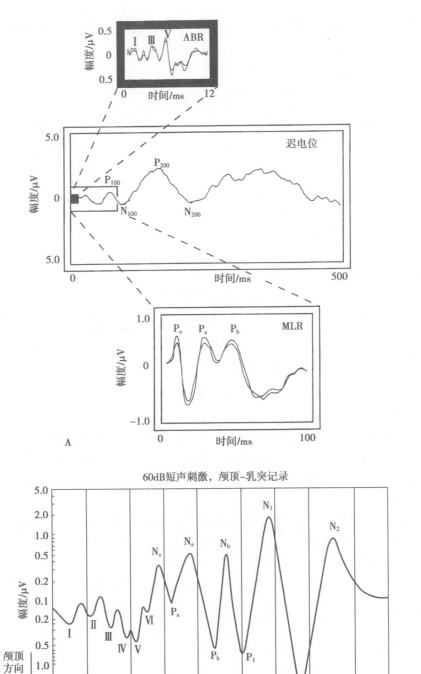

图 18-3-1 ABR 典型波形图

A. 主要听觉诱发反应与时间及强度的关系 B. 听觉诱发电位典型波形

5. 滤波 EP 记录的波形包含很多不需要的成分(如过高过低的频率成分以及公用电 50Hz 干扰成分等)。滤波的概念是将不需要的成分通过滤波器滤掉。EP 中常遇到的滤波器有高通、低通滤波器和陷波器。高通滤波器是将设置点频率以上的频率成分通过而滤掉低于设置点频率成分的波形。低通滤波器则是将设置点频率以下的波形频率成分通过而滤掉高于设置点频率成分。例如:ABR 高通常设置为150Hz,低通设置为 3 000Hz,因此两个滤波器联合使用表明即高于 150Hz 的信号通过,低于 150Hz 的信号被滤掉,低于 3 000Hz 的信号通过,高于 3 000Hz 的信号被滤掉,即 150~3 000Hz 的信号通过,即高通和低通滤波器联合使用所获得带通滤波器。陷波器主要是针对性地消除某一特定频率点的噪声干扰,如50Hz的公用电干扰。

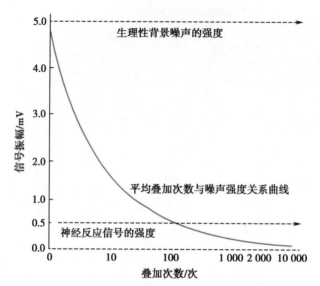

图 18-3-2　信号叠加的叠加次数与背景生理噪声强度减弱的关系

(三)听觉诱发电位有关问题

测试设备:AEP 记录设备必须包括以下部分:声刺激发生器(含耳机和衰减器)、电极、生物信号放大滤波器(差分前置放大器、主放大器、带通滤波器)和信号平均叠加器(含时间锁相触发),结果显示及打印等装置。记录设备工作原理框图见图 18-3-3,电极为记录电极、参考电极和两侧地极。差分前置放大器工作原理图见图 18-3-4。

差分前置放大器,将两个电极中的一个电极电活动的波形极性倒转,而另一个电极不变,因此,两个电极部位共同的电活动即被消除,同时又有效地放大两个电极部位不同的电活动(记录电极中的有用信号)。如 AEP 中,记录电极提取的信号为有用信号(如 ABR)与无用信号(噪声)的混合,参考电极提取的仅为无用信号(噪声),若将参考电极提取的无用信号改变极性再与记录电极提取的信号相加则只剩有用信号,如此,绝大部分无用信号相抵消。这就是差分前置放大器的原理,其示意图见图 18-3-4。

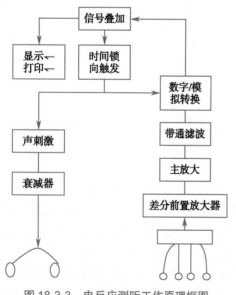

图 18-3-3　电反应测听工作原理框图

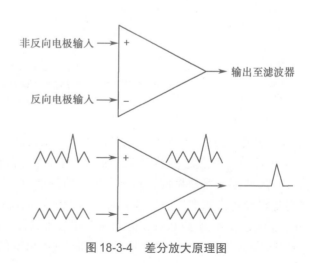

图 18-3-4　差分放大原理图

1. **测试环境** AEP 是极弱的生物电信号,易被背景噪声干扰,测试时需要一个安静的环境,良好隔声室的使用对阈值测试尤为重要,因为环境嘈杂噪声对接近阈值刺激声可产生掩蔽等效应而影响阈值。此外,尽管现代前置放大器能够排除大多数公用电干扰,但由于周围其他仪器可以对记录波形产生电干扰,电屏蔽也仍然十分重要,因此,测试应在隔声屏蔽室内进行。

2. **受试者的状态** 测试期间患者应该尽可能放松以避免记录期间肌肉紧张等产生的干扰。通常让患者采取仰卧位,并鼓励他们闭上眼睛,在测试期间尽量入睡。但有一种例外,即患者有自发性眼震,可能会因眼球运动而引入赝象。此时若要求他眼睛盯住室内某一点通常可以降低这些肌肉活动引起的干扰。

婴幼儿及小龄儿童在测试期间必须保持安静,最好是保持在睡眠状态。因此,条件允许时最好采取预约方式,预约时交待家长,儿童测试前夜晚点睡,早晨早起(尽量少睡),以利于测试时入睡,即采用剥夺睡眠法使其入睡,当然,多数情况仍需要使用小剂量镇静药。

需要指出的是有一小部分婴幼儿用水合氯醛达不到镇静目的,则需要采用其他的镇静药或者甚至在整个测试期间采用一般麻醉药。但是必须记住任何镇静药和麻醉药必须在医师指导下使用。通常 4 月龄以内的婴儿如果测试时间在所估计的正常睡眠期内或哺乳后即可,则不需要镇静药。

3. **病史采集** 测试技术人员应当从临床记录(病历)和患者的主诉中提取相关信息。如:脑干功能检查和眼震电图的结果对 AEP 异常相关性研究很有帮助。此外,病史采集可为结果分析提倡提供依据。

4. **常规的听力学测试** 常规的纯音听力图、声导抗结果可用于帮助解释验证 AEP 的测试结果。按临床常规,ABR 和神经学测试之前要求做短声的主观听阈测试。

5. **声刺激强度** 刺激强度是诱发引出 ABR 的重要参数之一。临床神经生理学实验应根据自己的需要(听力学和神经学)确定声刺激程序。目前较常采用 peSPL 及 nHL 作为听觉诱发反应刺激声强度标定单位。通常短声的起始强度是 60~80dB SL(即阈上 60~80dB),低于该强度 AEP 波形常常分化不好。如果在上述刺激强度时 AEP 波形仍然难以辨认,则应以 10dB(或 >10dB)每挡递增刺激强度。

6. **波形辨认及阈值的确定** AEP 技术中最基本的最重要的内容之一就是反应波形的辨认。这不仅关系到其他参数测试结果的准确性,对临床诊断也将产生直接的影响。当然,也没有一个定型的识别方法,以下建议仅供参考。

(1)赝象(artifact)的排除:在 AEP 记录测试时,混杂有肌源性噪声或因电极 / 皮肤表面的电赝象等产生瞬态高振幅电位,使真正的 AEP 波形失真,此种情况可通过赝象自动排斥系统功能(reject)设置将超值电位予以排除。

(2)重复测试记录:在用于神经学诊断测试时应该重复记录两次(尤其是记录的波形分辨有困难时),比较两次测试结果的重复性是否良好。此外,对接近反应阈的低刺激强度重复测试,应对比两次测试结果,以确定其是否为诱发反应阈值。

(3)反应阈测试:从起始强度 60~80dB SL 开始,每 10dB 一挡下降,进行记录,至特征信号(如 ABR 的 V 波)消失时的强度上 5~10dB,重复测试一次,观察波形是否重复,若重复性好方可视为反应阈。对于阈值可能接近最大声刺激强度的受试者(潜伏期范围有助于辨认 V 波),亦可采用不给声刺激观察在可能出现反应部位是否也有波出现。若仍有波出现应考虑为赝象。

(4)强度递减测试:从高强度到低强度测试,根据反应的强度依赖关系判断是否为真实反应波形。

注:受试者良好的松弛状态,极间电阻低(<5kΩ),即去脂的成功对波辨认和反应阈确定至关重要。

7. **气导 ABR 的掩蔽** 虽然气导 ABR 记录主要为插入式耳机给声刺激,其有着(与压耳式耳机比较)更大的耳间衰减,但是对于双耳听阈相差大,特别是单侧聋患者,为了获得准确的听力较差耳 ABR 反应阈,对侧听力较好耳给予掩蔽声是十分必要的。当单侧聋者 ABR 阈值超过 95dB nHL 时,就需要考虑在听力较好耳加掩蔽声。值得注意的是,如果在听力较差耳记录到的 ABR 波形中能清晰辨认 I 波时,说明 ABR 来自刺激耳(也就是听力较差耳),在该测试强度下不需要做对侧掩蔽。由于插入式耳机的耳间衰减约为 65dB,甚至更大。一般掩蔽声为刺激声强度减去 50~60dB。然而,最好不要超过 50dB nHL,避免导致中枢掩蔽。

8. 正常测试参数值确定 由于各实验室测试环境不同,给声方式、记录时设备参数的选择以及人群、人种与地理位置等差别不同所获得的正常参数值可能差异较大,因此,每套测试系统在正式用于临床测试之前应获取自身的正常参数值。

二、听性脑干反应测试

听性脑干反应(auditory brainstem response,ABR)代表听神经和脑干各个单元、时间锁相、传导起始敏感的神经元对诱发声刺激活动产生的同步放电的总和。其特征和可重复性是完全独立于受试者的状态且能够在受试者处于清醒、睡眠、镇静、一般麻醉状态下或昏迷中获得。正因为这一可重复性、人群之间的一致性以及对某些听觉通路失调的敏感性等特性,使得ABR成为临床评估和术中监测听觉功能的一项重要工具。

ABR是听觉系统接受声刺激后头皮表面电极记录的电位波形经叠加、放大及滤波后获得的诱发电活动,这一电反应低振幅且被淹埋在其他神经系统活动中。针对这一原因,必须采用高共模抑制比的放大器、滤波、自动排斥系统和平均叠加技术才得以从多种电活动中提取并记录到。

(一)测试记录方法

1. 电极位置 颅顶为记录电极(正极),但临床常采用额部正中近发际处为记录电极(正极),额部(两眉之间)为地极,同侧耳垂(耳后乳突也可)为参考电极(负极)(图18-3-5)。

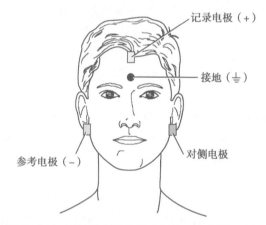

图18-3-5 听性脑干反应测试标准电极安置示意图

2. 设备参数选择 滤波范围100~2 500Hz;扫描时间≥15ms;灵敏度50μV;给声刺激重复率10~40次/s,婴幼儿可略高些,用于预测听阈的声刺激速率一般采用31.1次/s,而用于神经学诊断时的声刺激速率一般采用11.1次/s;叠加次数1 000~2 000次,刺激声一般选用交替短声(click),亦可选用短纯音等其他声。

刺激开始到波峰之间的时间间隔称之为潜伏期。在正常受试者,采用高于阈值75dB左右强度水平的短声刺激,波Ⅰ的潜伏期一般接近1.5ms,波Ⅲ大约3.7ms,波Ⅴ约5.5ms。正常值的范围通常延伸至2个或3个标准差,或±(0.32~0.48)ms范围。

(二)听性脑干反应各波成分的起源

20世纪70年代早期有些学者对ABR各波成分的起源和脑干通路及核团之间的相关性提出Ⅴ波来源于下丘,Ⅳ波来源于外侧丘系,Ⅲ波来源于橄榄束,Ⅱ波来源于耳蜗核,以及Ⅰ波来源于第Ⅷ神经。Stockard和Sharbrough(1978)及后来一些学者明确指出脑干中发挥作用的核团确切位置和相互关系不甚清楚,且以往对各波起源部位的描述过于简单,因此,应该放弃上述的ABR各波成分的起源学说,但是,目前未引起国内读者的重视。

Møller和Jannetta(1981)报道波Ⅰ和部分波Ⅱ应归入第Ⅷ脑神经的活动。他们记录的受试者的头皮内在靠近神经活动第Ⅷ脑神经部分在时间上和表面记录波Ⅰ和波Ⅱ相一致。波Ⅲ~Ⅵ可能没有简单的产生部位,每个波都可能是在听觉中枢系统中脑干结构的几个部位整合的作用结果。

（三）ABR 参量测试及临床报告标准

1. **波形辨认**　ABR 由刺激后 10ms 内出现的波 I～波Ⅶ组成（图 18-3-6），在确定反应阈时波 V 最重要，在诊断病变部位时，波 I、波Ⅲ、波 V 最为重要，因此辨认 ABR 的波 I、波Ⅲ、波 V 是临床 ABR 测试中的关键问题，尤其是波 V（图 18-3-7）。

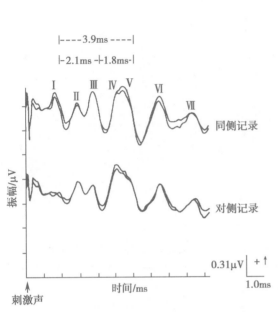

图 18-3-6　正常人典型听性脑干反应波形图

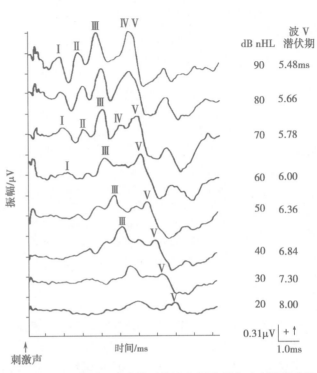

图 18-3-7　听性脑干反应波形辨认示意图，随短声刺激强度降低，V 波潜伏期延长及 V 波最后消失

2. **潜伏期及波间期**　ABR 各波的潜伏期反映了从听神经末梢到低位脑干结构的传导时间，在诊断蜗后听神经病变中占重要地位，由于波Ⅱ及波Ⅳ振幅较小，出现率相对较低，临床主要关心的是和波 I、Ⅲ、V 有关的波潜伏期及其波间期（表 18-3-2、表 18-3-3、图 18-3-8、图 18-3-9）。

3. **振幅**　ABR 的振幅通常为 0.1～1μV，很难仅根据振幅的改变判断病变的部位及其严重程度等，故在临床未被广泛应用。

表 18-3-2　某家医院所得的听性脑干反应各波的潜伏期（n=15）　　　　单位：ms

130dB peSPL 时各波绝对潜伏期	波间潜伏期	双耳波间潜伏期差
波 I：1.38±0.20	波Ⅲ～波 I：2.28±0.19	波 V：0.23±0.11
波Ⅲ：3.66±0.18	波 V～波Ⅲ：1.80±0.16	波 I～波 V：0.20±0.09
波 V：5.46±0.21	波 V～波 I：4.08±0.22	重复测试反应潜伏期±0.1

表 18-3-3　另一医院所得的听性脑干反应各波的潜伏期（n=15）　　　　单位：ms

130dB peSPL 时各波绝对潜伏期	波间潜伏期	双耳波间潜伏期差
波 I：1.47±0.09	波Ⅲ～波 I：2.28±0.15	波 V：0.22±0.12
波Ⅲ：3.74±0.15	波 V～波Ⅲ：1.76±0.14	波 I～波 V：0.18±0.10
波 V：5.50±0.07	波 V～波 I：4.03±0.12	重复测试反应潜伏期±0.1

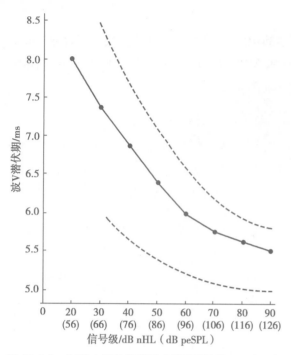

图 18-3-8 正常人听性脑干反应 V 波潜伏期 - 强度函数曲线图

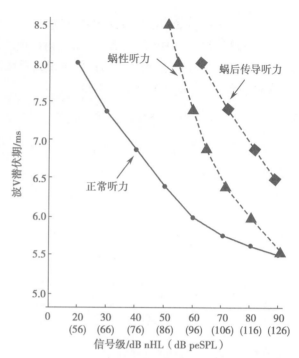

图 18-3-9 正常听力、传导或蜗后以及耳蜗性听力下降 V 波潜伏期 - 强度函数曲线

4. 反应阈 在 ABR 的记录中，通常刺激声强度从 70dB SL 开始，以期记录出重复性最好的波形，随后降低强度。随刺激强度的降低，最后波 V 消失，因此，把波 V 刚消失时的刺激强度上 5dB 或 10dB，重复一次观察波 V，如有重复性即此强度可确定为 ABR 反应阈（图 18-3-10）。

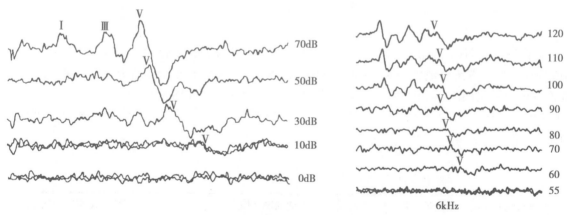

图 18-3-10 ABR 反应阈测试过程

文献报道正常听力受试者 ABR 反应阈在 0～20dB nHL，因此，click-ABR 反应阈可用来客观评估中高频听阈（2 000～4 000Hz）。

5. 临床报告标准 目前临床 ABR 诊断蜗后病变采用的主要参数指标如下：①各波绝对峰潜伏期延长；②波间潜伏期差；③波 V 潜伏期延长；④双侧 V～I 波间期延长；⑤波形异常或缺失。

ABR 检查结果的临床报告标准通常可分为正常、大致正常、可疑异常与异常四级，这是根据各参数均值分别加 1、2、3 个标准差分别计算而来。为便于参考，现将某院资料列于表 18-3-4、表 18-3-5。

在低强度刺激时 ABR 波形的辨认常常带有主观性，且不同测试者判断标准可能不同。因此，虽然 ABR 是一种不需要患者主观参与的客观测试，但是在对测试结果的判断上却含有一定的主观成分，即客观测试，主观判断。

表18-3-4　例1听性脑干反应临床报告标准　　　　　　　　　　　　　　　　单位：ms

项目	潜伏期			波间期			双耳波V潜伏期差	双侧波I~V间期差	波幅V/I比值	波形分化程度
	I	III	V	I~III	V~III	I~V				
正常	<1.58	<3.84	<5.67	<2.47	<1.96	<4.30	<0.34	<0.29	>1	清楚
大致正常	1.58~1.78	3.84~4.02	5.67~5.88	2.47~2.66	1.96~2.12	4.30~4.52	0.34~0.45	0.29~0.38	>1	清楚
可疑异常	1.78~1.98	4.02~4.20	5.88~6.09	2.66~2.85	2.12~2.28	4.52~4.74	0.45~0.56	0.38~0.47	<1	不清楚
异常	>1.98	>4.38	>6.09	>2.85	>2.28	>4.74	>0.56	>0.47	<1/2	不清楚

表18-3-5　例2听性脑干反应临床报告标准　　　　　　　　　　　　　　　　单位：ms

项目	潜伏期			波间期			双耳波V潜伏期差	双侧波I~V间期差	波幅V/I比值	波形分化程度
	I	III	V	I~III	V~III	I~V				
正常	<1.56	<3.89	<5.57	<2.43	<1.90	<4.15	<0.34	<0.28	>1	清楚
大致正常	1.56~1.65	3.89~4.04	5.57~5.64	2.43~2.58	1.90~2.04	4.27~4.39	0.34~0.46	0.28~0.38	>1	清楚
可疑异常	1.65~1.74	4.04~4.19	5.64~5.71	2.58~2.73	2.04~2.18	4.39~4.51	0.46~0.58	0.38~0.48	<1	不清楚
异常	>1.74	>4.19	>5.71	>2.73	>2.18	>4.51	>0.58	>0.48	<1/2	不清楚

6. 解释ABR结果应注意的问题

（1）年龄在6月龄~5周岁的多数儿童行ABR测试需要给予镇静药物。因此在儿童清醒之前，在有效的时间里获得尽可能多的资料。作者主张采用剥夺睡眠法来让儿童进入自然睡眠状态。

（2）18月龄以前的婴幼儿随日（月）龄的增长，ABR波V绝对潜伏期日趋缩短。直到3岁，儿童的ABR波形才接近成人。

（3）用短声作为刺激声记录的ABR波V反应阈用于评估中高频听力（2 000~4 000Hz）损失情况相关性较好，但评估低频听力则相关性较差。

（4）ABR有时并不能代表真实的听力。确切地说ABR可以帮助确定外周听觉敏度和脑干听觉通路的神经传导能力。但有严重皮层功能障碍的儿童，却也能记录到正常的ABR波形。

7. 什么样的患者需要行ABR测试　当有不能解释的听力损失（如突发性聋）、单侧耳鸣、眩晕、单侧面部麻木及不对称的听力损失，镫骨肌声反射衰减及蜗后病变反应等结果阳性的患者。

（四）临床应用

ABR在临床听力学方面已获得广泛的应用。

1. 新生儿和婴幼儿听力筛查（详见新生儿听力筛查技术章节）　作为听力筛查一般认为选用35dB nHL的短声刺激强度，能引出ABR即可认为通过听力筛查，而对未能引出反应的，则视为"refer"（需转诊）。

2. 器质性听力损失和功能性聋的鉴别

3. 听力损失评估　ABR在临床上一个非常有成效的用途是用于评估婴幼儿和难于测试的患者的听力损失情况（如涉及法医鉴定、纠纷和赔偿等）。但对短声刺激的ABR阈值仅代表纯音听力图2 000~4 000Hz范围的听觉敏度，而短声和短纯音等带有频率特异性声刺激诱发的ABR可解决频率特异性问题。因此，ABR阈值可用于儿童听力评估及助听器选配的工作。

4. 听神经瘤及脑桥小脑三角占位性病变的诊断

5. 听觉通路的中枢神经系统疾病的诊断　许多影响听觉脑干的神经系统疾病均会引起ABR参数的改变。如：多发性硬化（有文献报道60%ABR存在异常）、脑干胶质瘤、脑外伤等。

6. **术中监测** 手术中持续监测听神经和脑干听觉通路的状况。新近有报道用于麻醉中监测麻醉的深度获得较满意的效果。

7. **昏迷患者预后** 昏迷患者的脑死亡过程是从波Ⅴ到波Ⅰ逐渐消失的。

（五）影响 ABR 测试的因素

1. **声刺激因素** 刺激极性、声刺激重复率（图18-3-11）、刺激强度、种类、频率、单侧和双侧刺激。

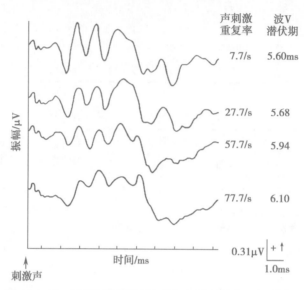

声刺激 重复率	波Ⅴ 潜伏期
7.7/s	5.60ms
27.7/s	5.68
57.7/s	5.94
77.7/s	6.10

图 18-3-11 四种不同刺激重复率记录的听性脑干反应变化

注意波形分化和Ⅴ波潜伏期。

2. **ABR 记录参数的影响** 电极安装（去脂、极间电阻等）、滤波范围及放大器性能等。

3. **测试者因素** 年龄、性别、注意力、患者情绪状态、背景噪声的干扰、听力图类型、药物及体温等。

4. **其他因素的影响** 波形识别的主观性错误，技术性操作错误等等。

（六）频率特异性听性脑干反应

click ABR 反应阈难于对听力损失作出具体和较全面的评估，尤其是对低频听力损失的评估。随着我国"新生儿早期听力检测和干预"项目的实施，以及法医鉴定中对听力客观评估越来越高的要求（各频率损失的评估），迫切需寻求用于各频率点或段的听力损失评估方法，具有频率特异性声诱发的 ABR 可望解决这个问题。

目前公认的适合用于诱发 ABR 的刺激声主要有两类：短声和短纯音。临床上常规采用的是由短声诱发引出 ABR（click-ABR），一般认为在规范的测听条件下，短声刺激引起的是耳蜗宽频区域的兴奋，无频率特异性，click-ABR 的Ⅴ波反应阈在一定程度上反映了 2 000～4 000Hz 范围的行为听阈。短纯音则刺激引起的是其主瓣频率相应的耳蜗特定区域的兴奋，故有一定的频率特异性。

虽然临床常采用 click-ABR 来评估中高频听阈，但由于短声的声学特征为宽频谱，缺乏频率特异性，当听力损失构型为平坦型，多数学者认为可反映 2 000～4 000Hz 范围的行为听阈；但当听力损失为异常构型时（如陡降型）时用于评估 2 000～4 000Hz 的行为听阈依然会很不准确。

有研究表明在陡降型听力损失组中，如在 1 000Hz 和 2 000Hz 频率点纯音听阈出现陡降的实验组，click ABR 反应阈与 2 000Hz、4 000Hz 纯音听阈均值之差的均数及标准差分别为（7.5±4.7）dB，（25.2±5.9）dB，click-ABR 反应阈平均值分别好于 2 000Hz、4 000Hz 纯音听阈 10dB 和 12dB。说明用 click-ABR 反应阈评估 1 000Hz、2 000Hz 陡降型听力损失人群纯音听阈时，比 2 000Hz、4 000Hz 纯音听阈低 10dB 以上。而用于评估 500Hz 的听阈则相差更大。陡降型听力损失组中出现 click-ABR 反应阈好于 2 000Hz、4 000Hz 纯音听阈这种现象的原因可能是更多的低频耳蜗区域参与了兴奋，说明 2 000～4 000Hz 以外其他频率对 ABR 有贡献。

对陡降型听力损失人群的听阈评估，ABR 反应阈和行为听阈差异为 10～70dB。尽管如此，在临床应用中 click ABR 反应阈作为听阈客观评估仍有其重要价值。

1. 频率特异性听性脑干反应的记录 刺激声采用门控包络，其包络的上升及下降时间一般设置均为 1ms，包络的平台期为 2ms 的短纯音，其他参数同 click 声诱发的 ABR。

2. tb-ABR 反应阈、主观听阈与纯音听阈 研究结果表明 ABR 反应阈总比主观听阈高。500Hz、6 000Hz、8 000Hz ABR 反应阈与主观听阈差值最大，接近 30dB；1 000Hz 次之，接近 20dB 左右，2 000～4 000Hz 为 10dB 左右。click ABR 反应阈与其主观听阈之差最小，<9dB。表明 2 000Hz、4 000Hz tb-ABR 反应阈与其主观听阈、纯音听阈最接近，阈差最小（图 18-3-12）。对较低频和高频 tone-burst ABR 与主观听阈之间的差异性较大可能限制了用 tone-burst ABR 来评估纯音听阈。因此，在临床每个测试系统需要获得 tone-burst ABR 反应阈的正常值，根据它给定一个修正值用来预估纯音听阈（表 18-3-6）。

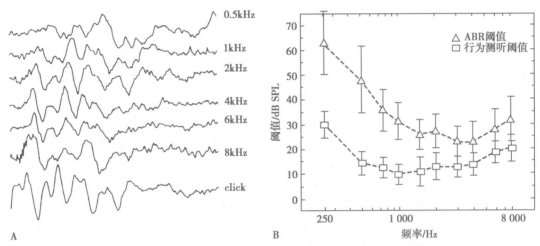

图 18-3-12 不同频率短纯音和短声 ABR 反应阈与相应频率行为听阈的关系

A. 500～8 000Hz 短纯音及短声 120dB 诱发出的典型 ABR 波形；B. 短纯音 ABR 阈和行为测听阈值。

表 18-3-6 tone-burst ABR 反应阈正常值

刺激声频率 /Hz	ABR 反应阈(均值 ± 标准差)/dB nHL
500	35.75 ± 5.25
1 000	17.75 ± 4.06
2 000	13.00 ± 4.76
4 000	10.75 ± 3.43
6 000	29.50 ± 5.36
8 000	31.50 ± 6.47

（七）骨导听性脑干反应

气导 ABR 检测在临床已获得广泛的应用，通常用于客观评估婴幼儿及难以进行行为测试人群的听阈及辅助蜗后听觉通路病变的诊断。但对听力损失的传导性成分的客观评定则存在困难，以骨导声刺激方式的 ABR 则可能解决这一问题，具有气导 ABR 无可比拟的优越性，临床应该重视其应用价值。国外学者建议，对于气导 ABR 阈值升高者都应进行骨导 ABR 测试（图 18-3-13）。

1. 骨导 ABR 测试 测试除了给声方式是以骨振器给声外，其他同气导 ABR 测试，骨振器的放置成人同纯音听阈测试。婴幼儿测试时可直接将骨振器放置乳突，用手轻轻顶着固定（施力范围应为 4～5N）。

2. 骨导 ABR 正常值 婴儿的低频骨导 ABR 阈值比高频好。根据以前的研究结果，500Hz 纯音在 20dB nHL 能诱发出；1 000Hz 纯音在 30dB nHL 能诱发出为正常。

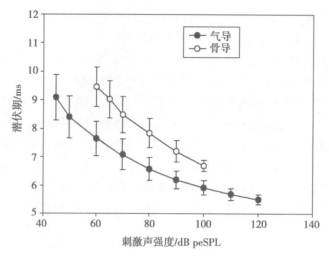

图 18-3-13 气骨导听性脑干反应波Ⅴ潜伏期 - 强度函数曲线

3. 骨导 ABR 局限性

（1）骨振器最大刺激强度为小于 50dB nHL，这就限制了能测试的骨导行为听阈的水平不能超过 40dB HL。

（2）骨导 ABR 刺激时需要噪声掩蔽，建议在对侧给出的噪声掩蔽水平不宜超过 60dB SPL。但是值得注意的是，和纯音听阈测试不同，骨导 ABR 测试时可以通过对比同侧记录和对侧记录的曲线来判断记录到的 ABR 反应来自同侧还是对侧。比如说如果同侧记录到的反应有可辨识的Ⅰ波，说明该反应来自同侧。还可以通过对比同侧和对侧的潜伏期的长短及波幅的大小来判断。同侧记录到的 ABR 反应一般潜伏期较短且波幅较大。囟门未闭合的婴儿进行骨导 ABR 测试有先天的优势：研究表明他们的骨导耳间衰减值高达 20dB nHL，因此很多情况下并不需要掩蔽。

（3）保持骨振器固定环与头颅之间的压力稳定比较困难，尤其是婴幼儿及儿童，婴幼儿测试时可直接将骨振器放置乳突，用手轻轻顶着固定（施力范围应为 400～500g）。最近的研究表明婴儿的骨导测试时，把骨振器放在颞骨的任何部位都能获得很好的骨导阈值。但是一般建议骨振器放置在耳后上方比较平坦的部位有利于固定，并且离记录电极较远，有利于获得可靠的阈值。

（4）图 18-3-13 中气导 ABR 和骨导 ABR 潜伏期 - 强波曲线的数据是成人，而儿童和成人是不同的，因此，年龄 - 刺激强波相应的正常值参数需要进一步研究。

总之，骨导 ABR 检测在方法学上与气导 ABR 相补充，是传导性听力损失的诊断的客观方法，希望在国内能够普遍开展和推广应用。

三、中潜伏期反应和 40Hz 听性相关电位

（一）概述

中潜伏期反应（middle latency responses，MLR）是从人的头皮记录到的一种诱发电活动，它出现在刺激声后 8～100ms 之间，且可能来自源于脑干以上和初级听皮质投射区域。

MLR 是由 2～4 个正峰波组成的系列波，它们分别被标记为 P_0、P_a 和 P_b。负波峰记为 N_a 和 N_b。正常人典型的中潜伏期示意图（图 18-3-14）。主要波型潜伏期值见表 18-3-7。

MLR 是振幅比 ABR 大的清晰反应波，但通常所获得波形的重复性比 ABR 要小。

40Hz 听性相关电位（40Hz AERP）：Calambos 等（1981）报道一种被命名为 40Hz 反应的电位。这种电位的获得是使用刺激率 40 次 /s 或接近 40 次 /s 所记录到的电位，这种电位为一种具有周期接近 50ms（40Hz）的类似正弦波，且记录电位的振幅在刺激率接近 40 次 /s 时为最大（图 18-3-15）。因其刺激的节律与诱发的反应同步，故命名为 40Hz 听性相关电位，为稳态诱发电位的一种。图 18-3-16 是不同强度声刺激下 40Hz 听性相关电位的典型反应。

表 18-3-7　主要波峰典型的潜伏期（$n = 15$）　　　　　　　　　　　　　单位：ms

波型	潜伏期
P_0	10.00 ± 0.58
N_a	19.47 ± 1.57
P_a	30.33 ± 1.78
N_b	40.40 ± 3.88
P_b	51.54 ± 4.78

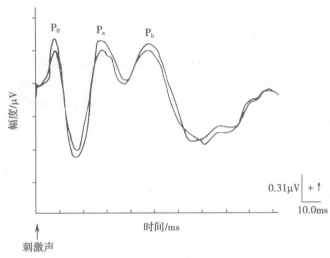

图 18-3-14　正常人典型中潜伏期波形示意图

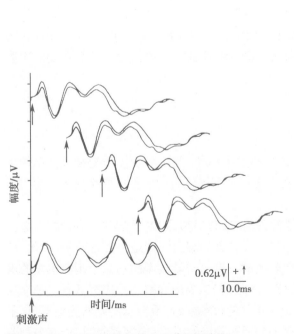

图 18-3-15　40Hz 听性相关电位获得示意图

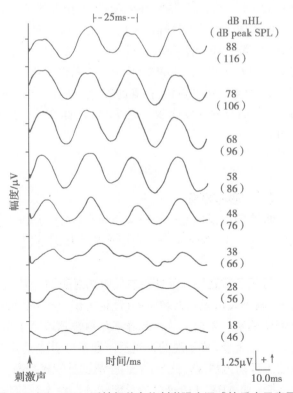

图 18-3-16　40Hz 听性相关电位刺激强度逐减的反应示意图

MLR 和 40Hz AERP 记录技术：基本方法同 ABR（如电极安放等）。为获得清晰、准确的结果，现将建议性的测试参数列于表 18-3-8。

表 18-3-8 中潜伏期反应和 40Hz 听性相关电位记录技术设置

参数	中潜伏期反应	40Hz 听性相关电位
扫描时间	100ms	100ms
叠加次数	500	250～500
刺激声	短声或短纯音(2-1-2)	短声或短纯音(2-1-2)
刺激重复率	低于 10 次/s	接近 40 次/s（如 39 或 40）
滤波设置	10～150Hz 且 6dB/octave 或 12dB/octave	10～100Hz 且 6dB/octave 或 12dB/octave

（二）影响 MLR 和 40Hz AERP 结果的因素

除记录技术外，年龄、睡眠、安眠镇静剂等均可影响 MLR 和 40Hz AERP 的结果。

关于年龄对 MLR 和 40Hz AERP 的影响意见不尽一致。一般认为儿童的 MLR 波形与成人相似，但有人认为 40Hz AERP 在新生儿中波形形状不全类似于 40Hz 正弦波，且不稳定。

从听觉发育角度看，由于 MLR 较 ABR 成熟晚，因此，在分析 MLR 和 40Hz AERP 结果时应考虑年龄这一因素，尤其是对年龄＜14 岁的儿童评估。

一般认为成人 MLR 和 40Hz AERP 不受睡眠、镇静催眠药影响。然而儿童因不能主动配合，需在自然睡眠和服镇静药后处于睡眠状态下测试。有的学者认为由睡眠致 MLR 振幅降低而使反应阈升高，但亦有学者认为睡眠和少量镇静药对振幅影响很小，而有利于反应阈检出。

（三）临床应用

1. **阈值测试** 成人 MLR 和 40Hz AERP 反应在 2 000～4 000Hz 和行为阈值有高度的一致性，大约在 10dB 之内。用 MLR 或 40Hz AERP 和 ABR 相结合，前者用低频短纯音，后者用短声，测得的反应阈，可用于估计 500Hz、1 000Hz、2 000Hz、4 000Hz 的听功能状态。由于 MLR 和 40Hz AERP 产生于较 ABR 更高听觉中枢，尤其是年龄＜14 岁的听力损失儿童残余听力的评估要慎重。

2. **中枢听觉障碍评估** 由于 MLR 和 40Hz AERP 较 ECochG 和 ABR 来自更高听觉中枢，因此，当 ECochG 和 ABR 正常，MLR 引不出时，要考虑中枢性听力损失的可能。即对脑干以上层面的听觉传导通路病变，MLR 和 40Hz AERP 可提供诊断性依据（如多发性硬化病例）。

3. **功能性听力损失、伪聋的鉴别** 由于 MLR 和 40Hz AERP 均为客观测听，因此，可用于功能性听力损失、伪聋的鉴别诊断。此外，与 ABR 相结合，可为法医鉴定中客观听力评估提供可靠全面的听力资料。

四、多频听性稳态反应

（一）基本概念

听性稳态反应是一种对应于受到持续、调制声刺激时，诱发听神经、脑干和听皮质的神经活动的生物电反应，由于频率成分稳定而被称为稳态诱发反应，在头皮记录到该反应的一种电位称为听性稳态诱发电位。

临床上常遇到与听性稳态反应相对应的一种反应是瞬态反应，它们都是 EP 反应的一种形式。总的来说，瞬态反应是由低刺激率（理论上仅一次）声刺激诱发产生的，而稳态反应则是由较高频率（多次）的声刺激诱发产生的。若声刺激率足够快到以至于前一个刺激的反应可与紧接着的第二个刺激诱发的瞬态反应相重叠，则出现的生理反应通常可看作是稳态反应。因此，稳态反应和瞬态反应有其各自独立反应的生理功能情况。此外，它们在测试反应阈判断方法上是不同的，瞬态反应反应阈的判断为波形（属主观判断，如 ABR、ECochG 的反应阈等），稳态反应反应阈的判断是频谱的振幅（属客观判断，但有多种判断方法和实现途径，最常见的是统计学分析的方法）。

听性稳态反应（auditory steady-state response，ASSR）是一种同时用多个调制音刺激，然后从头皮记录反应，用统计学方法 [反应的分析常用 F 检验，该法是比较信号帧与相邻帧（噪声）有无差异性来判断反应是否产生的方法] 从脑电丛中判断 ASSR 成分是否为有效的成分。

（二）ASSR 的刺激信号

以一正弦波对另一正弦波进行频率调制，称为调频（frequency modulation，FM），进行幅度调制称为调幅（amplitude modulation，AM），同时既调频又调幅称为混合调制（mixed modulation，MM）。被调制的正弦波称为载波，它的频率称为载波频率（carrier frequency，CF），进行调制的正弦波称为调制波，它的频率称为调制频率（modulation frequency，MF）（图 18-3-17）。

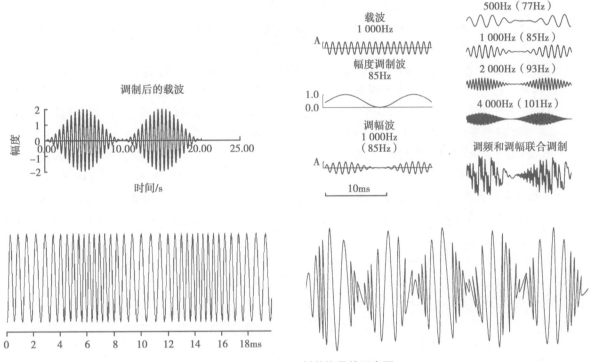

图 18-3-17　ASSR 刺激信号的示意图
载波频率 = 2 000Hz，调制频率 = 100Hz。

（三）ASSR 反应原理和发生部位

目前对稳态电位的发生源并不十分清楚，多数学者认为听神经元、耳蜗核、下丘脑及听皮质的神经元都参加了反应。通常认为听性稳态反应的产生部位与调制频率有关，而与载波频率无关。

ASSR 所用的刺激声信号的载波是言语频率范围内的纯音（250Hz、500Hz、1 000Hz、2 000Hz、4 000Hz、8 000Hz；临床通常仅选择测试 500Hz、1 000Hz、2 000Hz、4 000Hz 4 个频率点），对其进行调频，或调幅，或混合调制。如果以 100Hz 调制波对 2 000Hz 的纯音，其包络由调制波决定，能量主峰在 2 000Hz，其频率范围在载波频率 +/- 调制频率内，即 1 900～2 100Hz（2 000 +/-100Hz）。因而刺激声的频率范围较窄，能量集中，对耳蜗基底膜的刺激兴奋部位也较窄，所以其诱发的反应被看作是基底膜上相应部位受到特定的频率刺激后兴奋所致，因此 ASSR 测试结果被认为具有很好的频率特异性。

Mauer 与 Döring 指出在运用调制率为 24～120Hz 的 ASSR 时，脑干和颞叶皮质均被激活；然而，随调制率的增加，皮质的活动强度降低，在调制率大于 50Hz 时脑干的活动占主导。以上研究表明在调制音诱发的反应时整个听觉神经系统均被激活。大脑皮质对低调制率的 ASSR 更敏感，脑干对高调制率的 ASSR 占主导地位。近期的研究主要集中于较高刺激率的听觉稳态诱发反应。John 等发现在较高调制频率 75～110Hz，甚至 150～190Hz 也可引出听觉稳态诱发反应，而且其反应的幅度受睡眠及觉醒状态的影响较小，更重要的一点是这些较高刺激率的听觉稳态诱发反应在婴幼儿也同样易于记录。

（四）ASSR 测试及结果显示

1. 测试记录方法

（1）电极位置：同 ABR。

（2）参数设置

1）调制率：清醒状态低调制频率为最佳选择（成人：40Hz AERP）；睡眠状态，高调制频率为最佳（婴幼儿）。

2）调制深度：一般情况下，调幅深度设为 100%；调频深度设为 10%。

3）扫描次数：也称叠加次数，它是提高 SNR 一种主要方式，一般情况下扫描次数越高，SNR 越大，有效反应越多，反应幅值越大以及信号检出率越高，假阳性率越低，自然阈值评估越准确。当然，代价是测试耗费的时间越长。因此，通常采用 16～64 次。

4）滤波设置和伪迹剔除（rejection）的设置：滤波是去掉反应的某些干扰频率成分，带通滤波范围通常设为 10～300Hz，当振幅超过 30～40μV 时视为伪迹剔除。

5）有效反应的判断方法：有效信号定义为频率等于调制率的反应信号，其余的反应为噪声。有效反应的分析常用 F 检验，该法是比较信号帧与相邻帧（噪声）有无差异性来判断产生的反应是否有效的方法。

6）ASSR 分析判断方法：稳态反应的参数是波幅和相位结果以极坐标形式表示，矢量线段的长度代表波幅，其与 X 轴的夹角代表相位。判断的指标有四种（F-test 法、CT^2 法、HT^2 法、PC 或 CSM 法）。

7）单频刺激和多频同时刺激问题：依刺激方式不同即单频刺激和多频同时刺激，其反应的判断亦不同。

单频率刺激时反应的有无判断主要依据相位相关性（phase coherence，PC），它与 SNR 有关，其范围为 0～1。若有反应则相位延迟与调制频率的关系是固定的，所有采样点之间的相位一致，即它们之间的相关性很高，PC 接近 1。若为噪声，则采样点间的相位随机分布，他们之间的相关性就很低，PC 接近 0。因此可依据统计学方法判断反应有无。

多频率刺激时反应的判断则主要依据 SNR。即将调制频率及其左右各 5Hz 处的波幅与 EEG 背景噪声相比较，行 F 检验。

2. 结果显示方式（图 18-3-18）

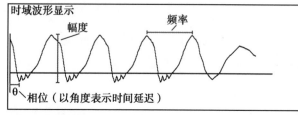
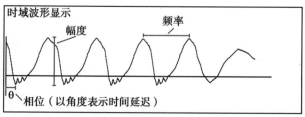
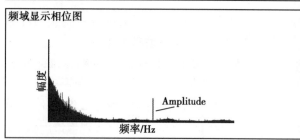
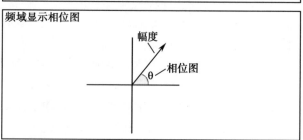
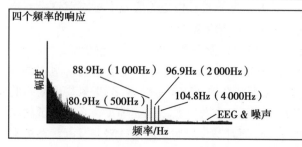
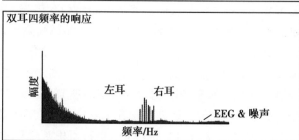

图 18-3-18　听性稳态反应测试的结果显示图

（五）ASSR 在临床听力评估中的作用

由于该方法无需受试者及检测者的参与,因此比较客观。目前主要用于婴幼儿童的临床听力评估。有研究表明听力正常青年者 ASSR 反应阈通常比行为听阈高 10～20dB,与行为阈值相关系数在 500Hz、1 000Hz、2 000Hz、4 000Hz 分别为 0.71、0.70、0.76、0.91;中等及以上感音神经性听力损失者稳态反应阈值与行为听阈的相关系数在 500Hz、1 000Hz、2 000Hz、4 000Hz 分别为 0.86、0.81、0.93、0.91。听力损失程度越重稳态反应阈值与行为听阈相关性越好,载波频率越高稳态反应阈与行为听阈相关性越好。

测试残余听力:对于 ABR 测不出听力的婴幼儿,并不能说明他没有残余听力,因为常规 ABR 使用的是短声(click),它所测得听阈更接近高频处的(2 000～4 000Hz)的纯音听阈,难以反映低频处的听阈。另外,用于 ABR 测试的最大刺激声输出强度较低,尤其是频率特异性 ABR 的低频部分短纯音 ABR 测试无反应的患者用 ASSR 测试仍可得到残余听力。

（六）ASSR 的临床应用特点

1. **客观性**
2. **具有频率选择性**
3. **最大声输出高**
4. **不受睡眠和镇静药物的影响**
5. **快速简便** 值得注意的是一般认为 ASSR 测试中 8 个频率同时进行,应该快速简便,实际操作中并非如此,还是挺费时,如是高声强的测试时,只能单个频率,逐一测试。

尽管 ASSR 有着上述诸多优越性,但目前临床应用时间还是相对较短,有些临床现象尚不能完美解释,需要进一步探讨。听力评估的准确性也有待确认,但作为确定有无残余听力有极其重要的作用,此外,值得注意的是临床上切不可用 ASSR 的结果直接去为婴幼儿验配助听器。

第四节 皮层事件相关电位

皮层事件相关电位(cortical event-related potentials,CERPs)包含一系列广义范畴的听觉诱发电位(AEP),包括一些重要的感觉和认知类型。CERPs 分类,一般按潜伏期,电位起源解剖部位,以及对瞬态、稳态和持续声刺激产生的神经行为反应类型。本节只涵盖长潜伏期 AEP(P_1/N_1/P_2 复合波),失匹配负波(mismatch negativity,MMN)和 P_{300} 成分内容。典型的成人 CERPs 包括在 50～75ms 处有时出现一个小正峰(P_1),在 100～150ms 处的一个大负峰(N_1),175～200ms 处一个大正峰(P_2),在 200～250ms 处的一个低负峰(N_2)和 300ms 左右处的正峰(P_{300})。

Pauline A. Davis(1939)在观察记录到对突发声产生反应的脑电图变化时,经常有 CERPs 成分,她的发现被称为"颅顶电位",因为记录电位最大振幅在头部顶部。正是通过这一发现,她的丈夫,Hallowell Davis 和同事在 1930—1960 年间,进行了一系列的实验研究。早期很多年来,针对婴儿和其他难以测试的患者,H. Davis 将"颅顶电位"作为评价行为阈值(听力图)的客观手段。虽然 CERPs 的确可以用来估计行为听阈,但目前已在很大程度上由 ABR 取代。CERPs 的记录一般需要患者保持清醒(睁眼)、警戒和安静,这对于年幼的孩子具有挑战性。然而,它优于 ABR 之处在于可以提供一些听觉皮质和其他更高级部位结构和处理功能的信息。

由 Näätänen 等(1978)发现的 MMN 是另一种 CERP,是一个晚负向 CERPs(200～250ms)。看起来是反映了对两种或两种以上不同的声音(是一系列性质相同高重复出现的"标准刺激声"声音中随机插入特征不同的低出现率的"偏差刺激声")产生的前意识识别处理过程,它不需要患者主动关注刺激声,是大脑对感觉信息自动加工的电生理测量指标。而由 Sutton 等发现的 P_{300} 成分,是一个晚正向 CERP(300～600ms),因该波通常于刺激后 300ms 左右出现而得名,它是由一个低出现率或意外出现(偏差刺激)声,插入到另一个更高重复和出现频率(标准)的序列刺激声(如一个 oddball 刺激范式)中的序列复合声刺激诱发产生的。P_{300} 看起来是反映了内源和外生性特征。例如,作为一种外源性电位,听者必须首先能够区分标准和偏差刺激。一般来说,识别任务越困难,潜伏期越长,幅度越小。事实上 P_{300} 可以通过忽略刺激声显示其一种内源性作用的认知电位,可望作为判断大脑高级功能的一种客观指标。图 18-4-1 为在一个 oddball 范式记录到的 CERPs 成分临床病例。这些波形是通过采用 oddball 范式,使用 1 000Hz 的(标准刺激声)和 2 000Hz(偏差刺激声)短纯音。患者被要求在心里计算听到的偏差声刺激出现的数量。随后按 oddball 范式记录,由标准声诱发波形减去偏差声诱发波形计算差异波形,可得到更好视觉分辨的 MMN 和 N_{2b}。该患者曾有过几次与车祸有关的头部外伤病史,尽管听力正常,但抱怨听仍有困难。P_{300} 成分表现为小振幅和比预期长的潜伏期。

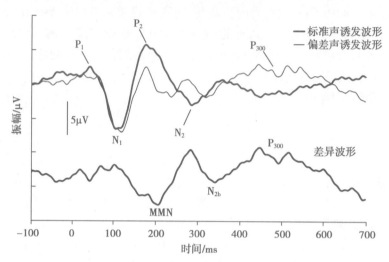

图 18-4-1　典型的皮层事件相关电位成分波形图

　　和短潜伏期快反应电位(例如,ABR)相比,CERPs 潜伏期在 50ms 或更长,需要较低的刺激率,他们在头皮上记录表现出更大的电压幅值,因此较少的刺激数就能获得可靠的皮层电反应。此外,CERPs 有更长的记录窗时间,一般易受受试者状态的影响,他们更容易受训练的效果控制。各种各样的语音和非语音的刺激可用于含有一个、两个或两个以上不同刺激声的刺激试验。oddball 范式涉及相对较少的意外(偏差或目标)序列不同但更频繁的刺激(标准)的刺激声,被用于记录 MMN 和 P_{300} 成分。与 P_{300} 成分不同,当偏差刺激声诱发的平均叠加波形减去标准刺激声诱发的平均叠加波形得到的 MMN 更容易视觉识别。而 $P_1/N_1/P_2$ 复合波是刺激声强制性诱发的反应波,不需要一个 oddball 范式或不同的刺激声诱发的单独平均叠加方式。尽管由于大量的时间和空间重叠作用,通过皮质水平的精确解剖难以确定 CAEP 活动的发生部位。但是,它们都被认为是皮质联合活动的结果,与复杂的多层心理活动(认知过程)有关,是感觉、知觉、记忆、理解、学习、判断、推理及智能等心理过程的电位变化反映。CERPs 已作为大脑高级功能的一种客观指标,尤其是在听皮质的可塑性和由于听觉引起的认知功能、学习记忆等研究领域。

(李兴启　黄治物)

耳鸣诊断 | 第十九章

耳鸣诊断离不开对耳鸣病因的检测,随着现代科技的发展,检测方法层出不穷,但仍然还没有一种能够确切反映耳鸣真实病情的检测手段。迄今耳鸣仍缺乏客观准确的检测方法,临床上也没有完全统一的检测、诊断和评估标准,这从另一角度说明了耳鸣的复杂性。由于绝大多数耳鸣患者伴有不同程度的听力下降,耳鸣发病与外周听觉剥夺导致中枢可塑性改变密切相关,以及因耳鸣导致不同程度心理障碍问题,因此耳鸣的听力学及相关检查构成耳鸣诊断的主要检查内容。

一、耳鸣检测流程

1. **专科检查**　包括耳鼻咽喉一般检查及相关部位的内镜检查,如鼓膜及鼻咽部内镜检查等;如有与脉搏同频的搏动性耳鸣,要进行耳周、乳突、颈部及头部颞侧听诊,观察压颈试验时搏动性耳鸣有无停顿等症状。

2. **耳鸣常规听力学检查**　纯音听阈测试、声导抗、镫骨肌反射测试,必要时测试诱发性耳声发射、脑干诱发电位等。

3. **耳鸣心理声学检查**　耳鸣频率、耳鸣响度、最小掩蔽级、残余抑制试验等。

4. **听觉诱发电位 P_{300}**

5. **响度不适阈检测**　对耳鸣患者怀疑有听觉过敏时采用。

6. **畸变产物诱发耳声发射(DPOAE)对侧抑制检查**

7. **助听器试验**　对于有听力下降的耳鸣患者,可以做助听器试验。如果患者配戴助听器后,听力和耳鸣都能获得改善,即助听器试验阳性;如仅听力改善耳鸣未减轻,则为阴性。助听器试验可作为是否推荐患者助听器治疗的最重要依据之一。

8. **特殊检查**　根据病史及上述必要的检查还不能明确诊断时,需进一步选择针对性检查以解释病因:

(1)如有颞下颌关节系统症状时需行颞下颌关节检查。

(2)有鼻部疾病时,如鼻中隔偏曲、慢性鼻窦炎等需行鼻部细致检查。

(3)有颈部不适者应性颈椎相关检查。

(4)椎 - 基底动脉供血障碍需行颅内外动脉多普勒超声检查。

(5)对处于更年期的女性耳鸣患者应行相关妇科内分泌检查,包括雌激素水平。

(6)对有偏头痛的患者需行血管超声等相关检查。

(7)有搏动性耳鸣时需行全脑血管造影检查。

(8)相关实验室检查:感染性血清学检查(支原体、人类免疫缺陷病毒、梅毒等);免疫学检查(免疫球蛋白、风湿因子、组织特异性抗体等);内科检查(考虑有心血管系统疾病、代谢性疾病或免疫性疾病时)。

(9)心理学评估:对于已有"耳鸣让您心烦吗"或者"耳鸣整天响,很烦"做出肯定回答的严重耳鸣患者时应转请心理科诊治。

9. **影像学检查**　为除外耳源性病变、炎性病变或发育畸形需行颞骨高分辨率 CT;当 ABR 检查怀疑蜗后病变时或者一侧全聋,有听觉中枢病变表现或者有其他脑神经病变表现时需行颅脑 MRI。目前耳鸣临床研究上还可采用脑磁图、128 导联或 256 导联脑电图、fMRI 和 PET/CT 影像学检查以期发现中枢皮质的改变。

二、耳鸣诊断及鉴别诊断

耳鸣的诊断不难，但要究其病因、发病部位及分类，目前仍无法达到精确目标。通过对所获病史及各项相关检查结果进行分析，应该尽量明确耳鸣与以下内容的关系。

（一）诊断

1. 听力学评估　评估患者听力水平及耳鸣与听力下降的关系。

2. 病损部位与性质诊断　首先要鉴别耳源性和非耳源性，耳源性需区分外耳、中耳、蜗性及蜗后病变等；非耳源性耳鸣需转请相关科室诊疗。

3. 病因诊断　如是否为突发性聋、噪声性、耳毒性药物、颅脑外伤后遗症、颅内占位性病变及其他系统疾病引起等。

4. 心理学诊断　如性格特征、心理承受能力及焦虑、抑郁程度等。

简言之，耳鸣诊断的目的应达到：①病变部位诊断；②病因诊断；③严重程度诊断（包括心理学评价和耳鸣主观评估），以求确定治疗方法和便于病情变化过程中的观察。

对于特发性耳鸣如果可以找到相应病因的如梅尼埃病、中耳炎、突发性聋、药物性聋、噪声性聋、听神经瘤以及其他全身疾病等引起的耳鸣均应按其病因进行诊断；如突发性聋患者，耳聋治愈或部分治愈且疗效稳定之后，仍存在的耳鸣应该诊断为突发性聋后耳鸣或耳鸣（突发性聋后），再比如老年性聋患者伴有耳鸣的情况应诊断为老年性聋伴耳鸣或耳鸣（老年性聋）。

由于耳鸣与心理因素密切相关，许多耳鸣患者都可能存在不同程度的心理不良反应，所以在临床上对原因不明的耳鸣诊断，避免书写"神经性耳鸣"，因为这一诊断概念不准确，多数特发性耳鸣通常无法明确是由何种神经病变所造成的。另外，"神经性耳鸣"的诊断可能误导患者认为其耳鸣是不治之症，从而造成悲观情绪，丧失配合治疗的信心，不利于治疗的开展。

对临床上一类原因不明的特发性耳鸣，即通过目前的检查手段（包括耳和全身的体格检查、听力学检查、影像学检查以及实验室检查等）均未发现明显异常，或异常检查结果与耳鸣之间缺少明确的因果关系，可称之为主观特发性耳鸣，为方便临床应用简称为特发性耳鸣。

客观性耳鸣的病因和性质相对明确，可书写为搏动性耳鸣、搏动性耳鸣、镫骨肌阵挛、腭帆张肌阵挛、腭帆提肌阵挛等。

慢性耳鸣患者，对其伴发的心理障碍进行评估非常重要，如果发现问题严重应及时转给对耳鸣的诊断和治疗有经验的心理专科医师。

（二）鉴别诊断

由于耳鸣病因尚未明确，其本身仅为一复杂的临床症状，而且耳鸣患者常有不良心理反应，因此有时会将耳鸣诊断为功能性症状而未引起足够重视，使患者不能得到及时、正确的检查、诊断和治疗甚至延误病情。某些耳鸣可以是一些严重疾病的先兆症状，所以临床上应将以耳鸣为主诉与下述疾病进行鉴别诊断（参照第八章第三节耳鸣分类第 1 段）。

1. 突发性聋　突然发生的原因不明的感音神经性听力损失，多在 3 天内听力急剧下降，可伴耳鸣、眩晕、恶心、呕吐。

2. 梅尼埃病　梅尼埃病是一种原因不明的、以膜迷路积水为主要病理特征的内耳病，临床表现为发作性眩晕、波动性听力下降、耳鸣和 / 或耳胀闷感。多次反复发作可使耳鸣转为永久性，并于眩晕发作时加重。缓解期由于耳鸣长期存在影响患者的生活和工作，导致此类患者常常以耳鸣为第一主诉来医院就医。

3. 耳硬化症　是一种原因不明的疾病，病理上是由于骨迷路原发性局限性骨质吸收，而代以血管丰富的海绵状骨质增生，故称"硬化"。临床表现为听力下降、耳鸣、Willis 误听及头晕等。耳鸣可为间歇性或持续性，常见低音调耳鸣，少数患者的耳鸣出现于听力下降之前，多数与耳聋同时出现。在听力图上显示为明显的传导性听力损失或混合性听力损失者需要进一步检查。

4. **鼻咽癌**　发生于鼻咽部的恶性肿瘤。是我国高发恶性肿瘤之一,常见临床症状为鼻塞、回吸涕带血、耳闷堵感、耳鸣、听力下降、颈部淋巴结肿大、复视及头痛等。应该掌握早期患者常常以耳鸣、耳闷和听力下降来就医。

5. **听神经瘤**　为颅内神经肿瘤中最多见的一种良性肿瘤,又称前庭神经鞘膜瘤,约占颅内肿瘤的10%,起源于听神经的前庭分支。肿瘤多为良性,生长缓慢,临床表现单侧感音神经性听力损失、耳鸣、前庭功能障碍、邻近脑及脑神经受压症状。耳鸣常在听力下降前即可出现,也可同时开始,为一侧性,音调高低不等,渐进性加剧。可为汽笛声、蝉鸣音、哨音等,可逐渐由间断变为持续性。因此对于主诉为单侧耳鸣,听力损失并伴有逐渐加重现象的患者应该加以关注。

6. **体觉性耳鸣**　其定义是当患者头颈部和四肢肌肉的强力收缩,眼睛水平或垂直方向运动时,手、指尖和面部的皮肤受到刺激或手指运动,口面部的运动,颞下颌关节或翼外肌受压,这种短暂的改变后出现的耳鸣称体觉性耳鸣。目前认为这可能是听觉通路中从耳蜗神经核、丘系、到初级听皮质信息传递过程中,异常神经元通过从躯体感觉系统、运动系统将体觉信号和听力系统之间形成了神经联系而引起。关于它们之间交互作用的机制迄今依然不得而知。需要指出的是多年来,异常神经元在听觉通路上的活动几乎被认为是耳鸣产生的唯一原因,但越来越多的证据显示与耳鸣相关的神经活动种类比过去预期的更加复杂多样。

7. **听觉过敏**　属于听觉不耐受范畴,是临床较为常见但又被忽略的一个症状。定义是对正常环境声音出现的异常耐受或对常人未感任何危害或者不适的声音做出持续夸张或者不恰当的反应。其行为学表现为:对一些很小的声音产生惊吓或者焦虑、应激、畏声等情绪,如日常生活中的开门声、电话铃声、炒菜声、咀嚼声、钟摆声、正常交谈声等。其中耳蜗型听觉过敏的表现为耳痛、烦躁、对任何声音都无法容忍;前庭型听觉过敏可表现为当听到某些声音时出现眩晕、恶心、平衡失调。因此听觉过敏患者会有意避免参加一些可能处于噪声环境的社交活动,更甚者会避免接触生活中所有的声音。目前对听觉耐受下降发病机制的研究处于探讨中,其与耳鸣相似的是,两者可能产生的机制都趋于中枢化,同样听觉耐受下降,尤其是听觉过敏可以独立存在也可以是许多疾病的一个症状。但当病因不明确时,或即使病因明确且已去除,其仍存在并已引起诸多不良心理反应,或是已严重影响患者生活质量时,临床医师应该为其及时、准确地诊断并给予合适的治疗是非常重要的。

三、耳鸣检测方法

(一)常规听力学检查

纯音听阈测试和声导抗测试是耳鸣患者基本的听力学检查项目,对于了解患者听力状况和分析病因有重要意义。阈上听功能测试、言语听力测试和一些客观检测项目,如听觉诱发电位测试、耳声发射测试等,不是常规的耳鸣临床检查项目,但根据诊断需要可以选择采用。例如,单侧耳鸣或两侧听力不对称的耳鸣,可做 ABR 测试,以排除听神经瘤;考虑耳鸣与毛细胞损伤相关,可做 DPOAE 检测;肌阵挛性耳鸣可做鼓室肌反射检查;咽鼓管功能不良导致的耳鸣需做咽鼓管功能测试等。

(二)耳鸣的心理声学检查

耳鸣的心理声学检测是耳鸣主要的检测项目之一,用于对耳鸣性质、特点、严重程度进行综合评估。心理声学检查是基于患者对耳鸣主观感知和判断的基础上进行的,能基本反映耳鸣的一般情况,提供耳鸣的一些基本信息。但由于耳鸣的感知复杂多变,检查结果会存在较大的主观性和不确定性,因此在判读结果时应结合患者临床表现和其他检查项目综合分析。常规的耳鸣心理声学检查方法有音调匹配、响度匹配、最小掩蔽级测试、残余抑制测试、响度不适阈测试等。

1. **音调匹配**　耳鸣音调匹配(tinnitus pitch matching,PM)是采用纯音听力计,对耳鸣耳(亦可为耳鸣对侧耳)发出与耳鸣强度相似的纯音,频率在125～8 000Hz 之间,响度为阈上 10dB。当患者感觉听到的频率与耳鸣频率相同或相近时,即为耳鸣的主调。若纯音无法匹配,则给予窄带噪声,其匹配的中心频率即为耳鸣的主调。耳鸣音调匹配结果有助于了解耳鸣的频率特性,分析耳鸣病因。例如高音调耳鸣往往与高频听力损失有关,而低音调耳鸣则常与低频听力损失有关。

2. **响度匹配**　耳鸣响度匹配(tinnitus loudness matching，LM)是在测得耳鸣主调频率后，在该频率的阈上 10dB 处以 1dB 为一挡上下调试，当患者感觉测试声与耳鸣响度一样或接近时，所测得的声音强度与该频率的听阈之差即为耳鸣响度，用感觉级(sensation level，SL)表示。耳鸣响度匹配有助于对耳鸣严重程度进行近似的定量分析。但应该注意在很多情况下，耳鸣响度大小与耳鸣严重程度并无直接关联。

3. **最小掩蔽级测试**　耳鸣最小掩蔽级(minimal masking level，MMLs)测试是在某一频率纯音听阈的阈值处，以 5dB 为一挡，逐渐增加音量，刚好使患者耳鸣声消失的最小声刺激强度，即为该频率的 MMLs。将各个频率测得的 MMLs 在听力图上记录下来并连成曲线，即为掩蔽曲线。掩蔽曲线按 Feldman 分类方法分为 5 型：重叠型(听力曲线与掩蔽曲线毗邻，几乎重叠或两曲线之间差值均≤10dB)、间距型(两曲线之间差值 >10dB)、汇聚型(两条曲线从低频到高频距离逐渐靠拢)、分离型(两条曲线从低频到高频逐渐分开)和不能掩蔽型(任何强度的纯音或窄带噪声都不能对其掩蔽)等。掩蔽曲线的类型可为耳鸣患者是否接受声治疗提供参考，重叠型和汇聚型曲线患者声治疗的效果较理想。

4. **残余抑制测试**　给予耳鸣耳最小掩蔽级阈值上 5~10dB 的最佳掩蔽音(通常选择根据音调匹配得到的耳鸣主调的窄带噪声)，持续 1min 后停止，观察耳鸣被掩蔽的情况。如果耳鸣减轻或消失，则记为耳鸣残余抑制试验(residual inhibition，RI)阳性；若耳鸣无变化或者加重，则记为 RI 阴性，同时应记下耳鸣消失或减轻的持续时间。临床上 RI 多用于对耳鸣患者是否接受声治疗提供参考，RI 阳性提示患者可能适合接受声治疗。

5. **响度不适阈测试**　耳鸣响度不适阈(loudness discomfort level，LDLs)测试用于测试患者对声音的耐受性。检测方法是先给予测试耳一个较舒适的纯音强度，之后以 5dB 为一挡逐渐加大音量，直至患者不能耐受时停止。LDLs 主要用于对听觉过敏(hyperacusis)的诊断，听觉过敏是患者对正常环境声音出现的异常耐受，表现为对一些很小的声音产生惊吓或者焦虑、应激、畏声等情绪。听觉过敏往往与耳鸣伴随发生。LDLs≤90dB 即认为患者有听觉过敏。根据 LDLs 值可将听觉过敏大致分为 4 个等级：正常(≥95dB HL)、轻度(2 个或以上频率为 80~90dB HL)、中度(2 个或以上频率为 65~75dB HL)、重度(≤60dB HL)。由于 LDLs 测试对部分患者可能带来不适，或可能加重症状，响度不适阈测试的选择应该慎重。

(三)耳鸣的特殊检查方法

1. **听觉诱发电位 P$_{300}$**　由于耳鸣被认为与中枢听觉皮层发生重组有关，对中枢听觉的分析可能有助于耳鸣研究。听觉诱发电位中的长潜伏期反应用于对认知、情感和记忆等功能的研究，其中潜伏期在 300ms 左右的正波 P$_{300}$ 可能反映患者上述功能状况，也可用于对耳鸣患者的认知功能状况进行客观评估。

2. **噪声中间隔觉察测试**　间隔觉察阈(gaps-in-noise，GIN)测试是用来检测听觉系统时间分辨率的一种测试方法，其阈值的大小，可反映听觉系统对在时间上快速变化的声音响应的灵敏度。GIN 测试要求受试者集中注意力。在测试过程中，系统每一次会给出三段刺激声，其中包括两段连续的刺激声和一段含有无声间隔的刺激声，受试者需要分辨出哪一段刺激声中含有无声间隔，然后做出选择。系统采用的是"降二升一"的自适应调节方式，即受试者连续两次选择正确，则难度加大，无声间隔的持续时间缩短；反之，只要有一次错误，则难度降低，无声间隔的持续时间延长。最终，受试者达到 70.7% 正确率所对应的无声间隔的时长，就是间隔觉察阈值(gap detection threshold，GDT)。GDT 延长可能提示耳鸣的存在。但需要注意 GDT 受年龄和听力状况的影响。

3. **DPOAE 对侧抑制**　在进行 DPOAE 测试时，对侧声刺激可使内侧橄榄耳蜗传出神经系统兴奋，抑制外毛细胞主动运动而引起耳声发射幅值的下降，称为 DPOAE 对侧抑制现象。DPOAE 对侧抑制检测可用于耳鸣客观检测的研究。

4. **扩展高频听阈测试**　听力正常的耳鸣患者，如怀疑更高频率听阈可能异常，可做扩展高频听阈测试，测试 10 000Hz、12 000Hz、14 000Hz、18 000Hz、20 000Hz 等频率的听阈状况。扩展高频听力下降可能与部分耳鸣的产生有关。

5. **助听器试验**　对于有听力下降的耳鸣患者，可做助听器试验。如果患者配戴助听器后，听力和耳鸣都能获得改善，即为助听器试验阳性；如仅听力提高而耳鸣未能改善，则为阴性。助听器试验可作为耳鸣患者是否推荐助听器治疗的依据之一。

四、耳鸣评估

由于耳鸣存在主观性的特点，尚无一种对耳鸣进行客观评估和检查的完美方法。为评估耳鸣的严重程度及对患者的影响，临床上往往采用量表、问卷以及自评的形式，让患者回答一些与耳鸣相关的问题，从而间接反映出耳鸣的严重程度及对治疗的反应。以下各种量表评估是目前常用的对耳鸣严重程度进行综合评估的方法。

（一）视觉模拟评分法

视觉模拟评分法（visual analogue scale，VAS）可用于对很多主观感觉（如疼痛）的程度进行简单评分。在用于耳鸣评估时，可以反映耳鸣响度或烦恼程度等的特点。其方法是在纸上面画一条横线，一端数值为0，表示无耳鸣；另一端为10，表示难以忍受的耳鸣，中间数值代表不同程度的耳鸣。患者根据自我感觉对耳鸣程度进行自我评分。VAS对8岁以上，能够正确表达自己感受的患者都可使用。该方法简单易行，相对客观而且敏感。临床上可用于对耳鸣严重程度及疗效进行相对客观评估。使用前应向患者进行解释和说明，取得患者的充分理解。

（二）耳鸣障碍量表

耳鸣障碍量表（tinnitus handicap inventory，THI）是世界上应用最广泛的耳鸣严重程度综合评估量表，在国内也有中译本的耳鸣残疾量表（附表1）。THI包含25个问题，内容涉及功能、严重程度和情感3个方面。对于量表的每一项，患者选择"是""有时"或"否"时，分别计4分、2分和0分，总分在0～100分之间。根据患者得分的多少分为4个等级：0～16分为无耳鸣，18～36分为轻度，38～56分为中度，58～100分为重度。分值越高反映耳鸣总体越严重。THI被广泛用于耳鸣临床评估，问题较少、易于理解和科学合理是THI的主要优点。但THI也只能近似地反映耳鸣严重程度。

（三）耳鸣严重程度评估量表

我国简化的耳鸣严重程度评估量表国内耳鸣评估量表（tinnitus evaluate questionnaire，TEQ），包含与耳鸣有关的6个基本问题，即耳鸣出现的环境、持续时间、耳鸣对睡眠的影响、对工作或学习的影响、对情绪的影响及患者对耳鸣严重性的总体感受（VAS）等（附表2）。每个问题分别计0～3分或1～3分，VAS记0～6分，总分21分，分数越高，耳鸣越严重。在此基础上对耳鸣进行分级：1级：≤6分；2级：7～10分；3级：11～14分；4级：15～18分；5级：19～21分。该方法最大的优点是简便适用，可用于门诊进行快速评估。但作为一个简化的量表，其在全面反映耳鸣的综合状况方面存在欠缺。

（四）其他

其他使用较少的还有耳鸣问卷（tinnitus questionnaire，TQ）、耳鸣障碍问卷（tinnitus handicap questionnaire，THQ）和耳鸣活动问卷（tinnitus activity questionnaire，TAQ）等，这些量表各有优缺点。有些因为过于复杂，如TQ包含52个问题，主要供耳鸣临床研究使用。

五、耳鸣检测注意事项

目前耳鸣尚未形成统一的检测规范。必须强调的是，耳鸣应在基本的常规检测项目基础上，根据耳鸣的不同类型、患者的临床表现、病史特点和基本诊断，有目的、有选择地进行检测，迄今没有针对所有的耳鸣患者都必须采用的固定检查模式。

（一）常规检测项目

包括纯音听阈测试、声阻抗及耳鸣心理声学测试（含耳鸣音调匹配、响度匹配、最小掩蔽级测试和残余抑制测试）和P_{300}或GIN检测。伴有听觉过敏的患者，则在告知患者的前提下做响度不适阈（LDL）测试。所有患者在初次就诊时，都应进行耳鸣严重程度的评估。

（二）单侧或伴不对称听力损失耳鸣应选择ABR检查

当ABR异常，如V波潜伏期延长，或Ⅰ～V波间期延长，或波形异常时，应进一步做内耳道CT或脑桥小脑三角MRI扫描，以排除听神经瘤。常规听力检查正常者，可做扩展高频听阈检查。听力下降患者需做助听器试验，观察听力补偿后耳鸣改善情况。怀疑听神经病患者，可做言语识别率和识别阈的测试，以及耳蜗电图等。如怀疑脑桥小脑三角微血管压迫可能,可做脑桥小脑三角薄层 MRA。

（三）听觉诱发电位 P_{300} 测试、DPOAE 对侧抑制测试及 GIN 测试

在有条件医院的耳鸣专科中,应该选择其中一项进行检测,以期待评估不良心理反应对耳鸣患者造成的影响。

（李　明）

由于听觉系统损伤造成的听力损失称为器质性听力损失。而听觉系统无损伤,但纯音听阈测试表现为异常者称为非器质性听力损失。伪聋中有一部分为实际听力正常,但主观测试结果出现听力损失,还有一部分为确有一定听力损失,但主观测试结果比实际损失程度差,也称为夸大性聋。

伪聋者在就医原因、就诊时的表现,测试过程中的行为等都与一般患者表现有所不同。

一、伪聋临床表现

(一)行为表现

通常伪聋者进入诊室时显得忧心忡忡,迫切要求检查,并尽快完成测试,动作夸张,主观表现听力差,反复诉说无法听清检查者的声音,反复问测试者"我该怎么做?"叙述病史与谈话音量不一致。

(二)主观听力测试中的表现

伪聋在纯音听阈测试中最常见的现象为反应重复性不佳。器质性听力损失者在纯音听阈测试中可表现为良好的反应重复性,两次测试阈值之差不超过±5dB。

伪聋另一个常见的征象是纯音听阈与言语接受阈不符。一般情况下,在平坦型听力曲线二者之差为5～10dB。在陡降型听力曲线,言语识别阈应与2个频率(1 000Hz、2 000Hz)平均听阈接近,或好于其3个言语频率中(500Hz、1 000Hz、2 000Hz)最佳听阈。当言语接受阈好于纯音听阈时,存在伪聋的可能。因为一个人在装聋时,他只有记忆上一次测试声的响度,才能对相同响度的声音作出前后一致的反应。记忆响度对于一般人是非常困难的,加之伪聋者心情紧张,很难保持反应的一致性。因此重复测试是发现伪聋非常有效的办法。虽然有些伪聋者对言语测听或纯音有着惊人的重复能力,但当言语与纯音声音强度相同时,由于其能量频率范围相对纯音较广,响度也显得比纯音大,所以会出现言语接受阈好于纯音听阈的现象。

单侧伪聋在纯音听阈测试中的一个常见征象是无交叉听觉。一般情况下,当双耳听阈达到一定差别时,会出现交叉听力。一个真正的单侧全聋,如果在纯音听阈测试中不对非测试耳(即相对好耳)掩蔽,测试耳(即全聋耳)听力图会表现为重度传导性听力损失。特别是骨导纯音听阈测试时,耳间衰减很小,通常不超过10dB。当骨导耳机分别至于双耳时,听阈差别应该在15dB以内。如果差别大于该范围就应考虑有伪聋的可能性。

二、伪聋行为测试

对于伪聋,大多数的测试只能定性,即只能说明是否存在伪聋,但无法得出真实阈值。只有少数是定量测试,可得到真实阈值。测试的目的在于即使在受试者不配合的情况下,尽量取得其真实听力。有些测试只要一般的听力计就可完成,有些需要特殊的仪器。

(一)纯音 Stenger 试验

1. **原理**　当双耳同时分别给以同一频率而强度不同的两个声音时,受试者只能听到强度大的声音。本方法只适用于单侧伪聋者,当差耳反应阈与好耳阈值相差25dB以上时,结果最为可靠。Stenger

试验需使用双通道听力计,以便在不同的通道分别控制两耳的给声强度。

2. 测试方法及结果解释 ①嘱受试者无论哪只耳听到声音都做出反应;②首先取得两耳在某一频率的阈值;③好耳(即不存在伪聋可能耳)给阈上 10dB 纯音,应该每次给声都能得到反应,差耳(即存在伪聋可能性的耳)给同一频率纯音、强度为其反应阈下 10dB,应该每次给声都无反应;④将上一步骤所用的两个频率相同,但强度不同的纯音同时分别引入双耳。如果受试者做出反应,是因为听到了好耳的刺激声音,说明不存在伪装,此为 Stenger 阴性。如果受试者不反应,是因为听到的是差耳的刺激声,为伪装或夸大听力损失,故意不反应,此为 Stenger 阳性,提示存在伪聋的可能性。

如果 Stenger 试验阳性,还需进一步对听力损失进行定量。方法如下:在好耳阈上 10dB,差耳反应阈下 10dB,双耳同时给声,以 5dB 为一挡,不断降低差耳的给声强度直到开始反应,记录下此时差耳的给声强度,这大致相当于该伪聋耳真实阈值。在刚开始测试时受试者一直不反应是因为其一直听到差耳声音,无法感觉到好耳的刺激声。而当差耳的给声强度下降至低于真实听阈上 10dB 时,才感觉是好耳听到声音,从而做出反应。

Stenger 试验只能提供近似真实的阈值。在进行 Stenger 试验时,应先做定性试验,如果为阳性,再进一步对听力损失进行定量试验。如果为阴性,则测试结束。

(二)言语 Stenger 试验

言语 Stenger 原理同纯音 Stenger 试验。其测试用材料是扬扬格词,方法基本不变。言语 Stenger 试验同纯音 Stenger 试验一样,也不能取得准确阈值。试验阳性者可以进一步寻找其言语接受阈。

(三)Lombard 试验

1. 原理 在背景噪声中,当噪声的强度高于听阈时,受试者会下意识地提高说话音量,而且其音量会随着噪声的逐渐加大而提高;如果噪声强度小于听阈时,不会提高音量。

2. 测试方法及结果解释 受试者取坐位,双耳戴上气导耳机,嘱受试者大声说话或朗读文章。当受试者说话或朗读时,给以噪声,观察其音量变化。

如果受试者音量提高,说明所给噪声强度在其听阈之上。而音量无变化,则提示噪声在其听阈之下。例如:一个 90dB 的听力损失的人不应该在 75dB 就得到 Lombard 试验阳性。如果阳性,那么此为伪聋无疑。

Lombard 试验也只是一种定性试验。至于噪声在受试者听阈上多少分贝才能引起阳性反应,个体差异很大,研究表明有些人是 25~30dB,而在有些人,将噪声升高至阈上 100dB 仍不改变音量。

(四)延迟言语听觉反馈试验

1. 原理 人类用于监控和调整自己的言语有振动觉、本体感觉及听觉等许多方式。其中听觉是主要的反馈调控机制。说话者刚说出一个音位时,通过听觉反馈下一个音位就已经就位,准备说出。将某人的声音录制在磁带上,再回放给说话人,但在时间上延迟 0.1~0.2s,此方法为延迟言语听觉反馈试验。如果所给录制声强度高于听阈时,受试者说话会受到干扰,出现口吃、说话速度放慢、将某些音节延长或提高说话音量,甚至无法说话;如果所给录制声强度低于说话者的听阈时,其言语方式无改变。这个现象因而被应用于伪聋测试。

2. 测试方法及结果解释 受试者戴上气导耳机,坐于麦克风前。预先准备好几篇可以在 30s 或 1min 内读完的简单文章。嘱其大声朗读 1~2 篇,用秒表计时,并录制在磁带上。然后再在单耳或双耳给以延迟言语。强度从 0dB 开始,读完一遍升高 10dB,直到出现阳性反应。阳性反应表现为朗读速度改变、音量改变或明显的单词或音节的犹豫或延长。

延迟言语听觉反馈试验的结果类似于 Lombard 试验。受试者言语方式改变提示其能够听到自己的声音并对反馈系统产生影响。如果在很低强度即发生此现象,可以肯定受试者至少是在低频或中频听力正常。

有些人能够耐受很高强度的延迟言语而不改变其语速或语调,而有些人却对此测试敏感。朗读能力差者不宜作此项测试。

（五）延迟纯音听觉反馈试验

1. **原理** 与延迟言语听觉反馈试验的原理相同。

2. **测试方法及结果解释** 受试者头戴耳机，嘱其按按钮，节律为按两下，停一下，按四下，停一下，再按两下，停一下……如此循环。通过气导耳机给以纯音，持续50ms，在每次受试者开始按钮后200ms后再给声。如果给声强度高于受试者的听阈，其按钮速度会加快或减慢、按钮的力度加大等改变。测试开始强度为0dB，以5dB一挡升高强度，直到出现行为改变。延迟纯音听觉反馈试验结果阳性的阈值在感觉级以上5dB。因而延迟纯音听觉反馈试验可以得到真实阈值。该方法不适用于不能或不愿配合的受试者。

（六）Bekesy自描听力测试法

Jerger将Bekesy听力图分为四型，1961年Jerger第一次在伪聋者发现其连续声阈值好于间断声，与其他任何器质性听力损失不符，于是与Hererd一起将其命名为Bekesy V型。

当受试者企图装聋时，必须在内心设定一个反应的响度标准。对于同样的响度，断续声信号的强度比连续声大，所以用以上两种不同的声信号进行测试，会出现连续声阈值好于间断声的现象。设备为Bekesy自描听力计。通常断续声为持续200ms，间断200ms。

（七）其他测试

有些测试为了迷惑受试者而设计，目的对听力损失真实程度定性或定量。例如Frank发明的用于儿童伪聋测试的"Yes-No"方法。在测试中要求孩子听到声音说"有"，听不到声音说"没有"。用上升法，许多伪聋儿童在其反应阈下给声时说"没有"的节律与给声节律一致。这种方法简单迅速，但只适用于儿童。

三、伪聋的处理

测试者正面斥责受试者很少能够提高受试者的配合度，而且通常更不利于问题的解决。检查者应告诉受试者，测试结果不可靠，与其他测试不吻合。为了保护其自尊心，把责任归咎于自己身上。比如："我没有说清楚，每次听到即使是特别小的声音也举手，你可能听到很大的声音才举手，对不起，我们再来试一次"。这给了受试者一个很体面的借口，从而解除戒备，配合检查。

检查者的经验和技巧也有助于伪聋的鉴别。如检查者故意用小声（低于反应阈）说"摘下耳机，测试结束"一类的话，然后观察其反应等。

四、伪聋的鉴别测试

对于伪聋的鉴别，最好的测试莫过于无需受试者合作的测试，即客观测试。如果伪聋者知道无需其配合，也能得到真实听力，将会使其丧失伪装的信心，从这个角度来说，客观测试的意义已经远远大于其本身的意义。

（一）声反射阈测试

Jerger发明了SPAR即声反射阈预估听觉敏度。其原理是：声反射阈值随着刺激声信号带宽的增加而降低。一般正常听力者纯音和宽带噪声声反射阈之差为25dB。轻到中度感音神经性听力损失为10～20dB，中重度感音神经性听力损失为<10dB，而极重度感音神经性听力损失，二者均无法引出声反射。将500Hz、1 000Hz、2 000Hz声反射平均阈值与宽带噪声的声反射阈比较，可预估听力损失程度。声反射阈对伪聋的识别很有帮助。除了蜗性听力损失，声反射阈一般高于行为听阈65dB。如果声反射阈值在行为听阈上10dB或低于行为听阈，伪聋的可能性很大。

（二）听觉诱发反应

中、长潜伏期的听觉诱发反应具有频率特异性，是用于听力损失定量诊断的较好方法，但较费时。ABR的可靠性很好，但其缺点是频率特异性差。所以对于伪聋的诊断应联合鼓室声导抗、声反射阈及听觉诱发电位等结果进行综合判断。

（三）耳声发射

耳声发射不仅被广泛应用于听觉通路病变的定位诊断，也被用于听力损失的定量诊断。如果瞬态声诱发耳声发射引出，提示听力正常或接近正常，如果未引出，说明听力损失超过 40dB HL，但不能进行准确的定量。

（莫玲燕）

第一节　前庭功能检查的概念和检查前准备

一、概念

前庭功能检查是现代耳神经科学中不可或缺的技术,临床医师能够借此判断受试者前庭系统功能是否正常,并为前庭系统病变提供定位、定性诊断依据。

前庭功能检查是指通过特殊的测试方法,了解前庭功能是否正常,以及前庭功能障碍的部位、性质和程度,使眩晕患者得到及时诊治。

前庭功能检查主要包括两个方面:①评价前庭 - 眼反射(VOR)的眼球运动;②评价前庭 - 脊髓反射(VSR)、本体感觉、小脑平衡及协调功能。本章重点介绍前庭功能床旁检查、眼震电图和视频眼震图检查、静态 - 动态姿势描记图、耳石器功能检查、视频头脉冲试验、前庭诱发肌源性电位。

二、检查前准备

在进行前庭功能检查前,还需要进行必要的准备工作,现介绍如下:

1. **一般准备**　受试者在接受前庭功能检查前,要注意以下几点。

(1)停药:服用某些药物会影响前庭功能测试结果,例如:镇静药会在脑干水平抑制前庭反应,干扰冷热试验、位置试验的测试结果;前庭毒性药物会永久性影响外周前庭系统结构和功能;某些作用于中枢神经系统的药物,会导致出现类似于前庭中枢性病变的表现,如凝视性眼震、扫视试验异常、平稳跟踪试验异常等等。考虑到上述药物在体内的半衰期约为 24h,要求受试者应在测试前 48h 停用上述药物,以避免药物作用。其他如降压药、心脏病用药、抗癫痫药和糖尿病用药等,无需停用。

实际工作中,停药时还应综合考虑以下各方面因素:①如果受试者长期服用某些药物达到 6 个月以上,则测试前无需停药;②如果受试者未遵医嘱停药,且一再坚持进行测试,要在报告中注明本次测试的特殊情况,如受试者饮酒或服用某些镇静药、前庭抑制药等;同时和受试者说明,由于测试前未进行必要准备,某些测试结果之间可能会有矛盾,或者无法解释测试结果,必要时需要配合重新测试;③对于烟、咖啡和茶,尚无特殊限制。

(2)酒精:考虑到酒精在体内的半衰期约为 24h,检查前 48h 应禁止饮酒,避免产生位置性酒精性眼震、端位性眼震(end point nystagmus,EPN)。

(3)眼部卸妆。

(4)检查前 2h 禁食,以免检查时呕吐。

(5)穿着舒适服装,便于进行 Dix-Hallpike 试验等变换体位的操作。

(6)佩戴隐形眼镜的患者应取出镜片。

(7)检查前除去身上的钥匙、手机、发夹等附属物品。

(8)年幼和老年患者应有家属陪同。

2. 临床工作者接诊时的注意事项

（1）禁忌证：有下列情况之一者，严禁进行眼震电图和视频眼震图测试：①眩晕的急性发作期；②颅内压增高；③脑血管意外急性期；④严重的心血管系统疾病；⑤严重中枢神经系统病变；⑥精神病患者、智力障碍者。

（2）测试前测试者与患者短暂交流，向患者简明扼要地说明检查意义、目的及要求，并询问受试者近2天来用药、饮酒的情况，同时要留意获取受试者以下临床信息：①循环系统情况：对有心脏病、高血压的患者做好急救准备；②癫痫：如受试者有癫痫病史，除做好癫痫发作的急救准备外，还应注意患者因为服用抗癫痫药将会对测试结果产生的影响；③听力损失情况；④耳科手术史；⑤视觉障碍；⑥头部外伤史；⑦对声音和压力敏感：排除外淋巴瘘和前半规管裂综合征（anterior semicircular canal dehiscence syndrome，ACD）。

第二节 前庭功能床旁检查

前庭功能床旁检查是指一些快速的前庭功能检查帮助医师判断受试者前庭系统功能是否正常。本节主要介绍了几种临床常用检查项目的检查方法及其临床意义。

一、自发性眼震检查

自发性眼震（spontaneous nystagmus，SN）是指无视前庭刺激时存在的前庭性眼震，由双侧外周性或中枢性前庭传导通路不对称所致，通常为水平性或是水平-旋转性，但是，如果伤及前、后半规管，也可出现垂直-旋转性眼震。

固视（睁眼）可有效抑制前庭外周病变所致眼震的水平和垂直成分（Alexander 定律），但无法抑制前庭中枢受损所致的自发性眼震。

（一）检查方法

1. 病史询问 重点了解有无视觉异常、有无其他神经系统病变、是否服用某些影响前庭系统功能的药物。

2. 排除斜视 如图 21-2-1 所示，以受试者鼻尖为基线，检查者示指在其左、右 30° 的范围内移动，嘱受试者注视移动的示指，观察有无斜视。注意检查过程中，受试者头部保持不动。

3. 自发性眼震测试 检查者将示指作为靶点，保持图 21-2-1 的姿势，但示指置于受试者正前方约 1.2m 处，嘱其注视示指尖，同时观察受试者是否有眼震。如果有，则需判断是否有固视抑制，即在固视消除条件下再重复测试，观察眼震强度是否会发生改变。

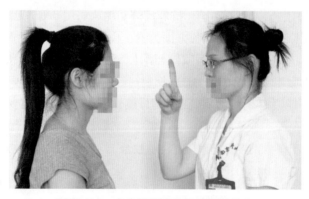

图 21-2-1 自发性眼震的床旁裸眼检查

（二）结果和临床意义

固视消除时无自发性眼震为正常。若观察到自发性眼震，提示可能为外周性前庭功能损伤。

外周前庭系统损伤自发性眼震慢相角速度（slow phase volucity，SPV）特点为：

$$SPV_{向快相侧注视} > SPV_{向中间点注视} > SPV_{向慢相侧注视}$$

中枢前庭损伤所致自发性眼震,其特点为固视抑制(-)。

自发性眼震的强度 SPV 必须超过一定阈值方可认为是异常,其强度与症状的严重程度和静态代偿的水平呈正相关。

二、摇头试验

摇头试验(head shake)又称快速摇头眼震试验(post head-shake nystagmus test)。当头部猛烈摇头10~30s 来回后停止,如果有周围和中枢前庭系统病变,可观察到短暂的前庭性眼震。本现象由 Barany(1907)首先描述,由此产生的异常眼震被称为摇头性眼震(head-shaking nystagmus,HSN)。

(一)检查方法

摇头试验在闭眼时测试,也可睁眼同时合上 VNG 眼罩进行测试,摇头的动作可以让受试者自己完成(主动摇头),也可由检查者协助其完成(被动摇头)。

1. **受试者体位** 头前屈 30°,使外半规管与地面平行。

2. **主动摇头** 受试者自己将头部从一侧向另一侧来回摇头 25 次,角度为偏离中心位 30°~45°,频率为 2Hz。

3. **被动摇头** 由检查者帮助受试者完成上述摇头动作。

(二)结果

外半规管功能正常时,摇头试验无摇头性眼震。摇头停止后数秒出现摇头性眼震,有以下几种类型:①方向偏向健侧的水平性眼震:最为常见,其特点是眼震多在摇头停止数秒后发生,持续时间较短;②方向偏向患侧的水平性眼震:该眼震多发生在摇头停止后数秒至 20s 之间的时间段;③双向水平性眼震:开始偏向某一方向的眼震,持续数秒后向相反方向改变;④垂直性眼震:水平方向的摇头停止后却出现垂直性眼震。

(三)临床意义

摇头停止后不出现摇头性眼震为摇头试验(-),但摇头试验(-)不能等同于前庭系统正常。摇头试验的敏感度 27%~54%,特异度 85%~98%。

摇头试验(+)通常提示双侧 VOR 不对称,是前庭系统病变的表现:如系单侧外周性前庭功能障碍所致,所诱发的摇头性眼震方向常偏向健侧。水平方向的摇头试验如果出现垂直性眼震,则提示可能存在前庭中枢病变。

三、动态视敏度试验

头部运动的信号被双侧迷路感受到后,通过 VOR 系统,双眼产生程度相同、方向相反的眼动,使目标稳定成像于视网膜黄斑。这种因刺激前庭所致的反射过程,使人在头部运动时仍能保持视敏度(visual acuity),称为动态视敏度(dynamic visual acuity,DVA)。

单侧或双侧前庭病变的患者,因其 VOR 异常,头部运动时会感到眩晕或视力模糊,也称为振动幻视(oscillopsia)。

(一)检查方法

1. DVA 试验要求受试者视力清晰,可以佩戴眼镜或隐形眼镜,使其矫正视力达到最佳状态。

2. 将 Snellen 视力表置于受试者前方,距离为保证受试者至少能从第二行开始,到底部最后一行都可以看清楚。测试其最佳矫正视力,以少于 3 个错误的那一行为阈值。

3. 检查者双手置于受试者颧骨隆凸下方和顶区,轻握受试者头部,随机来回摆动,偏航角平面偏离在 20° 以内,频率 2~7Hz。

测试时注意:①随意选择视力表上的各行;②头部转动方向改变时,试验不能暂停。

(二)结果和临床意义

头部转动时,最佳矫正视力跟之前相比,在视力表下降不超过一行,为 DVA 试验正常;超过 2 行以上为 DVA 试验异常,提示 VOR 异常。

四、福田步进试验

（一）测试方法

受试者双臂向前平举，与躯干呈 90°，闭眼，以 110 步/min 的速度，向前行走 50 步，记录偏离角度、方向、距离。

（二）结果和临床意义

1. **正常值**　终点和起点的偏离角度≤30°，偏离距离不超过 50cm。

2. **异常值**　偏离角度≥45°为异常，此外，行走过程中，如有明显摇摆、步履蹒跚、跌倒都可视为异常，提示外周前庭病变。

第三节　眼震电图和眼震视图检查

眼球震颤（nystagmus）简称眼震，是一种不受主观意志控制的眼球节律性运动，前庭性眼震的特征是有交替出现的慢相（slow component）和快相（quick component）。慢相指眼球向某一方向做相对缓慢运动，由外周前庭器刺激所致；快相则为眼球的快速回位运动，是中枢自发性矫正运动。眼震的慢相一般朝向前庭兴奋性较低的一侧，而快相则正好相反。利用特殊的设备采集和记录眼震，并进行定性、定量分析，这就是眼震电图描记法（electronystagmography，ENG）和眼震视图描记法（videonystagmusgraphy，VNG）。眼震电图通过电极记录角膜 - 视网膜电位（corneo-retinal potential，CRP），间接反映眼动轨迹，也被称为眼动图（electrooculography，EOG）（图 21-3-1）。眼震视图是通过摄像头直接记录眼动轨迹，也被称为视动图（videooculography，VOG）（图 21-3-2）。

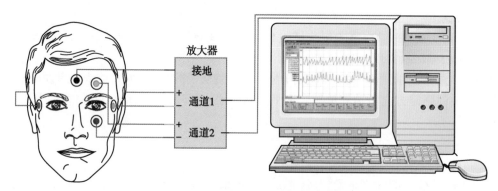

图 21-3-1　眼震电图描记法测试示意图

ENG 和 VNG 是前庭系统的功能性检查，结合病史、体检和其他检查结果，能对前庭功能进行全面、综合评估。VNG 临床应用价值主要体现在以下方面：①支持诊断；②判断是否需要进行进一步的检查，如 MRI；③听神经瘤切除术、人工耳蜗植入术等手术的术前评估；④对眩晕特别是耳源性眩晕进行定位诊断。

VNG 常规测试包括一组测试项目：扫视试验（saccade test）、平稳跟踪试验（tracking test）、视动性眼震试验（optokinetic test，OPK test）、凝视试验（gaze test）、位置试验（positional test）、变位试验（Dix-Hallpike 试验和滚转试验）、冷热试验（caloric test）、冰水试验（ice water test）、压力（瘘管）试验（pressure or fistula test）等。评估时，可以将上述各项测试分为四组综合分析测试结果：①只在睁眼时进行的扫视试验、平稳跟踪试验、视动性眼震试验：主要测试眼动功能（oculomotor function）；②在睁眼和闭眼时分别进行的凝视试验、静态位置试验、自发性眼震试验：主要测试凝视稳定系统（gaze stabilization）功能；③变温试验用于测试外半规管功能；④特异性检查，如变位试验是良性阵发性位置性眩晕（benign paroxysmal positional vertigo，BPPV）的特异性检查、压力（瘘管）试验是外淋巴漏的特异性检查。

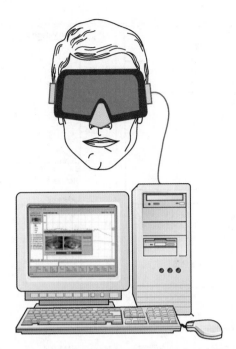

图 21-3-2　视频眼震图描记法测试示意图

一、扫视试验

(一)目的

扫视试验又称视辨距不良试验(ocular dysmetria test),用于测试在视野中有物体突然出现时,受试者能否将其在黄斑部位迅速、准确地成像,主要评估眼动系统快速跟踪目标的能力。

测试时,受试者注视来回随机跳动的靶点,正常情况下,当视线由一个注视目标快速移至下一个靶点时,眼球也会随之迅速准确地跟随至新的眼位。眼肌运动障碍或中枢性病变,会影响眼球的快速跟踪能力。

(二)方法

受试者取坐位,头部固定于正中位,双眼距离视靶约 1.2m,嘱其双眼跟随靶点,但不要预估靶点的运动轨迹,同时避免头部位置移动,记录其眼动轨迹,每次测试至少需持续 1min,以便收集到足够数据进行分析。

测试在水平向和垂直向上均可进行,测试时靶点出现的幅度和方向都是随机的,如果记录到异常眼动,且持续存在,需要重复测试。

(三)结果和临床意义

采样结束后,首先总体观察所有扫视波的波幅和靶点移动幅度是否一致,再针对每一个扫视波,从准确度(accuracy)、峰速度(peak velocity)、潜伏期(latency)3 个方面进行定量分析,受试者眼动迅速、准确,眼动轨迹和靶点移动轨迹一致,为扫视试验之正常结果(图 21-3-3)。

扫视试验常见的异常表现主要有:慢扫视眼动、反应延迟、视辨距不良、失共轭性眼震和扑动等。

1. **慢扫视**　慢扫视(saccadic slowing)表现为扫视试验峰速度降低,而潜伏期、准确度正常。严重的慢扫视表现为扫视麻痹(saccadic palsy),表现为患者不能产生快相眼动,由于眼动的快相成分缺乏,变温试验和 OPK 反应缺失。

慢扫视提示基底核、脑干、小脑等中枢部位以及动眼神经或眼肌病变。临床上可见于药物中毒和神经退行性变,后者包括橄榄脑桥小脑萎缩、脊髓小脑退行性变、遗传性慢性进行性舞蹈病(Huntington 病)、进行性核上性麻痹、帕金森病等。

2. **反应延迟**　反应延迟指受试者跟踪靶点的反应时间延长,表现为扫视试验潜伏期延长,但峰速度、准确度正常,常提示额叶或额顶叶大脑皮质、基底核等中枢部位病变。单侧反应延迟提示上丘、顶叶或枕叶皮质病变,但需排除药物、注意力分散、视力下降等因素的影响。

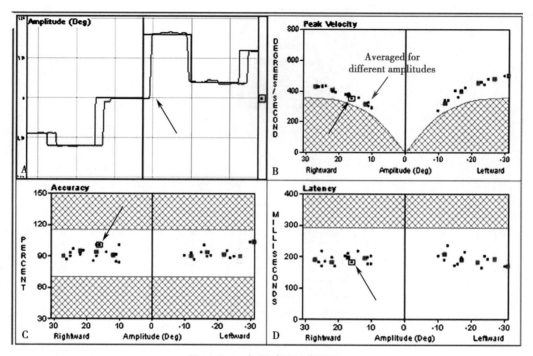

图 21-3-3　扫视试验正常结果

A. 眼动轨迹和靶点移动轨迹一致；B. 各扫视波峰速度在正常范围；C. 各扫视波准确度在正常范围；
D. 各扫视波潜伏期正常范围。

箭头所示为 A 图绿线标记扫视波的是哪个参数——峰速度(B)、准确度(C)、潜伏期(D)均正常。

B、C、D 中灰色网格标记区域为异常值，红点为同一角度下采集的黑点幅度的均值。

3. 视辨距不良　视辨距不良(dysmetria)是指当眼注视某一目标时，不能准确地在黄斑部位成像，因此眼球运动总是超过或落后于靶点移动，此种眼球运动的过度或不足，就称为过冲(hypermetria, overshoot)或欠冲(hypometria, undershoot)。

视辨距不良多提示中枢性病变，欠冲常提示小脑绒球病变，也可能由于视力低下所致。过冲多提示小脑蚓部病变。

扫视试验还可表现为另一种特殊的视辨距不良——侧冲(lateropulsion)，即向某一侧扫视时有过冲，而向对侧扫视时则出现欠冲(图 21-3-4)。

侧冲常提示外侧延髓或小脑病变，临床多见于同侧小脑后下动脉(posterior inferior cerebellar artery, PICA)闭塞，病变定位于过冲侧(Wallenberg 综合征)；少见于对侧小脑上动脉(superior cerebellar artery, SCA)闭塞，病变定位于欠冲侧。

4. 失共轭性眼震　失共轭性眼震是指双侧眼动不同步，主要表现为斜视和核间性眼肌瘫痪两种情况。

(1) 斜视：单侧眼内直肌麻痹患者，扫视试验可出现斜视。它是由于患侧眼内直肌麻痹所致，但此时患侧眼外直肌、健侧眼内直肌和眼外直肌收缩功能尚正常，加之健侧通路也是正常的，因此造成眼动失共轭。测试时记录单独记录健侧眼动即可。

(2) 核间性眼肌瘫痪：核间性眼肌瘫痪(internuclear ophthalmoplegia, INO)临床表现为眼球震颤分离，即一眼的眼震振幅明显地较另一眼大，当目标向患侧移动时，对侧眼的眼震振幅较大。如右后核间眼肌麻痹，靶点自患者左侧向右移动时，向右注视时双眼正常，向左注视时则右眼内直肌落后，左眼有外展性眼震。

当双侧 INO 时，目标自受试者左侧向右移动，则左侧眼震显著；自右侧向左移动，则右侧眼震显著。测试时必须分别记录左、右眼的眼动，记录到的眼震图形如图 21-3-5 所示：右眼的左向峰速度降低，左眼的右向峰速度降低，提示双眼向中线汇聚时，均有内收迟缓。

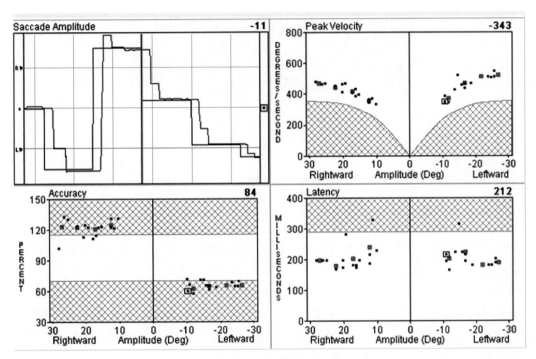

图 21-3-4 扫视试验：侧冲

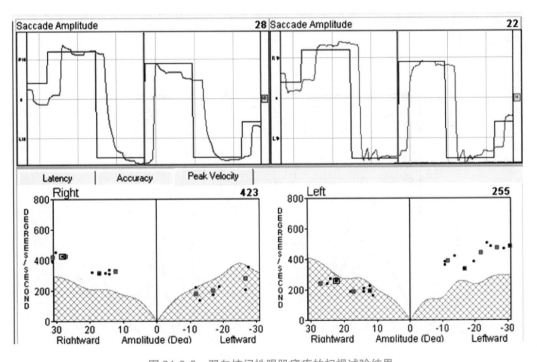

图 21-3-5 双向核间性眼肌瘫痪的扫视试验结果

靶点向左移动时，左侧眼动迅速而右侧迟缓；反之靶点向右移动时，右侧眼动迅速而左侧迟缓。

　　核间性眼肌瘫痪是内侧纵束（medial longitudinal fasciculus，MLF）损害引起的特殊临床现象。常见于脑血管病及多发性硬化（multiple sclerosis，MS），偶见于脑干或第四脑室肿瘤早期。

　　5. 扑动　为不自主的眼球快速运动，眼动多为水平性，亦可发生于固视条件下的凝视试验。图 21-3-6 所示为向右扫视时有连续 2～3 个来回急速跳动的扑动波。扑动提示脑干或小脑功能障碍，临床多见于病毒性脑炎、神经母细胞瘤、副肿瘤效应、头部外伤、脑膜炎和颅内肿瘤等。

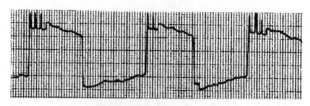

图 21-3-6 扫视试验：扑动

二、平稳跟踪试验

（一）目的

平稳跟踪试验（tracking test）又称平稳跟随试验（smooth pursuit test）或视跟踪试验，主要测试眼动系统追视慢速持续移动的物体，使其在黄斑部位准确成像的能力，从而评估视跟踪系统神经传导通路（smooth pursuit pathways）的功能。

（二）方法

受试者头部固定于正中位，视线追视正前方的视靶，靶点通常在水平或垂直方向上以正弦波（峰-峰幅度为30°，频率为0.2～0.7Hz）或三角波的形式来回摆动，速度由慢至快，描记眼动轨迹，记录时间至少是两个完整周期。记录时要求受试者配合，并避免头动。

（三）结果和临床意义

平稳跟踪试验的分析参数是速度增益（gain），即眼动和靶点移动的峰速度之比。图 21-3-7 所示为平稳跟踪试验的正常值：①眼动轨迹和靶点移动轨迹相吻合且光滑平稳；②各频率的增益值均在正常范围；③偶有扫视波亦可视为正常。

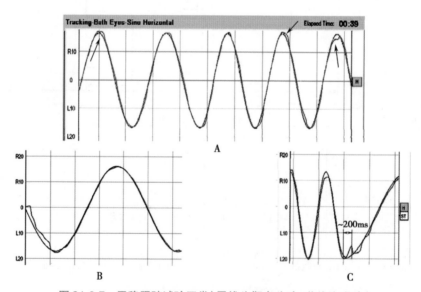

图 21-3-7 平稳跟踪试验正常（黑线为靶点移动，蓝线为眼动）

A. 在幅度最大处两者吻合度略差；B. 两者吻合度很好，且眼动曲线光滑；
C. 靶点快速移动时，有扫视波出现，潜伏期不超过200ms，结果仍可视为正常。

临床上平稳跟踪试验记录到的眼动曲线可分为四型：

Ⅰ型：正常型，为光滑正弦曲线；Ⅱ型：正常型，为光滑正弦曲线上附加少量阶梯状扫视波；Ⅲ型：异常型，曲线不光滑，呈阶梯状，为多个扫视波叠加于跟踪曲线之上所致；Ⅳ型：异常型，曲线波形完全紊乱。Ⅲ型、Ⅳ型曲线为异常结果，即视跟踪不良，提示前庭中枢性病变。

三、视动性眼震试验

（一）目的

当成串靶点连续向某一方向做快速移动时，其将在视网膜周边部位成像，为了使靶点重新在黄斑成像，眼球会反射性地向移动的相反方向反跳，形成眼震。这种快慢交替、双侧对称、且与物体移动方向相反的眼震，即为视动性眼震（optokinetic nystagmus），而检测这种视功能的试验就称为视动性眼震试验（optokinetic test, OPK）。

（二）方法

受试者取坐位，头部固定，正视前方水平视靶，靶点为成串、连续移动的光点，速度为 $40°/s$，也可以是等加速、等减速运动的黑白格，测试时，可以要求受试者追视其中任意一个靶点，从视靶的一端一直移动到另一端记录；也可以要求其只盯住视靶中点，默数经过此点的靶点数目，在两个相反方向上，分别记录 3～5 个完整的眼震波即可。测试时要求受试者头部避免移动，同时需要受试者高度配合。

（三）结果和临床意义

OPK 的参数主要有眼震方向、幅度和双向眼震幅度是否对称等。

OPK 眼震方向：正常人均可引出水平性视动性眼震，其方向与靶点运动方向相反，例如：如果靶点向右连续移动，引出快相向左的左跳性 OPK 眼震；反之，如果靶点向左连续移动，则引出的 OPK 眼震方向向右。如果眼震方向发生逆反，为异常表现，通常提示前庭中枢性病变。

眼震幅度、双向眼震振幅的对称性：和平稳跟踪试验不同，OPK 的正常值与年龄无关，分析结果时，在每个方向上找到 3 个连续的、有代表性的 OPK 波形，取其 SPV 的平均值，结果判断可采用以下公式：$SPV_{眼震}/V_{靶点}\times100\%$。平均 $SPV_{眼震}/V_{靶点}>75\%$，双向对称，即为正常。OPK 中偶有散在大幅或小幅眼震亦为正常。

四、凝视试验

（一）目的

凝视试验主要测试在不同条件下眼位维持系统的功能，通常将靶点置于眼球的非中央位，如上、下、左、右，观察受试者注视靶点时，其眼位是否能保持稳定。如果凝视系统功能障碍，眼球位置偏离中心位时，就会导致眼位无法稳定，出现凝视性眼震。凝视性眼震快相的方向与眼球偏移方向一致，其强度随偏转角度增大而加强。固视时测得凝视性眼震，往往提示前庭中枢性病变，但需要排除终极性眼震（end-point nystagmus）和强度较大的外周性眼震干扰。

（二）方法

受试者分别注视上、下、左、右各 $25°～30°$ 位置的靶点，每个位置至少注视 20s 以上，睁眼和闭眼时分别测试，记录眼动情况，特别注意观察有无微弱的眼震。任何眼位一旦发现眼震或其他异常，都需要重复测试。凝视试验的检查结果应该和裸眼检查结果一致。

（三）结果和临床意义

凝视试验的正常表现为睁眼时任何眼位都无凝视性眼震；闭眼时无眼震，或仅有强度较小的眼震（$SPV<6°/s$）。

凝视试验记录到凝视性眼震，即为异常，提示中枢性病变，损伤定位于小脑、脑干，其中以小脑绒球病变常见。解释结果时，要注意排除终极性眼震和自发性眼震。

五、静态位置试验

（一）目的

静态位置试验（position test）又称静态位置性眼震试验，主要检测受试者头部处于不同位置时，是否能够诱发眼震，这种由某种特定头位所引起的眼震，就称为位置性眼震（positional nystagmus），是前庭功能紊乱的重要表现之一，见于多种外周性和中枢性前庭病变，所以静态位置试验虽然不能定位，但通常可用于支持诊断。

（二）方法

如图21-3-8所示，静态位置试验检查时，主要采取如下体位：①坐位；②仰卧位；③仰卧位，头向右转，右耳向下；④仰卧位，头向左转，左耳向下。每次变换位置时均应缓慢进行，在每一头位至少记录30s。若在仰卧位头向左、右扭转时诱发出位置性眼震，则需将头部和躯干同时转动，加做侧卧位静态位置试验，以排除颈性因素对测试结果的影响。

和凝视试验相同，静态位置试验也需要分别在睁眼和闭眼状态下测试，测试时要求受试者双眼直视正前方，同时操作者注意尽量避免迅速变换头位。

静态位置试验测试步骤如下：

1. 闭眼测试

（1）受试者取坐位（图21-3-8A），记录眼动30s→体位变换至仰卧位（图21-3-8B），记录30s。

（2）受试者头部向右转→体位变换至仰卧、右耳向下位（图21-3-8C），记录30s。

（3）受试者取仰卧位，鼻尖向上→头部向左转，体位变换至仰卧、左耳向下位（图21-3-8D），记录30s→还原到坐位。

注意：仰卧位时头部要保持上抬30°。

2. 睁眼，重复上述步骤

3. 其他情况　若在仰卧位头向左、右扭转时诱发出位置性眼震，则需同方向转动躯干，以排除颈性因素对测试结果的影响。

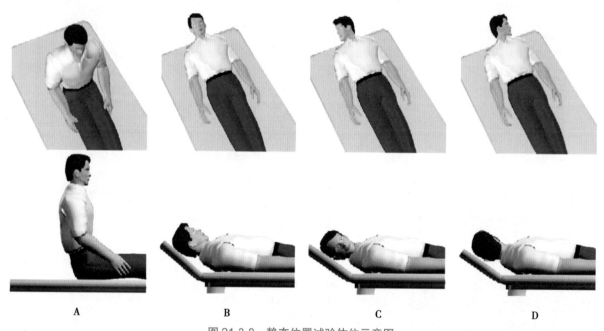

A　　　　　　　　　B　　　　　　　　　C　　　　　　　　　D

图21-3-8　静态位置试验体位示意图

A. 坐位；B. 仰卧位；C. 右耳向下；D. 左耳向下。

（三）结果和临床意义

正常情况下，在任何头位，无论是睁眼还是闭眼测试，均记录不到位置性眼震（图21-3-9）。有时仅在闭眼时出现轻度眼震，但其SPV<4°/s（VNG）或<6°/s（ENG）。

静态位置试验如果诱发出位置性眼震，则需要进一步明确其方向、类型、强度（SPV）、潜伏期和持续时间，以及睁眼对眼震的影响。

位置试验的异常结果主要有：

1. 位置性眼震　静态位置试验的异常结果是记录到位置性眼震，可以是生理性的，也可以是病理性的，病理性的位置性眼震提示外周性或中枢性前庭损伤，但无确切定位，其临床意义在于提供支持诊断，需结合其他临床信息进行综合分析。

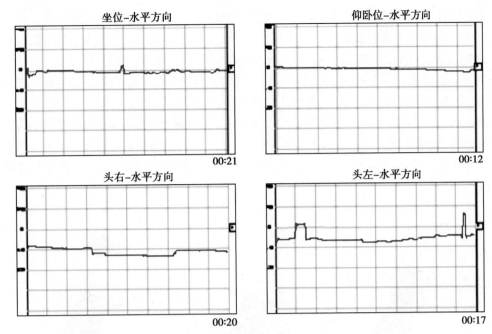

图 21-3-9　静态位置试验:正常

2. **位置性酒精性眼震**　酒精能对前庭系统的功能产生影响,静态位置试验可记录到特定的眼震——位置性酒精性眼震(positional alcohol nystagmus,PAN)。

3. **方向改变性眼震**　在一种头位条件下,眼震的方向发生改变,常提示中枢性前庭病变。

4. **垂直性眼震**　睁眼测试时,记录到垂直性眼震即可视为异常,提示中枢病变。闭眼时记录到的垂直性眼震,要做具体分析:①正常人常见有上跳性眼震;②一般来说,$SPV > 7°/s$ 可视为异常,但临床意义不明;③判断异常时,要排除伪迹干扰。

六、动态位置试验

(一)目的

动态位置试验(dynamic position test),又称变位性眼震试验,主要用于检测受试者在头位迅速改变过程中或其后短时间内出现的眼震,即是否存在变位性眼震(positioning nystagmus)。变位性眼震与位置性眼震的主要区别在于:前者是在头位变换过程中,由于重力作用而产生的眼震;而后者是由于头部处于某一特定位置所产生的眼震。

动态位置试验是诊断良性阵发性位置性眩晕(benign paroxysmal positional vertigo,BPPV)的特异性试验,常用 Dix-Hallpike 试验和滚转试验(roll test)两种方法,其中 Dix-Hallpike 试验主要用于诊断后半规管型 BPPV 或前半规管型 BPPV;滚转试验主要用于诊断外半规管型 BPPV。

BPPV 是头部移动到某一特定位置时出现的短暂眩晕,患者眩晕症状明显,但一般不伴听力下降、耳鸣等其他耳部症状。BPPV 发病率较高,约占门诊眩晕患者的 20%~25%,常见于老年人、头部外伤、内耳疾病和偏头痛等因素,也可以为特发性。

(二)方法

1. **Dix-Hallpike 试验**　疑有后、前半规管型 BPPV 的患者,有两种方法进行 Dix-Hallpike 试验:仰卧位 Dix-Hallpike 试验(图 21-3-10)和侧卧位 Dix-Hallpike 试验(side lying test)(图 21-3-11)。

(1)仰卧位 Dix-Hallpike 试验:受试者取坐位,双眼平视正前方。检查者立于受试者之后,开始测试前,先向受试者简要说明操作步骤,提醒受试者在测试过程中可能会诱发出一过性眩晕。

检查者双手扶持受试者头部,水平向右偏转 45°(图 21-3-10A),迅速平卧(图 21-3-10B),呈头悬垂位,下垂约与水平面呈 30°(图 21-3-10C),观察有无诱发出旋转性眼震,再恢复到坐位。每次变位应在 3s

内完成,每次变位后观察眼震和眩晕 20s 以上。注意有无诱发出 BPPV 特征性的旋转性眼震,如有眼震,应保持该体位持续观察,直至眼震消失,再变换至下一体位进行测试。在重复测试时,原有的眼震可能不再被诱发出来或强度减弱,这是因为 BPPV 具有"疲劳性"。

以同法观察受试者头向左侧偏转 45° 时是否诱发出旋转性眼震。注意该测试体位也可使前半规管处于悬垂的位置,因此前半规管型 BPPV 也可由此试验诱发出眩晕和眼震。

(2)侧卧位 Dix-Hallpike 试验:患者坐于检查床上,头向左侧水平旋转 45°(图 21-3-11A),然后快速向对侧侧卧后,头向下侧屈约 30°(图 21-3-11B、图 21-3-11C),在观察眼震和眩晕后,再使患者恢复到坐位,观察有无旋转性眼震和眩晕感。以同法检查头位转向右侧时的表现。其他注意事项同仰卧位 Dix-Hallpike 试验。

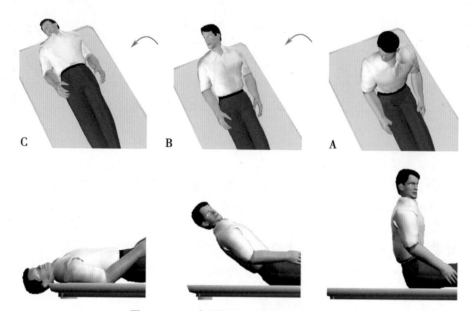

图 21-3-10　右侧仰卧位 Dix-Hallpike 试验
上图为顶面观,下图为侧面观。

图 21-3-11　侧卧位 Dix-Hallpike 试验

2. 滚转试验　当疑为外半规管型 BPPV,或 Dix-Hallpike 试验诱发出的眼震呈水平性,需要进行该试验,以排除外半规管型 BPPV。滚转试验(roll test)测试体位和操作步骤如图 21-3-12 所示。

(1)开始测试前,先向受试者简要说明操作步骤,提醒受试者测试过程中可能会有一过性眩晕。

(2)受试者取仰卧位,头前倾 30°(图 21-3-12A),有些检查室也采用全仰卧位。

(3)头向右侧快速转动,保持头位 1min,观察是否有眼震和眩晕(图 21-3-12B)。

(4)眼震停止后,缓慢恢复头正中位(图 21-3-12A)。

(5)头向左侧快速转动,保持头位 1min,观察是否有眼震和眩晕(图 21-3-12C)。

(6)如有眼震,需重复测试,观察眼震和眩晕是否减弱或消退——判断是否有"疲劳性"。

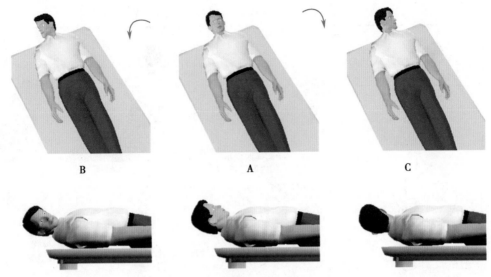

图 21-3-12　滚转试验操作步骤：A→B→A→C

3. **禁忌证**　受试者如有以下情况，应避免进行动态位置试验：①有严重的颈部和背部疾病；②动脉血供异常；③活动性心脏病；④整形和活动受限，无法配合。

（三）结果和临床意义

1. **正常值**　正常人 Dix-Hallpike 试验和滚转试验时，任何体位均不能诱发出旋转性眼震。如观察到旋转性眼震，需要进一步分析：①眼震的方向、类型、强度（SPV）、潜伏期、持续时间和疲劳性；②眼震与眩晕的潜伏期、持续时间和强度是否一致；③仰卧头偏位与恢复坐位时，Dix-Hallpike 试验的眼震方向、强度和眩晕程度有无变化；④头位改变时，滚转试验的眼震方向、强度和眩晕程度有无变化。

2. **异常结果**

（1）BPPV 型眼震：是 BPPV 的特征性临床表现。

其眼震特点是：①潜伏期，管结石症眼震常发生于激发头位后数秒至数十秒，嵴帽结石症常无潜伏期；②时程，管结石症眼震时程短于 1min，而嵴帽结石症长于 1min；③强度，管结石症呈渐强 - 渐弱改变，而嵴帽结石症可持续不衰减；④疲劳性，多见于后半规管 BPPV。通常根据其快相的方向不同，将旋转性眼震方向分为两种：快相朝向受试者左耳、快相朝向受试者右耳。

（2）受累半规管的判断：在三组半规管中，后半规管最常受累，占半规管病变总数的 90% 以上，其次为外半规管和前半规管。

表 21-3-1、表 21-3-2 示受累半规管与 Dix-Hallpike 试验旋转性眼震的关系，据此可以帮助定位病变半规管。

表 21-3-1　根据右侧 Dix-Hallpike 判断受累半规管

受累半规管	坐位→仰卧位时的眼震	仰卧位→坐位时的眼震
右后半规管	上跳 - 右转	下跳 - 左转
左前半规管	下跳 - 左转	上跳 - 右转

表 21-3-2　根据左侧 Dix-Hallpike 结果判断受累半规管

受累半规管	坐位→仰卧位时的眼震	仰卧位→坐位时的眼震
左后半规管	上跳 - 左转	下跳 - 右转
右前半规管	下跳 - 右转	上跳 - 左转

（3）管结石症和嵴帽结石症眼震的区别（表 21-3-3）。

表 21-3-3　管结石症眼震和嵴帽结石症眼震的区别

	管结石症	嵴帽结石症
潜伏期	有	少
持续时间	短	长

（4）外半规管型 BPPV 侧别判断：外半规管型 BPPV 可以根据以下三种方法进行判断侧别：①眼震强度：水平向地性眼震诱发眼震强度大、持续时间长的一侧为患侧；水平离地性眼震中诱发眼震强度小、持续时间短的一侧为患侧；②"坐位至仰卧位"测试时，受试者的眼震有助于判断损伤侧别（表 21-3-4）；③大约 70% 的外半规管型 BPPV 患者在头位向上时，有自发性眼震，方向偏向健侧。

表 21-3-4　外半规管损伤侧别判断

滚转试验	坐位至仰卧位
向地性眼震（管结石症）	眼震偏向健侧
离地性眼震（嵴帽结石症）	眼震偏向患侧

七、双耳交替冷热试验

（一）目的

广义的冷热试验包含多种测试，本章介绍双耳交替冷热试验（alternate binaural bithermal caloric test）、微量冰水试验和前倾位冰水试验，前者较为常用，后文中"冷热试验"均特指"双耳交替冷热试验"。

冷热试验通过外耳道灌注冷热水，或冷热气，分别刺激双侧外半规管，诱发兴奋性或抑制性的前庭反应，再通过分析在各种刺激条件下双侧眼震的各种参数，主要有慢相角速度（SPV），来分别评估左、右侧外半规管的功能。所以冷热试验是评估外周性前庭功能的重要指标。

冷热试验的前提条件是左、右耳实际接受冷、热刺激的强度相等。测试时，双耳的刺激强度取决于多种因素，包括可控因素和不可控因素：可控因素有温度、灌注量、持续时间、受试者的警觉状态和外耳道耵聍；不可控因素有受试者耳解剖变异、体温、鼓膜穿孔等，最终通过各反应的比值计算结果。

（二）方法

1. 受试者取仰卧位，头前屈 30°，使外半规管呈垂直位（图 21-3-13）。在此位置，热刺激引起兴奋性反应，冷刺激引起抑制性反应，眼震遵循 COWS 原则，即冷刺激诱发的眼震快相朝向对侧，热刺激诱发的眼震快相偏向同侧。

2. 开始灌注前，向受试者简要介绍操作过程及可能发生的不适反应。

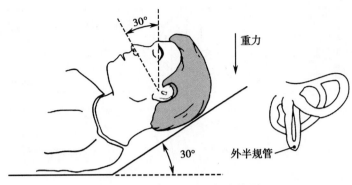

图 21-3-13　冷热试验标准体位

3. 进行第一次灌注时嘱受试者睁眼，同时盖上 VNG 视频眼罩镜盖→向外耳道分别注入水或空气（表 21-3-5），持续 40～60s→灌注结束后，嘱受试者开始心算以保持警醒状态→眼震强度达到最大后 10s 左右，要求受试者注视固定视标（固视抑制试验）→有抑制反应后，10s 左右移开视标→记录眼震直到反应消失（通常需要 2min 左右）。

表 21-3-5　冷热试验水灌注和气灌注参数

参数	水灌注	气灌注
流量 /mL	250	8 000
灌注时间 /s	30	60
热刺激温度 /℃	44	50
冷刺激温度 /℃	30	24

4. 测试对侧耳，重复步骤（3）操作。

5. 改变灌注温度，重复步骤（3）和步骤（4），直至完成四次冷热灌注。

（三）结果及临床意义

图 21-3-14 为一侧耳单次冷灌注后所诱发眼震反应的全过程，其中需重点分析 3 个时间段：①灌注开始后第一个 10～15s 间隔：观察有无自发性眼震；②灌注后 60～90s：观察眼震峰反应；③固视抑制试验开始后即刻：观察是否有固视抑制。

1. 分析参数　主要有单侧半规管轻瘫（unilateral weakness，UW 或 canal paralysis，CP）、优势偏向（direction preponderance，DP）和固视指数（fixation index，FI），一般以慢相角速度（SPV）来评价。

（1）UW：指反应弱的那一侧耳，冷热试验的比值，以左、右侧半规管对冷热灌注的反应之差与双耳双侧总反应之和的百分比表示，Jongkees 计算公式如下：$UW = [(RW + RC) - (LW + LC)]/(RW + RC + LW + LC) \times 100\%$。

（2）DP：指左右向眼震强度的相对差别，得出的是反应较强的那一侧耳的百分比，即冷热灌注后左、右向总反应之差与双向双侧总反应之和的百分比，计算公式如下：$DP = [(RW + LC) - (LW + RC)]/(RW + RC + LW + LC) \times 100\%$。

DP 是由基线飘移（baseline shift，BS）和增益不对称（gain asymmetry，GA）两部分组成，即：$DP = BS + GA$。基线飘移主要和自发性眼震有关，GA 是指左、右向眼震强度的实际差值。

在诱发的反应中选择 3～5 个强度最大的眼震波，分别求得 RC、RW、LC、LW 的 SPV。眼震方向遵循 COWS（cold opposite warm same side）原则，即冷灌注时眼震偏向对侧，热灌注时眼震偏向灌注侧。如果诱发出的眼震方向不符合 COWS 原则，其 SPV 在代入公式计算时用负值表示。

如果左、右耳在冷灌注或热灌注中总反应均 <6°/s，即 RC + RW <6°/s 且 LC + LW <6°/s（此时 RC、RW、LC、LW 的 SPV 均取绝对值），考虑为双侧外半规管反应减弱（bilateral caloric weakness，BW），此时无需计算 UW 和 DP 的具体数值。

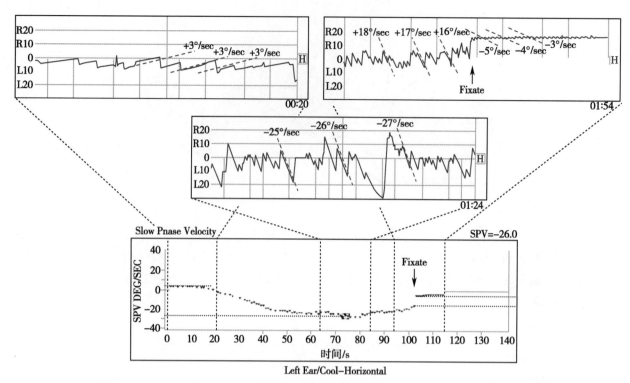

图 21-3-14　冷热试验

灌注开始后第一个 10~15s 无自发性眼震，灌注后 60s 时眼震强度达到最大，120s 时眼震减弱，180s 时眼震消失。

（3）固视指数：分别在固视前、后 5s 的眼震波中选择 3 个典型眼震波，计算平均 SPV，即 SPV_{Nofix} 和 SPV_{Fix}，但要注意避开固视前、后 1s 内的眼震波（图 21-3-15），以免造成误差。$FI = SPV_{固视}/SPV_{非固视} \times 100\%$。

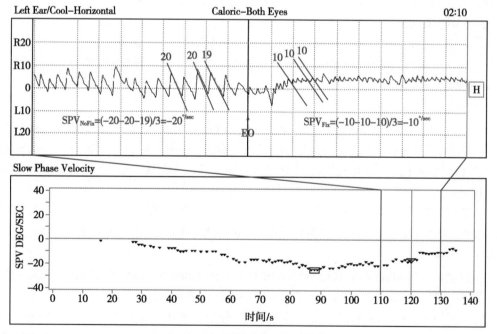

图 21-3-15　固视指数计算示意图

2. **正常值**　正常情况下，双侧外半规管对冷热刺激的反应适当，并且双侧反应大致相等、对称，无 UW 和 DP（图 21-3-16）。以下正常值可供参考：UW < 25%，DP < 30%，FI < 60%，固视抑制（+）（图 21-3-17）。注意：不同厂家的测试仪器，正常值可能会略有差异。

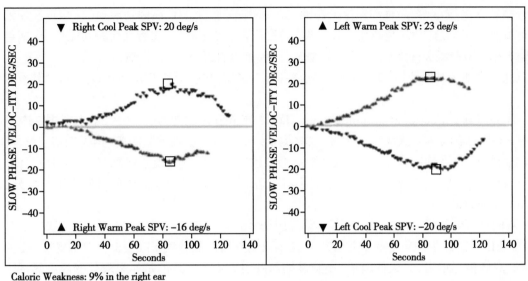

Caloric Weakness: 9% in the right ear
Dinectional Preponderance: 9% to the tell

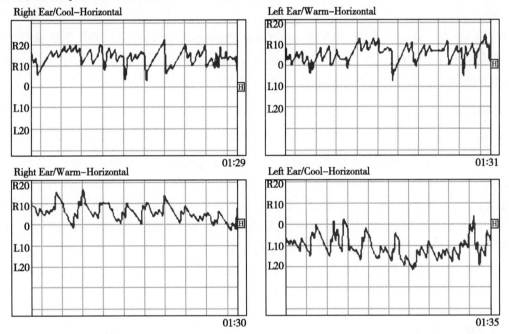

图 21-3-16 冷热试验：正常

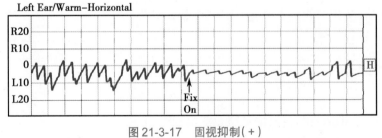

图 21-3-17 固视抑制（＋）
FI%＝(2)/(18)×100＝11%。

3. **异常结果** 冷热试验临床常见以下异常：①半规管轻瘫（UW）；②优势偏向（DP）；③双侧反应减弱（BW）；④反应过强；⑤固视抑制（－）。

（1）半规管轻瘫（unilateral weakness，UW）：或称单侧管麻痹（canal paralysis，CP）或 |UW%| ＞25%（动态范围 20%～30%），UW 提示反应减弱侧外半规管或传入通路病变，后者包括从末端感受器到脑干

前庭神经根传入区域,此处急性和慢性损伤的常见病因不同:①急性前庭功能损伤:病毒性或细菌性迷路炎和前庭神经炎的急性期、梅尼埃病发作期、前庭震荡、前庭缺血;②慢性前庭功能损伤:病毒性或细菌性迷路炎和前庭神经炎的慢性期、梅尼埃病进行期、前庭神经瘤、听神经瘤。

中枢性病变如多发性硬化,影响单侧前庭神经传入区域,也会导致 UW,但同时一般会伴有其他中枢症状。

(2)优势偏向(directional preponderance,DP):异常值为 $|DP\%| > 30\%$(动态范围 25%~50%);$|BS| > 6°/s$(VNG 为 4°/s),$|GA\%| > 25\%$。DP 提示外周性或中枢性前庭病变,但无确切定位。DP 可由先天性因素造成,如在仰卧位测试,自发性眼震会导致冷热反应中出现基线飘移,产生 DP。DP 也可以由于前庭核中次级神经元对传入信号的增益不对称造成,将 DP 计算公式中的自发性眼震成分去除,即可计算出 GA 的数值。

(3)双侧半规管轻瘫(BW):指左、右耳总反应均 $<6°/s$,即 $RC+RW<6°/s$ 且 $LC+LW<6°/s$(注:此时 RC、RW、LC、LW 的 SPV 均取绝对值),多提示双侧外周性前庭病变或中枢性前庭病变,主要见于耳毒性药物、双侧梅尼埃病、先天性畸形、小脑萎缩和肿瘤。需要注意的是如果双耳变温冷热试验结果为 BW,建议继续采用视频头脉冲试验(vedio head impulse test,vHIT)、转椅试验或冰水试验,判断是否有残余的前庭功能。

(4)反应过强:右耳总反应或左耳总反应 $>140°/s$,即为冷热试验反应过强,多见于鼓膜穿孔等。

(5)固视抑制(−):FI$>60\%$(动态范围 25%~50%),表现为固视后眼震强度无明显降低,提示顶枕叶皮质、脑桥或小脑等中枢性病变,特别是小脑中线部位病变。

八、微量冰水试验

(一)目的
当冷热试验中,冷热刺激均未能诱发出眼震时,可以加做微量冰水试验,判断患者有无残存的前庭功能。

(二)方法
受试者取仰卧位,头前屈30°,冷热试验标准体位;也可取正坐位、头后仰60°,使外半规管呈垂直位。

具体操作步骤如下:①转动受试者头部,使其被灌注耳朝上→开始记录眼动→从外耳道向鼓膜处注入 4℃水 0.2mL,保留 10s;②转动患者头部至相反方向,使水从外耳道流出;③再转动受试者头部,使其鼻尖朝上,开始心算,记录眼震 1min 以上;④如未能诱发出眼震,则每次递增 0.2mL 的 4℃水试之,当水量增至 2mL 仍不出现反应时,提示该侧前庭无反应;⑤一侧耳测试完毕,休息数分钟,再测试对侧耳。

(三)结果和临床意义
正常情况下,4℃水 0.4mL 灌注即可引出水平性眼震,方向偏向对侧。

4℃水 2mL 灌注后,仍然未能引出眼震,为异常,提示外周性或中枢前庭系统病变。

九、前倾位冰水试验

(一)目的
当微量冰水试验产生的眼震与自发性眼震无法鉴别时,可加做前倾位冰水试验,以判断受试者周围前庭功能是否存在。

(二)方法
具体操作步骤如下:微量冰水试验4℃水 2mL 灌注后,在图 21-3-18A 所示体位记录眼震 30~40s →将受试者转至前倾位(图 21-3-18B),记录眼震 30~40s →返回图 21-3-18A 所示体位。

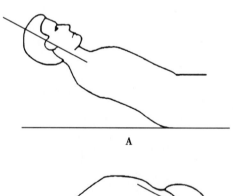

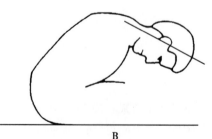

图 21-3-18　前倾位冰水试验测试体位
A. 仰卧位;B. 前倾位。

（三）结果和临床意义

若体位从仰卧位改变为前倾位时，眼震方向或强度也随之改变，则为前倾位冰水试验（+），说明所诱发出的眼震为前庭反应，提示前庭功能尚存。反之，冰水试验诱发出的眼震，不因体位改变其方向或者强度，则为自发性眼震。

第四节　其他前庭功能检查

一、前庭诱发肌源性电位

前庭诱发肌源性电位（vestibular evoked myogenic potential，VEMP），是由高强度声信号刺激前庭系统的耳石器官后记录到的肌源性电位。VEMP 是一种评价前庭系统中球囊和椭圆囊等耳石器官的客观检查方法。根据记录部位的不用，VEMP 可分为颈源性前庭诱发肌源性电位（cervical vestibular evoked myogenic potential，cVEMP）和眼源性前庭诱发肌源性电位（ocular vestibular evoked myogenic potential，oVEMP）两种主要类型。

（一）神经传导通路

VEMP 是由声信号诱发前庭 - 丘脑或前庭 - 眼反射通路产生的肌源性电位，完整的神经传导通路包括感受器、传入神经、神经中枢、传出神经和效应器等结构。

1. **cVEMP 的神经通路**　声音刺激球囊后，沿前庭神经（以前庭下神经为主）和螺旋神经节到达位于脑干的前庭核，形成了 cVEMP 的传入神经通路。神经冲动进一步通过内侧前庭脊髓束（medial vestibulospinal track，MVST）和副神经投射到颈部肌肉，即胸锁乳突肌，这就构成了 cVEMP 的传出神经通路。

2. **oVEMP 的传导通路**　更为复杂，并且在研究领域尚存争议。但多项动物试验的证据表明，oVEMP 的感受器之一为椭圆囊。沿前庭上神经传入，神经冲动通过前庭 - 眼反射（vestibule-ocular reflex，VOR）通路，投射到对侧眼部肌肉，通常认为 oVEMP 的效应器主要是眼外肌。

（二）波形特点

典型的 cVEMP 波形如图 21-4-1 所示，为双向波形，正向波潜伏期在 13ms 附近，标记为 p13 或 p1，负向波出现在 23ms 附近，标记为 n23 或 n1。cVEMP 属于抑制性肌源性电位，其幅度与胸锁乳突肌的肌紧张程度直接相关，并随着刺激强度的增大而增高。cVEMP 的潜伏期比较稳定，不受刺激强度和肌紧张程度的影响。需注意，声刺激有时也会记录到另一个潜伏期稍长的双向复合波，潜伏期在 34ms 和 44ms 附近，通常被认为是耳蜗参与了反应，因此 cVEMP 的波形分析主要是 p13 和 n23。

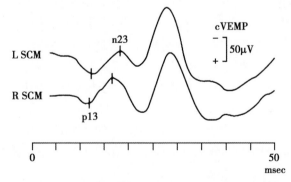

图 21-4-1　正常颈源性前庭诱发肌源性电位图形和分析参数

与 cVEMP 不同，oVEMP 的第一个波形为负向波，潜伏期约 10ms，标记为 n1，后续跟随有一个正向波，潜伏期通常在 15ms 附近，标记为 p1。

两者区别在于，cVEMP 是同侧、抑制性反应，而 oVEMP 是交叉、兴奋性反应。

（三）记录方式

临床使用的听觉诱发电位设备均可用于记录 VEMP，由于反应幅度与肌紧张程度相关，推荐对胸锁乳突肌进行肌电监测，可对双侧 VEMP 幅度进行比较，并确保有足够的肌紧张以有效地引出反应。

1. **刺激参数**　常规采用插入式耳机，刺激声可选择短声（click）或短纯音（tone burst），推荐采用 500Hz 短纯音作为刺激声，上升、平台和下降期分别为 1-2-1 周期。刺激声的极性方面，建议采用单一极性，疏波或密波均可。刺激速率为 4.9～5.1Hz，叠加 100～200 次。

2. **记录参数**　记录设置包括电极导联方式，滤波器设置，开窗时间等。

（1）电极导联 cVEMP 的电极导联方式如下：记录电极（non-inverting）胸锁乳突肌的上 1/3 处，或胸锁乳突肌距乳突约 10cm 处。参考电极置于胸骨端，接地电极（common）置于前额。按照上述电极导联方式，记录到的 cVEMP 波形为 p13 向上。

在进行 oVEMP 记录时，推荐的电极导联方式如下：记录电极置于眼睑中央下方 1cm 处，参考电极置于记录电极下方 1～2cm 处。接地电极置于前额。

（2）滤波器设置高通和低通截止频率可分别设置为 10Hz 和 1 000Hz。

（3）分析时长由于需要对胸锁乳突肌的肌紧张程度进行监测，除刺激声给出后的 50～60ms 外，还需对刺激前（pre-stimulus）的 20ms 进行记录，因此推荐的开窗时间范围是 20～60ms。

3. **患者准备**　由于 VEMP 需要较高强度的声音才能记录到，如果受试者存在传导性听力损失，将无法记录到波形。但应注意，如果气 - 骨导差不是中耳源性的，典型病变为第三窗异常开放，可记录到 VEMP，如前半规管裂综合征或大前庭水管综合征（large vestibular aqueduct syndrome，LVAS）。VEMP 的感受器是内耳的前庭器官，所以感音神经性听力损失不会影响其记录。

肌源性电位与 ABR、ASSR 等听觉诱发电位不同，需要保持一定的肌紧张程度，临床测试中可选用不同的方式保持肌紧张。以下是两种 cVEMP 记录中保持胸锁乳突肌肌紧张的方法。

（1）坐位记录：患者处于坐位，头部转向两侧至少 45°，采用这种方式时，通常进行单侧刺激，其优点是容易保持，尤其是针对老人或儿童进行测试时，其缺点是难以保证双侧转头时肌紧张程度一致。

（2）卧位记录：另一种方式是患者处于温度试验体位（头部与水平面成 30°），并保持头部抬起，采用这种方式时，通常进行双侧刺激，其优点是双侧肌紧张程度一致，其缺点是容易引起过度疲劳，部分患者无法保持足够的记录时间。

在进行 oVEMP 测试时，要求患者处于坐位，眼睛向上凝视，约 30°即可。

（四）分析和解释

1. **正常范围**　VEMP 的测试结果和刺激参数相关，建议测试机构根据自身设定的测试方案收集正常值范围。

2. **VEMP 幅度和不对程度**　VEMP 的绝对幅度受肌紧张程度影响，临床应用更多的是其相对幅度，包括双侧幅度比和双侧不对称程度。与温度试验中半规管轻瘫（UW）的概念类似，在 cVEMP 分析中，也可引出"球囊麻痹"的概念，具体计算方式为，双侧幅度之差除以双侧幅度之和。上述两个指标的正常范围，在文献报道中存在差异，精确的数据还需要进一步的研究工作进行完善。

在 oVEMP 记录中，骨导刺激得到的反应幅度要明显高于气导刺激的反应。

3. **VEMP 阈值通常情况**　VEMP 的引出都需要很高的刺激强度，其阈值分析可用于前半规管裂综合征的评估。在这种病变情况下，可记录到异常低的阈值，如 60～70dB nHL。其他影响第三窗的疾病如后半规管裂或 LVAS 也可能会记录到较低的 VEMP 阈值。但应注意，对这些疾病的确诊需要 CT 扫描等影像学检查的证实。

4. **VEMP 潜伏期**　cVEMP 的潜伏期正如其双向波的名称所示，一般出现在 13ms 和 23ms 附近，但潜伏期还会受到刺激声类型的影响，如短声和短纯音诱发的 cVEMP 潜伏期会有差异。VEMP 在刺激后 10ms 出现由正到负、16ms 出现由负到正的波形改变。和 ABR 等听觉诱发电位不同，VEMP 的潜伏期几乎不受刺激强度影响。此外，多数前庭外周疾病都不会造成 VEMP 的潜伏期改变，只有少数中枢病变会造成潜伏期延长。

5. **调谐曲线** 使用短纯音作为刺激声的研究发现,cVEMP 存在"频率调谐"特性,500Hz 可引出最高强度的反应,使用更低或更高频率时,反应幅度都会降低。Rauch 等针对梅尼埃病患者的研究表明,相比听力正常者,这种频率调谐特性存在变化。

(五)临床应用

VEMP 经过数十年的发展,已经广泛应用于临床中,可针对球囊和椭圆囊等耳石器官,以及前庭上神经和前庭下神经进行评估,用于梅尼埃病、前庭神经炎、前半规管裂综合征的临床诊断。

此外,除了周围神经系统病变之外,由于 VEMP 的传导通路包括位于脑干的前庭脊髓束,因此 VEMP 还可对一些中枢神经系统的病变提供诊断依据,包括多发性硬化、脊髓小脑退行性改变、脑干梗死等。其中在多发性硬化中,VEMP 的潜伏期会延长,甚至波形消失。

二、视频头脉冲试验

视频头脉冲试验(video head impulse test, vHIT)又称视频甩头试验,最早由 Halmgyi 和 Curthuoys 提出,是一种简单、快速的生理性检查,采用短暂、被动、不被受试者预测到的快速低幅度转头,观察受试者眼动情况。

在对外半规管功能进行检测时,要求受试者头部前倾约 30°,保持外半规管成水平面,检查者将患者头部快速向左或向右转动 10°~15°,同时要求受试者保持正前方凝视。如果受试者的一侧半规管存在病变,其前庭-眼反射(vestibule-ocular reflex, VOR)增益降低,则在向该侧甩头过程中会出现朝向原始凝视点的补偿性扫视。如果半规管功能正常,则 VOR 增益也正常,就不会产生这种扫视眼动。因此 HIT 可快速对双侧半规管的不对称度做出评价。

头脉冲试验也可以评估两对后半规管功能:受试者头部相对矢状面向左或向右旋转 45° 后,即维持 LARP(左前右后)、RALP(右前左后)半规管与矢状面平行,将其头部向前或向后甩动,即可刺激到后半规管,观测患者是否出现补偿性扫视。

如果在头脉冲试验的基础上加用视频记录眼动,再利用计算机分析 VOR 增益和眼动轨迹,即为视频头脉冲试验,可提高检查的敏感性。通过视频记录,还可发现床旁检查肉眼无法观察到的隐性扫视波。

vHIT 可评估包括水平和垂直在内的三对半规管功能,极大扩展了评估领域,已经逐步在临床开展应用。

三、静态姿势图描记

人体能够保持平衡,是前庭系统、视觉系统、躯体本体感觉系统、大脑平衡反射调节系统、小脑共济协调系统以及肢体肌群共同作用的结果,对平衡功能进行精确评估具有重要的临床意义,而静态-动态姿势图描记正是目前临床常用的方法之一。

受试者闭目直立于平台上,压力通过平台下方的压力感受器传入测试系统,自动计算出施加在平台表面垂直作用力的中心点,并描记其随时间变化的轨迹,从而间接反映人体重心摆动的数据,评估受试者的平衡功能,此为静态姿势描记图(static posturography, SPG)描记。

(一)测试原理

人体直立时,则实际上在前后、左右方向都有不停地晃动(生理性姿势动摇),因此其重心在冠状面、矢状面都有持续小幅位移,如果前庭感受器和传导系统功能异常,位移就会超过正常状态,导致直立障碍。

描记静态姿势图时,人直立于静态姿势平衡台上,使其重心力点和平衡台基准点一致,当人体摇动重心移动时,平台上力点也随之发生位移,该信号被平衡台下的传感器收集,经分析处理后,可获得瞬间力点与平台中心的距离,绘制出人体重心移动的图形,并计算出人体重心晃动的外周面积、轨迹长度、角速度和动摇的频率等。

(二)测试方法

受试者脱鞋直立于静态姿势平衡台上,足底中心与台上基准点保持一致,两足靠拢,有困难者可采取足尖略分开而足跟靠拢姿势,双手抱胸或自然下垂,双眼平视前方视点。

先睁眼，注视视点 60s；再保持同样姿势，闭眼测试 60s，闭眼时双眼前视，盯住想象中的视点，计算睁闭眼比值（Romberg 商）。

测试时注意每次都要从平台动摇稳定后开始测试。

（三）结果和临床意义

1. **参数** 静态姿势描记图的分析参数有以下几个。

（1）定性参数——图形：从图形移动方向、范围广度、集中趋势，可分为中心、前后、左右、多中心、弥散 5 种类型。中心型多见于正常人及周围前庭系统损伤代偿后。中枢前庭系统病变及双侧前庭受损可表现为前后、多中心或弥散型，尚不能根据图形做鉴别诊断。

（2）定量参数：包括人体重心晃动的轨迹、长度、外周面积、加速度、动摇的频率和睁闭眼比值等，日本时田桥将平衡台各参数归纳于雷达图中。

雷达图包含 5 轴，分别代表不同的变量：① A 轴为外周面积，体现重心动摇大小；② B 轴为单位面积轨迹长度，即总轨迹长度 / 外周面积，表示本体觉反射性的微小姿势控制功能；③ C 轴为冠状面（X 轴）重心动摇的中心偏位，可评估因迷路障碍导致的双侧肢体肌张力的差别；④ D 轴为矢状轴（Y 轴）重心动摇的中心偏位，用于评估抗引力肌张力的亢进和低下；⑤ E 轴为 Romberg 商，即睁、闭眼 60s 外周面积之比，检查视觉造成直立姿势控制及后索通路、脊髓小脑通路、迷路病变程度。

分析结果时，建议首先综合分析闭眼时的外周面积、动摇类型、单位面积轨迹长度、动摇中心偏位、Romberg 睁闭眼比值，如有必要，再行动摇力学波谱及矢量检查。

2. **正常值** 各轴的最大刻度为 10，健康者各年龄组均值约在 5±2SD，即在轴刻度 4～6 之间，在正常范围之 95% 可信区间范围内属正常。

四、动态姿势图描记

受试者的身高和体重已知时，通过计算机动态模式，在多种更为复杂的测试条件下，相对分离视觉、前庭觉和本体觉信息，利用平台的垂直力中心（center of vertical force，COF）来间接测定受试者重心（center of gravity，COG）的摇摆角度，客观评估受试者综合运用感觉、运动和生物力学控制平衡的能力，测试前庭、视觉、躯体感觉的不同形式对姿势控制的影响，以及自主姿势反应和运动协调能力，此为动态姿势图描记（computerized dynamic posturography，CDP）。

静态 - 动态姿势图描记法是平衡障碍患者的重要测试手段，注意在分析结果时，须结合其他前庭功能检查如视频眼震图、神经学检查和影像学检查之结果，进行综合评估。

（一）基本原理

前庭系统经前庭脊髓束，维持躯干和下肢肌肉的兴奋性，和视觉、足踝本体感觉的输入信息一起，共同参与控制姿势。当后两种信号来源缺乏时，前庭反馈就成为主要的姿势摆动调节因素。

机体对运动性干扰的基本姿势控制模式有：①踝关节策略：见于干扰小且支撑面较硬时，需要踝关节活动度和力量的完整性；②髋关节策略：常见于干扰较大、较快时；③迈步策略：见于干扰力使重心位移超过双足支撑平面时。此外，颈部活动、肩、膝、臀部关节的运动均可使重心移动，参与姿势反应调节。

CDP 设计的原理是认为人体在一定时间内，重心前后晃动幅度越小，人体姿态平衡能力就越强。正常人的重心位于下腹部，踝关节前部，当人向前或向后偏移时，人体重心的垂线在足的支持区域内移动，重心偏移的最大角度为 12.5°，超过这一限度，人就会摔倒。

（二）测试方法

受试者双足分别站立于 2 块可移动的压力传感器平板上，平板活动由计算机进行控制。受试者前方和两侧有活动框，用于提供视觉信息。支撑面和活动框可参照身体摆动方向一致活动，且可以通过调节增益减少测试时视觉和下肢本体感觉对姿势反应的影响。压力传感器将信息输入计算机处理，自动计算出各种参数并输出图形。

CDP 测试包括感觉整合测试（sensory organization test，SOT）和运动协调能力测试（motor control test，MCT）2 种。SOT 测定视觉、前庭和本体感觉对平衡的影响。MCT 则是通过各项干扰性运动，测定姿势反应和运动的总体协调性。MCT结合踝部肌电图,为姿势诱发反应(posture-evoked response,PER),可直接反映踝部、腿、躯干等下肢肌肉在保持姿势中的作用。

1. SOT 通过6种状态(表21-4-1),评估当感觉性失衡情况逐渐加重时,人体持续保持平衡的能力。其优势为:①与受试者的日常生活状态密切相关;②反复练习能提高测试,有助于临床医生为患者选择合适的康复方法。

(1)睁眼站立:测试视、前庭、本体3种感受器协同作用,维持平衡的能力。

(2)闭眼站立:去除视觉定向,测定前庭系统和本体协同作用能力。

(3)视景随重心偏移而晃动:测试视觉输入发生改变时,前庭系统和本体共同维持平衡的能力。

(4)睁眼,平台随重心晃动而移动:测试视、前庭系统共同维持平衡的能力。

(5)闭眼,平台随重心晃动而移动:单独测试前庭系统维持平衡的能力。

(6)视景和平台都随重心晃动而移动:测试依赖于正确的前庭系统信息来维持平衡的能力。

表21-4-1 SOT测试的6种状态

状态	眼睛	活动框	支撑面	系统
1	睁眼	固定	固定	视、前庭、本体
2	闭眼	固定	固定	前庭、本体
3	睁眼	晃动	固定	前庭、本体、错误的视觉信息
4	睁眼	固定	移动	视、前庭
5	闭眼	固定	移动	前庭
6	睁眼	晃动	移动	前庭、错误的视觉信息

每次测试时间为20s,SOT1、SOT2(标准Romberg试验)测试1次,SOT3~SOT6测试3次。根据重心移动图的峰-峰值,分别计算出摆幅、摆速和平衡得分。分值为0~100,分值越高,表明平衡功能越好。如果测试时从支撑面上摔下,为0分。平衡得分低于年龄标化后正常值95%可信区间判定为异常。

2. MCT 支撑面随机移动,如不同方向(足趾向上或向下)、水平移动(前或后)或旋转,测试自主姿势反应和运动协调能力。分为运动控制测试(motor control test)和运动适应性(motor adaptive test)测试。MCT的优势是:①类似于传统的临床"反射",所以较容易被临床医师所掌握;②不受主观意识的影响。

(三)参数

1. SOT测试指标 有平衡分、综合平衡分、感觉分和策略分等。

(1)平衡分:分别计算6种状态的分值(SOT1~SOT6),表示各种状态下的平衡能力。

(2)综合平衡分(CMOP):SOT1~SOT6加权平均,表示综合平衡能力。

(3)感觉分:根据SOT1~SOT6,计算视、前庭系统、本体在维持平衡作用中的相对贡献(表21-4-2)。

表21-4-2 感觉分析

感觉	比率配对	临床意义
本体感(SOM)	状态2 ------------ 状态1	选用本体信息,维持平衡能力
视觉(VIS)	状态4 ------------ 状态1	选用视觉信息,维持平衡能力
前庭(VEST)	状态5 ------------ 状态1	选用视觉信息,维持平衡能力
视优势(PREF)	状态3+6 ------------ 状态2+5	依赖于视信息,甚至当视信息不正确时,维持平衡能力

（4）策略分：指人体维持平衡过程中采取的运动策略。计算 6 种状态的平衡策略，可以确定人体维持平衡的策略类型：策略分接近 100，表示平衡维持以踝关节策略为主；接近 0 表示以髋关节策略为主。髋关节策略为主容易摔倒。运动策略 $=[1-(SH_{max}-Sh_{min}/25)]\times100\%$（$SH_{max}$：最大水平切向力；$SH_{min}$：最小水平切向力；25 为理论最大切向力）。

2. MCT 记录参数 包括姿势反应潜伏时和姿势反应协调性。

（1）姿势反应潜伏时：指受试者站立于平台，平台开始移动（向前或后），到受试者重心开始移动之间的时程。60 岁以下正常人潜伏时为 38～151ms，超过年龄标准化值 95% 可信区间为异常。

（2）姿势反应协调性：指两侧姿势反应程度的对称性。两侧姿势反应程度相差 >25% 为协调性异常。

（四）结果分析

1. SOT 根据其条件组合模式，可以初步判断病损类型。

（1）正常：SOT1～SOT6 正常。

（2）前庭功能异常：SOT5 异常或 SOT5、6 均异常。

（3）视觉和前庭功能异常/躯体感觉依赖模式：SOT4～SOT6 异常。

（4）躯体感觉和前庭感觉异常/视觉依赖模式：① SOT2、SOT3、SOT5、SOT6 异常；② SOT3、SOT6 异常，伴或不伴随 SOT5 异常。

（5）中枢感觉整合障碍或合并周围性损伤：SOT3～SOT6 异常。

（6）非生理性模式：如 SOT4 得分高于 SOT1，SOT5 得分高于 SOT2，SOT6 得分高于 SOT3，SOT4 异常但 SOT5、SOT6 正常等等。

不同研究资料 SOT 的分类不尽一致。

2. MCT 姿势反应潜伏时延长或两侧反应协调性异常提示前庭系统或姿势反应通路受损。

五、耳石器功能检查

前庭耳石器功能检查技术是指对球囊和椭圆囊功能进行评估的方法，与半规管感受角加速度不同，耳石器主要感受直线加速度。针对半规管功能的评估主要包括温度试验（caloric test）、转椅试验和头脉冲试验（head impulse test, HIT），在临床应用已非常广泛。耳石功能的实验室评价方案较多，如产生各种方向的直线加速度，研究人体在水平、垂直和扭转方向的眼动反射以及心理物理学评估。而针对耳石器的评估方案在临床应用相对较少，以主观视觉垂直线（subjective visual vertical, SVV）或主观视觉水平线（subjective visual horizontal, SVH）以及前庭诱发肌源性电位（vestibular evoked myogenic potential, VEMP）为主。

（一）偏轴心与偏垂直线旋转试验

偏轴心旋转试验又称单侧离心试验，是指人体中心在水平方向偏离垂直旋转轴一定距离，并绕此垂直轴做旋转运动。偏垂直线旋转试验，是指人体偏离旋转轴，并向一侧倾斜或形成俯仰角度，但不离开旋转轴心。目前检查椭圆囊功能的离心力模式主要是这两种测试，由于测试设备昂贵，并且测试容易造成受试者不适，很少在临床开展应用。

（二）反滚转眼动

眼滚转是指眼球绕某一固定视线转动，反滚转眼动属于耳石眼动反射（otolith ocular reflex, OCR）。静态下头向身体一侧倾斜会引起扭转性眼动，动态下绕矢状线向左滚转引起眼球向反方向选择。采用偏轴心单侧离心力作用于耳石器时，可引发反滚转眼动。但这种记录方式需要偏轴心旋转椅，以及 3D 视频眼动跟踪系统，难以在临床开展。

（三）主观视觉垂直线试验

SVV 或 SVH 试验，是指在无任何视觉参考的暗室中，要求受试者将与地面垂直或平行的微弱光线调整到"主观认为"的垂直或平行。正常受试者的偏差不超过 2°。无论是外周还是中枢前庭功能损伤，都会导致 SVV 或 SVH 的偏移角度超过上述正常范围。根据该范围作为单侧前庭丧失患者的评价指标，敏感度为 43%，特异度为 100%。

发生急性单侧前庭外周功能下降时，SVV将向患侧倾斜。可能的机制是眼倾斜反应导致的眼球扭转造成。动物试验也表明，眼球扭转引起视觉定向匹配的变化，进一步证实了眼球扭转位置与SVV的关系。

中枢性前庭损伤也会导致SVV偏移，低位脑干损伤导致前庭核受影响时，SVV偏向损伤侧，而高位脑干损伤或小脑损伤时，SVV偏向健侧。多数患者还会出现与SVV偏移同向的眼球扭转位偏移，但两者之间的联系不像外周前庭损伤情况下那么紧密。

实验室研究和临床验证都表明，SVV或SVH试验便于标准化，易于在临床工作中开展，可对单侧外周或中枢型的前庭耳石器功能损伤进行快速判断。SVV或SVH的偏移角度越大，说明损伤的急性程度和病变范围越大。但是，正如转椅试验对双侧半规管功能损伤的评价不敏感一样，如果双侧耳石器存在对称性损伤，SVV或SVH的有效性会下降。

（四）前庭诱发肌源性电位

在临床开展较多的耳石器功能评价工具是前庭诱发肌源性电位，该部分内容详述如前。

（李晓璐　傅新星）

22

第二十二章 儿童听力评估

儿童处于生长发育的特殊时期,每个年龄段均有不同的特点,因此,在进行儿童听力评估时,应该了解儿童生长发育的分期及各个时期的特点,尤其要掌握儿童听觉言语-语言发育的特点以及儿童听力损失对言语-语言发育的影响。此外,还应熟悉新生儿听力筛查与儿童听力筛查的方法及流程等。

第一节 儿童生长发育特点

儿童生长发育的每个年龄段均有不同的特点,然而应该看作是一个连续的过程。因此在实际工作中,听力师既要了解儿童整个发育的过程规律,又要了解各个时期的变化和特点,辩证去看待问题。

一、儿童一般生长发育特点

1. **新生儿期** 出生到 28 天为新生儿期。此期间特点是新生儿对外界环境适应能力差。实施新生儿听力筛查及新生儿耳聋基因筛查,有利于发现先天性听力损失。

2. **婴儿期** 出生后 1～12 个月为婴儿期。此期间生长发育迅速,容易发生各种感染性疾病,尤其是呼吸道和消化道疾病,应注意谨慎使用耳毒性药物。

3. **幼儿期** 出生后 1～3 岁为幼儿期。此期间的特点是体格发育变缓慢,言语-语言、行动与表达能力发展较快,尤其在 1～2 岁时,由于个体言语-语言发展的差异较大,家长往往不易在此期间发现儿童存在的轻中度听力损失。

4. **学龄前期** 从入园到入小学前为学龄前期,3～6 岁。此期间生长发育减慢,大脑发育不断完善,认知能力、智力、言语-语言、行为与表达能力明显提高,是听觉言语发展的最佳时期。

5. **学龄期** 从入小学到青春发育开始前为学龄期,6～12 岁。此期间大脑的形态结构发育基本完成,其他系统发育接近成人,智力发育快速,接受能力强,能够参与一些社会的活动。

6. **青春期** 从童年到成年的发育阶段,一般为 12～18 岁。男女个体差异较大,女童的青春期为 11～12 岁到 17～18 岁,男童是青春期为 13～15 岁到 19～21 岁。此期间的特点是体格生长发育先快速后缓慢,直至身高基本停止生长,生殖系统发育成熟。由于自主神经发育不稳定,受心理因素影响较大。

二、儿童听觉言语发育特点

儿童的听觉言语发育与儿童的动作、认知等生长发育密切相关,从事儿童听力学专业的临床、科研及教学人员,均需要掌握必要的儿科学知识。一般而言,除听力损失可导致言语发育迟缓外,认知发育落后,也可导致动作、运动及言语发育滞后,如唐氏综合征等一些综合征可同时导致生长发育、听力及言语发育迟缓,实际工作中,应该视不同的情况区别对待。

(一)0～3月龄

1. **听觉** 新生儿刚出生时对声音不敏感,随着月龄的增长,对声音的敏感性逐渐增强。2 月龄左右时,对 60dB(A)的声音,可睁开眼睛,或前臂屈曲(MoRo 反射),或全身抖动,或两手握拳;对大的声音可出现惊跳反应。大约 3 月龄时,婴儿能分辨出不同方向发出的大的声音,有时会向声源慢慢转头,会关注熟悉的人说话,或对大人的说话会微笑,对母亲的声音更为明显。

2. **言语** 此时期多为满足生理需求而发出的一些反射性叫唤声,如 i、a、u 等,声调较高。出生后5~6 天,可发出"啊""唉"的声音,当饥饿、生气、疼痛或不舒适时,会发出叫喊声或哭声,2 月龄时能发出和谐的喉音,如"咿呀"声,回应大人说话会发出"呜呜"声,3 月龄左右可从声道后方发出"咕咕"声,发声伴有原始辅音成分 /ku/ 或 /gu/。

3. **动作** 2 月龄左右能抬头,3 月龄左右能控制头颈部,即头颈部基本能够竖立,小手开始会抓物。

4. **智力** 会微笑,监护人可以通过哭、笑来发现婴儿的异常状态。

(二)4~6 月龄

1. **听觉** 距离耳旁 50cm 左右,对 40dB(A)左右的轻微的声音会做出可靠的反应。6 月龄左右时,听到熟悉的声音,如听到母亲的声音时会停止活动,或将头转向声源,一般只能缓慢判断左右两侧的声音。考虑婴儿的生理发育特点,5 月龄以内进行行为测听时,一般选用行为观察反应测听(BOA)。而在婴儿 6 月龄左右时,可利用婴儿会寻找左右两侧声源的原理来进行视觉强化测听(VRA)。

2. **言语** 此时期会大声笑,会发出高、低、大、小和唇颤的不同声单音节,如 /ah-goo/、/ah-ge/,咂舌声更为明显。其特征是伴有原始元音的音节,如 /a a a/、/e e e/,并具有连续性。虽然发音具有连续性,但仍属于无意识的发音阶段。从出生到此阶段的发音,由于只有元音的音节,故将此类发音统称为"过渡喃语"。

3. **动作** 4 月龄左右能够完全控制头颈部活动,手能握持玩具,5 月龄后扶着髋部能坐,6 月龄左右可单独坐稳。

4. **智力** 会抓面前看见的物件,能分辨熟悉的人和陌生人,会通过眼睛和关注来交流。

(三)7~9 月龄

1. **听觉** 对声音的定位能力有明显提高,对轻微的、有意义的声音表现出兴奋。知道自己的名字,会辨认日常生活中常用的词,如摇手表示"再见"等。

2. **言语** 此时期可发出 /man man man/、/ma ma ma/、/ba ba ba/、/da da da/ 等多音节,每个音节都含有辅音(consonant)和元音(vowel)组成的标准音节,又称 CV 结构,每个音节约 200ms。此阶段的发音没有明确的指示对象,但具有节律性和反复性,故称为"标准喃语"。未经过特别训练的养育者也能识别出婴儿所发出的标准喃语。

3. **动作** 7 月龄左右会爬,9 月龄左右可以扶着墙等固定物体单独站立。

4. **智力** 会观察别人的动作,如有时会跟着音乐摇动。

(四)10~12 月龄

1. **听觉** 对声音能定位,对声场中的"啭音"有明显反应,但如果反复给无意义的声音,婴儿会产生厌烦。会对自己名字和"不"做出反应,可辨认一些短语,如"睡觉觉"。

2. **言语** 有意义单词出现阶段,主要为拟声拟态词,个体差异较大。会模仿大人所发的简单音节,说一二个或多个有意义的词,如吃饭(/man man/),能懂几个较简单的词句,如再见(/bai bai/),妈妈(/ma ma/),爸爸(/ba ba/)。能叫出几个简单物品的名称,如狗狗(/wang wang/)。开始对一些词义理解,使用单词结合手势和环境可以进行交流。

3. **动作** 会拍手,能单独稳坐和单独站立,1 岁左右能独立行走,能弯腰或蹲下收拾物品。

4. **智力** 会模仿别人的动作,能跟着音乐节奏敲打或摇摆,会区分人和事物的喜好。

(五)1~2 岁

1. **听觉** 能听懂简单指令。1 岁半左右,能认识身体各部分,问其眼睛、鼻子、耳朵、口、头发等身体部位时,会指向自己或亲人的这些部位。

2. **言语** 能说 10~20 个词,能说出自己的名字,理解核心词汇,会说 2~3 个字构成的句子,能理解"把书拿来""把垃圾扔掉"等词或者短语的意思,此时期还常说一些别人听不懂的话。

3. **动作** 会走会跑,会双脚跳,能蹲能立,会爬台阶,手能准确抓住大件物品,会用勺子吃饭。

4. **智力** 会表示同意和不同意,会表示大小便,能按指令完成简单的动作。

（六）2~3岁

1. **听觉** 能遵循短句和简单的指令。

2. **言语** 词语组合期。2岁左右开始使用"你""我"等代名词，可将2~3个词连成一句话，开始时句子简单，句法不规则，但可以表达自己的感情和意识，如"我吃饭""妈妈去上班"等。这个时期不再说无意义的话。

3. **动作** 能跑，会双腿跳。

4. **智力** 能认识画上的物品，如苹果、香蕉等。

（七）3~6岁

1. **听觉** 能遵循指令。

2. **言语** 文法运用期。3岁左右，能使用复数名词，能理解简单问题和答案，能较为流利地背诵儿歌，可说完整句子，且结构越来越复杂，字越来越多，表达的内容越来越丰富。5~6岁为语言法规期。会说短歌谣、数数，能唱歌，开始识字。通过语法结构和语义建立语言学体系，阅读和书写技能显著提高。

3. **动作** 会骑三轮车，会单腿跳，爬梯子，会系鞋带，可参加简单劳动，如扫地、擦桌子等。

4. **智力** 能画人像，能分辨颜色等。

第二节　0~6岁儿童听力筛查

一、新生儿听力筛查

（一）新生儿听力筛查的定义与目标

1. **新生儿听力筛查的定义** 新生儿听力筛查也称新生儿普遍听力筛查，广义的新生儿听力筛查包括听力筛查、诊断、干预、跟踪随访和质量评估5个环节。狭义的新生儿听力筛查是指使用客观的电生理学方法，对所有活产出生的新生儿进行听力筛查。

2. **新生儿听力筛查的目标**

（1）新生儿听力筛查的总体目标：新生儿听力筛查的目的是早期发现听力损失，及早进行诊断和干预，使其言语-语言发育不受或少受影响，实现聋而不哑，最终回归主流社会。

（2）新生儿听力筛查的具体目标

1）所有新生儿都应接受听力初筛和复筛。在医院出生的顺产新生儿应在出生后、在产房内完成听力初筛；在医院出生的非顺产、需要进行重症监护的新生儿，应在病情稳定后出院前完成听力初筛；在其他场所出生（包括家庭出生）的新生儿，要在生后1个月内由相关听力筛查中心进行初筛。初筛未通过者及漏筛者，出生后42天内均应当进行双耳复筛。

2）所有听力复筛查未通过者，要在3月龄内开始相应的听力学和其他医学评估，以明确诊断。

3）明确为永久性听力损失者，要在6月龄内接受干预。

4）对具有听力损失高危因素者，即使通过了听力筛查，仍需要长期连续的随访。

5）对可疑有迟发性、进行性、波动性听力损失，以及神经听觉传导障碍和/或脑干听觉通路功能异常者，也需要进行长期连续的随访。

（二）新生儿听力筛查的流程

新生儿普遍听力筛查包括筛查、诊断、干预、跟踪随访和质量评估5个环节。根据新生儿出生时的条件不同分为正常出生的新生儿和新生儿重症监护病房的新生儿，两者采用不同的听力筛查流程。

1. **正常新生儿听力筛查流程** 原卫生部颁布的《新生儿听力筛查技术规范（2010版）》规定，正常出生新生儿实行两阶段听力筛查：出生后48h至出院前完成初筛，未通过者及漏筛者于出生后42天内均应当进行双耳复筛。复筛仍未通过者应当在出生后3个月内转诊至省级卫生行政部门指定的听力障碍诊治机构接受进一步诊断。具体流程见图22-2-1。

（1）初筛

1）初筛时间：正常出生的新生儿，初筛时间为出生后 48～72h，这个时间的筛查既可保证初筛覆盖率，又可达到较高的初筛通过率。

2）初筛方法：主要使用筛查型耳声发射（otoacoustic emission，OAE）和/或自动听性脑干反应（automated auditory brainstem response，AABR）。正常新生儿多使用 OAE 进行初筛。

3）初筛结果：筛查一次通过者视为初筛通过。首次筛查未通过者，在操作正确的情况下可以重复测试一次，仍未通过者，即为初筛未通过。初筛未通过者，可以在出院前再筛查一次，如果筛查通过，则视为初筛通过。初筛未通过者，需要转入复筛。

（2）复筛

1）复筛时间：初筛未通过者，应于出生后 42 天内进行复筛，复筛时应对双耳进行测试，即使初筛时只有一耳未通过。

2）复筛方法：原卫生部颁布的《新生儿听力筛查技术规范（2010 版）》规定，正常新生儿初筛和复筛均可使用 OAE。也可根据具体条件，初筛使用 OAE，复筛使用 AABR；或初筛和复筛均使用 AABR。

3）转诊：复筛未通过者，应当在出生后 3 个月内转诊至省级卫生行政部门指定的听力障碍诊治机构接受进一步诊断。

（3）诊断

1）诊断时间：复筛未通过的婴儿，应在 3 月龄内进行听力诊断检查，以明确有无听力损失，以及听力损失的性质和程度。应该由在儿童听力评估方面有经验的耳鼻咽喉科医师和听力师共同实施和完成。

2）诊断原则：听力诊断应当根据测试结果进行交叉印证，确定听力损失的性质和程度。疑有其他缺陷或全身疾病患儿，应指导到相关科室就诊；疑有遗传因素致听力障碍者，建议到具备条件的医疗机构或保健机构进行相关的基因诊断和遗传咨询。

3）诊断流程：包括以下 4 个方面。

A. 病史采集：采集与听力损失相关的母孕产史、现病史、耳聋家族史等，尤其是听力损失高危因素。

B. 全身及局部检查：全身检查包括患儿的精神意识，头颈部竖立、坐及步行等运动发育情况，局部检查包括头颅、耳郭、外耳道、鼻部及咽部是否畸形等。

C. 听力学检查：应包括电生理学测试和与婴幼儿发育阶段相适应的行为测听。主要有：声导抗（包括 226Hz 和 1 000Hz 探测音）、OAE、ABR、儿童行为测听。对于 3 岁以上能够配合的幼儿，可以考虑进行言语觉察阈（speech detection threshold，SDT）测试。

D. 辅助检查：必要时进行相关影像学、实验室和辅助检查。

（4）干预

1）对确诊为永久性听力损失的患儿，应当在出生后 6 个月内进行相应的临床医学和听力学干预。

2）对使用人工听觉装置的儿童，应当进行专业的听觉及言语康复训练，定期复查并调试助听设备。指导听力损失儿童的家长或监护人，到居民所在地有关部门和残联备案，以接受家庭康复指导服务。

（5）随访

1）筛查机构负责初筛未通过者的随访和复筛。复筛仍未通过者要及时转诊至诊治机构。

2）诊治机构应当负责可疑患儿的追访，对确诊为听力损失的患儿每半年至少随访 1 次。

3）各地应当制定追踪随访工作要求和流程，并纳入妇幼保健工作常规。妇幼保健机构应当协助诊治机构共同完成对确诊患儿的随访，并做好各项资料登记保存，指导社区卫生服务中心做好辖区内儿童的听力监测及保健。

2. 特殊新生儿听力筛查流程　根据原卫生部颁布的《新生儿听力筛查技术规范（2010 版）》规定，针对新生儿重症监护病房（NICU）住院婴儿和具有听力损失高危因素的新生儿，制订了特殊新生儿的听力筛查流程，具体流程见图 22-2-1。

（1）初筛：NICU 的婴儿，出院前进行 AABR 和 OAE 筛查。

（2）转诊：初筛未通过者直接转诊至听力损失诊治机构。

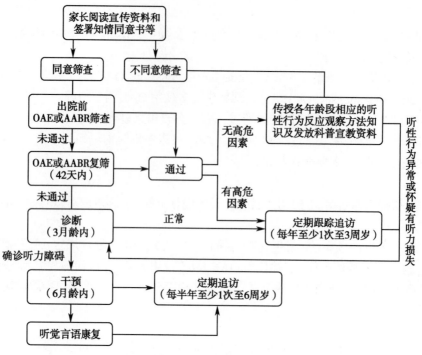

图 22-2-1　新生儿听力筛查流程

（3）随访：具有听力损失高危因素的新生儿，即使通过听力筛查仍应当在 3 年内每年至少随访 1 次，在随访过程中怀疑有听力损失时，应当及时到听力损失诊治机构就诊。

（4）新生儿听力损失高危因素：① NICU 住院超过 5 天；②儿童期永久性听力损失家族史；③巨细胞病毒、风疹病毒、疱疹病毒、梅毒、弓形体等引起的宫内感染；④颅面形态畸形，包括耳郭和外耳道畸形等；⑤出生体重低于 1 500g；⑥高胆红素血症达到换血要求；⑦病毒性或细菌性脑膜炎；⑧新生儿窒息（Apgar 评分 1min 为 0～4 分或 5min 为 0～6 分）；⑨早产儿呼吸窘迫综合征；⑩接受过体外膜氧合治疗；⑪机械通气超过 48h；⑫母亲孕期曾使用过耳毒性药物或袢利尿药或滥用药物和酒精；⑬临床上存在或怀疑有与听力障碍有关的综合征或遗传病。

（三）听力筛查技术

耳声发射和自动听性脑干反应是目前临床最常用的新生儿听力筛查技术。

1. 耳声发射　OAE 是一种产生于耳蜗，经听骨链及鼓膜传导释放入外耳道的音频能量。由于 OAE 具有快速、客观、敏感、无创、重复性好、操作简便等特点，最早被用于新生儿听力筛查。TEOAE 和 DPOAE 是目前运用最广泛的新生儿听力筛查技术。

（1）瞬态声诱发耳声发射：TEOAE 以短声（click）或短音（tone pip）作为刺激声，耳蜗在接受刺激声后 20ms 以内，释放入外耳道的声频能量。

（2）畸变产物耳声发射：DPOAE 是指两个具有一定频率比和强度比关系的纯音 f_1 和 f_2（对应其强度为 L_1 和 L_2）同时刺激耳蜗后，由耳蜗产生的、在外耳道可以记录到的，出现频率与刺激声频率有关的固定频率的音频能量。通常采用的频率比为 $f_2/f_1 = 1.22$，强度为 $L_1 = 65$dB SPL，$L_2 = 55$dB SPL 或 $L_1 = 65$dB SPL，$L_2 = 50$dB SPL。

（3）瞬态声诱发耳声发射与畸变产物耳声发射的特点：TEOAE 与 DPOAE 均被广泛用于新生儿听力筛查，其结果均以"通过"和"未通过"表示。一般而言，DPOAE 较 TEOAE 具有更好的频率特异性，但 DPOAE 较 TEOAE 的测试耗时稍长，且受环境影响较大，临床可以根据需要选择应用。

2. 自动听性脑干反应　自动听性脑干反应（AABR）是以 ABR 为基础的一种电生理测试技术，主要反映外周听觉系统、第Ⅷ对脑神经和脑干听觉通路的功能。AABR 以一定数量听力正常新生儿 ABR 的 V 波阈值作为基础，将测试结果与基础模块相比较，吻合者为"通过"，反之为"未通过"。

3. 听力筛查结果的判读与解释　OAE和AABR技术均属于听力筛查技术,而非听力学诊断技术,筛查结果只有"通过"和"未通过"两种表示,通过表示其外耳、中耳、耳蜗功能正常,而未通过表示需要复筛或转诊,不能确定是否有听力损失。因此,听力筛查结果"通过"和"未通过",而不能表述为"正常"和"不正常"。由于"未通过"听力筛查的新生儿不一定有听力损失,需要进一步的听力学诊断才能确诊,而听力筛查"通过"者,也不能排除迟发性听力损失的可能,因此,不能一概认为"未通过"者一定会有听力损失,而通过者就没有听力损失。因此,在对监护人进行听力筛查结果解释时,必须说明结果的局限性和时限性。

(四)人员要求

根据原卫生部颁布的《新生儿听力筛查技术规范(2010版)》,对听力筛查技术人员的要求如下:①具有与医学相关的中专以上学历;②接受过省级以上卫生行政部门组织的新生儿听力筛查相关知识和技能培训并取得技术合格证书。

(五)信息管理

原卫生部颁布的《新生儿听力筛查技术规范(2010版)》规定,听力筛查机构负责初筛以及未通过者的随访和复筛,复筛仍未通过者要及时转诊至诊治机构。新生儿听力筛查的相关数据,应按要求上报,具体统计方法如下:①初筛率(筛查率)=实际初筛数/同期可供筛查数×100%;②初筛通过率=初筛通过数/实际初筛数×100%;③初筛未通过率=初筛未通过数/实际初筛数×100%;④复筛率=实际复筛数/初筛未通过数×100%;⑤复筛通过率=复筛通过数/实际复筛数×100%;⑥复筛未通过率=复筛未通过数/实际复筛数×100%;⑦转诊率=(复筛未通过数+未复筛直接转诊数)/同期可供筛查数×100%;⑧接诊率=实际接诊数/(复筛未通过数+未复筛直接转诊数)×100%;⑨发病率=听力损失数/同期可供筛查数×100%。

二、儿童听力筛查

新生儿听力筛查可以发现先天性听力损失。然而听力损失可发生在儿童生长发育的各个不同时期,为了早期发现听力损失,及时进行听觉言语干预及康复,保护和促进儿童的听觉和言语发育,减少儿童听力和言语残疾,提高儿童健康水平,对新生儿听力筛查通过后的0~6岁儿童进行听力筛查,具有重要的意义。

(一)筛查流程

根据国家卫生健康委员会颁布的《儿童耳及听力保健技术规范》,儿童听力筛查流程见图22-2-2。

1. 筛查对象、时间及地点

(1)筛查对象:新生儿期听力筛查后的0~6岁儿童。

(2)筛查时间:新生儿期听力筛查后,进入0~6岁儿童保健系统管理,在健康检查的同时进行耳及听力保健,其中6月龄、12月龄、24月龄和36月龄为听力筛查的重点年龄。另外,幼儿园入园体检和小学入学体检,可参照不同的时间。

(3)筛查地点:医院或妇幼保健机构的儿保科、社区卫生服务中心、乡镇卫生院;幼儿园、小学校医室等。

2. 检查内容

(1)耳外观检查:检查有无外耳畸形、外耳道异常分泌物、外耳湿疹等。

(2)听力筛查:①运用行为观察测听(表22-2-1)或便携式听觉评估仪(表22-2-2)进行听力筛查;②有条件的筛查机构,可采用筛查型耳声发射仪进行听力筛查。

3. 转诊　出现以下情况之一者,应当及时转诊至儿童听力诊治机构做进一步诊断:①行为观察测听法筛查任一项结果阳性;②听觉评估仪筛查任一项结果阳性;③耳声发射筛查未通过。

(二)筛查技术

儿童听力筛查技术,目前我国提倡的主要有行为观察测听法、便携式听觉评估仪筛查和筛查型耳声发射仪筛查三种。

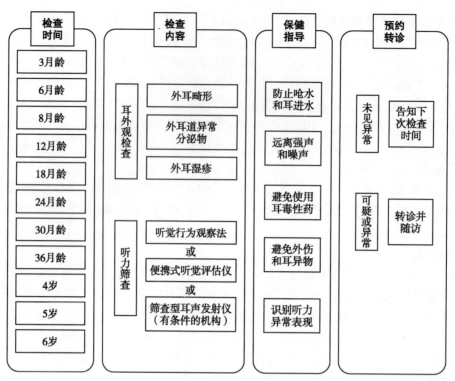

图 22-2-2　儿童听力筛查流程

1. 行为观察测听法

（1）适用于 0～3 岁儿童。

（2）由经常看护儿童的监护人通过观察 6 月龄、12 月龄、24 月龄和 36 月龄孩子的听觉行为反应，填写者确认后，填写完成表 22-2-1"0～3 岁儿童听觉观察法听力筛查阳性指标"。

2. 便携式听觉评估筛查

（1）适用于 12 月龄～6 岁儿童。

（2）根据不同年龄儿童对不同强度和频率测试音的反应，设定相应的测试音强度和测试音频率（表 22-2-2）。

（3）被检测者不能在年龄相对应的测试音强度和测试音频率出现反应时，即为筛查阳性。

表 22-2-1　0～3 岁儿童听觉观察法听力筛查阳性指标

年龄	听觉行为反应
6 月龄	不会寻找声源
12 月龄	对近旁的呼唤无反应 不能发单字词音
24 月龄	不能按照成人的指令完成相关动作 不能模仿成人说话（不看口型）或说话别人听不懂
36 月龄	吐字不清或不会说话 总要求别人重复讲话 经常用手势表示主观愿望

表 22-2-2　0～6 岁儿童听觉评估仪听力筛查阳性指标[室内本底噪声≤45dB（A）]

年龄	测试音强度 /dB SPL	测试音频率 /kHz	筛查阳性结果
12 月龄	60（声场）	2（啭音）	无听觉反应
24 月龄	55（声场）	2、4（啭音）	任一频率无听觉反应
3～6 岁	45（耳机或声场）	1、2、4（纯音）	任一频率无听觉反应

3. 筛查型耳声发射仪

（1）适用于 0～6 岁儿童。

（2）筛查型耳声发射仪的应用，参照本书新生儿听力筛查技术的耳声发射部分。

（三）耳及听力保健知识指导

在进行 0～6 岁儿童听力筛查的同时，告知监护人儿童耳及听力保健知识，以便监护人在日常生活中及时发现儿童的听力问题。

1. 正确的哺乳及喂奶，防止呛奶。婴儿溢奶时应当及时、轻柔清理。

2. 不要自行清洁外耳道，避免损伤。

3. 洗澡或游泳时防止呛水和耳进水。

4. 远离强声或持续的噪声环境，避免使用耳机。

5. 有耳毒性药物致聋家族史者，应当主动告知医师。

6. 避免头部外伤和外耳道异物。

7. 患腮腺炎、脑膜炎等疾病，应当注意其听力变化。

8. 如有以下异常，应当及时就诊：儿童耳部及耳周皮肤的异常；外耳道有分泌物或异常气味；有拍打或抓耳部的动作；有耳痒、耳痛、耳胀等症状；对声音反应迟钝；有语言发育迟缓的表现。

（四）人员要求

1. 从事儿童耳及听力保健工作的医护人员，应当接受儿童相关专业技术培训，并取得培训合格证书。

2. 从事听力筛查和检测的技术人员，必须经省级卫生行政部门考核批准，并经岗前培训，取得合格证后方可上岗。

（五）信息管理

按照上级主管部门要求，定期上报 0～6 岁儿童听力筛查信息。

1. **随访**　筛查机构必须做好筛查未通过儿童的追访，并记录筛查、诊断和干预结果。

2. **儿童保健筛查**　统计 0～3 岁儿童听力筛查覆盖率 =（该年辖区内接受听力筛查的 0～3 岁儿童人数 / 该年辖区内 0～3 岁儿童人数）×100%。注：该年辖区内接受听力筛查的 0～3 岁儿童人数，不包含辖区内接受新生儿期听力筛查人数。

第三节　儿童行为测听

儿童行为测听（paediatric behavioral audiometry）是一种以行为活动对刺激声做出应答的听力测试方法。检查者通过对儿童表现出对声音产生反应的行为动作判断儿童的听阈，如将头转向声源或做出某种特定的动作等。儿童行为听力测试技术根据受试者的年龄阶段和发育成熟度不同可分为：行为观察测听法（behavioral observation audiometry，BOA）、视觉强化测听法（visual reinforcement audiometry，VRA）以及游戏测听法（play audiometry，PA）。

随着现代科学技术的发展，婴幼儿听力评估手段大大增加，但是无论测试技术变得多么成熟完善，儿童行为测听都是听力评估中一项不可缺少的环节，主要原因有：①目前通过电生理检测方法可以获得儿童听觉器官某些部位的功能，并能记录到听通路上听觉电位的反应阈值，如脑干、皮质等听觉诱发电位的记录值，它是一种生理或电生理的检查法，还不能完全反映儿童的真实听力，且电生理阈值往往高于行为听力测试阈值；②行为听力测试是需判断声音经过儿童的听觉感受器、听神经、中枢的听觉脑干、听觉皮质和皮质声音整合，以及传出神经、效应器等的测试过程，是一种心理物理声学测试方法，可以获得儿童的真实听力级和听觉功能。

儿童行为听力测试技术在临床听力学中应用广泛，不但用于儿童听力损失的诊断与鉴别诊断，而且在儿童助听器验配的助听听阈获得和效果评估，以及人工耳蜗声音处理器的调试工作中都是必须掌握的技术。

一、游戏测听

游戏测听（play audiometry，PA）是指让受试儿童参与一个简单、有趣的游戏，教会其对刺激声做出明确可靠的反应。受试儿童必须能理解和执行这个游戏，并且在反应之前可以等待刺激声的出现。临床常用于2.5～6岁年龄范围受试儿童的气导和骨导听阈测试。

（一）测试环境

1. **标准隔声室** 测试在符合听力测试要求的标准隔声室进行，房间布置朴素明快，墙壁上无过多吸引受试儿注意力的图画等装饰，四周无多余的玩具、家具、仪器设备。房间的温度可以调节，温度控制要适宜，让家长和受试儿童感觉舒适。受试儿童使用的桌椅应衬垫绒布，避免受试儿童活动时发出碰击噪声，影响测试有序进行。

2. **场地布置**

（1）受试儿和家长座次：尽可能让受试儿独立坐在测试椅或校准点的椅子上。家长一般坐在受试儿的背后或远离扬声器的侧后方，如果受试儿害怕无法独自坐，也可坐在家长膝上。

（2）测试人员位置：诱导观察者坐在受试儿的侧对面，测试者可以坐在同一房间操作听力计并面对受试儿。或者在另一房间通过单向观察窗观察受试儿，通过对讲系统与另一诱导观察者相互沟通。

（3）扬声器位置：扬声器设置在90°或45°入射，高度应以受试儿坐姿时耳高度为基准，扬声器与受试儿相距1m，外耳道与扬声器中心位置在同一水平（图22-3-1）。

3. **听力保护** 测试室应配备防护耳塞或耳机，测试室内的人员包括家长、测试人员应该加强听力的防护。

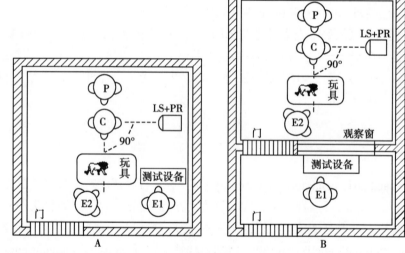

P. 父母（家长）；C. 儿童（受试儿）；E1. 测试者；E2. 测试者（诱导观察者）；LS. 扬声器。

图 22-3-1 游戏测听测试示意图

A. 同室；B. 分室。

（二）患者准备

1. **受试儿** 儿童全身身体状况保持良好，经过充分睡眠，精神状态良好，进入测试室前要让受试儿做好准备，如衣服厚薄合适。

2. **家长** 家长进入测试室后，应按照指定的位置坐好，情绪放松。测听人员需向家长解释测试方法，并嘱咐其如何配合测试，家长只需要安静观看，在声场测听中遇到较大的声音时请家长不要惊慌。

（三）测试用仪器设备准备

1. **设备** 测试设备包括纯音听力计、换能器（包括压耳式耳机、插入式耳机、骨导耳机和声场测听用的扬声器）、电耳镜、声级计，以及适合2.5～6岁受试儿童测试用的多种类型玩具数套。

2. **校准**　听力学测试包括设备和场地的校准，主要是检验所用设备换能器发出的声音信号在频率、强度和时间三方面符合测试目的所要求的参数和相关标准。在如下情形应对测试设备进行校准：①新启用的设备应对照说明书运行所有功能，校准各项指标；②已使用一段时间的设备应按标准定期进行校准；③设备运输搬动、维修或者更换换能器之后必须重新进行校准；④测试时发现测试结果与预期值或经验值发生显著偏差时应立即进行校准。

3. **选择换能器**　做裸耳测听时为避免交叉听力出现，推荐使用插入式耳机，此类耳机轻便小巧无沉重的头绳，使用舒适，由于耳塞插入到外耳道内，可增加耳际间的衰减，减少了掩蔽技术使用的可能性。但是如有必要或可能仍需要做掩蔽。当受试儿童拒绝戴耳机，或者做助听听阈，需要在声场下做测试时换能器为扬声器。

4. **选择刺激声特征**　刺激声一般为啭音或纯音，充分利用已知的听觉结果或行为观察的结果，选择恰当的初始刺激强度，所给条件化刺激强度必须在阈上15dB或更高些。

5. **选择游戏项目**　测试玩具套的选择要根据儿童的能力、发育情况、注意力而定。应当选择一种符合受试儿童年龄的游戏项目，所选择的玩具游戏项目，对受试儿童应当简单有趣且容易完成，完成的动作即反应方式要简单明了。

（四）数据采集

1. **检查仪器**　进行游戏测听之前，测试人员需要对纯音听力计、换能器等部件进行检查，确保仪器设备工作正常；对测听室的声场要定期用声级计检查，如发现强度改变应予重新校准。

2. **病史采集**　向家长询问受试儿听力现病史、母孕史、出生史、生长发育史、家族史等，了解受试儿童对自然声音反应能力、认知能力、注意目标能力、肢体活动能力、生理发育状况、言语感知能力或语言发展能力，重点采集内容还包括身体活动能力和手持玩具的精细活动能力。

3. **安排受试儿和家长入座**　安排受试儿和家长在指定位置入座。

4. **评估阈值方式**　根据纯音听阈测试的基本理论和基本技术方法，游戏测听可使用耳机或声场的扬声器，获得受试儿童的气导和骨导的听力阈值，或配戴助听装置的助听听阈值，或言语声的言语察觉阈值。

（1）首先训练受试儿童建立对刺激声的条件化反应：诱导观察者做好准备工作，玩具放在诱导观察者侧，受试儿童侧不放置玩具，诱导观察者停止活动，停止说话，让受试儿童戴着耳机安静坐好，测试者选择受试儿听力较好耳先行测试，给声强度应保证受试儿童能听见，且保证为阈上15～20dB。给声长度在1～2s，给声间隔时间为3～5s。当要确认条件化是否建立成功时给声间隔时间要更长些，确保受试儿童能等待刺激声出现5s以上，受试儿童仍能够独立完成两到三次游戏要求，就表示条件化过程建立成功。

依据受试儿的年龄和配合能力，具体的条件化方式，可选择让受试儿童看诱导观察者怎样完成游戏（3～5岁），或者诱导观察者手把手演示教授方法完成游戏（2～3岁）。具体方法如下：

1）受试儿童看诱导观察者演示完成游戏方法：①诱导观察者和测试者双方示意给声，受试儿童只要观看诱导观察者做游戏，即完成"听声放物"的过程，重复2～3次；②直到受试儿童有明显的参与欲望，诱导观察者可以尝试把玩具交给受试儿，和受试儿童同时拿玩具，聆听，听到声音后诱导观察者先做游戏，带领受试儿童做游戏，重复2～3次；③观察受试儿出现听到声音有主动放的动作时，下一步听到声音，受试儿童先做游戏，诱导观察者随后跟随做游戏，重复1～2次；④诱导观察者不做游戏，完全由受试儿童完成，重复2～3次；当受试儿童放物犹豫迟疑时，如刺激声出现后手不知所措，可推动受试儿童的手移动，鼓励受试儿童去反应，或重复条件化过程；当受试儿童反应过度，如不能等待刺激声出现就反应时，可轻柔地抑制受试儿童手的移动。

直到受试儿童完全学会独立做听声放物2～3次，可以认为条件化成功建立。

2）诱导观察者手把手演示教授方法：①诱导观察者将测试玩具放到受试儿的手里，诱导观察者一手拿玩具，一手轻轻握住受试儿的手腕放到测试耳旁，等待声音的出现。测试者给声，诱导观察者先做游戏，然后轻轻挪动受试儿童的手完成游戏。②重复以上的过程，直到受试儿童有主动意识要做游戏时，诱导观察者松开手，虚放在受试儿童手腕周围不能撤回，受试儿童先做游戏，诱导观察者后做游戏。

③观察受试儿童听声后的反应,若受试儿听到声音后自己主动做游戏而不需要诱导观察者的诱导,这时诱导观察者可将手撤回,让受试儿童独自做。

直到受试儿能够等待并独立完成做听声放物2～3次,就表示条件化建立成功。

(2)获得阈值的测试过程

1)通常采用的测听方式为纯音听阈测试,采用"降10升5法"确定某频率的反应阈值。给声时间要保证在1～2s,给声的时间要足够引起听性反应。刺激声间隔时间为3～5s。

2)对于能很好地配合测试并且集中注意力时间较长的儿童,可以先测试较好耳的各个频率后,再测试另一侧耳的各个频率;当使用插入式耳机和压耳式耳机以期快速获得每侧耳更多信息时,需要先测试相对好耳后,再测试相对差耳的交替更换耳侧和更换频率测试。最佳初始频率先从1 000Hz和4 000Hz两个频率开始。根据测试的目的和受试儿童实际配合状态,推荐几种测试频率的顺序:①听力较好耳1 000Hz,对侧耳1 000Hz听力较好耳4 000Hz,对侧耳4 000Hz,然后根据儿童情况完成其他未测频率的测试;②听力较好耳1 000Hz,对侧耳1 000Hz对侧耳4 000Hz,相对好耳4 000Hz,然后根据儿童情况完成其他未测频率的测试。

对于听力损失较重而低频残余听力尚可的儿童,常用的测试频率顺序有:①听力较好耳500Hz,对侧耳500Hz,听力较好耳2 000Hz,对侧耳2 000Hz,然后根据儿童情况完成其他未测频率的测试;②听力较好耳500Hz,对侧耳500Hz,对侧耳2 000Hz,听力较好耳2 000Hz,然后根据儿童情况完成其他未测频率的测试。

3)完成骨导的阈值测试。

4)有需要或可能时,应做掩蔽。

(五)测试报告

1. 结果记录

(1)首先记录测试的名称以及裸耳或者助听听阈、受试儿状态:精神状态,如良好、困倦、哭闹;配合程度:如良好、过于活跃、胆小。

(2)给声方式和刺激声:插入式耳机、压耳式耳机、声场;纯音、啭音、窄带噪声。

(3)条件化建立:顺利、困难、易丢失,多次反复;首先完成的侧别:左耳或右耳;首先完成的初始频率:Hz;初始强度:dB HL。

(4)测试频率的步骤:耳侧别顺序、频率顺序。

(5)测试结果的可靠性。

2. 结果分析

(1)解释听力检查各种图形的内容,如受试儿童能听到什么,不能听到什么;听力损失与言语声获得之间的关系。

(2)结合骨导和声导抗测试内容,解释听力损失程度和类型,如传导性听力损失、感音神经性听力损失、混合性听力损失等内容。

(3)向家长解释基本的干预方法。

(4)给予心理上的支持。

二、视觉强化测听

视觉强化测听(visual reinforcement audiometry, VRA)是使受试儿童建立起对刺激声的操作性条件化,将听觉声信号与视觉闪亮活动玩具信号结合起来,从而获得婴幼儿听阈的测听方法。

在测试过程中,当受试儿听到刺激声,同时吸引和操控受试儿童头转向有趣闪亮活动玩具,使用这种诱导性的视觉奖励与强化,激励受试儿童即使在刺激声本身不再有趣时,仍持续将头转向视觉奖励器(视觉奖励灯箱),临床常用于6月龄～2.5岁年龄范围的受试儿气导和骨导听阈测试。

(一)测试环境

1. 标准隔声室 测试在符合听力测试要求的隔声室进行,房间内朴素明快,墙壁上无过多吸引受试儿童注意力的图画等装饰,四周无多余的玩具、家具、仪器设备。房间的温度可以调节,温度控制要适宜,让家长和受试儿童感觉舒适。光源强度为可调节式,测试时使用较暗的光源,以确保受试儿童很容易看清楚视觉奖励灯箱中闪烁发光的奖励玩具;受试儿童使用的桌椅应衬垫绒布,避免受试儿童活动时发出碰击噪声,影响测试有序进行。

2. **场地布置**

(1)受试儿和家长座次:尽可能让受试儿童独立坐在测试椅中或校准点的椅子中。家长一般坐在受试儿的背后或远离扬声器的侧后方,防止测试者将受试儿寻找父母的转头行为误判为对刺激声的反应。如果受试儿童害怕无法独自坐,也可坐在家长膝上。

(2)测试人员位置:诱导观察者坐在受试儿的侧对面。同室测试时测试者也要面对受试儿坐在诱导观察者侧后方;双室测试时测试者通过单向玻璃窗观察受试儿对刺激声的反应,同时必须有对讲机系统以便诱导观察者与测试者能相互沟通。

(3)扬声器位置:扬声器放置在90°或45°角入射,高度应以受试儿坐姿时耳高度为基准,扬声器与受试儿童相距1m,外耳道与扬声器中心位置在同一水平。

(4)视觉奖励器位置:视觉奖励器应当在扬声器附近,通常位于扬声器之上。当受试儿童听到刺激声后转向视觉奖励器时,方可打开视觉奖励器的灯光让受试儿童看到其中的三维活动奖励玩具(图22-3-2)。

3. **听力保护** 测试室应配备防护耳塞或耳机,测试室内的人员包括家长、测试人员应该加强听力的防护。

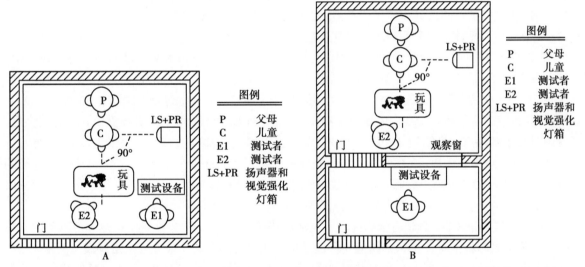

P.父母(家长);C.儿童(受试儿);E1.测试者;E2.测试者(诱导观察者);LS+PR.扬声器和视觉强化灯箱。

图 22-3-2 视觉强化测听测试示意图
A.同室;B.分室。

(二)患者准备

1. **受试儿童** 儿童全身状况应保持良好,经过充分睡眠,精神状态良好,进入测试室前要让受试儿童做好准备,如衣服厚薄合适。

2. **家长** 家长进入测试室后,应按照指定的位置坐好,情绪放松。测听人员需向家长解释测试方法,并嘱咐其配合测试,家长只需要安静观看,在声场测听中遇到较大的声音时请家长不要惊慌。

(三)测试仪器设备准备

1. **设备** 测试设备包括纯音听力计、视觉强化奖励器、换能器(包括插入式耳机、压耳式耳机、骨振器和扬声器)、声级计、电耳镜以及适合分散和吸引6月龄～2.5岁受试儿童注意力的安抚玩具数件。

2. **校准** 听力学测试包括设备和场地的校准,主要是检验所用设备换能器发出的声音信号在频率、强度和时间三方面是否符合测试目的所要求的参数和相关标准。在如下情形应对测试设备进行校准:

①新启用的设备应对照说明书运行所有功能,校准各项指标;②已使用一段时间的设备应按标准定期进行校准;③设备运输搬动、维修或者更换换能器之后必须重新进行校准;④测试时发现测试结果与预期值或经验值发生显著偏差时应立即进行校准。

3. **选择换能器** 做裸耳测听时为避免交叉听力出现,推荐使用插入式耳机,此类耳机轻便小巧无沉重的头绷,使用舒适,由于耳塞插入到外耳道内,可增加耳际间的衰减,减少了掩蔽技术使用的可能性。当受试儿童拒绝戴耳机,或者做助听听阈,需要在声场下做测试时换能器为扬声器。

4. **选择刺激声特征** 刺激声一般为啭音或窄带噪声,充分利用已知的听觉结果或行为观察的结果,选择恰当的初始刺激强度,所给条件化刺激强度必须在阈上15dB或更高些。

(四)数据采集

1. **检查仪器** 进行视觉强化测听之前,测试人员需要对纯音听力计、换能器、视觉强化奖励器开关等部件进行检查,确保仪器设备工作正常;对测听室的声场要定期用声级计检查,如发现强度改变应予重新校准。

2. **病史采集** 向家长询问受试儿童听力现病史,母孕史、出生史、生长发育史,家族史等,了解受试儿童对自然声音反应能力、认知能力、注意目标能力、肢体活动能力、生理发育状况等。重点询问内容还包括:儿童是否能在较少支撑下坐稳、头是否能向左右转动、眼睛是否能追寻物体察看、以及言语感知或语言能力。

3. **安排受试儿和家长入座** 安排受试儿童和家长在指定位置入座。

4. **评估阈值方式** 根据纯音听阈测试的基本理论和基本技术方法,视觉强化测听可使用耳机或声场的扬声器,测试受试儿的气导和骨导的听力阈值或配戴助听装置的助听听阈。

(1)训练受试儿童建立对刺激声的条件化反应

1)测试者设置受试儿童能听到的刺激声的强度和频率,诱导观察者和测试者双方示意准备开始,测试者同时配对给予刺激声和灯箱奖励玩具,诱导观察者引导受试儿去看闪亮的玩具,并微笑晃动手中的安抚玩具,给予口头的称赞,让孩子感到游戏有趣,即"听声转头"的训练过程。训练2~3次。

2)观察到受试儿听到声音有自愿地转头的反应后,诱导观察者不再主动引导受试儿去看闪亮玩具,测试者同时给予刺激声和灯箱的奖励玩具,让受试儿自主地转头看闪亮的玩具,重复进行1~2次。

3)测试者只给出刺激声,观察受试儿能否自主地做出反应,如果听性反应肯定,迅速跟随灯箱的奖励,重复2~3次,直到完全建立通过视觉刺激强化对声刺激引起转头的操作性条件化。条件化建立成功的指标为受试儿童学会了听到刺激声后转头看灯箱,并且能等待刺激声。

(2)获得阈值测试过程:测试者依据纯音听阈测试法采用"降10升5"法确定每侧耳各频率的气导和骨导阈值。阈值判断标准是每个频率阈值要保证受试耳能够连续在同一最低强度准确反应两次。

受试儿童不能像成人有较长时间集中注意力,测试时必须提高效率,根据测试的目的和受试儿童实际配合状态,让重要的听觉信息优先得到,可以采用"填图游戏"的方法完成所有频率的测试。

根据测试的目的和儿童实际配合状态,推荐几种测试顺序:1 000Hz→4 000Hz→500Hz→2 000Hz或者2 000Hz→500Hz→4 000Hz→1 000Hz;当儿童听力损失较重或重度高频听力下降也可采用以下顺序:500Hz→2 000Hz→1 000Hz→4 000Hz。当使用插入式耳机和压耳式耳机以期快速获得每侧耳更多信息,需要按照以上频率顺序,在同一频率上交替更换耳的侧别。

更换测试频率或更换测试耳别时容易出现条件化丢失,已经明确的反应出现迟疑或反应过长,需要重新条件化。

(五)测试报告

1. **结果记录**

(1)首先记录测试的名称以及裸耳或者助听听阈。受试儿状态:精神状态,如良好、困倦、哭闹;配合程度:如良好、过于活跃、胆小。

(2)给声方式和刺激声:插入式耳机、压耳式耳机、声场;啭音、窄带噪声。

(3)条件化建立:顺利、困难、易丢失,多次反复;首先完成的侧别:左耳或右耳;首先完成的初始频率:Hz;初始强度:dB HL。

（4）测试频率的步骤:耳侧别顺序、频率顺序。

（5）测试结果的可靠性。

2. 结果分析

（1）解释听力检查各种图形的内容,如受试儿童能听到什么,不能听到什么;听力损失与言语声获得之间的关系。

（2）结合骨导和声导抗测试内容,解释听力损失程度和类型,如传导性听力损失、感音神经性听力损失、混合性听力损失等内容。

（3）向家长解释基本的干预方法。

（4）给予心理上的支持。

三、行为观察测听

行为观察测听(behavioral observation audiometry,BOA)是当刺激声出现时在时间锁相下,观察者决定婴幼儿是否出现可察觉的听觉行为改变,从而评估婴幼儿听力状况。临床上常用于6月龄以内的婴幼儿初步的听力测试。

（一）测试环境

1. 标准隔声室 测试在隔声室中进行。测试要求室内灯光明亮。由于小婴儿有将视线转向明亮区域的趋势,在儿童视野范围内不能出现过大的阴影区,室内过于明显的明区与暗区,会引出假象影响测试结果。室内也应避免镜子等会反光的物体。

2. 场地布置

（1）测试人员:由测试者和诱导观察者组成,测试者站于受试儿童侧后方,诱导观察者坐在受试儿童前方。

（2）声源:声源距离测试耳 30~45cm,在耳后与外耳道的夹角为 20°~30°,并使二者处于同一水平面,要确保在受试儿童视野范围之外。

（3）声级计:声级计位于受试儿童测试耳侧,发声玩具到测试耳和到声级计麦克风的距离相等,为 30~45cm(图 22-3-3)。

3. 听力保护 测试室应配备防护耳塞或耳机,测试室内的人员包括家长、测试人员应该加强听力的防护。

（二）患者准备

1. 受试儿 儿童全身身体状况保持良好,经过充分睡眠,精神状态良好,进入测试室前要让受试儿做好准备,如衣服厚薄合适。

2. 家长 家长进入测试室后,应按照指定的位置坐好,情绪放松。测听人员需向家长解释测试方法,并嘱咐其配合测试,家长只需要安静观看,在遇到较大的声音时请家长不要惊慌。

（三）测试参数

1. 设备和校准 测试中主要使用的设备是声级计和发声玩具。也可以使用听力计给声,或声场下测试。

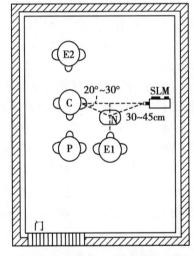

P. 父母(家长);C. 儿童(受试儿童);
E1. 测试者;E2. 测试者(诱导观察者);N. 玩具;SLM. 声级计。

图 22-3-3 行为观察测听测试示意图

（1）声级计:主要用于监测刺激声的声压级。声级计的基本参数应设为 A 计权、快速反应特性挡。

（2）发声玩具:这是 BOA 测试中常用的产生刺激声的声源。发声玩具的种类较多,选择时需要覆盖从低到高的各个频率,常见的发声玩具包括大鼓(250~500Hz)、大锣(800~1 000Hz)、鱼梆子(500~2 000Hz)、单响筒(1 000~2 000Hz)、响铃(约 2 000Hz)、手铃(2 000~4 000Hz)、手摇铃(约 4 000Hz)、小号铜碰钟(2 000~8 000Hz)、沙锤(8 000~10 000Hz)等;此外,言语声也是重要的声源,如 /ba-ba-ba/(约500Hz)、/shi-shi-shi/(约 2 000Hz)、/si-si-si/(约 4 000Hz)。此处显示的频率范围数据仅供参考。每个听力中心应该设立本实验室的发声玩具的特定频率测定和记录标识。

（3）对使用的每个发声玩具都进行声学特性标定，包括将一定强度下的发声频率范围标注在发声玩具上或列图表注明示意。在发声玩具上以适当的标签简单区分出低频、中频、高频和宽频，并且按照一定的次序摆放，以方便测试时使用。此外，测试者应该提前熟悉和练习使用发声玩具的方法和力度，因为发声玩具刺激声的频率特异性是与其强度范围相对应的，超过一定强度范围其频率亦随之改变。

2. 刺激声特征　临床上多使用发声玩具来产生测试信号，但也可以使用窄带噪声和言语声等刺激信号。在 BOA 测试中应当遵循以下先后顺序给予婴幼儿刺激声信号：宽频刺激声信号、高频刺激声信号、低频刺激声信号、最大强度的刺激声信号。

在 BOA 测试中为了更准确引出婴幼儿的可能反应，应遵循以下规则：给出的刺激声信号持续 3～5s；刺激声间隔 10～30s；儿童要在时间锁相下，即刺激后 2～3s 内做出行为反应。

3. 刺激声的声压级监测　刺激声声压级的监测有现场监测、事先监测和事后监测三种方法。推荐使用现场监测，即使用声级计现场记录刺激声强度，声级计设置在 A 计权挡，快速反应特性挡（快挡），监测刺激声的峰值平均声压级。

4. 测试距离的控制　发声源与测试耳的距离会对测试结果产生影响。正确的测试距离应当保持在 30～45cm，如果测试距离过大，如：大于 1m，声音能量到达耳内时声能量衰减加大，更加不易引出婴幼儿的听觉反应；并且距离越大，信噪比越差，也会影响婴幼儿的反应。但测试距离也不能过小，如果距离太近，儿童会将一些测试者的动作导致的较轻噪声误认为是刺激信号而产生反应；同时，距离太近时可能产生视觉和触觉影响，如气流的扰动，也会使结果的可靠性受到影响。

（四）数据采集

1. 检查仪器　检查声级计是否工作正常，检查发声玩具是否覆盖从低到高的各个频率。听力计和扬声器也需要准备好以备用。

2. 病史采集　向家长询问受试儿童现病史、母孕史、出生史、生长发育史，家族史等，了解受试儿童对自然声音反应能力、认知能力、注意目标能力、肢体活动能力、生理发育状况等。

3. 诱导观察者尽快与儿童建立亲近的关系　诱导观察者要利用测试者病史采集并向家长讲解测试目的和方法这段时间与儿童建立起亲近的关系，同时迅速对受试儿童的发育成熟程度做出判断。

4. 确定儿童坐姿　家长怀抱受试儿童或让受试儿童坐在家长膝盖上，充分暴露受试儿耳部、面部和四肢，能清楚地观察到婴儿身体和四肢的活动。

5. 诱导观察者控制儿童处于安静的状态　4 月龄左右的受试儿可待其处于浅睡眠状态时进行测试。对于 6 月龄左右受试儿，诱导观察者利用安抚玩具分散受试儿注意力，使其处于相对安静的状态，尽量使婴幼儿维持在平静舒适的状态，以确保婴幼儿的反应能及时被观察到；但同时，诱导观察者也应该避免儿童太过专注于面前的玩具，否则儿童将会放弃或减弱对刺激声的反应。

6. 测试频率顺序

（1）测试者先使用频带较宽的发声玩具作为刺激声，开始时给出相对较轻的声音，刺激声在同一强度上持续 3～5s。

（2）测试者和诱导观察者注意受试儿的反应方式，可以确定的受试儿童反应方式应与刺激声是否有时间锁相，即刺激声后受试儿童应在 2～3s 内做出与年龄相符的行为反应。测试者在给声时快速查看声级计显示的声压级数，受试儿童若对刺激声无反应，应间隔停顿 10s 以上，再次进一步用上升法给声，直到受试儿童出现反应，或直到达到这种发声玩具的强度极限。

（3）诱导观察者记录下有关发声玩具的资料信息，如名称、给声强度、给声侧别、反应侧别，要准确地描述受试儿的反应方式。如转头、转眼、微笑、四肢活动停止或出现四肢活动等反应行为。浅睡眠时出现睁眼、挑眉、吸吮、四肢轻微移动等活动方式。

（4）分别使用高频和低频刺激声的发声玩具完成以上步骤。

（5）用强度最大的刺激声信号来引出惊跳反应。这个信号可能使受试儿吓哭，给声之前务必向家长说明。

7. 对照　测试过程中要随机使用无刺激声的对照,具体方法为给 4 次有效刺激声,随机给 1 次无刺激声,作为对照检查。

(五)测试报告

1. 结果记录

(1)发声玩具名称,给声强度、给声侧别、反应侧别、反应方式(如转头、转眼球、睁开眼等)、反应可靠性(反应清晰"+""+++";反应迟疑或怀疑"?""-+";未观察到反应"-")。

(2)测试状态:良好/困倦/哭闹;清醒/浅睡眠/深睡眠。

(3)配合程度:良好/不配合。

(4)可靠性:可靠/欠佳/假阳性多。

2. 结果分析　向家长解释听力测试结果,结果的可靠性和有效性,并对后续随访尽早做出合理安排。

第四节　儿童言语测听

言语测听是以言语信号作为刺激声来检查受试者的言语听阈和言语识别能力的听力学测试方法,根据测试对象的年龄及言语听力情况的不同,所使用的测试材料不同。儿童的听力语言随着儿童成长发育不断发展变化,一般经历语音、词汇、语法、语义及语用能力综合发展的过程。因此不同于成人,应用单一言语测听材料对儿童言语能力评估是有偏颇的,应根据儿童听力语言发育规律,使用与各年龄段儿童言语水平相当的测试材料,以及与儿童认知行为能力相适应的测试方法。

国外儿童言语测听工作和言语测听材料研发开展较早,并根据心理测量原则建立了可靠的信度、效度指标,形成了层级化的评价体系,使整个评估工作在同一言语评估规则的约束下进行,为儿童的言语感知、口语发展的过程提供各发育阶段的有效证据。

虽然我国儿童言语测听工作开始较晚,但近年来我国科研工作者通过借鉴英语儿童测听材料,编制了一系列适用于不同发育阶段儿童的中文言语测听材料,根据测试材料的评估方式,大致可分为家长问卷评估表、闭合式测试材料和开放式测试材料。

对于尚处于语音发声准备阶段的婴幼儿,通常采用家长问卷的方式对其在自然环境下的聆听能力进行评估,国外学者 Robbins 等在 1991 年研发了有意义听觉整合量表(meaningful auditory integration scale,MAIS),主要用于评估儿童的听觉能力。1997 年 Zimmerman-Phillips 等根据婴幼儿的特点对 MAIS 进行修正,提出了婴幼儿有意义听觉整合量表(infant-toddler meaningful auditory integration scale,IT-MAIS)。国内听力学研究者通过翻译和借鉴国外评估工具的研发原理成功开发出了中文版 IT-MAIS 和 MAIS 用于评估婴幼儿和儿童的发声以及对声音的觉察和理解能力。

对于具备初步言语辨别能力但尚不具备言语表达能力的儿童,常采用封闭式测试,测试时为儿童提供一定数量的玩具图片或实物作为测试选项,一般为 2～5 个,供其从中挑选答案。封闭式测试对儿童语言能力要求较低,但存在机会概率,如测试的备选答案为 5 个,则机会概率为 20%。目前常用的测试材料包括录制测试材料和监控口声两种,其各有优缺点。录制测试材料易于建立统一的标准和校准,多次测试有良好的一致性、可靠性以及较高的可比性。监控口声(monitored live voice,MLV)则有较大的灵活性,易于操作和实施,更适合用来测试孩子,但会降低测试可靠性、增加不同测试人员的记录误差等。常用的封闭式评估素材有:《聋儿听觉言语康复评估词表》、普通话早期言语感知测试(mandarin early speech perception test,MESP)、普通话儿童言语理解力测试(mandarin pediatric speech intelligibility test,MPSI)、汉语儿童噪声下言语图像识别测试材料(mandarin pediatric lexical tone and disyllabic word picture identification test in noise,MAPPID-N)和广东话基础言语感知测验(cantonese basic speech perception test,CBSPT)等。封闭式测试可以完成内容包括受试者的言语觉察阈、言语接受阈、言语识别率的测试等,安静或噪声的环境、不同言语声级"轻声级、普通声级、大声级"均可测试。

对于具备了一定言语表达能力的儿童,可进行开放式测试来了解受试者所接收到的确切信息。此时的言语测听方法更接近于成人标准的言语测听,只是测试材料选用的字、词和语句更符合受试儿童的各年龄段的认知和词汇量。开放式测试指的是受试者以复述或者复写的方式重复他们所听到的声音或者词句，在没有任何提示和限制的情况下，可以据此了解受试者所接收到的确切信息。开放式言语测听材料中，有开放式汉语普通话版儿童词汇相邻性词表（mandarin lexical neighborhood tests，MLNT）、安静及噪声下普通话 BKB 语句测试（mandarin BKB sentences in noise test，MBKB-SIN）、普通话儿童版 HINT 测试句表（mandarin hearing in noise test-children）等。开放式测试同样也可以完成受试者的言语觉察阈、言语接受阈、言语识别率等测试，以及安静或噪声的聆听环境、不同言语声级"轻声级、普通声级、大声级"的测试。

1978 年 Ling 等提出的 Ling 氏五音测试，可评估儿童对具有不同频率特征音素的察觉或认知能力，对于已经具备一定听觉察觉或认知能力的儿童适用，既可用作封闭式测试也可用做开放式测试材料。该方法简便易行，非常适合对听觉放大装置和儿童听觉察觉能力进行筛查性评估。

一、儿童言语测听材料介绍

（一）问卷评估

IT-MAIS/MAIS 是结构式访谈（structured interview）问卷，主要用于了解儿童的发音情况、对生活中声音的觉察和自发反应能力以及分辨能力。该量表共包括 10 个问题，每个问题的得分按照问题中行为发生的频率分为 0~4 分，满分 40 分。使用时，由经过专业培训的听力学家向熟悉患儿情况的看护者逐一询问，并详细记录每一个问题看护者的作答情况，之后由测试者按照 IT-MAIS/MAIS 的评分原则进行评分。中文版 MAIS 和 IT-MAIS 问卷由首都医科大学附属北京同仁医院陈雪清等编译，进行了信度效度评估，并建立了正常儿童的参考值。IT-MAIS 与 MAIS 适用年龄不同，IT-MAIS 适用于评估 3 岁以内婴幼儿听觉能力，MAIS 适用于 3 岁以上儿童在实际交流中的听觉能力。IT-MAIS 和 MAIS 问卷内容除前两个问题不同外，余全部相同。

（二）封闭式测试材料

1991 年，原中国聋儿康复研究中心孙喜斌等编制了《聋儿听觉言语康复评估词表》。它是以幼儿"学说话"及儿童日常使用最多的词汇为文字资料，通过图画、拼音、文字的表现形式，以听说复述或听话识图作为测试方法，在与儿童的游戏中获得结果。其内容分为两部分，即听觉能力评估和语言能力评估。听觉能力评估内容由自然声响及 8 类言语测听表组成，即声调识别、单音节词识别、双音节词识别、三音节词识别、短句识别、语音识别、数字识别、选择性听取。语言能力评估内容包括词汇量、模仿长句、听话识图、看图说话、主题对话、语音清晰度六项，以了解儿童掌握的词汇量、语法能力、理解能力、表达能力、言语使用及发音水平能力等。这套言语测听材料既适用于幼儿的言语测听，也适用于听力损失儿童配戴助听器或人工耳蜗手术后的效果评估。

2009 年，四川大学华西医院郑芸等与美国 House 耳科研究所合作，编制了普通话早期言语感知测试（mandarin early speech perception test，MESP）和普通话儿童言语理解力测试（mandarin pediatric speech intelligibility test，MPSI）材料。MESP 测试包括 6 类亚测试，分别测试幼儿对言语声的察觉、言语类型的分辨、扬扬格词的分辨、韵母的分辨、声母的分辨以及声调的分辨能力，可用于评估幼儿早期言语分辨能力。MPSI 测试材料包含 2 个练习句子、12 个目标句子和 12 个竞争句子，采用听声指图的形式进行测试；一般用于 2~5 岁儿童，为国内临床听力学工作人员提供了一项可用于评估儿童在噪声环境中识别简单句子能力的客观、有效工具，同时，它与 MESP 测试方法互补，共同组成了一套用于评估儿童听觉能力和言语感知能力的客观评估工具。

同年，香港中文大学袁志彬等开发了汉语儿童噪声下言语图像识别测试材料（mandarin pediatric lexical tone and disyllabic word picture identification test in noise，MAPPID-N），包括双音节词测试和声调测试两个亚单元，其中双音节词亚测试包括 3 组测试（每组 8 个备选项），测试内容涵盖日常用品、衣服、动物及身体部位；声调测试包括 6 组单音节词测试图片，每组 4 个词拥有同样的声韵母，但是音调不同，每组词随机出现；该测试材料可用于 5 岁以上听力障碍儿童的词汇辨别测试，也可用于评价助听装置的使用效果。

近年来香港中文大学医学院李月裳等开发了广东话基础言语感知测验(cantonese basic speech perception test,CBSPT),并制成了 CD 在国内外公开发行;该测试材料的测试项目由图书册组成,应用表格测试的方式,每一个测试表格中都包括三个目标项目可供选择,主要是用来评估年龄在 3 岁以上的不同程度听力损失的儿童,只要有足够的注意力及能耐受完成测验,该测试就可以完成;以 CBSPT 作为筛查工具来辨识听力障碍的儿童,具有较高的灵敏度,测试结果可作为评估助听装置成效的指标。

(三)开放式测试材料

2008 年,武汉大学人民医院曹永茂等编制了幼儿普通话声调辨别词表,该词表参考幼儿早期言语发展相关文献及公开发行的幼儿读物,选择幼儿生活中较为熟悉的词汇,并设计常用词问卷对儿童家长、幼教老师等进行调查,确定基础词库,制成了包括 28 个单音节词、36 个双音节词的幼儿普通话声调测试词表;该词表经临床验证及统计学分析符合同质性要求,可以用于对幼儿普通话声调辨别能力的评估。

2008 年,北京同仁医院刘莎等以心理语言学言语听辨领域的邻域激活模型(neighborhood activation model,NAM)为理论指导编制了普通话儿童词汇相邻性词表(mandarin lexical neighborhood tests,MLNT),该表包括单音节词易词表 3 张(每表 20 词)、难词表 3 张(每表 20 词)以及练习表 1 张(10 词);双音节词易词表 3 张(每表 20 词)、难词表 3 张(每表 20 词)以及练习表 1 张(10 词)。MLNT 测试结果可用于评价 3 岁以上可实施开放式言语测听儿童的安静与两类噪声下词汇辨识能力,有利于获得个体间的真实差异,也可长期跟踪调查使用助听器或人工耳蜗植入儿童的词汇辨识能力,提供在使用助听装置后儿童语音辨识的习得过程和康复效果的相关信息。

2009 年,解放军总医院郗昕等报道了他们开发的嘈杂语噪声下普通话儿童语句测听表,每表 9 句,包含 50 个词,采用 4 人交谈的混叠噪声,能较好地模拟日常环境中的嘈杂场景;27 张等价性良好的测听表,每表测试时间仅 1.5min,适用于 4.5 岁以上的城市儿童,男女儿童略有差异。2012 年郗昕等参考英文 BKB(Bamford kowal-bench)句表研制了 12 组普通话儿童语句测听词表(每组句表有 50 个关键词)可用于临床测试和实验研究。

2006 年,香港大学黄丽娜与首都医科大学附属北京同仁医院刘莎等参考英文版儿童噪声下听力测试句表(HINT-C),编制了粤语和普通话儿童版的 MHINT-C(mandarin hearing in noise test-children),用于 6 岁以上儿童言语能力的测试,按照噪声在非植入侧、噪声在植入侧、噪声在前方的先后顺序依次进行测试,比较其词汇层面和语句层面噪声环境下的言语识别能力。

(四)林氏五音测试法

林氏五音由 3 个元音(/u/、/a/、/i/)和两个辅音(/s/、/sh/)组成,这 5 个音的频率范围覆盖了所有音位,元音附带的谐波成分足以提供超音质信息。该方法即可将 5 个音节作为选项用作闭合式测试考察儿童的认知能力,也可用作开放式测试考察儿童的听觉觉察或认知能力。国内学者对林氏六音进行了普通话版的频率范围测算及修改,提出了普通话七音测试,参考频率范围见表 22-4-1。使用普通话七音测试可以比较准确地评价普通话学习者获得准确的言语感知结果,为言语康复及助听装置调试提供更多的参考建议。

表 22-4-1　普通话七音参考频率范围　　　　　　　　　　　　　　　　　　　　单位:Hz

测试音	第一共振峰	第二共振峰	谱峰
m/m/	—	—	200～300
u/u/	360	740	—
a/a/	900	1 400	—
i/i/	300	2 500	—
sh/ʂ/	—	—	4 000～6 000
x/ɕ/	—	—	6 000～8 000
s/s/	—	—	8 000～11 000

二、测试结果

测试结果记录应包括所选测试材料，换能器类型（包括监控口声给声）、给声强度、左/右/双耳、受试者助听设备佩戴情况、受试者的状态、配合程度、测试结果的可靠性等，并应根据所选测试材料所提供的正常参考值或参考范围进行对应分析。

注意：由于受儿童生理年龄或言语能力影响，当测试方法与标准方法有所不同时，应在测试报告中对所用方法加以描述，以便于结果的分析。对标准测试方法所做的修改越多，结果的分析也就越难。尽管如此，对年幼儿童或特殊人群的言语测听中，对方法进行适当的修改，是非常必要的。

（黄丽辉　刘　莎　李玉玲）

听力学评估结果的综合判断及临床决策分析原则 | 第二十三章

在听力学评估的进程中,听力师/验配师需要将在评估过程中所获得的信息进行综合分析和整合,并在此基础上,对听力损失人士的听力损失状况及其造成的困难做出初步判断,提出可能最适合听力损失人士的干预和听力康复方法。值得说明的是,在此过程中,听力师/助听器验配师要严格把握执业范畴,只对听觉系统功能障碍的性质和程度做出诊断和分级,而并非对造成听觉系统功能障碍相关的病理改变做出诊断。

对于各项听力学评估结果资料的整合与解读,必须遵循客观、真实的原则,对其进行全面的分析。在此基础上,参考循证医学和听力师/验配师的个人知识水平及经验,做出综合性的干预和康复决策。同时,生物-心理-社会模式为基础的现代康复理念强调听力障碍人士在听力学评估和康复过程中的主动参与,以满足听力障碍人士的个体康复需求作为听力康复干预的最终目的。因此,在做出综合决策时,有必要与听力障碍人士及其家属沟通,共同商讨并制定完成一个比较切合实际的干预和康复决策。

一、听力学评估资料分析整合的目的、原则和方法

听力学评估资料分析和整合的目的就是要在现有的信息基础上,确定听力障碍人士最适和的听力康复干预方法。因此,听力学评估资料的分析和整合是一个分类归纳的阶段。通过对听力学评估资料的分析和整合,可以初步判断听力障碍人士所需要干预和康复的方式和步骤,有助于更有效地、更有计划性地利用人力和物力资源。

听力学评估资料的分析整合原则是在围绕听力障碍人士的关键问题进行全面评估的基础上,尊重事实、认真观察、深入分析,实事求是、客观地对待临床评估资料,避免主观片面性所导致的偏差或误诊。

听力学评估资料之间一般是互相关联、互相渗透的。当听力师/验配师得到了听力学评估资料以后(包括观察到的信息,问卷结果,问诊后的资料以及一些临床检查结果),他们需要将在评估过程中所获得的信息进行综合分析和整合,主要包括:

(一)对于听力损失状况的分析和整合

对常规临床听力学诊断评估方法结果的分析,通常可对以下问题做出明确的判断,即①听力损失是否存在;②听力损失的性质;③听力损失的程度;④听力损失的特点。

如图23-0-1所示,由于听力损失的原因、发生部位和病变性质不同,对于传导性听力损失、感音神经性听力损失、混合性听力损失、中枢性听觉功能紊乱和非器质性听力损失的各项临床听力学诊断评估方法的结果也会有所不同。

从图23-0-2的纯音听阈测试结果可以看出,这是一个典型的感音性听力损失,因为其气导与骨导的纯音听阈均显示异常(即阈值>25dB HL),且气骨导差<10dB。同时,根据纯音听力图,通过计算气导的平均阈值(pure tone average, PTA)来确定听力损失的程度,即PTA=(阈值$_{500}$+阈值$_{1\,000}$+阈值$_{2\,000}$+阈值$_{4\,000}$)/4。典型的A型鼓室图表明中耳传导功能基本正常,符合感音性听力损失的基本判断和分析(图23-0-3)。镫骨肌声反射及耳声发射均未引出这种结果的出现与听力损失的程度以及耳蜗功能的损伤有关(图23-0-4)。值得注意的是,言语测听结果的异常(即言语识别阈的升高)同样显示出耳蜗性损伤为主的、程度基本匹配的听力损失(图23-0-5)。

常用临床听力学诊断评估方法	典型临床听力学诊断评估结果的整合分析				
	传导性听力损失	感音神经性听力损失	混合性听力损失	中枢性听觉功能紊乱	非器质性听力损失
纯音听阈测试（气导）	●	●	●	◪	●
纯音听阈测试（骨导）	○	●	●	○	●
声导抗检查	●	○	●	○	○
镫骨肌声反射测试	●	◪	●	◪	◪
言语测听	◪	●	●	●	●
听觉诱发电位	◪	●	●	◪	○
耳声发射	◪	●	●	○	○
耳蜗电图测试	◪	●	●	○	○
宽频鼓室图测试	●	○	●	○	○
多频听性稳态反应	◪	●	●	◪	○

○ 正常   ◪ 可能异常   ● 异常

图 23-0-1 典型临床听力学诊断评估结果的整合分析

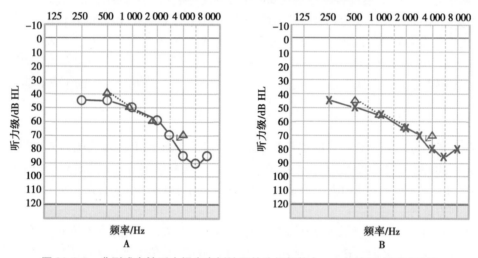

图 23-0-2 典型感音性听力损失案例结果的分析与整合——纯音听力测试结果
A. 右耳 PTA=59dB HL；B. 左耳 PTA=63dB HL。

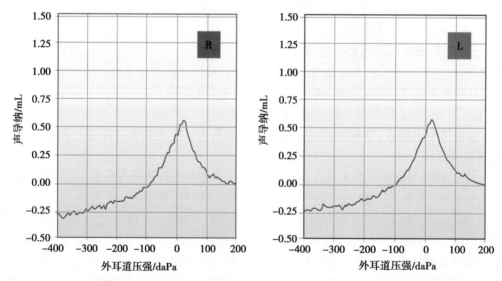

图 23-0-3 典型感音性听力损失案例结果的分析与整合——A 型鼓室图及镫骨肌声反射测试结果
镫骨肌声反射均未引出。

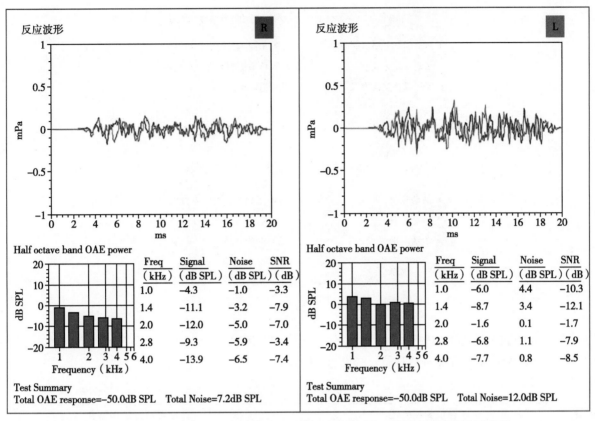

图 23-0-4 典型感音性听力损失案例结果的分析与整合——瞬态耳声发射测试结果

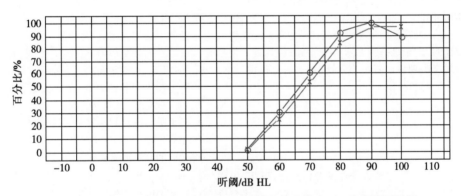

图 23-0-5 典型感音性听力损失案例结果的分析与整合——言语测听结果
右耳言语识别阈 =67dB HL,左耳言语识别阈 =69dB HL。

（二）对于听力损失所造成的困难的分析和整合

了解听力损失所造成的困难以及对生活的影响,对于这部分的评估资料的分析和整合可以帮助听力师 / 助听器验配师更全面地、切合实际地明确以下问题:①听力损失者的交流状况如何?②听力损失者的具体康复需求是什么?③听力损失者对于听力康复的态度如何?④听力损失者的心理状况如何?具体参见图 23-0-6。

以上的这些问题,对听力损失者是否能够接受听力康复有着直接的影响,是开启听力康复的基础。如表 23-0-1 所示的两个典型案例,尽管案例 A 与案例 B 听力损失程度相似,但由于他们的生活环境与工作性质不同,听力损失所造成的活动限制和参与局限也不尽相同。在案例 A 中,他的生活和工作环境(邮递员)相对简单,在平日工作和生活中一对一的交流环境下也没有任何困难。他主要的交流困难表现在生活中电话交流时听不清楚,以及在周末去酒吧或参加聚会时,嘈杂的社交环境下交流比较困难。因此,他的听力损失问题对他的活动、参与以及生活质量影响并不是很大。他对于这些听力困难的态度比

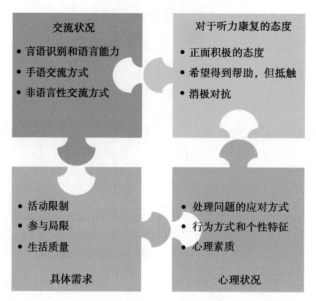

图 23-0-6 对于听力损失所造成的困难和影响的分析和整合

较乐观,采取的应对措施也比较积极。例如,他在发生交流困难时会主动说明自己的听力问题,在出现听不清的时候,会请求对方在讲话时做一些说明和解释。

表 23-0-1 两个典型的案例的听力损失状况以及听力损失所造成的困难和影响的分析和整合对比

案例	评估资料概述	评估资料分析和整合
A	A 先生,48 岁,邮递员。在平日工作和生活中一对一的交流环境下也没有任何困难。但是,他在生活中电话交流时常听不清。而且,在周末去酒吧或有时参加聚会时,在嘈杂的社交环境下感觉交流比较困难。A 先生性格比较开朗,对于这些听力困难的态度比较乐观。他在听不清时会说明自己有听力问题,要求对方重说一下,或做一些说明和解释	听力评估结果: • 双侧中度感音神经性听力损失 听力损失所造成的交流困难: • 经常电话交流困难(经常) • 在嘈杂的社交环境下交流困难(偶尔) 听力损失所造成的影响: • 听力损失问题对活动、参与以及生活质量影响不大 听力损失人士对于听力康复的态度: • 对于听力困难和康复的态度乐观 听力损失人士的应对方式和心理状况: • 采取的应对措施积极
B	B 先生,48 岁。一家私人企业的部门经理。日常工作主要是参加一些正式的会议,以及通过电话与客户进行沟通和业务往来。而且,由于工作性质的原因,他还经常需要参加各种与工作相关的社交应酬。他的听力困难除了表现在电话交流时听不清的问题,更主要的是在开集体会议听取他人的发言时,以及在嘈杂社交环境下的交流困难。B 先生感觉这些困难直接严重影响到他的工作和自信。心理负担很重。表现为烦躁,爱发脾气。他对于这些听力困难所造成尴尬局面的态度比较消极、悲观。他尽可能找借口不去参加集体会议,以及与工作相关的社交应酬来应对交流困难	听力评估结果: • 双侧中度感音神经性听力损失 听力损失所造成的交流困难: • 经常电话交流困难(经常) • 在嘈杂的社交环境下交流困难(经常) 听力损失所造成的影响: • 听力损失问题对活动、参与以及生活质量影响大 听力损失人士对于听力康复的态度: • 对于听力困难和康复的态度悲观 听力损失人士的应对方式和心理状况: • 采取的应对措施消极

然而,对于案例 B,他的工作性质和工作环境(私企的部门经理)相对复杂,平日工作以及社交活动繁忙,经常需要参加一些正式的会议和社交应酬。他的听力困难除了表现在电话交流时听不清楚,更主要的是在开集体会议时听取他人的发言,以及在参加社交应酬时处于嘈杂环境下的交流困难。这些问题直接严重影响到他的工作,从而也引起他的心理问题和困扰。例如,缺乏自信心、烦躁、厌倦工作等情绪上的变化。他对于这些听力困难的态度比较悲观,采取的应对措施也比较被动和消极。由于集体会议和

社交应酬大多是正式场合，在出现听不清的时候，不便于请求对方进行重复或对讲话做出进一步的说明和解释。正是以上这些原因以及个人因素导致他采取回避的措施应对听力损失所造成的交流困难。

因此，通过以上两个案例的评估资料概述和分析，说明在进行听力学评估资料的具体分析和整合时，听力师/验配师需要综合运用自己的专业知识和实践经验，实施严谨的逻辑推理和分析。不仅需要考虑听力障碍人士的实际情况和他们具体的康复需求（如交流困难情况），同时还需要通过对听力障碍人士的行为方式、个性特征和心理素质方面作出评估，深入了解听力损失可能导致的心理方面的困扰。只有这样才能够制定出切合实际、个性化的康复决策。

二、听力学评估后综合决策的原则和方法

听力学评估后综合决策的原则就是要确立以满足听力障碍人士的个性化康复需求为主要目的的决策原则。同时，听力师/验配师需要以循证医学的科研成果为依据，与听力障碍人士以及他们的家属共同商讨听力康复的可行性和方法，并共同制定和完成听力学评估后综合决策，主要包括：①是否需要转诊或进一步的评估？②最适当的干预和听力康复方法是什么？③最初的干预和听力康复的目标是什么？④是否需要更其他的支持和帮助。

听力学评估后综合决策的过程中主要包括以下几个关键步骤：

（一）听力学评估后综合决策步骤一：确定进一步的评估或转诊

在进行听力学评估资料的分析和整合，以及制定综合决策时，听力师/助听器验配师需要严格遵守行业规则，始终以维护听力障碍人士的最佳利益为宗旨，只在自己专业知识与实践技能范围内进行执业。对于超出自己执业范畴的个案病例，必须进行转诊，以便实施进一步的评估和干预治疗。一般比较常见的转诊并需要进一步评估的情况如下：①存在急性外耳和/或中耳疾病的患者，或者是慢性中耳疾病急性发作的患者；②突发性听力损失，或近期听力状况有急剧变化的患者；③存在波动性听力损失情况；④存在原因不明的双侧不对称性听力损失情况；⑤存在耳鸣（尤其是单侧持续性耳鸣）、眩晕等其他症状。

（二）听力学评估后综合决策步骤二：提出可能的康复干预目标

在完成听力学评估资料的分析和整合之后，听力师/助听器验配师需要明确提出一些可能的康复干预目标，与听力障碍人士以及他们的家属共同商讨。值得注意的是，听力师/助听器验配师在确定康复干预目标时，需要以听力障碍人士为中心，针对听力障碍人士反映的实际问题和困难，结合他们的环境因素及个人背景因素，为听力障碍人士制定个体化听力康复的目标。

案例　C先生，75岁，退休后与老伴及儿子一家一起生活。听力下降10年。7年前儿子带C先生在验配店买过一台耳背式助听器，佩戴时啸叫明显，且在人多时助听器的嘈杂声很大。自从买来助听器以后，C先生几乎根本没有使用过。目前的听力评估检查发现双侧听力存在中、重度感音神经性听力损失。由于C先生在与朋友说话交流时总是打岔，无法进行正常交流，在社交时经常感觉非常尴尬。近两年来也不再愿意去参加晨练，多数时间是在家看电视和看书报。尽管如此，C先生本人并不愿意前来寻求听力帮助，他认为自己的年纪大了，听力不好是自然规律。特别是由于前一次配戴助听器失败的经验，C先生认为老年人的听觉困难基本上是无法克服和解决的。这次是在家人的劝说下，才勉强同意，由家人陪同一起前来就诊。

评估资料分析和整合：

1. 听力损失所造成的交流困难如下：

● 看电视时，无法听清楚电视里的内容，需要把声音开得很大。

● 与家人、朋友日常交流困难，表现为需要家人和他大声和他讲话。

2. 听力损失所造成的活动和参与困难：

● 不愿意出门，不想与别人交谈、接触。

● 生活质量受到影响，表现为感觉生活很无聊。

3. 对于听力康复的态度：

● 对于听力康复的态度消极、抵触。

4. 听力损失人士的应对方式和心理状况：

● 对听力损失和助听器存在不正确或不全面的认识。

5. 采取的应对措施消极，表现为回避。

● 听力师／助听器验配师为其制定个体化听力康复的目标包括：

● 端正 C 先生对寻求听力帮助的态度。

● 改变 C 先生对助听器的某些不正确或不全面的认识。

● 根据 C 先生的康复需求合理选配助听设备。

（三）听力学评估后综合决策步骤三：遵循证据以确定最适当的康复干预方案

为了能够充分实现干预和康复的目标，听力师／助听器验配师需要遵循和使用最佳的科学依据，为听力障碍人士提供／建议最适当的康复干预方案。最终为上述案例中确定的具体康复干预方案如下：

1. 针对 C 先生对寻求听力康复的消极态度，听力师开始并没有急于对 C 先生提出任何有关选配助听器的建议，而是先跟他大声聊天，聊一些他平常喜欢做的事情。当谈到喜欢看新闻和音乐节目，听力师打开电视新闻，请 C 先生和家人一起观看。听力师先让 C 先生的儿子选择适合自己观看的电视音量，然后让 C 先生选择他能够听清楚的电视音量，并记录下其音量之间的差距。听力师在为 C 先生试戴助听器后，再让 C 先生选择他能够听清楚的音量。配戴助听器后 C 先生选择的音量和孩子看电视的音量相近，这让他非常高兴。试过其他频道均得到相同的结果后，并且与老伴的交流也变得比较自如，C 先生非常满意。

2. 针对 C 先生对助听器的某些不正确或不全面的认识，例如 C 先生问到配戴助听器是否会造成听力损失进一步恶化时，听力师耐心解释助听器的工作原理来消除 C 先生的顾虑。同时，解释为什么前一次验配助听器失败的原因。

3. 当 C 先生逐步改变对寻求听力康复的消极态度后，听力师开始根据 C 先生目前的听力困难和康复需求合理选配助听设备，并且与他和家人协商共同制定初始的康复目标，包括：① C 先生在看电视能跟家人在相同的音量上听清楚电视节目；②改善 C 先生与家人和朋友们在日常生活中的交流困难。

4. 另外，听力师可以根据 C 先生使用助听器的效果和助听器康复后可能依然存在的问题，辅导 C 先生学习一些听觉技巧。例如，在嘈杂的环境下，当存在交流困难时，尽可能面对讲话者，这样他可以通过观察对方的面部表情和口型来帮助他应对交流困难。

（四）听力学评估后综合决策步骤四：征求听力障碍人士的选择

听力师／助听器验配师应该注意听力障碍人士在制定综合决策中主动参与的作用和意义。因此，在为听力障碍人士提供和建议最适当的康复干预方案后，听力师／助听器验配师需要征求听力障碍人士的意见和偏好，尊重他们的选择和权利，争取在听力师／助听器验配师的专业建议和听力障碍人士的个人偏好之间达成一致，实现以满足听力障碍人士的个体康复需求作为干预和康复的最终目的。

（五）听力学评估后综合决策步骤五：共同确定康复干预方案

这一步骤的目的是确保听力障碍人士对于将要实施的康复干预方案的理解。听力师／助听器验配师需要进一步为听力障碍人士提供更清楚、更可靠、更详细的信息，从而使听力障碍人士以及他们的家属对于将要实施的康复干预有比较切合实际的期待值，主要包括：①提供与将要实施的康复干预方案相关的信息，进一步明确实施该康复干预方案的依据；②详细解释实施康复干预方案的具体步骤和相关注意事项；③明确实施该康复干预方案时所带来的益处，和可能存在的风险；④如果需要，进一步讨论和澄清其他康复干预方案，以及实施听力障碍人士个人选择和偏好的康复干预方案的可能性。

综上所述，在听力学评估后综合决策的五个主要步骤中，强调了听力师／助听器验配师在制定和完成听力学评估后综合决策的重要作用。同时，值得注意的是，听力障碍人士对于每一个关键环节的理解和认识，以及他们个人的意见和偏好，他们的心理状态，对于共同制定康复目标和实施具体的康复干预方案也是至关重要的。

（赵　非）

职业听力评估和保护 第二十四章

第一节　噪声性听力损失的研究史和噪声的测量

一、噪声性听力损失的研究史

噪声是由杂乱无章的非周期性振动产生的宽频谱声音,当其强度足够大,暴露时间足够长时,就会对人类听觉系统产生短暂或永久性的功能损害。这种损害多数都是出现在耳蜗,由此而产生的听力损害称为感音神经性听力损失,这种由噪声而产生的感音神经性听力损失称为噪声性听力损失(noise induced hearing loss,NIHL)。人类的活动,如工业、运输、生产以及娱乐均能产生足以损伤听力的噪声,因此 NIHL 完全是人为因素造成,所以必须努力解决这个问题。在中世纪就有教堂钟声、煤矿噪声以及打铁等造成听力损害的记载。在 19 世纪,医学史上就有"锅炉工聋""铁匠聋"等报道。但是直到工业革命以及第二次世界大战才出现了大量 NIHL 人群,成为听力学作为一门专业得到突飞猛进发展的主要原因。

二、噪声的测量

噪声的测量通常使用的是声级计(sound level meter)和噪声剂量计(noise dosimeter)。对于噪声强度相对稳定,工作时不走动的工人来说,测量某个区域或短时间内的噪声可以使用声级计。声级计测量的是一个较短的时间范围内(数分钟或数十分钟)的噪声水平。其结果对于某个区域内是否需要噪声防护非常有用,也可以制成一个"噪声地图",标明某个机器或者某个作业周围不同区域的噪声水平。噪声剂量计体积较小,可以佩戴在工人身上,在噪声随时间发生变化,且工人在工作中需要不停走动的情况下可以使用。有的噪声剂量计在噪声强度超过某一设定值时就会发出警报;有的可以测量听觉保护装置内部的噪声强度。噪声剂量计能够测量工人作业的一个班次内所暴露的噪声剂量,是噪声暴露测量的金标准。噪声剂量计与声级计都可以用来测量不同时间点上的噪声强度,结合使用能够测量某一时间段内的平均噪声强度。一定时间内的平均噪声强度,称为时间加权平均值(time weighted averages,TWAs)。有些高级声级计还能分析噪声的倍频程、1/3 倍频程甚至窄带频谱。不管使用哪种设备,仅仅一次测量不足以反映噪声的特性,需要在不同的工作条件下重复测量。多重噪声暴露评估是了解一个企业或者一个作业噪声性质的最好方法,也就是说需要有环境的测量、短时程噪声测量、工人一个班次的噪声测量以及累积噪声剂量测量。随着噪声剂量计以及声级计性能的不断改良,其数据处理能力越来越强大,能够精确(达 1s)地存储和分析最小、平均和最大噪声强度,噪声测量工作变得越来越简便易行。

第二节　噪声对听觉器官的影响

一、暂时性阈移

在强噪声环境中短时间引起的耳鸣和听力下降,听阈升高 10dB,脱离噪声数分钟听力即恢复,这种现象称听觉适应;如噪声作用时间较长,听阈升高 15～30dB,听力需数小时甚至几天才能恢复,这种情况称为听觉疲劳或称噪声所致暂时性阈移（temporary threshold shift，TTS），即通常所说的暂时性听力损失。当发生暂时性阈移时，听觉系统内发生一系列可逆的生理变化，包括耳蜗外毛细胞静纤毛之间连接的断裂、静纤毛与盖膜之间联系的消失、由于内毛细胞过度释放神经递质而造成的听神经肿胀以及耳蜗血供的降低。经过足够长时间的恢复，这些改变都是可逆的，听力也能够回到暴露前的水平。TTS在暴露后的8～10h内，其变化是匀速的，而且其程度是所暴露噪声的强度和频谱的函数。在所处环境噪声低于76～78dB A，且TTS不超过30dB时，其恢复随时间呈指数下降。最新研究表明尽管TTS是可逆的，经噪声暴露的近交系小鼠与其对照组相比，在老年期听阈显著变差，说明噪声暴露所造成的损害可能是长期的且可能早期表现并不显著。

二、永久性阈移

永久性阈移（permanent threshold shift，PTS）是TTS不完全恢复所遗留的听力损失，发生于长时间、中等强度以上的噪声暴露，主要的受损部位是外毛细胞。一般认为之所以外毛细胞易受到损伤，与其主动特性有关的高代谢活动相关。当过度噪声暴露后，外毛细胞为了满足能量需求，线粒体消耗大量的氧，结果产生了大量的副产物——活性氧（reactive oxygen species，ROS），如过氧化物，它们是自由基团（有未配对的分子），会清除相邻结构分子上的电子。导致脂类和蛋白质分子以及DNA的损坏。当有较强的声或电刺激时，细胞就会发生肿胀、破裂导致坏死。破裂细胞内容物的溢出会对邻近细胞产生炎性刺激，发生范围更广、持续数小时乃至数天的细胞死亡。过度噪声暴露产生大量的活性氧，造成细胞死亡的不可逆损害的过程称为细胞凋亡，外毛细胞或被抛出基底膜，或被周围细胞分隔。当毛细胞死亡时，它们就会被支持细胞所取代，这样尽管基底膜还完整，但其功能丧失。人类的耳蜗在出生时有大约12 000个外毛细胞和4 000个内毛细胞。一旦它们死亡将不会再生。感受某一频率的少量外毛细胞死亡后，该频率的纯音阈值不会改变，但当死亡外毛细胞数量达到一定程度时，该频率的听阈将会产生永久性变化，通常认为即使此时停止暴露，听力下降也不会逆转。毛细胞的损失在一生中是持续进行的，听力损失程度也会持续加重。噪声性听力损失一般是双耳对称的，因为所暴露的声场是开放性的。只在极少数情况下，比如枪炮射击时把武器扛在肩膀上，使一只耳的噪声暴露量显著高于另一只耳，在这种情况下双耳的听力损失是不对称的。

一个人经噪声暴露后产生显著的TTS，并不一定说明其今后产生PTS的可能性更大或更小。但如果某个噪声能够产生TTS，其强度足够大、暴露时间足够长就会产生PTS。工业噪声引起的PTS大多由TTS发展而来。爆震性听力损伤因其强度极大，极短时间内即可造成PTS。

噪声性听力损失患者的听力图上最显著的特征是在4 000Hz出现一个切迹。其原因在于，人类耳蜗受声损害最大处是最高刺激频率以上的半个到一个倍频程。这个现象除了与耳蜗的弯曲度有关外，还与耳蜗底转与顶转血流灌量不同有关。人类外耳（耳郭与外耳道）在2 000～4 000Hz的共振改变了来自外部声音的物理特性，而这一共振频率取决于外耳道的体积和长度。成人外耳道长而体积大，最大共振频率是2 600～3 000Hz，儿童外耳道相对小且短，其共振频率稍高于成人。共振使得其相应频率的增益达到15～25dB。另外环境噪声的频带都较宽，其最高刺激频率应该大约为4 000Hz以下半倍频程到一倍频程。这是4 000Hz最易受损的另一原因。

三、声创伤

高强度的声音（如爆炸声）会即刻造成耳蜗和中耳的永久性损伤。决定听力损失程度的噪声参数与通常的损伤危险标准或暴露剂量并不一致。这种瞬时强噪声的剂量与听力损伤程度之间没有一定的规律。一次过量强声暴露（比如105dB（A）的噪声暴露6h）就会立即造成PTS而不是先形成TTS。

当强声暴露引发耳蜗内细胞坏死时，听力图会表现为4 000Hz的切迹、平坦型曲线或者陡降的高频听力下降。内、外毛细胞以及支持细胞都会受到累及，基底膜也由于耳蜗内行波的压力超过了其弹性限度而遭到破坏。耳蜗内间隔损坏，使得内、外淋巴混合，从而破坏范围更加扩大。声损伤引起的最常见症状是耳鸣，以及进行性的NIHL。损伤后的心理紧张综合征则更加剧这些症状。研究表明峰压级

132dB 就会造成声损伤。在峰压级 132～170dB 之间,耳蜗受到的损伤冲击最大;如果噪声更高,则会导致鼓膜穿孔、听骨链脱位。当中耳遭到破坏后,到达耳蜗的噪声能量会大幅衰减,对于耳蜗的损伤也会显著下降,此时听力图中 4 000Hz 的切迹并不明显。因此噪声峰压级超过 170dB 时反而耳蜗损伤的程度减小,但是中耳遭到破坏。

噪声对非听觉器官同样会造成损伤。研究表明,正常人如果暴露于噪声,会引起胃的收缩,越来越多的研究证据表明噪声暴露会给人体带来不良的影响,造成心血管疾病、睡眠障碍、紧张、烦恼以及认知影响,在儿童表现为学习障碍。

第三节 娱乐噪声对听觉的影响

武器和重型机械等是强噪声源,日常生活噪声也可成为引起 NIHL 的重要因素。乐器也能够产生很强的声音。与噪声(各种活动不必要的副产品)不同,音乐是人们活动的目的,但这一过程也会产生有害的声音。除了乐器会损伤听力以外,便携式音乐设备同样也有可能损害听力。噪声暴露模型的研究表明,音乐媒体如 MP3 播放器造成听力损害是非常可能的,而且损害不仅与音量、聆听时间有关,也与选用的耳机有关。以 MP3 播放器为例,研究人员发现在成人及青少年,相当一部分人在安静环境中使用的音量超过了 85dB(A),且音量还会随着环境噪声的增加而增加。人们在嘈杂的环境中(如在喧闹的街道上)聆听音乐时,为保持足够高的信噪比,会采用远远比安静环境高很多的音量。80% 的使用者在飞机上的使用音量超过 85dB(A)。降噪耳机能够解决这一问题,从而起到保护听力的作用。许多市售设备的音量旋钮置于最大时,其声音强度通常都会超过听力损伤的警戒线,大约相当于 121dB(A)。专业人员建议置于最大音量的 80% 以下,每天聆听时间不超过 90min。该建议相当于给爱好用随身听聆听音乐的人们提出了"限速"标准。另外,听力损害与否,还取决于耳机的选择。例如,同一个 CD 机,厂家配送的耳机的输出就比随意配送的输出低 7～9dB。

第四节 职业性听力损失的评估

长期工作在高噪声环境下而又没有采取任何有效的防护措施,将使耳蜗毛细胞产生不可逆的损害,导致严重的职业性听力损失。国内、外现都已把职业性听力损失列为重要的职业病之一,在某些特定场所如舰艇、纺织厂、车间等工作的人群听力受噪声影响最为明显。对已发生的职业噪声性听力损伤,应依照相关的国家标准进行听力评估和诊断,以便进行相应处理。更重要的是,对长期接触职业噪声的劳动者进行有效的噪声防护,避免职业性听力损失的发生。

一、职业性噪声性听力损失的诊断标准

职业暴露于噪声作业引起听力损失的临床特点为早期以高频听力下降为主,可逐渐累及语频,导致感音神经性听力损失,即为职业性噪声性听力损失(旧称职业性噪声聋)。针对长期职业接触噪声所致听力下降人员的诊断和处理,我国以国家职业卫生标准的形式制订了职业性噪声聋诊断标准。该标准经历了多次修改和完善,最新版是 2014 年 10 月发布的 GBZ 49—2014《职业性噪声聋的诊断》。这一标准规定了职业性噪声聋的诊断原则、诊断分级和处理原则。2011 年,我国还针对爆破作业近距离暴露,或工作场所中易燃易爆化学品、压力容器等发生爆炸导致的爆震性聋颁布了 GBZ/T 238—2011《职业性爆震聋的诊断》,对职业性爆震聋的诊断原则、诊断与分级及处理原则做了规定。随着职业医学和听力学的不断发展,职业性噪声聋标准也需不断修订与完善。

(一)职业性噪声聋诊断标准和分级原则

GBZ 49—2014 规定,须具有连续 3 年以上职业性噪声作业史,出现进行性听力下降、耳鸣等症状,纯音听阈测试结果为感音神经性听力损失,并结合职业健康监护资料和现场职业卫生学调查进行综合分析,排除其他原因所致听觉损失者,方可诊断为职业性噪声聋。其中"噪声作业"指工作场所噪声强度超

过 8 小时等效声级（A 计权）≥85dB。这也是国家职业卫生标准 GBZ 2.2—2007《工作场所有害因素职业接触限值第 2 部分：物理因素》中规定的"工作场所有害因素职业接触限值"。

对于符合双耳高频（3 000Hz、4 000Hz、6 000Hz）平均听阈≥40dB 者，根据较好耳语频（500Hz、1 000Hz、2 000Hz）和高频 4 000Hz 听阈加权值进行诊断和诊断分级：①轻度噪声聋：26～40dB HL；②中度噪声聋：41～55dB HL；③重度噪声聋：≥56dB HL。

根据这一分级标准，双耳高频（3 000Hz、4 000Hz、6 000Hz）平均听阈≥40dB HL 是诊断职业性噪声聋的前提条件。若语言频率听力损失大于等于高频听力损失，不应诊断职业性噪声聋。

（二）职业性噪声聋诊断步骤

进行职业性噪声聋诊断，可按照以下步骤进行：

1. 耳科常规检查。

2. 纯音听阈测试 至少进行 3 次纯音听力检查，两次检查间隔时间至少 3 天，而且各频率听阈偏差应≤10dB。诊断评定分级时应以每一频率 3 次中最小阈值进行计算。

3. 鉴别诊断 应排除噪声以外的其他致听力损失原因，主要包括：伪聋、夸大性听力损失、药物（链霉素、庆大霉素、卡那霉素等）性聋、外伤性聋、传染病（流行性脑脊髓膜炎、腮腺炎、麻疹等）性聋、家族性聋、梅尼埃病、突发性聋、各种中耳疾患及听神经瘤、听神经病等。一部分患者在噪声环境下从事工作之前有过耳科疾病造成的听力损伤史。这种情况下，究竟是噪声引起的听力损伤还是以前耳科疾病引起的听力损伤，尤其需要进行临床鉴别诊断。

4. 噪声聋诊断分级 对符合职业性噪声聋的听力特点者，计算双耳高频平均听阈（BHFTA）。BHFTA = $(HL_L+HL_R)/6$。BHFTA 单位为 dB HL；HL_L：左耳 3 000Hz、4 000Hz、6 000Hz 听阈级之和，单位为 dB HL；HL_R：右耳 3 000Hz、4 000Hz、6 000Hz 听阈级之和，单位为 dB HL。双耳高频平均听阈≥40dB 者，分别计算单耳平均听阈加权值（MTMV），以较好耳听阈加权值进行噪声聋诊断分级。

$$MTMV=(HL_{500Hz}+HL_{1\,000Hz}+HL_{2\,000Hz})/6\times0.9+HL_{4\,000Hz}\times0.1\cdots\cdots$$

MTWV 单位为 dB HL；HL：听力级，单位为 dB HL。双耳高频平均听阈及单耳听阈加权值的计算结果按四舍五入修约至整数。

二、主客观听力测试

职业性噪声聋的听力评定以纯音听阈测试结果为依据。纯音听阈测试是心理 - 物理测试，要通过纯音听阈测试获得完整准确的听力图，有赖于受试者对测试方法的正确理解和对测试积极专注的配合。在受试者不能很好地配合测试的情况下，需要使用客观测听手段获得各个频率的听阈。

（一）主观听力测试

1. 纯音听阈测试 职业性噪声聋诊断中纯音听阈测试的测试方法为排除暂时性阈移的影响，应将受试者脱离噪声环境 48h 后作为测定听力的筛选时间。若筛选测听结果已达噪声聋水平，应进行复查，复查时间定为脱离噪声环境后 1 周。纯音听阈各频率重复性测试结果阈值偏差应≤10dB，听力损失应符合噪声性听力损伤的特点。听力计应符合国家标准的规定并按规程进行校准。

2. 听阈的年龄修正 对纯音听力检查结果按国家标准 GB/T 7582—2004《声学 听阈与年龄关系的统计分布》进行年龄性别修正（表 24-4-1）。

3. 不典型情况下的听阈计算

（1）纯音听力检查时若受检者在听力计最大声输出值仍无反应，以最大声输出值计算。

（2）当一侧耳为混合性听力损失，若骨导听阈符合职业性噪声聋的特点，可按该耳骨导听阈进行诊断评定。

（3）若骨导听阈不符合职业性噪声聋的特点，应以对侧耳的纯音听阈进行诊断评定。

（4）若双耳为混合性听力损失，骨导听阈符合职业性噪声聋的特点，可按骨导听阈进行诊断评定。

（二）客观听力测试

1. 客观听力检查 包括听性脑干反应测试（ABR）、多频听性稳态反应（ASSR）、40Hz 听觉事件相关

表 24-4-1 GB/T 7582—2004 给出的耳科正常人听阈年龄性别修正值

年龄/岁	纯音气导听阈频率/Hz											
	500		1 000		2 000		3 000		4 000		6 000	
	男	女	男	女	男	女	男	女	男	女	男	女
20~29	0	0	0	0	0	0	0	0	0	0	0	0
30~39	1	1	1	1	1	1	2	1	2	1	3	2
40~49	2	2	2	2	3	3	6	4	8	4	9	6
50~59	4	4	4	4	7	6	12	8	16	9	18	12
60~69	6	6	7	7	12	11	20	13	28	16	32	21
70~	9	9	11	11	19	16	31	20	43	24	49	32

电位（40Hz AERP）、声导抗测试、耳声发射（OAE）测试等。在如下情况下，应进行客观听力检查，以排除伪聋和夸大性听力损失的可能：①当纯音听力测试结果显示听力曲线为水平样或近似直线，对纯音听力检查结果的真实性有怀疑；②纯音听力测试不配合；③语言频率听力损失超过中度噪声聋以上。

2. **客观听阈测试** 很多听觉电生理手段都可用于进行客观听阈评估。目前国内使用比较普遍的客观听阈评估手段主要包括 ABR、ASSR 和 40Hz AERP。

ABR 阈值与职业性噪声聋早期表现高频听力损失具有很好一致性，常用于职业性噪声聋、伪聋和夸大聋的鉴别。多使用短声（click）作为 ABR 刺激信号，将 click-ABR 的 V 波阈值作为听阈测试指标。短声具有良好的瞬态特性，可在短时间内诱发大量听觉神经元产生同步化非常好的神经反应，所以 click-ABR 波形分化明显，形态容易辨认。但 click-ABR 阈值主要体现 2 000~4 000Hz 频率范围的听阈。要通过 ABR 反映整个听觉频带上的听阈，就必须选择有频率特异性的刺激声如短纯音（tone burst）等。

ASSR 可获得具有频率特异性的反应阈值，并且可反应完整听觉通路的情况。但该测试的阈值与纯音听阈的相关性受到很多因素的影响。在不同年龄、不同听力损失程度、不同病因人群中、不同频率上，ASSR 阈值与纯音听阈的相关性并不一致。特别是脑电背景噪声高者，其阈值与纯音听阈差值较大，因此评估听阈时，应该加以注意。

40Hz AERP 作为 click-ABR 的补充在我国临床应用较为广泛，通常用 40 次/s 重复率的 500Hz 或 1 000Hz 短纯音引出，与纯音听阈相关性较好。但 40Hz AERP 容易受到睡眠和镇静剂的影响，在测试时应该受试者保持清醒状态。

3. **其他客观听力测试方法** 鼓室导抗图、声反射阈测试、OAE 测试等客观测试方法不能直接反应患者听阈水平，但可对其听力损失的定性起到辅助诊断作用，对职业性噪声聋的鉴别诊断具有重要作用。例如，OAE 可先于其他测试方法提示耳蜗损伤。

第五节 职业性噪声的防护和干预

一、噪声职业接触阈限值

国际标准化组织 ISO 于 1971 年公布了《职业性噪声暴露和听力保护标准》（ISO R1999—1971），其中对工业噪声工作场所的连续噪声暴露时间和允许 A 声级做了规定（表 24-5-1）。

根据 ISO R1999—1971，一些国家制定了各自的工业噪声允许标准并且逐步完善。美国职业安全和健康管理委员会（Occupational Safety and Health Administration，OSHA）以 8h 工作日为权数，声级计的滤波为 A 计权，模式为慢反应模式，规定 85dB（A）TWA_8 为需对噪声暴露实施干预的强度（action level），90dB A TWA_8 为最大允许暴露强度（permissible exposure level，PEL），脉冲式噪声不应超过 140dB。一旦工作人员所暴露的噪声达到或超过 85dB（A）TWA_8 就必须采取措施以避免形成 PTS。我国工业企业听力保护规范也规定了相应的噪声暴露标准。

表 24-5-1　ISO R1999—1971 规定的工业噪声允许标准

连续噪声暴露时间 /h	允许连续声级 /dB（A）
8	85~90
4	88~93
2	91~96
1	94~99
1/2	97~102
1/4	100~105
1/8	103~108
最高限	115

1979 年，我国卫生部和国家劳动总局颁发了《工业企业噪声卫生标准》（试行草案）。该标准针对新建和改建的企业规定了不同的噪声标准。2007 年，我国发布了国家职业卫生标准 GBZ 2.2—2007《工作场所有害因素职业接触限值第 2 部分：物理因素》，其中规定了噪声职业接触阈限。

对稳态噪声，每周工作 5 天、每天工作 8h，噪声限值为 85dB（A）；每周工作 5 天、每天工作不等于 8h，需计算 8 小时等效噪声级，限值为 85dB（A）；每周工作不是 5 天，需计算 40 小时等效噪声级，限值为 85dB（A）。

对脉冲噪声，工作日接触噪声脉冲次数≤100 次，声压级峰值不应超过 140dB（A）；工作日接触噪声脉冲次数 100~1 000 次，声压级峰值不应超过 130dB（A）；工作日接触噪声脉冲次数大于 1 000~10 000 次，声压级峰值不应超过 120dB（A）。

二、作业环境噪声监测

职业作业环境的噪声例如切割、研磨以及金属塑形相关的工具，通常都超过 85dB（A），另外，气体压缩系统以及传输机等设备的引擎或马达也会产生类似强度的噪声。当工人接触噪声后出现听力下降或耳鸣，或者当工人反映噪声干扰语言交流时，提示噪声达到了需要采取防护措施的强度，此时就对噪声进行测量，以便发现需要采取听力保护措施的工人，也是为了确定所需防护的程度，以及为企业及工人双方提供噪声危险程度的信息。

噪声强度的测量主要有三种方法：即区域读取法（area readings），短期人员监测法（short-term personal monitoring）和噪声剂量测定法（noise dosimetry）。上述方法各有优、缺点。区域读取法需要在工作环境中的许多位置收集噪声强度数据。当工作环境中的噪声均匀分布、工作时间内噪声波动较小、没有或有很少脉冲噪声，以及工作人员走动范围较小时较为适用。当工作环境中的噪声不太均匀，但是噪声强度相对稳定，且工作人员走动范围较小时，可选择短期人员监测法。该方法所得结果代表某个工作点的噪声强度。在不持续噪声性且工人工作走动较多时，可采用噪声剂量测试法，该方法所需的仪器是噪声剂量计，它是一种可以在一段相对较长时间范围内搜集声音强度的声级计。噪声剂量测试法能够记录到全部或部分工作时间内的噪声强度。

当工作环境中的噪声呈波动或间断状态时，有两种方法可以测试噪声暴露情况。第一种为噪声剂量。噪声剂量是以 8h 的声强 90dB（A）作为可暴露噪声量的 100%。采用 5dB 折中原则，8h 内噪声强度为 85dB（A）的噪声暴露剂量为 50%，8h 内噪声强度为 95dB（A）的噪声暴露剂量为 200%。其计算公式为：

$$噪声剂量 \% = (C_1/T_1 + C_2/T_2 + \cdots + C_n/T_n) \times 100\%$$

其中 C 代表在某一噪声强度下的总的暴露时间，T 代表在该噪声强度下允许暴露的时间。其中 T 值基于 5dB 折中原则。例如当噪声强度为 85dB（A）时，允许的暴露时间为 16h；当噪声强度为 86dB（A）时，允许的暴露时间为 13.9h；当噪声强度为 87dB（A）时，允许的暴露时间为 12.1h 等。如果某工人在某天噪声暴露情况如下：85dB（A）2h，87dB（A）2h，92dB（A）2h，则根据上面的公式，可以得到该工人的噪声暴露总剂量：

$$\text{噪声剂量} = (2/16 + 2/12.1 + 2/9.2 + 2/6.1) \times 100\% = 83.5\%$$

另外一种评估噪声暴露量的方法是将噪声暴露剂量数值转化为等效于 8h 工作时间（TWA$_8$）的时间加权平均值。时间加权平均以分贝表示，反映与稳态噪声暴露危险性相当的基本数据。可用以下公式进行转换：

$$\text{TWA}_8 = 16.61 \times \log_{10}(D/100) + 90$$

其中 D 代表噪声剂量。在上面所举的例子中，TWA$_8$ 的数值为 88.7dB。

三、劳动者听力监测

如果噪声级低于 85dB（A）TWA$_8$，就没有必要实施噪声防护项目。一旦噪声强度≥90dB（A）时，则可以选择以下两种方法之一：①或者调整工人工作时间，即限制噪声环境下的暴露时间；②或者使用防护装置（hearing protection device，HPD）。然而，上述处理方案均存在问题，如果不加以监控，则效果不理想。因此，必须对噪声防护的效果进行评估，这之中最有效的途径就是周期性的听力监测。

听力测试人员必须是经培训的技术人员。听力师、耳鼻咽喉科医师或内科医师等专业人员对项目进行监督、指导以及审查测试结果，必要时提出适当的处理和转诊意见。听力测试方法为纯音听阈测试，测试频率为 500Hz、1 000Hz、2 000Hz、3 000Hz、4 000Hz、6 000Hz、8 000Hz。听力计必须是经校准的手动听力计或自动听力计。刺激声可采用纯音或啭音。

听力保护项目必须包括基础测试和年度测试两种。基础测试结果为噪声工作场所下工作的劳动者最早的测试结果，也就是基线听阈。年度测试用于监测工人听力的变化情况。每次测试要求在测试前的 14h 内没有噪声暴露，也就是在测试的前夜，提醒工人避免非职业噪声（如很强的音乐、高噪声的工具、射击等）暴露。

对于工作环境的噪声达到或超过 85dB（A）TWA$_8$ 的所有工人，每年必须至少进行一次听力复查，并将复查结果与基础结果进行比较。如果 2 000Hz、3 000Hz、4 000Hz 阈值比基础下降≥10dB 时，则应采取相应的措施。

四、职业性噪声暴露的干预措施

噪声暴露的干预措施方法主要有三种。它们按重要性从高到低的排序依次为：①技术降噪；②减少噪声暴露时间；③使用 HPD。当工人处于过强噪声暴露时，首选的方法是消除噪声源，从而避免噪声暴露。次选的方案是用低噪声声源取代高噪声声源。如果噪声源无法替代，则应该采用降噪技术，也就是通过对噪声源或者在噪声传播路径上进行降噪处理（如对声源或工人进行隔离或者给房间墙壁或屋顶铺吸声材料）。当技术降噪不足以控制噪声时，可以通过行政手段减少噪声暴露。行政干预包括在上班工人人数少的时间或地点进行高噪声作业，以及设定暴露时间的最高限度等。最后当所有以上方法都实施后，仍有过度噪声暴露，才进行个人防护。也就是说个人防护是最后的选择。因为这种方法的有效性完全依赖于 HPD 使用者的正确操作。我国很多噪声场所并没有遵循这种噪声防护方法，因此噪声是粉尘之后的第二大职业危害，职业性噪声性听力损失发病逐渐升高，将会成为尘肺之后的第二大职业病。

五、职业性噪声性听力损失确诊患者的处理

在 GBZ 49—2014 中规定了对职业噪声性听力损失的处理原则。首先应将确定职业噪声性听力损失的患者调离噪声工作场所。如有对话交流障碍，可配戴助听器。必要时按照相关标准进行劳动能力鉴定。

GBZ/T 238—2011 规定了职业性爆震聋的处理原则。职业性爆震聋患者应尽早进行治疗，最好在接触爆震 3 天内开始并动态观察听力 1~2 个月。如有鼓膜穿孔，根据穿孔大小及部位行保守治疗或烧灼法促进愈合。经保守治疗 3 个月未愈者可行鼓膜修补或鼓室成形术。听小骨脱位、听骨链断裂者应行听骨链重建术。双耳 500Hz、1 000Hz、2 000Hz、3 000Hz 平均听力损失≥56dB HL 者应配戴助听器。

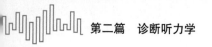

第六节　噪声防护装置

最早的噪声防护装置（hearing protection device，HPD）是 1945 年面世的 V-51R 听力保护器。此后一段时间，HPD 的市场发展很缓慢，直到 20 世纪 60 年代相继又有一些 HPD 问世。在 20 世纪 70 年代，各种类型的噪声防护耳塞、耳罩问世，包括膨胀耳塞以及其他一些利用新型材料制成的装置。20 世纪八九十年代 HPD 在外观和舒适度方面持续改善，但其防护噪声的效果并没有实质的提高。2000 年以后，HPD 由于其衰减噪声的强度随着外界噪声而改变技术的引进，性能有了显著性改善。市场在不断发展，截至 2003 年市面上有 300 多种 HPD。噪声衰减级（noise reduction rating，NRR）是评估 HPD 对噪声的衰减能力的主要参数，它表明一个经过培训的用户戴上某一 HPD 后预计能够实现的噪声衰减量，以 dB 表示。以 NRR 可以对不同 HPD 的性能进行比较。但 NRR 与 HPD 在实际的噪声衰减能力有很大差别，因为现场工人们在戴 HPD 时经常达不到应有的密封状态。

一、声音衰减的计算

尽管众所周知一个 HPD 衰减噪声的能力随使用者的不同有很大的差异，但以 NRR 去估算衰减噪声仍是常用的方法。下列公式为已知 A 计权噪声的噪声衰减理论值的计算方法。噪声衰减的理论值 [dB（A）]=TWA-（NRR-7），式中的 7 是用来校正 NRR 测试方法所用的 C 计权与工作场所噪声测量所用的 A 计权之间的差值。

当噪声强度非常高时 [100~105dB（A）TWA]，工人应该佩戴双重 HPD 的保护，即在耳塞上再加上耳罩。通常双重 HPD 的噪声衰减量计算是在两种 HPD 中最高的 NRR 值上再加 5dB。

美国 HPD 的衰减量通常以 NRR 计算，在欧盟用信号噪声比（signal to noise ratio，SNR）、在澳大利亚和新西兰用声强度转换值（sound level conversion，SLC80）。NRR、SNR 和 SLC80 在计算方法和测试频率上都存在着一些差异。

二、噪声防护装置的声学特性

HPD 的声学特性原理与助听器、教室、音乐或者大型建筑场地一样。对于 HPD 来说，这些特性包括：①波长相关特性；② Helmholtz/ 体积相关特性；③质量和密度特性。空气中所有的振动，不管是噪声、言语还是音乐都表现为分子的疏密变换。空气分子运动的幅度与振动的幅度有关。HPD 的作用就是减少这种分子振动的幅度。上述三种特性在不同频率上对声音的衰减量不是均匀一致的。

（一）波长相关特性

在 HPD，波长相关特性与障碍物的物理性质有关。波长长的声音绕过障碍物的能力较波长短的声音要强。一般低频声的波长长，而高频声的波长短。因此 HPD，无论耳罩还是耳塞，其低频衰减能力差于高频。因此 HPD 在不同频率降低噪声能力的差异也会造成一些问题。工业噪声的频谱主要在低频，而 HPD 正是对这一频谱能量的衰减能力差。反而对于言语识别非常重要的高频能量却造成较大程度的丢失。由此工人经常在交流时通常摘掉 HPD，这就降低了 HPD 的效能。一般的 HPD 在音乐爱好者中的接受程度也是很低的，因为基频的声音太强，而高频的泛音却丢失了。

（二）Helmholtz/ 体积相关特性

与波长相关特性不同，Helmholtz/ 体积相关特性的影响只限于很窄的频率范围内。戴上 HPD 所形成的共振腔或者抵消了其衰减的效果（如共振）或者增强了其衰减功能（如共鸣旁带）。共振腔因其大小和位置的不同，显著影响了 HPD 的性能。

（三）质量和密度特性

HPD 的质量和密度越大，其保护听力的能力越强。比如棉花制成 HPD 的保护作用就弱于聚合材料或硅胶。但从佩戴舒适角度来说，人们对每一种材料都有忍耐限度，超过这一限度则引起不舒适感。

三、耳罩和耳塞

HPD 主要有两种：耳罩和耳塞。它们的共同特点是通过阻断声音传播，从而减少噪声，使之不损害听力。耳罩的质量和密度较大，因而总体上衰减噪声的能力，特别是在低、中频强于耳塞。但是耳塞置于外耳道深处，密闭性好，其保护性能也较好。有些耳罩式 HPD 因体积较大，可以装配声电设备，如双通道通话系统等。二者的主要区别是耳罩式因为不能消除位于 2 700Hz 附近的外耳道自然共振峰，而使其衰减能力在此频率减少 15～20dB。

HPD 的密封问题是产品设计以及使用时应该考虑的问题。工人在对话时会掀开 HPD，这样对于高频的声音的衰减减少，自然言语的清晰度会有所提高，但随之而来的问题是，作业场所的低频噪声进入耳内，从而对听力带来损害。在耳罩内安装通话系统能够避免这种情况的发生。HPD 的有效性一部分取决于产品的物理性能，另一部分取决于使用者的正确方法。它们对 HPD 的影响的绝好的例子是耳罩和耳塞实验室与实际的 NRR 的差异。实验条件下的 NRR（实验者保证外耳道完全密封）显示耳塞对于低频噪声的衰减能力强，而实际应用中却是耳罩比耳塞的作用强。

（莫玲燕　冀　飞）

第二十五章 遗传性听力损失的基础研究与临床

第一节 遗传性听力损失概述

一、定义

遗传性听力损失（hereditary hearing loss，HHL）是指由来自亲代的遗传物质即致聋基因突变传给后代或子代新发生的致聋基因突变，导致耳部发育异常、代谢障碍、细胞结构或功能异常，以致出现听功能不良。父母一方或者双方可为与子代表型类似的听力损失患者，也可为听力正常的致病基因携带者。

绝大多数遗传性听力损失是单基因遗传病，即由一个基因突变导致的听力损失。尽管遗传性听力损失是单基因遗传病，但涉及的基因可多达 100 个以上，表现出明显的遗传异质性。

二、流行病学

遗传性听力损失可表现为不同程度的听力损失，是导致言语交流障碍的常见疾病。根据 2006 年全国残疾人抽样调查数据，我国有听力损失患者 2 780 万人，占全国残疾人的 33.5%，居各类残疾之首。在导致听力损失的众多原因中，遗传是最重要的原因。新生儿听力损失发生率为 0.1%～0.3%，其中至少 60% 的新生儿听力损失是由遗传因素所致。在 0～6 岁迟发性听力损失儿童中超过半数由遗传因素所致。流行病学研究显示，我国正常人群中耳聋相关基因突变携带者至少 4.5%～5.6%，如果包括外显不全的耳聋基因突变，携带者可达 8%～12%。因此，对于先天性永久性听力损失患儿，除非有明确的妊娠期病毒感染、出生时严重缺氧、高胆红素血症等，都应考虑其遗传背景；即便是后天获得性听力损失，遗传因素也可能是重要的易感因素。

第二节 遗传性听力损失的遗传方式

一、基础遗传学与遗传方式

（一）基础遗传学

人类的 46 条 23 对染色体包括 22 对常染色体（1～22 号）和 1 对性染色体（X 和 Y）。每条染色体含有一条 DNA 双螺旋分子。DNA 分子的基本单位是脱氧核苷酸，根据碱基的不同，分为腺嘌呤、鸟嘌呤、胞嘧啶、胸腺嘧啶四种。遗传信息就储存在 DNA 链中不同的碱基序列上。基因是具有遗传效应的 DNA 片段，是遗传的基本结构和功能单位。基因在染色体上的特定位置为基因座，也称为座位。等位基因是指位于一对同源染色体的相同位置上控制着相对性状的一对基因，它可能出现在染色体某特定座位上的两个或多个基因中的一个。一对等位基因分别来自父本和母本。染色体是遗传物质的主要载体。

根据控制性状的基因数目，将遗传性疾病分为单基因病、多基因遗传病、染色体病。

（二）遗传方式

1. 孟德尔遗传单基因病　单基因病（monogenic disease）是指那些由于单个基因的突变而引起的遗

传病。由于单基因病的发生基本上受一对等位基因的控制，其遗传方式符合孟德尔定律，故单基因病又称为孟德尔遗传病。根据基因的显、隐性及所在的染色体的不同，单基因病的遗传方式可分为常染色体显性遗传、常染色体隐性遗传、X 连锁遗传和 Y 连锁遗传。

（1）常染色体显性遗传：引起疾病的突变基因位于常染色体上，且杂合状态下即可致病，这种遗传方式称为常染色体显性遗传（autosomal dominant inheritance，AD）。

（2）常染色体隐性遗传：引起疾病的突变基因位于常染色体上，且必须在纯合或复合杂合状态下才可致病，这种遗传方式称为常染色体隐性遗传（autosomal recessive inheritance，AR）。在杂合状态时并不表现出相应的疾病，其表型与正常人相同，这种表型正常但带有一个致病基因的个体称为携带者。

（3）性染色体遗传：引起疾病的突变基因位于性染色体上，基因所决定的性状在群体分布上存在着明显的性别差异。性染色体遗传又可分为 X 连锁遗传（X 连锁显性遗传、X 连锁隐性遗传）和 Y 连锁遗传。

2. 线粒体遗传　线粒体是动物细胞核外唯一含有 DNA 的细胞器，线粒体遗传是指由线粒体 DNA（mitochondrial DNA，mtDNA）控制的遗传现象。mtDNA 具有其独特的传递规律：mtDNA 分子严格按照母系遗传方式进行传递，由母亲将其传递给下一代，再通过女儿传给后代；mtDNA 能够独立自主地复制、转录和翻译，但其功能又受核 DNA 的影响，故为半自主性；mtDNA 所用的遗传密码和通用密码不同；mtDNA 分子缺少核苷酸结合蛋白保护，且无 DNA 损伤修复系统，因此 mtDNA 的突变率极高，比核 DNA 高 10～20 倍。线粒体基因突变存在同质性与异质性，细胞或组织同时拥有突变型和野生型 mtDNA 的状态称为异质性；只拥有一种 mtDNA（全部为突变型或野生型）的状态称为同质性。另外，线粒体基因突变存在阈值效应，即突变负荷超过一定范围，使得野生型 mtDNA 分子的数量不足以维持呼吸链的功能时，组织或器官就会出现功能异常，这种现象称为阈值效应。

3. 表观遗传　表观遗传学是在研究与经典孟德尔定律不相符的遗传现象中发展起来的，是研究不涉及 DNA 序列改变的基因表达和调控的可遗传的变化的一门新兴遗传学分支。通过有丝分裂或减数分裂来传递非 DNA 序列信息的现象称为表观遗传（epigenetic inheritance）。表观遗传修饰机制包括 DNA 甲基化、组蛋白修饰、非编码小 RNA 分子的调节、基因组印迹、基因表达的重新编程、X 染色体失活等。

二、遗传性听力损失的遗传方式

遗传性听力损失是经典的单基因遗传病，其遗传方式包括孟德尔遗传中的常染色体显性、常染色体隐性、性连锁遗传，也包括线粒体母系遗传和表观遗传。

（一）常染色体显性遗传

常染色体显性遗传性听力损失（autosomal dominant hereditary hearing loss，ADHHL）存在常染色体完全显性、不完全显性及延迟显性遗传之分。

常染色体完全显性遗传性听力损失（图 25-2-1）系谱分析表现为：每代都有发病且男女机会均等，患者子女中约 1/2 发病。不完全显性导致家系中患者表现出不同程度的听力损失或携带突变基因的正常听力者。延迟显性在常染色体显性遗传性听力损失中较为常见，常表现为迟发性进行性听力损失。

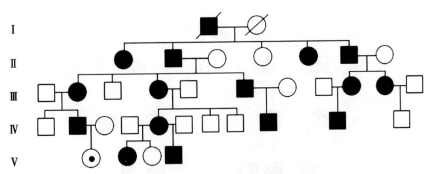

图 25-2-1　常染色体显性遗传

□正常男性；○正常女性；⊙女性基因突变携带者；■男性患者；●女性患者；◪和∅已去世。

（二）常染色体隐性遗传

常染色体隐性遗传性听力损失（图 25-2-2）典型的系谱分析表现为：无连续遗传现象，常为散发，且男女机会均等；患者双亲表型正常，但均为致病基因突变携带者；患者大部分出现在同胞之间，约 1/4 发病，其后代子女往往正常。

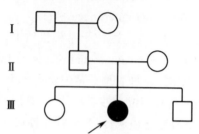

图 25-2-2　常染色体隐性遗传

（三）性染色体遗传

1. X 连锁显性遗传性听力损失　遗传特点为：女性患者多于男性患者；患者双亲之一必定是患者；男性患者的致病基因只传给女儿，故系谱中男性患者的女儿均发病（图 25-2-3）。

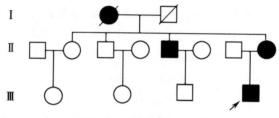

图 25-2-3　X 连锁显性遗传

2. X 连锁隐性遗传性听力损失　遗传特点为：男性患者远多于女性患者；若男性患者双亲表型正常，则其母亲为致病基因突变携带者；可见交叉遗传现象，即"父传女，母传子"；可见隔代遗传现象（图 25-2-4）。

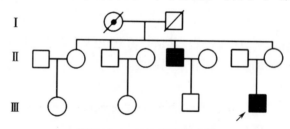

图 25-2-4　X 连锁隐性遗传

3. Y 连锁遗传性听力损失　2004 年，王秋菊等首次报道了一个听力损失表型在家系男性垂直传递的 Y 连锁遗传方式的非综合征型听力损失大家系，这也是目前唯一被证实的 Y 连锁孟德尔遗传病（图 25-2-5 为家系中一分支）。

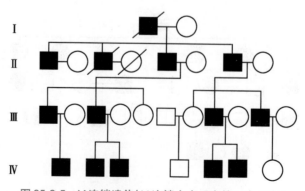

图 25-2-5　Y 连锁遗传（Y 连锁大家系中的一个分支）

（四）母系遗传

致聋基因位于线粒体基因组（mtDNA）上，线粒体相关遗传性听力损失（图 25-2-6）的遗传特点为：mtDNA 分子严格按照母系遗传方式进行传递，而不与父源的 mtDNA 发生交换和重组；女性患者后代均有可能发病，而男性患者后代正常。此外，线粒体基因突变与氨基糖苷类药物性听力损失相关，携带相应突变的个体可能出现易感现象，即"一针致聋"。

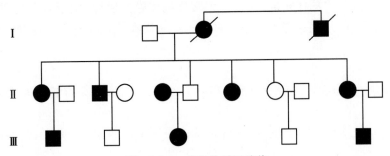

图 25-2-6　线粒体母系遗传

除此之外，研究表明，遗传性听力损失在遗传方式上还存在表观遗传。耳聋相关基因新发突变在听力损失者中也被发现。另外，遗传性听力损失在遗传方式还存在一些有趣的现象：有些基因既可以表现为常染色体显性遗传，又可以表现为常染色体隐性遗传，如 *GJB2*、*GJB3*、*GJB6*、*MYO6*、*MYO7A*、*TBC1D24*、*TECTA*、*COL11A2*、*TMC1* 等。

第三节　遗传性听力损失的临床表现

根据临床表现不同，遗传性听力损失分为非综合征型听力损失（70%）和综合征型听力损失（30%）。

一、非综合征型听力损失

非综合征型听力损失（non-syndromic hearing loss，NSHL）是最常见的感音神经性听力损失，既可表现为人群中散发，又可表现为家族中多发。因此，对非综合征型听力损失人群热点突变基因进行早期筛查、早期诊断，有助于对其家族内成员进行早期预防和干预，有效减少新生患儿，提高人口素质。中国人群中大部分非综合征型听力损失与为数不多的几个耳聋基因的突变密切相关，如 *GJB2*、*SLC26A4* 及 *mtDNA12SrRNA* 等。

（一）connexin 相关性听力损失

编码蛋白 connexin26（Cx26）的 *GJB2* 基因是第一个被克隆和鉴定的遗传型听力损失致病基因，也是导致非综合征型听力损失最常见的致病基因，疾病命名为 DFNB1（autosomal recessive non-syndromic hearing loss，DFNB）。*GJB2* 基因定位于 13 号染色体 q11-q12。在内耳，*Cx26* 广泛分布在耳蜗的支持细胞和血管纹细胞，被认为对维持内淋巴平衡、耳蜗管钾离子浓度有重要作用。

尽管迄今报道的 *GJB2* 相关的突变点超过 400 个，但大多数 connexin 相关性听力损失患者只与几个突变相关。*GJB2* 最常见的突变位点有 4 种，分别是 35delG、176del16、235delC 和 299-300delAT。不同种族具有不同热点突变，235delC 是东亚人群的热点突变。*GJB2* 的突变通常与隐性遗传性听力损失相关，但是有的突变可引起显性遗传性听力损失 DFNA3，还有的可导致 Vohwinkel 综合征（表现为感音神经性听力损失和皮肤角化）。由 *GJB2* 基因突变导致的听力损失主要表现为全频重度到极重度的听力损失，少数表现为轻度或进展性听力损失。这种表型差异主要由基因突变位点对蛋白结构功能的影响决定，影响越大，听力损失越严重。

除了 *GJB2* 基因外，编码蛋白 connexin30（Cx30）的 *GJB6* 基因和蛋白 connexin31（Cx31）的 *GJB3* 基因也是遗传性听力损失的相关基因。

诊断与干预：connexin 相关性听力损失可以通过基因诊断明确。在明确病因的基础上，还可以排除其他神经系统疾病，提示蜗神经和听觉中枢的完整性。多项研究表明此类患儿接受人工耳蜗植入的听力语言康复效果好，也是人工耳蜗手术前一项理想的效果预测检查。

（二）大前庭水管综合征

大前庭水管综合征（large vestibular aqueduct syndrome，LVAS）是一种先天性的前庭水管扩大的内耳发育异常，同时伴有感音神经性听力损失等为特征的一种临床独立性疾病，可伴有 Mondini 等其他内耳畸形，但不伴有其他器官的发育异常。LVAS 为常染色体隐性遗传，主要致病基因为 SLC26A4 基因。发病人群女性较男性多，在儿童及青少年中较常见。发病率在儿童及青少年感音神经性听力损失中占 14.5%～19.2%。

1. 临床表现

（1）先天性或渐进性和波动性的听力下降，高频听力损失为主，混杂有低频传导性成分，即低频存在气骨导差。

（2）突发听力下降是本病的临床表现之一，可从出生后至青春期这一年龄段内任何时期发病，发病突然或隐匿。

（3）双耳受累多见，听力损失多为重度至极重度，严重者可有言语障碍。儿童期也可表现为轻度到中度听力损失。

（4）大龄儿童或成人会主诉有耳鸣症状。

（5）约 1/3 患者有前庭症状，可反复发作眩晕，也可有平衡障碍症状。

（6）部分患者有明确的发热或头部碰撞后诱发听力损失或听力损失加重的病史。

2. 诊断

（1）听力学检查：

1）纯音听阈测试或者行为测听检查：70%～80% 患者在中耳功能正常的情况下存在低频的传导性听力损失，即异常的低频气骨导差，属于蜗性传导性听力损失。低频听力气骨导差是 LVAS 听力学重要特征之一，对诊断有提示作用。

2）声导抗测试：有助于判断中耳有无异常。

3）听觉诱发反应：对不合作的婴幼儿可在服用镇静药的情况下进行，ABR 检测时显示大部分患者存在异常的负波，称为诱发短潜伏期负反应（acoustically evoked short latency negative response，ASNR）。在常规进行 ABR 检查时发现的 ASNR 有 76% 的可能提示患者存在前庭水管的扩大。

4）前庭诱发肌源性电位：高振幅，低阈值。

（2）影像学检查：影像学是目前大前庭水管综合征诊断的金标准。包括颞骨高分辨率 CT、内耳 MRI 扫描，以及内耳影像三维重建等。大前庭水管的 CT 特点为：外半规管平面可见岩骨后缘的前庭水管外口扩大，如一深大的三角形缺损区，内端与前庭或总脚"直接相通"，或是在半规管总脚至前庭水管外口总长度的 1/2 处，内径 >1.5mm。MRI 内耳水成像可清晰显示扩大的内淋巴管和内淋巴囊。

（3）基因诊断：SLC26A4 基因存在致病性的纯合或复合杂合突变。

3. 治疗与干预　目前尚无有效治愈方法，但 LVAS 患儿出生后出现的波动性或渐进性感音神经性听力下降，及时药物治疗，听力可以得到改善甚至恢复到发病前水平，因此早期应积极药物治疗。

（1）药物治疗：听力急剧下降时可按照突发性听力损失治疗原则，采用激素和改善内耳微循环代谢的药物治疗。

（2）手术治疗：对于应用药物治疗效果不佳者，可在系统治疗的基础上观察 3 个月，如果听力无好转迹象即可选配助听器。如果助听器无助于听力的改善，则应建议进行人工耳蜗植入。人工耳蜗植入对 LVAS 导致的重度 - 极重度听力损失患者很有帮助，术后效果比较理想。

（3）确诊 LVAS 的患者应注意避免头部外伤、减少使内、外淋巴压升高的运动（擤鼻、剧烈活动等）及情绪波动、预防上呼吸道感染，防止听力进一步恶化。

LVAS 临床随着病情的发展，听力会逐步下降可致全聋。对于 LVAS 的患儿应尽可能地保护其听力，争取较长时间维持听力处较好阶段，有利于儿童语言发育。

（三）听神经病

听神经病（auditory neuropathy，AN）是一种表现为声音可以正常地通过外耳、中耳进入到内耳，但是声音信号不能同步地从内耳传输到大脑的一种听功能异常性疾病。表现为诱发性耳声发射（EOAE）或耳蜗微音电位（CM）正常、听性脑干反应（ABR）严重异常为特征的一组听功能障碍综合征。根据其病变部位可分为突触障碍型和神经障碍型。

1. 临床表现　双耳或单耳听力下降，特别是言语识别能力下降，即只闻其声，不辨其意，尤其在嘈杂的环境中突出。可以伴有耳鸣，少数患者以耳鸣为主诉。

2. 听力学检查

（1）纯音听阈测试：表现为低频下降为主的上升型听力曲线，轻到重度的听力损失。呈渐进性下降，程度从轻度到极重度不等，但以轻中度听力损失为主，通常超过50%。听力曲线有三种类型：①低频下降为主的上升型；②平坦型；③高频下降为主的下降型。其中以第一种最为常见。

（2）言语测听：言语识别率差，与纯音听阈不成比例。

（3）声导抗测试：鼓室图为A型曲线，鼓室压力和声顺值正常，同、对侧镫骨肌声反射消失或阈值升高。

（4）诱发性耳声发射（EOAE）和对侧抑制试验：DPOAE多表现为正常或轻度改变。对侧白噪声抑制试验DPOAE振幅无改变。

（5）ABR：ABR各波消失或严重异常。所谓极度异常，多指根据纯音听阈预估的ABR波形不完整，以及纯音听阈与ABR阈值相差悬殊。

（6）耳蜗电图：耳蜗微音电位（CM）能引出。即使EOAE引不出者，其CM也能引出。总和电位CAP幅值下降，−SP/AP多>1。

（7）多频稳态诱发电位：与纯音听阈不成比例。

（8）40Hz相关电位：可以引出，但波形分化差。

3. 影像学检查　脑部CT和MRI（含听神经MRI）无异常发现。

4. 诊断　双耳感音神经性听力损失，尤其以低频为主的感音神经性听力损失，言语识别率下降，并与纯音听阈不成比例；OAE或CM可引出，OAE对侧抑制消失，而ABR严重异常或引不出，提示为蜗后性听力损失而又能排除包括脑部的各种其他疾病者，可诊断为AN。若同时存在其他周围神经病，应视为全身性神经病的一部分。

5. 基因诊断　AN可由遗传因素或婴幼儿期后天因素（如脑缺氧、窒息或高胆红素血症等）影响所致。遗传性AN相关基因包括：常染色体显性遗传的 *DIAPH3*、*MPZ*、*PMP22*、*NF-L*、*OPA1* 基因，常染色体隐性遗传的 *OTOF*、*PJVK*、*TMEM126A*、*FXN* 基因和X连锁遗传的 *GJB1* 基因，此外，线粒体DNA（mtDNA）突变[*12S rRNA*（*T1095C*）、*11778mtDNA*]也与之相关。基因诊断有助于临床分型。

6. 治疗与干预　AN目前缺乏肯定的有效治疗方法。因此，应寻找病因，以针对潜在的疾病进行相关的治疗。有报道一些病例采用糖皮质激素治疗有效，尚需对照研究、长期随访观察。目前建议急性发生AN的药物治疗原则为联合应用激素、神经营养药物和改善内耳循环等药物，其中儿童的激素用量应根据其体重计算。

关于助听器的应用，普遍认为效果不确切。可能由于其严重的言语识别率下降，虽扩大音量并不能增进听力。对AN患儿进行干预不能仅根据电生理学测试结果，而应获得准确的行为听阈。根据患儿的年龄和听力表现，采用不同的干预方案：0~6月龄，在没有获得可靠的行为听阈前不能干预，此阶段主要是对家长进行相关咨询和宣教；6~9月龄，如果通过反复测试得到可靠的行为听阈，推荐使用助听器；9~12月龄，如果助听器无效而且父母希望寻求人工耳蜗植入，转诊行人工耳蜗植入。对于突触障碍型者，人工耳蜗植入效果明确；对于神经障碍型者，人工耳蜗植入效果不确切。建议3岁以前每3~6个月进行一次监测评估，之后根据情况或每年一次。要保证随时监测AN患儿整个幼儿和学龄阶段的听觉和交流发育以及学习成绩，即使有些患儿看起来听觉似乎正常。如果证明患儿不能从助听器获益，言语-语言技能的发育不能达到应有能力，或者如果患儿没有获得期望的进步，在内耳MRI确定听神经存在的前提下，即使为轻中度听力损失，也应向其监护人介绍并考虑人工耳蜗植入。

（四）线粒体母系遗传性听力损失

线粒体基因组上许多基因突变与遗传性听力损失的发生密切相关，发生在 *12SrRNA* 基因和 *tRNASer*（*UCN*）基因的突变与非综合征型听力损失有关，发生在编码呼吸链复合酶基因的突变多表现为综合征型听力损失。*12SrRNA* 基因上的 *A1555G* 和 *C1494T* 突变是氨基糖苷类抗生素药物致聋（aminoglycoside antibiotic induced deafness，AAID）的重要分子基础。突变携带者对氨基糖苷类药物异常敏感，低剂量使用就会出现严重的听力下降和耳鸣。线粒体基因 *12SrRNA* 的 *961insC* 和 *T1095C* 突变也与非综合征型听力损失相关。

通过对耳聋基因检测和筛查可以有效地降低氨基糖苷类药物致聋的发生率。由于线粒体突变遵循母系遗传方式，即此类突变基因的遗传只通过女性直接传给后代，所以在基因检测中如发现母亲携带此类基因突变，应提醒其本人和后代禁止使用氨基糖苷类药物，避免发生听力损失。同时，在家族中确诊1例即可做全体母系家族成员的用药指导，由此阻断听力损失在家族中继续发生。

（五）其他基因相关的非综合征型听力损失

另有 100 多种其他的基因突变也与非综合征型听力损失相关。已发现的非综合征型听力损失的致病基因编码蛋白大致分为以下几个类别：缝隙连接蛋白，转录因子蛋白（如 *POU4F3*、*POU3F4*、*FCP2L3*、*PAX3* 等），离子通道蛋白（如 *KCNQ1*、*KCNE1*、*KCNQ4* 等），肌动蛋白（如 *MYO6*、*MYO7A*、*Prestin* 等），细胞外基质蛋白（如 *TECTA*、*OTOA*、*COL11A2* 等），结构蛋白（如 *OTOF*、*DIAPH1* 等）等。这些基因有的仅在内耳表达（如 *TECTA*、*OTOF*、*EYA4* 等），而有的在全身多种组织器官都有表达（如 *MYO7A*、*POU4F3*、*WHRN* 等），其突变却表现为遗传性听力损失的单一症状。更复杂的是同一个基因的突变可能既与非综合征型听力损失相关，又与综合征型听力损失相关；同一个基因的突变可以与不同的表型和不同的遗传方式相关，这提示对患者及其家系进行病史采集、临床观察和评估非常重要。

二、综合征型听力损失

综合征型听力损失是指除了听力损失以外，同时存在眼、骨、肾、皮肤等其他部位的先天异常，这类听力损失约占遗传性听力损失的30%。

综合征型听力损失亦称为听力损失类综合征，在以往的研究中常被归于其他系统疾病中。但随着基因测序技术的进步、遗传学的发展及临床研究的不断深入，其涉及听力损失的很多类别综合征的基因已被检测并定位出来。而逐渐倾向于认为它们是一类都涉及听力下降的综合征。一些常见综合征型听力损失与其相关的其他系统如表 25-3-1 所示。综合征型听力损失可能在耳部与其他受损的器官系统有同样的分子作用机制。

表 25-3-1　常见听力损失相关综合征伴其他系统异常

相关系统	综合征名称
皮肤色素系统	Waardenburg 综合征
内分泌系统	Pendred 综合征、Wolfram 综合征
循环系统	Jervell-Lange-Nielsen 综合征
视觉系统	Usher 综合征
泌尿相关系统	Alport 综合征
肌肉骨骼系统	Treacher-Collins 综合征

（一）Waardenburg 综合征

Waardenburg 综合征又称听力色素综合征，1951 年 Waardenburg 在《美国人类遗传学杂志》上发表文章详细描述了该综合征的 6 个主要临床特征：泪点异位和睑裂缩小、高宽鼻根、眉毛中部多毛、白额发、虹膜异色、聋哑，并以其名字进行归类命名。这是一种较常见的综合征性遗传性听力损失。临床表现为由于皮肤、毛发、眼睛以及耳蜗血管纹等处黑色素细胞缺如而产生的一组表型特征。其主要遗传方式为常染色体显性遗传。根据表现的不同可分为Ⅰ、Ⅱ、Ⅲ、Ⅳ四型,又以Ⅰ、Ⅱ型最为常见。相关致病基因包括 *PAX3*、*MITF*、*SNAI2*、*EDN3*、*ENDRB*、*SOX10* 等。本病目前尚无有效治疗方法,中重度听力损失可选配适宜助听器。助听器改善听力不理想者可行人工耳蜗植入,效果明确。

(二) Usher 综合征

Usher 综合征又称遗传性听力损失-色素性视网膜炎综合征,视网膜色素变性-感音神经性听力损失综合征,聋哑伴视网膜色素变性综合征等。是以先天性感音神经性听力损失、进行性视网膜色素变性而致视野缩小、视力障碍为主要表现的一种常染色体隐性遗传性疾病,具有遗传异质性。Usher 综合征临床分三型,其在听力和耳部的表现主要为先天性双耳感音神经性听力损失,有些表现为极重度听力损失,并伴有眩晕和步态不稳等前庭功能障碍症状。眼部表现常以夜盲为首发症状,视力呈进行性减退,随病情进一步发展,半数患者中年后全盲,晚期并发白内障。Usher 综合征具有遗传异质性,其致病基因包括 *MYO7A*、*USH2A*、*USH1C*、*CDH23*、*PCDH15*、*SAN5*、*CIB2*、*VLGR1* 等。本病目前尚无有效治疗方法,中重度听力损失可选配适宜助听器。助听器无效可行人工耳蜗植入。

(三) Alport 综合征

Alport 综合征于 1927 年首先由 Alport 所发现并报道。综合征的临床表现为血尿、进行性肾功能损害、感音神经性听力损失及部分病例伴随的视觉缺陷。遗传方式通常为 X 连锁显性遗传,但亦有 15% 为常染色体隐性遗传,5% 为常染色体显性遗传。人群中的发病率据统计约为 1/50 000。约 67% 患者伴有听力下降,表现多为迟发性进行性感音神经性听力损失,以中频听力下降为主。早期听力轻度下降,儿童时期进行性下降,中年以后听力损失基本稳定,听力损失与肾脏损害有一定相关性。男性患者听力损失较女性患者重。大多数 Alport 综合征是由于位于 X 染色体上编码Ⅳ型胶原 α 链的基因 *COL4A5* 和/或 *COL4A6* 突变所致。致病基因编码产物是不同基膜Ⅳ型胶原链的主要成分。在内耳主要表达在螺旋韧带的基底膜和血管纹。目前尚无有效药物治疗手段,早期的肾脏活检及听力检查有助于该病的发现和确诊,晚期主要进行肾移植等对症治疗,听力干预主要为配戴助听器。

(四) CHARGE 综合征

CHARGE 综合征是一种常染色体显性遗传方式的先天缺陷,是导致先天性失明及听力损失的主要病因之一,新生儿发病率为 1/12 000～1/8 500。临床表现包括:眼部缺损(coloboma)、先天性心脏病(congenital heart disease)、后鼻孔闭锁(atresia of posterior naris)、生长发育迟滞(retarded growth)、生殖器发育不全(genital hypoplasia)以及耳部畸形或听力损失等。该疾病是由 8 号染色体上的 *CHD7* 基因(编码一种依赖于 ATP 的染色质重塑蛋白)及 7 号染色体上的 *SEMA3E* 基因缺陷所引起的。

(五) Pendred 综合征

Pendred 综合征突变基因为 *SLC26A4*,属于常染色体隐性遗传性听力损失,主要影响离子通道,其临床表现为甲状腺肿、氯离子代谢异常伴先天性听力损失,可同时伴有前庭水管扩大、内淋巴囊扩大、Mondini 畸形等。

此外,临床上较为常见的综合征型听力损失还有鳃-耳-肾综合征(突变基因为 *EYA1*,主要影响转录因子,可引起常染色体显性遗传性听力损失,其临床表现为鳃裂囊肿,外耳、中耳、内耳发育不全。肾脏发育不全伴感音神经性、传导性或混合性听力损失);Jervell-Lange-Nielsen 综合征(突变基因为 *KCNQ1*、*KCNE1*,主要影响离子通道,可引起常染色体隐性遗传性听力损失,其临床表现为晕厥或猝死伴重度先天性听力损失);Norrie 综合征(突变基因为 *NDP*,主要影响细胞外基质,可引起 X 连锁隐性遗传性听力损失,其临床表现为先天性或婴儿期失明,进行性智力缺陷伴进行性听力损失);Stickler 综合征(突变基因为 *COL2A1*、*COL11A1*、*COL11A2*,主要影响胶原蛋白的生成,可引起常染色体显性遗传性听力损失,其临床表现为身材矮小、近视等伴进行性高频听力下降);Treacher-Collins 综合征(突变基因为 *TCOF1*,主要影响转运蛋白,可引起常染色体显性遗传性听力损失,其临床表现为下睑缺损,睫毛稀疏,睑裂向侧外方倾斜,外耳和中耳畸形,伴感音神经性、传导性或混合性听力损失)。此外,线粒体基因组编码的呼吸链酶基因突变亦可导致综合征型听力损失,除耳蜗外,其他对能量需求旺盛的组织器官也容易受累,如肌肉、中枢神经、视网膜以及心脏等。导致的综合征有 MERRF 综合征、MELAS 综合征、Pearson 综合征、Kearns-Sayre 综合征和母系遗传性糖尿病 - 耳聋综合征等。

三、临床表型与基因型的关系

遗传性听力损失无论从临床表型还是基因型都表现出极大的异质性。在临床表型上可以表现为综合征型听力损失，也可以是非综合征型听力损失；可以是先天性遗传性听力损失，也可以是迟发性进行性听力损失；病变部位可以位于内耳，引起感音神经性听力损失（此型较多见）；也可以影响外耳或中耳发育，导致传导性听力损失；或病变部位位于毛细胞与神经突触部位或神经，导致听神经病。此外，听力损失表型在初始发病年龄、受累听力频率、病情发展程度和严重性方面都有很大不同。在基因型上可能涉及几百个听力损失相关基因，几乎涵盖了目前所有的突变模式。而不同的基因突变可能有相同的临床表型，同一基因的不同突变表型差异可能很大，甚至同一基因同一突变，由于突变负荷率的不同，临床表型差异也会很大。

尽管遗传性听力损失具有广泛的遗传异质性，但绝大多数非综合征型遗传性听力损失仅由单基因致病，这为遗传性听力损失临床基因诊断的开展提供了理论基础。在耳蜗或耳蜗神经特异性表达的基因如 *OTOF* 等基因突变导致非综合征型听力损失；因基因突变特异性影响到耳蜗功能如 *GJB2*、*mtDNAA1555G* 突变常导致非综合征型听力损失；在多种组织中表达的基因突变可引起非综合征型听力损失或综合征型听力损失；染色体大片段缺失或异常引起伴有发育畸形或智力障碍的综合征型听力损失。从基因突变类型上分：部分轻型突变如错义突变导致的听力损失常较轻，严重突变如无义突变、移码突变、片段缺失等常导致严重听力损失。

总之，遗传性听力损失临床表型与基因型的关系具有复杂性和多样性的特征，同时也有一定的规律可循，随着精准医学的快速发展及新一代基因测序技术的出现，认识新的耳聋基因并解析其对应的临床表型可以为患者提供更准确的遗传咨询。

第四节　遗传性听力损失的基因诊断、遗传咨询与预防

一、基因诊断

（一）耳聋基因筛查

遗传性听力损失发病率高。在中国，正常人群中携带耳聋基因突变者有 5%～6%，其中 *GJB2* 为 2%～3%（如果包括外显不全的 109G-A 突变，携带率可达 8%～12%），*SLC26A4* 为 1%～2%，线粒体 *DNA 12S rRNA* 为 3‰。因此在目标人群中开展遗传性听力损失相关基因筛查意义明显。目标人群包括新生儿和正常听力婚育人群以及需要应用氨基糖苷类抗生素人群等。耳聋基因筛查方法包括变性高效液相色谱分析、高分辨率溶解曲线分析、基因突变检测芯片和限制性酶切等。可根据不同筛查目标人群、筛查目的及实际检测条件而加以选择。针对不同目标人群的耳聋基因筛查可采用相关基因热点突变筛查模式。热点突变的筛查容易造成数据的失实或漏检。有关遗传性听力损失基因芯片检测技术已获得国家相关部门批准，设计中包含有 *GJB2*、*SLC26A4*、*GJB3* 和线粒体 *12S rRNA* 基因中的 9 个或 25 个突变热点。

目前国内外采用耳聋基因筛查策略对听力损失患者进行基因诊断，有助于耳聋基因诊断的实践和推广，在一定程度上为听力损失患者提供了有价值的信息。但是，无论是 4 个基因 9 个突变位点还是 4 个基因 25 个突变位点的耳聋基因筛查试剂盒，都存在提供信息不全面的缺陷。对于显性遗传或母系遗传方式的患者，明确的致病基因突变位点检出可以做出比较明确的基因诊断；对于占遗传性听力损失大多数的隐性遗传方式患者，筛查出单杂合致病基因突变位点并不能得出明确结论，须进一步进行该基因的全序列分析；对于没有筛出致病基因突变位点的患者，不能排除遗传性听力损失的可能。

采用新生儿听力筛查联合耳聋基因筛查策略，有助于遗传性听力损失的早发现、早诊断、早干预和预防，特别是遗传性迟发性听力损失的早发现。

（二）耳聋基因诊断

作为经典的单基因遗传病，遗传性听力损失的基因诊断具有其简单性；但遗传性听力损失高度的遗传异质性（即涉及的基因达 120 个之多且涵盖所有的遗传方式等）使遗传性听力损失的临床基因诊断复杂化。同证婚配（耳聋患者与耳聋患者结婚）、基因的不完全外显、表达的变异性、遗传及等位基因的异质性决定了基因型与其表型关系的复杂性，在很大程度上增大了遗传性耳聋基因诊断及其遗传咨询的难度。

基因测序技术是目前应用最多的遗传性听力损失检测方法，其中第一代 Sanger 测序也是迄今分子诊断学中基因突变检测的"金标准"。利用 Sanger 测序技术进行耳聋基因全序列检测对于多种基因的突变位点能直观、全面地加以呈现，对于各种人群突变谱的绘制具有很好的统计意义，但因费时、费力且成本较高，这种基因全序列检测方法尚不具备应用于大规模人群检测的条件。2009 年 Ng 等利用大规模平行测序技术对一个体的全基因组外显子进行测序，开辟了人类基因诊断的全新时代。基因检测帮助听力师从本质上认识疾病，并做出正确的诊断。但无论如何发展，耳聋基因筛查诊断都不可能取代新生儿听力筛查和临床听力学诊断，只有与两者很好地结合，才能更好地服务于患者。

耳聋基因检测可为相当比率的遗传性听力损失患者提供准确的分子诊断，并可依据遗传模式对患者或突变携带者进行相关婚育指导和后代遗传性听力损失风险的评估。结合产前诊断，耳聋基因诊断还可以在怀孕早期对胎儿的基因突变遗传情况进行检测，可有效地减少遗传性听力损失的发生。

二、遗传咨询

遗传咨询指的是对听力损失患者及其家庭分析患者听力损失疾病的可能性，预测再发风险；预估疾病预后，提供可供选择的治疗方案和预防的方法，澄清患者关心的问题等。基因诊断与遗传咨询密不可分，遗传咨询应以尊重患者的需求为前提。开展遗传性听力损失的遗传咨询，需要掌握以下几方面内容：①遗传性听力损失遗传方式与突变类型；②遗传性听力损失表型和基因型关系；③遗传性耳聋基因筛查、诊断方法；④遗传性耳聋相关基因流行病学数据；⑤咨询对象和咨询要点等。绘制正确的家系遗传图谱是开展遗传咨询的第一步。理论上的家谱图应包括家族中的三代家庭成员，并至少有患者一级亲属的听力学及耳科学资料。在绘制遗传家系图谱的过程中应考虑基因的不完全外显、表达的变异性、遗传及等位基因的异质性等因素。不同的家庭做遗传咨询的目的不同。有些家庭是为了生育后代，而有的家庭仅仅是为了找出病因。对于患者家庭成员来说，进行遗传咨询可发现无症状的突变基因携带者，评估生育听力损失后代的风险，消除对于生育的焦虑和不确定感。而对于患者本人来说，进行遗传咨询可带来"预防、确诊、预后、治疗、生育"五方面益处。正如美国遗传性听力损失的基因诊断与遗传咨询的指南所阐述的，遗传性听力损失的基因诊断与遗传咨询应当是个体化的。由于同证婚配和外显不全的存在，开展遗传性听力损失的遗传咨询需格外谨慎。

三、三级预防

目前遗传性听力损失治愈困难，提高听力的有效手段是助听设备和人工听觉植入。尽管助听器和人工耳蜗等助听设备能够解决大部分遗传性听力损失，但昂贵的费用和少部分差强人意的康复效果，令许多患者及家庭难以接受。因此，对遗传性听力损失的预防是解决这一难题的有效途径之一。国内正在建立由政府、医院、残疾人联合会等多个部门共同参与的听力损失出生缺陷三级预防综合防控体系：

（1）一级预防，在全国开展母系遗传药物性聋的易感基因筛查，预防易感个体药物性聋的发生；对正常夫妇孕前期进行耳聋基因筛查和诊断，预防遗传性听力损失的发生；对听力损失群体进行婚配指导，降低高危群体生育聋儿的概率。

（2）二级预防：对正常夫妇和遗传性听力损失家庭孕早期进行产前诊断，预防聋儿的出生。

（3）三级预防：实施新生儿耳聋基因筛查，做到早发现、早诊断、早干预。

遗传性听力损失预防的前提是耳聋基因诊断。新生儿听力筛查的普及为遗传性听力损失的相关基因筛查、基因诊断提供了条件，二者的结合将是临床遗传性听力损失的早期规范化诊断的标准。通过建立高效的耳聋基因诊断技术平台和听力损失出生缺陷三级预防综合防控体系，采取有效的干预措施，减少听力损失出生缺陷，是我国人口战略的重要内容，意义深远。随着新一代基因测序技术的研发，遗传性听力损失的病因诊断将会越来越准确，遗传性听力损失的预防工作也将越来越完善。

（刘玉和）

第 三 篇
康复听力学

第二十六章　听力语言康复概述

第一节　听力语言康复的发展现状

一、基本概念

听力是人类与生俱来的一种本能,语言是通过后天学习才能获得的一种技能。就有声语言而言,前者是后者获得和运用的关键条件。如果幼年期有听力障碍,就会影响到有声语言的学习和掌握。如果成年期患有听力障碍,也会影响到有声语言技能的稳固和使用。事实上,听力语言障碍一旦发生,就会给人带来全面的影响,不仅仅表现在交流和沟通方面,更为严重的还会影响到人的认知、心智等高级心理活动和相应能力的发育和发展。因此,所谓的听力语言康复即指:采取各种适宜措施,最大限度地消除听力语言障碍给其身心健康带来的不利影响,进而回归主流社会。

世界卫生组织(WHO)给康复所下的定义是:综合、协调地应用医学、教育、社会、职业的各种方法,使病、伤、残者已经丧失的功能尽快地、尽最大可能地得到恢复和重建,使他们在身体上、精神上、社会上和经济上的能力得到尽可能地恢复。在这个定义下,听力语言康复的目的就不能仅仅是"能听会说",而应该是着眼于让他们从生理上、心理上、社会上及经济能力上全面融入社会。

二、发展现状

自从人们认识到听力语言障碍会对机体的健康发展带来影响以后,就一直在积极寻找克服障碍、回归社会的康复措施。据文献记载,至少在 16 世纪一些专业团体和人士就试图通过放大外界声音的方式弥补听力损失,通过练习"唇读"的方式学习语言。尽管这一阶段的实践也取得了一定的成效,但真正意义上的听力语言康复则是从 20 世纪上叶可携带助听器的面世开始的。此后,伴随着助听器性能的改进以及人工听觉植入技术的出现,听力语言的康复迎来了全面发展的良好局面。目前在全球范围内,听力语言康复的理念、方法、措施正处于积极的探索过程中,已取得了重大的成绩。

我国的听力语言康复是伴随着现代聋教育的发轫起步的。早在 19 世纪,在外来力量的影响和帮助下,一些地区开办了主要由外国人主导的接收听力障碍儿童的聋校。进入 20 世纪,由我国自己创办的聋儿学校开始出现,截止 1949 年,全国已经建立了 40 多所聋校,在校学生接近 2 500 名,教授内容也融入了数学、美术、体育等课程,但教学方式仍以手语和书面语为主。

真正意义上的听力语言康复是在新中国成立以后。现代医学让人们对听力障碍、语言障碍以及两者之间的关系有了本质的认识。20 世纪 50 年代,助听放大设备的介入,改变了听力障碍儿童的教育方式,听力的补偿为他们语言的学习奠定了基础,助听器等听力设备的使用也让人们更新了对聋人康复的认识。

20 世纪 80 年代以来,在各级政府大力关爱和支持下,听力语言康复迎来了大发展的难得机遇。《残疾人权利公约》的签署让我国成为世界残疾人康复大家庭的一员,《中华人民共和国残疾人保障法》的实施从法律上保障了听力语言残疾人接受康复的权利,特别是 2007 年和 2016 年分别通过的《助听器验配师》以及《听力师》国家职业标准更是助推了听力语言康复的规范发展。近年来,一批推动残疾人康复事业发展的政策法规连续颁布,听力语言康复机构纷纷建立,康复设施、设备不断更新,儿童的听力语言康复呈现出方兴未艾的发展态势,成人的听力语言康复也正在引起政府和社会的广泛关注,一些推动老年人听力语言康复的项目正在计划和实施中。

第二节 听力语言康复的一般原则和基本策略

一、一般原则

(一)早期干预原则

早期干预指的是第一时间为听力语言障碍者提供一种系统的介入服务,最大限度地减轻或消除这种障碍对机体各方面发展带来的不利影响。早期干预原则又称为"三早"原则,是听力语言康复最重要的原则之一,极大地影响着康复的成效。

1. 早发现 听力障碍和有声语言的发展结果呈因果关系,因此早发现的重点是对听力障碍的早发现。由于遗传、出生不利以及感染等因素,相当比例的听力障碍发生在新生儿期和婴幼儿期。此期间的低龄儿童尚不具备完善的主观表达能力,如果家长或监护人不加留意,很容易遗漏掉对这一时期听力障碍的发现。这一阶段也正是低龄儿童有声语言发展的关键时期,如果没有对其听力障碍采取相应的措施,将会极大地影响着有声语言的发展。近年来,政府大力推动新生儿听力筛查和婴幼儿听力普查的开展,提高了低龄儿童听力障碍的检出率,但由于开展得不够全面,这项工作仍存在死角,监护人仍需加强对低龄儿童听力障碍问题的警惕。

成人的听力障碍不难发现,但往往会在反复检查和等待中耽误了尽快采取听力补偿措施的时机。对于老年人的听力障碍,更是存在忽视和被忽视的现象。早发现包含的另一层意思是早诊断,无论是儿童还是成人,一旦发现有了听力障碍,要及时求助于正规医疗机构,对听力障碍的性质和程度做出诊断,以便正确地采取治疗或康复措施。

2. 早补偿 指的是采取助听器选配、人工听觉植入等方式,弥补听力损失或重建听觉系统,以达到接近正常听取环境声音的能力水平。对于一时还难以对听力损失的性质做出确切诊断的低龄儿童,在采取听力补偿措施前,家长或监护人也须通过提高言语声的方式与其进行交流,以免影响他们的有声语言发展。

对于低龄儿童助听器验配和人工耳蜗植入的时机曾有过争论,现在的观点已经基本统一,那就是不可医治的耳聋一旦确诊,且听力损失趋于稳定,就可以验配助听器;针对助听器补偿效果不理想,且符合儿童人工听觉装置手术植入适应证者即可植入人工听觉装置。

虽然成人的耳聋貌似不会影响有声语言的发展,但因为听力障碍阻断了对有声语言的反馈监听过程,久而久之会导致有声语言清晰度下降和韵律失常,严重影响有声语言的交流功能。不仅如此,长期的耳聋还会导致患者出现心理方面的障碍,往往会产生自卑、孤独、猜忌、社会参与度下降等行为,严重影响成人自身和家庭生活质量。

3. 早训练 这里所说的训练主要指的是对有声语言的聆听、理解、表达和运用的强化训练。助听器或人工听觉装置解决的是听力障碍问题。但无论是儿童或成人,从出现听力障碍到采取了补偿措施之间都存在着一个时间差,这个或长或短的时间差足以对他们的有声语言发展或使用造成影响。对于儿童而言,5岁之前是有声语言能力获得的最佳时间段,亦称为"敏感期"或"可塑期"。对于成人而言,长时间的交流缺失不但影响有声语言信息的获取,更重要的是会诱发心理问题。因此,无论是儿童或成人,"早补偿"之后都需要适宜的强化训练。

目前,我国听力障碍儿童康复服务的网络已经基本形成,低龄儿童主要以机构指导下的家庭训练为主,大龄儿童则多以机构训练和随班就读为主。近年来伴随着听力补偿设备性能的提升,早训练、早康复的效果日益显现,听力障碍儿童学龄前即可达到听力健康儿童的语言水平的比例明显提高。对于听力障碍儿童而言,早训练还包含有早期教育的内涵,就是在对他们进行听力语言康复的同时,要对他们实施早期教育教学,以促进其在健康、语言、科学、艺术和社会五大领域的全面发展。

由于多种原因,目前听力障碍成人的早训练问题还没有引起足够重视,不能不说是一个缺憾。

(二)全面发展原则

主要是针对听力障碍儿童而言。儿童正处于快速成长的阶段,在对听力障碍儿童进行听力语言康复的同时,要兼顾并促进其身心其他方面的发育和发展。

1. **语言发展**　这里所说的语言不仅是口头语言,还包括书面语言、表情语言和肢体语言等。实践证明,经过强化训练,听力障碍儿童可以在短时间内记住与同龄听力健康儿童相等甚至更多的字、词、短语和例句,但并不是所有听力障碍儿童都会使用这些材料描述事件、讲述故事,或用这些词、句与人进行语言交流,说明他们的语用能力发展落后于语言知识的积累。这就提示我们在进行听力语言训练时,重要的不仅是教会他们记住字、词、句,而是要教他们学会用语言进行思维,用语言进行交流。

2. **认知发展**　认知是指人认识外界事物的过程。认知的发展依赖于人的感觉器官与周围环境的互动,听力障碍儿童由于不能全部感受外界带给他们的声音信息,间接地影响了他们的视觉、触觉、振动觉以及语言运动觉的感知,进而导致他们在注意力的发展、记忆的发展和思维的发展落后于听力健康儿童。这就提示我们在强化语言训练的同时,不要忽视他们认知方面弱项的强化训练,通过专项或渗透性的认知活动、游戏活动,确保他们的感觉、知觉、记忆、思维、想象、语言同步发展。

3. **品质养成**　用宽容甚至迁就的态度对待残障儿童是家长和社会的惯常做法。由于沟通交流不畅,在个性发展方面,听力障碍儿童的自我意识更强,在行为上更为随意和任性。这就要求我们在进行听力语言康复的同时,将公共道德、社会规则等方面的常识融入康复教学活动中。在互动课堂上,多开展一些需要相互合作才能完成的游戏、表演;在课间自由活动时,向他们灌输遵守秩序、互谅互让的思想;在家庭训练时,要教育他们学会尊老爱幼、礼貌待人,以潜移默化的方式影响和提高他们的道德水准。

二、基本策略

(一)听力障碍儿童康复的基本策略

1. **低龄听力障碍儿童的康复策略**　由于年龄的原因,对于采取听力补偿或听觉重建(即佩戴或植入人工听觉装置)措施的低龄儿童,“一对一”个别化训练是一种最为理想的方式。目前,这一方式往往通过家庭康复和机构康复有机结合得以实现,具体的做法如下。

(1)定期对听力康复设备进行优化调试,以确保设施、设备的作用最大限度发挥。

(2)定期对家长和监护人进行专门技术培训,使其掌握康复设施设备的使用、维护以及必要的操作方法。

(3)定期开设“亲子”培训班,对家长进行康复知识的培训,对听力障碍儿童进行规范性训练,同时给家长提供一个相互进行经验交流和方法借鉴的平台。

(4)定期进行跟踪随访和指导,最佳的方式是登门入户,根据即时条件进行指导,也可以采取电话、微信、视频等方法。如条件允许,预约到康复机构则更为方便。

(5)定期对康复训练效果进行评估,评估时间安排可以与上述诸环节并行,也可以单独进行,其主要目的是检验以往康复训练的效果,并对下一阶段训练进行指导。

(6)定期对患儿身心发育进行评估,在注重患儿听力语言发展的同时,对他们在健康、科学、艺术、社会等领域的发展进行全方位评价,以确保其体、智、德、美的全面和谐发展。

2. **大龄听力障碍儿童的康复策略**　听力学发展早期受限于检查和诊断技术的水平,一般听力障碍儿童被发现时的年龄偏大。为了争取时间,同时也便于管理,曾经将患有听力障碍的儿童集中在一起,按年龄编成教学班,使用统一的教材进行集中强化训练。后来发现,同龄儿童的听力损失程度和补偿效果很难统一,即将分班原则修正为尊重听力年龄兼顾实际年龄,再后来又兼顾到患儿的认知水平、性格特征、自我约束能力等因素,使得康复效果不断提高。但儿童听力语言的发展与身心全面发展是密不可分的,这种集体集中强化训练方式脱离了正常儿童语言学习的自然环境,对于语言知识的学习和积累是有效的,但不利于语用能力的发展。为了克服这种弊端,现在惯常的做法是先期集中强化训练,待听力障碍儿童有了一定基础后,再将他们与健康听力儿童整合编班,共同学习。当前,较为先进的主张是“融合教育"，即在充分优化听力补偿效果的前提下，让听力障碍儿童融入听力健康儿童的环境中学习、掌握和运用语言。

（二）听力障碍成人康复的基本策略

1. 无语言能力者的康复策略　所谓无语言能力者，主要指的是由于自幼听力损失，又没有采取相应的康复措施，致使成年后无法听懂他人的口头语言，也不能通过有声语言来与他人进行交流的听力障碍者；也包括一些能部分听懂他人语言，但无法用有声语言表达自己意愿的听力障碍者。在为这个群体制定听力语言康复措施应注意以下几个方面的问题。

（1）选择康复设备时，不仅要考虑听力补偿或听力重建的效果，还要考虑到这些设备对他们工作、生活以及社交的方便性，更要考虑到他们心理上对这些设备的认同程度。

（2）康复的重点应放在对听觉能力的挖掘上，遵从"听到 - 听清 - 听懂"的规律，循序渐进、锲而不舍地有序进行。

（3）在康复训练过程中，要学会借用手语、手势、书面语以及面部表情等无声语言的帮助，以加强对口语内容的理解。

（4）由于他们听觉语言中枢的分工已经完成，有声语言学习的可塑性已经很小，因此有声语言的康复将是一个十分漫长的过程。

（5）家庭成员、朋友等与之密切接触人员的支持和帮助将极大地影响康复的过程和结果，激励、鼓励、奖励性原则需贯穿于康复的全过程。

2. 有语言能力者的康复策略　这部分人大多是语言获得后才因某种原因而失聪，主要构成者是老年性聋患者。他们听力康复比语言康复更为关键。由于他们有着丰富的听觉经验和语言使用的经历，在为他们制定康复措施时应考虑以下方面的一些问题。

（1）改善听力是他们最为迫切的愿望，选择何种手段（助听器或人工听觉技术）达到改善听力的目的将是引导他们康复入门的关键。

（2）他们对康复设备改善听觉能力的期望值极高，都希望收到"立竿见影"的效果，因此在指导他们选择和使用这些设备之前，首先要帮助他们建立适当的心理预期值。

（3）听力波动或渐进性下降是他们的共同特点，所以在选择康复设备的动态范围时，要留有充分的余地。

（4）无论是采用助听器或人工听觉技术，适应性训练是康复成功与否的关键，这期间的跟踪随访和设备调试将是十分重要的。

（5）他们中的大部分还在工作岗位上，因此对他们进行的康复训练不能仅仅是单词和语法的积累，要以有利于他们进行社会交流需要为目的。

（6）家人、朋友、同学、同事的支持和理解对于他们的康复成功具有十分重要的作用。

（陈振声）

27

第二十七章 | 听力咨询

一、为听力损失人群提供相关的听力学知识

听力咨询是听力师在诊断听力损失后与听力障碍患者沟通的主要工作内容之一。听力咨询的内容包含：为听力损失人群提供相关的听力学知识；帮助听力损失者理解和应对听力损失可能对个人及家庭带来的影响。

（一）介绍听力损失的相关知识

听力师向听力损失者介绍听力损失的相关知识有利于助听器验配工作的顺利进行。听力师讲述的基本内容包括：听力损失的类型、听力损失的解决方法、早期干预的重要性、对听力损失者个体情况的综合分析以及助听器可能达到的效果、保护听力的科学知识、防止听力进一步下降的注意事项。

（二）解答听力损失者提出的问题

听力损失者的问题是多样性的，主要包括以下几个方面：①耳聋可否治愈；②助听器对现有听力是否会造成进一步损害；③双耳听力都有问题可否配一个助听器；④助听器噪声大怎么办；⑤戴了助听器听力能否和听力正常人一样；⑥戴了助听器还听不清而且不舒服怎么办；⑦助听器的价格及效果的关系；⑧配戴助听器的时机，能听到声音暂时不配助听器可否等。

听力师解答问题的基本原则：科学、表达准确、通俗易懂、耐心；解答问题的基本方法：通过口头讲解、图表演示，多媒体播放等形式；解答问题的重点：听觉器官工作原理，听力损失发生的原因，听力损失后不同的解决方法；听觉剥夺对听力损失者听觉功能可能造成的进一步损害、对婴幼儿语言发展的影响；树立早诊断、早干预、早康复的理念；强调助听器验配的科学性和重要性；树立助听器效果合理的期望值。

二、听力损失者的心理特征

心理学既是一门理论学科也是一门应用学科，它包括基础心理学和应用心理学两大领域，与助听器验配相关的是应用心理学。听力师要改变听力损失者对人、对事不正确的判断、看法和决定，并告诉听力损失者如何用正确的思维去面对心理问题。解决听力损失者的心理问题对助听器的成功验配有积极的作用。

听力损失者和盲人在心理问题上的表现明显不同，盲人的心理问题是内在的，因为盲人无法通过视觉获得他人在行为上对他的反映，所以盲人的行为特征是"静"。而听力损失者更多体现在行为上，因为他人的一个眼神都能让他察觉到对方的心理活动。听力损失者的心理问题主要有：自卑、多疑、孤僻、不合群、易怒、偏执、自以为是、难以沟通、过度敏感……与此同时，我们也应该了解家人的行为特征，因为听力损失者的很多心理问题是由于家人的不当行为造成的，常常表现在对听力损失者厌烦、不理解（小声听不见大声态度不好）、怀疑（装聋）、疏远。所以，我们在解决听力损失者的心理问题同时，必须要改变家人的不正确行为。所以在听力咨询时，应当尽量要求听力损失者的家人（至少包括最为重要的另一半）参与其中。这样能使得听力咨询达到事半功倍的效果。

听力损失者在心理上对配戴助听器大多持排斥态度，原因是多方面的：①缺乏听力损失的相关知识，传统的乃至错误的观点根深蒂固，早期干预等新理念宣传不够；②助听器技术快速发展而与之助听效果

的不统一，导致助听器效果及口碑长期不佳；③社会对听力损失者歧视性的态度导致其自卑心理，助听器作为听力问题的明显标志物而被拒绝；④美观、消费观念、经济条件等因素也使助听器的广泛应用受到影响；⑤不了解通过科学、专业的助听器验配，可以有效提高和改善听力损失者聆听能力。

听力师对每一位听力损失者及其家人的心理问题必须清楚地了解。听力师可以通过病史咨询、针对性提问题使听力损失者倾诉他的心理问题；还可以通过问卷调查，全面了解听力损失者当前面临的困境，分析主要问题和次要问题，采用引导、启发和专业讲解的方式让听力损失者从心理上对他自身的问题有所认识并接受听力师给予的正确观点、建议和推荐措施。听力师具备心理学的相关知识是助听器验配的必要条件，与此同时听力师的表达能力、逻辑思维能力、沟通能力和应变能力也是有效解决听力损失者心理问题的重要因素。

听力损失者的以下心理问题，需要给予重点关注和解决：①佩戴助听器后会将自身的听力问题公开化，形象受到影响；或认为佩戴助听器是老年人或未老先衰的象征。②对助听器效果期望值过高：一些听力损失者会把助听器和眼镜类比，以为佩戴上助听器后听力立刻可以恢复到正常人的水平；或设想在短时间内，能够通过佩戴助听器解决以往在生活、工作等方面带来的诸多不便。这些听力损失者往往对听力问题缺乏必要的常识，不了解验配助听器和验配眼镜的差异化。当助听器达不到自己的期望值时便会出现焦虑、急躁甚至抱怨不满等情绪，继而拒绝继续使用助听器。听力损失者需要在助听器使用过程中，由听力师依据个体的使用情况对助听器进行适时的调试，以便达到最佳助听效果。③对使用助听器的不必要担心，认为佩戴助听器后会使听力继续下降，或者对助听器产生依赖性。

综上所述，听力损失者因为听力损失程度、类型和听觉剥夺时间、年龄、文化背景、职业等的不同，所表现出来的心理问题也不尽相同。听力损失者心理问题的差异性、多样性要求听力师需具备心理学的相关知识并能为患者提供相应的心理咨询，力求解决听力损失者心理问题，积极配合听力师完成助听器的验配，提高助听器佩戴的依从性。

（张建一 齐 力）

28

第二十八章 助听器技术

第一节 助听器的历史和展望

一、助听器的历史

依据听力损失者的个体情况，将环境中的声音信号进行接收、放大、压缩等处理后，为提高和改善听力损失者听觉功能的一种专用电子装置称之为助听器。

（一）传统助听器

助听器的发展经历了集声时代、炭精时代、电子管时代、晶体管时代和集成电路时代。可供听力损失者随身佩戴的助听器出现在 20 世纪 20 年代～20 世纪 50 年代，即电子管式助听器，也可称其为第一代助听器。第二代助听器出现于 20 世纪 50 年代～20 世纪 80 年代，晶体管技术开始在助听器上得到广泛应用。它的应用使得助听器在麦克风、受话器、电容器的微型化、外形多样化、降低耗电等方面得以实现，集成电路技术的持续发展为助听器的现代化奠定了基础。代表性产品有：眼镜式助听器、耳背式（behind-the-ear，BTE）助听器、耳内式助听器（in-the-ear，ITE）。第三代助听器为集成电路和可编程式数字助听器。20 世纪 80 年代～20 世纪 90 年代耳道式（in-the-canal，ITC）、完全耳道式（completely- in-the-canal，CIC）助听器相继出现。

（二）现代助听器概念

模拟信号处理（analog signal processing，ASP）技术的应用使得助听器有效地解决了部分听力损失者的基本放大需求。数字信号处理（digital signal processing，DSP）技术在助听器上得到应用后，感音神经性听力损失复杂的功能性障碍得以有效改善，数字助听器是现代助听器的代表。

数字助听器可以实现动态压缩与放大、智能降噪、数字反馈抑制、方向性功能、开放耳技术、智能转换、无线编程、原位测听、应用数据记录、智能增益调整、动态数据分析、无线聆听、与智能无线终端设备互联等功能。

数字助听器可以按照听力损失者的听力损失类型、听力损失程度、听觉功能障碍、听力曲线特征进行对症处理，力求达到可懂度和舒适度的平衡。结合其他领域的现代技术可以尽可能地满足助听器使用者的不同需求。

二、助听器发展展望

助听器技术在经历一个快速发展期后，似乎在一些瓶颈问题上阻碍了这种进程。助听器的发展是否已进入类似计算机的摩尔定律失效期？助听器是否已达到或接近其物理提升极限？我们可以从三个维度来寻求这些问题的答案，预测助听器的发展趋势。

1. **第一个维度是助听器处理数字信号的芯片工艺** 早期的芯片制作工艺可以达到 130～65nm，电池功耗降低，存储容量扩大，助听器兼容性更灵活。现在 40nm 芯片设计和工艺基本成熟，可用于高端助听器，半导体集成电路发展趋势显示，助听器芯片技术尚有较大提升空间。未来几年，体积更小、功耗更低、性能更高的专用芯片技术将会全面提升助听器的整体物理水平，满足助听器放大和智能处理需求。

2. **第二个维度是助听器的互联能力**　助听器无线技术已从早期培育进入全面融合和广泛使用阶段。前期不同标准的无线技术竞争已融合形成统一，尤其是2014年蓝牙专项技术工作组（bluetooth special interest group，SIG）和欧洲听力器械制造商协会（EHIMA）联手合作后，2.4GHz已经基本定为下一代助听器无线技术标准；部分智能手机厂商的介入，加速蓝牙技术规范化应用，统治助听器70年的电感线圈无线标准是否能继续维持有待观察。另一个值得关注的无线技术是基于射频识别的近场高频无线通信技术（NFC），采用13.56MHz频率，在20cm短距离内实现424kb/s的传输速度，相对于中长距离的蓝牙，其安全性和便捷性更高，在满足双耳互联、听力损失者言语和听觉的感知以及人类头部特殊结构所形成的各种声学传输模式需求方面，近场通信技术优势明显，随着双耳听力沟通、语音和听力互动、听觉技术加密等特殊应用的普及，完全有可能形成蓝牙、近场甚至电磁感应等无线技术的多维并行发展趋势。

3. **第三个维度是助听器人工智能算法研究和应用普及**　人工智能技术被认为带动第三次产业革命，得益于认知听力学基础研究，人工智能技术早已用于数字助听器算法和验配。随着大数据和互联网普及，助听器开始进入一个全新的智能化阶段：根据听力损失者的民族和文化特征，采用基于不同语言的语音识别和处理技术，达到提高言语理解能力目的。智能技术还能根据不同需求尽量为听力损失者恢复自然声音的感知，重新感受声音的真实、自然和舒适，实现"听得懂"和"听得舒服"的目标。这种基于语音和语言以及文化的智能算法，在获得听力损失者地理位置、人文环境、生活和工作场景以及用户信息等同时，发挥大脑神经功能模拟算法，深度学习，为听力损失者提供精准的放大方案，改善听觉和理解能力，有效解决因听力障碍导致的言语交流障碍。

预测助听器发展趋势是基于对当今助听器现状的客观评估。如前所述，助听器正处于快速发展的拐点之处，任何新技术出现都会产生相应的"涟漪"效果，迅速反射到助听器行业，这种随主流科技趋势的多变、快变、智变被认为是未来助听器发展的技术关键特征。"摩尔定律"在助听器行业依然还有一段时间的发展空间，助听器距离其物理极限尚有一段距离，我们期待未来会有更多更好的助听器问世。

第二节　助听器的结构和工作原理

助听器是一种微型电声放大器，它是将声信号经过传声器（microphone）转换为电信号，再通过放大器处理放大后，由受话器（telephone receiver）还原为声信号传入人耳。现代助听器以数字化为主，与模拟助听器相比，数字助听器在清晰度、舒适度以及辅助功能的应用等方面获得明显的改善和提高，从而成为当前的主流产品。

一、助听器的基本结构

助听器主要由传声器、放大器、受话器、音量调控装置、电池等组成。有些助听器还包括程序转换按钮、电感装置、音频接收装置、无线接收装置等附加装置（图28-2-1、图28-2-2）。

二、助听器的工作原理

（一）传声器

传声器是将声信号转换成电信号的换能器（图28-2-3），它应具备：①体积小；②频响宽且曲线平；③灵敏度高；④对机械振动不敏感，稳定性好；⑤噪声小等特点。传统的电磁动圈式、压电陶瓷式传声器已被淘汰，广泛用于助听器的是驻

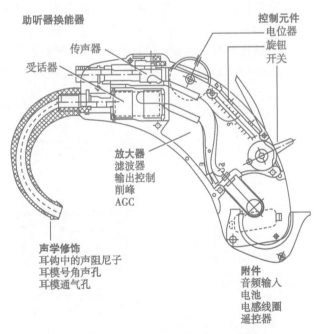

图28-2-1　耳背式助听器基本结构图

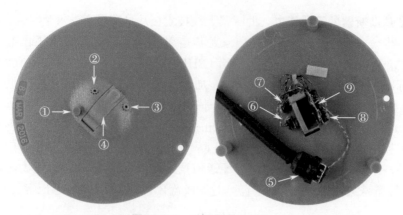

图 28-2-2　助听器基本结构

图中①⑦为功能按钮，②③为传声器，④为电池仓，⑤为受话器，⑥⑧为传声器，
⑨为放大器。

图 28-2-3　传声器

极体电容式传声器。近年来，硅传声器作为新一代传声器在各项性能指标上得到进一步提高，在助听器的应用中呈上升趋势。

1. **驻极体电容式传声器的工作原理**　驻极体（electret）是一种能够长期存储电荷的材料。驻极体传声器由一层薄的金属膜片和一个设置有驻极体的栅格状金属底板构成，二者分别作为电容器的两极。两极上驻有一个直流极化电压。声音传入时，在声压的作用下使振膜产生位移，极板与振膜的间距随声压的变化而改变，两极间的电容值随之变化，电压也产生相应的变化，从而将声信号转变为电信号（图 28-2-4）。

2. **硅传声器**　这是一种新型传声器，它的频响范围更宽、灵敏度更高、体积更小、稳定性更高，不同传声器的频响曲线几乎完全一样，有取代驻极体传声器的趋势。

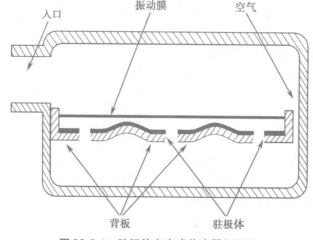

图 28-2-4　驻极体电容式传声器剖面图

（二）方向性传声器技术

在噪声环境中，听力损失者比听力正常人需要更高的信噪比（signal-to-noise ratio，SNR）。方向性传声器技术比全向性传声器具有更强的捕捉有效言语信息的能力。该技术可以选择性地拾取来自前方或特定方向的声音信号进行放大或衰减，以达到降低噪声提高助听器信噪比的目的。

1. **全向性传声器** 全向性传声器是指对来自360°各个方向的声压灵敏度几乎相同。

2. **方向性传声器** 方向性传声器（directional microphone，DM）包含单传声器双端口系统和双传声器系统，即两个独立的，一个前置，一个后置的全向性传声器系统（前后要求严格匹配）。三个传声器系统现已不被使用。

（1）单传声器双端口的工作原理：从驻极体传声器的工作原理中可以看出，如果在振膜的两侧施加同样强度的声压，则不会引起振膜的振动，从而不会引发后续的声电转换，即无信号传输给放大器。基于这个原理，把单传声器设置一前一后两个端口，分别位于振膜两侧，中间被振膜隔开，并采用技术手段使来自后方的噪声同时进入前后两个端口，同时抵达振膜，达到消减后方噪声的目的。由于前后端口距离差的原因，从后方传来的声音进入前端口与进入后端口相比，在时间上有延迟，称外部延迟；在后端口的延迟装置会产生一个内部延迟，造成内外延迟相等，使通过前后方端口的噪声同时抵达振膜的两侧，以此消减来自后方的噪声（图28-2-5）。

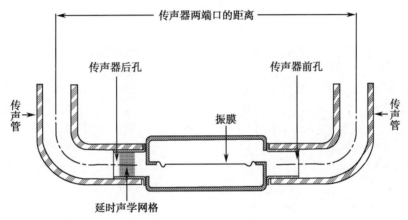

图28-2-5　单传声器方向性原理图

（2）双传声器系统的工作原理：它是由两个独立的全向性传声器组成，一个为前置传声器，一个为后置传声器，两个传声器独立工作。通常在后传声器电路中附加一个延迟电路，以得到不同的极性，其基本原理是：声音信号通过前置和后置的传声器进入助听器时产生信号的叠加，由于相位差的不同，使来自各方向的噪声信号被衰减或抵消而达到降噪的目的（图28-2-6）。

双传声器系统能够方便地在方向性和全向性之间切换，如果将延迟电路关闭，助听器即为全向性。

方向性传声器的方向性效果，可以通过极性图来表示。极性图是一个360°的坐标图，将来自正面的声源方向定义为0°。它形象地反映出了助听器对接收来自不同方向声压的灵敏度。它的凹陷处表示对该角度声压的灵敏度最低（图28-2-7）。

较典型的四种极性图是：心形、超心形、超级心形、双极形。通过传声器的极性变化，调节来自不同方向声压的灵敏度，从而达到提高信噪比，改善聆听效果的目的。

1）心形：前方及两侧灵敏度高，后方低，抑制后方噪声（图28-2-8A）。

2）超心形：前方最高，后方次之，斜后方最低。抑制斜后方噪声（图28-2-8B）。

3）超级心形：前方高，后方次之，两侧低（图28-2-8C）。

4）双极形：前方、后方灵敏度高，两侧低，抑制两侧噪声（图28-2-8D）。

（3）自适应方向性传声器技术：为现代助听器采用较多的技术，它可根据聆听环境的不同自动开启/关闭方向性设置；自动调整某一频率范围内的频率响应；自动调整需要降低的敏感性角度，以捕捉信号和移动噪声源。现代方向性传声器技术甚至能够分析前后两个传声器的信号输入情况，以确定从后方传入的是噪声还是有效的言语信号。

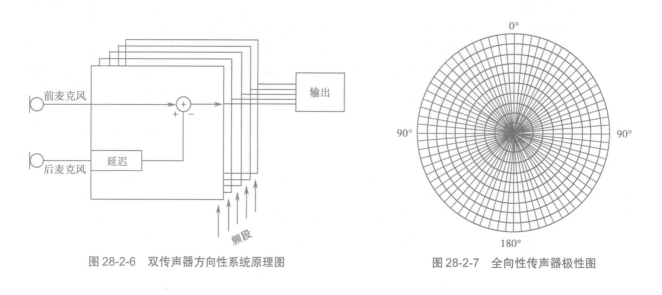

图 28-2-6　双传声器方向性系统原理图　　　　　　　图 28-2-7　全向性传声器极性图

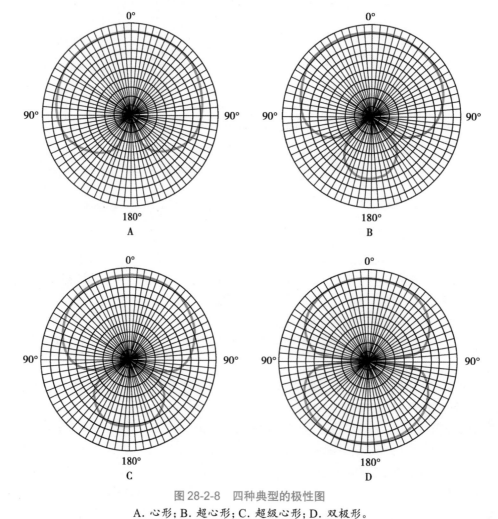

图 28-2-8　四种典型的极性图

A. 心形；B. 超心形；C. 超级心形；D. 双极形。

（4）多通道自适应方向性技术：在自适应方向性的基础上，同时追踪多个频率段的移动噪声源，大大提高了噪声中的言语分辨率（图 28-2-9）。

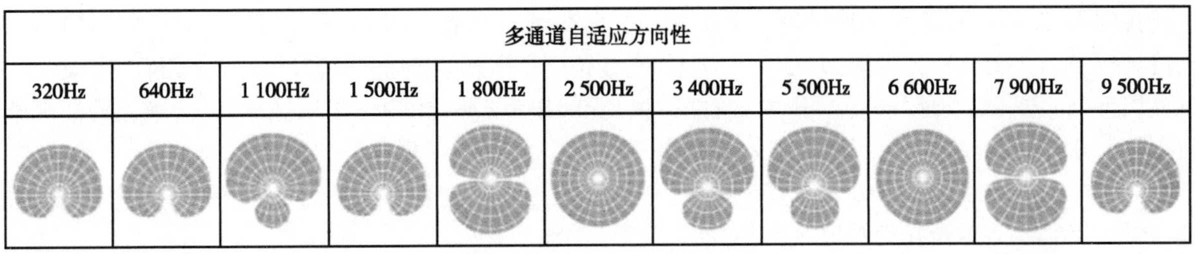

多通道自适应方向性
320Hz
640Hz
1 100Hz
1 500Hz
1 800Hz
2 500Hz
3 400Hz
5 500Hz
6 600Hz
7 900Hz
9 500Hz

图 28-2-9　多通道自适应方向性极性图

（三）放大器

放大器俗称“机芯”，对传声器传来的信号加以放大处理，由于传声器已将声音转换为电信号，放大器的主要作用是把小的电信号变为大的电信号，配合滤波器的性能，改变助听器的频率特性。其他诸如音量调节、增益智能调整、削峰、宽动态范围压缩与放大、功能控制等调控环节也由放大器完成。

根据放大器的工艺水平分为四个类型：①分立放大器；②薄层放大器；③厚层放大器；④集成电路放大器。集成电路放大器是目前使用最多的放大器，被所有数字助听器采用。根据放大器对传入信号的放大处理方式不同，助听器可分为数字助听器和模拟助听器；根据放大器输入与输出的特性，助听器分为线性和非线性。根据调节方式的不同分为不可编程和可编程助听器。

1. **模拟助听器的工作原理**　其放大器的信号处理器是由模拟元件组成，处理的是模拟信号。模拟信号（analog signal）是指物理量的变化在时间和幅度上都是连续的。它是连续的正弦波信号，声音就是一种模拟信号。声音信号的放大和处理全程是通过模拟电路完成的。

（1）模拟助听器的工作原理：传声器输出串联一个低频滤波器，通过改变电阻、电容值来调节低频的衰减程度，将电信号传给放大器，然后将此放大信号输出给输出限幅控制器，通过削峰处理控制最大声输出，最后输入受话器。还可在受话器输入端与电源负极间串联一个阻容滤波器，用于调节高频衰减的程度。通过输出限制，使助听器放大后的声音，让使用者既能听到又无不适感。声音的最大输出是由削峰电路或AGC压缩电路来控制的（图 28-2-10）。

模拟信号处理器
信号输入
MIC
低频滤波器
线性放大器
输出限幅
高频滤波器
REC
信号输出
模拟调节器

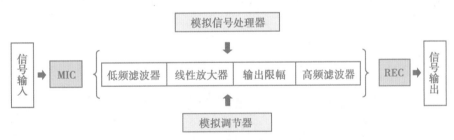

图 28-2-10　模拟助听器工作原理图

（2）模拟助听器的优点是声音信号的还原性好，音质、音阶和原始信号相比改变不明显。

（3）模拟助听器的缺点：①对强声输入信号的处理，可能会因放大过度，对听力造成进一步损害，或由于削峰等造成信号失真；②对弱声输入信号放大不足、电路噪声大、信噪比低；③难以做到各频率下的按需补偿；④难以实现功能的多元化。

2. **数字助听器的工作原理**　数字信号是指物理量的变化在时间上和数值（幅度）上都是不连续（或称为离散）的。把表示数字量的信号称为数字信号，处理数字信号的电路称为数字电路。数字助听器的工作原理如图 28-2-11 所示。数字信号处理器（digital signal processing，DSP）是数字助听器的核心。

（1）模拟数字转换器（A/D）：首先通过 A/D 转换器把模拟电压转换成数字编码。先将模拟电压采样，采样频率越高，数据分的越细，信息越完整。一般要求采样率至少为助听器频响范围的 2 倍。采样后的数据以二进制表示，完成了模拟信号向数字信号的转换。三位表示 8 个数据（0～7），四位表示 16 个数据，以此类推。现代助听器大部分采用 16 位处理器，可表示 65 536 个数据。

（2）滤波器、压缩放大器和限幅器：对数字信号的处理，采用数学运算即可达到目的。比如我们希望将声音放大一倍,可以简单地通过每个数字乘以 2 来实现。因此可以减少许多元件,减小失真。比模拟电路具有更强大的信号处理能力,实现许多功能。如多通道宽动态范围的压缩与放大、智能降噪、动态声反馈抑制、方向性功能、开放耳技术、智能转换、无线编程、原位测听、多记忆存储器、增益智能调整、动态数据分析、无线聆听、跨行通信技术的应用等功能,大大提高了使用者的满意度。

（3）数字模拟转换器（D/A）:经数字信号放大器处理后的数字信号再通过 D/A 转换器转换成模拟信号,传给受话器,也就是我们听到的声音。

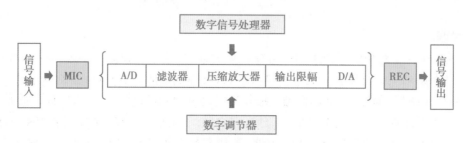

图 28-2-11　数字助听器工作原理图

数字助听器可以按照听力损失者的听力损失类型、听力损失程度、听觉功能障碍、听力曲线特征进行对症处理,使清晰度和舒适度明显优于模拟助听器,为个性化验配提供了硬件基础。同时对听力师、助听器验配师的综合能力要求也更高。

3. 线性放大与非线性放大助听器的放大线路　有两个基本类型,线性放大和非线性放大。模拟助听器大部分使用线性放大,有些采用非线性放大(典型的是 K-Amp 线路);数字助听器一般采用非线性放大,有些也可以在线性放大和非线性放大之间进行切换。

（1）线性放大线路:助听器接收的声音信号在放大过程中输入与输出按照 1∶1 的比例关系进行放大,在输出达到饱和状态(最大声输出)之前,输入声强每增加 1dB,输出声强度就相应增加 1dB,为正比函数关系,输入输出曲线斜率为 45°(图 28-2-12)。

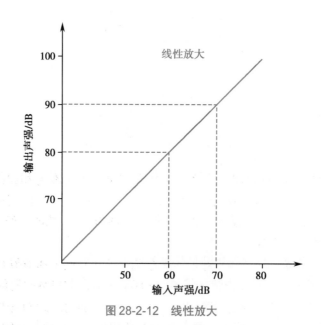

图 28-2-12　线性放大

（2）非线性放大线路:助听器的声音信号在放大过程中,输入和输出不是按照 1∶1 的比例关系进行放大,输入与输出曲线斜率会发生改变,这种放大关系称之为非线性放大(图 28-2-13)。

非线性放大是通过对声音信号进行压缩处理实现的。输出限幅、压缩限幅和宽动态范围压缩(wide dynamic range compression,WDRC)是三种基本的压缩类型,因各种缺陷前两种压缩方式已基本淘汰,使用较多的是 WDRC、复合宽动态范围压缩（WARP PROCESSOR™）、增强型动态范围压缩（enhance dynamic range compression，EDRC）以及线性非线性相结合的动态线性压缩。

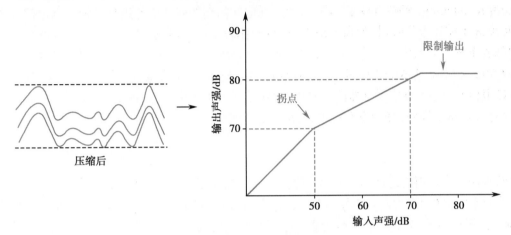

图 28-2-13　非线性放大

1）WDRC：此技术是压缩放大，其核心是对弱声音信号放大倍数大，对强声音信号放大倍数小。压缩阈值可以从 30dB 开始，增强型（EDRC）把此起点又降到了 20dB，使感音神经性听力障碍者"小声听不清大声又难受"的症状得到较大改善（图 28-2-14）。

2）动态线性压缩结合了线性和非线性放大的优势，对小声和大声采用非线性压缩，对中声的持续言语声采用动态线性放大策略。采用该技术的优势为：使得言语信号更加清晰和自然，失真度低；优先处理言语信号，当出现突发噪声时，快速抑制后迅速恢复到正常放大，对声音信号的感受连续、舒适（图 28-2-15）。

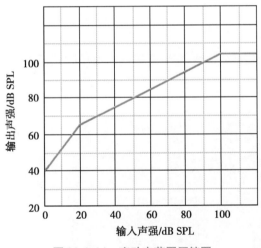

图 28-2-14　宽动态范围压缩图

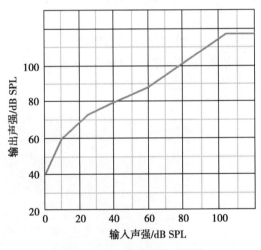

图 28-2-15　动态线性压缩图

4. **可编程助听器**　大部分数字助听器都是可编程的。DSP芯片存储量大、运算能力强，可以把频率范围划分成多个通道，独立设定其增益、压缩阈值等多项参数，可对不同频率段的不同听力损失程度进行针对性补偿，适配范围更加广泛。

（四）受话器

受话器是将电能转换成声能或机械振动的换能器，将电能转换成声能的是气导受话器，将电能转换成机械振动的是骨导受话器（图 28-2-16）。

气导受话器的工作原理：助听器受话器采用的是动圈式结构，电流流过受话器内部线圈产生磁力，带动膜片振动而发声。

图 28-2-16　受话器

放大器后边的功率放大器,通常与受话器做成一体,受话器也由此被命名为三类:A 类受话器、B 类受话器和 D 类受话器。最常用的为 D 类受话器,其内部有一数字模拟转换器(D/A),采用脉宽调制(pulse-width modulation,PWM)技术,对一个约 100kHz 的高频载波信号进行调幅。调幅信号送至比较器,信号幅度高于比较电压时,比较器输出为高;低于比较电压时,比较器输出为低。这样信号就被转换成一系列脉宽不等的方波信号。这个经"脉宽调制"的方波,控制电源的开关,正负交替的对受话器中的电磁线圈充电。由于受话器中的线圈不能传递如此高的频率,只能将脉宽信息(声信号)解调出来,声音又还原成模拟信号输出。D 类受话器的主要优点是能耗低、工作电流小、体积小、失真小。缺点是易受静电损伤和热损伤,抗震性差,使用寿命小于 A、B 类受话器。

三、助听器电池

目前助听器广泛使用的是锌空气电池。除盒式助听器使用 5 号或 7 号电池外,其他助听器使用的是锌空气电池,国内最常用型号是 675 号、13 号、312 号和 10 号电池,5 号使用极少。对电池的要求是电压恒定、寿命长、质量稳定、环保。新一代无汞锌空气电池即将成为主流,可充电助听器电池在应用中也有上升趋势。

(一)助听器电池的工作原理

锌空气电池是以金属锌为负极,以空气中氧为正极去极剂,强碱水溶液为电解液的一次性化学电源。空气中的氧通过电池壳体上的孔进入附着在正极的碳棒上,负极锌被氧化,持久的化学反应,产生 1.4V 或 1.45V 电压。

(二)助听器电池的工作温度和存储

工作温度范围为 −10～50℃,低温下工作状态不稳定,在我国寒冷地区若室外滞留时间长,易引起助听器工作不正常。较好的保存状况下每年的容降率约为 3%。存储时应避免高温、高湿或过于干燥,以免造成容降率增高。

(三)图示电池的规格与容量

电池的容量以毫安时(mAh)来计量。假定工作电流为 1mA,一粒电池所提供的使用时长,即为该电池的容量,如图 28-2-17 所示。

图 28-2-17 四种常用型号电池

A675#. 常用于特大功率助听器,容量约 540mAh;A13#. 常用于耳背式助听器或耳甲腔式助听器,容量约 230mAh;A312#. 常见于耳内式、耳道式、部分耳背式及 RITE,mini RITE 助听器,容量约 140mAh;A10#. 多用于 mini 助听器、深耳道助听器,容量约 70mAh。

四、助听器的其他配置

除前述主体结构外,许多助听器还配备了其他装置,如电感、无线传输装置、FM 接口、电源开关、程序转换钮、音量调节钮、遥控器等。由于智能化和无线技术的应用,一些功能装置有逐渐被取代的趋势,如 FM 接口、音量调节、开关、程序转换按钮等,现已有智能终端设备可直接与助听器对接,实现对助听器的调节。

（一）电感线圈

大多数耳背式及一些定制助听器中配置了电感线圈，以符号 T 表示。当选择开关置于 T 挡时，该线圈就替代传声器的拾音作用。可用于接听电话，配合环路放大器接收电视、剧院的音频信号等。电感线圈有被无线装置取代的趋势。

（二）无线装置

无线装置在助听器中的应用给使用者提供了更多工作与生活的便利，更好地享受视听设备带来的乐趣。

（三）遥控器

通过遥控器可以方便使用者自主调节部分功能参数；助听器的体积可以更加小巧美观（如深耳道式助听器）。遥控器的工作方式有：红外线、超声波或电磁感应。

（四）电源开关、音量调节、程序转换钮

音量调节装置的变迁是助听器技术发展的一个小缩影。大部分模拟耳背式助听器都有一个上下转动的音量调节轮，设置 T-M-MT 的功能转换开关。大部分数字助听器都可以通过一个功能钮，用不同的调整方式调节不同的功能，电源开关与电池仓合二为一。无线传输技术应用在助听器上以后，通过双耳传输，只需调整单侧助听器的功能钮，就能设置双耳的功能，达到双耳同步。

第三节　助听器主要性能指标

一、助听器的测试标准

国际上有很多测试助听器电声及电气特性的标准，规定了对助听器进行计量的主要技术指标及其测试方法。主要有国际电工委员会（IEC）组织发布的 IEC118 系列标准、美国国家标准委员会 ANSIS3.22—1987 标准、日本的 JISC5512—1986 标准等。多数国家采用 IEC118 系列标准，我国也等效采用 IEC118 系列标准，依据这些标准进行产品出厂检测、产品注册、质量抽检等。

（一）IEC118 系列标准

该标准针对不同类型、不同线路的助听器以及不同的测试目的提出了不同的细则。IEC118-0 为助听器电声特性测量方法，与之相对应的国家标准是 GB6657—1986。IEC118-1 为具有感应拾音线圈输入的助听器电声特性的测量方法，与之相对应的国家标准为 GB6658—1986。IEC118-2 为具有自动增益控制电路的助听器电声特性测量方法，与之相对应的国家标准为 GB6659—1986。IEC118-3 为不完全佩戴在听者身上的助听器的特性测量，与之相对应的国家标准为 GB11455—1989。IEC118-7 为助听器出厂时质量检验的性能测量，与之相对应的国家标准为 GB7263—1987。IEC118-7 的最高版本是 2005 版，对助听器各项测试指标的允许误差做了规定，并以 1 000Hz、1 600Hz、2 500Hz 三点的高频平均频率 HFA 代替 1 600Hz 做参考测试频率。目前国际上对助听器的具体性能指标尚无统一的行业标准，各企业要对自身的产品制定企业标准，我国现称为医疗器械注册产品标准。目前应用较多的测试标准是由 ANSI 和 IEC 制定的，上述两个标准中存在一定的差异，研究人员正致力于 IEC 标准的修正，使两大标准兼容。测试标准主要规定了助听器测试项目、测试方法和测试条件。

（二）测试用的声学装置

不同的测试标准采用不同的测量用声学装置，测试时用来接收来自助听器受话器的声压。常用的有 IEC126-2cc 耦合腔、IEC711 标准堵耳模拟器。

下面以 IEC118-7 2005 为例，对助听器主要电声参数及电气特性做一个简要介绍。

二、常规助听器的性能指标

（一）饱和声压级

饱和声压级（saturation sound pressure level，SSPL）是指助听器放大电路处于饱和状态时在耦合腔上测得的声压级。

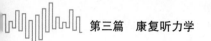

（二）输入声压级为90dB时的输出声压级

输入声压级为90dB时的输出声压级（output sound pressure level at 90dB SPL input，OSPL90）也称最大声输出，是将助听器增益设为满挡，其他相关设置要保证最大增益的实现。输入声压级在各频率均为90dB SPL时，在耦合腔上产生的声压级即为输入声压级为90dB SPL时的输出声压级。在此测试条件下，几乎所有的助听器都会进入饱和工作状态，故常以OSPL90的测量等效于饱和声压级SSPL的测量（测试允许误差为±3dB；HFA-OSP90的最大允许差为±4dB）。此数据也反映了助听器的功率大小，有助于判断该输出是否在使用者的不舒适阈范围内（图28-3-1）。

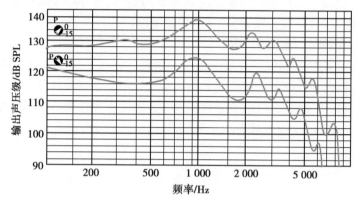

图 28-3-1　输入声压级为90dB时的输出声压级（OSPL90）

（三）满挡声增益

声增益（acoustic gain）是指在特定的工作条件下，助听器在耦合腔上产生的声压级与传声器所在的测试点的输入声压级之差。满挡声增益（full on acoustic gain）是指在规定的频率点，增益控制在最大（满挡）处，其他控制器在指定位置，助听器基本处于线性输入输出条件下测得的声增益。多用于描述放大电路的最大放大能力，要求电路不能饱和，输入输出关系曲线基本为线性。测量时，音量调节置于满挡，输入声强为中等强度（60dB SPL），在200～8 000Hz范围内扫频，测得满挡增益的频响曲线。若60dB SPL的输入声强已使输入输出曲线出现饱和，则考虑使用50dB SPL输入声强，此时需要注明输入声压级。对于采用宽动态压缩技术的助听器，也要采用50dB SPL输入声（图28-3-2）（满挡声增益的最大允差为±3dB；HFA满挡声增益的允差为±5dB）。

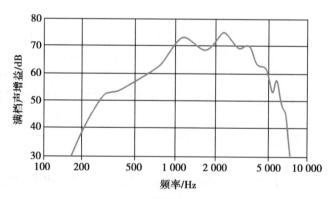

图 28-3-2　满挡声增益频率响应

在描述满挡声增益时，既可以绘制成频率响应函数，也可以用指定频率（多为1 600Hz或2 500Hz）处的满挡声增益数值作为助听器的标称值。

（四）参考测试频率和参考测试增益

助听器在实际使用时，参考测试增益不应处于饱和状态，实际的增益值远小于满挡声增益。为了评判助听器在实际使用时的效果，IEC118规定了参考测试频率和参考测试增益。

1. **参考测试频率** 以前一般将该频率设定在 1 600Hz,在 IEC118-7 2005 版之后,取 1 000Hz、1 600Hz、2 500Hz 三个频率点的平均值,这三个频率(高频平均 HFA)作为参考测试频率(reference test frequency)。助听器(尤其是线性助听器)音量最大时容易出现饱和现象,因此测试时应该把音量调低。由于平均言语声的强度是(65±12)dB SPL,也就是说最大强度是 65+12=77(dB SPL)。此点的测试会保证助听器不会对言语声产生失真。

2. **参考测试增益** 在参考测试频率处,将 60dB SPL 的纯音信号输入助听器,参考测试增益=HFA SSPL 90-17-60 或者等于 HFA SSPL 90-77(注:HFASSPL 90 是指高频平均饱和声压级)若增益已调至最大,输出仍不能达到这一数值,则取满挡声增益为参考测试增益(reference test gain)。

频率范围、总谐波失真、等效输入噪声、电池电流等助听器电声及电气性能指标均在参考测试增益测试位置下测得。

(五)频率响应

1. **频率响应曲线** 频率响应曲线(frequency response curve)是指在恒定的自由声场中,输入声压级时,助听器在耦合腔中产生的声压级随频率的变化而得到的函数曲线。如助听器的声输出、增益等声学参数随频率变化的函数曲线。

2. **基本频率响应曲线** 在参考测试增益下(该增益值至少比最大增益低 7dB 以上),在 200~8 000Hz 范围内以 60dB SPL 的扫频纯音作为助听器的输入,测量耦合腔中声压级随频率的变化,得出声输出或增益的基本频率响应曲线(basic frequency response curve)(图 28-3-3)。

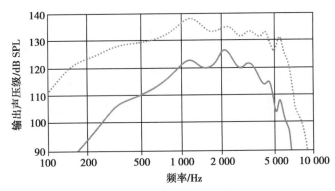

图 28-3-3 声输出或增益的基本频响曲线

(六)输入-输出曲线

输入-输出曲线(input-output curve)是指在参考测试增益下,参考测试频率所对应的输入声与输出声的声压级变化关系。

(七)助听器的失真

当助听器输出的信号与原有输入信号的特性有差异时,即称为失真。助听器失真包括谐波失真(harmonic distortion)和互调失真(intermodulation distortion)。谐波失真是指当某一单一频率 f_0 的声信号输入助听器后,输出信号中除有 f_0 频率成分外,还会产生 $2f_0$、$3f_0$……谐波成分,出现这些谐波成分即为谐波失真。互调失真是指,当某两个单一频率(f_1、f_2)的声信号输入助听器后,输出中除有 f_1、f_2 成分外,还产生 f_1-f_2、f_1+f_2、$2f_1-f_2$、……互调失真成分。互调失真在助听器中表现不明显,对助听器非线性失真度的测量国际标准规定仅限于总谐波失真。总谐波失真以二次和三次谐波失真为主,通常以 500Hz/70dB、800Hz/70dB、1 600Hz/65dB 的纯音输入信号来测量助听器的总谐波失真。它是衡量助听器的重要指标。一般规定总谐波失真不大于 15%,小于 3% 是助听器的理想目标,允差为+3%。

(八)等效输入噪声

等效输入噪声(equivalent input noise)是指助听器在参考测试增益位置时,在无声信号输入时的内部噪声与参考声增益的差值,是评价助听器的内在固有噪声的一个指标。内在噪声一般是由电子元件工作时产生的热噪声引起。内在噪声大的助听器，即使在没有输入声音的情况下，也会明显地听到一个嘈杂的输出声。一般将等效输入噪声控制在35dB SPL以下。

简易测试方法：在参考测试增益下，在参考测试频率HFA处输入声压级为50dB的纯音。测出助听器的输出声级Ls，关闭声源，测出助听器内部噪声的输出声压级L2。等效输入声压级计算公式：LN＝L2－（Ls－50dB），允差为＋3dB。

（九）助听器静态工作电流

该参数反映了助听器在较低言语环境下的耗电程度。测试时，在参考测试增益的位置，输入1 000Hz 65dB SPL的纯音，测定此时的助听器静态工作电流，允差为＋20%。

助听器静态工作电流的大小与助听器功率、放大器线路、受话器型号等多种因素相关。通常同等功率的助听器，全数字助听器因为芯片运算速度和实时动态处理的原因，其静态电流往往比线性模拟助听器大。

（十）电感拾音线圈最大灵敏度

该指标反映了具有感应拾音线圈的助听器拾取磁场信号的能力。

测试步骤：①将助听器调制满挡增益位置及电感挡；②调节频率至参考测试频率HFA；③调节磁场强度输入至10mA/m±5%；④将助听器朝向最大拾音灵敏度方向，测量声耦合腔中输出声压级D；D-20dB即为助听器在声频磁场内的最大感应拾音线圈灵敏度。灵敏度以磁场强度为1mA/m的输出声压级表示（图28-3-4）。

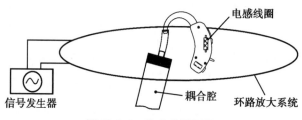

图28-3-4　拾音线圈测量

三、非线性放大助听器的性能指标

非线性放大助听器的性能指标的测试，可参考采用国际标准IEC118-2、ANSI 1992。

（一）静态压缩特性

静态压缩特性是指助听器中与时间量无关的参量，主要包括：压缩阈值、压缩范围、压缩比等参数。

1. 静态输入-输出（I-O）曲线　该曲线是指在某一测试频率，将助听器调至参考测试增益位置，输入50～90dB声压级信号，作图表示输出声压级与输入声压级的函数关系，以输入声压级为横坐标，输出声压级为纵坐标，用线性分度绘出曲线图，单位为分贝（dB）。此曲线可以体现出压缩阈值、压缩范围、压缩比等参数（图28-3-5）。

从图28-3-25可以看出，输入在60dB SPL以下时，增益为30dB；输入为70dB SPL时，增益为25dB；输入为80dB SPL时，增益为20dB，压缩阈值为60dB SPL。

2. 压缩阈值　压缩阈值（compression threshold，CT）是指助听器由线性放大刚刚转入非线性放大时的输入声压级。在IEC 118-2中，助听器增益相对于线性放大增益降低（2±0.5）dB SPL时，所对应的输入声压级，即为压缩阈值，这一点常被称为"拐点"（图28-3-6）。

3. 压缩范围　压缩范围是指对所输入的声压能够进行压缩的声强范围。

4. 压缩比率　压缩比（compression ratio，CR）是指在稳态条件下（在指定输入声压级之间），在拐点后相对平直部分特定的两点输入声压级差与相应的输出声压级差之比。两者均用分贝表示，如图28-3-6标识处。从图28-3-6中可以看出，CR为2∶1［（90－60）/（105－90）＝2］，I-O曲线的斜率为0.5。

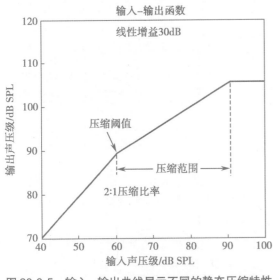

图 28-3-5 输入 - 输出曲线显示不同的静态压缩特性

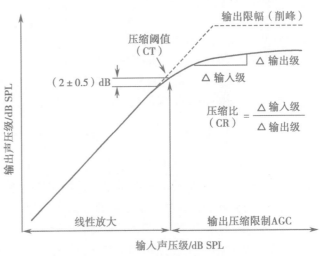

图 28-3-6 静态输入 - 输出曲线

（二）动态压缩特性

由于反馈环路的运作,压缩工作状态的启动与恢复均需要一定的时间,称之为启动时间和恢复时间。

1. **启动时间** 启动时间(attack time)EC118-2 的定义:当输入信号声压级突然增加到某一声压级,启动压缩电路,助听器的增益由原来的线性状态值逐渐下降,输出"上跳"后也随之下降并再次达到一个稳态声压级上。从压缩电路启动开始,到输出值与最终的稳态声压级相差 ±2dB 时为止,这一瞬时间隔定为启动时间(图 28-3-7)。

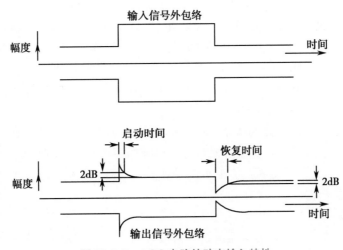

图 28-3-7 AGC 电路的动态输入特性

2. **恢复时间** 当输入信号声压级突然减小到某一声压级,助听器由压缩状态恢复到线性放大状态,增益由原来的压缩状态值逐渐上升,输出"下跳"后也随之上升并再次达到一个稳态声压级。从线性电路恢复开始,到输出值与最终的稳态声压级相差 ±2dB 时为止,这一瞬时间隔为恢复时间(图 28-3-7)。

由于数字助听器技术愈趋成熟,助听器在谐波失真、等效输入噪声、耗电等指标上也都趋于理想的状态,在此情况下如何评估助听器的优劣,需要借助其他方面的性能指标加以评估,如各种环境下的自适应能力、噪声环境下的言语分辨率、反馈抑制等,但目前尚无统一标准。随着助听器技术的不断更新,助听器的测试标准也会不断完善。

第四节 助听器处方公式

助听器进行听力补偿时的重要目的是满足听力损失者个体差异化的需求,达到这个目的需要两个基本条件:硬件设备助听器和助听器验配软件。其中,针对不同的听力补偿需求,从助听器验配软件中正确选择助听器处方公式是获得良好助听效果的重要步骤。

一、助听器处方公式的选择

选择助听器处方公式的重要依据之一是纯音听力图,纯音听力图信息的完整性必须得到保证,气导、骨导和不舒适阈三条曲线的存在是必要条件。在此基础上,助听器验配软件会自动选择相对应的处方公式,处方公式会计算出各种补偿参数的目标值,供听力师调试助听器参考。

需要特别指出,纯音听力图不能反映出听力损失者的全部信息,在实际的助听器验配过程中,听力师除了要依据纯音听力图提供的信息之外,还要依据听力损失者的临床症状,对不同的处方公式进行比较,并在此基础上进行对症调试,以满足听力损失者个性化的需求。

选择处方公式应考虑的因素:①听力损失的程度,使助听后的听阈接近正常水平;②在响度接近正常人水平的同时保证其舒适性;③依据听力曲线特征和动态范围兼顾清晰度和舒适度;④依据助听效果的评估适时调整处方公式。

助听器验配处方公式还处在一个不断发展、完善和更新的时代。除了常用的处方公式之外,几乎所有品牌的助听器还会依据自身产品的特点量身打造自有的处方公式,以求得自身产品个性化功能的实现,力求达到助听器效果最大化的目的。

二、助听器验配处方公式

助听器验配处方公式从诞生至今日已有几十年的历史,Berger、POGO、POGO2、FIG6、MSL、Shapiro、Libby、LGOB、IHAFF、ScalAdapt、DSL、NAL、NAL-R、NAL-RP、NAL-NL1、NAL-NL2、DSL[i/o]、DSL v5a- 儿童、DSL v5a- 成人等这些处方公式为听力师对证验配助听器提供了必要条件。

大多数处方公式的设计是以纯音听阈的 1/2 作为增益的补偿原则,即听力损失者所需的增益约是其听力损失的一半。还有一些处方公式则把最舒适级(most comfortable level,MCL)作为首要考虑的因素。以上两类公式的设计目标都是为了使听力损失者获得增益补偿后的感觉处于最舒适级。

处方公式的增益值通常指的是插入增益(insertion gain,IG)和功能增益。插入增益是指听力损失者佩戴助听器后鼓膜处的声压级减去未戴助听器时近鼓膜处的声压级,该数值可以反映出听力损失者通过助听器获得的实际增益,通过真耳测试的方法可以得到插入增益的数值。功能增益可以通过测试佩戴助听器前后声场听阈的差值获得。

(一)线性处方公式

如果助听器为线性放大(在饱和前增益值为一常数),就要对最大声输出进行限制,避免产生不适感和损伤残余听力,同时不降低助听器的有效性。线性放大助听器主要适用于传导性听力损失和部分混合性听力损失。以下介绍的是 NAL 系列和 DSL 两种常用的线性处方公式。

1. NAL-R 处方公式 NAL-R(National Acoustic Laboratories Revised)处方公式是在 NAL 公式(National Acoustic Laboratory,NAL)基础上,进一步将所有频率范围内的语言声音放大到最舒适水平,而 NAL 公式无法实现这个目标。NAL-R 处方公式最适用于轻到中度听力损失,对于重度和极重度的听力损失,多采用在 NAL-R 公式基础上经过修正的 NAL-RP 公式。当 2 000Hz 处的听力损失≥90dB HL,NAL-RP 公式对低频增益补偿的更多,以满足能量的需求,而高频增益的补偿会较少,以防止声反馈,它的频率响应曲线比 NAL-R 更为平坦。

在使用 NAL-RP 公式时要注意两点:①因为处方公式都是以单耳听力补偿为基础,所以双耳验配助听器时要防止过度放大而造成不适感;②该公式提供的补偿数值仅仅是参考值,调试时要依据听力损失者的实际感觉来确定补偿参数。

2. **DSL 处方公式**　DSL（The Desired Sensation Level）也可称之为"理想感觉级"公式。DSL 公式的目标之一就是尽可能在较宽的频率范围内将言语声放大到理想感觉级。DSL 的另一目的是在输出强度大范围变化的同时，还要对输出目标进行限制，以避免产生不舒适的感觉。也就是说，要对每一频率在最大声输出和最小不舒适阈之间进行权衡，其最终目的就是要将放大的语言声音置于听力损失者的动态范围之内。

DSL 的提出是基于言语声必须放大到一定的感觉级（sensation level，SL）才能够最大程度地理解语言，并达到最舒适的聆听强度这个原理。为达到最佳的言语理解，重度听力损失儿童需要 32dB 的 SL，而极重度者只需要 19dB SL，也就是说听力损失程度越重，所需的 SL 越小。

DSL 公式可以用于无法获得不舒适响度级（loudness discomfort level，LDL）的婴幼儿和儿童听力损失者的助听器验配，它采用的是年龄较大儿童的 LDL 数据，这为婴幼儿的助听器验配提供了极大的方便。

当阈值小于 100dB HL 时，DSL 目标输出曲线与 NAL 基本相同，如果听力损失程度超过 100dB HL，NAL 的最大输出目标值往往略高于 DSL。

（二）非线性处方公式

输出限制压缩线路、WDRC 压缩线路以及音阶压缩线路在数字式助听器中广泛应用，它们采用的都是非线性信号处理方式，其基本原理是对低强度输入信号多放大（增益大），对高强度输入信号少放大（增益小）。为了实现上述目标，只有通过非线性信号处理的处方公式才能成为可能。

非线性处方公式有以下几种：IHAFF、Fig6、NAL-NL1、NAL-NL2、DSL［i/o］、DSL v5a- 儿童、DSL v5a- 成人。

非线性处方公式研究的是输入、输出和频率三者之间的关系，它会涉及压缩的概念。压缩阈值、压缩比是具体的体现，非线性处方公式会使助听器的平均增益和频率响应曲线随着输入级的不同而变化。

感音神经性和部分混合性听力损失者的动态范围窄是其特点之一，响度增长曲线会变得陡直，听力损失程度越重，响度增长曲线的斜率越大，听力损失者的感觉是：声音小听不见，声音大又会感到难受，所以助听器在力求清晰度最大化的同时还要满足舒适性的需求。非线性处方公式的目的之一就是要把听力损失者不正常的响度增长调整到正常的响度感觉上来，称之为响度增长曲线的正常化。

助听器验配软件中常用的非线性处方公式有以下几种：DSL［i/o］、NAL-NL1、NAL-NL2、DSL v5a- 儿童、DSL v5a- 成人等。

1. **DSL 输入 / 输出公式（DSL［i/o］）**　DSL［i/o］处方公式有两种类型：DSL［i/o］线性公式和 DSL［i/o］非线性公式。DSL［i/o］非线性公式尤其适用于宽动态范围压缩电路。它的算法是典型的响度正常化（loudness normalization）策略。目的是使助听器的输出控制在听力损失者的动态范围之内，让助听器佩戴者感受的响度尽可能与正常听力者的感觉一致，使放大了的言语尽可能地被助听器使用者接受。

2. **NAL-NL1 处方公式**　NAL-NL1（National Acoustic Laboratories，Non-linear，Version1）处方公式不同于以前 FIG6、IHAFF、DSL［i/o］等非线性放大处方公式中采用的"响度正常化"原则，NAL-NL1 公式继续沿袭了 NAL-RP 公式的基本原则，结合非线性放大特征做了修正，并与其他处方公式表现出较大的差异。这些原则以及相应的处理措施如下。

（1）考虑到言语信号中以低频能量为主：与其他处方公式相比，NAL-NL1 公式对 1 000Hz 以下的低频削减得更多。

（2）听力损失者提取信息，特别是从其损失较重的频率区域提取信息的能力减退：而从言语交流的目的出发，言语频率范围内的信息提取是最重要的。所以每个频率的增益都与言语频率的听阈相关。NAL-NL1 公式对损失最重的频率的增益，比其他处方公式要小一些。对比较陡的斜坡下降型听力，各频率间的增益变化比其他处方公式要平缓一些，从而给出的压缩比率也会小一些。

（3）将听力损失者的响度补偿到接近正常人水平的同时，也还要获得最大的言语分辨：已有研究工作表明，在各频率段上都分别实现响度正常化，并不能获得最大的言语分辨能力，反而可能会因低频向上掩蔽效应而影响言语分辨。响度的补偿应基于言语的总体响度，而不是各个频段的响度的正常化。

NAL-NL1 公式秉承了 NAL-RP 公式的思想，处方的计算也是基于各频率听阈，500Hz、1 000Hz、2 000Hz 三个频率的平均听阈，听力图上 500～2 000Hz 的斜率；同时结合非线性放大的特点，针对不同的输入声级（从 40～90dB SPL）给出不同的处方增益值。NAL-NL1 公式对 65dB SPL 的中等强度的声音的处方，与 NAL-RP 公式给出的处方相当。

最大声输出的目标值也同 NAL-SSPL 一致。但由于非线性放大助听器多为多通道装置，有时每个频率的 SSPL 可独立调节，所以 NAL-NL1 公式可以根据通道的数目来考虑总体的响度加合效应。

3. NAL-NL2 处方公式　NAL-NL2 是 NAL-NL1 的升级版，针对不同的人群提供不同的增益补偿。对于中度听力损失的孩子和成人，严格控制输出强度，避免二次伤害。成人给予较低增益，而儿童给予较多的增益。

NAL-NL2 考虑了不同语言对增益补偿的影响，采用强度自适应，考虑了汉语有"音调"语言的特性。公式计算出的初始响度比 NAL-NL1 要小。适合初戴助听器的听力损失者。

4. DSL v5a- 儿童处方公式　适用于大功率助听器，DSL v5a- 儿童计算出的初始响度比 DSL v5a- 成人大，适合儿童验配和重度以上（包括重度）听力损失的成人听力损失者。

5. DSL v5a- 成人处方公式　适用于大功率助听器，DSL v5a- 成人的响度要比 NAL-NL1 的大，比 DSL v5a- 儿童的小。

第五节　助听器的类型和基本特征

一、个体助听器的类型和特点

（一）盒式气导助听器

盒式气导助听器（body hearing aid）又称为体佩式助听器。助听器的传声器、放大器和电池组装在机壳内，受话器通过导线与机壳上放大信号的输出端相连。由于体积大，美观性差等原因，盒式助听器逐渐被其他类型的助听器取而代之。

（二）耳背式助听器

1. 常规耳背式助听器　耳背式（behind-the-ear，BTE）助听器又叫耳后式或耳挂式助听器。助听器的传声器、放大器、受话器全部安装在助听器机壳内，音量控制和程序转换等功能按钮置于机壳外部（图 28-5-1）。

（1）优点：①从轻度到极重度听力损失者均可以使用；②相对于盒式气导助听器，体积较小，美观性好；③操作方便；④婴幼儿使用时只需要定期更换耳模；⑤对于重振或堵耳效应比较严重的感音神经性听力损失，可以采用开放耳技术。

图 28-5-1　耳背式助听器

（2）缺点：①戴眼镜者略感不便；②汗液易进入传声器进声孔；③耳郭的集音功能无法利用。

2. 受话器外置式助听器　受话器外置式（receiver-in-the-canal，RIC）助听器是将受话器直接放置于外耳道内的一种耳背式助听器。受话器通过特制的导线与机体连接，受话器可以置于耳模或开放式耳塞中（图 28-5-2）。

（1）优点：①体积小于耳背式助听器；②选择开放式耳塞，堵耳效应改善明显；③受话器与传声器处于相对分离状态，声反馈的可能性降低。

（2）缺点：①受话器与助听器机体连接的导声线易折断；②堵耳式 RIC 不适用于极重度听力损失者；③开放式 RIC 更适合 500Hz 听阈小于 30dB HL，1 000Hz 以上听阈小于 60dB HL 并有明显重振现象的轻、中度听力损失者，适用范围受到限制；④传声器进声孔口位于助听器的顶端，存在汗液侵蚀问题；⑤不适合手指灵活度不佳的使用者；⑥RIC 的受话器在外耳道内，易受耵聍和湿气的影响。

图 28-5-2 受话器外置式助听器和开放式耳背式助听器

（三）定制式助听器

定制式助听器是根据听力损失者耳甲腔和外耳道的形状，采用医用高分子材料加工成助听器外壳，助听器的元器件置于壳中。目前主要有四种类型：耳内式、耳道式、完全耳道式、隐形式。适用于轻度到重度的听力损失者。

1. 耳内式助听器 耳内式（in-the-ear，ITE）助听器可制作成全耳甲腔式和半耳甲腔式（half shell），使用时直接放置于外耳道和耳甲腔内（图 28-5-3）。

（1）优点：①美观性好于耳背式助听器；②耳郭的集音功能得到利用；③受话器距离鼓膜较近，可略降低增益需求。

（2）缺点：①手指灵活度差者，摘戴不方便；②油性分泌物易浸入受话器；③耳道发育未定形者，需多次更换助听器外壳；④容易产生堵耳效应和加重重振反应；⑤全耳甲腔式助听器会因为与皮肤面的接触过大而舒适性较差。

2. 耳道式助听器 耳道式（in-the-canal，ITC）助听器体积略小于耳内式，是常用的助听器之一（图 28-5-4）。

图 28-5-3 耳内式助听器

图 28-5-4 耳道式助听器

（1）优点：①传声器的位置更加符合人耳的生理声学特性；②保留耳郭的共振效应和声源定位作用；③受话器更接近鼓膜，增益需求相对于 ITE 更低，高频增益损耗小；④美观性更佳。

（2）缺点：①易产生堵耳效应和加重重振反应；②容易产生声反馈；③外耳道发育未定形者需要多次更换助听器外壳；④油性分泌物易浸入受话器。

3. 完全耳道式助听器 完全耳道式（completely-in-the-canal，CIC）助听器又称为深耳道式助听器（图 28-5-5），它比 ITC 体积更小，美观性更佳。其插入耳道的深度可以超过外耳道第二生理弯曲 3mm。CIC 的输出功率已经可以满足部分重度听力损失的需求，还可以设置多个程序，扩大了适配范围。

（1）优点：①能有效地降低堵耳效应；②与 ITC 相比可进一步降低声增益的需求（尤其对高频部分）；③耳郭声源定位的作用得以充分利用。

（2）缺点：①电池容量小，使用时间短，手指灵活度欠佳者操作不便；②目前只限于单传声器系统；③耳道发育未定形者需要定期更换助听器外壳；④耳道内的分泌物和油脂更容易浸入助听器内部。

4. 全隐蔽式 / 隐形式助听器 全隐蔽式 / 隐形式（invisible-in-canal，IIC）体积更小，隐蔽性更好，佩戴位置更靠近鼓膜（图 28-5-6），适用于轻度到重度听力损失者。IIC 对耳道的几何尺寸有特殊要求，适用群体受到一定限制。

图 28-5-5　完全耳道式助听器

图 28-5-6　全隐蔽式 / 隐形式助听器

（四）骨传导式助听器

骨传导助听器是通过头骨、皮肤甚至牙齿等途径将声波传至耳蜗来感受声音的。它需要将骨导振子固定在耳后乳突的位置。从外形上可以分为头戴式和眼镜式（图 28-5-7）。

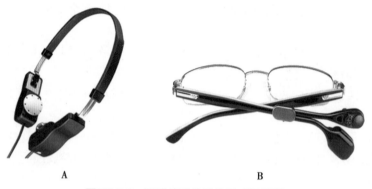

A   B

图 28-5-7　不同外形的骨传导式助听器
A. 头戴式助听器；B. 眼镜式助听器。

（1）主要适用人群：先天性小耳畸形、外耳道狭窄或闭锁、长期外耳道湿疹、慢性化脓性中耳炎且持续流脓者；或手术后术腔内长期有分泌物的听力损失者；以及不适合使用气导助听器的听力损失者。

（2）缺点：适配范围有限；且佩戴不方便；美观性差。

（五）信号对传式助听器

信号对传式助听器包括单耳信号对传式助听器和双耳信号对传式助听器。其原理是采用频率为 2.4GHz 的蓝牙技术或近场磁感应技术（near field magnetic indution，NFMI）将听力较差耳的声音信号传至听力正常或较好侧耳，这样可以有效地消除头影效应。其可以增加声音的信息量，提高言语识别率和改善聆听者的心理感受。

1. 单耳信号对传式助听器　单耳信号对传式助听器（constralateral routing of signal，CROS）适用于一侧听力正常或者接近正常（较好耳），而另一侧耳全聋或重度听力损失者。无传声器的助听器戴在较好耳的一侧，另一侧听力较差耳只佩戴传声器，其目的是让较好耳也能听到较差耳一侧的声音信号。

2. 双耳信号对传式助听器　双耳信号对传式助听器（binaural CROS，BiCROS）采用的是双耳声音信号对传方式，主要适用于一侧耳为轻度或中度听力损失、一侧耳为重度听力损失者。听力较好侧耳佩戴有传声器的助听器，而听力较差耳只佩戴传声器，助听器将双侧传声器接收的信号进行放大处理，这样对来自头颅两侧的声音信号都能有很好的感知。

（六）一次性助听器

一次性助听器是一种迷你耳道型助听器，使用时间约为 40 天。该类型助听器主要用于轻度到中度听力损失，可以佩戴于任一侧耳。

二、放大线路类型分类

助听器的放大线路有两个基本类型：线性放大和非线性放大。模拟助听器采用的是线性放大线路，数字助听器采用的是非线性放大线路。

（一）线性放大

助听器接收的声音信号在放大过程中,输入与输出按照 1:1 的比例关系进行放大,在线路达到饱和状态(最大声输出)之前,输入声强每增加 1dB,输出声强就相应增加 1dB,呈现正比函数关系,输入输出曲线斜率不变(45°),这种放大关系称之为线性放大(图 28-2-12)。线性放大对传导性听力损失(动态范围趋于听力正常者)十分适用。

（二）非线性放大

助听器的声音信号在放大过程中,输入和输出不是按照 1:1 的比例关系进行放大,输入与输出曲线斜率会发生改变,这种放大关系称之为非线性放大(图 28-2-13)。非线性放大是通过对声音信号进行压缩处理实现的。

对于具有重振问题的感音神经性听力损失者,动态范围窄是其特点,如果较高的声强经过线性放大后,就会超出听力损失者的不舒适阈而造成不适感。压缩放大技术可以实现将较高的输入声强,经过助听器的压缩放大处理后,仍控制在听力损失者较窄的动态范围内,这样可以有效地改善听力损失者的舒适度。

1. **压缩模式** 不同听力损失类型对压缩的形式有着不同的需求,也就是不同的压缩方法有相对应的适用群体。输出限幅、压缩限幅和宽动态范围压缩是三种基本压缩类型,如图 28-3-6 所示体现了输出限幅、压缩限幅两种压缩方式。

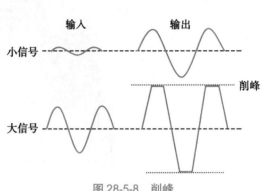

图 28-5-8 削峰

(1)输出限幅:线性放大助听器的声输出在达到饱和声压级之前,为了避免对听力损失者造成声损伤和对强声音造成的不适感,通过对过强的输出信号进行输出限制的方法称之为:线性放大 + 输出限幅。削峰是实现输出限幅的手段之一(图 28-5-8)。

削峰的优点:最大声输出被限定在恒定的范围内,可以有效地避免过强声输出对听觉功能造成损害。

削峰的缺点:部分输出声音信号被限制而导致失真。失真是指系统不能对接收到的信号进行准确的传导或复制。

(2)压缩限幅:为了避免削峰造成的失真,同时又能解决声输出过强导致听力损失者无法耐受的问题,压缩限幅的方法被应用在助听器上。压缩限幅的具体表达形式是线性放大线路 + 自动增益控制(automatic gain control,AGC)。

自动增益控制是限幅输出的一种,它利用线性放大和压缩放大的有效组合对助听器的输出信号进行调整。当小声、中声(低于 65dB SPL)信号输入时,线性放大电路工作,保证输出信号的强度;当输入信号增大到某一限定水平时,启动压缩放大电路,使输出幅度降低。自动增益控制系统中有四个重要指标:压缩拐点(CK)、压缩比(CR)、启动时间(AT)和恢复时间(RT)。这四个指标在一个系统内是恒定的。这种输出控制的好处是谐波失真很低,能保持较好的信噪比。但只有当声音强度达到压缩拐点水平时系统才会启动压缩功能,同时还要受启动和恢复时间的影响,所以在拐点附近的声音信号容易产生失真。

(3)宽动态范围压缩:将较宽声强范围内的声信号进行压缩后,实时的放大到较窄的动态范围内称之为宽动态范围压缩,它非常适合动态范围窄、重振问题凸显的感音神经性听力损失(图 28-2-14)。

重振的实质:随着输入声音信号强度增加而响度异常增长,也可以表达为"小声听不见,大声又难受"。为了解决重振问题,宽动态范围压缩的概念被提出。

由于助听器主要作用是提高听力损失者的言语交流能力,所以宽动态范围压缩的核心是对言语强度范围内的声信号实现响度正常化。一般来说,宽动态范围压缩电路的压缩范围为 45~84dB SPL,为了获取较大的输出,压缩比通常小于 3:1。

宽动态范围压缩对时间特性也有一定要求,启动时间要短于 5ms,恢复时间要短(介于 20~100ms),长恢复时间或自适应恢复时间的压缩电路都不是 WDRC。

2. **动态线性压缩** 动态线性压缩结合了线性和非线性放大的优势,对小声和大声采用非线性压缩,对中声的持续言语声采用动态线性放大策略,使得言语信号更加清晰和自然。其优势:①保留了言语的细节变化,让声音信号的感受尽可能做到原汁原味;②优先处理言语信号,在复杂的聆听环境下听得更轻松;③出现突发噪声时,快速抑制后迅速恢复正常放大,使得声音信号的感受连续、舒适。

由于该压缩是由多个拐点组成的曲线压缩(图28-2-15),对任何级别的输入信号都有一个平滑的频率响应。同传统的放大策略相比,该压缩在大信号输入时增益更低,而小信号输入时增益更高(图28-5-9)。这意味着在日常的小声交流中可以获得更多的有利于言语理解的细节,在中声言语水平交流中可以获得更多的小声言语音节。其压缩的目的不是为了获得同样的响度补偿,而是为了提高声音质量(自然度)同时又不能降低言语的清晰度。

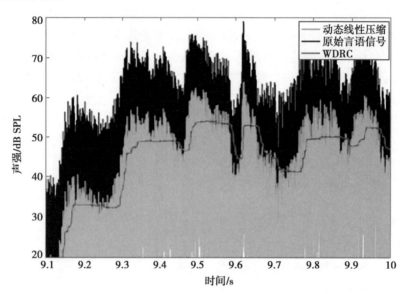

图28-5-9　动态线性压缩与宽动态范围压缩效果比较图
绿色为原始信号,黑色为言语提升放大后信号,特点:保留信号的细节变化。

3. 复合宽动态范围压缩　复合宽动态范围压缩系统(WARP PROCESSOR™)是基于频率的处理:以最小的延迟和高品质的音质来模拟人类的听觉系统,能在环境干扰增加的情况下改善频率分辨率和音质。在多通道技术的支持下,它采用对数的频率分割办法提供高效率的信号分析。

声音处理器在滤波和频率分析上采用复合宽动态范围压缩(frequency warping),即可在音频路径和分析路径上进行独立的处理。与传统的声音处理模式——快速傅里叶变换(fast Fourier transform,FFT)频率分割相比,复合宽动态范围压缩系统最大限度模拟正常耳蜗滤波模式,交互重叠的仿真复合宽动态范围压缩,达到了极低的失真度以及高清的声音输出效果。同时既减少在高频多余的频率分割,又细化在低频的处理,有效提高声音的处理速度。

4. 增强型动态范围压缩　增强型动态范围压缩(EDRC)是一种宽动态范围压缩的扩展,在非线性放大电路的基础上将压缩阈值低至20dB HL,低压缩阈可以有效地保证了言语信息中非常重要的较小声音信号的(特别是言语信号中的辅音成分)放大。言语中的许多辅音成分对保证言语的清晰非常重要,辅音的可听度取决于助听器对较小声音信号的放大能力,压缩阈越低,弱小的声音信号增益就越大,言语可听度就越高,这对于听力损失的儿童学习言语显得尤为重要。

三、助听器调试方法分类

(一)非编程助听器
非编程助听器的调节(音量、音调等)是通过手动完成的,无法通过计算机软件来调试参数。此类助听器的应用率日趋减小。

(二)可编程助听器
部分模拟助听器和数字助听器可以通过软件进行调试和功能设置。可编程助听器具备的优点:①在助听器的频率响应范围可以划分成多个频段；②每个频段都能独立地进行参数调节；③可以设置多种程序等。可编程助听器的适配范围较为广泛，可调性更为灵活，参数还可随听力的变化随时调整。

四、助听器信号处理模式分类

模拟信号和数字信号是助听器信号处理的两种主要方式。早期的助听器以模拟信号处理方式为主，适用于传导性听力损失和部分混合性听力损失。在数字助听器诞生之前，尽管模拟助听器在助听器的清晰度和舒适度方面无法满足感音神经性听力损失者需求，但临床结果表明，早期佩戴了模拟助听器和正确使用者在减缓感音神经性听力损失的功能性障碍方面有重要意义。

随着数字技术的日益成熟和完善，模拟助听器的所有功能可以完全被数字助听器取代，模拟助听器逐渐退出历史舞台是必然。

五、助听器输出功率分类

依据听力损失程度，选择相对应功率的助听器可以避免储备功率不足；或功率过大造成耗电过大（表 28-5-1）。

表 28-5-1　助听器输出功率分类

助听器功率	听力损失程度饱和声压级 /dB SPL
小功率	<105（轻度）
中功率	105～124（轻度到中度听力损失）
大功率	125～134（重度听力损失）
超大功率	≥135（极重度听力损失）

六、依据助听器传声技术不同分类

（一）全向性传声器助听器

全向性助听器的传声器仅含有单一端口并将声音从该端口传送至传声器振膜的前端。如果在自由声场中对其进行测试，可发现该传声器从各个方向收集声信号，因此其敏感度模式的极坐标成圆形。

（二）方向性传声器助听器

方向性助听器的传声器可通过不同的方式来达到区分方向性的目的。早期的方向性传声器是具有两个进声孔的，声波从两侧的进声孔进入传声器的振动膜，振动膜感受到的是两侧声压的压力梯度。而现在的方向性传声器多是由两个独立的、性能相匹配的全向性传声器组成，一个为前置传声器，一为后置传声器加信号延迟电路。方向性传声器的应用提高了信噪比，从而增加了听力损失者在噪声环境中的言语分辨力。其敏感度模式的极坐标分成以下几种：双极性、心形、超心形。

第六节　成人助听器验配

成人助听器验配在听力检测、助听器验配流程方面与婴幼儿和儿童助听器验配有显著的不同。

成人大多数为语后聋的听力损失者，语言功能基本正常，能够比较准确的表达自身的感受，在助听器验配过程中能够与听力师进行有效的沟通。

婴幼儿和儿童听力障碍者大多数为语前聋，不具备语言功能或语言功能很差、思维和表达能力尚未完全建立，听力检测的方法、助听器验配的效果评估主要依赖相关设备和特殊的方法。

一、助听器验配的适应证及转诊指标

（一）助听器验配的适应证

经过临床治疗无效，形成永久性听力损失的传导性听力损失和混合性听力损失；目前医学水平无法

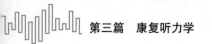

治愈的感音神经性听力损失,只要尚有残余听力,都可以成为潜在的助听器使用者。

平均听力损失(PTA)小于40dB HL,但存在明显功能障碍问题者也应考虑验配助听器。

符合助听器验配适应证的任何类型的听力损失者,早期干预非常重要,即早期发现、早期验配助听器和坚持佩戴助听器。早期干预的重要意义体现在:可以有效减缓听觉功能下降的速度,这对感音神经性听力损失者尤为重要。

(二)转诊指标

听力师对存在以下情况的听力损失者,应转诊到相应的机构或暂缓验配助听器:①突发性听力损失在3个月之内的;②不明原因听力呈波动性或进行性下降的;③中耳疾患正在治疗期内的;④耵聍栓塞、外耳道有异物;⑤外耳道湿疹、破损、炎症;⑥眩晕或头痛;⑦因其他原因不能配合听力师完成助听器验配的。

二、纯音听力图分析

纯音听力图可以反映出听力损失者的许多信息,如听力损失的类型、听力损失的程度、听力曲线的特征、动态范围。但它不能反映出听力损失者的全部信息,如言语识别率、言语反应速度、重振、致聋原因。

助听器验配要求纯音听力图中含有气导、骨导和不舒适阈三条听力曲线(图28-6-1)。

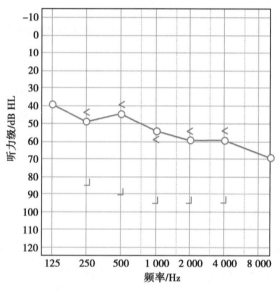

图 28-6-1 助听器验配要求的纯音听力图

三、了解病史

(一)致聋原因

不同的致聋原因会影响到助听器的最终效果。例如突发性聋、煤气中毒导致的听力损失其动态范围相对较窄,言语识别率较差,助听器的调试周期相对长,调试难度较大。

(二)听力损失时间

原则上讲,超过助听器适应证3年以上的感音神经性听力损失即可称之为陈旧性听力损失听力损失。如果未做到早期发现、早期验配助听器,随着听力损失时间的增加,听觉功能性障碍程度会逐渐加重。

(三)有无助听器应用史

初次验配助听器和有助听器佩戴史的听力损失者在助听器验配过程中有不同的验配策略。初次验配者的适应周期和调试周期明显高于有助听器佩戴史的听力损失者。

(四)曾用助听器类型

模拟助听器和数字助听器佩戴史的不同会影响到助听器的调试方案。模拟助听器使用者改用数字助听器的初期对响度的需求会较大,也可称之为响度依赖,听力损失者需要一定的适应周期。

（五）耳鸣

伴有长期耳鸣史的听力损失者其听觉功能障碍通常较差,有部分助听器使用者在佩戴助听器时对耳鸣有一定的掩蔽作用。

（六）心理障碍

听力损失者心理障碍的表现形式有多种,自卑、多疑、远离主流社会、易情绪化是主要特征。了解其主要问题后进行疏导,以提高其配合系数,提高助听器验配的成功率。

四、听力障碍分析

掌握听力障碍的类型和程度对确保助听器效果最大化有重要意义,它对助听器的选择、助听器的调试提供了重要依据。听力障碍主要体现在以下几方面:

（一）无助听的言语识别率

在无助听的情况下,进行安静及噪声环境下的言语识别阈和言语识别率的测试。这些数据对后续的验配过程有指导意义,对预判助听器最终可能达到的效果提供了依据。

（二）有助听的言语反应速度

助听器完成调试后,在安静环境下通过与听力损失者的交流,观察语速对言语识别率的影响,这对听力损失者以及家人正确理解助听器可能达到的效果以及掌握正确的交流方法有重要意义。

（三）堵耳效应

助听器在验配过程中一定要分析听力损失者佩戴不同类型助听器堵耳效应的程度。采取一切可以采用的方法,力求堵耳效应最小化。堵耳效应和重振有相关性,这两者的解决方式既有交叉也有独立的方案。

（四）重振

重振导致的不舒适性远远高于堵耳效应,他们产生的机制也完全不同。解决重振需要技术手段的支持,调试周期和适应周期相对较长。

五、双耳或单耳验配原则

（一）双耳验配原则

1. 双耳均在助听器验配适应证范围之内,双耳佩戴时无明显不良反应的应该双耳验配助听器。

2. 双耳听力损失程度相差悬殊,但双耳佩戴时的综合感觉明显好于单耳佩戴时应该双耳验配,但需要向听力损失者说明,助听器效果以听力相对好耳为主,另一侧为辅。

（二）单耳验配的原则

1. 一侧耳听力正常,另一侧耳听力损失符合助听器验配适应证的听力损失者应该单耳验配助听器。

2. 双耳均有听力损失,但一侧耳的听力损失已超过助听器验配适应证范围的,另一侧耳在助听器验配适应证范围之内的应该验配助听器。

3. 双耳均有听力损失,并都在助听器验配范围之内的,但双耳佩戴后助听器的清晰度或舒适度明显不如单耳佩戴效果时,应该选择单耳效果好的一侧耳验配助听器。

4. 双耳均有听力损失,并都在助听器验配范围之内的,但一侧耳属于转诊或暂缓验配助听器的,另一侧耳可以单耳验配助听器。

5. 因经济或其他原因只同意配一个助听器时,应该选择功能性障碍相对轻的一侧耳验配。

六、对证选择助听器

（一）助听器功率选择

1. 依据听力损失的类型和程度选择相应功率的助听器。

2. 同等程度的听力损失,传导性听力损失和混合性听力损失者的助听器储备功率应略高于感音神经性听力损失。

3. 单耳验配助听器的储备功率应略高于双耳验配。

（二）助听器功能和性能选择依据

①听力损失类型；②功能性障碍主要特征；③听力损失程度和听力曲线特征；④年龄、职业、经常使用的环境、助听器效果的期望值、经济条件。

（三）助听器外观类型的选择

①功率要满足需求；②依据外耳生理结构、外耳道大小和几何形状、耳甲腔的形状和深浅；③功能性障碍主要特征；④听力损失的稳定性；⑤头部是否汗多、手的灵活性；⑥在①～⑤的基础上可以参考验配者的个人喜好。

（四）助听器品牌的选择

①助听器验配机构应具备三种以上助听器品牌，以满足各类听力损失者的不同需求；②以助听器效果最大化原则确定助听器品牌；③在满足基本助听效果的前提下，可以适当考虑助听器的性价比和听力损失者的经济状况。

七、助听器调试

（一）助听器调试设备

助听器调试设备如下：①计算机；计算机的配置要满足助听器验配软件的相应要求；安装助听器验配软件；②HIPRO、编程线、编程接口、电池；使用无线编程器则不需要编程线和编程接口。

（二）助听器验配软件的基础设置

打开所需助听器验配软件，按照验配软件信息设置的要求逐一完成设置，它包括：①听力损失者的基本信息：姓名、性别、年龄等；②纯音听力图，其中的气导、骨导阈值不可缺一。

（三）助听器调试

助听器与调试设备进行连接，输入验配软件调试界面中所含全部内容。助听器验配软件会依据输入软件中听力损失者所含的信息自动进行部分参数的默认设置，它包括：处方公式、最大声输出、增益、方向性功能、降噪等。助听器验配最大的特点是个性化验配。在验配软件提供的默认设置基础上，听力师要依据听力损失者的客观反映和评估结果进行各种验配参数的对证调试。

1. 最大声输出调试　最大声输出调试的原则是在不舒适阈（UCL）的基础上，在助听器的频率响应范围内，强度≥80dB SPL给声时满足受试者舒适性的要求。

2. 声增益的调试　声增益调试的主要依据是气导值，不舒适阈作为参考值。50dB SPL、65dB SPL和80dB SPL时声增益的调试会改变压缩比，过度压缩或者压缩不够都会影响清晰度和舒适度。

3. 方向性设置　方向性设置要依据助听器使用者主要的聆听环境进行设置。随着助听器智能化程度的不断提高，对听力师调试的依赖程度在日趋降低。

4. 声反馈抑制　依据助听器使用时的客观情况决定是否需要进行声反馈设置。助听器使用者咀嚼、说话、张大嘴、扭头、低头、仰头、手靠近助听器时如果发生声反馈现象就必须进行声反馈抑制的设置。声反馈抑制后如果导致增益过度下降而影响聆听效果时，则需要对耳模、定制机外壳、通气孔、开放耳耳塞进行修正或重新制作。

5. 降噪设置　助听器降噪主要依赖方向性麦克风技术、无线传输技术和增益调试来解决。针对使用者的不同情况和需求，可以采用某一技术或几种技术合并使用。

6. 程序设置　助听器程序功能是为了满足使用者不同聆听需求设置的。常规设置有：安静环境程序、噪声环境程序、聆听音乐程序等。

八、真耳测试

真耳测试是助听器验配的重要验证手段。真耳测试获得的声压级是近鼓膜处助听器放大的数值。在500～4 000Hz测试的范围内，让听力损失者在"很轻""轻""舒适，但是有点轻""舒适""舒适，但是有点大""大，但可以接受""不舒适"的感觉中选择。

真耳测试对助听器的调试具有指导意义。助听器验配过程中通过真耳测试的方法可以确保助听器使用者在嘈杂环境中不会产生不舒适的感觉，对待动态范围窄、重振明显、陈旧性的感音神经性听力损失建议把真耳测试作为必备项。

九、助听器效果评估

通过验配验证后的助听器最终能否起到期望的效果，听力学家需对听力损失者受益和最终效果进行严格的主观评估，也就是效果评估，临床通常使用问卷调查的方法完成，由听力损失者本人判定助听器在日常生活中带来的变化多大，可以更直观地了解提供给受试者的服务和助听设备给他们的生活带来的改善。

针对不同的验配目标、测试范畴，国际上开发了不同的助听器验配效果的自我评估方法（self-assessment tools）。主要包括评估听力残疾方面、评估残障方面、全球通用的效果测定问卷、评估满意度方面等。

世界卫生组织（WHO）把健康定义为无疾患和生理、精神、社会功能方面的完满状态（well-being），听力学家需进一步评定听力损失者的听力障碍是否以更广泛的形式影响着生理、心理和社会功能的各方面，因此应将问卷评估作为效果评估的常规项目。常用评估问卷介绍。

（一）助听器效果简表

助听器效果简表（APHAB）共有 4 类 24 个问题，每类 6 个问题。这 4 类问题分别是：交流的难易（ease of communication，EC），了解听力损失者在理想的聆听环境下交流的难易程度；背景噪声（background noise，BN），了解听力损失者在高强度噪声环境下交流的难易程度；混响（reverberation，RV），了解听力损失者在有混响环境下交流的难易程度；对声音的厌恶（aversiveness，AV），了解听力损失者对环境声的厌恶程度。

（二）听力损失者自我听觉改善分级

听力损失者自我听觉改善分级（COSI）由澳大利亚的 Dillon 在 1997 年首次提出。初次就诊时要求听力损失者选择 5 个佩戴助听器后最想解决的问题，要求按重要性予以分类。问卷的第一部分为听力损失者的基本情况，包括姓名、性别、年龄、职业、学历等。第二部分为表格部分，分三栏：第一栏为听力损失者自己提出的 5 个最想解决的问题，第二栏为助听后所对应问题的改善程度（degree of change，improvement），第三栏为助听后所对应问题的最终能力（final ability）。在随访中，要求听力损失者判断使用助听器后 5 个最想解决的问题的改善程度和最终能力。对每一种情形，听力损失者要说明使用助听器以后比使用助听器以前改善了多少以及改善的具体情形如何。改善的程度分 5 级：非常不好、没有什么不同、有一点帮助、不错、非常好。评分标准为 5 分表明非常好（much better）/ 几乎总是（almost），以此类推，每个选项对应一个分值，1 分表明非常不好（worse）/ 几乎从来没有（hardly）。

该问卷目前已被翻译为中文版，并在用于评估老年人助听器的佩戴效果中取得了良好的效果。

（三）全球通用效果测定

全球通用效果测定（IOI-HA）问卷为 1999 年 9 月在丹麦 Eriksholm 召开的第二届国际研讨会结束时全体专家提出的一套国际通用的助听器效果评估问卷，可同时用于世界不同国家的各种研究。设计这套核心条目并不试图取代现有的效果测定，而是试图作为现有的研究测试方法的补遗，也可能成为一种质量评价的单独工具。该问卷覆盖助听器效果 7 个方面的核心问题，包括平均每天使用时间、对最希望听清楚的情况的帮助、最希望听清楚的情况仍有多大困难、综合考虑助听器是否值得、佩戴助听器后听力问题对所做事情的影响、佩戴助听器后听力问题给别人带来麻烦的程度、助听器对生活质量的改善程度，旨在全面评估助听器效果。每一题都有与其对应的 5 个选项，从最好到最差，最高得分为 5 分，最低为 1 分，总分为 7 道题的平均分。

该问卷目前已被翻译为中文版，并建立了中文版的正常参考值，且在多项研究中被用于评估助听器效果、比较不同类型助听器效果等。

（四）日常生活助听满意度问卷

日常生活助听满意度问卷（SADL）问卷共包括 15 个问题，涉及 4 个方面：积极作用（positive effect）、服务与花费（service & cost）、负面作用（negative features）、个人形象（personal image）。每一个问题都有 7 个备选答案，用英文大写字母 A～G 表示，分别代表听力损失者遇到每一问题中所提及情形的程度：A. 一点也不；B. 少许；C. 有一些；D. 中度；E. 相当，5 分；F. 非常；G. 极大。具体以分数表示：1～7 分，代

表 7 个程度,1 分最差,7 分最好,问题相反时分数也相反。问卷还包括附加项的内容:助听器佩戴经历、每天佩戴时间、助听器类型、助听器线路特征等。该问卷目前已被翻译为中文版,在将 SADL 用于开放式和非开放式助听器效果的比较中发现,开放式助听器的满意度明显高于非开放式,可以快捷有效地获得目标人群的助听器满意度效果。

十、助听器使用指导

(一)助听器的佩戴方法
参照助听器使用说明书进行佩戴。

助听器佩戴的特别说明:①耳模、定制机必须戴到位,否则易出现胀痛,外耳道、耳甲腔磨破和声反馈现象;②外耳道几何形状复杂、狭窄,有外耳道手术史,手有功能障碍者必须依据个体情况给予特殊指导。

(二)助听器的使用方法
参照助听器使用说明书使用。

助听器使用特别说明:①助听器初次佩戴者的初期佩戴时间原则上依照循序渐进方法进行,依据个体情况可自行决定每天的佩戴时间和佩戴过程的间歇时间;②助听器初次佩戴者的初期佩戴场合原则上依照先安静后嘈杂进行,依据个体适应性情况,可自行决定佩戴场合的选择。

(三)助听器使用时正确的交流方法
①面对面进行交流效果最佳;②说话者的语速不能超过助听器使用者对言语的反应速度;③说话者声音强度保持在与听力正常人的交流水平,不可过大或过小;④与助听器使用者交流前引导其注意力转至听力师时再开始交流;⑤与助听器使用者交流的距离在安静环境下以 2 米为宜,在嘈杂环境时应小于 1 米并适当提高音量。

十一、助听器的适应周期和调试周期

初次助听器使用者有一个逐步适应的过程,在这个过程中伴随着助听器的逐步调试。每位听力损失者的调试周期和适应周期会随其听力障碍功能的类型和程度而有所不同,适应周期通常在 3 个月~1 年。原则上,初次佩戴 1 个月后应该进行复诊,听力师应根据使用者佩戴过程中的问题进行针对性调试。依照初次复诊调试后的情况来决定下一次的调试时间。调试周期的结束是以舒适度和清晰度最大化为原则。

十二、复诊

助听器使用者在完成助听器适应周期和调试周期后要求定期复诊,因为听力损失者的听觉功能有可能会随年龄、疾病、耳鸣、使用环境、生活方式等原因发生变化。定期复诊的目的在于及时了解听力和听觉功能变化的情况,适时对助听器进行调试和解决出现的各种问题。复诊周期因人而异,老年人原则上要求 6 个月复诊一次,如果听觉功能相对稳定者,最长不能超过 1 年 1 次。其他年龄段听觉功能稳定者的复诊周期建议不要超过 1 年 1 次。听力状况不稳定者依照个体情况确定复诊周期的时间,听力或听觉功能如果随时出现问题应及时进行复诊。

复诊内容包括:询问助听器使用情况、耳部常规检查、听力检查、助听器各项功能检查、助听器调试、助听器清洁保养。

第七节　儿童助听器验配

一、儿童助听器的验配原则

发现儿童听力障碍,不论是永久性感音神经性听力损失还是短时间经过积极治疗难以改善的传导性听力损失,一旦听力障碍诊断明确,就需要及时进行有效的放大干预,尽可能让聋儿有一个接近常态的听觉环境,努力使听力障碍对儿童的语言与智力发展的负面影响最小化是临床助听器验配的主要目的。

（一）儿童早期听力学干预的标准

我国的听力残疾标准分为四级，其中轻度障碍的四级是这样定义的：听觉系统的结构与功能中度损伤，较好耳平均听力损失在 41～60dB HL，在无助听设备的帮助下，在理解与交流等活动上轻度受限，在参与社会生活方面存在轻度障碍。如果儿童的听力障碍达到四级或四级以上的听力残疾的标准，必须尽早采取合适的听力干预措施，来减轻听力残疾对儿童带的各种负面的影响。

对于听力损失轻微的儿童，听力障碍在 25～40dB HL 如何处理？儿童助听放大干预的目的：努力使听力障碍对儿童的负面影响最小化，因此对任何类型的、有可能影响儿童语言与认知智力发育的任何程度的听力障碍，都应考虑采用合适的干预放大，包括小／轻度（minimal and mild）听力损失，单侧听力障碍或听神经病谱系障碍。低龄儿童的听力损失数值究竟达到一种什么样的程度需要干预，目前国内尚没有一个确切的标准，即使听力学最发达的国家之一美国，现在也没有一个明确的标准，但是已经清晰传达一个概念就是"小／轻度（minimal and mild）听力损失"就应引起足够的重视，必要时应进行合适的放大干预。

对于极重度听力损失的儿童，或在等待人工耳蜗植入前的阶段是否需要助听器放大干预？在临床的听力学实践中，许多儿童残余听力的判断仅凭 ABR 最大强度声刺激没有引出反应就草率地判断该儿童没有残余听力，轻易地下结论认为使用助听器没有效果，造成很多此类聋儿由于没有条件及时植入人工耳蜗，也没有使用助听器，结果失去了最佳的康复机会。此类因判断残余听力失误，延误了听觉语言康复，而造成了聋儿听觉语言残疾。如何有效地避免此类风险，姜泗长院士、顾瑞教授主编的《临床听力学》中早有指出："绝大多数听觉障碍的儿童都有残余听力，可能只有 1‰ 左右的聋儿的较佳耳平均听力损失超过 90dB。Brackett 等（1989 年）指出早期进行适当的训练，可使一些极重度听力损失的儿童按原来的听觉方式运作。如果不能确定有无残余听力，应按有残余听力的对待，因为这极可能是千分之九百九十九中的一个"。所以 ABR 最大声输出未引出 V 波的听力损失儿童，不能草率判定其为全聋，需要通过其他测试方法来交叉验证，只要判断其有残余听力，都应尽早科学正确地为其验配助听器，并配合进行有效的听觉语言康复训练，当助听后效果评估符合人工耳蜗植入手术适应范围时，应鼓励将人工耳蜗替换为助听器，这样可以大大提高人工耳蜗植入后的康复效果。

儿童早期的听力学干预还必须基于对儿童听力学检查结果的科学性与可依据性，仅凭单次或不全面的听力学检查是很难正确地对儿童进行放大干预，所以完整的儿童听力学诊断是儿童正确放大干预的前提。1 岁以内的儿童至少要有 2 次或以上结果相似的听力学检查，且间隔时间在 1～3 个月内，这样可以避免婴幼儿因正常生理性的听觉发育差异所带来的诊断误差。

对于听力障碍婴幼儿的放大干预，应基于全面正确的听力学诊断与测试，必须要具备每一耳的气、骨导高、低频听力的刺激阈值，这些阈值既可以是行为测试也可以是电生理的反应阈，两者都有则更好。

（二）儿童干预对象的选择

严格地讲所有的听力障碍儿童都应尽早适时地进行放大干预，干预前必须对患儿进行规范的听力测试，并结合听力障碍儿童的身体发育、智力发育和其他健康等情况，确定其听力损失程度和性质。

1. **轻度到重度双侧感音神经性听力损失儿童** 幼儿时期发生的听力损失都严重影响着儿童的语言发育和智力发展，即便是轻度听力损失的儿童也存在较高的学习困难的风险，因此对于不同程度的不可逆的感音神经性听力损失，应该做到早发现、早诊断、早干预，尽可能地将听力障碍给儿童带来的负面影响降低到最小。

2. **单侧聋儿童** 随着听力筛查的普及，单侧聋受到越来越多的重视。有证据显示单侧聋可能会对患儿带来负面的影响，并且比正常听力儿童有更大的言语和语言延迟及学习困难的风险。因此对于单侧听力损失的患儿也应该及时给予干预，提供双耳聆听，如患侧耳有残余听力的应防止听觉剥夺效应。与双侧听力损失相比，单侧听力损失由于一侧耳正常，对于噪声的察觉更为敏感。

3. **永久性传导性听力损失儿童** 确诊为永久性传导性听力损失的患儿应该及早进行放大干预，这类患儿主要表现在外耳或中耳的畸形；失治或治疗不及时引起的顽固性分泌性中耳炎继发混合性听力损失等。此类患儿只要给予足够的放大，听力康复的效果往往较为理想。

4. **伴有听力损失的听神经病儿童** 现阶段对于听神经病谱系障碍（auditory neuropathy spectrum

disorder，ANSD）的临床干预，以助听器和人工耳蜗为主，药物治疗 ANSD 仍处于摸索阶段，目前尚无有效的循证医学证据可以证明其有效性。关于助听器和人工耳蜗的效果，比较主流的结论是部分 ANSD 听力损失者可以从助听器和人工耳蜗获得不同程度的听功能改善，但个体差异较大，人工耳蜗对听觉言语的改善效果更为确切。ANSD 儿童不能证明放大系统是否能改进语言理解能力，基于放大效果预测困难，对于确诊为听神经病谱系障碍的患儿并且听觉敏度足够差的患儿，应选择先试戴助听器，观察患儿神经通路，如果助听器效果可以解决患儿聆听问题，则无须人工耳蜗植入；如果助听器效果不佳，可以在试用助听器3～6个月后选择人工耳蜗植入。

5. 极重度听力损失儿童的人工耳蜗植入前　如果极重度感音神经性听力损失的患儿无法从助听器中获得足够益处，听觉康复效果不佳者，在患儿年满12月龄时可以考虑人工耳蜗植入手术。所有拟行人工耳蜗植入手术的儿童在植入之前都应接受助听器的放大干预。

（三）儿童早期干预的时机

幼儿语言的发育与发展依赖于正常的听觉，以及正常语言环境的大量言语信息的反复刺激，然而言语和语言能力的发展在2～4岁以前是一个重要的关键期，一旦错过了关键期，重新康复往往要事倍功半。所以临床中经常发现一些听力较轻的大龄听力障碍儿童康复效果不好，且难度较大的原因不是语训环节没有做到位，而是错过儿童语言发育的最佳时期；相反一些听力障碍较重的儿童，往往因为干预的较、方法正确而获得极佳的康复效果。

一旦婴幼儿听力损失确诊为永久性听力障碍，就应尽早进行临床放大干预，一般情况遵循婴幼儿出生后通过筛查在1～2个月内发现听力问题并及时转诊至听力诊断中心；听力诊断中心应在3月龄内进行规范的听力学检查确认患儿的听力损失程度与性质，不论是主观的行为测听还是客观的电反应测听，至少应有一个气骨导的高低频阈值；干预中心接诊后至少应在6月龄内制订干预放大的有效方法。有研究结果表明，在出生后6个月内佩戴助听器的患儿比6个月后佩戴的同龄患儿具有更高的语言理解和表达能力，其语言发育情况与正常儿童差距也越小。但对于某些早期已确诊为极重度听力损失的儿童，应该提前至3月龄进行助听器干预，1岁左右通过助听后的效果评估考虑是否需要进行人工耳蜗植入，此类患儿不能因未引出 ABR 而放弃助听器放大干预的机会。

听神经病谱系障碍的儿童，临床发现有一部分此类患儿在6～24月龄前还有发育的可能，不考虑经济的情况下也可行助听器干预，增加复查频率。

对于婴幼儿的顽固性分泌性中耳炎经积极治疗3～6个月仍未见好转，并伴有明显的听力损失患儿可以考虑临时性的听力放大干预，等儿童咽鼓管发育与治疗的进展，听力恢复至正常后可以考虑随时调整或取消放大干预。

对极轻度的感音神经性听力损失年龄小于12月龄的婴幼儿，应密切观察其听力变化，因为婴幼儿的听神经功能正常情况下在12月龄前尚未达到正常成人水平，故可以观察其动态的变化至12月龄后，判断是否有不可逆的听力损失，再决定是否需要放大干预。

对极重度的感音神经性听力损失或听神经病谱系障碍需要人工耳蜗植入的儿童，在等待手术植入前或申请人工耳蜗的公益项目的过程中，建议可以通过社会救助机构或"助听器银行"，先行进行诊断性的助听器放大干预，不但可以减轻家长的经济负担，而且可以有效地提高人工耳蜗植入的效果。

（四）儿童双耳干预

对听力损失儿童进行有效的放大干预，必须遵循双耳干预的原则，双耳助听不仅可以提高听力障碍儿童的声源定位能力，且能提高噪声环境中的言语分辨与理解水平，降低助听器失真与噪声，防止听觉剥夺等优势，除非有明显的禁忌证外，应提倡听力障碍儿童接受双耳放大干预。

对有条件的听力障碍儿童，鼓励双侧人工耳蜗植入；同样对单侧已植入人工耳蜗者，除非有明显的禁忌证，也应倡导双耳双模式放大干预，也就是一侧植入人工耳蜗，另一侧耳助听器放大干预。

二、儿童助听器验配的放大原则

儿童验配助听器是通过放大干预，使其获得所需的声增益，为以后的听觉康复打下良好的基础。既要注意因增益不足影响康复效果，又要避免因过度放大，对患儿的残余听力造成二次伤害。

（一）儿童助听器放大的目的

助听器放大干预的目的是为听力障碍儿童提供尽可能接近常态的听觉环境，特别是言语环境；使其察觉到言语及各种环境声，逐步建立起对声音的反应，再加以有效的听觉康复训练，充分利用其残余听力，使听觉功能得到康复。经过反复强化的康复训练，逐步分辨并理解言语信号，从能听到会说，回归主流社会。

（二）全面与正确的听力学诊断的重要性

全面与准确的听力学检查结果，是实现安全有效的助听器验配的基础。婴幼儿从听力筛查至做出正确的听力学诊断，是从多份临床听力测试报告的数据中提取精准可信的结果来做出判断，同时要结合婴幼儿发育的年龄、家族史、出生与分娩及其他身体发育健康情况，智力与认知水平等以做出可靠有效的诊断结果，这一结果必须获得每一耳各频段的气、骨导阈值，这些阈值可用行为测试和电生理测试方法获得，两种方法都有则更好。

因为与新生儿筛查的目的不同，儿童助听器验配过程中需要更加全面和精确的听力损失数据，以确保正确诊断听力损失的程度和性质用于儿童助听器的验配。

常用的客观检查有：226Hz/1 000Hz 声导抗测试，排除中耳炎等中耳病变；耳声发射（OAE）测试可检测外毛细胞之前的传导通路；click-ABR 测试双耳的气导听阈；BC click/Chirp-ABR 测试骨导听阈，排除传导性听力损失；TB ABR 测试不同频率的气导阈值；ASSR 测试极重度听力损失的残余听力。

除客观检查外，主观检查也必不可缺。只要能够配合纯音测听的儿童即可采用与成人相同的方式进行气骨导测试，不能配合的儿童要根据其年龄不同采取不同的行为测听方式。6 月龄以上、2 岁以下幼儿可采用视觉强化测听，2 岁以上儿童可以尝试游戏测听以获得双耳气骨导听阈。尤其是患有听神经病谱系障碍的儿童，其 ABR 结果不能反映其真实阈值，更应该重视行为测听结果。

（三）儿童和成人助听器验配的差异性

1. **测试方法不同** 因儿童年龄与认知水平的限制，多种主观听力检查的适用范围与配合程度更与成人有很大的差别。正因为如此，为听力障碍儿童验配助听器之前、过程中与助听器验配后效果评估的测试方法均与成人有不同特点与方法。

2. **干预对象不同** 因儿童的言语发展和大脑发育存在关键期，所以任何类型的、有可能影响语言与智力正常发育过程的、任何程度的听力损失都应考虑放大干预，包括永久性轻度听力损失、单侧聋或 ANSD。对重度 - 极重度听力损失的儿童，不能从助听器获得有效干预并无人工耳蜗植入禁忌证，应建议植入人工耳蜗。

3. **助听器的验配种类** 助听器类型的选择应基于下列因素：增益和输出，频宽，外耳道的大小和形状，预期的耳甲腔和外耳道大小的变化，皮肤的敏感性，特殊特征（方向性麦克风、感应拾音线圈、直接的听觉输入、内置的 FM 接收器或 2.4GHz 无线蓝牙接收装置）的需要，舒适度，耳模与外耳道、耳甲腔、耳郭的耦合固定与声学匹配，外观的关注度及对儿童运动的影响等。对于儿童听力损失者，因处于快速的生长发育过程中，外耳至青春期可能持续生长变化，一般提倡用耳背式助听器，因为随着儿童的成长仅需更换相对便宜的耳模。另外，许多儿童听力损失者，在耳背式助听器的基础上建议选用全向性麦克风，感应拾音线圈，直接听觉输入，内置无线（FM 或 2.4GHz 蓝牙）接收器等。

4. **验配公式不同** 在进行儿童助听器验配时应使用在儿童身上验证过的增益处方公式、常模数据和验配方法，在常用助听器验配公式中如 DSL 或 NAL 公式中均有儿童验配公式可供选择，这些儿童助听器验配公式更充分地考虑儿童的年龄因素，语言发育发展的需要与聆听经验的不同，这与成人差异是十分显著，这直接影响助听器处方目标增益、输出和信号处理的适宜性，故要做到对聋儿的精准干预，一定要考虑到儿童的特点。

5. **RECD 的测量** 由于儿童外耳道容积较小，戴上助听器后的外耳道残余容积更小，因此对于相同的声强，在儿童耳内产生的声压级可能比成人大。儿童的外耳道容积差别大、生长快，每次助听器验配和复查都应测量其真耳与耦合器的差别（RECD），并将其输入到助听器验配软件中进行校正，以确保有效安全的助听器增益。

6. **辅助装置** 成人听取语言时会运用自己的语言知识及当时的语言背景,联系上下文,通过联想思维获得未听清的信息。儿童仍处于语言的获取阶段,其言语识别能力比成人差,难以猜测这部分的信息。因此在儿童的语言发展关键期,可以采用一些无线辅助装置提高信噪比,使聋儿在语训和上课时获得更好地聆听效果。儿童助听器也可以通过电感线圈、拾音输入、红外助听系统和教室的声场放大,FM 或2.4GHz 等无线辅助听觉装置,使声音的来源接近或拾取最强、最清晰的信号。

三、儿童助听器的信号处理特征

聋儿康复从最佳的放大干预开始,首选数字化智能化并具备辅听装置(2.4GHz、FM)的助听器。这就需要根据聋儿听力损失的程度、类型、听力曲线特征、生活与学习环境、家庭与经济状况等因素。为每个不同听力损失的儿童选择相匹配的放大特征与信号处理方法。

1. **低压缩阈** 儿童识别小声的能力较差,相同听力损失的儿童和成人,中声和大声增益可以相同,但在给儿童小声增益补偿时,应尽可能让聋儿有一个接近正常的自然声音环境,所以儿童需要更多的小声增益,建议采用低压缩阈。

2. **宽动态范围压缩** 感音神经性听力损失的听觉动态范围会变窄,助听系统应使用振幅压缩策略,尽可能让小声多放大而大声少放大,并在不舒适阈值前得到有效的控制,同时可进行频率特异性可听度控制,实现多通道不同的压缩。

3. **方向性麦克风** 为了使儿童尽可能获得来自各个方向的声音信息,推荐使用全向型麦克风,至少不推荐全部时间使用方向性麦克风。

4. **频率可调** 选择的助听器应具备频率可调性,来满足不同听力图类型的处方要求。

5. **数字降噪** 轻度与中度听力损失儿童的语言学习也需要较成人更高的信噪比,轻中度听力损失儿童的助听器验配可以适当增加降噪程序或开启适度的降噪功能,重度儿童可以考虑关闭降噪功能,可以让重度听力损失儿童获得更多的声音信息。

6. **数字声反馈控制** 声反馈是助听器使用者经常抱怨问题之一,声反馈控制得好可以加大通气孔,减少更换耳模的频次。

7. **高频扩展** 助听器频响达到 6 000～8 000Hz 乃至以上,可以帮助改善某些辅音 /s/ 的可听度。

8. **移频功能** 移频技术是将高频声音的信息转移至中低频频带上来,让中重度或极重度高频听力损失的儿童察觉与识别辅音的能力得到改善,同时可增加环境适应性。但是不同助听器的移频算法的个体差异十分明显,建议验配使用时一定要进行严格的评估与验证。

四、不同类型与不同程度儿童听力损失的助听器验配

随着新生儿听力筛查的逐步实施,新检查手段和新技术的不断涌现,婴幼儿听力损失的早发现,早干预使儿童助听器验配趋于低龄化,如何为听力损失儿童验配精准有效安全的助听器,需要建立一个系统化、量化、便于验证的验配手段,使得儿童能够安全舒适地接收言语刺激,听力损失儿童验配助听器的目的是使听力损失的负面影响最小化。因此,对于任何程度、任何类型只要是有可能影响语言与智力正常发育的听力损失都应考虑助听放大。

(一)助听器验配在儿童轻度感音神经性听力损失的应用

1. **助听器类型选择** 双耳听力损失均超过 25dB HL 就有可能影响儿童言语信息的接收,故双耳轻度感音神经性听力损失儿童是助听器验配的适合人群;双耳均有损失,除非有禁忌证,则都应考虑双耳干预,由于儿童外耳道还在变化,建议使用耳背机,这样可以及时更换耳模,对低频残余听力较好的轻度感音神经性听力损失儿童也可以考虑使用 RIC 耳背式助听器。耳背机体积较大,避免儿童遗失或误吞,返修率总体上较定制机低。

2. **助听器调试**

(1)儿童外耳道结构的特殊性:外耳道长度决定共振频率,真耳未助听增益(REUG)曲线的峰频率

随着儿童的外耳道长度和体积的增加逐渐降低。出生时 REUG 曲线的峰频率大约为 5 000～6 000Hz，但 2～3 岁以后平均降至 3 000Hz。此外，戴上助听器后残余外耳道容积较小，因此对于相同的声强，在儿童耳内产生的声压级可能比成人的大。所以应根据儿童的真耳分析数据校正助听增益值。

（2）助听器放大要求：对于听力损失相同的成人和儿童，儿童不单单需要考虑平均增益，还有大声、中声、小声增益及最大声输出（MPO）值，推荐使用 DSL［i/o］儿童验配处方公式，并使用真耳分析帮助调试，保护残余听力。为了使儿童获得尽可能多的信息量，不推荐在所有时间使用方向性麦克风。

（3）较高的信噪比：验配助听器最终是为了儿童的语言发展，婴儿所需的信噪比（SNR）比成人高 7dB，学龄前儿童所需的信噪比比成人高 3dB，且轻度听力损失的儿童具有较好的残余听力，更容易受到外界噪声的影响，建议使用合适的助听辅件提高信噪比，可开启降噪功能。

（二）助听器验配在儿童中 - 重度感音神经性听力损失的应用

1. 助听器类型选择

（1）此类程度的听力损失儿童无法接收大部分日常交流信息，故严重影响其今后的言语发育，建议明确诊断的前提下，尽早双耳佩戴助听器。

（2）由于儿童年龄较小，建议使用耳背式助听器，便于更换耳模与其他听觉辅助装置相连。

（3）陡降型感音神经性听力损失的儿童可以考虑选择有移频功能的助听器，来补偿高频听力不足，移频后对听力损失儿童高频听力损失的补偿有明显的改善，但可能会增加助听器的失真而影响对语言的清晰度，且效果的个体差异较大，建议通过听觉康复训练后再来决定是否开启移频功能。

2. 助听器调试　如上所述，建议使用 WDRC 助听器，由于儿童外耳道结构的特殊性及其对小声的要求，建议使用 DSL［i/o］儿童验配处方公式，并使用真耳分析，帮助调试，保护残余听力。与轻度听力损失儿童一样，中重度的听力损失儿童的语言学习也需要较成人高的信噪比，建议使用合适的助听辅件，慎重开启降噪功能。

3. 助听辅件的使用　儿童在言语学习的过程中比成人需要更高的信噪比，故可以使用频率调制（FM）、电感线圈，拾音输入、红外助听系统、声场放大，蓝牙无线技术等辅助技术，拾取最强、最清晰信号的同时实现双耳互传。

4. 声反馈控制　中重度听力损失者的助听器需要更多的增益来满足他们的聆听需求，儿童也不例外，这恰恰意味着他们助听器发生反馈的机会远远超过轻度听力损失的助听器佩戴者。声反馈可以通过以下几个方法解决：

（1）增加麦克风与受话器出声口间的距离，如受话器外耳道内置技术。

（2）正确佩戴和及时更换耳模，指导家长正确的耳模佩戴方法。一般情况，0～3 岁儿童每 2～3 个月更换一次，3～5 岁每 3～6 个月更换一次，5 岁以上每 6～12 个月更换一次。

（3）更换助听器耳模传声管，避免因传声管的老化、破裂造成声反馈和佩戴的舒适性。

（4）外耳道内耵聍聚积易产生声反馈，故应保持外耳道清洁。

（5）降低助听器增益是解决助听器声反馈的下策，但却是最有效的一种方法，仅在保证助听效果不受影响的前提下才被考虑。

（6）选择有自动反馈控制的助听器，在助听器调试前应对助听器与耳模佩戴耳进行真耳的反馈控制测试，通过测试可以观察到在足够的助听器增益范围内，耳模松紧与通气孔的大小是否合格，能否满足听力障碍儿童增益补偿的要求而不会产生反馈。

（三）人工耳蜗与助听器联合使用在儿童极重度感音神经性听力损失的应用

1. 助听器　对于极重度感音神经性听力损失的儿童，2013 年美国听力学会发布的《美国听力学学会临床实践指南：儿童放大》（*American Academy of Audiology Clinical Practice Guidelines：Pediatric Amplification*）中明确指出，所有拟做人工耳蜗植入的儿童在植入之前都应接受助听器放大，确定是否能从适当的助听器验配获得足够的益处。没有 ABR 的儿童不排除可验配助听器，因为可能在高于引出 ABR 的水平存在残余听力。对没有 ABR 的儿童，放大的阈水平应等于测试频率无反应的最低刺激强度，ANSD 儿童除外"。

2. 人工耳蜗　对于正确验配了助听器后,经过观察与评估助听后听阈各主要频率仍在言语香蕉图外缘,其助听后言语识别率(闭合式双音节词)得分≤70%,经行为观察确认其不能从助听器中获得足够益处,应及时植入人工耳蜗。对于低频残余听力较好,高频陡降型听力损失的儿童进行人工耳蜗植入,可以考虑用声电联合刺激(electric acoustic stimulation,EAS)的人工耳蜗,低频段用助听器放大的声音刺激,高频段用耳蜗的电刺激。

3. 人工耳蜗与助听器联合使用　单侧人工耳蜗植入后的儿童,除非有禁忌证,推荐双模式声音传送(一侧人工耳蜗/另一侧助听器),如果对侧耳可从助听器中获益,建议尽早验配助听器。一侧人工耳蜗植入/对侧配戴助听器的聆听模式建立了双耳听觉,更符合生理状态下的听觉特点。与单独电刺激模式相比,双模式可以提高噪声下的言语识别能力。对中国人来说,音调是汉语语系的重要组成部分,音调识别主要与时域信息和频率信息有关。然而,人工耳蜗通道数量达不到人类耳蜗声音频率识别所需,限制了时域信息和频率信息,致使精细频率信息丢失,使得人工耳蜗使用者对音调的识别不理想;而助听器可以相对较好地保留声音的时间信息和较精细频率信息,从而提高听力损失者的音调识别率及言语识别率。一侧人工耳蜗植入/对侧佩戴助听器的聆听模式可以显著改善听力损失者的言语感知、声源定位和音乐感知等,对适合采用双模式的听力损失者推荐使用一侧人工耳蜗植入/对侧佩戴助听器的聆听模式。

（四）单侧听力损失儿童的助听器验配

1. 单侧听力损失　单侧听力损失(unilateral hearing loss,UHL)　指一侧耳患有不同程度及不同性质的听力损失,而另一侧耳听力完全正常。查明单侧听力损失确切的致病原因有时存在一定的困难,有研究报道35%~60%的单侧听力损失者找不到明确的病因。

2. 单侧听力损失儿童的助听器验配

(1)单侧听力损失儿童可作为干预对象:传统观点认为单侧听力损失不会对患儿的言语-语言发育以及心理和社会情感造成影响,不主张对单侧听力损失患儿进行干预。但最近研究发现单侧听力损失可能影响语言发育和学业,单侧听力损失的儿童比正常听力儿童有更大的言语和语言延迟及学习困难的风险。

(2)单侧听力损失儿童的助听器选择

1)患耳有可用的残余听力:患耳听力损失程度在轻度至重度之间,对侧耳听力正常,可以在患耳验配气导耳背式助听器,可以提供足够的听觉补偿又可防止听觉剥夺效应。

2)患耳听力损失为重度及以上:信号对传路线(contralateral routing of the signal,CROS)和双侧信号对传路线(bilateral contralateral routing of the signal,BICROS)验配,专门为单侧听力损失和双侧不对称听力损失者(其中一耳极重度听力损失不能助听设计的,采用有线或无线两种设计,单侧听力损失儿童,无线遥控麦克风接收器耦合到开放的好耳的FM系统,选择好耳CROS增加信噪比,这样有助于在嘈杂的教室聆听。

3)骨传导式助听器:患耳听力损失为重度及以上的患儿还可以选择合适的骨传导式助听器提供听力补偿,详见下文"永久性传导性听力损失儿童的助听器验配"。

（五）听神经病儿童的助听器验配

1. 听神经病　听神经病的听力损失是内毛细胞和听神经突触和/或听神经本身功能不良所致。不同于典型的感音神经性听力损失,ANSD的外毛细胞功能正常,典型临床表现是言语理解力(speech understanding)受损,而言语觉察阈(speech detection threshold,SDT)和纯音听阈可以正常,也可以严重受损。

2. 助听器验配与人工耳蜗选择　①ANSD婴幼儿无法通过电生理学方法预估听阈,需要根据行为反应来考虑助听器验配。如果反复测试均提示患儿纯音听阈和言语觉察阈增高,则可考虑验配或试戴助听器;②某些诊断为ANSD的患儿,随后听功能有较大改进,甚至"恢复",因此注意随时用ABR和条件反射性测听来检测患儿的听功能,根据需要,调整助听方案;③婴幼儿发育迟缓,条件反射性测听失败,可以考虑采用听觉行为观察法或皮质诱发电位测试法进行助听器验配。

ANSD患儿的声音处理能力或言语时间特征编码能力降低,导致言语理解能力和纯音听阈不成正比,建议在信号处理方式中避免振幅压缩而是考虑线性放大,同时使用提高信噪比的程序和调制系统

（FM）等助听辅助装置。只要患儿发育程度合适，就应考虑在助听器效果评估中增加言语识别阈测试，包括噪声下和竞争性信息下言语测听。

因此为听神经病儿童验配助听器时应持谨慎态度，听力师需特别注意以下几点：①告知家长患儿的情况及可能无效的助听效果，取得家长的支持和配合；②严格控制最大声输出，防止声损伤；③采用科学验配、合理佩戴、加强语言训练相结合的原则；④定期复查，检查裸耳听力，密切关注内耳功能状态，评估助听器效果并对助听器进行优化调整；⑤与家长、老师建立联系，掌握患儿的听力语言发展状况。

尽管助听器验配适当，有些 ANSD 患儿的言语理解力和语言发育改善还是不尽如人意，这时不论其行为听阈如何都应考虑进行人工耳蜗植入。在人工耳蜗植入前需要考虑以下几点：①植入时间：2 岁前，听功能还有自行恢复的可能，所以在听力学测试结果（ABR 和行为听敏度估计）明确提示为永久性 ANSD（指 ABR 无变化或未恢复）之前，不要考虑进行人工耳蜗植入。植入年龄推迟到 2 岁是合适的，但是所有 ANSD 患儿包括那些可能自行恢复者，都必须进行早期助听器干预和语言刺激训练，以防语言发育迟缓。②术前影像学检查：了解听神经发育是否完好。③助听器使用史：人工耳蜗植入的候选对象，植入前需按儿童助听器验配指南的规定，试戴助听器。尽管国内外研究表明，ANSD 患儿人工耳蜗植入的有效率为 50%，因此术前一定要试戴助听器，而且经过助听器康复训练可以使患儿行人工耳蜗植入后的康复效果明显加速。

（六）永久性传导性听力损失儿童的助听器验配

1. 永久性传导性听力损失的定义　　外耳和 / 或中耳不可逆病变引起的听力损失。可单耳也可双耳同时发生，如外耳道闭锁、听骨链畸形等。

2. 永久性传导性听力损失的助听器验配　　永久性传导性听力损失的儿童符合解剖学要求时（外耳和外耳道足以支持耳模的耦合和装置的保持），应佩戴气导助听器；如果解剖不足以耦合（外耳道闭锁、慢性流脓、其他解剖畸形），可用骨导助听器。

（1）气导助听器的选择与调试：与感音神经性听力损失不同之处，传导性听力损失的病变部位主要在外耳和中耳，系传音放大装置发生障碍，影响声波传导所致，与相同损失程度的感音神经性听力损失者来说需要更大的增益。气导曲线多为上坡型，以低频损失为主，不舒适阈（UCL）较正常人高，如果儿童可以进行言语交流能力测试，就会发现可听度降低，言语觉察阈升高，但如果佩戴上助听器进行同样的测试就会发现听力损失者对于助听器的受益情况非常满意，戴上助听器以后明显提升了交流能力。另外，由于考虑传导性听力损失者的临床表现特征及测试的 UCL 值比较高等因素，处于助听器音质和收听效果的考虑，一般建议选择线性放大带有削峰控制的助听器，调节压缩比较小的数字助听器也同样适用。若儿童耳郭形态尚可，尽可能选择功率较大的传统导声管结构的耳背式助听器。

气导助听器的调试如上所述，由于儿童外耳道的特殊结构，尤其是存在传导性问题的儿童，建议使用真耳分析，准确、精细、安全地完成调试。传导性听力损失较感音神经性听力损失者需要更大的增益，更易出现声反馈，故应保持外耳道清洁，及时更换耳模，选择反馈控制功能较好的助听器更为适宜。

（2）骨传导助听器的选择与调试

1）骨锚式助听器（bone-anchored hearing aid，BAHA）：由钛金属植入体、钛质基座和声音处理器三部分组成。适用于先天性小耳畸形、外耳道闭锁等永久性传导性听力损失者（平均骨导阈值低于 45dB HL），特别是无法佩戴传统气导助听器的听力损失者，同时也适用于单侧极重度感音性听力损失者。植入要求成人或 5 岁以上儿童，颅骨厚度在 3mm 以上，低于此年龄的患儿可以使用软带 BAHA。建议单侧极重度听力损失者植入 BAHA 要慎重，应避免出现听力损失者康复效果低于预期的情况。

2）骨桥（Bone Bridge）：包括外部的声音处理器（audio processor）和内部的骨导植入体（bone conduction implant）。声音处理器放置在听力损失者耳后的头部，通过磁铁与植入体相吸附，吸附磁铁可根据需要调整磁力，为听力损失者提供最舒适的感觉（图 28-7-1）。骨桥适用于传导性听力损失或混合性听力损失（骨导阈值稳定，500～3 000Hz 平均阈值小于 45dB HL）特别是无法佩戴传统助听器的听力损失者以及单侧听力损失者，由于植入体具有一定厚度，要求颅骨厚度大于 8mm，适用于成人和 6 岁以上儿童。此年龄以下的患儿使用软带骨桥。总的来说，目前关于全植入骨导助听器的报道较少，其远期效果还需要深入研究。

3）振动声桥（sound bridge）：是一种中耳植入装置，其植入体末端是漂浮质量传感器（floating mass transducer，FMT），植入体接收信号后，驱动 FMT 产生振动，再带动听骨链振动或直接把振动通过蜗窗或前庭窗传到患侧内耳，适应单侧或双侧传导性听力损失使用，要求植入侧内耳结构功能正常，单侧传导性听力损失者植入或双侧传导性听力损失者植入后可获得双耳听觉（图 28-7-2）。

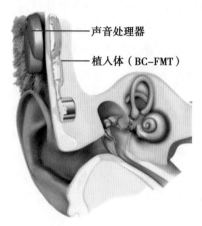

图 28-7-1　骨桥示意图

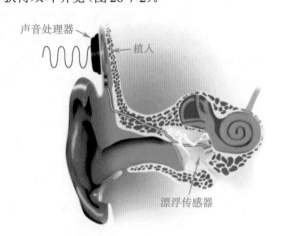

图 28-7-2　振动声桥示意图

4）Alpha 骨导助听器：Alpha 骨导助听器是最新型的无基座植入式骨导助听器（abutment-free bone-anchored hearing device），包括两款：Alpha 1 和 Alpha 2。Alpha 1 系统是非植入式骨导助听器，骨导软带/头绷将声音处理器固定在乳突表面，无需手术，由听力师调校好后即可使用，特别适合于小于 5 岁的儿童听力损失者或不希望手术的听力损失者。Alpha 2 系统包括体外声音处理器（含有传统的骨导振动子）、基板（由磁体构成，用于吸附体外处理器和植入体）和内植体（由两块磁铁构成，植入皮下的乳突表面），该系统适用于年龄大于 5 岁的小耳畸形、外耳道闭锁等传导性听力损失或混合性听力损失（500～3 000Hz 纯音骨导阈值<45dB HL）或外耳道感染不能佩戴传统助听器的听力损失者，以及单侧感音神经性（好耳听阈<20dB HL）听力损失者。

以上几种骨传导助听器的性能特点（表 28-7-1）。

表 28-7-1　几种骨传导助听器的性能特点

性能特点	骨锚式助听器（BAHA）	骨桥（BB）	振动声桥（SB）	Alpha1 骨导助听器	Alpha2 骨导助听器
需要手术植入	是	是	是	否	是
植入体完全在皮下	否	是	是	否	是
经皮下能量传递	否	是	是	否	是
局部毛发需要定期清理	是	否	否	否	否
数字信号处理	是	是	是	是	是
开机时间	术后 2 个月	术后 1 月	术后 2 个月	即刻	术后 1 个月

（七）波动性听力损失儿童的助听器验配及处理

1. **常见波动性听力损失**　纯音测听中 250Hz、500Hz、1 000Hz、2 000Hz、3 000Hz、4 000Hz、8 000Hz 平均阈值为 SATF，按下列标准确定听阈变化，SATF 阈值变化为 5dB 为听力稳定；SATF 在 1 个以上频率比最初相同频率听阈差大于 10dB 并未见改善为进行性；SATF 在 1 个以上频率听阈比最初相同频率听阈差大于 10dB 并在随访中有改善但无法恢复的为波动性进行性。临床中，以波动性听力损失为临床表现的常见疾病有梅尼埃病、分泌性中耳炎及大前庭水管综合征等。

2. **大前庭水管综合征患儿的助听器验配及处理**　听力师所面对的波动性听力损失儿童中，较常见的致病原因为大前庭水管综合征（large vestibular aqueduct syndrome，LVAS）。LVAS 是一种以渐进性、波动性听力下降为主要特征的感音神经性听力损失,可同时伴有反复发作的耳鸣或眩晕等一系列临床综合征;听力检查通常表现为感音神经性听力损失,也有部分听力损失者表现为混合性听力损失。听力损失者在出生时听力可能正常,随着生长发育等外界条件变化才逐渐出现进行性听力损失,多在2~4岁时发病。虽然LVAS引起的听力下降具有一定的临床好转率,但却不能一概而论。对于确诊为LVAS的患儿来说,最重要和紧迫的任务就是对其残余听力准确评估以及保护,科学地利用残余听力进行言语康复训练。

(1)助听器验配:助听器是中重度听力损失的大前庭水管综合征患儿的首选,具体验配方法见儿童中-重度感音神经性听力损失的助听器验配章节。此外,根据LVAS听力波动的特点,尽量选择可更换受话器输出功率的助听器,助听器使用期间如果出现听不清的现象也不要急于调整助听器的增益,而应当去医院检查,明确裸耳听力是否下降,如果出现了听力下降要及时治疗。在治疗期间要密切注意听力变化,如果听力恢复至发病前水平则不需要调整助听器,否则在治疗结束后需要连续观察听力,根据稳定的听阈,调整助听器的设置。对于不能很好表达听力补偿结果儿童,应使用客观电生理测试,获得各频率点的估计听力值,所有的助听器调试都建议在真耳分析的帮助下进行,避免放大不足或过度放大。

大部分大前庭水管综合征患儿可以通过佩戴合适的助听器解决听力障碍问题,如果听力逐渐下降发展到了极重度听力损失的程度,应当及时进行人工耳蜗植入,同时配合正确的听力言语康复训练。

(2)大前庭水管综合征患儿的听力保护:加强听力保护的目的是控制大前庭水管综合征患儿的听力损失的进展,不能消极地等待听力发展到不可挽回的极重度听力损失。其中的关键点是必须做到早期诊断,一定要在轻、中度听力损失时做到及时诊断,指导家长做好患儿残余听力的保护。要让家长明白这种疾病的特点,争取做到在家长有效的监护下,减少诱发因素防止听力波动下降。如果出现听力下降,应第一时间及时就诊,及时治疗。要注意尽量避免对抗性的体育活动,特别要保护好头部、避免外伤,在感冒后及时复查听力,做好儿童的听能档案管理,发现听力波动下降及时请专业人员处理。

五、儿童真耳测试与助听器调试

儿童助听器验配和调试一直是听力学专业人员所关注的热点问题之一,如何对听力损失儿童尽早进行科学正确的临床听力放大补偿,使他们能回归主流社会是每个听力师、语训康复教师和家人的共同责任。在发达国家,真耳测试自1990年起即成为助听器验配规范内容之一,由于其可靠、客观、准确的特点,已被多个国家制定为儿童验配助听器的评价标准。

(一)儿童真耳测试的重要性

儿童真耳测试是指在儿童的外耳道中进行声学测量的过程,这里所指的声学测量与听力损失儿童的外耳道形状、容积及助听器的声学特性有关。真耳测试一般多在听力损失儿童的真耳上测试,在不会长时间配合的儿童情况下,可以选用快速测试患儿的外耳道容积与标准的差值后,在标准的耦合腔中进行。但标准的耦合腔毕竟与真实的外耳道有所不同,所以能在儿童患耳上完成测试尽量在患耳上完成测试与助听器的调试。真耳测试可以对儿童助听器实际使用中的放大性能进行客观检验,不需要儿童的主观配合,又能很好地反映其外耳道的个体差异及助听后的大声、中声与小声输入时助听器的放大与目标曲线的吻合程度,可帮助儿童选择合适的助听器并进行合理的调整,并对其日后的言语康复起到极其重要的作用。

(二)真耳测试的临床意义

"早发现、早干预、早康复"是听力损失儿童听力语言的康复原则。因此,准确检测听力、佩戴合适的助听器、准确调试并定期随访,是听力损失儿童康复的前提和关键。但是由于儿童的外耳道尚未发育完全,与成人外耳道存在很大差别,即使是同一儿童,由于外耳道成长变化也会导致其声学特性发生改变,比较容易出现听力损失儿童助听增益不足或过度放大。

对于儿童助听器的调试,真耳测试以实测的增益值为基础,可以有效地保证助听器对小声(55dB SPL)可以听到,对中声(65dB SPL)舒适性,对大声(>75dB SPL)不难受,以及对最大声输出(90dB SPL)安全界限的控制,最终达到科学补偿听力损失的目的。通过在真耳测试下准确调试助听器后可以发现不同强度输入声音信号,经助听器放大后在听力损失儿童外耳道内近鼓膜处的声学效果的频率响应曲线,可以发现其与最佳补偿目标曲线吻合程度,非常方便听力师对儿童进行助听器的调试与校正,可见真耳测试是儿童助听器验配和调试过程中不可缺少的重要环节。

(三)儿童真耳测试的操作要点与步骤

真耳助听增益(real-ear aided gain, REAG)也称为原位增益,指在佩戴耳模或助听器且助听器正常工作的前提下,近鼓膜处经助听器放大后的声压级,即真耳助听响应(real-ear aided response, REAR),减去由参考麦克风等效测得的声源输入声压级,所得到的增益,操作方法如下。

1. 外挂器麦克风的校准 将外挂器的助听器测试麦克风与真耳参考麦克风放置在一起(图28-7-3)。正对外置扬声器50~90cm(图28-7-4)。

图 28-7-3 外挂器麦克风位置图

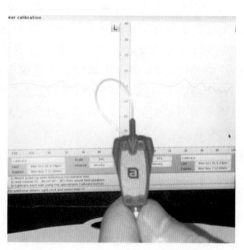

图 28-7-4 外挂器麦克风校准示意图

2. REAR测试 适当调整探管长度,将其放入儿童外耳道中,再佩戴好耳背式助听器的耳模或定制式助听器。测试过程中,助听器始终处于正常工作状态,要求儿童面对扬声器保持安静,分别测试助听器对小声、中声、大声的听力补偿情况以及对最大声输出(MPO)的控制情况,完成测试后得到频率响应曲线(图28-7-5)。

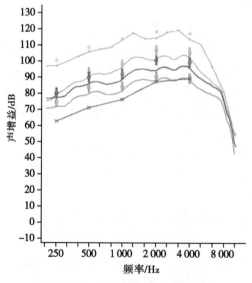

图 28-7-5 REAR测试结果示意图

(四)不能配合儿童的真耳测试

在真耳测试的过程中,需要听力障碍儿童较长时间保持安静并且配合测试,这对于部分天性好动的儿童来讲是非常困难的,所以有时难以用上述方法对听力障碍儿童进行真耳测试,可以选用真耳耦合腔差值(real-ear coupler difference,RECD)方法。RECD 是指助听器在真耳近鼓膜处的声压级与其在标准耦合腔中测得的声压级的差值,它反映了助听后耦合腔仿真耳测试与真耳测试因头颅、耳郭、外耳道等因素所产生对助听器输出频率响应改变的差值,体现了真耳与标准耦合腔测试的差异性,通过校正这一差值可以在标准耦合腔中获得尽可能接近该听力障碍儿童的真耳测试效果。通常在助听器验配时,尤其是年纪较小或不能配合的儿童,通过运用 RECD 测试,有助于得到较精确的接近于真耳的助听器输出频率响应曲线。操作方法如下。

1. **测试箱的麦克风校准**　将测试箱的测试麦克风与参考麦克风放置在一起,距离 1～2mm,关闭测试箱(图 28-7-6)。

2. **耦合腔校准**　通过适配器将外挂器上的声音产生端探头连接至耦合腔上对应的位置,再将耦合装置固定于测试箱内(图 28-7-7)。

图 28-7-6　测试箱的麦克风校准示意图

图 28-7-7　耦合器校准示意图

3. **RECD 测试**　适当调整探管长度,将其放入儿童外耳道中适当的位置,再佩戴好耳背式助听器的耳模或者插入式耳塞,把外挂器的声音产生端与耳模或者插入式耳塞的进声管一端相连(图 28-7-8)。测试过程中,要求儿童保持安静。

4. **测试箱模式测试**　将助听器与耦合腔相连,固定于测试箱内,并将测试箱的参考麦克风对准助听器的麦克风(图 28-7-9)。测试过程中,助听器始终处于正常工作状态,关闭测试箱,分别测试助听器对小声、中声、大声的听力补偿情况以及对最大声输出(MPO)的控制情况。

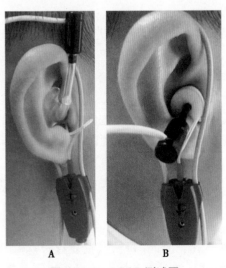

A　　　　　　　　　B

图 28-7-8　RECD 测试图

A. 佩戴耳模的 RECD 测试图;B. 佩戴耳塞的 RECD 测试。

图 28-7-9　测试箱测试助听器

（五）儿童真耳测试下的助听器调试

根据儿童听阈和 RECD 值，系统会根据处方公式计算出各频率点的小声、中声、大声以及 MPO 的目标值，通过比较助听器对声音放大后的实际输出频率响应曲线与目标值的吻合程度，来判断助听器对儿童听力损失补偿的效果。这样就能客观地评估助听器的放大性能以及与其听力损失的补偿目标曲线的吻合程度。

如果在某些频率范围，实际输出频率响应曲线高于目标值，表示助听器的实际输出过大，需降低增益；相反，如果低于目标值，表示输出不够，需增加增益（图 28-7-10）。如果实际输出频率响度曲线均恰好通过相应的目标值，表示助听器调试准确合理。

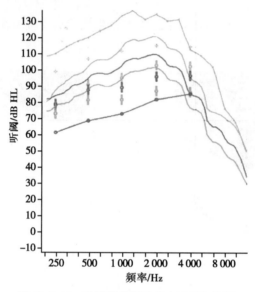

图 28-7-10　助听器实际输出高于目标值图

（六）儿童真耳测试的注意事项

相对于成人，儿童真耳测试更需要听力师注意以下几个方面的问题。

1. 在计算真耳测试的目标值时，需要以儿童可靠准确的听阈为依据，没有可靠的行为测听听阈，仅依靠电反应测听结果作为参考依据时，一定要具备频率特性的高频与低频的气导与骨导的电反应测试结果作为依据，当然有主观与客观两种结果相印证更好。

2. 对于真耳测试的处方公式，儿童通常选择 DSL V5 儿童。DSL 描述的是真耳助听增益，其目的在于为助听器使用者提供每一个频率上的最适可听度和舒适度。

3. 使用平均 RECD 值不能满足助听器参数设置的个体特征，应为每个儿童进行 RECD 测量，从而在处方公式上得出正确的目标听阈值。

4. 在 RECD 测试过程中，哭闹和头部的移动都会影响到测试结果。需要家长与听力师配合，尝试使用玩具等分散儿童注意力。

5. 很多儿童助听器有降噪、反馈消除、移频等功能，当这些功能启动时，某些频率范围的测试信号会被助听器削减或消除，以至于真耳测试测得的增益小于实际输出，建议在真耳测试时选用国际言语测听信号（international speech test signal，ISTS）进行测试。

6. 儿童的认知能力有限，不能像成人一样提供正确的反馈。虽然真耳测试能客观地评估助听器的效果，但是助听器对儿童的实际听力补偿仍需结合主观助听后评估的结果。

（七）儿童真耳测试的复查

儿童外耳道结构和声学特性与成人不同，而且还在不断变化。因此，每次儿童复查时，除了常规的听力学检查之外，调试助听器之前还需重新进行 RECD 的测试。同时以下情况的复查也需要重新进行 RECD 的测试：①验配新助听器或重新制作耳模；②助听器或耳模的声学特性发生了变化；③由于中耳或内耳的疾病导致听力波动；④以前验配助听器时，没有做过真耳分析。

总之，真耳测试的运用，使得儿童助听器的验配和调试更为直观方便、精确、科学，并且避免了许多在验配中容易出现的猜测情况，提高了验配的满意度，对于听力障碍儿童的听力与言语康复具有非常重要的意义。

六、儿童助听器使用的安全问题

助听器是听力障碍儿童康复的重要工具，如果防护使用不当，不但会影响其听力康复效果，增加家长的经济负担，且会增加听力师与助听器验配人员额外很多工作量，所以验配好合适的助听器，听力师一定要认真负责地向家长培训正确的保养与使用方法。

（一）损伤残余听力

与成人相比，有些听力障碍儿童还无法表述对声音的感知，如果对其所需增益调试不当或过度放大，极有可能损害儿童的残余听力，故在验配时应特别注意最大输出声限制（MPO）的设置，以确保长期使用的安全性。有真耳分析仪时应测量 RECD 值并使用真耳分析仪确保小声、中声、大声的合适增益，并严格控制最大输出声限制。

（二）误吞电池

儿童使用助听器，存在误吞助听器电池导致的风险，应引起高度重视，尤其是 6 岁以下儿童最有可能成为"受害对象"。现在助听器普遍使用的是纽扣式电池，它含有一些有毒重金属，具有很强的腐蚀性，若这些重金属渗漏会使消化道黏膜逐渐发生液化坏死；电池局部微电流可造成电灼伤。这些原因均可使黏膜局部损伤并发生糜烂肿胀，肉芽组织增生、食管狭窄，甚至食管穿孔，此外，纽扣电池作为鼻腔异物主要的并发症为鼻中隔穿孔和鼻腔狭窄。

预防儿童吞咽助听器电池，最重要的是对家长进行宣传和教育，使他们意识到电池中毒的危害。建议采取下列措施预防：尽量不要让儿童玩耍助听器电池，应该将新电池放在儿童无法拿取的地方，用过的电池应该采取密封式处理，即用纸或盒子包装后按照环保分类来处理；为避免儿童取出助听器电池，最好选用有电池仓门可锁的助听器；家长和老师应该适时检查助听器电池，这样做的目的一是保证助听器能正常使用，二是及时发现助听器电池是否丢失，一旦有儿童吞咽的可能性，便于及时进行急救和处理。

七、儿童助听器效果评估

对于语前聋的儿童关键在于早期诊断、早期干预，随着早期听力诊断与干预的普遍开展，早期通过助听器进行听力补偿的听力障碍儿童越来越多，但早期干预后及时进行助听器效果评估非常重要，这直接影响了聋儿日后的听觉言语康复效果。

儿童评估助听效果的核心内容是：应用有效的工具或方法在儿童日常生活中观察助听效果，同时选择适合儿童助听后的主客观测听方法及儿童助听器效果评估表，对儿童助听器效果的进行科学的综合评价，目的是让儿童的助听后效果尽可能达到最佳水平，来保证儿童的更好的听觉语言康复效果。

1. **行为测听在儿童助听后效果评估中的应用**　行为测听技术凭借其独特的优势，不仅用于儿童听力损失程度的诊断，在儿童助听后听阈获得，对儿童助听后的效果评估同样也起着重要作用。助听后的主观行为测听包含了听觉通路全过程的反应，不但可以观察儿童助听后的听感知能力、大脑对声音的理解、辨别及综合能力，也能观察儿童的手眼协调及动作能力，是客观电生理测试不可替代的一项重要的测听方法。助听后听阈的主观行为测听，也可以根据受试者不同的年龄阶段，分为行为观察测听（behavioral observation audiometry，BOA）、视觉强化测听（visual reinforcement audiometry，VRA）以及游戏测听（play audiometry，PA）。

（1）BOA 用于婴幼儿助听后效果评估：当 6 月龄左右的儿童使用了助听器 2～4 周后，要评估其助听器的效果，行为观察测听是最常用的方法之一，当刺激声出现时家长或听力师要留意婴幼儿是否出现可察觉的听觉行为反应，从而评估婴幼儿助听后的听力状况，特别是观察婴幼儿在使用助听器前与使用助听器效果区别。用发声玩具和言语信号作为婴幼儿听力反应评估的声刺激，是行为观察测听的基础，听力师要能控制并解释由发声玩具引起的简单行为反应。

对于≤6月龄的婴儿,常用发声玩具作为刺激信号来确定是否对刺激声做出适合年龄范围的行为反应。对于≥6月龄的儿童也常作为视觉强化测听和游戏测听的交叉验证手段,帮助确定儿童的声源定位能力,并进一步判断其测试结果的可靠性。

测试中使用的设备是声级计和发声玩具,也可以是听力计和声场。声级计用于声压级的监测,发声玩具是常用的刺激声声源。发声玩具种类较多,选择时需覆盖从低到高各个频率。

听力中心要对每个发声玩具进行声学特性标定,简单区分出低频、中频、高频和带宽,并按一定次序摆放,以便测试时使用。测试者应提前熟悉用发声玩具的方法和力度,因为发声玩具刺激声的频率特异性与其强度范围是相对应的,超过一定强度范围其频率亦随之改变。

由于 BOA 刺激声声源的特殊性,未佩戴助听器时只能测得听力较好耳的反应,佩戴助听器后可以测得助听耳的反应,但所得结果均不是阈值。临床上可以用于大致验证电生理检测结果的准确性,以及听力师可以初步判断儿童佩戴助听器后对于低、中、高频的声音是否有符合其年龄范围的行为反应出现。

(2)VRA 用于幼儿助听后效果评估:助听后的 VRA 检查是将听觉声信号与视觉闪亮活动玩具信号结合起来,从而获得婴幼儿助听后听阈的测试方法,适用于 6 月龄~2.5 岁的低龄儿童。对于早产儿和发育迟缓儿必须待其运动和认知年龄达到 6 月龄以上再测试更为合理。

判断低龄儿童助听后的反应能力,应事先认真检查一下受试儿童的助听器处于正常工作状态,可以选择先从优势耳开始,比较容易让受试儿童产生正确的反应。当优势耳检查完毕,应选择正确的方法掩蔽优势耳后,再检查对侧耳。一般在做 VRA 时家长应抱着固定儿童,特别是头部应在很少的支撑下坐稳,头部很容易转向奖励玩具,并可看见奖励玩具。VRA 用于助听后评估时需在声场下进行测试,与使用插入式耳机进行裸耳测听相比,对低龄儿童的位置要求更高。对于不对称性听力损失的低龄儿童,在正式测试时所给刺激声强度不可高于任何一耳的裸耳听力,防止偷听。对于重度或极重度听力损失儿童刺激声强度不可过大,防止由于超出扬声器最大输出导致的声音畸变,从而影响测试结果的准确性。测试技巧与助听前类似,该测试需在儿童可以主动转头寻找声源时方能得出反应阈值。

(3)PA 用于儿童助听后效果的评估:助听后的听阈 PA 测试,应选择一个适当的游戏,当儿童听到声音后以游戏的形式对所听到的声音做出反应,从而获得受试儿童助听后听阈的测试方法,适用于 2.5 岁以上的低龄儿童。

PA 用于助听后评估时需在声场下进行测试,声场应进行严格的校准,注意儿童使用助听器耳的水平高度与扬声器应在同一个水平线上,距离应与校准时的距离保持一致,测试时所给刺激声强度不可高于任何一耳的裸耳听力,防止伪迹。

对于配合不太好的儿童,听力师一定要耐心,可以陪小朋友先做一下游戏,能很好地消除儿童胆怯紧张的情绪;也可以分段检查,每次只做一耳中的几个频率,多鼓励表扬小孩,这样为多次助听后评估,为 PA 重复检查,这一方便有效的助听后评估方法打好了基础。

(4)言语测听在儿童助听器效果评估中的应用:对处于言语发育关键期的儿童,获得言语信息和发展认知交流依赖于准确有效言语信息的刺激。助听器技术发展的最终目的是提高言语分辨率,言语测听是对助听器效果进行评估最有效的方法。言语接受阈(SRT)能帮助判断纯音听阈的准确性,了解听觉系统对言语的敏感性,预估听力损失者的助听效果,对听力障碍儿童助听后言语测听可了解听力障碍儿童对言语的识别分析能力,估计听力障碍儿童实际语言交流能力,使用助听器前后及听觉言语康复后 SRT 的比较可以评价助听效果。言语识别能力测试的结果可以横向与同龄正常儿童相比找出差距,也可以纵向比较同一儿童不同时间的言语识别能力变化,以显示其进步程度。

助听后言语测听为听力言语康复训练提供最直接最重要的评价指标,同时也是帮助听力师及家长与耳科医师判定听力障碍儿童是选择助听器还是人工耳蜗的重要依据,听能是听觉通路全过程的反应,是阈上听功能的表现,听能可以通过训练不断提高和挖掘。听力障碍儿童获得理想的助听补偿固然重要,但更重要的是听能的培养,也就是听觉言语训练过程,只有长时间训练才能建立起助听后阈上听觉功能。

2. 电反应测听在儿童助听后效果评估中的应用　临床上许多婴幼儿在助听干预之后,由于无法配合行为测试或仍缺乏可靠的主观反应，使得听力师、语训老师以及家长等无法及时了解其助听后效果。因此，迫切需要采用客观的电反应测听技术对助听后效果进行评估，但这一技术虽还在探索之中，但近年来发展较快，为临床应用提供了一定的参考意义。

（1）ABR 在助听后效果评估中的应用：Mokotoff 在 1976 年给成人助听器用户测量助听后 click ABR，结果显示助听后 click-ABR 阈与助听后行为测听结果相当；Gareer 在 1983 年指出助听后 click ABR 是一种可靠的助听效果评价方法。用 ABR 评价助听效果有技术的可行性，只要不产生声反馈，这一测试过程与常规的 ABR 测试无太大区别，加之其不受睡眠时相及镇静药使用的影响，可以用它来帮助早期选择合适的放大装置。Brown 等研究发现 tonepip 不能有效激活助听器的输出限制电路，助听器电路的启动时间并不影响助听器处理刺激声。因为短声（click）或短纯音（toneburst）时程很短，不能像言语（持续时间更长的信号）那样激活助听器线路。而且简短刺激会引起失真和伪迹，其他潜在的复杂变量如刺激率、助听器压缩特性也会和刺激声相互影响。数字助听器的处理器延迟特性也会干扰 ABR 结果，数字助听器的延迟因频率的处理差异和助听器类型的多样导致情况更复杂。因此，传统短声 click 或纯音 tone 诱发 ABR 未被用于临床评估助听听阈。近年来助听后 chirp ABR 声诱发 ABR 的报道越来越多，国内外临床研究表明，chirp-ABR 能有效进行临床听阈测试和助听后的听阈评估。也有学者进行声场下分频 chirp-ABR 评估听力障碍儿童配戴助听器后的助听器补偿效果，研究发现应用一定的修正值可以达到与行为测听一样的准确性，从而有效评估年幼或不能配合主观行为测听听力障碍儿童的助听器补偿效果。

（2）调频调幅纯音诱发的 ASSR 声场在助听器效果评估中的应用：Picton 等 1998 年报道了调幅纯音诱发的 ASSR 声场评估佩戴模拟线路助听器的听力障碍儿童助听后听阈，结果提示使用 ASSR 声场进行模拟助听器补偿效果评估在临床上具有可行性。同时，胡旭君等研究也提示调幅纯音诱发的 ASSR 声场不能为现有的压缩助听器提供准确的助听听阈评估。Selim 等 2012 年对成人助听器用户行声场听力测试和调频声诱发的 ASSR 声场测试评估裸耳和助听后听阈，结果发现裸耳声场听力测试和调频声诱发的 ASSR 声场测试结果只在 2 000Hz、4 000Hz 处有相关性，助听后声场听力测试和调频声诱发的 ASSR 声场测试结果只在 1 000Hz、2 000Hz 处有相关性。预示调频声诱发的 ASSR 声场测试对于不能配合测试婴幼儿和儿童评估助听听阈仅有一定帮助，在临床上应用不广。

（3）chirp 声诱发的 ASSR 声场：Stürzebecher 和 Elberling 最早把具有频率特异性的窄带（frequency 声场和行为听阈测试，结果发现两种测试结果有相关性，chirp 声 ASSR 助听反应阈高于行为助听听阈 8～16dB，听力正常儿童 chirp 声 ASSR 声场反应阈高于行为听阈 20～30dB。提示应用 chirp 声 ASSR 刺激信号声场测试进行助听器补偿效果评估在临床上具有可行性。然而目前应用 chirp-ASSR 声场进行助听器补偿效果评估的研究仍停留在实验室阶段，并未进行临床验证与推广。相信随着研究的深入，客观电生理的测听技术将越来越可靠地应用到儿童助听器的效果评估中。

3. 儿童助听器使用效果调查表　临床上评估助听效果的方法有助听后听阈、言语测听测试等。这些测试都在标准化隔声室中进行，难以全面反映患儿在日常生活中的情况。针对听力障碍儿童助听后的听觉能力评估及助听器效果评价，家长问卷调查弥补了这一不足，较全面反映患儿的助听装置使用情况及听觉言语康复效果。

（1）婴幼儿有意义听觉整合量表（IT-MAIS）：IT-MAIS 用于了解患儿使用助听装置后的发音情况、对生活中声音的察觉和自发反应能力以及分辨能力，该量表包括以下 10 个问题：①戴上助听装置是否对孩子的发音有影响？②能否说出可认为是言语的完整音节或音节系列？③在安静环境中，能否在只听到声音时对别人叫他的名字有自发反应？④在吵闹环境中，能否在只听到声音时对别人叫他的名字有自发反应？⑤能否不需任何提示对家里的环境声音做出反应？⑥能否不需任何提示对新环境里的环境声做出反应？⑦是否能够只依靠听觉就识别出日常生活中的各种声音信号？⑧是否能够只依靠听觉就区分出两个人的说话声音？⑨是否能够只依靠听觉就区分出言语声和非言语声？⑩能否只依靠听觉，根据说话人的声音和语调判断说话人的情绪？每个问题的得分按照问题中行为发生的频率分为 0～4 分：0 代表从来没有发生，1 代表偶尔（25% 左右）发生，2 代表有时（50% 左右）发生，3 代表经常（75% 左右）发生，4 代表总是发生。如果某个问题家长表示无法回答，这个问题则从总问题中排除，如果家长不能回答的问题超过 2 个,则认为家长可能对患儿的情况不了解,测试无效。IT-MAIS 满分为 40 分,为避免因家长无法回答问题对结果的影响,通常结果记为百分比,即实际得分与实际满分(排除家长无法回答的问题项之后的满分)的百分比值。

IT-MAIS 使用时,由经过专业培训的听力学家向熟悉患儿情况的家长逐一询问,并详细记录每一个问题家长的回答情况,之后由测试者按照 IT-MAIS 评分原则进行评分。

IT-MAIS 作为最早的早期语前听能发育的评估工具之一,目前已被翻译成多种语言,广泛地应用于弱听婴幼儿的听觉康复效果评估中。然而,有研究提示 IT-MAIS 在临床应用中存在一致性较低的局限性。

(2) 低龄儿童听觉发展问卷(LEAQ):LEAQ 由 Weichbold 等学者开发完成,用于评估听觉年龄 2 岁以下低龄婴幼儿前语言期及早期听觉行为及言语感知能力。LEAQ 已被翻译成多种语言版本,研究发现不同语言版本的 LEAQ(包括中文版)具有较高的信度和效度,证实了该工具在临床应用的可行性。

依据评估内容不同,LEAQ 中包括的 35 个问题分成 3 类,分别为接受性听觉行为、语义上听觉行为和表达性语言行为。接受性听觉行为考察儿童对声音、音乐及语言有关取向性和注意性方面的反应,即对声音的察觉能力;语义上听觉行为评估儿童对声音的识别,指通过寻找声源将听觉刺激和视觉印象相关联;表达性语言行为指对语言和言语行为的评估。

评分原则及使用方法,LEAQ 每个问题答案选项包括"是"和"否","是"代表家长观察到孩子这种行为至少出现过一次(1分),"否"代表家长从没有观察到孩子有这种行为(0分),满分 35 分。得分越高,则提示其听觉语言能力越好。评估前由临床听力师对受试儿童家长进行填写指导,使家长明确该问卷是考察儿童对声音的反应,而不是指儿童看到说话人所引发的反应。

LEAQ 提供的小龄儿童听觉发育详细信息可为听力师、语训老师、家长、助听器验配师等相关人员提供助听后的有效反馈信息。若儿童的听觉放大装置效果评估显示其听力补偿达到最佳状态,而其听觉发育进展相对滞后,则可能提示听觉言语康复训练或家庭支持等方面有待提高。LEAQ 操作简便、易于实施,是临床监测小龄儿童听觉能力发育进程的有效工具。

综上所述,对于儿童助听器使用后的效果评估是一项十分重要的工作,这不仅关系到听力障碍儿童助听器的验配是否正确,调试是否达到最佳补偿的效果,更是直接影响儿童听觉语言康复的效果,但是对于听力障碍儿童来讲,特别是婴幼儿的助听器效果的正确评估又是一项十分不易的工作,需要耐心、细心的敬业精神外,还需要检查者具有很好的专业技能与熟练的检查操作技巧,同时任何一项检查方法都有一定的局限性,正确选择适合听力障碍儿童的生理心理特点的检查方法与仪器设备。同时需要特别强调的是任何单次的检查都不能代表完全正确的评估结果,随着儿童的康复进程,重复多次的助听后效果评估,是十分必要的。

八、儿童助听器验配后的随访与复查

儿童因认知水平发展与听觉功能的康复变化,加之可能存在波动性听力损失或合并其他残障等,助听器验配后的定期随访与复查就变得十分重要了。

由于儿童的成长因素,对其听阈值的检查会有所变化,因而必须更新助听器内的设置。儿童助听器佩戴的前 2 年,至少每 3 个月做一次回访,回访的过程也应如听力损失儿童初诊时一样认真仔细,评估其听力、检查助听器的工作状态,真耳测试及评估助听后效果等。要认真听取家长对患儿使用助听器的各种反应,使用的时间的长短、患儿的言语发展水平,评估助听效果来调整其听力康复方案。

验配助听器后需要进行定期随访,原因如下。

1. **听力变化**　一些听力障碍儿童随着时间的推移,其听力损失会加重,如遗传性听力损失。不少儿童在婴幼儿时期听力障碍并不明显,但随年龄的增长,其听力呈下降趋势。近年来,随着 CT 等影像技术的发展,大前庭水管综合征逐渐被认识,并被认为是最常见的先天性内耳畸形,其症状以进行性听力下降、高频听力损失为主,部分可表现为波动性。还有不少听力损失儿童在康复期间伴有慢性分泌性中耳炎,随着感冒也会加重其听力损失,需要鉴别诊断、分诊处理。

2. **早期精准检测听力损失儿童的困难性**　对听力损失儿童的早期听力检查,虽然目前有比较先进的客观检查和多种行为测听方法,但要精确客观地反映听力损失儿童残余听力,仍是当今尚未解决的。所以仅希望通过一次或几次单一项目的检查是难以获得精准的残余听力结果的。所以,随着儿童的生长发育及使用一段时间助听器后,并通过听觉康复的训练,重新检查评估听力损失儿童的残余听力,可以提高原有听力损失数据的准确性,帮助重新校正助听器的放大效果。

3. 听力损失儿童外耳道变化 随着听力损失儿童年龄的增长,外耳道容积腔的改变,常需重做耳模。更换耳模时传声孔的变化,会引起助听器声学特性的改变,这种变化是否使听力损失儿童的听力补偿处于最佳状态,是可以通过复查真耳测试助听器增益与频率响应曲线来再调整助听器的最佳匹配。

4. 助听器性能的变化 一台原先调试合适的助听器经较长时间使用后,其声学性能不可能仍保持原有状态,必然要发生某些变化,就像所有检测仪器需要经常校正一样,助听器使用时间一长,其声学性能改变时也需进行检测调试。

对助听器的再调整,应以多少时间间隔为标准,要根据实际情况而定。一般来说,年龄较大的听力损失儿童少于年龄较小的听力损失儿童,听力波动较小的少于听力波动可能性较大的听力损失儿童。

九、家庭康复教育与指导

听力损失儿童康复的基本前提是放大干预,验配合适的助听器是干预最重要的手段之一,但还需进行听觉语言的康复训练配合。很多家长对此存在误解,认为孩子一戴上助听器就能听到声音,无须进行特别的训练。其实不然,若给听力损失儿童验配助听器后就听之任之,而不进行康复训练,那么助听器很难发挥作用。因此使用助听器后必须进行科学有计划的康复训练,才能使听力损失儿童尽快得到康复进步。近年来各地进行听力损失儿童康复训练主要有以下几种模式:①康复机构集中训练;②康复机构指导的家庭训练;③集中训练与家庭训练相结合。下面就听力损失儿童佩戴助听器后进行的家庭听觉言语康复训练提供一些指导。

(一)逐渐适应

听力损失儿童戴上助听器后,不要期待听到声音马上就有反应,并理解所有的言语,这是需要一个听觉学习的过程。首先要培养孩子戴助听器的兴趣,同戴眼镜和义齿一样,初戴助听器时会感到不舒服,有的孩子一戴上助听器就又哭又闹,或者用手去抓,家长应设法转移注意力或给孩子做示范,培养孩子戴助听器的良好习惯。应先在安静的环境中使用,练习孩子聆听熟悉的声音,如流水声、关门声等,再逐步到自然有声环境中佩戴,以培养孩子适应各种声音的能力。开始使用1h后,取下助听器与耳模观察一下孩子的耳郭与外耳道皮肤的颜色有没改变,休息1~2h后继续使用,并逐步延长佩戴时间,直至2~3周后孩子完全适应全天使用助听器。

(二)对听力损失儿童进行听觉言语训练

多数听力损失儿童在初次使用助听器时完全没有听觉反应或对非常有限的言语可以理解,因此进行听觉康复训练是非常关键的。首先训练孩子对各种声音的注意、辨别,然后发展到对言语的理解,先从简单的声音开始,让患儿体会到声音的美妙,再从单词,然后到词组,从简单的句子到复杂的句子,逐步的训练,让儿童在正常的有声环境中成长,体会到助听器带来的益处与安全感,这样有助于其听觉康复。

第八节 耳模声学和取印模

耳模是将助听器固定在耳郭上,并将助听器的输出声耦合传递到外耳道及鼓膜处的一个助听器辅件,是完整的耳背式助听器一个组成部分,它的质量和设计直接影响耳背式助听器的声学特征与使用效果,近年来3D打印技术在耳模制作中使用越来越广泛,为耳模的声学设计,改善助听效果,拓展了更宽的领域。

一、耳模及其作用

耳模根据耳背式助听器使用者的耳甲腔、外耳道形状,通过室温成形硅橡胶制取耳印模,翻作或扫描耳印模后 3D 打印而成,因此耳模各部分的名称可根据相对应的外耳解剖位置命名。耳模放置于耳甲腔和外耳道内,利用耳轮与对耳轮、耳屏与对耳屏、外耳道等解剖结构得以固定耳背式助听器。

(一)耳模相对应的解剖位置

外耳的某些部位对耳模的密封及固定有着特殊的作用,外耳道口与外耳道内的第二弯曲之间对于耳模起着密封的作用,外耳道的走向、弯曲程度、耳轮与对耳轮、耳屏与对耳屏影响着耳模佩戴的稳固性;耳模佩戴的难易程度与耳道的长短和耳甲腔的完整性及形状有着密切的关系(图 28-8-1)。

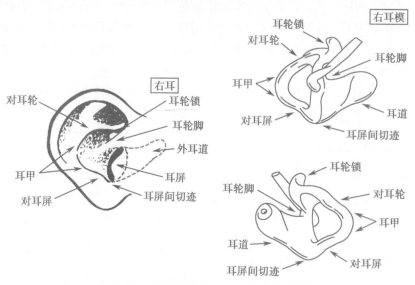

图 28-8-1　耳模及其相对应的外耳解剖部位

(二)耳模的作用

1. 固定耳背式助听器　耳模最基本的作用使耳背式助听器的佩戴更加稳固、舒适。由于耳模是完全依照耳郭及外耳道形状制成,耳轮、耳甲腔、外耳道弯曲等这些生理结构都可以保证耳模及助听器的佩戴更加稳固。

2. 防止声反馈　耳模在耳背式助听器和鼓膜之间建立了一个封闭的声学管道,耳模外的声音被相对隔绝,外耳道内已被放大的声音也不易从外耳道泄漏出去,造成声反馈。

3. 改善声学特性　修正耳模的形状及出声孔与通气孔的大小、设置阻尼等,可以在一定程度上改善助听器的声学特性,更好地匹配助听器与听力损失者的补偿需要,提高助听器的声学效果。

(三)耳模的分类

随着耳模材料与制作方法的不断发展,当今的耳模种类繁多,性能能更好地适用于听力损失者,助听器耳模按照形状和性能主要分为以下几种类型。

1. 堵耳式

(1)标准式:适用于大功率的盒式助听器。由于其外耳密封性好,适用于重度和极重度听力损失者使用(图 28-8-2A),因目前盒式助听器使用者越来越少,故此类耳模已很少见。

(2)壳式:主要适用于耳背式助听器,是耳背式助听器的"标准型"耳模。与外耳道密封良好,可避免声反馈,主要适用于重度和极重度听力损失者使用(图 28-8-2B)。

(3)骨架式:重度听力损失者,也可选择骨架式耳模(图 28-8-2C),佩戴更舒适。

(4)其他类型:轻中度听力损失者,除可选择壳式耳模,也可选择半壳式(图 28-8-2D)、耳道式(图 28-8-2E)等形状耳模。

2. 非堵耳式　对于轻度听力损失,特别是低频听力损失较轻者,选用非堵耳式耳模,可以减轻堵耳效应,佩戴舒适,提高助听器使用者的满意度。这类耳模可以经改良使用在 RIC 耳背式助听器用户上,可以解决 RIC 用户采用开放耳耳塞固定性差的问题(图 28-8-3)。

3. 特殊耳模　特殊类型的耳模有防噪声耳模、游泳耳模等,一般均采用软耳模材料制作。

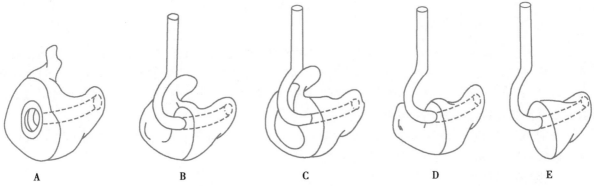

图 28-8-2 不同类型耳模示意图
A. 标准式;B. 壳式;C. 骨架式;D. 半壳式;E. 耳道式。

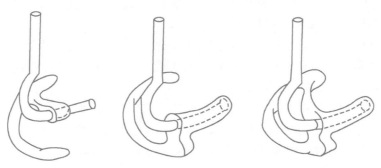

图 28-8-3 各种非堵耳式耳模

(四)耳模材料

耳模材料必须具有良好的生物相容性。耳模材料主要有硬耳模材料和软耳模材料两种。软耳模优点:与外耳道密封性好、不易产生声反馈、儿童使用不怕碰撞、相对安全。软耳模缺点:容易老化、使用周期短、透气性差;软耳模不能安装喇叭状号角管出声孔,号角管出声孔对高频的补偿效果要好于软耳模的平行出声管,所以在下降型听力曲线的听力损失者使用硬耳模对高频补偿更有利;软耳模开设通气孔较硬耳模难度大,所以对于需要释放低频,改善堵耳效应或开放耳耳模验配的,会优先考虑选用硬耳模。此外软耳模在制作及修理上较硬耳模困难,主要适用于儿童、重度和极重度听力损失者。

硬耳模的使用较为普遍,耐久性好,方便进行后期的声学修改,使用寿命长,佩戴容易,制成框架式透气性好。但与外耳道的密封性较差,佩戴舒适性与安全性不如软耳模,但它可以设计各种规格的通气孔,安装喇叭状号角管以改善用户的堵耳效应与提高高频增益。

(五)不同类型耳模的适用范围

不同类型耳模的适用范围如表 28-8-1 所示。

表 28-8-1 不同类型耳模的适用范围

型号	适听范围 /dB	适用对象
盒式机硬耳模	50~120	盒式机用户
普通式硬耳模	40~120	大功率耳背机
普通式软耳模	40~120	(特)大功率耳背机,不能开号角管出声孔,不能打通气孔
耳道式硬耳模	40~90	中大功率耳背机,可开通气孔,可配号角管出声孔
耳道式软耳模	40~90	中大功率耳背机,不可开通气孔,不可配号角管出声孔
框架式硬耳模	30~70	中小功率耳背机,可配号角管出声的孔
框架式开放式硬耳模	30~60 低频小于 30	中小功率耳背机开放耳或改良后用于 RIC 耳背式助听器

二、耳模耦合系统组成及其声学特性

有关听力学及语音学资料表明,频率响应在为听力损失者验配助听器时至关重要,如能针对各种不同的听力损失,合理进行补偿,是解决听到声音和听清声音的关键。助听器的频响特性可以通过助听器本身加以调节,也可以通过耳模的声学作用加以调整,两种调节互为补充,耳模及其耦合系统可以对助听器的声学性能起到一定的修正与改善作用。

耳模的声学耦合系统包括耳钩、阻尼子、导声管、出声孔以及通气孔。耳模对助听器声学特性的改善主要依靠阻尼子、出声孔与通气孔的协同作用。

(一)耳模的结构

1. **耳钩**　耳钩是连接受话器与耳背式助听器的配件,只有硬耳模安装耳钩,呈号角状,通过传声管与耳背式助听器相连接,硬耳模耳钩与耳模的出声孔组成一个喇叭状的号角效应,对高频起到提升作用,软耳模是没有耳模耳钩的,只有一根 U 形出声管连接助听器与软耳模,助听器的进声孔与出声孔的管径大小是一样的,平行粗细,故对低频补偿相对较好。

2. **导声管**　导声管起着连接耳模与耳钩的作用,声音从助听器通过导声管传入耳模,导声管的长短、孔径及壁厚会影响其声学特性。长的导声管增加低频增益,减小高频增益,孔径减小会增加低频增益,减小高频增益,薄的管壁容易引起声反馈。

导声管与耳模的连接方式有两种:一种是直接连接法,即导声管直接与耳模连接,导声管起着声孔的作用,软耳模一般采用这种连接方法(图 28-8-4A);另一种是间接连接法,即通过号角状连接器与耳模连接,使导声管与耳模的连接较为牢固,硬耳模一般采用此法(图 28-8-4B)。

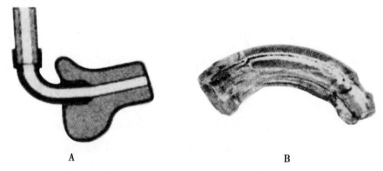

A　　　　　　　　　　　　　　B

图 28-8-4　导声管与耳模的连接方式
A. 直接连接法;B. 号角状转接器。

3. **出声孔**　又称声孔,指耳模外耳道部分的出声孔,声孔的长度、直径和形状对助听器声学特性产生影响。

(1)出声孔长度:声孔长度主要改变高频共振峰的位置,声孔延长,波峰略移向低频,增加低频增益;出声孔缩短,波峰移向高频,增加高频增益。

(2)出声孔直径:一般情况下,为了使助听器得到一个平滑的声学输出,声孔应和与之相连的导声管具有相同的尺寸,通常声孔直径为 2mm。但如果有可能,2.5mm 或 3mm 的出声孔对提高高频增益更有利。出声孔的直径越大,其高频增益越好,出声孔直径越小,其低频增益越大。当声孔长且直径小时,频率响应曲线向低频移动;当声孔短且直径大时,频率响应曲线向高频移动。

(3)声孔形状:声孔形状对声学特性的影响包括①平行声孔:对低频、中频、高频有等同的放大作用;②号角状声孔:增加高频放大;③反号角声孔:衰减高频。

4. **通气孔**　通气孔又叫泄孔,是由外向里贯穿定制机或助听器耳模全程的孔道。

(1)通气孔的主要作用在于:①平衡耳内气压:即使通气孔孔径很小,也可以缓解耳内胀满感,减轻耳内压力;②保持外耳道与外界的通风:便于外耳道内的皮肤散热,减少水汽在导声管中的凝集。降低外耳道内的潮湿度,防止中耳炎听力障碍听力损失者佩戴助听器时的继发感染。所以中耳炎听力损失者验配助听器时，必须考虑加装通气孔；③减轻堵耳效应：当低频听力损失较轻的听力损失者使用助听器时，常感到自己说话声音不自然，有回音。这是由于听力损失者佩戴助听器后外耳道容积变小，听力损失者自己说话的声音随着颅骨振动传入容积变小的外耳道内，产生了低频共振，增加了低频声音强度，所以听力损失者感到自己说话声音变大、变调。

消除或减小堵耳效应通常有两种方法：一是增加通气孔，平衡外耳道内外的压力。通气孔长度越短，低频衰减越多。但需注意通气孔越大，声反馈概率也会随之增加。二是增加耳模的耳道部分，使之超过外耳道的软骨部，减少听力损失者自己说话的声音传入外耳道的量。但此方法听力损失者耳模佩戴舒适度大大降低。

（2）通气孔的种类：耳模通气孔多用于轻度、中度及部分重度听力损失，尤其是低频听力损失较轻的下坡型听力损失者。耳模通气孔依听力损失不同及听力损失者外耳道实际情况，可设计为平行通气孔、Y形通气孔、外部通气孔及开放式耳模，通气孔直径还可以改变。在助听器验配过程中，一般首选平行通气孔。Y形通气孔会使高频输出降低，而当外耳道内的空间小到连Y形通气孔也不能使用时，可选择打一个外部通气孔（图28-8-5）。

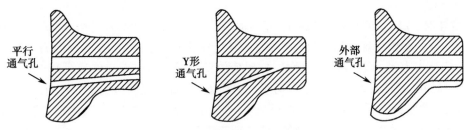

图 28-8-5　各种形状的耳模通气孔

5. **阻尼子**　阻尼子是位于耳钩或耳模传声管上的具有声阻抗作用的丝网或膜片。阻尼子主要控制助听器中频区域的声学效应，可以平滑 1 000～3 000Hz 频率范围内的波峰，避免由波峰导致助听器容易达到饱和进而产生失真，改善助听器音质，也可以作为有重振现象的听力损失者验配助听器的一种调试手段。阻尼子可以在声孔内，也可以在耳钩或导声管内，越靠近鼓膜，阻尼效果越明显。

（二）耳模各声学部件的组成对声学的影响

1. **平行声孔＋短形耳模**　此型能衰减低频，高频特性好，且通气，佩戴舒适。适用于轻、中度听力损失。

2. **Y形声孔＋短形耳模**　此型用于加工平行声孔困难时，与平行声孔耳模相比，其高频频率响应欠佳。

3. **开放式声孔＋长形耳模**　此型具有声孔和耳模外耳道部分稍长的特点，1kHz 以下几乎不能放大。用于低频听力正常的轻中度高频听力损失者。

4. **开放式声孔＋短形耳模**　与上述长形耳模相比，声孔直径大，外耳道部分也短。此型适用于轻度高频听力损失者。

三、取耳印模步骤与方法

耳模需要根据听力损失者的外耳道形状来制作，因此，必须制取听力损失者耳道的模型。取印模是制作耳模的第一步，印模的好坏将直接影响到耳模制作的效果。在取印模前准备好工具和材料并对工具进行消毒。

（一）取耳印模的准备工作

1. **取耳印模的工具、材料**　取耳印模的工具和材料主要有医用台灯、电耳镜及额镜、镊子、棉签、液状石蜡、堵耳器（医用带线棉球）、注射器、小勺、印模材料和交联剂等。

2. **对电耳镜、注射器头、镊子进行消毒。**

3. **询问病史**　了解听力损失者最近 3 个月内耳部是否有感染伤口、是否动过手术等。

4. **检查外耳道**　先清洁外耳道内耵聍，然后用电耳镜检查外耳道，了解外耳道内：①有无流脓流水发炎等情况；②是否有鼓膜穿孔；③近期是否有耳科手术史；④是否有畸形；⑤外耳道的大小、弯曲度及

走向,以确定堵耳器放置的位置。

对做过乳突开放术的听力损失者,外耳道深部有一弯窿样空腔,取印模时,除放进堵耳器外,要在空腔周围用浸有液状石蜡的棉球填塞,使空腔缩小后再注入印模剂,否则耳道口小空腔大,易造成印模取不出或断裂在耳内的情况。

(二)取耳印模的方法

1. **安置听力损失者**　听力损失者应坐在高度适中的椅子上。

2. **取得听力损失者的配合**　向听力损失者或其家人解释将要进行的操作程序,告诉听力损失者取印模时大致的感受,需要做哪些方面的配合,并消除他们的紧张感。儿童取耳样时必须固定好位置,可以由父母抱着将其固定。

3. **检查外耳道**　听力师坐在听力损失者侧面,牵拉耳郭(成人向上、向外拉,儿童向后、向下拉),用电耳镜或额镜检查外耳,注意有无皮肤红肿、瘢痕、渗出、瘘口,外耳道有无狭窄、耵聍、异物等。如果外耳道内有残余术腔而未被发现,没有做好应有的处理,致使膏体被注入空腔中,会造成材料交联后取不出或取出时听力损失者异常疼痛。材料固化后,不易取出,严重者需进行耳科手术取出,增加听力损失者的痛苦,务必多加注意。

4. **放置堵耳器**　清洁耳甲和外耳道后,外耳道中放置带有细线的堵耳器。堵耳器大小要根据听力损失者外耳道的横截面积确定,堵耳器四周要能接触到外耳道周壁的皮肤,否则印模材料容易越过棉障伤及鼓膜或造成取出困难;堵耳器亦不能太大,致使放置位置过浅或引起疼痛。对于耳背式助听器,放置深度要达到耳道第二弯曲;对于耳内式和耳道式助听器,放置深度要达到第二弯曲以上 1～2mm;对于深耳道式助听器,放置深度要达到第二弯曲以上 2～3mm。线要足够长,其自由端可露于耳外。有时听力损失者在放置棉障的过程中会感到轻微的不适,或产生反射性咳嗽。对于乳突开放术后的大耳道腔可以多放置几个棉障。

5. **混合并注入材料**　将印模材料和交联剂按照 1:1 的比例混合调匀,快速放入注射器中,将材料推至注射器前端,注意不要产生气泡。将注射器前端深入外耳道 0.5～1.0cm,向外耳道内注入混合材料,匀速将外耳道完全填满,然后退出到外耳道口,但注射器的头端仍埋在印模材料里并继续注射,这样可避免耳轮边缘气泡产生。轻轻向后下方注射印模材料到耳甲腔、对耳轮边缘、耳屏间切迹,填满耳郭后,再向上至三角窝部分。注射完毕后,不需要在外面用力按压,以免模型过大。注射到某些部位使听力损失者胀痛不适时,可以让听力损失者做几下张口、闭口动作,这样可使耳道组织正常活动,印模材料充分填充。

6. **等待**　材料交联时间因温度和两种材料的搭配比例等因素有关,一般为 5～10min。温度越高,交联时间越短;材料中交联剂用量越多,交联时间越短。一般用手指甲轻按压材料不会出现凹陷时,致使材料已经完全交联,便可以取出了。

7. **取出**　通常印模膏会紧贴听力损失者耳部的皮肤,因此在取出印模前,需要将印模轻轻地拉离耳郭,使空气进入耳内,让密封的情况松懈一下。用手指抓住印模边缘,先从上部的三角窝部位开始,然后再取耳甲艇部分,取出耳甲艇部分后,捏住耳甲腔部分向前转动印模,向外将耳甲腔和外耳道部分旋出。

8. **检查耳部**　取出印模后,应重新检查外耳道是否有堵耳器或印模材料存留,是否造成听力损失者皮肤受损等,如发现以上异常情况,需要及时处理。

9. **检查耳印模**　一个完整的耳印模应包括外耳道部分、耳甲腔、耳甲艇、耳屏间切迹、耳轮等内容,耳道部分显示第一弯曲和第二弯曲,外耳道部分应足够长,根据不同类型助听器的需要,外耳道部分最长可达到第二弯曲以上 3～5mm。印模表面应光滑无隆起,无缺损、凹陷、裂痕或气泡,如果有大的缺陷,应重新制取耳印模。

四、耳模的使用与保养

(一)合理佩戴

按照正确的步骤佩戴耳模,在佩戴耳模之前需将助听器的音量关掉,然后用示指和拇指夹住耳模朝着外耳道的方向（同时另一只手可以轻轻将耳郭向外拉）先把外耳道部分放进耳内，再将耳甲腔与耳甲艇部分转入相应位置，最后再检查一下耳模是否已经完全戴好，确定后再合上助听器开关。有些听力损失者由于长期佩戴助听器，有自己的方法佩戴耳模也是可以的。取出耳模时，只要先将耳甲腔部分拿离耳部，然后再向后旋转即可取出。

（二）及时更新

由于儿童的耳郭和外耳道还在不断发育，一段时间后耳模密封性降低，对于听力损失较重者会出现反馈声反馈，为保证助听效果耳模需要定期更换。一般建议儿童耳模更换时间间隔为：0~12月龄婴儿应3~6个月更换一次；13~24月龄幼儿应6~9个月更换一次；25~36月龄幼儿，应9~12个月更换一次；36月龄以上儿童，每12个月更换一次。成人因耳郭及外耳道已发育定型，故耳模更换频率不需像儿童一样，一般结合耳模的类型和材料，每2~3年更换一次。但若成人听力障碍者助听器出现声反馈或耳模变形损伤破裂时应及时更换耳模，避免对助听效果产生干扰。听力损失加重时，也要考虑重新更换新的耳模以适应新的助听器。

（三）注意保养

耳模需要定期用柔软、干燥的布擦拭干净，以免耳模的传声部位被堵塞。每周可用温热的肥皂水清洗耳模，注意清洗时将耳模和助听器分开（助听器切忌沾水），擦干后再将耳模放在干燥盒里干燥好后再连上助听器继续使用。

第九节　助听器常见故障、维修及保养

一、助听器的常见问题及故障的解决方法

助听器是一种集电子、机械、声学等高技术为一体的精密电子医疗产品，由于其使用环境的特殊性，在交付使用后或多或少会出现一些问题，如验配调试问题、外壳问题、机器故障。一般来说，听力损失者使用初期碰到最多的是验配调试问题和外壳问题，真正助听器故障的只占极小一部分，但在使用一段时间后（多为1~2年）大多需要进行一些不同程度的维修，其中一部分是助听器本身的故障，但还有一部分是听力损失者使用不当造成的，本节将讲述助听器的一些常见问题及其相应的解决方法。

（一）助听器的常规检查

1. **故障助听器首先进行外观检查**　外观检查对发现助听器故障的原因或判断故障位置非常重要的，检查的项目主要有：①助听器的外壳有否磕碰或摔伤的痕迹，此类外伤最易损伤受话器和放大器等，作为下一步重点检查的项目和判断故障现象的依据；②有否经历过高温使助听器外壳变形，记录变形位置，作为下一步重点检查的项目和判断故障现象的依据；③是否有挤压或咀嚼（如宠物引起）的痕迹，应记录在案后进行下一步检查。

2. **电池**　每次检测时都应使用新电池，并检测用户的电池电量以及电流是否稳定。电池电量不足常常会导致：增益不够、输出减少、用户感觉声音变轻；失真、回声、音质差；清晰度下降；嗡嗡声、无声；时断时续、噪声；重复启动。遇到这些问题，首先考虑电池是否已经电量不足或者长时间放在助听器中已经发生漏液。解决的方法很简单——更换电池。

3. **电源极片**　电池极片是两片有弹性的金属片。如果电池长期放在助听器中不使用，极易发生漏液腐蚀极片，导致声音变轻、无声或声音时断时续等问题。如果使用非助听器专用电池，则可能因电池厚度不合适导致极片松弛，使得放入的电池与极片接触不良出现故障。正确的保养方法是不用助听器时将电池取出，使用助听器专用电池，如果极片已松弛或受腐蚀应及时维修。

4. **麦克风和受话器**　麦克风口即进声口，往往暴露在空气中，频繁接触空气中的化学成分（如水蒸气、汗水等），因而易受损坏。受话器孔即出声口，也易受外部环境和外耳道环境影响，如冷凝水、耵聍、中耳炎分泌物。检查麦克风时看是否有耵聍、皮屑、汗珠等，可用专用设备处理，如真空泵等。在清理受话器管的时候，用电耳镜看受话器孔，若发现有耵聍等异物，应该用专门的配套工具将其清除，而不能用

大头针挑出,以免损坏受话器。

5. 音量调控器　音量调控器最容易沉积灰尘及汗渍,由于音量调控键的位置相对恒定,当灰尘聚集到一定程度就会影响控制键的活动,这时可转动音量控制键,并用一个小的电子清洗器,刮掉积尘。在检查音量控制器时,注意转动时动作要轻柔,操作期间会不可避免出现声反馈;有时音量控制器会脱离导致无效,遇到这种情况应及时送到厂家维修。

6. 开关　对于无功能开关的助听器,由于助听器的开关功能是靠开关电池仓门,电池与电池极片的接触来完成,可以反复打开、关闭电池仓门以开关助听器,用听筒检查助听器的输出。若无任何输出,检查电池极片是否受腐蚀或有异物或松弛,清理异物或将电池极片往外拉出一点后仍无输出应送厂维修。对于有功能开关的助听器,如果开关是"关"的状态仍可听到线路或背景噪声,说明开关有故障;如果电感挡听起来像是开关"关"时的效果,提示电感有问题,正常电感会发出"嗡嗡"声,并随音量变化而变化。

7. 微调键　主要对手动调节助听器而言,转动微调键可以改变助听器的频率响应和输出,若无响度和音质的改变或控制范围内出现声反馈,先用酒精或电子清洗器清洗干燥,无效则送厂维修。

8. 耳钩　观察耳钩是否损坏破裂。堵住耳钩出口一端,开大音量,若还能听到声反馈,说明耳钩可能破裂,需更换耳钩。

9. 耳模　将耳模和导声管取下,清除耵聍等污垢,并用温水和氯化苄在超声波清洗器中清洗耳模,清洗后注意将耳模和导声管擦干后再与助听器连接。

10. 助听器检测　通常用耳听助听器以判断其工作是否正常,客观的方法是使用助听器分析仪按标准测试助听器的各项指标,尤其观察输出是否改变。在对比数据时要注意测量标准是否一致(采用 IEC 标准或 ANSI 标准),检测腔是否相同(采用 $2m^3$ 耦合腔或耳模拟器)。

助听器的故障现象很多,造成的原因也可能并非一种。上面仅仅是对助听器的故障进行初步检查,对助听器的故障判定和维修要在听(耳听检查)、看(目测检查)、测(电声检测)、换(更换元件)中逐步完成。

(二)常见助听器故障及其处理方法

临床上常见的一些助听器故障、原因及相应的处理方法如下所示。

1. 音量小　①电池电量不足,应更换电池;②音量设置偏低,应调高音量;③用户听力减退或助听器功率不够,应重新检查听力,选用更大功率助听器;④进声孔阻塞,应清除异物或送修;⑤出声孔阻塞,应清除异物或送修;⑥外耳道耵聍堵塞,应清除耵聍,若耵聍栓塞则转诊;⑦助听器受潮,应清除耳模或导声管的冷凝水和汗水或送修;⑧盒式助听器耳机线型号不对,应更换正确型号的耳机线。

2. 声音时断时续　①电池电量不足,应更换电池;②电池表面有异物,应用蘸酒精的棉花擦拭电池表面,或更换电池,并用蘸酒精的棉花将电池门内擦干净;③电池与电池极片接触不良,应清除电池极片上氧化物或将极片往外拔出一些或送厂维修;④功能开关接触不良,应清除开关处异物或送修;⑤耳背机耳模导声管扭曲或受潮或堵塞,应更换导声管;⑥助听器故障,应送厂维修;⑦盒式助听器耳机线接触不良,或耳机线断裂,应送厂维修。

3. 无声　①电池没电,应更换电池;②电源开关关闭,应打开开关或关紧电池门;③电池与电池极片接触不良,应清除电池簧片上氧化物或将簧片往外拔出一些;④进声孔(麦克风口)阻塞,应清除异物或送修;⑤出声孔(受话器口)阻塞,应清除异物或送修;⑥助听器故障,应送厂维修;⑦助听器受潮,应清除耳模或导声管的冷凝水和汗水或送修;⑧某些机型助听器采用开机延时功能,应向听力损失者解释使用详情,或关闭开机延时功能;⑨盒式助听器耳机线型号不对,或耳机线接触不良,或耳机线断裂,应更换正确型号的耳机线。

4. 失真　①电池电量不足或没电,应更换电池;②助听器受过强烈撞击,应送厂维修;③微调不在合适位置,应调节微调;④出声孔阻塞,应清除异物或送修;⑤耵聍或中耳炎分泌物进入受话器内部使受话器受损,应送厂维修;⑥助听器受潮或受电池漏液腐蚀而芯片损坏,应送厂维修。

5. 杂音　①电池电量不足,应更换电池;②电池与电池极片接触不良,应清除电池簧片上氧化物或将簧片往外拔出一些;③微调不在合适位置,应调节微调;④助听器故障,应送厂维修;⑤初戴助听器听到声音太多不适应,应详细解释,循序渐进适应并做相应调试。

6. 声反馈　①音量开得太大,应调小音量;②助听器内部声反馈,应送厂维修;③导声管老化或破裂,应更换导声管;④耳背式助听器导声管松脱,应更换或纠正;⑤定制式助听器外壳有裂缝,应重做机壳;⑥耳模或助听器外壳不密封或通气孔太大,应重做外壳;⑦外耳道中耵聍过多,应清洁外耳道。

7. 耗电快　①电池品质不良,更换电池;②听力损失加重,音量开得过大,应重新测试听力,重新编程;③助听器内部元件受潮腐蚀,应送厂维修;④电池使用不当,应正极贴纸撕下后,让电池与空气充分接触5～10min。

8. 无法编程　①电池品质不良或电量不足,应更换电池;②电池极片受腐蚀,应清洁极片或更换;③电脑硬件配置太低,应和实验配软件所需最低配置,升级电脑;④编程软件版本未升级,应更新验配软件;⑤编程器(如HIPRO)与电脑连接不良,应重新连接或更换编程器;⑥编程导线不良,应更换导线;⑦助听器编程极片接触不良,应清洁极片或更换;⑧助听器故障,应送厂维修。

(三)定制式耳内助听器外壳引起的故障及其处理方法

定制式耳内助听器是根据听力损失者的外耳道定做,存在外壳与外耳道的适配问题,常见的问题可能是外壳几何尺寸过小或过大,都会引起听力损失者的不适。

1. 外壳几何尺寸过小　耳内式助听器,尤其是完全耳道式和耳道式助听器,由于外壳几何尺寸过小,佩戴过松,有时会从外耳道内滑出,特别是当听力损失者口腔运动,如谈话、打哈欠、咀嚼时,外耳道随之蠕动,会导致助听器外移,同时,助听器还易产生声反馈。针对外壳几何尺寸过小,解决的方法如下:①原耳印模外耳道部分够长的情况,加长外壳外耳道部分的长度,增加第二弯的厚度,提高外壳与外耳道吻合性;②原制取的耳印耳道部分不够长时,让听力损失者张大嘴,重取耳印,重新制作外壳,确保外耳道部分超过第二弯;③如听力损失者外耳道短、直,外壳修整和重做都不能解决时,可在外壳加耳尾锁以支撑,或是更换佩戴更牢固的助听器类型,如将完全耳道式换成耳道式,耳道式换成耳甲腔式。

2. 外壳几何尺寸过大　对于听力损失较重的听力损失者,为了防止声反馈产生,往往制作的外壳会更大,这时外壳与外耳道部分或耳甲腔部分接触越紧,外壳施加的压力越大,导致佩戴不适。此外,外耳道部分也会更长,这时出声管或突出的防耳垢装置就容易碰到外耳道壁,引起不适。这些都会让用户因闷堵、疼痛、取戴困难而拒绝佩戴助听器。解决的方法如下:①在不引起声反馈的基础上将局部压力大的部分进行打磨,或缩短外耳道部分;②若出声管抵到外耳道壁,调整出声管角度,使得出声孔方向与外耳道走向一致;③若突出的防耳垢装置抵到耳道壁,更换合适防耳垢装置;④重取耳印,重新制作外壳,但避免太小而引起声反馈。

二、助听器的维护和保养

助听器是精密复杂的电子设备,一直暴露于外,受到诸如汗水、耵聍、灰尘等外界环境的影响。在使用过程中助听器使用者应掌握一些简单的保养方法,保护好助听器,将大大提高助听器的使用效果,延长其使用寿命。

(一)电池的使用

电池是助听器的能源,电池电量不足或耗尽,都会影响助听器的正常工作。助听器使用的电池是锌空气电池,从外观上看和普通的纽扣电池外观相近,但内部结构和放电原理完全不同,因此不能用普通的纽扣电池代替锌空气电池。

电池在不使用的时候,应储藏在阴凉干燥处,避免处在高温或冰箱内,且不要撕下电池上的封条,以免电量消耗。使用电池时先将电池的封条撕下,然后在空气中静置数分钟,让空气充分进入,这样有利于电量充分使用。更换电池时,确保电池的正极、负极位置放置正确,一般放反后电池仓门不易合上,这时不应强行合上,以免电池门断裂。及时更换不能用的旧电池,并在长时间不使用助听器时,将电池取出,以防电池漏液腐蚀助听器机芯。

(二)助听器的清洁使用

在操作助听器之前,手要保持清洁干燥。麦克风的开口只有几毫米,很容易被杂质和灰尘堵塞,有麦克风保护膜的助听器要注意定期更换保护膜。

（三）防潮防水

潮气或水的进入会损坏电子元件，使得助听器不能正常工作。大气湿度较大的地方容易导致潮气侵入助听器，游泳、洗澡、洗头、洗脸、出汗、下雨、喷发胶等时候容易发生水进入助听器，使用助听器时要避免上述情况发生。在助听器受潮或进水后，先擦拭助听器，放入干燥盒或电子干燥盒中进行处理，若问题不能解决，应及时送厂维修，切不可使用微波炉、电暖器炉或其他烘干器来除湿、烘干，以免烧毁助听器。

（四）防震

助听器属于精密的电子设备受到冲击后，容易受损，特别是受话器由于结构关系，内部的振动簧片和顶针容易在冲击后移位变形，造成助听器不能正常工作。助听器因避免跌落或受到外力的冲击。

（五）清洁助听器

每天使用干燥、柔软的布或棉球擦拭助听器，并用配套的软刷清除出声孔或防耵聍装备上的耵聍或其他堵塞物，如堵塞物过多或油性耵聍或防耵聍装备破损，需要更换防耵聍装备。注意不要使用溶剂、清洗液清洗助听器机身。

耳背式助听器的耳模可用温肥皂水冲洗，注意冲洗前将耳模与助听器分离，冲洗后必须将耳模和导声管擦净风干再连接助听器使用。

（六）助听器的放置

当助听器不使用的时候，应打开电池仓门，将助听器放在包装盒或干燥盒内，要特别注意不能将助听器放在过热的地方，避免阳光直射。此外，还需远离儿童和宠物，儿童易误吞助听器电池，宠物易咬碎助听器。

（张建一　西品香　王永华）

人工耳蜗技术 第二十九章

第一节 人工耳蜗概述

人工耳蜗（cochlear implant，CI），又名仿生耳、电子耳蜗，是一种通过手术植入到人体的能帮助重度和极重度听力损失者重获听力的一种电子装置，该装置替代已损伤毛细胞，通过电流刺激听神经使听觉中枢重新获得声音信号。近几十年来，随着电子技术、计算机技术、语音学、电生理学、材料学、耳显微外科学的发展，人工耳蜗已经广泛应用于临床，是目前运用最成功的生物医学工程装置。现在全世界已把人工耳蜗植入作为治疗重度以及极重度听力损失的常规方法，全世界植入者超过 60 万。

一、人工耳蜗发展史

人工耳蜗的发展历史可以追溯到 1800 年意大利科学家 Volta，他利用其发明的电池为研究工具，证实了电刺激可以直接引起人体的听、视、嗅和触觉感知，发现了电刺激正常耳可以产生听觉。实质性的人工耳蜗技术研究始于 20 世纪 50 年代，1957 年法国医师 Djourno 和 Eyries 首次将电极植入全聋者的耳蜗内，绕过患者受损的耳蜗刺激患者的听神经，使该患者感知环境声获得音感。这是历史性的第一步，虽然由于技术所限，电极后来还是被取出了，但他们的初步成功激起了 20 世纪六七十年代欧美一系列的深入研究。

1961 年洛杉矶的耳科医师 William House 在美国开展了一例单导人工耳蜗植入术，做了两次尝试，当改变刺激信号频率时，患者可以感觉到明显不同的音调，但患者最终因对听力效果的失望而将植入体取出。William House 研究的单通道人工耳蜗 1972 年在美国通过 House-3M 公司包装推广成为第一代商品化装置，这种简单的设备很快成为当时的听力损失者一种相对有效的替代品，虽然无法让使用者完全恢复听力，但已经有效地帮助使用者学习语言。1981 年研制的 3M-House 产品在 1983 年获得了美国 FDA 认证，到 20 世纪 80 年代中期全世界约有 1 000 多位重度 - 极重度听力损失者植入了单通道人工耳蜗。1976 年底，法国 Chouard 和 Patrick MacLeod 一起设计了多通道人工耳蜗，但由于生产技术限制，一直没能大规模生产；1977 年奥地利 MED-EL 公司的前身 3M 公司研制出世界多通道人工耳蜗植入系统；1981 年澳大利亚政府支持了 Graeme Clark 教授的人工耳蜗研究项目；1984 年 Cochlear 公司引入了 Clark 教授研究的多通道人工耳蜗系统并得到 FDA 的认证，从此人工耳蜗系统开始了大规模的生产和使用，这项跨时代的伟大发明，标志着电刺激替代装置在整个人类世界的成功。

进入 20 世纪 90 年代，由于集成电路技术、材料技术和医学研究的进步，人工耳蜗的技术越来越完善，形成 3 个主要的人工耳蜗生产商：澳大利亚的 Cochlear 公司，代表产品为 Nucleus 人工耳蜗系统；奥地利的 MED-EL 公司，代表产品为 MED-EL 人工耳蜗系统；美国 Advanced Bionics 公司（简称 AB 公司），代表产品为 Clarion 人工耳蜗系统。人工耳蜗在全球各地给极重度听力损失者带来了福音，欧美发达国家纷纷取消了部分聋人学校，并把人工耳蜗纳入医保范畴。2000 年以后随着技术的进一步发展，产品的设计和质量不断提高，人工耳蜗的植入效果进一步改善，全球范围内有更多的研究机构致力于人工耳蜗的研究和开发，其中中国诺尔康公司和力声特公司的人工耳蜗系统也分别获得国家食品药品监督管理局的批准，丹麦 Dermant 集团下 Oticon Medical 的人工耳蜗也获得美国食品药品监督管理局批准，并在临床上得以使用。同时,植入手术适应证范围逐渐扩大,手术技术有了很大改进,康复条件也得到明显改善,康复效果明显提高。

二、人工耳蜗现状

(一)人工耳蜗设备

目前的人工耳蜗设备在设计上各有不同,但都呈现共同的特征和趋势。声音处理器主要在体积外形、功能和言语编码策略方面发展。从体配式到耳背式,再到一体式,微型化的处理器更能满足患者对于便捷、美观和配戴舒适的要求。人工耳蜗植入体的发展主要体现在外形体积和电极的设计:微小体积一方面适合低年龄幼儿、更加美观,也更加适合微创手术;电极是人工耳蜗最为核心的技术,目前应用的多通道电极能够传递多种频率信息并选择性地刺激不同组的听神经纤维,可传递较多的语言信息。Cochlear 公司采用 22 通道,MED-EL 公司采用 12 通道,诺尔康采用 22 通道,AB 公司采用 120 通道(实际为虚拟通道),Oticon Medical 采用 22 通道。电极长度从 18~31mm 不等,不同的长度导致电极插入的不同深度。根据电极的形状可分为预弯电极、直电极和精细直电极,手术医师可以根据不同的耳蜗结构、不同的手术入路方案和残余听力情况选择合适的电极。

(二)人工耳蜗的临床应用

人工耳蜗植入涉及医学、听力学、生物医学工程学、教育学、心理学和社会学等诸多领域,需要医师、听力学家、言语病理学家、言语康复师、康复教师、工程技术人员及家长等共同组成人工耳蜗植入小组,协同开展工作。随着科技的发展和大量的临床实践,临床工作者在适应证的选择、术前评估、手术、术后调机和听觉言语康复等方面都不断发展创新,并以人工耳蜗工作指南的方式规范推广。

1. 适应证的选择　人工耳蜗最初应用于双侧极重度感音神经性听力损失,随着技术发展和效果的提高在年龄、听力损失程度、病变等方面的适应证逐步扩大。目前人工耳蜗植入主要用于治疗双耳重度或极重度感音神经性听力损失的儿童和成人患者。语前聋患者的植入年龄通常为 1~6 岁,越早植入效果越好。6 岁以上的儿童或青少年需要有一定的听力言语基础,自幼有助听器配戴史和听觉言语康复训练史。各年龄段的语后聋患者需要对人工耳蜗植入有正确的认识和适当的期望值。对于有特殊病变的患者,如脑白质病变、听神经病、内耳结构异常、具有残余听力等,经系统检查和详细咨询后可考虑人工耳蜗植入。

2. 术前评估和咨询　人工耳蜗植入的术前评估和咨询是临床工作中相当重要的一环,临床工作者通过评估和检查确定患者是否适合人工耳蜗植入,并对人工耳蜗植入的预后有准确的判断,患者通过咨询了解人工耳蜗的装置并对人工耳蜗具有合理的期望值。术前评估和检查包括病史采集、耳部检查、听力学及前庭功能检查、影像学评估、言语语言能力评估、儿童心理智力及学习能力评估、儿科学或内科学评估、家庭和康复条件评估等,其中听力学及前庭功能检查尤为重要,各人工耳蜗中心对人工耳蜗的听力学入选标准有明确的规定,通常包括的检查项目有纯音测听、声导抗、听觉诱发电位、40Hz 听觉相关电位、耳声发射、言语测听、助听效果评估、前庭功能检查等。

3. 植入手术　人工耳蜗手术医师应该具备较丰富的耳显微手术经验并参加过系统的专业培训,手术常规采用耳后切口、经乳突 - 面隐窝入路、耳蜗开窗或蜗窗进路,各厂商的植入体和电极的使用方法略有不同。术中常规进行电极阻抗测试和电诱发神经反应测试,以了解电极的完整性和听神经对电刺激的反应。手术后行影像学检查判断电极位置。近年来,柔手术方式和微创手术概念渐渐引入,有助于保留低频残余听力。

4. 术后的开机、调试、康复训练和效果评估　通常术后 1~4 周开机,以后进行阶段性的调机。人工耳蜗植入者术后必须进行科学的听觉言语康复训练,以建立提高感知、倾听、辨析、理解等听能,促进其言语理解、言语表达和语言运用能力的发展。同时进行阶段性的听觉、言语、语言能力评估和调查问卷效果评估。

(三)人工耳蜗在我国的开展

我国开展人工耳蜗的研究较早,王正敏院士团队先后研制成功了单道脉冲式人工耳蜗和单道连续式人工耳蜗，并于 2003 年研制成功了我国首个拥有自主知识产权和独立创新技术的"多道程控人工耳蜗"，上海力声特医学科技有限公司在该成果的基础上，完成审批生产。同时杭州诺尔康神经电子科技有限公司也推出了诺尔康晨星人工耳蜗系统，使几千患者受益，其研发中心位于美国加利福尼亚州。

在我国，人工耳蜗植入的临床工作始于 1995 年，2003 年中华医学会耳鼻咽喉头颈外科学分会等制订了《人工耳蜗植入工作指南（2003 年，长沙）》，2007 年国家卫生和计划生育委员会颁布了《人工耳蜗临床技术操作规范》，2013 年颁布的《人工耳蜗植入工作指南（2013）》为近十年来出现的关于人工耳蜗植入的热点和难点问题提供了指导意见。该项工作也得到了国家政府的高度重视和支持，国家"七彩梦行动计划"聋儿（人工耳蜗）康复救助项目先后为全国耳聋者免费提供 1 万多套人工耳蜗系统，规范全国人工耳蜗中心的建设，形成了一定规模的装置提供、评估、手术、康复和服务一条龙服务，目前总计已有近十万多患者通过人工耳蜗解决了听力问题。

三、人工耳蜗展望

虽然现有的人工耳蜗产品已经能够让患者重回有声世界，使患者得到基本正常的听觉，并且经听力语言康复训练后，绝大多数患者可无障碍地进行听觉言语交流，但是人工耳蜗提供的声音仍然不能 100% 地重现真实的声音，部分患者在噪声等困难环境中仍然存在听音困难，大部分患者不能欣赏音乐。科研和临床人员依旧在各方面努力探索，未来一定会有更多新的突破。

从人工耳蜗设备而言，声音处理器的设计和助听器以及其他电子产品技术的融合越来越多，结合无线技术的发展给人工耳蜗技术带来巨大的发展空间。言语编码策略随着我们对听觉生理病理的研究深入，将更加贴近自然聆听。重视残余听力和耳蜗内精细听觉结构的保护理念不断推动人工耳蜗电极设计的改良，近年来已经研发出更加纤细、柔软的电极，其他概念的电极（如药物电极）正在研究中；根据患者听力损失的类型和程度，可以对植入电极的种类和长度进行选择；根据患者的年龄及颅骨结构，可以选择适当的植入体，这样为实现植入方案的个性化奠定了基础。在隐蔽性和美观方面，全植入式人工耳蜗是大多数耳聋者的希望。这一技术近年也获得了较大进展，有望在不久的将来推出完全植入的人工耳蜗，体外不再配戴任何部件。

自从 1996 年欧洲进行第一例双侧人工耳蜗植入后，双侧人工耳蜗植入者的人数快速增长。双侧人工耳蜗的效果优于单侧目前已经得到普遍承认，双侧植入可以改善声源定位功能、提高安静和背景噪声下的言语理解能力，有助于获得更自然的声音感受，促进听觉言语和音乐欣赏能力的发展。声电联合刺激技术的原理在于给耳蜗的低频区提供声音信号刺激，同时向高频区提供电信号刺激，以获得良好的听觉重建。高频陡降型听力损失者或低频具有残余听力者，适合采取保留残余听力的电极植入方式，选择声电联合刺激模式，以获得更好的听力。正常的听觉是双侧听觉，目前对单侧听觉局限性的认识越来越受到关注，单侧聋患者具有较差的声源定位能力和较差的噪声环境下的言语辨识度，部分患者也可以通过人工耳蜗植入得以改善。

第二节 人工耳蜗结构和工作原理

一、人工耳蜗的基本组成

人工耳蜗是一种能使双耳重 - 极重度感音神经性听力损失的成人和儿童获得听觉的电子装置。人工耳蜗主要由手术植入体内的体内机和配戴在体外的体外机两部分组成（图 29-2-1）。

1. **体内机** 体内机包括接收 - 刺激器和电极系列，接受 - 刺激器为扁平的近椭圆形或方形，包括接收天线和内部磁体（磁体分为可取出式和不可取出式），电极列上面规律排列着独立的刺激电极（图 29-2-2）。人工耳蜗植入体将适量的电能传至耳蜗内部电极列，电极刺激耳蜗内残余的螺旋神经节细胞后电信号沿听觉通路传至大脑。植入体各部件由钛合金、铂金、硅胶和生物陶瓷等材料组成，这些材料已被证实能与人体组织相容，不易被人体排斥。

2. 体外机　体外机相当于微型计算机可将声音进行滤波分析并且数字化成为编码信号,再将编码信号送到传输线圈。传输线圈将编码信号以调频信号的形式传入位于皮下植入体的接收-刺激器。体外机系统包括声音处理器主体、麦克风、电池仓、导线、传输线圈和外部磁铁。声音处理器主要有耳背式和体佩式(图29-2-3)两种,近年一体机也已经面世。

图 29-2-1　人工耳蜗体内机和体外机

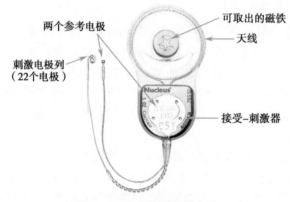

图 29-2-2　人工耳蜗体内机

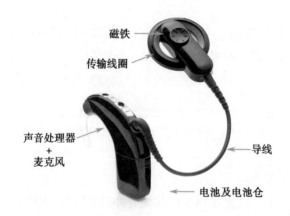

图 29-2-3　人工耳蜗体佩式声音处理器和耳背式声音处理器及部件

二、人工耳蜗的工作原理

人工耳蜗是一种高科技的电子装置,可以替代受损的内耳毛细胞将外界的声音转化为神经电脉冲信号,直接刺激螺旋神经节细胞,将信息传递到大脑。外界声信号经麦克风接收后,声音处理器将声信号进行数字编码等处理，通过发射线圈经皮肤传送到植入体内的接收线圈，接受刺激器对传进来的无线电波进行解码并转化为电脉冲信号和相应的电刺激送往埋植于耳蜗鼓阶的电极，电极产生电流作用于螺旋神经节细胞，经听神经中枢端传入脑干的耳蜗核，并经中枢听觉通路传入听觉皮层，产生听觉。以下为人工耳蜗工作原理的图解（图29-2-4）。

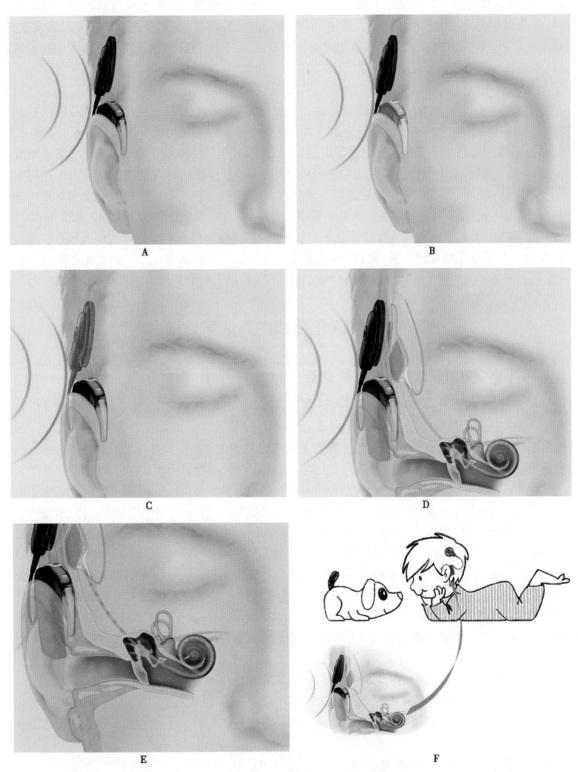

图 29-2-4 人工耳蜗工作原理示意图

A. 体外机上的麦克风采集声音；B. 声音由麦克风传到声音处理器，声音处理器将声音加以分析和数据编码；C. 声音处理器将编码的信号经导线传送到传输线圈；D. 传输线圈将编码信号通过皮肤传到植入体；E. 植入体转换编码为电信号，信号被传送到电极并刺激螺旋神经节细胞；F. 大脑将信号感知为声音从而产生听觉。

三、人工耳蜗部件的维护

人工耳蜗虽然自身具有许多防护功能,例如防潮、防静电、抗冲撞等,但使用者仍需注意保持人工耳蜗外部设备的日常维护与保养。一旦患者发觉异常,经故障排查问题没有解决时应及时联系医师和厂家。

1. **日常储存和防潮**　当睡觉或不需配戴设备时,应把体外机摘下放入干燥包或电子干燥箱进行干燥储存;若在潮湿的环境中生活或夏天大量出汗,要特别注意防潮,以免水分进入声音处理器或麦克风。洗澡或游泳时请勿配戴任何外部部件。不用时将电池取出,以免电池长期放置在设备内发生腐蚀液泄漏的危险,电量耗尽的电池尽早取出并更换。

2. **清洁**　定期清洁麦克风、导线、电池舱和主机的连接处,磁铁应至少每半个月取下,清洁螺旋中的污垢。经常清洁可防止污物堆积,干扰信号传输。一般用柔软的棉布擦拭。应经常用麦克风吹扫器清洁麦克风。使用粉剂、化妆品和头发定型剂应摘下体外部件。避免沙子和污垢等进入体外机的任何部件。

3. **防止静电和磁场**　冬天特别注意防静电,服装以纯棉和天然纤维材料为最佳选择。儿童配戴耳蜗玩塑料滑梯时,可能由于滑滑梯所产生的静电导致程序丢失,甚至破坏声音处理器。儿童玩塑料滑梯之前,应先将体外机取下。穿脱衣服时或进出机动车时,植入者应在接触任何物品或人体之前触摸一下导电体,将身体的电释放出去,再关掉设备。注意不要接触强磁场,行磁共振检查前一定要咨询医生和厂家。

4. **防止撞击**　人工耳蜗的植入体位于皮下可触及,剧烈碰撞或外伤有可能导致植入体移位或损伤。

5. **乘坐飞机情况下的处理**　航空公司要求乘客在飞机起飞和降落时,或在座位安全带指示灯亮起时,关掉电子设备。因为声音处理器也是一种微型计算机,所以也需要关闭声音处理器。

第三节　人工耳蜗的声信号处理

一、人工耳蜗的电刺激和声音特征表达

正常听力时,声音经外耳、中耳传达到内耳刺激毛细胞产生动作电位,神经冲动由听神经传入大脑产生听觉。当重度感音神经性听力损失时,内耳毛细胞发生严重损伤,植入人工耳蜗可将声信号经编码/解码为电信号,按预先设定的程序在一定位置的主动电极和参考电极间形成电流回路,刺激螺旋神经节细胞和听神经末梢,从而绕过了损伤的内耳毛细胞,直接刺激听神经将听觉信号传到听觉中枢产生声音感觉。主动电极和参考电极形成一个通道(channel),主动电极和参考电极的不同位置组合形成了每个通道的刺激模式(stimulation mode,SM),主动电极和参考电极的距离决定了电流扩散到周围螺旋神经节纤维的范围。人工耳蜗电流的刺激方式可分为单极刺激、双极刺激和共同刺激。单极刺激是由一个蜗内主动电极和一个蜗外参考电极组成的电极耦合模式,此模式的主动电极与参考电极距离远,参考电极位于耳蜗外,刺激电极位于耳蜗内,这种刺激模式电刺激扩散的面积较广,因而需要的电流强度较双极刺激模式低、阈值较低、声音处理器的电池寿命长。目前大多数的人工耳蜗系统都以单极刺激模式为默认设置。双极刺激由蜗内的一个主动电极和另一个蜗内相邻的电极作为参考电极而组成,这两个电极既可以彼此相邻,也可以依据患者的敏感性将两个电极间距适当拉宽,双极刺激电流路径可通过最短的距离到达接收端,从而减低电极间的互扰。共同刺激是一个蜗内电极作为主动电极,然后所有其余蜗内电极集体短路共同作为参考电极,电流由活动电极流向其他所有蜗内电极。共同刺激用于测量电极阻抗、探测电极是否短路等诊断目的,而通常不用于信号处理的刺激。人工耳蜗通过对电刺激不同参数的调节将声音的强度、频率和时间三个最重要的参数加以处理和再现,使患者在不同实际生活环境中都能轻松自如地进行聆听和交流。

正常耳可以感受声音的不同响度,其感受的强度范围为0~120dB。人工耳蜗刺激电流为对生物组织安全的正负双向等幅脉冲,脉冲的电流强度和脉宽决定声音的强度,电流强度越大脉宽越宽,患者感受的响度越大。人工耳蜗使用的电刺激电流强度为10μA~1.75mA,脉宽为25~100μs。一般情况下使用固定的脉宽而通过改变电流强度的大小来改变声音的大小,能够引起小声听觉的最小电流强度值称为

阈值 T-level，能够引起大声听觉但没有不舒服感觉的最大电流强度值称为舒适值 C-level。临床上医师通常对每个患者每个通道的舒适值 C 与阈值 T 进行测量，以保证患者听到且听得舒服。舒适值与阈值之间的差值为电动态范围（electrical dynamic range，EDR）。患者对特定输入信号感受的声音大小在舒适值与阈值之间，这也称为瞬时输入动态范围（instantaneous input dynamic range，IIDR），一般在 25～65dB 之间，相当于 40dB 的范围。人工耳蜗能够处理的整个动态范围称为输入动态范围（input dynamic range，IDR），目前人工耳蜗的输入动态范围可达为 75～90dB。对于超出这个范围的声信号需要进行压缩处理，压缩后就有失真。

由于听觉系统从耳蜗基底膜到听觉大脑皮质的频谱特异性，正常耳可以感受不同频率的声音，人耳可接收的频率范围为 20～20 000Hz，言语频率范围为 300～5 000Hz。不同声音频率的声波引起基底膜振幅最大的部位不同，人工耳蜗使用多个电极实现多通道从而实现对不同频率的声音感知，每个通道对应一定的频率范围，一般而言靠近蜗底的电极对应高频，靠近蜗顶的电极对应低频。根据电极的顺序排列形成人工耳蜗刺激的频率表，频率表的范围一般为 100～8 000Hz。超出这个频率范围的声音人工耳蜗无法接收。

人工耳蜗电流的刺激速度即刺激速率（stimulation rate，SR），是指每秒产生的脉冲数，总刺激速度（total stimulation rate，TSR）为每个通道的刺激速率乘以同一时间产生刺激的通道数。更高的电脉冲刺激速率可提供更多的声音时间信息细节，人工耳蜗的总刺激速率可以高达 83 000 脉冲 /s。另外，精细结构（fine structure，FS）也是声音时间动态变化信息的重要组成部分。

人工耳蜗成为帮助重度和极重度感音神经性听力损失患者恢复听觉的最有效方法，绝大多数使用者借助人工耳蜗可以达到正常的语言交流。但是人工耳蜗在上述诸如输入动态范围、频率范围及刺激速率方面的局限，决定了其对声音的频率和强度、对言语和音乐的韵律及节奏等辨别能力有限。汉语是一种声调语言，有与音乐相似的频率变化特点，因此人工耳蜗植入者在汉语声调识别及音乐欣赏方面有一定的差距。

二、人工耳蜗的言语编码策略

人工耳蜗的言语编码策略（sound coding strategies，SCS）是指决定声音处理器如何分析编码环境声音及言语并刺激电极的一整套规则方法，它是决定如何分析原始声音信号、提取原始信号中何种成分并如何刺激电极的操作程序，力求最大程度模拟耳蜗的原始频率分析功能、实现基底膜的"频率 - 部位"映射关系，从而使听力损失者重获听觉。因此，言语编码策略是整个人工耳蜗植入系统的核心部分，对提高其言语识别能力起着决定性的作用。

不同的编码策略所侧重的音调、响度和时相线索亦不同。最早的编码策略是 20 世纪 70 年代末由美国犹他大学开发的，其声音处理器将声音分成 4 个不同频道，然后对每个频道输出的模拟信号进行压缩以适应电刺激窄小的动态范围，该言语处理方案被称为模拟压缩（compressed analog，CA）。

在此之后研发的编码策略有很多，大致可分为两类：

1. 一类是早期应用较多的特征提取策略，这类编码策略是通过提取言语信号的重要特征，再把这些特征传送到电极的方法来刺激听神经。例如，20 世纪 80 年代初墨尔本大学研制的 Nucleus 声音处理器的设计思想是提取重要的语音特征（如基频和共振峰），然后通过编码的方式传递到相对应的电极。随着技术的进步，提取的语音特征信息越来越多，从最初的只提取基频（F_0）和第二共振峰（F_2）信息，到加上第一共振峰的 $F_0F_1F_2$，再到 $F_0F_1F_2$ 加上 3 个高频峰的多峰值。这些早期的特征提取策略目前已被淘汰。

2. 另一类是目前应用较为普遍的波形策略，它是把言语信号的波形以不同的方式传送至电极，又可分为脉冲刺激策略（如谱峰策略、连续间隔采样策略、高级结合编码策略等）和模拟刺激策略（如同步模拟刺激策略）两类。

（1）谱峰策略：谱峰策略（spectral peak，SPEAK）是 20 世纪 90 年代中期推出的耳蜗言语编码策略。通过设计 20 个带通滤波器，使频率范围较以往的特征提取策略得到了扩大；每个运算周期能够提供多达 10 个刺激频道；通过适当的调整可以很大程度上保存言语声的频谱和时间信息。在噪声下的言语识别测试中,这种策略明显优于特征提取策略。目前主要用于澳大利亚 Cochlear 公司的人工耳蜗,例如 Nucleus 植入体具有 22 个蜗内环状电极,能够很好模拟基底膜的频谱特异性,声音处理器不断地检测 22 个分析频带中的输入信号并提取任何 6 个最高能量频率信息的谱峰值进行相应的电极刺激,这就是充分利用频谱位置信号的 SPEAK 言语编码策略。

(2)连续间隔采样策略:连续间隔采样策略(continuous interleaved sampler,CIS)自 1991 年美国 Wilson 提出后,被世界多数耳蜗公司广泛采用并改良使用至今。各个公司应用这个策略虽有细节上的差异,但基本原理相同。CIS 尽量保存语音中原始信息,仅将语音分成 4～8 频段并提取每频段上波形包络信息,再用对数函数进行动态范围压缩,用高频双相脉冲对压缩过的包络进行连续采样,最后将带有语音包络信息的脉冲串间隔地送到对应的电极上,经过这种调制的电脉冲序列被送到相应的电极刺激听神经。在 CIS 策略中,所有电极的脉冲刺激互相不重叠,而且其刺激频率较高,多数耳蜗公司的产品采用 CIS 策略后,各频道的刺激频率从 813～2 400Hz 不等。虽然之后又有更多更高级的编码策略被应用于人工耳蜗,但在实际使用过程中,CIS 及其改良策略仍被沿用。

(3)高级结合编码策略:高级结合编码策略(advanced confined encoding,ACE)来源于早期的 SPEAK,在此基础上又结合了 CIS 高速率的特点,是结合了位置(空间)和时间(速度)两种编码策略,既含有 SPEAK 的频谱信息优势又含有 CIS 的高速度刺激频率优势,ACE 将言语中的对识别有重要意义的频率和时间信息加以编码,具有较大的编码策略的灵活性,以适应不同个体的不同需求,使得最终的言语信息呈现更为丰富。而且 ACE 策略用于刺激的所选包络也由 SPEAK 的 5～10 个扩大到 1～20 个。ACE 策略虽然不依赖于共振峰的提取,但与共振峰对应的频道同样得到了电刺激,辅音的高频信息也有良好体现。所以许多人工耳蜗使用者从 SPEAK 策略转而使用 ACE 策略后,其言语识别率得到进一步的提高。它主要用于澳大利亚 Cochlear 公司的人工耳蜗。此外,近年来人工耳蜗领域的新技术逐渐在分析过程中加入精细结构的处理(主要包括时域和频域两方面)。

例如,MED-EL 的 Pulsar 系统采用的精细结构(fine structure)处理策略;Cochlear 的 Freedom 系统也开始试用一种称作 Hi-ACE 的策略;AB 的电流定向技术实现多达 120 个通道的声音频谱分辨能力,结合精细结构开发了高分辨率的声音处理策略。

(4)同步模拟刺激策略:同步模拟刺激策略(simultaneous analog stimulation,SAS)是当前唯一由 AB 人工耳蜗中采用的编码策略。麦克风收集到声信号,经过自动增益控制后分别送往 8 个带通滤波器,再经滤波器放大后传送至电极刺激听神经。同时 SAS 采用双极耦合模式的电刺激,使电流扩散范围被局限化,有效地避免了各刺激频道之间因同时放电而产生的互相干扰。而且各频道信号幅度的更新速率极快,8 个通道同步输出时可以达到 104kHz,更加有效地保存了声信号在时域上的变化。一些临床使用观察发现 SAS 使用者的言语识别率高于 CIS 使用者。

从最初的单通道人工耳蜗到目前的多通道人工耳蜗,从 CA 编码策略到精细结构编码策略,人工耳蜗技术进步的核心始终集中于更佳的编码策略、更精准的耳蜗刺激。完善人工耳蜗的声信号编码策略,提高声音处理器输出信息的仿真度是获得更好聆听效果的重要途径。人工耳蜗的编码策略技术与人工耳蜗的其他技术协同进步,共同推动着听力障碍患者的听觉改善。

第四节　人工耳蜗植入术

一、适应证的选择

(一)语前聋患者

1. 年龄越小植入效果越好,但麻醉意外、术中失血的风险也相应增加。目前国内植入年龄通常为 1～6 岁,目前不建议 6 月龄以下的患儿植入人工耳蜗,但不包括此年龄段婴儿因脑膜炎致听力下降者,脑膜炎可能导致迷路骨化,建议此种情况在全身情况允许时尽早完成植入。低龄或者超低龄患儿植入时应系统评估全身及颞骨发育情况,6 岁以上儿童或青少年需要有一定的听力言语基础。

2．双耳重度或极重度感音神经性听力损失。

3．监护人和／或植入者本人对人工耳蜗植入有正确的认识和适当的期望值。

4．具备听觉言语康复教育的条件。

（二）语后聋患者

1．各年龄段双耳重度或极重度感音神经性听力损失，助听器不能有效改善听觉言语交流。

2．植入者本人和／或监护人对人工耳蜗植入有正确的认识和适当的期望值。

二、手术禁忌证

1．**绝对禁忌证**　内耳严重畸形（如 Michel 畸形、耳蜗未发育）；听神经缺如或中断；中耳乳突腔存在急性炎症。

2．**相对禁忌证**　癫痫频繁发作不能控制；严重精神、智力、行为或心理障碍，无法配合听觉言语训练。

三、术前评估

术前评估包括详细的病史采集，全身及耳部查体，听力学及影像学检查，言语、语言能力评估，儿童心理、智力评估，康复条件等项目的评估。

（一）病史采集

术前进行详细的病史采集，耳科病史重点了解听力损失的病因和过程，是否有耳痛、耳鸣、眩晕、噪声暴露、耳毒性药物接触史，助听器配戴史及配戴效果；全身疾病、全身急慢性感染史，外伤及手术史；是否有全身或局部的发育畸形及智力发育情况、精神状况等。患儿的病史采集还应包括母亲妊娠史、生产史、儿童生长及言语发育史、家族遗传病史等。同时要了解患者言语 - 语言能力以及改善听力与交流能力的愿望。

（二）耳部及头颅检查

检查乳突区、耳郭、外耳道和鼓膜，观察有无红肿、新生物、分泌物，明确耳部有无畸形、占位及活动性炎症；注意面神经功能，视力及虹膜色素有无异常、毛发有无异常等。同时注意植入区颅骨厚度、头皮厚度、植入区皮肤有无活动性炎症。

（三）听力学及前庭功能检查

1．**检查项目**　纯音测听包括气导和骨导阈值，6 岁及以下儿童可采用行为测听；声导抗；听觉诱发电位包括听性脑干反应（auditory brainstem response，ABR）的气导骨导听阈、40Hz 听觉事件相关电位（auditory event-related potentials，AERP）、听性稳态反应（auditory steady-state response，ASSR）；耳声发射；言语测听包括言语接受阈和言语识别率；助听效果评估；必要时行前庭功能检查。

2．**听力学入选标准**

（1）语前聋：短声 ABR 反应阈值＞90dB nHL，40Hz AERP 1 000Hz 以下反应阈值＞90dB nHL；ASSR 2 000Hz 以上反应阈值＞80dB nHL；DPOAE 双耳未通过；行为听力检查裸耳平均阈值＞80dB HL；助听听阈于 2 000Hz 以上频率＞50dB HL；助听后言语识别率≤70%。

（2）语后聋：双耳纯音气导平均阈值＞80dB HL 的极重度感音神经性听力损失；助听后较佳耳开放短句识别率＜70%。

（3）残余听力：低频听力较好，但 2 000Hz 及以上频率听阈＞80dB HL，配戴助听器不能满足交流需要者，可行人工耳蜗植入。

（四）影像学检查

颞骨 HRCT、颅脑及内耳 MRI 检查，明确中耳乳突有无炎性病变、耳蜗结构有无畸形、纤维化或骨化、半规管和前庭有无畸形、前庭水管有无扩大、内耳道及蜗神经有无畸形、面神经走形有无异常，同时也要注意有无中枢神经系统疾病，颈内动脉颞骨段、乙状窦及颈静脉球部位置以及有无畸形等。

（五）言语 - 语言能力评估

言语 - 语言能力评估包括言语清晰度、理解能力、语法能力、表达能力以及交往能力，适用于有一定语言经验和能力的患者；3 岁以下或无法配合的婴幼儿可使用"亲子游戏"录像观察及问卷调查法进行评估。

（六）儿童心理、智力和学习能力评估

3 岁以上儿童可采用希 - 内学习能力测验（中国聋人常模修订版），3 岁以下可选用格雷费斯心理发育行为测查量表（中国婴幼儿精神发育量表，MDSCI）。对希 - 内学习能力评估智商 <67 分或格雷费斯测验精神发育商 <70 分，可疑精神智力发育迟缓或心理行为表现异常的患儿需专业机构进一步评估。多动症、自闭症及其他精神智力发育障碍患儿，需向家长详细交代术后康复的不确定性，使其建立客观合理期望值。

（七）儿科学或内科学评估

行全面系统的体格检查和相关的辅助检查，了解有无其他器官畸形。特别注意有无神经系统发育和 / 或代谢异常。

（八）家庭和康复条件评估

术前应使患者本人、监护人了解人工耳蜗植入后听觉言语康复训练的重要性，制订科学合理的康复计划。

（九）遗传学评估

大规模耳聋遗传性检测显示，超过一半的耳聋者可以明确分子病因。因此建议所有耳聋者行耳聋基因检测。

四、手术过程

1. **备皮、麻醉与体位**　术区备皮：婴幼儿患者需全头备皮，其他患者术耳耳周至少 5cm 范围备皮。气管插管全身麻醉后，取仰卧位，头转对侧，术耳朝上。充分消毒术区及外耳道，铺手术巾，贴手术保护膜时耳郭向前折起。

2. **切口**　于耳郭后沟后方 0.5cm 处做直切口，长约 3～4cm，成人患者可延长至 4～6cm，完成皮肤切口及颞肌筋膜瓣切口的制作，上下两层切口不重叠（图 29-4-1A、B）。

3. **切除部分乳突气房，开放面隐窝**　切除部分乳突气房，开放面隐窝。面隐窝开放的大小以能充分暴露蜗窗龛及蜗窗膜为准，适当向下、向后扩大面隐窝有利于磨除蜗窗龛骨檐，充分暴露蜗窗膜。

4. **暴露蜗窗膜**　面隐窝开放后，通常可以看到砧骨长脚与砧镫关节，其下方即蜗窗龛。用小金刚钻磨除蜗窗龛骨檐，充分暴露蜗窗膜。

5. **制备移植床**　按照拟植入耳蜗的接收刺激器（R/S）形状磨制移植床，移植床磨制完成后需对术腔进行彻底冲洗，以去除残留的骨屑，且冲洗后的术腔更易于发现是否存在活动性渗血和硬脑膜破裂点。在移植床两侧骨缘打孔，并以 3-0 可吸收缝合线固定 R/S（图 29-4-1C、D）。

6. **植入刺激电极**　对于直电极，推荐使用蜗窗植入法（图 29-4-1E）。对于各型号的弯电极，可采用蜗窗前下开窗或扩大蜗窗入路植入电极（图 29-4-1F）。

7. **关闭术腔**　缝合时确保肌骨膜瓣可将植入体完全覆盖。以 4-0 可吸收缝合线依次缝合肌骨膜层、皮下及皮内。形成上、下两层不重叠的缝合口，严密关闭术腔（图 29-4-1G、H）。

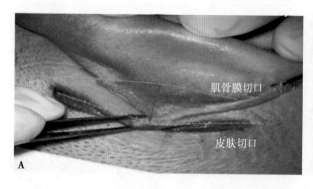
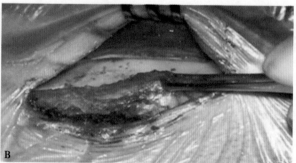

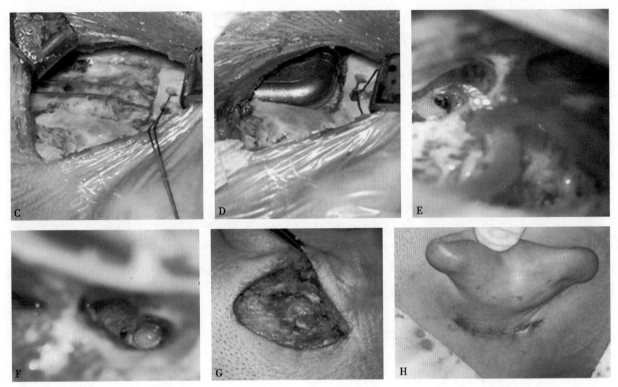

图 29-4-1　人工耳蜗手术过程

五、术后处理

术后抗生素使用 3～5 天，耳部敷料包扎 4～5 天。注意观察面神经功能，每天检查耳后植入区有无肿胀。出院前行颞骨斜前位 X 线检查了解电极植入位置。对于耳蜗畸形患者行颞骨 CT 检查明确电极位置。

六、特殊情况人工耳蜗植入

（一）脑白质病变

脑白质异常可分为两类：第一类是脑白质病（脑白质营养不良），影像学表现为广泛、弥散病变，随访有脑白质病灶发展的可能。患儿主要表现为认知、言语障碍，智力减退，行为改变等，是影响生长发育的重要神经系统疾病，远期预后不佳；第二类是缺氧、感染、外伤、黄疸等造成的脑白质改变，影像学表现为散在的斑片状阴影，并不是真正意义上的脑白质病，且由于其损伤可以在大脑发育过程中代偿，人工耳蜗植入效果多数较好。

如果 MRI 发现有脑白质病变，需进行智力、神经系统体征及 MRI 复查。如果智力、运动发育无倒退，除听力、言语外其他系统功能基本正常，神经系统检查无阳性锥体束征，MRI（DWI 像）脑白质病变区无高信号，超过 6 个月以上的动态观察病变无扩大，可考虑人工耳蜗植入，但需与患儿家属充分沟通。

（二）听神经病（听神经病谱系障碍）

由于内毛细胞、听神经突触和 / 或听神经自身功能不良所导致的听力障碍。由于外毛细胞功能正常，听力学检测有其典型特征：耳声发射（otoacoustic emissions，OAE）和 / 或耳蜗微音电位（cochlear microphonics，CM）正常而 ABR 缺失或严重异常。如果病变部位在耳蜗，人工耳蜗植入效果良好；如果病变部位在听神经或听觉中枢，则植入效果不确定。部分由 OTOF 基因突变所致听神经病，由于病变位于内毛细胞或内毛细胞与听神经形成的突触，而听神经正常，该类患者人工耳蜗植入效果良好。

（三）双侧人工耳蜗植入

双侧植入可以有效改善声源定位能力、安静和噪声环境下的言语理解能力，有助于获得更自然的声音感受，促进听觉言语和音乐欣赏能力的发展。双侧同时植入避免了两次手术和全身麻醉的创伤，降低了医疗成本。对于幼儿来说，双侧大脑皮质同时接受信号刺激，皮质活动模式发展接近正常，建议双侧植入患者其植入间期不超过 1 年。要特别注意人工耳蜗植入体内后严禁使用单极电凝。

（四）具有残余听力

高频陡降型听力损失者是保留残余听力的电极植入方式的适应证，术后可以选择声电联合刺激模式，但术前须告知患者和 / 或监护人术后残余听力有下降或丧失的风险。

（五）内耳畸形

大前庭水管综合征及 Mondini 畸形患者的人工耳蜗植入术后效果是肯定的，共同腔畸形、耳蜗发育不全、耳蜗不完全分隔、内耳道狭窄等多数内耳畸形患者可施行人工耳蜗植入，但术前应认真研究，选择合适电极或定制电极、术中谨慎操作，建议使用面神经监测和术中 CT 扫描。

（六）合并慢性中耳炎、中耳胆脂瘤

慢性中耳炎伴有鼓膜穿孔者，或局限性中耳胆脂瘤，炎症得到控制情况下，可选择一期或分期手术；若炎症未控制或胆脂瘤范围广，则采用分期手术。一期手术是指在根治中耳乳突病灶、鼓膜修补（或自体组织填塞乳突腔和外耳道封闭）的同时行人工耳蜗植入；分期手术是指先行病灶清除、修复鼓膜穿孔或封闭外耳道，3～6 个月后再行人工耳蜗植入。

第五节　人工耳蜗调试

一、术后开机调试时间安排

术后开机指听力学专业人员为人工耳蜗术后患者安装人工耳蜗体外设备并对人工耳蜗系统进行调试。开机时间一般为术后 1 个月左右。开机后的 1 个月内，每 2～4 周调试一次，共 2～4 次。之后可根据患者的情况，改为每 1～2 个月调试 1 次，共 1～2 次。随后为每 3 个月调试一次，共 2～3 次。最后患者应每半年至 1 年到专业机构随诊一次。

二、术后开机调试内容

（一）电极阻抗测试

电极阻抗测试主要用于测试植入患者耳蜗内的电极功能是否正常。电极阻抗的变化规律与电极周围环境有关，术中由于刚刚植入电极，尚无炎性反应及纤维组织包绕，所以术中电阻值最低；术后 1 个月时机体对电极产生排异，电极周围有气泡或蛋白质沉积，引起整体电阻值升高，随后逐渐下降，并趋于稳定。对于电极阻抗值异常的电极及可引起非听性反应的电极均应关闭。

（二）神经反应遥测

神经反应遥测（neural response telemetry，NRT）是一种能记录人工耳蜗植入电极的电诱发听神经复合动作电位（electrically evoked auditory nerve compound action potential，ECAP）技术，由于 NRT 阈值与心理物理测试的主观阈值和最大舒适阈有较好的相关性，ECAP 波形来源于外周听神经，属近场电位记录，不受脑电和肌电干扰，儿童可在睡觉或玩耍中测试，在儿童术后声音处理器调试中具有重要的价值。但在 NRT 检测中也发现有些儿童已出现明显的听性反应，而未记录到 ECAP 波形，这就要求家长应加大听觉训练，培训儿童多做听 - 放练习，尽快应用游戏测听时的主观反应准确确定阈值和最大舒适阈。患耳最初接受的人工耳蜗电刺激信号时，其电听觉动态范围很窄；当装置开启数周至数月后，患耳的电听觉动态范围增加，故在此期间应不断调试输出信号的范围。

（三）阈值、舒适阈的测试

1. **概念**　阈值为患者每次均可听到的最小的电流刺激强度。舒适阈为患者不产生不适响度感觉的最大电流刺激强度。

2. **测试内容及方法**

（1）阈值测试：阈值测试可根据患者的年龄来选择相应的方法。成人可采用与纯音测听相同的方法，

如听到声音举手等。儿童则采用与儿童行为测听相同的方法。虽然客观测试如神经反应遥测技术及电刺激听觉诱发电位等可应用于术后调试工作中，但现有的技术只能大致估算患者的电刺激信号强度，不能进行精确的计算。对于大多数儿童而言，确定患儿阈值的最行之有效的方法是行为测试。视觉强化测听可在 5 月龄以上儿童测试时尝试使用，游戏测听可在 2 岁以上儿童测试时尝试使用。一旦在某个特定的电刺激强度观察到患儿明确的反应，调试人员就可使用这一刺激强度进行患儿的听觉条件化训练，用来帮助患儿进行下一步的测试。患儿行为出现的变化表示他 / 她已察觉到电刺激信号，这些变化包括面部表情变化、瞬间停止活动、触摸传输线圈等。患儿条件化建立后，可逐渐降低刺激信号强度，直至得到能使儿童产生反应的最低刺激强度。

（2）舒适阈测试：舒适阈测试时同样应根据患者的年龄来选择相应的方法。成人可使用语言表达或指图的方法。儿童患者则采用语言表达、指图或行为观察的方法。在最初的调试过程中，为了减少患者因声音太大造成的拒绝使用人工耳蜗设备的风险，舒适阈可设置在阈上较小的强度范围。在随后的数周或数月内，随着患者不断地接受和使用设备，可根据患者的反应逐渐地增加舒适阈的强度。对儿童人工耳蜗植入者来说，由于他们不能表达所能忍受的某一特定强度的刺激，确定舒适阈的强度是一项非常复杂的工作。对于成人人工耳蜗植入患者，舒适阈是按照患者的主观感觉进行设置的。

需要指出的是阈值和舒适阈没有特定的值，也没有正常值范围，不同的患者阈值和舒适阈的值是不同的。最大舒适阈与引起听觉的阈值之间的范围为动态范围（dynamic range，DR）。虽然阈值和最大舒适阈都是主观的心理物理测试，但从客观角度也反映出患儿对声刺激的适应程度。随着调机时间的增加，动态范围呈逐渐增加的趋势。

（四）发生故障电极的处理

1. **电极损坏**　由于人工耳蜗植入术中的机械损伤造成的电极故障较少出现。但是这种现象一旦发生，可导致许多复杂的问题，因此调试人员调试时应及时识别出故障电极，并将它们关闭。

2. **断路**　当连接某一电极的导线出现故障时，就会发生断路现象。由于刺激断路电极时不能产生任何反应，因此检测此类故障较为简单。调试时需将断路电极关闭。

3. **刺激电极间短路**　当电极表面的绝缘层破损而电极导线本身完好无损时，两个刺激电极间可能发生短路现象。尽管可使用这些短路的电极进行刺激，但是短路会造成异常的电流分布，从而影响刺激强度。调试时需将短路电极关闭。

4. **刺激电极和非刺激电极间短路**　刺激电极和非刺激电极间同样可以发生短路现象。这种现象常发生在电极序列末端与接受刺激器相连的部位。当发生这种情况时，这些电极可存在音调和响度的改变。此外，由于电流流向蜗外或非刺激电极，可能会引起其他感觉。调试时需将短路电极关闭。

电极短路和断路大多在术后首次调试时就会发生。但由于短路或断路所造成的影响有时是断断续续呈现的，因此不易发现。当确认有异常电极存在时，应将异常电极关闭。

5. **非听性反应**　电刺激某些电极，偶尔会产生一些非听性反应，如痛觉、眼肌抽搐等，出现这些问题的电极应关闭。

（五）创建患者电听力图

当部分或全部电极的阈值和舒适阈确定下来后，可为声音处理器编程。控制言语编码信息的相关参数被称之为电听力图。这些参数被存储在声音处理器内，并在患者使用过程中控制声音处理器的功能。创建电听力图后，需让患者试听，并根据患者的反应进一步调整电听力图。

（六）随访

患者开机后的一段时间内，应定期进行调试。首先，为避免患者因声音不适而拒绝使用人工耳蜗设备的现象发生，开机时舒适阈的设置较为保守，在随后的调试过程中应结合患者的反应进行进一步的调整。另外，由于术后电极周围可形成纤维组织，会影响电流的流动，从而导致阈值和舒适阈的改变，所以患者应定期到专业机构进行调试。即使是长期的使用者，电听力图也会发生波动现象。因此患者仍需要定期进行调整，调试的时间间隔可根据患者的情况相应延长。

第六节　人工耳蜗效果评估和随访

随着听力诊断技术的不断提高,人工耳蜗技术和康复手段不断进步,大多数听力障碍患者在干预后可获得较好的康复效果。目前常用的评估方法除听力测试外,还包括问卷评估和言语测听等。听力测试为多年来康复效果评估的最基本方法之一。问卷评估是通过询问家长、监护人或患者本人而获得的听力障碍患者相关能力方面的信息,适用于不能配合临床测试的儿童,尤其是那些年龄小、康复初期、多重残疾儿童等。由于问卷评估所获得的信息是关于听力障碍患者在日常生活中的行为表现,因此还可作为临床测试的有益补充,从而使问卷评估成为目前临床上常用的贯穿于整个康复过程始终的听力障碍患者康复效果的评估方法。言语测听是临床上常用的听觉能力评估方法,经过多年来国内同行的共同努力,已开发出多项适用于听力障碍患者的言语测听材料。由于言语测听需要患者的配合,因此需要患者具备一定的生理年龄、听力年龄、听觉言语能力等。使用时应结合患者的实际情况对测试材料、给声方式、反应方式进行选择。需要强调的是,上述三类测试方法构成了由易到难层级式的评估方案。在患者各阶段康复效果评估中,应结合患者的实际能力按照由易到难的顺序选择相应层级的测试。在某一层级测试得分接近但未达到天花板效应或患者的能力达到下一层级测试要求时,应适时加入下一层级即难度较大的测试,以期得到下一层级的基础资料,为以后的评估和随访提供基线参考。

一、婴幼儿康复效果评估

(一)听力测试

1. **助听听阈**　助听听阈是指在声场条件下助听患儿的听阈,是评估聋儿助听效果的方法之一。测试方法与儿童行为听力测试基本相同。根据听力障碍患儿的年龄等选用不同的测试方法。测试方法包括行为观察测听(behavioral observation audiometry,BOA)、视觉强化测试(visual reinforcement audiometry,VRA)、游戏测听(play audiometry,PA)。

2. **皮质听觉诱发电位**　皮质听觉诱发电位(cortical auditory evoked potential,CAEP)是指大脑对声音信号进行感觉、认知、记忆过程中所产生的电位。CAEP 可被言语声诱发,因此与言语感知的相关性更好;反映的听觉传导通路更完整,可深达听皮质;每个刺激声持续时间较长,足以刺激听觉辅助装置的线路;刺激声从言语声中提取,经滤波后频率响应较好,能反映各频段听力情况。CAEP 可在醒着的受试者中可靠记录。CAEP 的 P1 波可用于人工耳蜗植入儿童中枢听觉系统发育程度的评估。

3. **电诱发的镫骨肌反射**　如果电诱发的镫骨肌反射(electrically evoked stapedius reflex,ESR)能够引出表明脑干以下的听觉通路传导通畅、植入装置工作正常;若 ESR 不能引出则不能说植入者听神经功能不良或植入装置工作不正常,ESR 的引出率是 70% 左右。ESR 检测对测试环境的要求较低,所记录波形不受电刺激干扰。中耳功能异常或镫骨肌反射弧异常会影响 ESR 的检测结果。有学者认为镫骨肌反射阈值(electrically evoked stapedius reflex threshold,ESRT)与心理物理量 T 值(阈值)及 C 值(舒适阈)存在一定的关系,ESRT 总是低于 C 值,所以对无法用心理物理方法获得 C 值的人工耳蜗植入患者,将ESRT 设定为 C 值是比较安全的方法。但在开机后仍要密切观察,以避免过度刺激。

4. **EABR**　EABR 各波的起源与 ABR 各波基本相同,成功的 EABR 检测可以准确、客观地反映听神经及脑干听觉传导通路的功能状态。有作者认为主观阈值与 EABR 阈值存在显著相关性,因此可应用EABR 阈值协助判断主观阈值;但由于电刺激伪迹的干扰,实际操作中 EABR 的 I 波常无法记录到,在预测主观听阈方面 ECAP 优于 EABR。

5. **听觉认知电位**　听觉认知电位(auditory cognitive potential,ACP)是受试者对特定刺激信号进行感知、记忆和判断时由皮质产生的脑电反应。应用较多的是听觉相关电位 P300(主要成分是潜伏期 300ms的正波)和失匹配负波(mismatch negativity,MMN),常用幅值和潜伏期来做指标。MMN 反映听皮质对声刺激的细微差异的反应。ACP 可用于评价皮质发育和功能,ACP 存在表明大脑对言语有反应性和分辨能力,同时还可了解两侧大脑半球听力和言语功能。ACP 可由言语声诱发,所以可用于言语感知的评价：言语识别得分越高，ACP 的幅度越高；言语接受阈越高，ACP 的检出率就越高。耳蜗植入效果良好者 P300 和 MMN 的潜伏期和幅值接近于听力正常者，效果差者潜伏期长、幅值低。ACP 也可评价人工耳蜗装置的设计、制作及信号处理的合理性。

6. 神经反应遥测技术　神经反应遥测技术（neural response telemetry，NRT）通过测试电极的阻抗，可判断蜗内电极有无开路或短路等破损情况。靠近蜗尖的电极的阻抗值高，而靠近蜗底的电极的阻抗值低，术中电极处于耳蜗淋巴液中，与周围组织的相容性好，所以阻抗较低。反复多次插拔和弯折有可能造成电极的开路或短路，个别电极出现短路或开路可通过术后映射调图来弥补。但个别电极的阻抗值异常偏高也并非都是电极故障，外淋巴液枯竭状态、气泡附着在电极上、切口组织干涸与蜗外电极的接触不良也可导致阻抗值异常偏高。应用 NRT 技术可直接测量电诱发复合动作电位（electrically evoked compound action potential，ECAP），可反映听神经纤维受到电刺激后的功能状态，可用于人工耳蜗植入术术中检测是否已成功植入。但 ECAP 较难判断脑干听觉中枢的功能状态，有学者认为 ECAP 对听觉传导功能判断存在一定的局限性。蜗尖部电极和蜗底部电极间、蜗尖部和耳蜗中间部分的 ECAP 阈值间存在显著差别，推测可能是由于蜗尖部存活的听神经纤维相对较多的缘故。ECAP 可用于检测人工耳蜗电极的状况和听觉传导通路的功能状态，同时对术后开机映射调试也起着重要作用。映射图（map）的主观阈值 T 值和 C 值的测定多采用主观心理物理测试方法，对于配合良好的植入者，够迅速准确完成测试；但对于缺乏主观判断能力的年幼儿童或无法配合者，C 值的测试很难进行，因此需要用客观听力学检测来协助 C 值的设定。相对于电诱发听性脑干反应（electrically evoked auditory brainstem responses，EABR），ECAP 有以下优点：①设备简单，ECAP 不需要体外电极记录；②测试速度快，ECAP 近场神经测试技术，记录的信号强，较之于 EABR，其信噪比大，只需 100～200 次叠加即可得到较满意的波形；③抗干扰能力强，受肌肉动作电位的影响很小，几乎不受脑电的影响，年幼的儿童不需要镇静即可以进行测试。ECAP 阈值和行为反应的比较显示 ECAP 阈值和行为反应阈值间存在显著的相关性，并且 ECAP 阈值的测试方便简单而又可靠，所以多采用 ECAP 来估计行为反应阈值。

（二）问卷评估

1. 婴幼儿有意义听觉整合量表　有意义听觉整合量表（Meaningful Auditory Integration Scale，MAIS）是由美国印第安纳医学院提出，用于评估 3 岁以上听力损失儿童在实际交流环境中听觉能力的量表。婴幼儿有意义听觉整合量表（Infant Toddler Meaningful Auditory Integration Scale，ITMAIS）是对 MAIS 进行修正后获得的，适用于评估 3 岁以内听力损失婴幼儿的听觉能力（表 29-6-1）。当前 ITMAIS/MAIS 已被广泛应用于临床，作为评估患儿接受人工耳蜗植入后听觉能力发展的重要手段。IT-MAIS 共 10 道题，包含"发声情况""对声音的察觉能力"和"对声音的理解能力"3 个维度。ITMAIS 每道题根据听觉行为出现的概率打分，"从未出现"计 0 分，"25% 的概率出现"计 1 分，"50% 的概率出现"计 2 分，"75% 的概率出现"计 3 分，"100% 的概率出现"计 4 分，分数越高听觉能力越强，满分为 40 分。问卷测试需采用访谈方式，由评估人员逐题向家长解释题意，同时要求家长举出具体的事例以帮助评分更准确。

表 29-6-1　婴幼儿有意义听觉整合量表

问题序号	评估方向	问题
1	发声情况	当孩子配戴助听装置时，他 / 她的发声有无变化？
2		孩子能否说出可被认定为"言语"的完整音节和连续音节？
3	对声音的察觉能力	只依靠听觉（没有视觉线索），孩子能否在安静环境中对他 / 她的名字做出自发的反应？
4		只依靠听觉（没有视觉线索），孩子能否在噪声环境中对他 / 她的名字做出自发的反应？
5		在家里，孩子能不需要提示而对环境的声音（狗叫声、玩具发出的声音）做出自发的反应？
6		在新的环境中，孩子能否对环境声做出自发的反应？
7	对声音的理解能力	只依靠听觉，孩子能否自发地区分出日常生活中的各种声音？
8		只依靠听觉，孩子能否自发地区分出两个人的说话声？
9		只依靠听觉，孩子能否自发地区分出言语声与非言语声？
10		只依靠听觉，孩子能否自发地根据语调（愤怒、兴奋、焦虑）感知语义？

2. **有意义使用言语量表** 有意义使用言语量表（Meaningful Use Of Speech Scale，MUSS）由 Robbins 等在 1992 年设计完成，主要用于听力障碍儿童言语产出能力的评估。MUSS 问卷包含 10 个问题（表 29-6-2），评估内容包括发声交流情况、言语交流能力和言语交流技巧等三方面。MUSS 每道题根据言语行为出现的概率打分，"从未出现"计 0 分，"<50% 的概率出现"计 1 分，"50% 的概率出现"计 2 分，"75% 的概率出现"计 3 分，"100% 的概率出现"计 4 分，分数越高表示言语能力越强，满分为 40 分。问卷测试需采用访谈方式，由评估人员逐题向家长解释题意，同时要求家长举出具体的事例以帮助评分更准确。

表 29-6-2 有意义使用言语量表

题号	问题
1	儿童如何用发声吸引他人的注意力？
2	儿童在相互交流过程中的发声情况如何？
3	发声随交流内容和信息的变化情况如何？
4	当孩子与父母或兄弟姐妹谈论熟悉的话题时，他 / 她能否自发的只应用言语方式交流？
5	当孩子与父母或兄弟姐妹谈论较为陌生的话题时，他 / 她能否自发的只应用言语方式交流？
6	在社交活动中，孩子是否愿意自发的使用言语交流方式与健听人交流？
7	当孩子因需要获得某样东西而必须与陌生人交流时，他 / 她能否自发的使用言语方式交流？
8	孩子的言语能否被陌生人所理解？
9	当孩子的言语不能被熟悉的人所理解时，他 / 她能否自发的使用口头纠正和澄清方式对其进行解释？
10	当孩子的言语不能被陌生人所理解时，他 / 她能否自发的使用口头纠正和澄清方式对其进行解释？

3. **听觉能力分级** 听觉能力分级（categories of auditory performance，CAP）量表反映患儿日常生活环境中的听觉水平。CAP 将患儿的听觉能力分为 10 个等级，得分为 0～9 分。其中 0 分为不能觉察环境声或说话声；1 分为可觉察环境声；2 分为可对言语声做出反应；3 分为可鉴别环境声；4 分为无须借助唇读可分辨言语声；5 分为无须借助唇读可理解常用短语；6 分为无须借助唇读可理解交谈内容；7 分为可以和认识的人打电话；8 分为在有回声或干扰噪声的房间（如教室或餐厅）里可与一组人员交谈；9 分为在不知话题时可以和陌生人打电话。按由低到高的等级逐一询问量表中的问题，家长根据患儿在日常生活中的反应做出详细的描述，按家长的回答进行评分。得分越高，患儿听觉能力越好。

4. **言语可懂度分级** 言语可懂度分级（speech intelligibility rating，SIR）量表是用于评价儿童日常生活中言语能力的问卷。SIR 将患儿的言语可懂度分为 5 个等级，得分为 1～5 分。其中 1 分为连贯的言语无法被听懂，口语中的词汇不能被识别，患者日常交流的主要方式为手势；2 分为连贯的言语无法被听懂，当结合谈话情境和唇读线索时，可听懂言语中的单个词汇；3 分为连贯的言语可被某一位聆听者听懂，但需聆听者了解谈话主题，集中注意力并结合唇读；4 分为连贯的言语可被某一位聆听者听懂，如果聆听者不熟悉听力障碍者言语，不需费力倾听；5 分为连贯的言语可被所有聆听者听懂，在日常语境中孩子的语言很容易被理解。按由低到高的等级逐一询问量表中的问题，家长根据患儿在日常生活中的反应做出详细的描述，按家长的回答进行评分。得分越高，患儿言语清晰度越佳。

5. **小龄儿童听觉发展问卷** 小龄儿童听觉发展问卷是建立在对婴幼儿听觉行为发展研究基础之上，内容涉及听觉接收、听觉理解以及言语产生三个领域，并包含足够的、可观察到的细节来显示婴幼儿发展进程中的差异。问卷共包括 35 个问题，包括"接受性听觉行为""语义性听觉行为"和"表达性语言行为"3 个维度，考察儿童对各种声音（环境声、语言声、音乐声）的察觉、定向、区分、理解能力及咿呀学语、模仿等前语言行为。该问卷适用于评估听觉年龄为 2 岁以内的儿童。每个问题选择"是"或"否"（按 1、0 计分）。该问卷由家长自行填写，使用简单、方便、耗时短，且国内于 2009 年开发了中文版并建立了中国健康听力儿童常模。

6. **汉语普通话沟通发展量表** 汉语普通话沟通发展量表（Chinese Communicative Development Inventory，

CCDI）包括"婴儿沟通发展问卷——词汇及手势"和"幼儿沟通发展问卷——词汇及句子"两个部分。"婴儿沟通发展问卷——词汇及手势"中共含有 411 个词，包含了婴儿日常经常听到或用到的绝大多数词汇。按照词性和用途将其分为 20 类。由家长填写其子女对每一个词汇属于"不懂""听懂"还是"会说"。此外，还含有测试儿童对一些短语的理解、动作手势运用等。"幼儿沟通发展问卷——词汇及句子"中共含有 799 个词，包含了幼儿期经常用到的绝大部分词汇，按照词形和用途将其分为 24 类。由家长填写其子女对每一个词汇属于"不会说"还是"会说"。此外，还含有了组词、句子复杂程度、儿童表达的句子平均长度等。婴儿表格适用于 8～16 月龄儿童，幼儿表格适用于 16～30 月龄儿童。

7. **音乐能力问卷** 人工耳蜗植入儿童音乐能力评估量表专业版（Musical Ears Evaluation Form For Professionals，Musical Ears）是用于评估助听后儿童音乐能力的问卷，是在英文版基础上汉化得来的。该量表包括三部分内容：第一部分为唱歌能力的评估，第二部分为识别歌曲、曲调和音色能力的评估，第三部分为对音乐和节奏做出反应能力的评估。量表共 36 个问题，满分为 72 分。每部分各 12 个问题，满分为 24 分。每个问题为 0～2 分，0 分为孩子从未有过这种行为；1 分为孩子有时会有这种行为；2 分为孩子经常会有这种行为。得分越高，表明儿童的音乐能力越强。

（三）言语测听

1. **林氏六音** 林氏六音，又名"Ling 六音"，是由听觉口语康复大师 Daniel Ling 设计，用于临床康复实践的一种简便易行的方法，应用这一测试方法能够快速而有效地检查儿童能否察觉到言语频率范围内的声音，是听力障碍患儿的家长、老师和听力医师必须掌握的一项技能。林氏六音按照频率从低到高排序为 /m/、/u/、/a/、/i/、/sh/、/s/，测试音选自美式英语音位列表。其中，/m/、/u/ 是低频音，/a/、/i/ 是中频音，/sh/、/s/ 是高频音。林氏六音不仅可以用于评估，还可以用于日常的康复训练。林氏六音测试包括察觉和识别两种情况。察觉是指感知声音的有无，其测试形式通常是听声放物；识别是指能将声音与物体对应起来，其测试形式通常是模仿发音或指认六音。现国内对普通话六音与原林氏六音频率进行对比发现有一定差异，提出普通话七音测试 /m/、/u/、/a/、/i/、/sh/、/x/、/s/，参考频率如表 29-6-3 所示。

表 29-6-3 普通话七音参考频率范围

测试音	第一共振峰 /Hz	第二共振峰 /Hz	谱峰 /Hz
m[m]	—	—	200～300
u[u]	360	740	—
a[a]	900	1 400	—
i[i]	300	2 500	—
sh[ʂ]	—	—	4 000～6 000
x[ɕ]	—	—	6 000～8 000
s[s]	—	—	8 000～11 000

孙雯等在林氏六音的基础上，根据普通话特征，重新提出了"普通话七音"的概念，目前得到了学界的承认。

2. **普通话早期言语感知测试** 普通话早期言语感知测试（mandarin early speech perception test，MESP）是在英语早期言语感知测试（early speech perception test，ESP）的基础上发展的一种闭合式的言语感知测试方法，但 MESP 是根据 ESP 研发的基本原则、结合汉语普通话及中国幼儿语言文化的特点研发而来的。受试者为生理年龄至少达到 2 岁并能完成听声指图和看图说话指令的幼儿。MESP 测试包括 6 项亚测试，分别为言语觉察、节律分辨、扬扬格词分辨、韵母分辨、声母分辨、声调分辨。在正式测试前，可先让受试者进行练习，旨在让其熟悉和理解测试方法。MESP 有单独的练习词表，得分不计入 MESP 最终得分。MESP 第 1～6 项亚测试的测试难度逐渐增加。测试使用 MAPP 软件根据受试者各亚测试得分自动判断完成某项亚测试后下一步测试应如何进行。在进行第 2～6 项亚测试前，需先大致了解受试者的词汇量，排除因词汇问题导致的听辨错误，便于测试软件计算真正的言语分辨率。MESP 测试的最终结果是受试者的早期言语听能水平处于第 1~6 项亚测试中的哪一级。这一测试结果由受试者各项亚测试的言语分辨率决定。当某一项亚测试完成后,软件会自动对该项分测试结果进行计分,计算出该亚测试的言语分辨率,即受试儿童能正确分辨该项亚测试所有词语的百分比。对于第 2~6 项亚测试来说,显著高于猜对概率的标准是言语分辨力得分须分别大于 54.5%、30.3%、63.6%、63.6%、63.8%,即当测试词语都在受试儿童的词汇范围内时,受试儿童在第 2~6 项亚测试中正确分辨的词语数目必须大于或等于 7 个、4 个、8 个、8 个、31 个才能认为达到了与该亚测试相应的言语分辨水平。如果受试儿童的实际得分达到或超过了阈值分数,就认为其成功地达到了该亚测试所代表的言语分辨能力水平,可以进行下一项分测试。

3. 普通话儿童言语能力测试 普通话儿童言语能力测试(mandarin pediatric speech intelligibility test,MPSI)是根据英语(pediatric speech intelligibility test,PSI)的研发原理,结合普通话和中国儿童语言文化特点共同研发而成的、适用于听觉年龄为 3~6 岁的儿童在安静和噪声环境下聆听简单短句时的言语分辨能力测试。MPSI 测试材料包含 2 个练习句子、12 个目标句子(由 6~7 个单词组成)和 12 个竞争句子(由 8 个单词组成)。目标句子与竞争句子随机组合,避免由于固定组合而导致受试儿童通过发现竞争句子中的言语线索找出与其固定配对的目标句子,降低了当信噪比较低(尤其是竞争句子的声音强度大于目标句子的声音强度)时对结果分析的影响。MPSI 测试材料将目标句子分为两组,每组包含 6 个目标句子(3 个主语)。测试至少需要受试儿童的生理年龄达到 3 岁或在 MESP 测试中能够达到第 3 项亚测试水平(即能够较好地识别扬扬格词)。练习测试用于让受试儿童熟悉和理解测试,配有专门的测试用图片,受试者练习听见电脑软件发出的目标句子后找出对应的图片。该部分结果不计入 MPSI 测试的最终得分。当受试儿童能顺利完成练习测试内容之后则可以开始正式测试。评估受试儿童的词汇在正式测试开始之前,首先测试者应通过引导或直接教授等方式帮助并确认受试儿童认识每个目标句子中的关键词汇(如主语和宾语)。受试儿童第一次进行此项测试时,一般应从安静条件开始,再依次进行 +10dB SNR、+5dB SNR 等。正式测试阶段的测试步骤如下,首先在安静条件下进行听声指图测试,当测试完成后电脑将受试儿童的得分与软件内设定的标准进行对比,如果等于或大于该标准,则电脑会自动进入 +10dB SNR(安静条件测试后进入的起始信噪比条件可以通过 MAPP 软件进行选择)。在该测试条件下的测试完成后电脑又会将其得分与软件内设定的标准进行对比确定是否可以进入下一个测试条件(即 +5dB SNR)。以此类推,直到电脑发现受试儿童得分小于软件内设定的标准,则电脑会自动停止测试并显示受试儿童目前所达到的能够正确分辨短句的最终信噪比水平。MPSI 的测试结果是判断受试者目前在噪声中的听声能力位于哪一级信噪比水平,如受试儿童最后一次超过软件内设定标准的得分是在 +5dB SNR 测试条件下获得的,则其目前在噪声中听声能力位于 +5dB SNR 水平,即他只有当目标语句的强度大于背景噪声强度 5dB 时才能够听懂目标语句。

(四)录像分析法

前语言期是指从出生到第一个真正意义上的词产生的时期,通常为 10~14 月龄。这一时期的婴幼儿具有发音、感知、交际三方面的能力。研究证实前语言能力可以作为一种早期预测助听后儿童康复效果好坏的评估方法。录像分析法(video recording)是一种用于记录和评估前语言交流能力的方法,它将前语言交流能力分为轮流交流、主动交流、听觉注意和视觉交流等。

每次录像采集时间为 5~10min。选取其中最具代表性的 2min 录像片段作为分析材料。拍摄时选在光线充足的安静环境中,避免光线直射孩子面部,镜头主要给予患儿全镜头,参与测试的监护人也应出现在镜头范围内。患儿与监护人尽量平行而坐,对于无法自己独坐的患儿(如年龄在 6 月龄以内或自己独坐哭闹的儿童),可让家长将患儿抱于胸前,但患儿和家长的面部要面向镜头。拍摄内容包括面部表情、语言、手势或肢体动作。监护人使用语言与患儿进行交流,尽量不给患儿肢体动作提示。交流时每句话后要有少许停顿,以便于患儿有时间使用前语言交流技巧对监护人的每一句话做出反应。

前语言交流能力评估指标包括轮流交流、主动交流、视觉交流及听觉注意四项。

1)轮流交流(turn-taking):将家长或老师讲话后的停顿,或是患儿打断家长或老师的谈话,视为"一轮"。轮流交流可以是有声回应(vocal turn-taking,简称轮流交流 V),也可以是肢体回应(gestural turn-taking，简称轮流交流 G），若两种反应均没有，则记为无反应（no response，NR）。以所分析录像资料中的总轮数作分母，分别计算上述各种回应方式的轮数占总轮数的百分比。

2）主动交流（autonomy）：如果患儿在交流时所提供的信息不能从家长或老师的谈话中预测，即交流是由患儿主动发起的，那么此轮可称为"主动交流"。主动交流可为有声回应（vocal autonomy，简称主动交流 V）或肢体回应（gestural autonomy，简称主动交流 G），若两种反应均没有，则记为无反应（no response，NR）。以所分析录像资料中的总轮数作分母，分别计算上述各种回应方式的轮数占总轮数的百分比。

3）视觉交流（eye contact）：在监护人说话时，患儿目光适时地注视着监护人，称为"视觉交流"。以录像资料中监护人讲话的总字数作分母，患儿表现为视觉交流的字数做分子。视觉交流能力以计算所得的百分比表示。

4）听觉注意（auditory awareness）：若患儿在一轮对话中出现了有声回应而未表现出视觉交流，则这一轮出现了"听觉注意"。以"无视觉交流的有声回应"（non-looking vocal turn，NLVT）作为评估指标。以所分析录像资料中的总轮数作分母，计算无视觉交流的有声回应方式占总轮数的百分比。

二、学龄前儿童康复效果评估

1. 听力评估　参见"婴幼儿康复效果评估"。

2. 问卷评估

（1）有意义听觉整合量表：Robbins 等在 1991 年设计完成了有意义听觉整合量表（Meaningful Auditory Integration Scale，MAIS），主要用于 3 岁以上听力障碍儿童听觉能力的评估。评估内容包括设备使用情况、对声音的觉察能力和对声音的理解能力三方面。量表共包含 10 个问题（表 29-6-4）。评估由经过培训的听力学专业人员对患儿家长或监护人采用访谈方式进行。评估前由评估人员对患儿家长或监护人进行必要的指导。评估人员逐一询问量表中的 10 个问题，由家长或监护人对患儿在日常生活中自发性的听觉反应做出详细的描述并鼓励家长或监护人提供尽量多的例子，并由评估人员将家长或监护人对每一个问题的回答进行详细记录。评估人员根据患儿每个问题中所询问的听觉行为的发生频率进行评分。每个问题得分为 0～4 分五个级别：0 分为该情况从不发生（0%）；1 分为该情况很少发生（25%）；2 分为该情况偶尔发生（50%）；3 分为该情况经常发生（75%）；4 分为该情况总是发生（100%）。量表满分为 40 分。得分越高，表示患儿听觉能力越好。

表 29-6-4　有意义听觉整合量表

题号	问题
1a	孩子是否愿意整天（醒着的时候）配戴助听装置？（<5 岁）
1b	未被要求时，孩子是否主动要求配戴助听装置？（>5 岁）
2	如果助听装置因为某种原因不工作了，孩子是够会表现出沮丧或不高兴？
3	孩子能否在安静环境中，只依靠听觉（没有视觉线索）对叫他/她的名字做出自发的反应？
4	孩子能否在噪声环境中，只依靠听觉（没有视觉线索）对叫他/她的名字做出自发的反应？
5	在家里孩子能否不需要提示而对环境声（狗叫声、玩具发出的声音等）做出自发的反应？
6	在新环境中孩子能否对环境声做出自发的反应？
7	孩子能否自发地认识到听觉信息是他/她日常生活中的一部分？
8	只依靠听觉（没有视觉线索）的情况下，孩子能否自发地区分出两个人的说话声？
9	只依靠听觉，孩子能否自发地区分出言语声与非言语声的差别？
10	孩子能否只依靠听觉而自发地感知语气（愤怒、兴奋、焦虑）？

（2）MUSS、CAP、SIR、CCDI、Musical Ears：参见"婴幼儿康复效果评估"。

3. 言语测听　林氏六音和 MESP，参见"婴幼儿康复效果评估"。

（1）听力障碍儿童听觉语言能力评估

1）听力障碍儿童听觉能力评估工具：孙喜斌等研发的听力障碍儿童听觉能力评估词表包括自然声响识别、语音识别（分为韵母识别和声母识别）、数字识别、声调识别、单音节词识别、双音节词识别、三音节词识别、短句识别和选择性听取9项测试内容。给声方式可为口声或由计算机导航 - 听觉言语评估系统播放录音。测试在安静条件下进行。所有测试声 / 词 / 句均有对应的图片，患儿采用听声识图或听说复述的反应方式进行测试。

2）听力障碍儿童语言能力评估工具：听力障碍儿童语言能力评估包括语音清晰度、听话识图、模仿句长、看图说话、主题对话5个分测验。语言能力评估题库依据汉语语言的结构及使用规律编制。评估工具参照健康听力儿童在各年龄段的语言发育指标，将语言年龄（即健康听力儿童的实际年龄）作为评估标准。通过评估获得听力障碍儿童的语言年龄，并以此衡量其语言理解能力、表达能力、语法能力、发音水平及语言的使用能力等。

（2）汉语儿童噪声下言语识图测试（mandarin pediatric picture identification test in noise，MAPPID-N）：MAPPID-N软件由中国科学院声学所、解放军总医院和香港教育学院修订。它包含一组从1～10共10个阿拉伯数字的辨识测试、3组双音节词（每组8个备选项）辨识测试、6组单音节声调（每组4个备选项）辨识测试。言语声及噪声的声强、方位及信噪比均可由软件控制和播放。所有测试词均有对应的图片。每组测试所对应的图片呈现在电脑触摸屏上，患儿通过点击触摸屏上的相应图片进行测试。

（3）MPSI：参见婴幼儿康复效果评估。

（4）儿童普通话词汇相邻性测试：Kirk等根据心理语言学领域中有关言语听辨的邻域激活模型，开发出词汇相邻性测试（lexical neighborhood tests，LNT）词表，包括单音节词表（分为难词表和易词表）和多音节词表（分为难词表和易词表）。张宁等参照英文版LNT词表，开发了儿童普通话词汇相邻性测试（mandarin lexical neighborhood test，M-LNT）词表，包括单音节词表和双音节词表。单音节词表包括单音节易词表3张，难词表3张，每表20个字；练习表1张，10个字。双音节词表包括双音节易词表3张，难词表3张，每表20个词；练习表1张，10个词。给声方式为播放录音。测试在安静条件下进行。患儿反应方式为开放式的听说复述法。

（5）普通话版的噪声下言语识别速测表：陈艾婷等研发了普通话版的噪声下言语识别速测表（Quick Speech In Noise，Quick SIN）。该表从嘈杂语噪声下的普通话儿童短句库中抽取90个句子，组成15张噪声下句表，每张表6句话，每句包含5个关键词，使用原句所对应的四人嘈杂语噪声，每张句表的第1句到第6句信噪比逐渐降低，依次为+15dB、+10dB、+5dB、0dB、−5dB、−10dB。给声方式为播放录音。患儿反应方式为开放式的听说复述法。

三、学龄儿童康复效果评估

1. 听力评估　参见"婴幼儿康复效果评估"。

2. 问卷评估

（1）MAIS：参见"学龄前儿童康复效果评估"。

（2）MUSS、CAP、SIR、Musical Ears：参见"婴幼儿康复效果评估"。

3. 言语测听

（1）林氏六音：参见"婴幼儿康复效果评估"。

（2）听力障碍儿童听觉语言能力评估、汉语儿童噪声下言语识图测试、儿童普通话词汇相邻性测试、普通话版的噪声下言语识别速测表：参见"学龄前儿童康复效果评估"。

（3）儿童版普通话噪声下言语测听：言语能力是判断听功能状态的最主要指标，而且日常言语交流大多在噪声下进行，因此言语测听尤其是噪声下的言语测听就成为最直接最有效的评价方法。1994年，美国House耳科研究所研发了英语噪声下言语测听材料（hearing in noise test，HINT）。之后，香港大学与北京市耳鼻咽喉科研究所、美国House耳科研究所合作研发了普通话版噪声下言语测听材料（mandarin hearing in noise test，MHINT），并根据6周岁儿童的听觉言语能力进行改编获得了儿童版普通话噪声下言语测听（mandarin hearing in noise test for children，MHINT-C）材料。

MHINT-C 测试材料共有 15 个句表，每个句表包含 10 个短句，每句 10 个字。给声方式为测试软件合成声音文件给声，要求受试者复述听到的短句。MHINT-C 可用来评估安静及不同方向噪声（噪声声源方位可以选择 0°、90°、270°）条件下语句识别能力。根据受试者的配合能力测试言语接受阈或言语识别率。在测试言语接受阈时，通过自适应的调整信噪比的方法，在计分时以整句话为单位，若整句话复述正确则降低信噪比，若复述错误则升高信噪比，直到获得正确识别得分为 50% 的给声强度或信噪比，即为言语接受阈。言语识别率则是在固定信噪比下记录能够正确复述的正确率，计分时则是以关键字为单位。

MHINT-C 适用于 6~15 岁的儿童，在临床上主要用于评价听力损失儿童言语理解能力及判断听力损伤的特点，评估助听装置工作性能及对言语的识别情况，评估助听装置使用儿童在噪声下言语识别能力的改善及康复效果，并可实现多语种助听装置使用者间测试结果的比较。

四、成人康复效果评估

1. 听力评估 参见"婴幼儿康复效果评估"。

2. 问卷评估

（1）生活质量问卷：2000 年 Hinderink 等研制了适用于评估成人人工耳蜗使用者效果的特异性量表——Nijmegen 人工耳蜗植入量表（Nijmegen Cochlear Implant Questionnaire，NCIQ），经 NCIQ 研究组 Emmanuel Mylanus 教授同意并授权，我国学者进行了汉化。NCIQ 量表从生理功能、社会功能和心理功能 3 个方面对植入者进行综合评价。其中生理功能包括基本声音感知（basic sound perception）、高级声音感知（advanced sound perception）和言语能力（speech production）3 个子维度，心理功能包括自信心（self-esteem）1 个子维度，社会功能包括活动能力（activities）和社会交流（social interactions）2 个子维度。NCIQ 包含 6 个子维度，每个子维度包含 10 个条目，共 60 个条目，每个条目有 6 个备选答案，其中前 55 个条目的备选答案分别代表该情况或感受发生的频率，用 5 个等级表示：1 从不，2 很少，3 有时，4 经常，5 总是；另外 5 个条目的备选答案分别代表了植入者的能力，采用 5 等级表示法：1 不能，2 差，3 中等，4 好，5 很好。如果受访者认为条目内容对其不适用时可选择第六个答案"不适用"。每个条目得分最终转化为百分制：1=0，2=25，3=50，4=75，5=100，将每个子维度中的所有条目得分之和除以完成的条目数即为该子维度的得分。将未填写或选择"不适用"的条目视为未完成的条目，若一个子维度中未完成的条目达到 3 个或 3 个以上时，则该植入者的问卷视为无效。

（2）慕尼黑音乐问卷：音乐感知主观调查问卷主要用于评价受试者的主观音乐聆听效果，同时也是用于评估人工耳蜗植入者音乐经验的一种常用方法。Veekmans 等开发的音乐主观问卷是慕尼黑音乐问卷（Munich Music Questionnaire，MUMU），用于了解成人工耳蜗使用者术前术后聆听音乐的经验。此问卷在应用时一般选取"是否经常聆听音乐？""是否经常唱歌？""是否经常弹奏乐器？"三类问题，用于比较受试者音乐经验。对于听力损失患者，问卷包含 25 个问题，评估过程由经过培训的听力学专业人员对受试者进行评估，评估前可对受试者进行必要的指导，由受试者自行填写问卷中的题目或评估人员逐一向受试者询问，针对人工耳蜗使用者音乐经验的 25 个问题中，其中 21 个问题需要人工耳蜗使用者进行单项或多项选择（如喜欢什么类型的音乐？），4 个问题需要助听器和人工耳蜗使用者根据自己的实际情况从 1（很少）至 10（经常）10 个得分等级中进行选择。

3. 言语测听

（1）普通话言语测听材料：普通话言语测听材料（mandarin speech test materials，MSTMs）包括单音节、双音节词表和句表。单音节词表 7 张，每张词表 50 个词；双音节词表 9 张，每张词表 50 个词；句表 15 张，每张句表 10 个测试句，50 个关键词。每套测试材料中还包含一套练习表，可用于正式测试前对受试者进行解释、指导。评估项目包括言语接受阈和言语识别率。言语接受阈是指患者能正确说出所提供双音节词的 50% 时的最低给声强度水平。言语识别率是患者正确识别每张词表中词语的百分比，使用该测试材料中的单音节词表或句表。句表测试的正确百分比以回答正确关键词的百分数记录。测试前应该给予患者清晰而简洁的指导，使受试者明确测试内容及需要做出的反应，反应方式可为笔答或复述。MSTMs 经数字化录音制作成 CD 光盘，并通过对测试材料与测试方法的计算机化，形成普通话言语测听智能化系统，为听力障碍患者助听后的效果评估提供基础，并可指导助听后的康复训练，是目前临床工作中较为常用的言语评估工具之一。为了评估噪声下理解言语的能力，可以采用 MSTMs 中的普通话快速噪声下言语测听（mandarin quick speech in noise test，M-Quick SIN）。对于效果比较差的成人患者，可以采用汉语最低听觉功能测试（the minimal auditory capabilities in Chinese，MACC）。

（2）心爱飞扬测试软件：计算机辅助的中文言语测听平台"心爱飞扬"测试软件集受试者信息管理、声学校准、语音播放、测听流程自动化、测听报表生成、数据分析管理等功能为一体。可进行单音节识别率、扬扬格词识别率及接受阈、安静下语句识别率及识别阈、噪声下的语句识别率及识别阈等测试。此软件包括练习表内容和正式测试内容，不允许同一受试者重复使用同一张测听表，每张表内各测听项按随机顺序播放，相应的文字内容同步显示在电脑屏幕上。受试者复述之后，听力师直接在文字下方相应的判断框点击"正/误"，每表测听完毕就会自动计算并显示言语测听结果。

言语识别率的测试内容包括单音节、扬扬格词表、安静下句子、噪声下句子 4 种类型，包括 22 张单音节表（每张表 25 个音节）、5 张扬扬格词表（每张表 40 词）、12 张安静条件下语句表（每张表 10 句 50 个关键词）和 28 张嘈杂噪声下语句表（每张表 9 句 50 个关键词）。

言语接受阈的测试内容包括扬扬格词表、安静下句子、噪声下句子 3 种类型，包括 4 张阶梯下降式（每播送 5 个词，强度就自动下降 5dB）的扬扬格词表、6 张安静条件下语句表（每张表 20 句 100 个关键词）和 14 张嘈杂噪声下语句表（每张表 18 句 100 个关键词）。

（3）开放式中文言语评估系统：开放式中文言语评估系统（mandarin speech perception，MSP）是针对人工耳蜗植入人群研发，但也适用于助听器使用者和其他听力障碍患者。该言语测听系统包括短句、双音节词、单音节词三个测试模块，可分别进行安静环境下与不同信噪比稳态噪声下的言语识别率测试以及稳态噪声下的言语接受阈测试。由专业女播音员发声。句表每张 20 个句子，每句 7 个汉字，共 140 个字。双音节材料由 10 张词表组成，每张表 35 个双音节词，一共 350 个汉字。单音节材料由 10 张词表组成，每张表 50 个字。

（4）汉语普通话版噪声下言语测听材料：1994 年噪声下言语测听（hearing in noise test，HINT）的句表开发完成。根据 HINT 的编制方法，2005 年开发完成了汉语普通话版噪声下言语测听材料（mandarin HINT，MHINT）。MHINT 测试材料由 1 张练习表和 12 张测试表组成。练习表包含 10 个短句。测试表每张 20 个短句，每句有 10 个字。短句材料均选用日常用语。测试包含 4 个模块，分别为安静、噪声方位来自前方、左侧耳及右侧耳四种聆听环境。测试句表的顺序随机给出。短句评分方法可按单字或词组分割的方法进行。噪声固定在 65dB（A），通过调整言语声强度来改变信噪比。每句表测试后计算给声强度（噪声下为信噪比）均值为最终的短句接受阈（reception thresholds for sentences，RTSs）。MHINT 为临床评估汉语人工耳蜗植入者术后效果提供了一种有效方法，是目前临床工作中较为常用的噪声下语句测试材料之一。

（5）声调测试：汉语不同于其他语言的最显著特征为汉语是一种声调语言，声调信息在汉语言识别中起着非常重要的作用，不仅可区分语意，同时还承担着构形、分界、抗干扰、修辞等重要语言功能。2010 年汉语普通话声调识别测试材料（tone identification test，Tone ID Test）开发完成。该测试材料选取日常生活中常用且 4 个声调均有对应意义的词，由专业播音员朗读，经数字化录音及后期声学处理，形成含 288 个词（72 个音节 ×4 个声调）的男、女资料库各一套；噪声选用与播音员长时平均语谱特性（long-term average speech spectrum，LTASS）一致的言语噪声，测试时由 Speech Performance 软件控制，自动生成含 80 个测试词（20 个音节 ×4 个声调）且 4 个声调出现概率相同的测试词表，并可根据测试需要选择男声或者女声材料，进行安静或噪声环境下的测试，用于评估成人助听装置使用者的汉语声调识别能力。正确率（%）=（正确选项/总测试项）×100%。

4. 音乐能力测试　音乐感知能力主要通过主观问卷和音乐评估材料等方法进行评价。其中，音乐测试材料主要用于客观评估受试者对音乐基本构成元素的识别和辨别能力。临床常用评估人工耳蜗植入者对音乐感知能力比较成熟的音乐测试材料是人工耳蜗音乐评估软件（musical sounds in cochlear implant，Mu.S.I.C.）。该系统包含 6 个客观测试评估和 2 个主观测试评估。客观测试评估分别为音调辨别、节奏辨别、旋律辨别、和弦辨别、乐器识别和乐器数辨别测试；主观测试评估为不和谐音感知测试和情绪感知测试。

（戴　朴　陈雪清　王　杰　冯定香）

30

第三十章 | 其他人工听觉技术

第一节 骨导植入式助听技术

骨导植入式助听技术（bone conducting hearing implant）指的是通过半植入体内装置的刺激，形成骨导听觉的技术，其基本原理是将外界声音信号处理后，转化为植入体部分的振动，经颅骨传递至耳蜗而产生听觉。适用于传导性或者混合性听力损失及单侧极重度感音神经性听力损失者。

截至目前，市场上共有 5 种植入式骨导听觉刺激装置：澳大利亚科利耳（Cochlear）公司的 BAHA、丹麦奥迪康 Oticon 公司的 Phonto、Sophono 公司的 Sophono、澳大利亚科利耳公司的 BAHA Attract 以及奥地利美迪公司（MED-EL）的骨桥。

经过数代体内外装置改进，目前根据植入体是否与外界相通（局部皮肤是否完整）分为两种类型：穿皮（percutaneous）骨导植入式助听器，植入装置暴露在皮肤外面与外界相通；经皮（transcutaneous）骨导植入式助听器，植入装置包埋在皮肤里面与外界不相通。上述 5 种骨导植入设备中，BAHA 和 Phonto 为穿皮型；Sophono、BAHA Attract 和骨桥为经皮型。

根据植入式装置工作原理，可分为被动式骨导植入系统和主动式骨导植入系统。BAHA、Phonto、BAHA Attract 及 Sophono 归属被动式骨导植入系统，是利用能和颅骨相融合的钛金属和穿皮的装置与体外的声音处理器相连接，其对听力的重建依赖骨融合的完成；而骨桥（bone bridge）归属主动式骨导植入系统，植入后利用头皮和声音处理器之间的磁性装置相连接、不需要骨融合过程即可重建听力。

一、穿皮骨导植入式助听器

穿皮骨导植入式助听器的代表是骨锚式骨导助听器（bone anchored hearing aid，BAHA）。骨导听觉现象早在文艺复兴时期就被认识并利用。20 世纪 60 年代，瑞典医师通过动物实验观察到钛与活体骨可以融合生长成为一体，提出了骨融合（osseointegration）一词。1987 年，Anders Tjellstrom 利用骨融合原理，研发 BAHA。

（1）BAHA 的结构及原理：BAHA 由具有骨融合特性的钛螺钉、穿皮桥基和外部的声音处理器三部分组成（图 30-1-1）。钛螺钉通过手术固定于患侧乳突骨质，穿皮桥基附着于钛螺钉上，当钛螺钉与颅骨融合后（成人一般为术后 3 个月，儿童为 3~6 个月），再将声音处理器吸附在穿皮桥基的另一端。声音处理器通过拾取外界的声音信号，经过电磁转换装置转换为机械振动，引起钛螺钉的高效振动，振动通过颅骨和颌骨传到内耳，从而产生听觉。

（2）BAHA 主要的适应证：①传导性听力损失/混合性听力损失患者，平均骨导听阈小于 45dB HL：先天性外中耳畸形，慢性化脓性中耳炎术后听

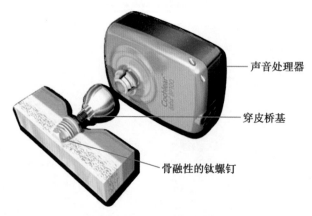

声音处理器

穿皮桥基

骨融性的钛螺钉

图 30-1-1 BAHA 的组成结构

力改善不佳者，耳硬化症患者，外耳道闭锁，外耳道湿疹无法佩戴助听器，听骨链中断或固定等；②单侧重度或极重度感音神经性听力损失者：听神经瘤术后、梅尼埃病、突发性聋、手术外伤导致全聋等，健耳气导平均阈值好于20dB HL。

（3）BAHA的并发症：①钛螺钉与周围骨组织融合失败；②穿皮桥基周围皮肤软组织肉芽、瘢痕增生和感染；③植入体的脱落或取出。

二、经皮骨导植入式助听器

经皮骨导植入式助听器的代表是骨桥。

（1）骨桥的结构与原理：骨桥由外部的声音处理器和内部的骨导植入体两部分组成。听觉处理器由耳机、信号处理器、电池和磁铁组成；骨导植入体由接收线圈、声音转换器和骨导漂浮质量传感器组成（图30-1-2）。骨导漂浮质量传感器放置在乳突或者颅骨磨制出的凹槽里，用两个钛钉固定在颅骨上；声音处理器通过转换器将声音转换成电磁信号，通过内部接受线圈将电磁信号传递给骨导漂浮质量传感器，后者将声音能量转换成振动能量，这样声音信号就能通过骨导传递给耳蜗。

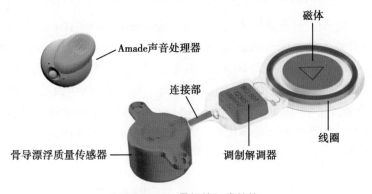

图30-1-2　骨桥的组成结构

（2）骨桥的适应证：①适用于外耳道闭锁或中耳炎导致的传导性听力损失或混合性听力损失的患者，传导性听力损失或混合性听力损失平均骨导阈值小于45dB HL；②单侧重度感音神经性听力下降，对侧耳应听力正常（平均听阈小于20dB HL）；③颅骨具有一定的厚度，而颞骨未完全发育的儿童不适合进行骨桥植入手术。

（3）骨桥主要并发症：①因植入部位较深，术中损伤乙状窦及脑膜可引起出血或脑脊液漏；②术后可能出现耳鸣、头痛、眩晕等；③头皮下血肿及皮瓣坏死。

骨导植入式助听手术禁忌证，除了通常耳科手术禁忌证外，选择骨导听觉刺激植入装置时，还应注意拟植入者是否对植入材料过敏。如有相应植入材料过敏史，则为手术禁忌。蜗后病变及中枢病变导致听力损失也是手术禁忌。待植入处皮肤有难以治愈的活动性炎症则禁忌植入。

第二节　主动式中耳听觉刺激装置植入技术

主动式中耳听觉刺激装置指的是相对于人工听骨被动传声特性，具有主动振动刺激听骨链、人工听骨或蜗窗膜等位置，从而振动外淋巴液产生听觉的装置。

一、主动式中耳听觉刺激装置植入技术发展史

主动式中耳听觉刺激植入装置发展较早。1935年，Wilska即首次通过外耳道内电磁线圈驱动置于鼓膜表面的磁体刺激听小骨产生听觉，然而受制于当时的科技发展：如产生85dB SPL刺激信号目前仅需3mA，而60年前则需要2 800mA。直到1973年，美国华盛顿大学St.Louis研发了首个中耳刺激装置；1984年日本Yanagihara及其团队研发了半植入式中耳听觉刺激装置，近10年才陆续有一些临床实验。

振动传感器有压电式与电磁式两种。前者是将电信号导入压电式晶体，促使其体积变化而产生振动，后者是电信号转化为电磁场而驱动附着于听骨链上的磁铁产生振动。中耳听觉刺激装置依据是否全部植入，分为全植入式与半植入式两种类型。全植入式主动中耳植入听觉刺激装置以 OTO Logics 公司的 Carina 为代表，该装置将麦克风置于耳道后壁皮下，处理器、电池均置于乳突区皮下，刺激装置固定于砧骨。Esteem 是另外一种全植入式中耳听觉刺激装置，该装置没有麦克风，利用压电陶瓷振子提取经自体鼓膜传递至锤骨的振动信息，经过处理后再通过另外一个压电陶瓷振子刺激镫骨，从而引起外淋巴液振动。半植入式主动中耳植入听觉刺激装置以振动声桥（vibrant sound bridge，VSB）为代表，发明人是美国斯坦福大学的生理学家 Ball GR，他本人是一位感音神经性听力损失者，同时也是双侧振动声桥的植入者。因无法从常规助听器获得高质量的声音效果，Ball GR 全身心地投入到人工中耳的开发和研究中去，最终获得了这一开创性的发明成果。1996 年声桥首次应用于临床治疗中至中重度感音神经性听力损失，至 2007 年起又应用于传导性及混合性听力损失的治疗，于 2009 年在欧盟获批用于治疗儿童听力障碍疾病。

二、振动声桥构成及工作原理

VSB 由两个部分组成：一是外置部分声音处理器（audio processor，AP）；二是内植部分人工振动听骨植入器，又名振动听小骨替代赝复物（vibrating ossicular replacement prosthesis，VORP）。VSB 可提供的频率范围是 250～8 000Hz。AP 包括麦克风、数字信号处理器、调节器和电池，靠磁力吸附于头皮，在常规音量使用情况下每周更换 1～2 次电池，每天可佩戴 16h。VORP 包括电磁感应接受线圈、调制解调器、导线和核心部件漂浮质量传感器（floating mass transducer，FMT）。VORP 振动直接驱动中耳听骨链或蜗窗膜，之后直接将能量高效传递到内耳的淋巴液，使淋巴液振动，从而刺激听觉末梢感受器产生听觉，达到提高听力的目的。VSB 结构及植入效果图如图 30-2-1 所示。

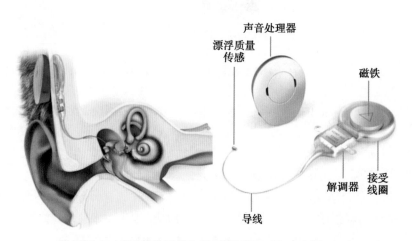

图 30-2-1　VSB 结构及植入效果图（MED-EL，VORP503）

三、振动声桥与传统助听器的异同、优势及局限性

传统助听器的功能是采集、放大声音并将放大的声音通过助听器传导至外耳道和鼓膜，其优点是无创，更换方便，价格较低，选择范围较大。目前传统助听器在技术上有很大改进，出现了操作、调节方便的数字助听器，但仍有一定的局限性：①外耳道闭塞感，出现堵耳效应；②低频信号好，高频听力增益不足，高频信号补偿相对较差，患者听声音时常有不适感；③言语声失真；④可出现声反馈，甚至啸叫现象；⑤堵耳致外耳道引流通气不好，可引起反复发作的外耳道炎或中耳炎；⑥信噪比较差，特别是在噪声环境下语言理解差；⑦生活不便；⑧部分患者无法佩戴，如外耳畸形、外耳道狭窄闭锁、乳突开放术后等；⑨大部分类型外观明显，中国人接受度差。

与传统助听器相比，VSB 无论临床测试还是患者主观感受都明显优于传统助听器，配戴 VSB 后噪声环境下言语识别率、保真度、听觉舒适度、高频听力增益均优于传统助听器。VSB 优势：①声音失真小，因此有更好的音质；②没有耳模，外耳道是开放的，耳部无堵塞感，不易引起感染；③没有声反馈作用，不会产生啸叫；④对外观影响小。VSB 的不足之处：①价格相对较高；②手术植入属于有创操作，有一定的手术风险；③ VSB 性能还没有达到完美，低频补偿效果稍差；④适应证有限制；⑤方向辨别受限，放在耳后的麦克风绕过了耳郭和外耳道，缺乏方向辨别作用；⑥植入后对 MRI 检查会有影响；⑦植入的电子元件有出现故障可能，可能需要再次手术更换。

四、振动声桥植入的适应证和禁忌证

1. 适应证

（1）中度至重度感音神经性聋者，VSB 适用的气导下限在 500Hz、1 000Hz、2 000Hz、4 000Hz 分别达到 65dB、75dB、80dB、85dB。最好的适应证是全频听力下降，高频比低频损失重（图 30-2-2）。随着研究的深入，VSB 的适应证不断扩展，也可用于轻度、中度直到重度传导性听力损失，包括鼓室成形术未成功的患者、手术疗效欠佳的耳硬化症和慢性化脓性中耳炎（含中耳胆脂瘤型）以及先天性外耳道闭锁等传导性听力损失；而传导性听力损失的骨导下限在 500Hz、1 000Hz、2 000Hz、4 000Hz 分别达到 45dB、50dB、65dB、65dB（图 30-2-3）。振动声桥无严格的年龄限制，但需要有一定的中耳条件，如一定的中耳空腔、活动的镫骨或者可见的蜗窗或前庭窗等。

（2）混合性听力损失气 - 骨导差大于 10dB。

（3）言语识别率在 50% 以上。

（4）近两年来听力波动 <15dB。

（5）因各种原因不适合或不愿意配戴传统助听器，或助听器的效果不满意。

（6）植入部位皮肤无异常。

（7）发育正常，大脑功能正常，有正确的期望值。

（8）全身情况能耐受手术。

（9）无蜗后病变。

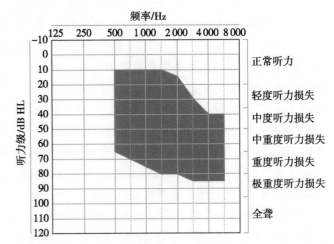

图 30-2-2 感音神经性听力损失 VSB 植入适用的听力范围

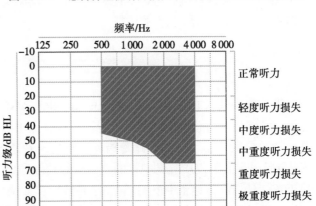

图 30-2-3 混合性及传导性听力损失 VSB 植入适用的听力范围

2. 禁忌证 蜗后聋或中枢性听力损失，中耳感染活动期、伴有反复发作中耳感染的鼓膜穿孔，有过高的期望值等，全身情况不能耐受手术。

五、振动声桥植入手术

振动声桥植入手术为振动成形术。

1. 手术径路 目前使用的常规手术路径是面隐窝入路。手术方法与目前采用的人工耳蜗植入术基本相同。采取耳后切口，掀起皮瓣，暴露乳突皮质骨，行乳突轮廓化，开放面隐窝，面隐窝开放要足够大，便于 VSB 的漂浮质量传感器（FMT）能够通过而进行植入，暴露砧骨长脚和砧镫关节以及蜗窗龛。于砧骨长脚、镫骨头或者蜗窗膜上安放 FMT。

2. 并发症 VSB 可能的并发症包括：①切口感染，愈合困难，植入体外露；②听力无明显改善甚至

加重；③听骨链损伤、砧骨长脚坏死，振动子稳定性下降；④面神经损伤；⑤局部血肿；⑥装置故障、植入体脱位；⑦植入后头痛、眩晕、耳鸣等。

六、振动声桥疗效评估

评价 VSB 植入后听力学效果的方法主要包括：自由声场下的助听听阈、安静和噪声环境下的言语识别率及患者满意度问卷调查等。

1. 中重度感音神经性听力损失　文献报道 VSB 植入后听力学平均助听听阈结果一般改善在 20～30dB HL 左右。从 Pok 等对 54 例患者的治疗效果看，在 250～8 000Hz、65dB SPL，单音节词平均识别率，无助听辅助时为 30%、戴助听器后为 44%、使用 VSB 后上升到 57%，且 VSB 的纯音气导阈值增益随频率增高有效果更好的趋势。多组临床结果证实 VSB 的助听效果在高频听力损失补偿更为优越；与 TORP 比较，无论是在安静还是在噪声环境下，VSB 的听力效果均较 TORP 更好。

2. 传导性听力损失及混合性听力损失　2006 年意大利的 Colletti 等首先报道将 VSB 的 FMT 植入到蜗窗龛，使 FMT 直接振动蜗窗膜，将声能有效传递至内耳的基底膜以治疗混合性听力损失。蜗窗型 FMT 的听力学结果，Beltrame 等报道在 500～4 000Hz 处平均增益为 37.5dB HL。2006 年开始 Kiefer、Frenzel 等相继报道了 VSB 植入联合耳郭再造治疗双侧耳郭畸形伴外耳道闭锁，获得了满意的效果。2007 年 VSB 被正式批准用于传导性听力损失和混合性听力损失患者。对于外耳道骨性闭锁患者，VSB 手术适应证比外耳道成形加鼓室成形术更宽且效果更好。一般来说，Jahrsdoerfer 评分 4 分以上即可进行 VSB 植入手术，而低于 3 分者应谨慎手术。

VSB 作为一种全新的助听装置，对于罹患慢性中耳炎、胆脂瘤、鼓室硬化、先天性耳畸形伴外耳道狭窄闭锁、耳硬化症等原因引起传导性听力损失或感音神经性听力损失，多次听骨链重建术效果甚微。对不能、不愿配戴传统助听器或配戴传统助听器效果不满意，但又不符合人工耳蜗植入适应证的患者，VSB 植入是一项可靠、理想的选择。

第三节　听性脑干植入技术

听性脑干植入（auditory brainstem implant，ABI）是将声音转化成电刺激直接作用于脑干的起始部位——耳蜗核复合体的电子植入装置。在进行人工听觉植入的术前评估过程中，检查听觉通路的完整性是一个重要的步骤。听觉通路是指外耳收集声音通过外耳道和中耳传递到内耳，再通过听神经传至脑干，最后送达大脑皮质听觉中枢的声音信号传递通路。对于听神经缺失的人群，人工耳蜗植入无法完成将声音信号最终传达至中枢的任务，这种情况下如果直接把声音传至脑干，即可以建立起新的听觉通路，理论上可以恢复一定的听觉能力。ABI 就是基于这样的理论基础发展而来。

一、听性脑干发展简史和工作原理

临床常见的听神经缺失发生在 2 型神经纤维瘤（neurofibromatosis type 2，NF2）引起的双侧听神经瘤的病症中，肿瘤长大或移除手术都会影响听神经的完整性，造成不同程度的听力损失，ABI 也最先运用在此类病患中。因此，最初的设计是通过直接刺激脑干的起始部位——耳蜗核复合体来帮助 NF2 患者恢复听力。1979 年，Hitselberger 和 House 首次为 1 例女性 NF2 患者进行 ABI 手术，植入体使用的是单个简易手工制作的圆形电极，在移除前庭神经鞘瘤（vestibular schwannoma）后经迷路开颅手术（translabyrinthine craniotomy）植入电极。此后至 1992 年共有 25 例 NF2 患者接受了该植入术，这些患者均表示有一定感知声音的效果，且第一例患者终生使用了该植入体。随后，Huntington 医疗研究机构在 1992 年研制成功网状双电极（two-electrode mesh-type array），配合改进过的 3M-House 人工耳蜗处理器进行一定程度的推广；紧接着多家人工植入公司，包括美国 Advanced Bionics Corp、澳大利亚 Cochlear Ltd. 和奥地利 MED-EL 公司陆续开发出表层多点序列电极（multisite surface array）用于人工听觉脑干植入。

2012 年据 Vincent 估计世界范围内有 500 多例 NF2 患者在移除肿瘤后进行了听觉脑干植入，而后

2013 年美国 House 诊所估计已有超过 1 000 例成人已植入 ABI。随着技术的发展，ABI 已不仅仅局限于 NF2 患者，更适用于第Ⅷ脑神经（前庭耳蜗神经）损失人群，包括颞骨骨折、脑膜炎引起的耳蜗骨化、神经发育不全、神经抽出术（nerve avulsion）等听神经受损情况。单耳电极放置在耳蜗核的 ABI 已通过美国食品药品管理局（food and drug administration，FDA）的认证，可作为一项医疗设备在美使用，但对象仅限 12 岁以上的双侧听神经瘤移除后的 NF2 患者。

　　除 ABI 的电极放置位置是在耳蜗核而不是耳蜗内之外，ABI 的工作原理和人工耳蜗基本相似。耳蜗核的生理学原理不同于耳蜗的线性分频特性（tonotopic），是由多特性的神经元类型组成的分频亚组织，例如某类亚组织具备执行区域分布特性。由于分频亚组织的存在，电极被设计成一个平板式样放置在耳蜗核的表面，用于刺激不同特性的神经元类型。

二、听性脑干植入标准、术中定位和术后调试

　　Cochlear 公司的 Nucleus 24 是至今唯一被 FDA 批准临床使用的 ABI 植入体，且 FDA 规定该植入体仅限于 NF2 患者。由于 FDA 对 Nucleus 24 的批准是基于 90 例年龄大于 12 岁的 NF2 患者的临床试验，所以 2000 年 FDA 关于植入标准的申明如下：必须满足以下所有条件，包括年龄大于 12 岁，被诊断为 NF2 及双侧听神经瘤引起的全部听力丧失者。除此以外，在植入 ABI 前还需考虑患者和家属的积极性是否高，期望值是否合理和手术禁忌证是否全部排除等。2013 年 Laurie 等提出行 ABI 植入的一个很重要的标准就是患者使用人工耳蜗或者助听器无效。

　　ABI 术中是否准确定位耳蜗核是手术成败的关键，但耳蜗核的解剖定位难度大，受到多种因素的影响，例如肿瘤挤压引起的脑干变形、放射治疗和手术所致的瘢痕等。耳蜗核的电生理定位是行之有效的方法，其中以电诱发脑干反应（electrically evoked auditory brainstem response，EABR）监测最为重要。同时 EABR 测试也可以用于术后判断患者听觉功能、电极位置是否移位和 ABI 的声音处理器编程。

　　目前单凭手术是不可能将各电极放置在其频率特异性的位置上，故术后音调匹配在分频调试中尤为重要。另外 2011 年 Choi 等提出相较于人工耳蜗的动态范围随着时间处理（time processing）增大，ABI 的动态范围相对恒定。对于术后调试的步骤，Vincent 提出术后 6～8 周进行第一次调整，目的是取消没有听神经反应的电极刺激；接下来调试电极，目的是音调匹配听神经反应。各家人工听觉植入设备公司各自研制属于自己的言语处理策略，但目前还没有任何一家公司为 ABI 研制属于 ABI 的特别言语处理策略。

三、听性脑干植入效果

1. ABI 听觉康复效果

　　（1）声音感知：House 诊所报道约 85% 的 ABI 植入者表示能够感知声音。Colletti 等总结过去 10 年在成人患者中植入 ABI 的经验，显示 ABI 是一个有效的康复技术，能帮助患有极重度听力损失且不适宜植入人工耳蜗的成人恢复一定听觉能力。同时根据 Sanna 等关于 ABI 的文献综述显示，NF2 患者植入 ABI 的效果并没有随着植入者数量的增加和不断积累的临床经验而提高，反而比人工耳蜗显示出更多的多变性。虽然在文献中显示出 ABI 不可预估的康复效果，但若 ABI 结合唇读可以在一定程度上满足 NF2 患者的交流需求。

　　（2）术后言语评估：在 Colletti 等 10 年经验总结中，比较了 32 例 NF2 患者和 48 例非 NF2 患者的开放式言语识别率测试，结果显示具有显著性差异，差异性很大程度上取决于病变类型，由于头部创伤或严重耳蜗骨化造成的听神经功能损失患者 ABI 植入术后言语识别率最好，而因神经失调、耳蜗畸形和听神经病等植入 ABI 的患者其言语识别率最差。Matthies 等对 16 例 NF2 植入者的效度进行了评估，显示短期听觉词语识别能力可以预示长期开放式言语识别能力，再次印证开放式言语识别测试可以运用在 NF2 患者植入 ABI 后的效果评估中。

　　2. **手术并发症**　Colletti 等对于意大利 114 例 ABI 植入手术者的回顾性分析显示手术的并发症非常低，特别是非 NF2 患者植入 ABI 可以达到与人工耳蜗手术一致的低并发症率。而在有经验的手术医师和康复专家等团队人员的合作下，NF2 患者在移除肿瘤后接受 ABI 植入也是相对安全的。

四、发展方向

1. 拓展适用人群 Colletti 团队在意大利维也纳首次展开了对非 NF2 患者植入 ABI 的研究,总结了 80 例植入 ABI 的患者,其中包括 18 例幼儿和 62 例成人,非 NF2 患者总计 54 例,年龄跨度为 8 月龄至 70 岁。结果显示 ABI 可以提高患者对于环境声音的感知,在一定程度上提高了交流能力,同时非 NF2 植入者与 NF2 植入者相比在交流能力上更胜一筹,且部分非 NF2 植入者的交流能力可以与人工耳蜗植入者相媲美。另一组科研团队对于 8 例非 NF2 内耳道狭窄的幼儿(18 月龄～7 岁)和 3 例语后聋耳蜗骨化的成人 ABI 植入者进行回顾性分析植入效果,显示 11 例蜗神经发育不良或耳蜗骨化的非 NF2 患者均为理想的 ABI 植入者。Sennaroglu 等对 11 例内耳畸形的语前聋的幼儿(30～56 月龄)植入 ABI 的初步研究结果显示,患儿能够恢复一定的听觉感知,同时也未出现任何严重的手术并发症。基于目前的研究,ABI 植入适用于人工耳蜗禁忌的幼儿及成人,但 ABI 的效果因人而异,并不是所有的患者植入 ABI 都能获得听觉康复。对于幼儿来说,ABI 的植入可以帮助感知环境声音和一些言语,但很大程度上还需依赖唇读。目前美国 FDA 还未通过 ABI 在幼儿中的临床使用。

2. 改良电极 Takahashi 等认为 ABI 植入结果的多变性,特别是植入效果不理想,可能是因为传统表面电极本身的局限性:一方面由于电极的表面放置不能吻合 3D 的频率信息编码要求;另一方面需要足够大的放大电流才能激活神经元,但足够大的电流会造成能量的分散反而不能激活目标神经元。由于大量的植入表面电极的患者显示出有限的音调范围,为了全面激发耳蜗核复合体的分频特性,House 研究所、Huntington 医疗研究机构和 Cochlear 公司合作开发研制了穿透式听觉脑干植入(penetrating microelectrode array for ABI, PABI)。经 FDA 认证的 PABI 前瞻性初步临床试验,是对 2003 年至 2007 年间 10 例 NF2 患者,在前庭神经瘤移除后植入 PABI 的效果进行评估,结果显示 PABI 能够提供更低阈值、更大的音调范围和高度选择性,然而言语识别率未得到提升。尽管 PABI(0.8～2.0nC/ph)听觉感知阈值相比表面电极(10～100nC/ph)表现的更低,但其低频表现在 PABI 植入者中仍不理想。目前为止,相比较 ABI,PABI 仍缺乏足够的研究支持其有效性,需要更多的研究来评估其临床表现。

3. 研究植入部位 听觉中脑植入(auditory midbrain implant, AMI)是针对不能植入人工耳蜗的极重度听力损失者,植入电极放置在下丘核复合体的听觉辅助装置。AMI 的假设是基于由于肿瘤或手术对耳蜗核复合体的破坏导致 ABI 不适用,且电极放置在下丘是由听觉通路中选择出来合适的部位。在 Lim 等基于动物和人类的 AMI 试验的综述中,结论显示 AMI 植入结果的多变性在于电极刺激部位极大地影响被激活的中脑部位和听觉表现。在生理结构上很明显下丘和耳蜗核的神经编码比听神经更加的复杂,因此在制定下丘和耳蜗核的刺激方式时更需要考虑神经元的类别和时间空间上的特性。Mckay 等研究表明可能由于中脑神经提高了耐力(refractory)和适应力(adaptation),使得 AMI 植入者与人工耳蜗植入者相比,前者的时间分辨(temporal resolution)能力较弱。

30 年前 House 研究机构第一次实施成人 NF2 患者 ABI 植入,数十年以来 ABI 的发展并没有像人工耳蜗发展的那么迅速,主要也在于其效果的多变性。多项因素影响 ABI 植入的术后表现,例如听力损失时间长短和病因特异性的问题等。单侧电极放置在耳蜗核的 ABI 已通过美国 FDA 的认证,可作为一项医疗设备用于 12 岁以上的双侧听神经瘤移除后的 NF2 患者。但其他涉及 ABI 在幼儿中使用和在非 NF2 患者中使用均在进一步的研究当中。虽然,目前 ABI 植入后效果评估仍不理想,然而通过优化电极、改善处理策略等研发,未来 ABI 可能有更广阔的应用前景。

第四节 调频助听系统

对于一个听力损失者,即使已配戴助听器,在噪声或混响环境里仍然会抱怨听不清,这与这些环境下的混响、声源距离、噪声有很大关系。辅助听觉装置(assistive listening devices, ALDs)可以减小这些干扰,为助听器使用者提供更好的聆听感受。

国际上一般将助听器和植入式人体听觉装置以外的,能够帮助听力损失者更好地感知声音或识别生活中各种声信号、警报信号的设备称为辅助听觉装置。辅助听觉装置不但包括声音放大系统,而且通过调动人体其他器官系统来感知声音,从而更有效地促进听力损失者日常生活的听觉活动,达到提高和改善听觉效果的目的。

据此,辅助听觉装置可以分为两种。一种是将声音转换成视觉或触觉的感官方式,提醒听力损失者某些声音的出现,为信号警觉装置,如电话、门铃警示灯,警报(如火灾)警示灯,闹钟连接至振动床,振动手环,帮助听力损失较重者提高日常生活自理能力。另一种是通过减小空间因素,将声源拉近或直接将放大的声音传递给听力损失者,为声信号放大系统,如无线蓝牙系统、调频助听系统、感应线圈系统、红外线助听系统、声场放大系统、电视辅助听觉系统、电话辅助听觉系统。调频助听系统(frequency modulation,FM),即无线调频系统,简称 FM 系统,利用无线电调频为载波,将语音信号进行远距离传播,提高信噪比,解决远距离、噪声、混响等复杂环境下的聆听问题。

一、调频助听系统的工作原理

FM 系统由麦克风、发射器、接收器和发声装置组成(图 30-4-1~图 30-4-3)。其工作原理是:麦克风拾取声音,并将声音转换为电信号,通过发射器将电信号转换为调频载波信号发射出去,经空间传播,被相同载波频率的接收器接收并调频解调转换为电信号,传递给发声装置。发声装置可以是专用的耳机、助听器、人工耳蜗、骨锚式助听器以及扬声器。

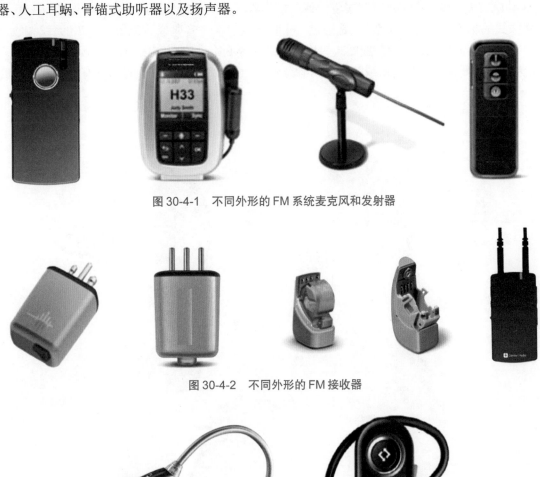

图 30-4-1 不同外形的 FM 系统麦克风和发射器

图 30-4-2 不同外形的 FM 接收器

图 30-4-3 专用耳机外形的发生装置

二、调频助听系统的连接及使用方法

(一)FM系统的分类

目前主要的FM系统可以分为三类：第一类是FM无放大辅助听力系统。主要应用于听力正常和轻度听力损失人群，其发声装置是专用的耳机，将声音传送至配戴耳；第二类是FM放大辅助听力系统，主要应用于配戴助听器或人工耳蜗的听力损失者。FM系统的接收器与助听器或人工耳蜗相连，将声音通过助听器或人工耳蜗传至配戴耳；第三类是FM声场辅助听力系统，可应用于任何人群，包括听力正常、轻中度听力损失及配戴助听器或人工耳蜗的人群，主要应用于教师、礼堂、会议室等公共场所，此时传送至接收器的声音通过扬声器传送出去。

(二)FM系统的连接和使用方法

FM系统的麦克风和发射器可以是独立分开的，也可以是二合一的，使用过程中，麦克风和或发射器通常配戴在言语发声者身上，麦克风距离嘴15～20cm。接收器与使用者专用耳机或助听设备相连。

对于第二类FM放大辅助听力系统的使用者，助听器或人工耳蜗或骨锚式助听器需要与FM系统相连，连接方式有直接音频传输线、音靴、感应线圈等方式，目前以音靴和感应线圈两种方式较多见，此外，也有一体式接收器的连接方式。对于助听器，可通过更换助听器电池仓门，将一体式接收器装于助听器上(图30-4-4A)；对于人工耳蜗，可直接将一体式接收器与人工耳蜗外部声音处理器连接(图30-4-4B)。音靴连接方式的称为电耦合FM系统，是通过一个特定接口——音靴或适配器，将FM系统接收器与助听装置连接(图30-4-4C、D)。感应线圈式的称为电磁耦合FM系统，其电磁耦合的接收器内部置有感应线圈，可为环路线圈铺于收听场所或挂于使用者脖子上，使用者的助听器装置需含有一个能激活的T挡(图30-4-5)。

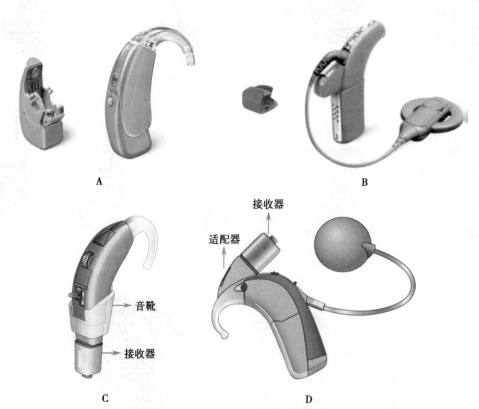

图30-4-4　各种接收器连接于助听器上

A.一体式接收器直接连接于助听器上；B.一体式接收器直接连接于人工耳蜗声音处理器上；C.FM接收器通过电池仓门处的音靴连接于助听器上；D.FM接收器通过适配器连接与人工耳蜗声音处理器上。

（三）FM 系统的教学使用规范

在语训中心康复教师使用 FM 辅助听力系统的规范包括以下 4 个方面：

（1）佩戴：每日常规活动前为所有配有 FM 系统的听力障碍儿童佩戴接收器，常规活动时间检查接收器是否正常工作。

（2）使用：除午休时间外，班主任或任课教师须全天在园时间使用 FM 系统，刷频器全天在园内时间处于打开状态，确保听力障碍儿童接收器在正确的 FM 系统使用频道；在进行个别化训练课时，教师关闭儿童的接收器，在听力障碍儿童回集体班时须打开接收器，确保接收器在正确的 FM 系统使用频道。

（3）报检：如教师发现 FM 系统工作不正常，须在第一时间告知随班听力师。

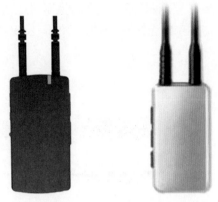

图 30-4-5　感应线圈式接收器

（4）收回：每天放学前，各班教师应将儿童接收器收回、清点、妥善保存并记录。

三、调频助听系统的优缺点

FM 系统通过无线方式将声音传给使用者，提高信噪比，其优点主要有：①传输距离较远。普通产品可以达到 20～30m 的距离，在改变发射功率和接收天线灵敏度后还可以增加距离，特别是在近年来，FM 系统在原有的基础上加入了其他无线技术，如 2.4GHz 技术，使其传输距离在目视无障碍前提下达到 30～80m 的距离。②FM 系统可以实现"广播式"连接，即只要调至相同频率后一个发射机可以匹配多个接收机，比较适合教学使用。③FM 系统穿透能力强，即便是有墙壁的阻挡也不成问题，适合于教室、家庭及公共场所应用。

但当前基于 FM 技术的听力辅助设备也存在一些缺点：①当前听力辅助设备采用的 FM 信号保密性不强，低频段 70～108MHz 频率的 FM 信号用收音机就可以捕获，而如果采用高频段保密性将有较大提高，如以 2.4GHz 为载波频率将获得更强保密性。②当前采用的 FM 无线技术易受到干扰，出现串频等现象，稳定性欠佳。③在经济方面，FM 系统和与之配套的附件价格相对比较昂贵。

第五节　无线 / 蓝牙系统

无线 / 蓝牙系统是目前助听器发展的趋势和热点，主要用于接听电话、看电视、听音乐等，其大大增强了助听器与各种音频设备的兼容性。无线 / 蓝牙系统目前常用的技术包括但不仅限蓝牙技术，还包括 2.4GHz 无线传输技术及其他无线技术。

蓝牙技术是一种短距离无线通信技术，可实现多种设备间的无线连接，由全球统一开放的 2.4～2.485GHz（即 2.4GHz）工业、科学、医学（industrial, scientific and medical, ISM）工作频段增加特定协议而来。2.4GHz 无线传输技术同样工作在 2.4GHz 这个国际通用频段，只是各自工作的协议有所不同。通常，基于不同厂家会使用不同的无线技术，且往往会使用不止一种无线技术。

一、无线 / 蓝牙系统的工作原理

目前，各大主流助听器厂家都已开发出不同的无线技术，普遍应用的为如上所述的蓝牙技术和 2.4GHz 无线传输技术，其工作原理分别介绍如下。

（一）蓝牙系统的工作原理

应用于助听器的蓝牙系统通常包含蓝牙发射器、蓝牙转换器和蓝牙接收器。蓝牙发射器将音频信号转换为蓝牙信号并发射出去。有些设备本身就带有蓝牙，如具备蓝牙功能的手机，可直接作为蓝牙发射器；没有蓝牙的设备，如电视机，则需要通过音频线额外连接蓝牙发射器，常见于电视转换器（图 30-5-1）。

蓝牙转换器是将蓝牙信号转换为无线电波，这常见于为了减少蓝牙信号耗电，助听器不直接接收蓝牙信号,而是通过蓝牙转换器将蓝牙信号转换为低能耗、短范围的无线电波。蓝牙转换器常见于各助听器厂家的无线附件,如遥控器(图30-5-2)。

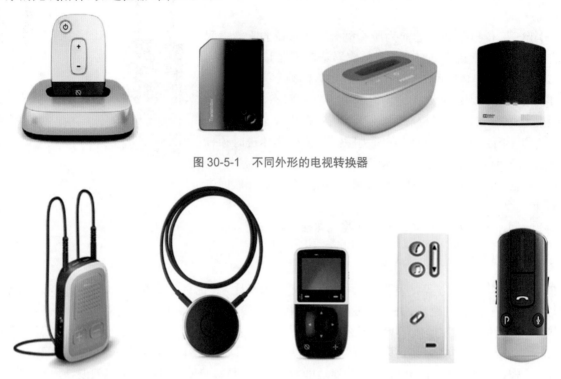

图 30-5-1　不同外形的电视转换器

图 30-5-2　不同外形的遥控器

　　蓝牙转换器将蓝牙信号转换为何种频段的无线电波常因不同公司所使用的无线技术而不同,其中也包括 2.4GHz 无线传输技术。有的公司将遥控器将蓝牙信号转换为 e2e 3.0 无线技术的信号,传输工作频段为 3.28MHz;有的公司多功能手机伴侣将蓝牙信号转换为 2.4GHz 无线传输技术的信号,传输工作频段为 2.4GHz。最后由内置有蓝牙接收器(实际为可与遥控器无线信号匹配的接收天线,非蓝牙模块)的助听器接收无线电波,并转化为声音传送至助听器使用耳。此外,目前也有部分助听器厂家的助听器无须蓝牙转换器,助听器内置了蓝牙模块,即蓝牙接收器接收蓝牙发射器发出的蓝牙信号(如手机、平板电脑等的蓝牙信号)。如助听器内置有蓝牙模块,即可在部分手机上直接接听、拨打电话。

　　(二)2.4GHz 无线传输系统的工作原理

　　2.4GHz 无线传输系统通常包含发射器和接收器两部分。发射器将音频信号转化为无线电波并发射出去,以 2.4GHz 通信工作频段进行传输,被接收器接收,再传给与接收器连接的助听器。如上文中提到的多功能手机伴侣和具有 2.4GHz 无线技术的助听器,多功能手机伴侣内置 2.4GHz 无线发射器,将已匹配接收的手机蓝牙信号转化为无线电波并发射出去,被内置有 2.4GHz 无线接收器的助听器接收并转化为声音;某公司基于 Roger 技术的络学笔(Roger Pen)和蓝芯 X(Clip X),在传统 FM 系统中加入 2.4GHz 无线传输技术,络学笔作为发射器将拾取的声音或接收的音频信号转化为无线电波并发射出去,再以 2.4GHz 载波频率进行传输,发送给接收器蓝芯 X,蓝芯 X 再将信号传给与之连接的助听器。

二、无线／蓝牙系统的连接及使用方法

(一)用无线／蓝牙系统接听、拨打电话

　　运用蓝牙技术可实现助听器与移动电话间的连接,让助听器佩戴者轻松聆听电话,这通常需要先将助听器与移动电话进行直接或间接的蓝牙匹配。直接蓝牙匹配适用于助听器直接与移动电话进行蓝牙匹配;间接蓝牙匹配适用于助听器需要使用蓝牙转换器(如蓝牙遥控器),助听器先与蓝牙转换器配对连接,再将蓝牙转换器与移动电话进行蓝牙匹配。

　　在进行蓝牙匹配时,需要将助听器或蓝牙转换器开机,移动电话打开蓝牙并查找周围可被查找的

助听器或蓝牙转换器进行配对；配对时根据不同助听器厂家要求输入或不输入 PIN 码，PIN 码通常为
"0000"，即可配对成功。蓝牙匹配后，助听器即可与移动电话实现连接，轻松聆听电话。此外，移动电话
上的语音、视频也可传至助听器收听。

（二）用无线/蓝牙系统看电视、听音乐等

运用无线/蓝牙系统可实现助听器与移动电话之外的音频设备间的连接，方便助听器佩戴者看电视、听
音乐等娱乐活动。对于具有蓝牙的音频设备，可直接通过蓝牙匹配，方法类似于如上与移动电话间的连接。
对于没有蓝牙的音频设备，需要借助蓝牙发射器或音频线与蓝牙转换器连接，再将音频信号传给助听器。

（三）用无线/蓝牙系统遥控调节助听器

无线/蓝牙系统使得助听器佩戴者遥控调节助听器及助听器之间实现通信成为可能。借助无线技
术，与助听器匹配的遥控器可对助听器进行调节，调节内容包括助听器的音量、程序、音调、静音、麦克风
收听范围等，还能读取助听器的状态，如型号、电量。

同样借助无线技术，双耳助听器之间实现通信，包括音量、程序、降噪、方向性等信息的同步，如增加
一侧助听器的音量，另一侧音量也将同步增加；双侧助听器还可将各自收集的声音信息进行数据共享，
把当前环境中所有的声音完整地呈现给助听器使用者，方便使用者对聆听环境的判断更准确，提高复杂
多变环境下的言语清晰度和舒适度。

此外，目前使用无线技术遥控调节助听器已不仅限于如上无线附件，越来越多的智能手机、平板电
脑等可下载安装 App（图 30-5-3），单独或与无线附件搭配使用来调节助听器的音量、程序等，方便助听器
使用者更便捷、轻松、高效地使用助听器。

图 30-5-3　安装于智能手机、手表上的不同 APP

（四）用无线/蓝牙系统进行小班教学

无线/蓝牙系统可当作远程麦克风（图 30-5-4），接收声源，并将声音信号转换为无线电波，传给与之
匹配的助听器，在一定距离范围内开展小班教学，这在一定程度上代替了 FM，且助听器无需体配式接收

图 30-5-4　不同外形的远程麦克风

器或音靴。通常，一台助听器可以配对一个以上的远程麦克风；相反地，一个远程麦克风也可配对多台助听器，方便用于教学。

（五）用无线/蓝牙系统进行助听器无线验配

使用无线/蓝牙系统可摆脱编程线的束缚，将助听器与无线编程器、电脑进行无线连接，实现助听器的无线验配（图30-5-5）。验配助听器时，在电脑上插入与无线编程器配套的蓝牙USB转换器，无线编程器与蓝牙USB转换器间通过蓝牙匹配，助听器与无线编程器间通过无线连接，如此通过无线技术，电脑上调节验配软件中的参数，即可无线调试助听器。目前已有无需蓝牙USB转换器的设备，例如NoaklinkᵀᴹwirelessΝoaklink™ wireless。

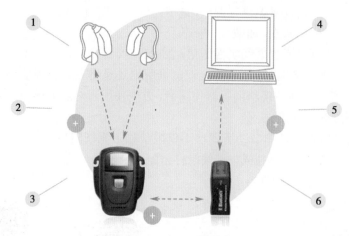

图30-5-5　无线验配示意图

三、无线/蓝牙系统的优缺点

无线/蓝牙系统使得助听器可无线接收、传输各种音频、数据信号，实现了助听器间及其与各种外部设备间的无线连接，更加方便、高效；此外，无线音频传输也使得用助听器收听音频设备的音质更佳，改善、丰富了听力障碍人士的生活、工作水平。

以蓝牙技术和2.4GHz无线传输技术为例说明：①采用全球通用工作频段2.4GHz，低成本，应用广泛，兼容性好；②无线技术协议提供的认证和加密，使得助听器与无线系统在进行配对连接时更安全，避免误配对；③相较于红外线等其他方式，抗干扰能力强，传输速度快，保证音频信号音质；④相较于FM系统等其他辅助听力装置，体积较小，方便携带；⑤传输距离适中，蓝牙的传输距离一般在10m以内，正好是一个房间的大小，非常适合家居环境或小班教学使用。

无线技术不足之处：①由于蓝牙技术和2.4GHz无线传输技术使用的ISM频段是一个开放频段，虽为抗干扰，采用跳频方式来实现扩展频谱，但当附近较多同频段诸如微波炉、无线局域网、科研仪器、工业或医疗设备时，仍易受干扰；②由于涉及助听器与遥控器、音频设备等（如手机、电视）的连接，需要使用者具备一定的设备操作、故障排除能力；③目前，不同厂家间的无线技术各有不同，如使用不同工作频段的无线技术，没有统一的无线标准，通常只能匹配连接同品牌的指定产品。

第六节　其他辅助听觉装置

一、感应线圈系统

感应线圈系统（induction loop system）是目前使用的辅助听觉装置中最老的产品。这种设备与助听器的T挡配合使用，通常应用在聋校、公共建筑、礼堂、影剧院等处。

（一）工作原理

感应线圈系统由麦克风、放大器、线圈和接收器组成。其中线圈围绕着听众，若听众众多，电线可能要布满整个房间或房间的一部分；若只是一个人使用，可以将线圈做成项链或项圈状戴在脖子上（图30-6-1）。

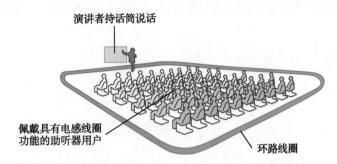

图 30-6-1　佩戴有电感线圈功能的助听器用户在环路线圈内

声音经麦克风拾取、转化，放大器放大，以电流的形式直接传递到线圈内；电流在线圈周围产生一个电磁场，磁场强度与输入信号成正比，这种带有声音信号的电磁波被助听器上的电感线圈接收；电感线圈里的电磁波又转换为音频电流，再经过助听器的放大处理，还原成声音信号（图30-6-2）。电磁耦合一般通过患者助听器的电感线圈（telecoil，即 T 挡）或个人感应放大器完成。

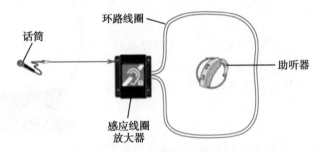

图 30-6-2　感应线圈系统工作示意图

感应线圈系统有几种用途：可成功地用于听力障碍者的集体活动，如听力障碍社团会议；再者，感应技术可用于将其他辅助装置（如 FM 系统、红外形系统）耦合于带有 T 挡的助听器；此外，带有 T 挡的助听器在置于 T 挡时，还可以拾取电话听筒的电磁式耳机中的电磁信号，并把它转换成电信号进行放大，用以更好地接听电话。

（二）优缺点

在环路线圈内，即使助听器使用者远离演讲者，其也能通过助听器的电感线圈接收到同等大小的声音；一般助听器使用者已经有接收器（T 挡），无须再购买，花费较低，携带也相对容易。

当然，电磁感应线圈系统也有缺点，包括助听器的 T 挡线圈要足够灵敏；对于部分无 T 挡的助听器（如 CIC）无法兼容该系统；信号溢出，一个房间里产生的磁场，可以被邻近房间的 T 挡接收，因此，多个房间均有线圈就会产生干扰，如学校教室；信号质量受其他磁场干扰，如荧光灯、电源线等。

二、红外线助听系统

红外线系统（infrared light wave system）是一种将声信号通过红外线传送的听觉辅助系统，常用于大会议室、剧院、教堂等公众场所，便于听力损失者与正常人一道参加活动。

（一）工作原理

红外线系统由无线麦克风、红外线转换器和红外线接收器组成。麦克风将声信号转化为电信号，传输至红外线转换器。转换器将电信号转换为不可见的红外线信号，接收器包含红外探测二极管，可接收红外信号，并转换为电信号。电信号可直接转换为声信号（听力损失较轻且未选配助听器者），也可通过感应线圈（助听器 T 挡）或直接音频输入（耳背式助听器）与助听器兼容。

（二）优缺点

红外辐射与光波一样以直线方式传播,因此容易被不透明物阻挡,被表面平的、颜色淡的物体反射,如天花板;且由于红外线会受太阳光干扰,因此该系统不能在户外使用。但也基于此,红外线具有无带宽限制、无电磁干扰、相连房间可以重复使用频率等优点,适用于无线电无法实现的环境,如医院、机场、银行。

三、声场放大系统

声场放大系统与前三者不同的是,它是通过声波把声音传送给收听者。该系统包括一个麦克风、一个放大器、一个或多个扬声器。

1. **工作原理**　声场放大系统的原理是通过放大需要的信号,或者把扬声器靠近收听者来减小背景噪声的影响。

2. **优缺点**　该系统最常用的场所教室,老师靠近固定的麦克风或携带有线麦克风,扬声器固定在墙壁上,可将老师的声音放大10dB左右。此外优点还包括收听者不需要佩戴任何设备,教室中所有收听者都可以收听到放大的声音,而不是仅配戴助听器的才能听到。

声场放大系统的缺点是当环境噪声特别大时,信噪比会下降,影响收听效果,这时需要说话者嘴靠近麦克风。

四、电视辅助听觉系统

电视辅助听觉系统是一种应用于电视中的辅助听觉装置,将电视声信号直接或通过无线方式传递给电视收听者,或产生一种视觉信号辅助收听,以帮助听力损失者提高感知电视声信号的能力。

（一）工作原理

电视辅助听觉系统的原理是利用声增益技术,将声信号放大,再将信号通过直接连接、2.4GHz、红外线、FM系统、感应线圈系统等方式传递给收听者(图30-6-3、图30-6-4)。

图30-6-3　某电视助听器

包括耳机部分的接收器,以及置于电视机旁小盒子状的发射器。

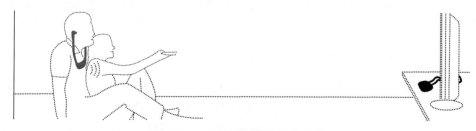

图30-6-4　电视辅助听觉系统示意图

接收器由听力损失者佩戴,发射器连接于电视,两者间的信号通过红外线传递。或内置了2.4GHz无线接收器的助听器可直接接收连有2.4GHz无线发射器的电视机声音信号。

此外,对于重度或极重度听力损失的听力损失者,声信号放大可能不够,还需引入视觉信号,在电视屏幕下方滚动字幕,即封闭字幕,补充或替代声音信号。目前,大多数字幕都会在电视节目编辑阶段添加进去,实时的字幕(如新闻、晚会)也慢慢普及。

（二）优缺点

电视辅助听觉系统能在维持电视音量不变的情况下,让听力损失者听到放大了的电视声音信号或是补充的视觉信号,方便其与家人或朋友一同欣赏电视。此外,对于配戴助听器的听力损失者,若助听器具有音频输入功能或感应线圈,还可以将电视辅助听觉系统与助听器相连,使声音信号得到进一步的放大。其缺点是电视辅助听觉系统是只针对电视应用的辅助听觉装置,局限性较大。

五、电话辅助听觉系统

电话是当今社会的主要交流手段。配戴助听器的听力损失者可以借助助听器的感应线圈（T 挡）、蓝牙技术或 FM 系统来接听电话。但是对于部分未选配助听器的，或是重度、极重度听力损失的听力损失者来说，这些技术就无能为力了。电话辅助听觉系统就是一类解决听力损失者打电话问题的辅助装置。

（一）工作原理

电话辅助听觉系统的工作原理与电视辅助听觉系统的原理类似，主要是利用声增益技术，将声信号放大，这通常是通过电话内置放大器（如助听电话，图 30-6-5）或连接辅助放大器（如电话听筒放大器和便携式放大器，图 30-6-6、图 30-6-7）来实现。

图 30-6-5　可调节音量和音调的助听电话

图 30-6-6　配有电话听筒放大器的电话

图 30-6-7　便携式放大器直接套在电话机听筒上即可使用

此外，对于重度、极重度听力损失的听力损失者，在声增益技术基础上，还需借助视觉信息，如可输入文字来交流的聋人电话（telecom devices for the deaf，TDD），也称文本电话，以便听力损失者更顺畅地交流（图 30-6-8）。

（二）优缺点

电话辅助听觉系统通过放大声音及补充视觉信息，为听力损失者，特别是未配戴助听器的患者，更好地收听电话提供了便利，但是其往往只针对固定座机电话，且通常需要选用具有特定标准的电话机，局限性较大。此外，对于聋人电话，电话的交流形式需要借助的是文字，通话者需要在配有的键盘上输入文字，部分还需要通过中继服务传输文字来与正常电话交流，操作较烦琐。

图 30-6-8　配有键盘和液晶显示器的聋人电话

六、信号警觉系统

对于听力损失者来说，日常生活中的一些声音，如门铃声、电话铃、闹铃等可能聆听困难或无法听到，这时可使用信号警觉系统。

（一）工作原理

信号警觉系统的工作原理是将声音转换成视觉信号或触觉信号，可以是专为一个人打电话或听门铃用的简单设备，也可是使用FM系统给整个环境传递信号的多线系统（图30-6-9、图30-6-10）。

图30-6-9　振动电话电子闹钟

其除可作为闹钟以振动提醒，还可连接上固定电话，在来电时振动提醒。

图30-6-10　闪震组合警觉系统

除了以上信号警觉形式，还有一种是助听犬，即通过对狗进行专业训练，在各种声音环境下识别特殊的声音信号，例如当听到门铃、电话、火警等时，提醒主人注意，然后将主人引导至声源处。

（二）优缺点

信号警觉系统将声信号转换为视觉或触觉信号，为重度、极重度听力损失者在声放大效果不佳时提供了另一种提示方法，且操作相对简单，费用也较低。但对于助听犬形式的警觉形式，主人和狗必须在专门的训练基地同时接受训练，还需在主人的家庭环境内训练一段时间，操作相对烦琐。

（王　杰　蒋　雯　段吉茸　戴　朴）

听力言语康复即听觉语言康复,有时也被称为言语听觉康复。主要是指听觉障碍个体在接受临床医学治疗或临床听力学手段(听觉补偿或听觉重建)介入之后,继而接受旨在最大限度地挖掘听觉潜能,建立良好聆听习惯,发展有声语言能力,实现有效沟通交流的有计划的过程性功能评估与训练。依据服务对象的生理和心理的年龄基础与特点的不同,临床实践中又可粗略地分为儿童和成人听力语言康复。

第一节　听力损失对儿童发展的影响

听觉是人类感知世界,学习言语、语言、阅读,发展认知能力的最有效途径。儿童处在身心发展的关键时期,听力障碍严重损害儿童的言语、语言功能。特别是先天听力障碍对其发展的影响远远不局限于此,还会影响着儿童认知、情感、个性,以及社会性的发展。1982年,布斯罗德(Boothroyd)从11个方面概括了先天性听力障碍对儿童发展的影响。①知觉障碍:听力障碍儿童难以通过声音辨识事物;②言语障碍:听力障碍儿童无法理解言语动作与语音的联系,难以获得言语控制能力;③交流障碍:听力障碍儿童学习语言困难,难以理解言语内容,很难参与交流;④认知障碍:听力障碍儿童难以通过听觉获得有声语言,只能通过具体形象认识世界,不能像健康听力儿童那样通过语言的抽象作用认识世界;⑤社会化障碍:听力障碍婴幼儿听不到父母的警告指令。除非建立替代交流方式,否则长大后也很难学习社会规则;⑥情绪障碍:听力障碍儿童不能通过语言交流满足自身需求,不能理解父母、同伴貌似突然、任性的情绪反应,常常感觉被人控制而不是自主,因而会感到迷惑、愤怒,逐步形成负面的自我印象;⑦教育问题:语言能力低下造成听力障碍儿童难以从正规教育中受益;⑧智力障碍:听力障碍儿童在知识和语言能力上的落后会导致智力落后;⑨就业问题:由于听力障碍儿童在言语言能力、知识水平、学习成绩和社会能力方面滞后,长大后就业机会也大大减少;⑩家长问题:由于孩子存在学习语言的障碍,家长会本能地减少语言输入和交流,发现孩子的异常后,家长常会否认或迷惑,难以发挥应有的作用,进一步妨碍孩子的情感和社会性发展;⑪社会问题:同家长一样,社会与孩子的互动也会受到影响(图31-1-1)。这一观点虽然至今仍被广泛引用,但近年来新的研究可以看出,学者们正在不断修正着人们关于听力障碍对儿童发展影响的认识,主要表现为以下几个方面。

一、听力损失对言语、语言发展的影响

(一)对听觉能力发展的影响

听力主要依赖完好的听觉生理器官和完整的听觉传导通路,而听觉则是人们能否听清、听懂声音的能力,是指在具备听音能力基础上的一种协调运用多种感官功能、认知心理能力等,对声音进行综合处理的过程。它是通过大脑对输入的声音进行分析后所获得的感受,是由感音、传导、中枢分析、传出等过程组成。这个过程的任何一个环节发生结构或功能障碍,均可导致不同程度的听觉障碍。

相对于具有任何类型听力损失程度的儿童而言,听力障碍的直接结果是听觉能力的丧失或者听觉能力的发展受到干扰。影响他们听觉信息获知的完整性,缩小感知范围,无法对语音做出全面、清晰的辨

图 31-1-1　先天性听力障碍对儿童发展的影响

识。与听觉相关的一些行为能力(如声音定位、距离倾听、跨听、随机听觉学习)的发展也会往往因此迟滞于具有正常听力的同龄人或者完全丧失。值得一提的是,尽管现代助听技术(如助听器、人工耳蜗)比历史任何时期可以为听力障碍儿童提供更为有效的言语声输入,使其像健康听力儿童一样因循着听觉、语言发展的路径和速度成为可能,但是永久性听力损失仍是不可治愈的,即便是配戴上最好的助听设备,也不可能像同龄的健康听力儿童在任何条件下都能听得一样好。这是因为,早发性听力损失常常就像一个声学滤波器,扭曲、限制或者消除着传入的声音。

(二)对言语、语言发展的影响

1. **对言语发展的影响**　言语是感知和发音运动并行的过程,需要呼吸、发音、构音三个系统协调动作,需要通过听觉、运动觉、触觉等内部反馈机制进行控制。听力障碍儿童由于听不到或听不清自身言语,因此,很难评价自己的发音是否准确并准确模仿他人的发音。听力障碍儿童的言语常表现出:①发音不清,可以表现在声母上,也可以表现在韵母上。声母会出现遗漏,如把"姑姑"/gu/ 说成"乌乌"/wu/,把"小猪"说成"小屋";歪曲,有时会发出汉语语音中不存在的音;替代,如用不送气音替代送气音,把"汽车"说成"技车","跑步"说成"饱步";添加,如把"鸭"/ya/ 说成"家"/jia/ 等现象。韵母会出现鼻音化,如发 /i/、/u/ 时有鼻音;中位化,如发 /i/ 时舌位靠后,而发 /u/ 时舌位靠前;以及替代,如用 /an/ 替代 /ang/,把"帮帮我"说成"搬搬我";遗漏等问题。②音量不当,音色或音质不好。讲话时,要么声音太大,要么声音太小。有的孩子讲话音调很高,有的孩子讲话像是喃喃自语。有硬起音,假嗓音等,让人感觉声带紧张,说话不自然。③语调、声调不准或缺乏,如"你为什么打我"说成"你为什么搭窝"。④语流不畅或语速不当,如"爸爸去上班"说成"爸爸去 / 上 / 班",在语句中停顿不畅。

2. **对语言发展的影响**　语言是交流的符号系统,儿童对语言的习得涉及语音、语义、语法、语用各方面。听力障碍儿童语言发展的特点体现在语言习得的各方面。在语义方面,听力障碍儿童的词汇量小且进步缓慢,滞后状态会持续到成年。听力障碍儿童对语言中成语、比喻等的理解以及对多义词的理解困难;在语法方面,听力障碍儿童的平均语句长度(mean length of utterance,MLU)比同龄健康听力儿童要短。交流中使用的语法结构较简单,使用简单句多,并经常发生语法错误。听力障碍儿童还较少应用副词、连词等具有语法功能的词汇;在语用方面,听力障碍儿童不擅表达交流意愿,会表现出不遵守交流规则。譬如，不能合理地导入话题，插话或者结束话题。与人交流时，听力障碍儿童不擅使用修补技巧。表达不清时，不是变换表述方式，而是不断重复自己的老话。在语音方面，由于听不到或听不清某些语音，听力障碍儿童的言语清晰度通常较差。

二、听力损失对认知发展的影响

认知能力指个体了解与认识世界的一系列心智活动，是人们成功完成社会职能最重要的心理过程。认知的基础是感觉和知觉，核心是抽象思维，是人们对事物的构成、性能、事物之间的关系、发展的动力、发展方向以及基本规律的把握能力。听觉是人们感知外界事物的主要渠道之一。听觉障碍阻碍或限制了儿童对外界信息获取，使其完全不能或者不能清晰的获取，致使其认知的丰富性和完整性的欠缺。传统观点认为，由于听力障碍，听力障碍儿童的视觉代偿能力较强，比健康听力儿童视觉敏锐，观察事物更仔细；听力障碍儿童的知觉形象以视觉形象为主，缺乏视听结合的综合形象，知觉的完整性、精确性比健康听力儿童差，更多借助视觉、触觉、运动觉协调活动，认识世界；学龄前听力障碍儿童的注意以无意注意为主，有意注意的水平低，稳定性较差；听力障碍儿童的短期视觉记忆和色彩记忆较强，但对易进行言语编码材料的短时视觉记忆能力较差；由于语言发育迟缓，听力障碍儿童的抽象逻辑思维形成较晚，水平也较低。例如，守恒问题的解决，比健康听力儿童要延迟1～2年。

但需要注意的是，随着研究不断深入，人们对听力障碍儿童认知发展规律和特点的认识一直在发生着变化。譬如，有人根据皮亚杰的认识发生论认为，尽管社会交往能够在某些方面促进认知能力发展，但认知结构中最核心的思维和解决问题的能力却来源于儿童对环境中物体的操作，因而，听觉及言语障碍并不直接影响儿童的认知能力。佛斯（Furth）等用皮亚杰任务对听力障碍儿童和健康听力儿童进行实验表明，听力障碍儿童只在需要语言交流能力的思维领域与健康听力儿童有微小差距，而在其他主要认知能力上并未受到影响。在听力障碍儿童智力发展方面，20世纪初，皮特纳（Pintner）等学者通过对听力障碍儿童实施智力测验，认为听力障碍儿童的智力水平低于健康听力儿童，但在1930年以后，通过改进心理学测量技术，采用非言语智力代表听力障碍儿童的一般智力，研究表明，听力障碍儿童的智力并不落后。进入21世纪，华东师范大学方俊明教授的"残疾人与正常人的认知过程的比较"课题通过系列实验得出结论：在认知发展过程中，感官残疾人与正常人相比，确实存在发展滞后，但这种差异并没有人们通常想象的那么大，随着年龄的增长和教育与训练，认知发展的差距逐渐缩小和消失。

尽管如此，对听力障碍儿童认知发展的认识还在不断深化，越来越多的研究正趋向得出一致的结论，即：听力障碍影响儿童的交流能力和运用语言进行思维的能力，因而会影响听力障碍儿童的认知能力，但听力障碍并不必然导致儿童认知发展异常，在给予及时、有效干预的情况下，听力障碍儿童同样可以遵循健康听力儿童的认知发展规律，获得与健康听力儿童一样的认知能力。

三、听力损失对个性、社会性发展的影响

个性和社会性发展是儿童发展的重要方面。个性反映儿童作为个体的心理特征，社会性反映儿童作为社会成员的适应状态。个性和社会性发展包括：情感、情绪的发展、人际认知的发展、自我意识的发展、自我控制与调节的发展、同伴友谊关系的发展、社会行为的发展、道德能力的发展等。由于听力障碍，儿童言语、语言能力发展滞后，获取外部信息和表达自身意愿的途径不畅，交流中难免遇到情绪困扰和情感挫折，进而继发个性、社会性发展问题。

1. 听力障碍儿童个性、社会性发展的主要特点　20世纪90年代初，国内学者李绍珠等对听力障碍儿童的性格和社会性发展特点进行了高度概括。认为听力障碍儿童在性格发展方面的主要特点为：①脾气倔强，好冲动。由于交流障碍，听力障碍儿童的家长有时不能及时满足听力障碍儿童的需求，有时会不恰当地惩罚或过分保护、管束孩子，因而造成听力障碍儿童易怒，好冲动，脾气倔强。②好动、好奇。听力障碍儿童总是不停地变换活动方式和姿势。如果要求他们安静地坐着，过不了多长时间，就会有疲劳表现，会动动手，踏踏脚，做各种小动作。听力障碍儿童的好奇心很强，总是不停地看、摸、动。听力障碍儿童的探索行为比较外露，对新奇的东西，不仅用视线观察，而且爱用手去摆弄。③易受暗示，模仿性

强。听力障碍儿童的视敏度较高,喜欢模仿别人的动作和行为。听力障碍儿童的自信心和独立性差,缺乏主见,易受暗示,常常随外界环境或成人的影响而改变自己的主意。在社会性发展方面主要特点表现为:①伙伴范围狭窄。由于听觉障碍,语言发展迟缓。听力障碍儿童无法和健康听力儿童一起玩,只愿意找听力障碍儿童玩。当周围没有其他听力障碍儿童时,往往一个人待在家,不愿意主动接触社会,自卑而胆怯。加之,家长怕别人歧视,往往也不愿意带孩子到公共场合活动,使得听力障碍儿童的伙伴范围狭窄。②社会交往欠缺,社会常识贫乏。听力障碍儿童对接触社会有畏惧心理,对家长的依赖性比健康听力儿童严重。家长常常把听力障碍儿童留在家里,即使出门,也不允许其离开父母,造成听力障碍儿童的社会交往机会少,社会常识贫乏。

2. 影响儿童个性、社会性发展的机制　听力障碍是如何影响儿童个性和社会性发展的呢? Schik 等通过对低龄听力障碍儿童进行错误信念测试发现,父母是能熟练使用手语的聋人的听力障碍儿童较易通过测试,而父母是健康听力人的听力障碍儿童较难通过测试。也就是说,听力障碍儿童的父母是能熟练使用手语的聋人,则其多能较好地理解别人的心理状态,而父母是健康听力人的听力障碍儿童较难准确理解别人的心理状态。Schik 等认为这一现象是由于使用手语的聋人能够较早用手语与自己的听力障碍孩子进行思想交流,而健康听力家长却难以与自己的听力障碍孩子进行抽象性内容的交流造成的。据此,可以推断听力障碍造成儿童与父母或他人的交流障碍,而交流障碍进一步影响儿童的心理发展。还有学者运用依恋关系理论解释听力障碍对儿童人格发展的影响。认为,最初的人际关系质量影响人的一生。如果一个新生儿的最初依恋对象,通常是妈妈,能够对孩子的需求进行合理回应,那么孩子成长过程中就会认为世界是安全的、友好的。如果一个新生儿不能与妈妈或其他照顾者建立依恋关系,或依恋对象不能对儿童的需求进行合理、一致的回应,那么儿童的人格发展就会受到不可逆的负面影响。由于依恋关系的质量很大程度上取决于父母与孩子交流的质量,因此,当听力障碍儿童的父母不清楚孩子的需求、愿望而不能对孩子的需求做出恰当回应时,或听力障碍儿童的需求、愿望超出自己的表达能力时,都会造成心理挫折,影响人格发展。

诚然,考察听力障碍儿童的个性、社会性发展同样需要注意在不同的干预条件下,听力障碍儿童的个性和社会性发展会呈现出不同的状况。美国学者尼古拉斯(Nicholas)和吉斯(Geers)等曾研究报道,5岁以前接受人工耳蜗植入的听力障碍儿童社会心理状况发展良好。近年来,人们已普遍认同,在给予及时干预的情况下,听力障碍儿童的个性、社会性发展与健康听力儿童并无显著差别。

第二节　听力障碍儿童听力语言康复的原则

在听力语言康复领域,人们把一些反映听力障碍儿童听力语言康复本质、条件、过程与效果,经过验证的一般规律性命题或基本原理,与人们的认识、实践联系起来,赋予方法论意义,便使其成为听力障碍儿童听力语言康复的原则,指导和规范着人们认识与实践。依据原则的适用范围和广度,我们可以把听力障碍儿童听力语言康复原则简单地分为宏观和微观两个层面。所谓宏观性原则,即指引领、组织和推进听力障碍儿童听力语言康复事业发展,应坚持和贯彻的整体性原则。所谓微观性原则,即指提供、推进听力障碍儿童听力语言康复具体服务过程中应恪守的细节性原则或行为规范。综合宏观和微观两个层面上的原则向量,听力障碍儿童听力语言康复的原则可高度概括为以下几点内容。

一、坚持"早发现、早诊断、早干预"

"早发现、早诊断、早干预"也称为"三早原则"。该原则以"关键期"理论为依托,强调人的神经发育早期存在着某个敏感阶段。如在该阶段接受特定刺激,神经功能就按预定轨迹发展。如在此阶段刺激缺失,神经发育就会受到不可逆的损害。即使在以后恢复刺激也难以弥补其发育损失。同理,听力障碍儿童在早期发育过程中存在着听觉、言语语言能力发展的关键期。关键期内给予适当的听觉刺激,他们的听觉、言语语言能力就会按照正常模式顺利发展。错过关键期,即使给予再多刺激,听力障碍儿童听觉、言语语言能力也难以发展到理想水平。为此,人们通过大量临床研究进一步证实早期干预对儿童言语、语言发展的重要意义。1998 年，克里斯蒂·约斯纳格（Christian Yoshinaga-Itano）等研究认为，出生后 6 个月是决定听力障碍儿童干预效果的自然时间界线，听力障碍儿童的最佳干预时间应在出生后 6 个月内。此后，又有许多学者报道了相似的研究结果。依据这些研究，美国疾病控制中心制定了听力障碍儿童的早期干预方案，提倡所有婴儿在出生 1 个月内接受听力筛查，没有通过听力筛查的儿童在 3 个月内接受全面的听力评估，听觉障碍得到确认的儿童在 6 个月内接受适宜的听力与教育干预。自此，"三早原则"被具体量化为"1、3、6"原则。有关听觉神经系统的研究进一步支持了这一原则，发现大脑听觉中枢直接参与人的言语感知和语言处理，并与人的阅读能力密切相关。听觉刺激对听觉中枢发育至关重要，能够影响中枢听觉通路的神经结构。如果缺乏听觉刺激，听觉中枢将出现神经发育的异常。接受听觉刺激越早，人的中枢听觉通路发育越好，越能为儿童言语、语言学习创造条件。还有研究认为，3 岁半以前大脑快速发育，如果听觉刺激缺失，大脑就会重组接受视觉等信号刺激，逐步弱化听觉处理功能。20 世纪 80 年代起，耳声发射、听觉诱发电位等适宜婴幼儿的听力检查技术逐步应用于临床，新生儿听力筛查得以大规模普及，为实施听力障碍儿童早期干预奠定了坚实的技术基础。

二、坚持医康教结合，综合干预

听力障碍儿童康复涉及听力补偿（重建）、听觉言语训练、言语矫治、语言教育、学前教育等诸多方面，必须坚持医康教结合，综合干预。由听力师、听觉言语康复教师、言语病理师、学前教师等组成跨学科团队共同参与，协调实施。

1. "能听会说"是听力障碍儿童康复的基本前提和基础，实现这一目标需要两方面工作保证。首先，要通过听力补偿（重建），确保听力障碍儿童听到清晰、完整的言语及环境声音，使听力障碍儿童的大脑尽早接受听觉刺激。其次，要通过有计划的教学和日常生活活动，为听力障碍儿童提供以听觉为基础的、丰富的、适宜其发展水平的口语交流机会。上述两方面需要听力师、康复教师，还有家长密切协作，共同承担，是典型的医教结合性质的工作。听力师负责为听力障碍儿童制定听力解决方案，承担听力学检查、评估以及选择、适配助听设备（助听器、人工耳蜗）等。听力师的工作不能仅停留在自己案头。首次评估时，就要主动与家长沟通，了解儿童听力障碍发生的原因、过程和实际的听力表现。完成助听设备适配后，应继续与家长、教师密切合作，持续跟踪、观察儿童的听力变化及助听情况，不断调整优化儿童的听觉能力状况。康复教师负责听觉、言语功能评估和相关康复计划的制定与实施，也需要与听力师和家长主动合作，密切沟通。一方面在听力师和家长的帮助下，准确了解听力障碍儿童的听觉、言语状况，科学制定训练计划；另一方面培训、指导家长实施家庭康复，并把听力障碍儿童康复中的实际听、说表现反馈给听力师和家长。听力障碍儿童有"能听会说"的需求，更有全面发展的需求。在实施听力干预，开展听觉言语训练的同时，还必须高度重视听力障碍儿童的全面发展，通过实施全方位的学前教育等有效提高听力障碍儿童的全面素质和能力。

2. 听力障碍儿童在言语、语言发展滞后的同时，常伴有运动、认知、情绪、行为等异常或障碍。国外有研究显示，在重度和极重度听力障碍儿童中，患多重残疾的比例高达 25%。听力障碍儿童中同时伴学习困难的占 9%，伴智力障碍的占 8%，伴视力障碍的占 4%，伴情绪或行为障碍的占 4%。我国第二次全国残疾人抽样调查显示，在 0～6 岁听力残疾儿童中有 72% 同时伴有其他残疾。因此，对听力障碍儿童实施综合干预，还可能需要言语矫治、物理治疗、心理干预等技术手段，需要言语病理师、物理治疗师、心理师等参与和支持。

3. 除了直接面向听力障碍儿童运用多种干预手段，综合干预还要求对听力障碍儿童日常所处的听力环境、交流环境进行必要的设计、改造。良好的聆听环境、丰富的语言环境对听力障碍儿童康复有重要的保障、促进作用，即使最现代的助听设备也不能完全补偿和重建儿童的听力。先进的助听器、人工耳蜗可以帮助听力障碍儿童听清数米外的谈话声，但其最佳有效距离仍然有限。因此，改善环境的声学特性及人们的交流行为，对改善听力障碍儿童的听觉能力状况有重要意义。美国教室声学设计标准（ANSI/ASA S12.60—2002）推荐，教室约能容纳 35 人，在无人状态下最大背景噪声不能超过 35dB，混响时间应控制在 0.6～0.7s。此外，听力障碍儿童只有接受大量言语刺激，积累丰富的言语、语言经验，才可能发展言语交流能力。研究表明,健康听力儿童从2岁起就可通过旁听别人谈话学习言语、语言。因此,听力障碍儿童接受言语刺激晚,言语经验少,更需要一个支持性的有丰富机会的语言交流环境(图31-2-1)。

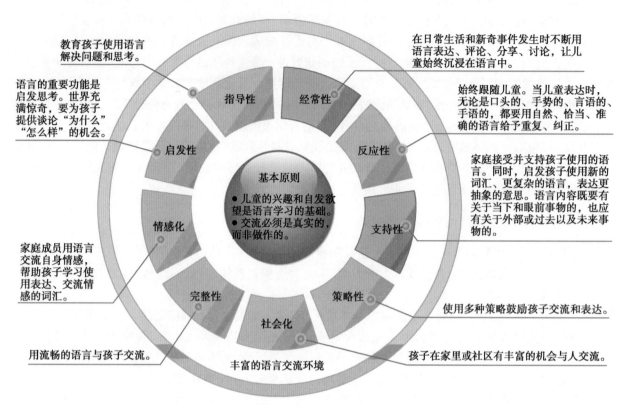

图 31-2-1　儿童所需丰富语言交流环境的构成要素示意

三、坚持遵循儿童发展规律

儿童的身心发展是康复的依据。听力障碍儿童康复的复杂性不仅在于听、说障碍本身,还在于承载障碍的主体处在幼稚的、动态的发展过程中。听力障碍儿童首先是儿童,听力障碍儿童的发展自然要受到儿童一般发展规律的制约。开展听力障碍儿童康复不能违背儿童发展的一般规律,追求速效、片面、表象的康复效果,而应把听、说能力发展放在儿童发展的整体视野中,设计康复计划,选择干预的方式、方法。

1. **开展听力障碍儿童康复必须遵循儿童听觉、言语的发展规律**　儿童的听觉、言语发展具有阶段性、渐进性,有鲜明的阶段特征和递进增长的规律,新能力的获得需要建立在已有能力的基础上。研究表明,健康听力儿童在出生后6个月开始掌握听觉技巧,大约在出生后40个月听觉技巧趋于成熟。听力障碍儿童的听觉发育同样经历着健康听力儿童听觉发展的阶段历程,其言语的发展也是如此。儿童听觉、言语的发展规律不仅体现在时间的阶段性上,也体现在听觉处理机制和语音发展的阶段性上。尽管目前对听觉处理机制的解释仍基本依据理论假设,但人们普遍认同,听觉处理至少应包含对声音的察知、分辨、识别、理解四个阶段,儿童听觉能力的发展正是经历上述阶段依次展开。需要注意的是,儿童的语音获得虽然也具有时序性特点,但最新研究表明,儿童的言语感知和学习是在实际交流中整体进行的,儿童首先感知的是言语的语调轮廓,而不是特定的语音结构。关于儿童听觉、言语发展规律的认识是实施听觉言语训练的基本理论依据。

2. **开展听力障碍儿童康复还必须遵循儿童的语言习得规律**　儿童语言习得过程包含了对音、义、法的理解、表达以及对语言实际运用能力的掌握。在语音上,由易到难。掌握双唇塞音在前,而掌握舌尖塞擦音在后;在词汇上,由少到多,由具体到抽象。词汇的理解先于表达,儿童在能说出10个词之前,平均能理解 50 个词。据调查,我国儿童 3 岁时平均能掌握 1 000 个左右的词汇,到 6 岁时可以掌握 3 000 多个词汇;在语法上,由不完整到完整。语句逐渐变长,从使用独词句,发展到使用完整句、复句;在语用上,由不完善到完善。从最初只单纯表达交往愿望,到运用语言解决问题,学会根据情境选择表达方式。儿童的语言习得是以全面、整合的方式进行的,是对语言形式、内容、运用的综合习得。学习语言首先是掌握语言的规则,而规则的学习是通过创造和实验进行的。儿童学习语言从把握整体开始,再逐渐学会部分。儿童首先学会在相似的情景中使用完整的话语,然后将它拆成部分单词。婴儿即使只会说一个单词、一个音节,也不能说他们是从单词开始学习语言的。他们发出的每一个单词实际上代表一个完整的语言整体,在特定情景中表达一个完整的含义。

3. 开展听力障碍儿童康复还必须遵循儿童的心理发展规律　儿童是自主建构的个体。儿童的知识产生于动作,产生于活动中的操作而非物体。儿童的认知发展是积极主动的建构过程。儿童的心理发展可分为感知运动阶段、前运算阶段、具体运算阶段和形式运算阶段。思维经过直观行动思维、具体形象思维、抽象逻辑思维等阶段逐步走向成熟。直观行动思维和具体形象思维是婴幼儿思维的主要形式。这就决定了简单的生活活动和游戏活动是幼儿可适应和接受活动的全部。

总而言之,对儿童发展规律的认识决定了康复目标、方法的选择。设定康复目标应考虑听力障碍儿童的发展阶段和认知水平,实施干预也应考虑听力障碍儿童的接受特点和学习规律。开展康复要坚持尊重听力障碍儿童的主体地位,充分运用游戏调动其参与听、说的积极性,努力保持干预过程的轻松、快乐。要坚持把有意义的交流作为儿童听觉言语训练的主要手段,通过创设交流情景调动听力障碍儿童参与交流的兴趣,而不能机械、枯燥地进行音节、单词、句子等训练。

四、坚持定期评估,不断优化听觉能力、语言能力

1. 开展定期评估,制定明确的训练目标　①定期对听力障碍儿童听觉言语、语言能力进行评估;②以全面、准确的评估为基础,制定合理的言语、语言阶段发展目标,并不断修正完善;③言语语言训练要与听觉训练和认知训练紧密结合、共同推进(表 31-2-1);④在言语语言训练中,要注重学习内容的实用性。

表 31-2-1　听力障碍儿童听觉、言语、语言训练目标要点提示

领域	目标	要点	训练形式与内容举例说明
听觉能力	培养孩子在日常环境随时聆听的习惯	加强提升听觉能力技巧	• 林氏六音(普通话七音)的觉察与辨识 • 听辨字词 • 听觉记忆 • 听觉描述 • 语音特性的辨识 • 儿歌童谣的辨识 • 音像介质中的指示与故事的倾听 • 背景噪声中选择性听取 • 团体对话中的倾听 • 跨听
说话	清晰地表达	加强提升语音清晰度与正确性	• 呼吸训练 • 鼻音训练 • 嗓音训练 • 声韵母的发音练习 • 声韵母组合(拼音)训练 • 四声声调练习 • 超语段的练习 • 常见事物命名训练

续表

领域	目标	要点	训练形式与内容举例说明
语言	经由单字的重复、词汇的运用到句子的组合，让孩子在自然有意义的情景中进行模仿与学习	加强提升语音清晰度、正确性以及表意的准确性	• 词义理解训练 • 各项词性的运用训练 • 组词训练 • 指定词模仿造句训练 • 句子成分扩展训练 • 句子语气转换训练 • 句子类别转换训练 • 句子语义转换训练 • 随意造句训练 • 交际中的表达训练
认知	依据孩子的年龄及认知水平，拓展认知知识范畴，扩充其概念类词汇，继而促进其听觉能力与语言能力水平	丰富认知经验，加强提升认知水平，促进听语智能发展	• 事物基本物理属性与对应概念理解训练 • 空间形式关系与对应理解训练 • 数的概念理解训练 • 类别关系与对应理解训练 • 序列及推理与对应理解训练 • 测量技能与对应概念理解训练 • 时间关系与对应概念理解训练 • 因果关系与对应理解训练 • 运动和速度概念理解训练 • 社会常识、社会关系与对应概念理解训练
沟通	学会与他人沟通的技能，主动而自信地参与社会，并与他人成功地互动	依据孩子的需要，创设情境，练习各项沟通与社交技巧	• 提升语义能力训练 • 提升语法能力训练 • 提升语言知觉训练 • 提升语用技巧训练 • 提升阅读能力训练 • 沟通行为：眼神的注视、轮替、礼貌问候、主动与他人互动 • 沟通策略：要求重复、肯定部分信息、要求说明、适当地转换话题、分享对话的主导权、提供说明

2. 确保最佳听觉能力，注重听觉优先　①确保听力障碍儿童在非睡眠时间全程使用助听设备，并处于最优助听状态是实施听觉训练的前提；②在确保听力障碍儿童听力补偿效果最优的基础上，尽早培养听力障碍儿童的聆听意识和听觉反馈能力，减少或消除听力障碍儿童对视觉等辅助手段的依赖，培养听力障碍儿童借助听觉进行沟通交流的习惯；③营造丰富而有意义的听觉刺激环境，让听力障碍儿童认识多种多样的声音，切忌单调的声音环境，丰富其听觉经验；④听觉训练应和语言训练相结合；⑤在实施听觉训练时，要根据听力障碍儿童的不同听觉发展水平，及时调整训练难度。训练的难度体现在听觉训练形式、呈现的语言内容、语音特性的相似度、上下文或语境线索、聆听环境等多个方面。图 31-2-2 列举了一些听觉训练由易到难调整策略，可供听觉训练的实施提供有益的参考。

3. 依据儿童言语语言发展的自然规律实施有效训练　①营造丰富的语言刺激环境，引导听力障碍儿童产生听觉注意，强化语言听觉积累；②训练听力障碍儿童在各种情境下准确理解语言的意义，完成相应要求；③在语音听辨和语言理解的基础上，逐步提高其言语语言能力、表达能力、沟通交往能力以及阅读、书写、拼音等更高级的语言技巧；④贯彻自然学习和正规教学相互结合，根据听力障碍儿童个体状况，决策自然学习和正规教学的时间比重。图 31-2-3 展示了儿童言语、语言发展的进阶过程，可以帮助我们更清晰地了解儿童言语语言发展的完整过程。

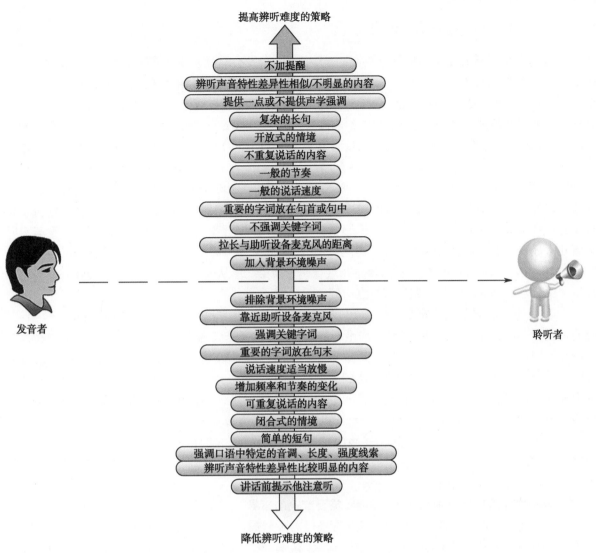

图 31-2-2　听觉训练由易到难的调整策略

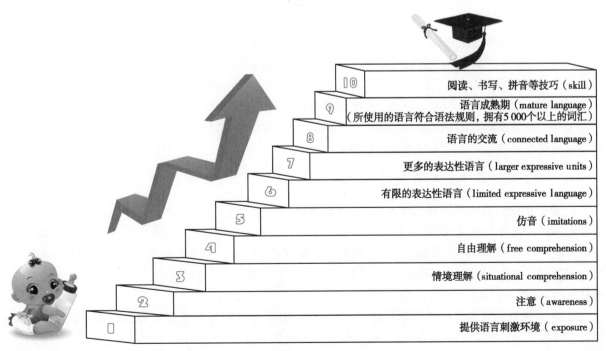

图 31-2-3　儿童言语、语言发展的进阶

五、坚持发挥家长的主导作用

1. 家庭是大多数儿童生活的重要资源　一般来说,在没有接受系统教育时,健全儿童会学到很多残疾儿童无法掌握的技能。对于残疾儿童来讲,居家的日常生活并不能给他们提供足够的操作机会和反馈,自然地掌握所需的各种特殊技能。家长在听力障碍儿童康复中扮演着不可替代的角色。家长与孩子有先天的血缘和情感联系,家庭教育有强烈的感染性、渗透性,家庭环境、家长的交流方式对听力障碍儿童的言语、语言发展有重要影响。哈特(Hart)和瑞丝利(Risley)研究认为,家长的说话方式和言语丰富程度决定了儿童的语言发展水平。通过调查,他们发现在专业人员家庭中家长平均每小时能对孩子讲2 100个词(英语),在工人家庭中家长平均每小时对孩子讲1 200个词,而在需社会福利救济的家庭中,家长平均每小时只对孩子讲600个词。在经济社会条件较差的家庭中,家长不仅话语量少,而且谈话中较少修饰和提问,并经常忽视孩子的交流愿望。由此可见,相对于同龄健康听力儿童而言,家庭对听力障碍儿童成长和发展更具特殊的意义和功能,"参与"成为听力障碍儿童家庭必需的责任与义务。这是家庭参与(family involvement)成为听力障碍儿童早期干预实践遵从的重要原则、成为听力障碍儿童早期干预研究中日益受到关注的重点领域或热点问题的重要原因。

2. 家庭康复不同于机构康复　传统上,人们常常把家庭康复作为机构康复的辅助和补充,事实上,随着现代听力学技术不断进步,干预时间不断提前,家长越来越成为康复的第一责任人。家庭康复与机构康复不同,不是对孩子进行正式的听觉言语训练,而是立足日常生活,通过积极回应孩子的交流愿望,鼓励孩子在交流中对成人言语进行模仿达到康复的目的。Ling(1988)研究认为,即使干预时间相对晚的听力障碍儿童,譬如,3～4岁时开始接受干预的儿童通过在实际交流中运用口语所获得的言语语言能力也要强于通过正式言语教学所获得的。当然,机构康复有家庭康复不可替代的作用。康复机构不仅负责对听力障碍儿童进行全面评估,制订、实施康复计划,还负责家长的培训和指导。机构康复同时能解决家庭康复的难题,如通过正式的言语训练、言语矫治可以纠正听力障碍儿童的异常发音,可以帮助听力障碍儿童学会某些困难的发音。

3. 家长作为家庭参与中最活跃的因素,需要专业的指导　家长承担康复职责首先要克服心理障碍,端正自身态度。家长在明确知道自己的孩子存在听力障碍后,会有强烈的痛苦体验,心理上会经历否认、愤怒、讨价还价、沮丧、接受等阶段,在生理、情绪、认知、行为上发生系列变化。康复工作者应帮助家长积极接受、面对这些变化,既不抱怨、躲避、羞于见人,也不内疚、自责、过于保护,逐步树立起帮助孩子康复的信心。尽管家长在听力障碍儿童康复过程中扮演着重要角色,但根据Cole等研究,与健康听力儿童家长相比,听力障碍儿童的家长恰恰表现出许多不利于孩子听、说能力发展的交流特点:①与孩子的谈话少;②自我重复多;③扩展少;④句子短;⑤语法结构简单;⑥拒绝、批评多,经常忽视孩子的反应;⑦直接命令多(试图控制孩子行为);⑧经常从孩子的关注点、行为和话语转移成成人的话题;⑨言语速度快,不流畅,不清楚,不悦耳。因此,康复工作者应帮助家长学习掌握必要的康复知识、方法与技巧。指导家长将科学的理念、知识转化成有利于儿童听、说能力发展的日常行为。只有如此,家长在听力障碍儿童康复过程中才能更好地发挥出应有的重要作用。

六、坚持促进听力障碍儿童全面发展

1. 康复的最终目的是促进残疾人平等、全面地参与社会生活　实现这一目标需要克服功能障碍,也需要消除物理及社会环境的障碍,更需要残疾人素质全面提高。同样,听力障碍儿童要实现与健康听力儿童一样平等接受教育,全面参与社会生活的目标除了要有良好的听、说能力,还必须有健康的身心以及全面的知识、能力为支撑。只有全面发展,具备全面参与和竞争的能力,听力障碍儿童才能最终实现康复的目标(图31-2-4)。

2. 全面发展的观点是一种哲学精神,也是近代心理学研究应用于教育领域的结果　在这一核心主旨思想的指引下,"全面康复教育"的实践必须贯彻的两个基本原则是:①"全面康复教育"的提供必须立足于健康听力儿童的成长和发展。即坚持把健康听力儿童一般发展的阶段特征、发展顺序和发展速度作

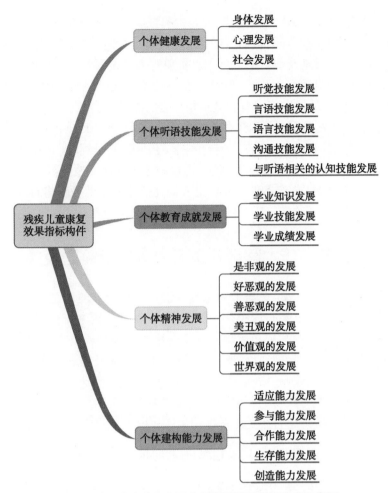

图 31-2-4 残疾儿童全面康复发展效果指标构建示意图

为评价听力障碍儿童是否特殊、存在何种特殊以及观察儿童进步状况的参照系。只有在完全把握了健康听力儿童的一般成长和发展规律的基础上，才能较好地了解听力障碍儿童的发展潜能、不足和进步。这就要求"全面康复教育"实践者必须了解和掌握健康听力儿童的发展规律，尤其是健康听力儿童发展的一般顺序性和阶段性特征，并始终以健康听力儿童发展标准指引"全面康复教育"实践的目的和方向。②"全面康复教育"的实施必须保证听力障碍儿童的全面发展。即所提供的康复教育既要满足听力障碍儿童共性发展需要，又要满足听力障碍儿童的特殊教育需要，并使其在满足两方面需要间达到平衡与协调。这里所说的共性发展的教育与满足特殊需要的康复教育间的平衡并非指两者在整个课程中的权重相等，而是两者的比例依听力障碍儿童的不同需要、种类和程度而变化。经验表明，特殊性越轻，特殊需要的成分越少，共性发展教育的比重越多；特殊性越重，所需的特殊康复教育和帮助越多，用于共性发展教育的课程时间越少。

3. **儿童的各项素质和能力是内在紧密联系的统一整体** 儿童的语言能力不是孤立存在的，它与儿童的认知能力、交流经验、知识储备等紧密相关。儿童的实际交流能力更远远超出语言能力的范畴。有研究表明，人们在谈话时所传递的信息只有 7% 是通过言语，而有 38% 通过语调，55% 通过面部表情和身体动作。没有健全的素质和丰富的实际交流经验为基础，听力障碍儿童的语言能力和实际交流能力将很难得到有效提高。对听力障碍儿童实施全面培养，支持其参与到幼儿园和正常的社会生活中去，不仅可以促进其全面发展，还能丰富其语言操作经验、交流经验，为提高语言能力和交流能力创造条件。因此，我们反对孤立、机械地开展听觉言语训练，提倡重视听力障碍儿童的全面培养，提倡将听觉言语训练与学前教育和儿童的全面培养有机融合、协调推进。

4. **听力障碍儿童具备全面发展的潜质，接受全面康复教育是他们的权利** 听力障碍儿童处在人生发展的奠基阶段,这一时期生理、心理、行为等的发展状况直接影响和决定其今后一生。单纯强调听、说能力训练,忽视听力障碍儿童全面素质提高,将会影响听力障碍儿童的身心和谐发展,给其未来学习及社会生活埋下隐患。现实中,不难发现个别达到同龄健康听力儿童听觉、言语水平的听力障碍儿童由于综合经验、知识、能力不足,离开康复机构后却难以适应普通幼儿园或小学的生活。我国《幼儿园工作规程》(1996)指出,幼儿园的任务是:"实施保育和教育相结合的原则,对幼儿实施体、智、德、美诸方面全面发展的教育,促进其身心和谐发展。"《幼儿园教育指导纲要(试行)》(2001)规定"幼儿园的教育内容是全面的、启蒙性的,可以相对划分为健康、语言、社会、科学、艺术等五个领域,也可作其他不同的划分。各领域的内容相互渗透,从不同的角度促进幼儿情感、态度、能力、知识、技能等方面的发展。"在对听力障碍儿童进行听觉言语训练的同时,创造条件帮助其进入幼儿园接受学前教育将有力地推动听力障碍儿童的全面发展。

第三节　听力障碍儿童听力语言康复的模式

听力障碍儿童听力语言康复模式,是基于儿童听力语言康复相关理论建立起来的,从实践出发,经概括、归纳、综合提出的较稳定的框架和程序。一般说来,康复模式较为概括、抽象,而康复方法则较为实在、具体。一种相对稳定、卓有成效的康复模式常常会运用到多种康复方法;一种长期稳定使用的康复方法,如有明显的排他性特征,则可形成某种康复模式。可见,康复模式与康复方法两者既有差异性,又有同一性。言语及听力障碍儿童听力语言康复模式的具体表象,可因认识理念、服务提供主体场所、个性化方案针对性以及具体康复方法等的不同分成不同的类别。目前,国内对于听力障碍儿童听力语言康复模式的划分主要依据的是听力语言康复服务提供主体和场所不同或者采用具体康复方法的不同。

一、基于听力语言康复服务提供主体和场所不同的模式分类

1. **医疗门诊式服务模式**　由于听力障碍儿童的听力检测与鉴定是以医院提供的临床诊断为依据的,或者其助听辅具的验配、调试是依托听力企业设置的验配店完成的,因此许多听力障碍儿童的康复介入是从医院或助听设备技术服务店所提供的时段式听觉训练开始的。服务对象的年龄涵盖儿童全程。通常采用门诊预约的方式,以直接训练听力障碍儿童为主,由治疗师每次提供30min～1h的"一对一"的听觉言语训练。虽然也倡导听力障碍儿童家长或主要照顾者充分参与,但很少花心力为听力障碍儿童父母制定其在家能执行的干预方案或去引导家长如何将专业的干预技能、技巧运用于家庭自然情境下的有意义学习。

2. **特殊教育式服务模式**　即听力语言康复服务由特教学校或者普通学校设置的特教班所提供的一种服务模式(如聋校下属的听觉口语强化班)。该模式主要是把听力障碍儿童集中在一班上课,大部分活动均在班级内进行。所提供的课程内容会偏重于听力障碍儿童技能的发展,上课的内容、进度会依据听力障碍儿童的障碍程度简化或减量。教室环境较普通班级相对结构化,室内多有配备集体式的语训器。班级人数一般在15～20名左右,师生比例较高,基本上能够为每个听力障碍儿童提供个别化听语训练的服务。但是,有关听觉能力管理、专项言语矫治以及专业的听力学服务等,由于相关专业人员欠缺,多依靠家庭或者通过协议性转介方式实现。这种服务模式下的听力障碍儿童由于班级人数少,同伴能力普遍弱,社会互动环境和机会较为不足,不过可以通过"对口活动"的方式安排听力障碍儿童与健康听力儿童互动。

3. **机构中心服务模式**　目前,国内对听力障碍儿童实施的康复服务多属于机构中心模式,被服务的对象多以0～6岁听力障碍儿童为主。除了各级残疾人联合会主办的康复机构以外,也有相当比例的机构是属于民办公助、公办民营,或是政府购买服务的民办非企业机构。凡是被评定接受为听力障碍儿童康复救助项目的定点机构,无论在机构的结构质量要素(如办园资质、自我管理、基础设施配备、人员队伍建设),还是在机构的服务过程质量要素(如听力学服务、康复教学服务、社区服务),以及机构服务效果质量要素(如家长满意、个体听语康复质量、整体入普通小学普幼儿园比率)方面皆达到准入标准。该

类机构都已接受中国听力语言康复研究中心主导的"听力障碍儿童全面康复"教改轮训，除了为听力障碍儿童提供直接的学前教育教学、听觉能力管理、听觉口语训练、言语矫治以及精神心理干预等服务外，还为其家长和家庭提供亲子教育培训指导、团体心理辅导与专业咨商等不同程度的支持性服务。机构中心模式主要提供时段制和日托制两种服务方式。无论是时段制还是日托制中个别化训练课程都以听觉口语法为主导康复方法，并强调家长参与同训。通常情况下，父母或监护人与听力障碍儿童按照机构所安排的时间前往接受服务，个别化训练课程每次至少为30min～1h。服务频次一般由机构根据听力障碍儿童个体首堂评估或持续评估并结合家长的意愿给出。接受日托制康复的听力障碍儿童，普遍为每日1次，每周5次。有额外需求的家庭还可向机构提出特别申请。除了个别化训练课程之外，日托制下的其他课程内容和活动作息与普通幼儿园的课程要求大同小异，只是单位教学时间内的内容会简化。教室环境除了需要符合学前教育幼儿园教室环境创设的要求与标准以外，更强调教师声学环境优化。相对于其他模式而言，康复机构更具备各种不同专业背景知识和技能的训练人员，更易于以合作的方式协调不同专业间的智力资源，为受训的听力障碍儿童及其家庭提供整体性康复服务，解决听力障碍儿童所面临的发展性问题。

4. 融合教育服务模式 20世纪70年代后，越来越多的国家仿效英美的做法，对特殊教育进行改革，使"一体化""回归主流"成为国际特殊教育的潮流。无论一体化、正常化、回归主流，还是20世纪90年代的全纳教育，其本质都是一致的，这就是融合。正因如此，有的译者就把"integration education""inclusion education"翻译成"融合教育"。大部分的融合教育模式是在普通学校或普通幼儿园的普通班中进行。听力障碍儿童"随班就读"就是体现中国特色的融合教育。但是，由于融合教育学校自身所需的专业资源（专业团队、资源教室等）支持的缺失，目前多数听力障碍儿童的"随班就读"更像是"随班就座"或是"随班混读"。为了解决融合教育学校自身专业资源的不足，教育系统多采用专业人员巡回辅导服务方式，通常每周一次，作为听力障碍儿童随班就读的支持性服务补充，提供专业辅导，以协助普校或普幼的教师教导听力障碍儿童。但是，代表着融合教育显著特征的组成部分并没有得到充分的落实，我国听力障碍儿童的融合教育模式还有着很大完善和发展的空间。

5. 家庭本位服务模式 随着家长团体为听力障碍儿童权益的努力争取和相关政策措施的修正等多因素的影响，听力障碍儿童家长的作用逐渐受到重视，并被接纳视为重要的康复资源。自进入21世纪以来，以家庭为本位的康复模式有了更清晰的界定，可根据家庭意识、中心定位与处遇能力水平由低到高分为四种类型：①专家中心式：家庭的能力不足，因而有赖于专家或个别化教师以专业观点决定家庭需求和满足需求的方法；②家庭联合式：家庭能力略佳，可以在专家或个别化教师指导下执行相关改善活动，只是需求、下一阶段的目标与方法仍多需要依赖专家来评定；③家庭焦点模式：家庭相对较有能力来执行和选择改善活动，能与专家或个别化教师共商阶段目标与方法，专家或个别化教师则只是促进家庭选用相关的专业服务；④家庭中心式：专家或个别化教师视家庭为伙伴，介入计划具备个别化与弹性，且依家庭认定的需求而设计，介入目标通常设定为增强与支持家庭功能上，专家或个别化教师的角色依据家庭需求或家庭决定而定。随着中文听觉口语法的推广，家庭本位框架下的家庭中心模式正在逐步成为我国小龄听力障碍儿童康复服务的重要模式。

二、基于具体康复方法不同的康复模式分类

自听力障碍儿童产生以来，语言康复教学就成为听力障碍儿童康复的核心内容之一，语言不仅是康复教育的工具，也是听力障碍儿童康复教育的主要内容。在两百余年特殊教育与临床康复实践的探索过程之中，由于理念不同以及不同阶段科技发展水平的影响，听力障碍儿童的康复围绕着沟通与语言教学逐步形成了一系列具有代表性的语言康复方法，除了大家熟悉的手语法（sign language）以外，还发展出了听觉口语法（auditory-verbal therapy，AVT）、听觉口说法（auditory-oral，AO）、提示口语法（cued speech）、全面交流法（total communication），以及双语双文化法（bilingual and bicultural）等。因此，听力障碍儿童的康复，也会因服务提供者所采用的主导方法不同而区分为不同的康复模式。

1. 听觉口语法模式 听觉口语法是一套提供协助听力障碍儿童发展听说能力的方法体系。它强调

早期干预、配戴助听辅听设备、家长参与、"一对一"式的教学、规避或降低说话时的视觉提示、经常性的听觉能力评估与及早融入普通学校。时至 20 世纪中叶，随着科技的日新月异与专业人才的兴起，听觉口语法正式推广开来。该方法以发展有声语言和沟通技巧使听力障碍儿童融入听力社会作为主要目标。在听觉能力获得方面，它主张及早地、持续地和成功地使用助听辅听器具（如助听器、人工耳蜗、FM 调频系统等）是这种方法的关键；在接受性语言发展方面，它主张听力障碍儿童借助坚持并成功地使用个体助听辅听设备，可以学会说话；在表达性语言发展方面，它强调发展孩子的有声语言表达，也要发展其阅读和书写能力；在家庭履责方面，它强调发展儿童的语言是家庭的基本责任，期望父母能将听语训练持续地融入听力障碍儿童的日常生活和游戏活动之中。因此，作为听力障碍儿童的父母必须为孩子提供一个丰富的语言环境，确保全天都在使用助听辅具，确保聆听成为孩子获得所有有意义经验的一部分。该方法模式要求听力障碍儿童父母要深度参与，以便他们学会相应的技能、技巧，成为听力障碍孩子自然学习与听语训练教导者。这一方法模式与其他的听觉口语教育方法相比，最大的差异在于对听力障碍儿童父母或主要监护人的角色定位的不同。

2. **听觉口说法模式**　听觉口说法也是针对听力障碍儿童实施听觉口语教育方法的一种。采用听觉口说法模式者，把发展听力障碍儿童融入听力社会所必需的言语和沟通技巧作为根本性目标。同样强调借助助听辅听设备最大限度地利用听力障碍儿童的残余听力，使用读语方式来帮助孩子实现交流。尽管支持自然手势的使用，但不鼓励任何手语交流。在听觉能力获得方面，它也主张及早并坚持使用助听辅听器具（如助听器、人工耳蜗、FM 调频系统）是此种方法的关键；在接受性语言发展方面，它主张通过及早地并持续、成功使用助听辅听设备与读语训练相结合，听力障碍儿童就可能会讲会说；在表达性语言发面，同样强调既要发展孩子的有声语言表达，也要发展其书写能力；在家庭履责方面，与听觉口语法模式的主张基本相同，也要求家长的高度参与。所不同的在于它并没有突出强调父母应成为听力障碍孩子自然学习与听语训练教导者，只是提醒家长应在康复训练过程中，突出强化听力障碍儿童的听力发展、读语和言语技能。

3. **提示口语法模式**　提示口语法其实质是一种凭借手型（handshapes）线索辅助呈现不同言语发音的视觉交流方法。与人讲话时，借助手型辅助线索可以使人看清正在说的话。这一方法有助于听力障碍儿童区分相同唇形的语音。该模式采用者，亦将融入听力社会所必需的发展言语和沟通技巧作为主要目标。在听觉能力获得方面，强烈建议使用助听辅听设备，最大限度地利用残余听力；在表达性语言方面认为，听力障碍儿童通过使用助听辅听设备、读语和使用呈现不同语音的手型线索是能够学会讲话的；在家庭履责方面，该模式认为家长是听力障碍儿童学会提示口语法的基础教师。父母中至少一人，应该两人都必须学会此法，当他与孩子进行交谈的任何时候，都能流利地使用手型线索促进孩子适龄言语与语言的发展。为此，该模式提供授课教师通过班级教学帮助家长学会暗示口语的方法，但要求家长必须花费大量的时间进行练习，才能熟练地使用手型线索呈现不同言语发音的视觉信息。

4. **全面交流法模式**　全面交流法也被叫作综合沟通法或者综合交际法。此种模式并不倾向于哪种沟通方法，而是综合运用手语法、手指法、口语法、读语法、体态语言等方法开展康复教学。其将为听力障碍儿童提供一个与同伴、老师和家庭之间容易的、最少受限制的信息沟通交流的方法作为根本目标。特别强调口语与手语同时呈现则有利于听力障碍儿童运用其中的一种或两种方式进行交流。在家庭履责方面，该模式认为家长至少有一人，但最好是所有家庭成员，应该选择学习一种视觉语言系统（如手语），通过充分的交流以发展孩子的适龄语言。同时提示家长，掌握手语词汇和语言是一个长期的、持续的过程。随着孩子表达需求的扩大，手语表达也会变得更为复杂，家长应为孩子提供一个有益于刺激语言学习环境，即鼓励听力障碍儿童坚持使用助听辅听设备，与其说话时更应坚持不懈地同步配以手语，流畅的手语使用应成为家长与孩子日常交流的一部分。

5. **双语双文化模式**　双语双文化模式在特殊教育法范畴也称为双语教学法，是指在聋校教育中让学生学会聋人手语和本国语（包括书面语和口语），能使用这两种语言学习文化知识，能用两种语言进行交流，成为"平衡的双语使用者"。双语双文化模式主张应将"聋"看作一种文化和语言的差异，而不是将它看作是一种残疾。聋人手语（而非手势汉语）是聋人交往的最自然、最流畅的语言，因而也是聋人最喜欢的语言。故而,该模式强调聋人自然手语应作为聋童的第一语言,健康听力人使用的本国语言应作为聋童学习的第二语言。该模式主要是在聋校实施,针对在校就读的全聋和重度听力损失的儿童。只要家长同意,其他听力障碍儿童本人愿意,经过申请,也可以在资源教师的帮助下学习聋人手语。该模式与聋校原有的手语教学的最大不同,在于十分强调聋人教师的参与,需要聋人教师和健康听力教师的共同配合来完成双语教学任务。缺少聋人教师的配合,双语教学是不完全的,也是不纯正的。目前,有关聋双语模式教学有效性的实证研究仍不够丰富,人们对它还持有不同的看法。

总而言之,听力障碍儿童是一个个体差异显著的特殊群体,到目前为止并没有哪一种方法或模式能够适合所有的听力障碍儿童。但是有一点是肯定的,在康复教育实践中我们应该把听力障碍儿童的个性化需求放在首位,根据其个体能力和特殊需要,灵活而适宜地选择相应的康复模式或方法,才能真正促进听力障碍儿童的发展。

第四节 听觉口语法

20 世纪 90 年代末期,伴随着人工耳蜗听觉重建技术的引入,听觉口语法(auditory-verbal therapy,AVT)所倡导的理念、原则和具体的实施步骤及方法通过听力语言康复临床的实践和不断推广,逐步被国内康复工作者和听力障碍儿童家庭所认同和接纳。目前,其发展成为听力障碍儿童康复领域首推的主流方法。因此,我们特设一节专门加以系统介绍。

一、听觉口语法的概念

(一)听觉口语法的定义及解读

听觉口语法指的是在助听辅听等科技的帮助下,教导听力障碍儿童学习听声音、听懂口语并开口说话,成为一个听觉的学习者,最终成功融入社会的听力障碍儿童口语教育方法。其英文名称有 auditory-verbal therapy(AVT)和 auditory-verbal approach(AVA),二者并无本质上的差别。

从上述定义中不难发现听觉口语法的实施离不开一个非常重要的前提——使用助听辅听设备;听力障碍儿童要借助助听辅听设备的帮助听到且听清楚声音,获得听觉潜能,连接声音传递至大脑的通路,使大脑能够得到听觉信息的刺激,建立起形成"听觉大脑"的神经机制和学习语言的神经基础。听力障碍儿童需通过不断地学习,才能掌握口语并将其作为沟通交流的方式。听觉口语法的近期目标是通过积极有效的早期干预,协助听力障碍儿童在语言学习的关键期学习聆听,理解并运用口语,实现人际互动与交流自如;远期目标是通过持续的专业协助,让听力障碍儿童尽可能早的融入社会。

(二)听觉口语法与听力障碍儿童早期干预的关系

进入 21 世纪,随着新生儿听力筛查在世界范围内被广泛推行,听力技术日益先进,听力障碍儿童早期干预理念被各个国家广为接受,早期干预包括两个层面:听力学干预和康复教育干预,即听力损失尽早被发现和诊断后,及时选配并持续使用适合的助听辅听设备,使有听力损失儿童的大脑尽可能在婴儿期就能够接收到声音刺激;同时进入到以"家庭为中心"(family-centered)的康复干预项目之中,通过指导和协助家长,减少听力障碍儿童因听力损失而导致的"发展性障碍"。听觉口语法主张听力障碍儿童应尽早在助听辅听设备的帮助下,最大限度发挥残余听力的价值,激发听觉潜能发展聆听与口语能力,故而受到诸多听力障碍儿童早期干预项目的青睐,在美国、澳大利亚等国家,听觉口语法优先作为 2 岁以下听力障碍儿童早期干预的康复教育方法;多年的听觉口语循证实践证明接受听觉口语教学干预的听力障碍儿童,有可能获得与同龄健康听力儿童相当或同等的语言能力,且在阅读能力、学业表现方面持续表现出色。

二、听觉口语法的历史与发展

听觉口语法是口语法中的一种,听觉口语法的思想起源很早,但正式成为一种有理论基础和方法体系的口语教育方法的时间却比较短,它和其他口语法有着显著的不同。

（一）听觉口语法的兴起

听力障碍儿童基于听觉学习语言的思想历史悠久，最早起源于欧洲。这一思想后来传至美洲并逐步发扬光大，20世纪50年代，Henk Huizing 与 Doreen Pollack 尝试将听觉方法运用于听力障碍儿童口语教育实践，强调最大限度利用听力障碍儿童的听觉潜能，培育和再育听觉功能，让听力障碍儿童单纯使用听觉学习口语，排除唇读等辅助手段，这一方法被视为听觉口语法的前身。1978年，Helen Beebe、Doreen Pollack 和 Daniel Ling 在美国华盛顿州发起会议，集结听觉口语从业人员成立了专门的委员会，以支持推行听觉口语法，并采纳 Daniel Ling 的建议使用"Auditory-Verbal"一词作为专有名称命名听觉口语法，用以区别于其他口语教学方法，至此，听觉口语法正式诞生。

科学技术和听力学学科本身的发展为听觉口语法的发展带来了新契机。助听器性能日益得以改善，听力学在第二次世界大战后迅速地发展成为一门独立的学科，听力检测技术、测听设备不断进步与发展，为详细了解听力障碍儿童的残余听力，最大限度发挥其听觉潜能提供了技术支持。自20世纪70年代起，欧美国家率先实施新生儿听力筛查，对儿童听力损失早期干预产生了划时代的意义；1972年第一台人工耳蜗问世，经过多年的谨慎探索与实验，人工耳蜗于20世纪90年代获准用于听力障碍儿童，不能从助听器受益的重度和极重度听力障碍儿童通过人工耳蜗植入，获得了培育和重塑听觉能力的机会；听力障碍儿童尽早通过听觉发展口语的可能性越来越大，全球范围运用听觉口语法进行听力障碍儿童口语教育的专业人员日益增多，听觉口语法因此迎来了前所未有的发展机遇。

（二）听觉口语法的发展

在过去的几十年内，听觉口语法从美洲逐渐传播至澳洲、欧洲和亚洲等地区，听觉口语法与早期诊断、早期干预、听能管理、团队合作和家长指导的理念相搭配，使得其日益成为听力障碍儿童早期干预项目中深受专业人员和希望子女以口语作为沟通交流手段的听力障碍儿童家庭青睐的方法之一，听觉口语法对听力障碍儿童早期语言学习的效果也被越来越多的研究文献所证明。

20世纪末，听觉口语法被介绍到中国，国内有少部分专业人员系统学习了听觉口语法，并在康复工作实践中加以运用和探索、总结。2007年起，听觉口语法在国内被系统而广泛地推广和运用于0～6岁听力障碍儿童听觉语言康复，中国听力语言康复研究中心（原中国聋儿康复研究中心）先后与相关企业及中国台湾雅文儿童听语文教基金会开展合作，推广听觉口语法，制定中文听觉口语培训方案，开展听觉口语师资培训，经过培训的专业人员需在所在机构开展听觉口语教学服务工作，并持续接受教学督导和培训，不断增进专业能力。截至2020年末，国内受训人数超过500人，从省级康复中心至部分地市级康复机构、特教学校、医院均有专业人员接受过系统培训及后续督导；中国听力语言康复研究中心结合推行全面康复模式，将听觉口语法作为个别化听觉语言康复干预的主要技术手段，组织专业人员编写相关专业教材、制作教学示范光盘，以期达到规范个别化教学、促进听力障碍儿童语言能力发展的目的。

三、听觉口语法的原则与特色

（一）听觉口语法的理论基础

听觉口语法的服务对象分为两大类：一类是具有听觉潜能的听力障碍儿童；另一类是听力障碍儿童的主要照顾者；对服务对象持有怎样的观点决定了听觉口语教学的导向。

1. 听觉口语法的听力障碍儿童观　听觉口语法认为听力障碍儿童虽有感官上的先天缺陷，但其在听觉、语言、言语、认知和沟通五大领域的能力发展与健康听力儿童遵循同样的"自然发展模式"，应先将其看成是"儿童"，而不必过度放大"特殊"的一面。听力障碍儿童短中长期听觉康复教学计划与目标制定，需依照健康听力儿童发展的特点与规律，循序渐进；在设计教学活动、选择教学材料时应依照健康听力儿童教育教学的指导原则与方法进行；在分析和判断听力障碍儿童进步状况时，应当将健康听力儿童作为参照对象，衡量其进度速度与能力水平是否属于正常范围。听力障碍儿童特殊性的一面不可回避和忽视，听觉口语师在教学中会使用一系列听觉口语教学策略来强化训练听力障碍儿童的听觉能力，循序渐进地培养和建立语言理解和自主表达的能力。

2. 听觉口语法的家长观　听觉口语法隐含着一个基本信念：家长作为听力障碍儿童的照顾者和抚

养人,有能力成为听力障碍儿童语言发展的推动者和促进者,参与听觉口语教学不仅是听力障碍儿童家长的一种权利,更是一种义务。后文中涉及的听觉口语教学十项指导原则中,从原则3~8,均提到了要"指导和教会"家长,充分体现了听觉口语法对家长参与的重视。家长咨商与指导的能力亦是从事听觉口语教学实践的专业人员必须具备的重要能力之一。

3. **听觉口语教学的十项原则** 听觉口语法的教育哲学和理论观点的核心内容具化为十项原则,早在1970年由Doreen Pollack提出,后经改编并由AG Bell协会听觉口语学院于2009年11月6日正式公布使用,其具体内容见表31-4-1。

表31-4-1 听觉口语教学的十项原则

类别	内容
原则1	推动新生儿、婴儿、学步儿和幼儿听力损失的早期诊断,尽快跟进听觉能力管理和听觉口语治疗
原则2	建议立即评估和使用适当的、先进的听力技术使听力障碍儿童最大限度地从听觉刺激中受益
原则3	指导和教会家长帮助儿童将听觉作为首要的感官形态来发展听觉能力和口语
原则4	通过让家长积极地、持续的参与一对一的听觉口语教学,指导和教会家长成为听力障碍儿童听觉和口语发展的首要促进者
原则5	指导和教会家长在孩子的日常生活中创设通过支持聆听来获得口语的环境
原则6	指导和教会家长帮助儿童将聆听和口语融入日常生活的各个方面
原则7	指导和教会家长使用听觉、言语、语言、认知和沟通发展的自然发展模式
原则8	指导和教会家长帮助儿童通过聆听来进行口语的自我监控
原则9	实施持续的正式和非正式诊断评估去发展个别化的听觉口语治疗方案,监控进步状况、对针对儿童及家庭的方案的实施效果进行评价
原则10	通过适当的帮助,促进孩子从幼儿时期开始融合至普通学校,与听力正常的同龄人一起受教育

十项原则中提到的"家长"不单指听力障碍儿童的父母,还包括能够为听力障碍儿童提供语言互动的祖父母、亲戚、监护人及其他主要照顾者等。

(二)听觉口语法的特色

1. **强调听觉的运用** 听力障碍儿童应尽早借由先进听力技术的帮助,建立起外部声音刺激与大脑的神经连接机制,这种神经连接机制是形成"听觉大脑",学习口语、获得读写能力和沟通交际能力的基础。而且听力技术和听觉口语教学介入越早,将给听力障碍儿童学习与发展带来积极的效益。听觉在儿童语言和认知发展中发挥着重要的作用,口语的所有声学特性仅能通过听觉获取完整;汉语是一种声调语言,要准确地理解和表达语意更离不开听觉。听力障碍儿童虽然有不同程度的听力损失,但这并不妨碍他们通过听来学习理解声音和口语。先进的听力技术通过听力补偿或重建的方式,最大限度利用残余听力的价值、为听力障碍儿童学习语言奠定了基础,听力障碍儿童在配戴了助听辅听设备后,并不能自动发展出正常的听觉能力,听觉口语法先锋Doreen pollack提到"必须让声音成为听力障碍的孩子生活经验中重要且有意义的一部分",在这个过程中"无须教导听力障碍儿童'看',但必须教他们'听'"。听觉应作为听力障碍儿童学习语言的首要感官形态,在听觉口语教学法体系中有不少具体而实用的教学技巧和策略体现着"强调听觉的运用",例如"听觉优先""遮口""听觉三明治""声学重点"……

2. **强调有效的听能管理** 听觉口语法的实施离不开有效的听能管理。听能管理不仅与医院医师、听力师有关,听觉口语师、听力障碍儿童家长,甚至是听力障碍儿童自身等均在其中应承担相应的责任,有效的听能管理包括:①尽早发现听力损失并进行干预;②确保助听辅听设备在最佳工作状态;③注意监控残余听力和听觉系统的变化;④高质量的听觉学习环境创设。其中,高质量听觉学习环境的创设是听觉口语法用之于不同康复阶段儿童需考虑的要点之一。对于创设高质量的听觉学习环境,可以:①对于康复初期的儿童,需注意相对安静的声音环境,切断一切不必要的噪声干扰,若家中的声学环境欠佳,可适当地做一些改善,例如关闭门窗、切断发出噪声的电器电源、通过增加软装饰吸收噪声;在与儿童说话时,注意"同一时间一个人说话",以便儿童能够将语言听得更清楚。②主要照顾者优质的语言输入,即主要照顾者与听力障碍儿童之间要有大量有意义的、自然的互动；依照听力障碍儿童的水平，使用长度、复杂性适合的语言进行输入；在轻松、愉快的氛围中，将聆听和语言变成是听力障碍儿童生活中重要的一部分。③在有挑战的声音环境中时，使用诸如 FM 系统等辅助装置，尽量削减因距离、噪声和混响给聆听和接受、传递信息带来的负面影响。

3. 提倡团队合作的方式　听力障碍儿童早期干预是跨专业、跨团队的一项工作，为听力障碍儿童发展聆听与口语能力、早日融合至普通学校和社会提供持续的协助与支持。听觉口语法尤其提倡专业团队的合作，这一合作团队应包含众多成员——耳鼻咽喉科医师、听力师、听觉口语师、家长、普校老师、社工、言语治疗师、遗传学工作者、物理治疗师、心理咨询师、职业顾问等。其中，听力障碍儿童家长是多团队开展合作的桥梁和纽带，围绕着听力障碍儿童的需求，连接各种专业力量；专业人员保持合作、协同的专业态度，从不同的专业角度来协助听力障碍儿童及其家庭。

4. 倡导一对一的个别诊断教学　听觉口语法中倡导"一对一"是指听觉口语师针对一个听力障碍儿童家庭提供康复服务。从听力障碍儿童的角度而言，每个孩子的听力损失程度与原因、发现听力损失的时间、使用助听辅听设备的类型、使用时间长短、康复干预时间长短、学习方式、个性特点等都表现出了极大的个体差异；从家庭的角度而言，父母的文化程度、家庭的经济水平、家庭对听力损失的接纳度、亲子能力等方面千差万别。听觉口语法作为听力障碍儿童早期干预方法之一，秉承个别化教育服务计划的理念，基于听力障碍儿童及其家庭的独特性和差异性，发展个别化的、有针对性的听觉口语教学方案及计划，在教学实施及家长咨商与指导方面尊重差异与个性化特点。

5. 倡导以口语作为主要听觉刺激输入　为促进听力障碍儿童对于语音的聆听觉能力和语言理解与表达能力，听觉口语法强调语音应作为主要的听觉刺激，听力障碍儿童的主要照顾者在听觉口语师的指导下，需结合听力障碍儿童年龄、认知及听觉水平在自然的互动中进行大量有意义的语言输入，灵活使用"平时谈话""自言自语""重复"等语言技巧增进听力障碍儿童理解语言能力。家长是听力障碍儿童学习语言与沟通的榜样，可以通过亲子阅读、亲子游戏、自然的生活对话交流来增进听力障碍儿童的聆听与语言能力。在家庭中，家长需保持对听力障碍婴幼儿沟通需求的敏感性并及时回应；使用有意义的语言与听力障碍儿童进行互动；减少听力障碍儿童使用电子产品的机会与时间，更多以自然的语言与孩子沟通互动。

6. 重视家长的深度参与　听觉口语法倡导"以家庭为中心"制定个别化家庭服务计划，坚信家长通过深度参与有能力成为促进听力障碍儿童发展的首要促进者和推动者；在课堂上，听觉口语师通过告知 - 示范 - 参与 - 回馈四个步骤进行教学，让家长深度参与教学，并对家长进行指导（图 31-4-1）。

7. 以健康听力儿童正常发展规律进行教学　听觉口语法认为听力障碍儿童虽有感官上的先天缺陷，但其五大领域（听觉、语言、言语、认知与沟通）能力发展与健康听力儿童遵循同样的"自然发展模式"，健康听力儿童在五大领域方面发展规律与特点，是听觉口语教师及家长为孩子制订个性化听觉口语教学计划或方案的重要依据，五大领域的目标难度设定、发展策略皆以健康听力儿童的发展规律为基础和参照。听觉口语师会通过定期的听觉口语课程，以咨商的形式，使

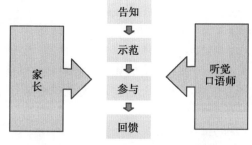

图 31-4-1　听觉口语教学的四个步骤

家长了解 0～6 岁婴幼儿及儿童学习与发展特点，并协助家长建立适度、合理的期望；在对孩子进行诊断评估的同时，还要引导家长学习判断孩子的表现是否符合年龄特点，如何在孩子的"最近发展区"内选择适当的目标，以适合孩子认知方式与特点的方法教导孩子等。

8. 提倡尽早融合至普通学校　20 世纪六七十年代，听觉口语法在推行过程中受到"融合教育"思想影响，其倡导者很早就提出要让听力障碍儿童融入健康听力人群的环境，而不是让他们处于被隔离的状态。协助听力障碍儿童能够尽早进入普通幼儿园普通小学、并能够在融合的教育环境中适应良好是听觉口语法旨在达到的目标之一。听觉口语专业人员协助家长帮助听力障碍儿童获得入学要求的技能，且在

高级聆听技能、读写能力及社会情绪发展等方面提供后续的支持，以帮助听力障碍儿童在聆听、语言及社会情绪发展等方面能够取得持续良好的成效。

四、听觉口语教学成效的先决条件与实施流程

听觉口语法自20世纪中后期发展至今，已经不仅是一种听力障碍儿童口语教育的教学方法，它还包含了一系列工作管理流程、教学实施流程、教学策略、评估体系等在内的服务模式。

（一）影响听觉口语教学成效的先决条件

听觉口语教学要取得良好的成效，要受到众多因素的影响，综合多个研究而言，这些因素包括：①听力损失确诊的年龄；②导致听力损失的原因；③听力损失的程度；④放大装置或人工耳蜗的效果；⑤听能管理的有效性；⑥听觉口语师的能力；⑦家庭的情绪状态；⑧家庭参与水平；⑨家长或照顾者的能力；⑩儿童的听觉潜能；⑪儿童的健康状况；⑫儿童的学习风格；⑬儿童的智力水平。

（二）听觉口语教学工作实施的流程

一个听力障碍儿童家庭从提出想要参加听口语课程至进入课程学习、结束听觉口语课程包含下述具体流程。

1. 报名、提出申请 家长向提供听觉口语教学服务的机构报名，表达想要上课的需求，留下联系方式及孩子的基本信息。

2. 分派个案 由负责人根据师资情况分派个案，被分配到的听觉口语师负责为个案及家长进行首次评估。

3. 约定首次评估 即由听觉口语师与家长取得联系，约定进行首次评估的时间，同时向家长简单了解个案的情况，例如听力情况、辅具信息及听觉年龄、个性及喜好、目前听觉与语言的能力如何等，以便能够制定首次评估的教学计划。同时，请家长在来进行首次评估时携带好相关的材料。

4. 进行首次评估 首次评估是听觉口语师以面对面方式初步了解听力障碍儿童听觉潜能、当前听觉与语言的能力及家长的态度、情绪与效能的重要手段。听觉口语师除通过设定好的教学目标来进行诊断外，还将通过家长访谈、观察、请家长参与教学中来进行主观的评估。

5. 正式排课、开始教学 经过首次评估后，给适合或暂可以尝试听觉口语教学的个案正式排课，并为个案和家庭制订短、中长期教学计划，固定上课时间及频次并通知家长，按照听觉口语教学每节课的教学要求及流程进行教学，并定期审核与调整。

6. 定期进行评估 主观评估包括：每隔2个月对照教学目标完成情况更新持续评估表、按照短中长期教学计划的时间间隔进行计划完成度评估等。客观评估是指使用标准化的评估工具来判断听力障碍儿童的进步情况、能力水平状况。

7. 结束课程 结束课程是听觉口语教学工作流程中的最后环节，不论是何种原因结束课程，听觉口语师均需做出结案报告，对个案目前的能力与水平做出总结，并针对个案未来的康复提供建议。

（三）一节听觉口语课的教学流程

通常一节听觉口语课教学时间通常为1h，频次为每周1～2次，每次课程涉及五大领域之中的3～5个，教学目标数量不少于6～8个。领域数量和目标数量的设定是为了确保在有限的时间内让家长有更多机会学习听觉口语各领域教学的技巧与策略，保证每周一次课程的教学效率，让听力障碍儿童能够持续地进步。其实施流程包括：

1. 问好、建立亲密关系（1～2min） 在正式上课前，听觉口语师可在门口迎接听力障碍儿童及家长，并寒暄问好，一方面可以观察幼儿与家长当日的情绪与精神状态，以决定是否需要临时调整课程进行的方式；另一方面则可以与幼儿和家长尽快进入上课状态，消除疏离感。

2. 回顾环节（约5min） 与家长回顾孩子在过去的一周里听或说等行为方面是否有什么新的或特别的变化？上节课的目标在家里完成的如何？回顾环节是非常重要的，它既是听觉口语师了解教学目标在家中实施的情况的来源之一，同时也可以达到强化"家长是听力障碍儿童发展聆听与口语能力首要促进者"的观念，让家长逐渐养成在家庭中自觉实施家庭康复的行为习惯。

3. 课堂听觉能力管理（约5~8min）　包括：①使用助听器或人工耳蜗等助听辅听设备的检查工具对设备的工作状况进行确认，同时对助听辅听设备的日常保养情况进行观察与指导；②进行林氏六音测试，通过可观察的行为来验证设备的功能及听力障碍儿童在一定距离听林氏六音的表现一致性如何。

4. 进行五大领域教学（约45min）　五大领域教学是一节听觉口语课的核心，听觉口语师根据制定个别化的教学目标，以充满趣味的教学材料和活动形式来增进听力障碍儿童的学习动机、实现目标教学，同时通过告知-示范-参与-回馈四个步骤来实现对家长的指导。

5. 课程总结（约5min）　即听觉口语师与家长及孩子（当孩子足够大时）回顾和讨论本堂课的目标进行的情况，孩子及家长的表现如何，目标应如何在接下来的一周内在家庭及日常生活情境中不断重复练习、巩固与延伸。家长可以在这个环节将目标及听觉口语师的建议记录下来，针对不明白的或感兴趣的问题提问听觉口语师。

（四）听觉口语师应具备的知识与技能

听力障碍儿童听觉与口语康复有很强的专业性，听觉口语师需具备跨专业领域的知识与技能。国际认证方案中对听觉口语师知识范畴做出了可供专业人员参考的规定，具体化为九个大的核心领域和若干具体的知识与能力要点（图31-4-2）。

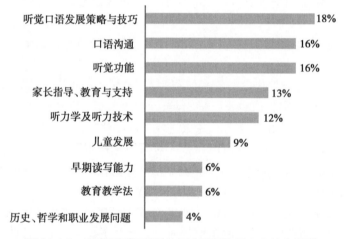

图31-4-2　听觉口语师国际认证方案规定的九个核心领域
图中的百分比代表该部分知识与能力在认证考试中所占的比例，
也体现其在听觉口语师应具备的专业知识与能力中的重要程度。

总之，运用听觉口语法教导听力障碍儿童学习聆听、说话与交流如同用魔法打开一扇神奇的大门。听觉口语法倡导借助先进的听力技术，提供"以家庭为中心"的早期干预，通过相关专业人员与家长等合作，促进听力障碍儿童在听觉与口语方面的能力发展，让他们能够听得清楚、说得明白，跨越感官缺陷所导致的沟通受限。科技发展为听觉口语法的推行带来了前所未有的机遇，听力障碍儿童在听觉口语法的帮助下实现听说自如，将是专业人员和听力障碍儿童家庭不断努力的美好愿景！

第五节　成人听力语言康复

依据我国法律对成人年龄的界定，成人听力语言康复的对象指的是年满18周岁及以上的听力语言障碍者。按照听力障碍发生的时间和对语言障碍造成的影响程度，习惯上将这个群体划分为退行性功能障碍、保留语言功能性障碍和听力语言功能双重障碍三种成分。

退行性功能障碍主要指的是随着年龄的增长或代谢等方面原因所导致的听觉和语言功能障碍，这其中绝大部分可划归于老年性听觉系统功能退化范畴，也有一小部分与年龄无关，属于纯粹的器官或系统功能退化。这类障碍的主要特征是先以听力障碍为主，逐渐影响到语言的交流，后期还可以导致情绪、情感、心态出现变化。随病程的进展，有些还可能伴有认知能力的下降。他们康复的主要目标一是解决残余听力的补偿问题,二是要解决听力障碍带来的情绪和心理问题。

保留语言功能性障碍主要指的是已经获得了系统的口语能力,但由于感染、药物、噪声、疾病、外伤等因素而出现了不可逆的后天性听力障碍。这个群体的主要特征是早期只表现为听力障碍,语言表达不受影响,但如不加干预,会逐渐影响到语言的应用。他们康复的主要目标是如何实现听力康复设备的早期配置和熟练运用,以恢复因听力障碍中断的听-说反馈机制,防止语言功能的退化问题。

听力语言功能双重障碍指的是出生时或婴幼儿时期即存在听力损失(语前聋),且未及时采取有效的早期干预措施,致使错过了听觉和语言发育的关键期,导致不能形成具有实用价值的口语能力。这个群体的主要特征是既有较严重的听力障碍,又有严重影响交流的语言障碍。由于他们的听觉和语言中枢的发育已经完成,口语习得的可塑性很小。他们康复的主要目标是通过使用听力补偿和语言训练设备,学习更多的与外界和社会交流的技能问题。

一、成人听力语言康复的目标设定

与儿童听力语言康复的主要目标是口语的学习不同,成人听力语言康复的目标设定决不能只关注到"听"和"说"。他们听力语言康复的主要目的是更好地融入环境和参与社会。

成人听力语言康复目标的设定,一定要因人而异,严格遵循个性化的原则,在为他们制定康复目标时,要重点考虑以下因素。

(一)康复对象个人的意愿

通过与他们面对面的沟通交流,了解他们康复的真正目的和期望。临床实践证明,几乎所有的成人听力语言障碍者都有着过高的康复期望值。在为他们设定康复目标时,要考虑他们的自身条件和康复可能,明确给出答案,以免将来出现过大的心理落差,影响康复的进程。

(二)家人和亲友的意愿

所有的成人听力语言障碍者,都承担着与自己年龄相匹配的家庭责任,他们参与康复势必增加家人和亲友的家庭和生活负担。因此家人和亲友对于他们康复的态度和意愿,将极大地左右成年听力语言障碍者的康复决心和康复结果。

(三)康复对象的生活和工作环境

成人听力语言康复的目的除了解决听和说的难题外,还有适应环境、融入社会的强烈需求。在为他们设定康复目标时,要对康复对象的家庭环境和工作场所以及工作性质进行充分的了解。对于他们来说,家庭环境的适应和工作场所的融入程度是检验康复成果的重要指标。

(四)康复对象的自身条件

成人听力语言康复的效果除了与本人及家人的意愿密切相关外,还与他自身的康复条件有着重要关联,例如听力损失的性质、听力障碍的程度、残余语言的现状、认知能力的高低等,这些都与康复的目标有着极大的关系。

(五)康复设备和训练系统的性能

现代康复时代,康复设备或训练系统的功能极大地影响着康复的效果。在设定康复目标前,要认真研判康复对象所使用的设备或系统,尽量保证能否最大限度地发挥残余听力和语言的作用。如因某些原因无法保证现有设备或系统的契合程度就要适当降低目标。

二、成人听力语言康复的基本策略

(一)充分发挥设备的作用

1. 设备的优化　此处所说的设备主要是指听力康复设备。根据自身特点和康复目标,三类听力语言障碍者使用的康复设备和技术系统会有不同,但无论是已经配备或正在配备,在实施康复训练计划时,都要进行设备性能的优化。对设备进行优化的常规步骤是:

(1)对听觉能力进行测试:对于认知能力正常的康复对象,采用纯音听力检查的方法即可,如认知能力有缺陷或不能配合的个体,可采取客观听力检查的手段。

（2）对言语水平进行评估：最常采用的是言语接受阈和言语识别率的检查，为了解语言交流能力的水平，可加测对短句或短文理解能力的测试。

（3）对认知能力进行评价：特别是老年人更要注意该项目的检查测试。

（4）根据检查结果，对设备进行调试，如无法达到要求，要提出更换设备的具体建议。

（5）对设备调试后的效果进行主、客观评估，如未达到最优水平，重新进行调试，直至设备功能得以全部发挥为止。

2. 设备的适应　对初次接触助听器或人工听觉植入装置的个体，要进行适应性训练，能不能尽快度过适应期，对于能否顺利实施康复训练计划至关重要。适应性训练原则是：

（1）设备佩戴的时间应遵从由短到长的原则：即刚开始使用时，佩戴的时间一般不要过长，因为当大量还没有被认识的声音突然涌入耳内时，会感到杂乱无章乃至厌烦，严重时会干扰长期佩戴的信心。至于每天佩戴的时间从多长开始，没有具体规定，一般从每天 1~2h 开始，每 2 天增加 0.5h 左右，1 个月之内可过渡到全天佩戴。

（2）声音输出的强度遵从由小到大的原则：不要为了追求所谓"立竿见影"的效果，在听觉系统还没有真正"苏醒"时，就给到"理想"的声音强度。过大的声音对初戴助听器或人工听觉设备的听力障碍者来说是一种不良刺激，会让他们产生心理上的恐惧，不利于今后的长期佩戴。

（3）佩戴后所处的声音环境遵从由安静到复杂的原则：不要让他刚一佩戴就进入到多种杂音并存的或有严重混响的声音环境中。正确的做法是先让他听取一些含义单纯的声音，如钟表的走动声、自己的脚步声、自来水的水流声等，适应一段时间后，再练习听取自己的话语声、与熟人的对话声、家人的谈话声，逐渐过渡到多人的谈话环境和公共场所。

（二）听觉的训练

听觉训练的目的是让听力语言障碍通过"听"来感受周围的声音世界，接受和解析声音中包含的信息，为语言的学习创造条件。

根据听力语言康复对象的成分不同，听觉训练的方法也有所区别。其中保留语言功能性障碍者和听力障碍发生时间较短的一些老年人，只要掌握了听力康复设备的使用方法，度过了适应期，就可以像健康听力者一样参与社会交流，不一定必须进行听觉训练。而对于听力 - 语言双重障碍者和耳聋时间较长又没有经过干预的一些听力语言障碍者，听觉训练是他们康复的必由之路。

1. 计划制订　康复训练计划的制订要契合听力语言障碍者的主观和客观条件，同时也要充分听取本人和家人的意见。根据康复目标一般将计划分为长期和短期两种，前者是后者制定的依据，后者是前者的阶段过程。

长期计划的内容应包括：①明确听觉与声音的关系，积极主动地接受放大后的声信号；②通过听力康复设备，准确地监测自己的声音；③对于双耳使用不同康复设备的个体来说，能自如整合来自两耳的声音信号；④听觉中枢能顺畅地接受和正确处理听力康复设备传递过来的声音信息；⑤心理上全面接纳听力康复设备，将其看作自己身体不可分割的一部分；⑥能很好地融入自然环境和社会环境。

短期计划的内容应包括：①提高对诸如敲门声等外界声音的注意力；②能发现自己的声调、音长、音高、韵律等的错误；③能分辨自己熟悉的家人或朋友的声音；④提高来自收音机或电视机言语声的分辨率；⑤提高对来自电话或手机通话内容的理解；⑥提高在嘈杂环境中理解言语声的能力。

2. 听觉训练　主要是针对听力语言功能双重障碍患者的听觉训练，因为这个群体中的大部分没有完成听觉中枢发育的全过程，不但对声音外在形式没有认识，也缺乏对声信号内涵的理解。听觉训练主要是对声音察觉、声音分辨、声音识别和声音理解的训练。

（1）声音察觉：让听力障碍者感觉到声音存在，即对声音"有"或"无"的判断。训练的起始阶段，家人或康复师要关注他们对日常声音的反应。比如观察对脚步声、敲门声、关窗声等有无反应，要记录他们对什么声音反应更灵敏，这不但可以判断听力设备的功效，还可以为听力康复设备的进一步优化提供依据。

（2）声音分辨：能区别两种不同声音的性质，也包括对同一性质声音的时长及强度等的区别。可以先练习对鼓声、锣声、双响筒等不同打击乐器声音的分辨,再练习对汉语拼音字母的分辨,最后练习对有含义的字、词或句子的分辨。

(3)声音识别:从众多的声音组合中确定某一种声音的性质,与声音分辨相比,增加了认知的成分,属于较高级的听觉过程。刚开始进行这种训练时,最好用实物做道具,借助视觉提高听觉记忆的能力。比如选择具有数目、形状、颜色、大小、长短、多少、高低性质的字、词,熟悉后再选择一些具有抽象意义的词、句等进行练习。

(4)声音理解:能明了声音代表的事物的内容或本质,这是听觉训练的最后一步,也是最为关键的一步。声音的理解不但要求听觉器官和听觉通路功能的正常,而且依赖于听觉中枢本身和与之相联系的其他中枢的功能正常。听觉训练如果没有实现对声音的理解,就失去了进行的意义。理解能力的训练包括听觉能力和综合能力的训练等多种方式。

(三)语言的训练

在失聪以前,保留语言功能性障碍和退行性功能障碍者,已经具有相当的语言基础,因此语言训练对他们的必要性远远小于听力和语言双重障碍的成人。或者说双重障碍的听力语言障碍者是语言训练的主要对象。由于听觉中枢和语言中枢的"功能再塑"余地较小,其康复、特别是语言康复的难度相对于儿童来说要大得多,其训练的方式也有许多不同。

1. **计划制订**　因为影响的因素太多,成人语言训练的计划尚没有成形的模式,可以根据具体情况灵活制定。需要注意的是不可将语言训练计划与听觉训练计划割裂开来,两者的密切配合、同步实施是保证计划得以实现的关键。另外,为了增强训练对象的康复信心,长期计划要尽量宏观,短期计划要尽量具体。

2. **口语的训练**　口语训练对象主要是听力语言功能双重障碍者和长期患有听觉障碍又没有对其早期提供干预的患者。对于前者,特别是自幼就有听力语言障碍的成人,因为没有语言的刺激和模仿,他们的发音和构音器官得不到锻炼,与言语有关的肺动力、声带张力、口型、舌位包括共鸣部位都有了改变,致使他们无法发出声音,或者即便能发出声音,也无法让人听懂。至于后者,虽然他们可能有较好的语言基础,但长期的听 - 说反馈机制的中断,监听和纠正语音异常的能力降低或消失,慢慢也会失去语言的原有韵律,变得生硬和干涩,让人难以理解。只有通过训练才能达到康复的目的。

(1)呼吸训练:通过呼吸操等方法,增强他们控制呼吸节奏的能力,防止说话时出现气息不足或中途停顿的现象。

(2)发音训练:通过参照动画或解剖模型,练习控制发音时声带的紧张度以及改变声音通过喉腔、咽腔和口腔时的走向,学会"用嗓"。

(3)构音训练:通过改变舌位和口、颊、唇肌肉的紧张度以及鼻音训练等,减少说话时气体的不合理流动,增加声音的韵味。

(4)声强控制训练:通过听 - 说反馈机制的恢复和提高对环境声音强度变化的监测能力,控制自己发声的强度。

(5)言语流畅度训练:可通过有针对性的言语矫治、语言治疗、心理辅导以及朗诵、歌唱练习提高语句的流畅性。

3. **看话的学习**　看话又称为唇读,是一种通过观察说话者唇形、口形、面部表情和身体姿势而识别话语内容的技能。人类的视觉系统是一个功能强大的辅助听觉系统,它能帮助优化利用残余的听觉功能,当然身体的其他感觉感官也可以用来增强交流功能,使用上述所有和语言相关的感觉系统,来协助听觉系统以优化交流效果的方法统称为看话。

因为汉语中有许多同音不同义的字和词,因此单纯依靠视觉学习看话是十分困难的,即便是训练有素的看话者也只能看懂大约 40% 的语言含义,但有了听力的帮助,看话的效率可有大幅度提高。掌握看话的方法和技巧对于看话的学习十分重要。

(1)初学者要先面对镜子(最好是三向镜)观察自己说话时的唇(口)形,也可以通过录像资料等进行练习,以尽快掌握看话的要领。

（2）最开始学习看话的观察对象应选择家人或朋友，因为熟人的讲话模式较陌生人更容易让人接受，言语识别也更容易。

（3）开始练习看话时，尽可能选择与日常生活相关，自己又熟悉的话题。为便于理解，在练习看话过程中可以请说话者放慢速度，但唇（口）形不要夸张。

（4）先选择在光线充足的环境下，位于说话人的对面与其进行看话练习，再逐步过渡到位于任何角度与他人进行交流。

（5）不要企图看懂每一个词汇，听完整个句子更有利于对话题的理解，因此尽量不打断谈话人的表述。但如果一句话结束仍没有看懂，则要求他重复。

（6）运用看话进行交流的一个重要技巧是"合理猜测"，因此，事先掌握谈话的主题对听（看）懂谈话的内容十分重要。

（7）通过各种方式关注时事新闻，因为这些往往是日常谈话交流的主题。

（8）听到的任何信息都会对了解谈话的内容有极大的帮助，因此助听设备的性能选择和功能优化十分重要。

综上，要熟练掌握和灵活运用看话技能，必须充分发挥听觉、视觉和预判感知的作用。

4. 手语的辅助 手语是以手的动作、面部的表情和身体的姿势进行交际和交流的一种特殊语言。在听力语言康复设备出现之前，手语是听力障碍者互相沟通的一种重要工具。由于受到文化背景、自然环境、生活方式等条件的影响，各地的手语并不统一，为了方便学习和使用，中国国家标准化管理委员会于2009年发布了《中国手语基本手势》国家标准（GB/T 24435—2009）。新的《国家通用手语常用词表》已由国家语言文字工作委员会语言文字规范（标准）审定委员会审定，经中国残疾人联合会、教育部、国家语言文字工作委员会同意，作为语言文字规范发布，于2018年7月1日起实施。

听力语言功能双重障碍的成人，大部分会使用一些手语进行交流。传统观念认为，手语会影响到口语的学习，但近年来有关脑成像研究结果显示，手语的确可以激活语言中枢。另有一些研究证明，手语和口语在语言产生和语言接受上会有互补作用，即手语的训练和使用在一定程度上能够促进听力障碍者口语能力的发展。在现实中也能观察到有些听力障碍者在用手语交流时，也伴有口型的配合。在语言训练实践中发现，有手语基础的障碍者学习口语的能力强于没有手语基础者。

（梁 巍 龙 墨 张 莉）

耳鸣康复 第三十二章

第一节　耳鸣康复的方法

耳鸣是耳科最常见的富有挑战性的临床症状之一,尤其是特发性耳鸣。目前使用的治疗方法众多,但是尝试后被抛弃的更多。这是因为过去在治疗严重耳鸣时的目的在于消除耳鸣,但是极少获得成功。由于对耳鸣产生的机制仍然不清,迄今为止还没有发明或发现明确有效的药物或方法可快速消除耳鸣,所以大多数医师的观念认为耳鸣没法治、治不了、治不好,导致数十年来这种消极思想由医师传染到了耳鸣患者,严重影响到医疗的干预,这种现象必须要进行改变。将适应耳鸣逐渐成为主流。因此耳鸣的治疗方案应建立在正确诊断的基础上,明确治疗的目的,选择制定具有个性化的治疗策略是耳鸣康复的基本原则。

一、耳鸣治疗目的及基本策略

特发性耳鸣机制不清且病因复杂,治愈较难。临床选择的中、西药物或采用其他治疗方法,主要是根据耳鸣患者的个体情况而定。目前临床治疗方法可以归纳为以适应耳鸣为主要目的的"耳鸣综合治疗"体系,内容包括:①耳鸣咨询、交流、解惑;②声治疗;③对症疗法(内容包括如药物、针灸、助听器、物理疗法及手术等),其目的是消除患者对耳鸣的担心、害怕甚至恐惧的心理,控制或清除因耳鸣诱发的不适躯体症状,缩短适应耳鸣的时间,尽可能避免发生焦虑和抑郁及整体加重趋势。因此上述治疗从过去单一针对消除耳鸣本身,逐渐转向消除因耳鸣诱发的不良心理反应和躯体症状,最终达到完全适应耳鸣的目的。

客观性耳鸣近年来通过对其基础和临床研究都有了新进展,发现大多数客观性耳鸣都可以被找到病因并可得到有效治疗。具体治疗步骤如下:

1. 首先通过对耳部及与耳鸣相关部位的检查,排除"危险因素"(耳聋、鼻咽癌、听神经瘤及颅内占位性病变等)。

2. 耳鸣咨询交流和解惑　告知患者自身耳鸣原因,治疗方法,所需时间,达到解除患者担心、害怕、恐惧及逐渐接受耳鸣的目的。

3. 声治疗　包含两个内容:①避免安静环境,即在生活及工作环境中增加背景声;②聆听:选择用自然界的声音或患者自身喜欢的声音按要求聆听(选患者喜欢戴的耳机,并有时间要求、响度要求、每天次数要求和在安静环境聆听要求等)。

4. 针对耳鸣诱发的心理不良反应和躯体症状进行针对性药物或非药物治疗　包括患者听力正常或下降,注意力无法集中、睡眠障碍、心烦、恼怒、焦虑、抑郁等不良心理反应。

5. 对于病因不明确的、病因明确但久治不愈的、病因明确但治愈后仍遗留急慢性严重耳鸣的患者,同样适合采用耳鸣综合疗法。

6. 耳鸣伴有听觉过敏患者首先治疗听觉过敏,目前因其治疗尚无药物可选,但可利用声治疗来"脱敏"达到治愈的目的。

7. 伴有中重度及以上听力损失的严重耳鸣患者,建议使用助听器,对于极重度听力损失或全聋的耳鸣患者建议采用人工耳蜗植入的治疗措施。

8. 上述各治疗方法在初诊时处于同等重要地位,当患者开始接受耳鸣、情绪及睡眠障碍得到明确改善时,声治疗就逐渐上升到主导地位,这变化的目的是促使患者接受并尽快适应耳鸣。

二、耳鸣治疗方法

(一)保守治疗

1. **药物治疗**　其即治疗原发疾病和耳鸣引起的躯体症状以及不良心理反应,如心烦、注意力不集中、睡眠障碍、焦虑和抑郁等,为主要的内科治疗方法。主要包括改善循环的血管扩张药、神经营养药、改善睡眠类药、抗焦虑、抑郁药和抗惊厥药等。目的是以控制或消除不良心理症状和睡眠障碍,但必须配合与耳鸣咨询交流,声治疗同时应用才能在短时间内取得良好的疗效。

2. **物理治疗**　如生物反馈疗法、经颅磁刺激(TMS)等。

3. **其他**　中医药辨证论治选方用药及针灸等也是耳鸣治疗的重要内容。

(二)外科治疗

通常有手术指征的耳鸣,是一部分客观性耳鸣和能找到病因的耳鸣,如镫骨肌阵挛、鼓膜张肌阵挛、耳硬化症、听神经瘤、梅尼埃病、突聋等。需要明确的是,目前有关耳鸣手术疗效的报道,大多数并非以治疗耳鸣为第一目的,而是在治愈原发病同时,观察到对耳鸣产生的影响,例如人工耳蜗植入、鼓室成形术、人工镫骨手术等。临床医师要考虑的问题:因为只有少数耳鸣患者有手术治疗指征。术前应对耳鸣的预后有充分估计,明确已发现的阳性检查结果与耳鸣之间可能的因果关系,从而决定是否建议患者手术。同时应充分估计手术本身的风险,以及术后耳鸣可能恶化的后果。如果患者术前对手术疗效期望值过高,则必须充分预估术后耳鸣加重的风险,并详细告知患者本人及家属。

第二节　耳鸣康复效果评估

一、国内外常用量表

(一)国外常用量表

国外常用耳鸣评估有耳鸣残疾量表(tinnitus handicap inventory,THI)、视觉模拟量表(visual analogue scale,VAS)、耳鸣问卷(tinnitus questionnaire,TQ)、耳鸣障碍问卷(tinnitus handicap questionnaire,THQ)和耳鸣活动问卷(tinnitus activity questionnaire,TAQ)、贝克焦虑问卷(Beck anxiety inventory)、生活质量评定量表SF-36(short form 36 questionnaire,SF-36)及症状自评量表(self-reporting inventory),又名90项症状清单(SCL-90)等等。在我国使用最多的是由石秋兰等翻译的中文版耳鸣残疾量表,简称THI-C。

(二)国内量表

耳鸣评价量表(tinnitus evaluation questionnaire,TEQ)将衡量耳鸣严重程度值得关注的指标——耳鸣本身(响度、持续时间),耳鸣所产生的直接影响(对睡眠、对情绪、对注意力)及患者自己对耳鸣程度的总体印象纳入评估,可操作性强,易于掌握,符合临床诊疗实际,由于使用时耗时较少,可以在治疗过程和随访中多次使用。

二、量表在临床应用

目前在临床使用的多源自英语的各种自评量表的翻译本,由于文化的差异和语言表达的习惯不同,使用中有一定的局限性,难以达到较完整反映耳鸣患者的严重程度和治疗中的疗效评价。因此我们亟需符合我国国情的耳鸣相关的严重程度和疗效评价方法及量表。

在使用国外翻译量表对患者的耳鸣进行评估,首先需要使用者掌握量表适应对象,内涵意义及使用的目的。同时也需要患者理解为什么要进行量表评估,对治疗自身耳鸣的积极意义,提高依从性,最后达到主动配合反复填写量表。

而国内耳鸣评价量表由于不存在语言障碍对患者耳鸣的评价更真实(所有问题基于医师对耳鸣的认知,而非患者的抱怨,可以真实反映耳鸣的严重程度)、全面(既重视了耳鸣本身的特点,也重视了因耳鸣产生的不良影响,能全面反映耳鸣严重程度)、可靠(通过医患交流后由医务人员进行评分,避免了由患者填写所产生的负面问题,反复多次评估能保持良好的稳定性)、简洁(耗时少,只有 6 个问题,适合于国内医院繁忙的诊疗工作)。

不论使用国外量表还是国内量表,多需要反复填写,对患者治疗前、治疗过程中与治疗后评估。国内量表相对简便,患者初诊及以后的每次复诊均可进行评估,以实时了解患者耳鸣程度及疗效。

(李　明)

33

第三十三章 前庭康复

前庭功能障碍患者常有头晕、眩晕、晕动（motion sickness）、恶心、呕吐、振动幻视、直立或行走障碍（特别是在头动时），伴有日常生活受限。20 世纪 40 年代 Cooksey 和 Cawthorne 提出了前庭康复（vestibular rehabilitation）的概念，通过一系列刺激患者半规管和耳石器的训练，促进前庭代偿，帮助其改善眩晕症状及平衡能力。Cawthorne 和 Dix 认为前庭受损后，只要患者眩晕症状有所缓解，就可尽早开始康复。

历经多年，前庭康复已经从 20 世纪 40 年代的一般性前庭康复训练发展到目前的个性化训练。Cawthorne 和 Cooksey 建议在康复中应该包括物理治疗（physical therapy）和作业治疗（occupational therapy）。练习从仰卧位开始，遵循"少量多次"的原则，逐渐增加练习难度和速度，过渡到睁眼和闭眼行走。Cooksey 还认为应该既有生理训练，又有心理训练，以缓解前庭障碍给患者带来的焦虑。

20 世纪 80 年代 Brandt 和 Daroff 建议给良性阵发性位置性眩晕（benign paroxysmal positional vertigo，BPPV）患者进行每天 2 次习服训练，每个动作至少重复 10 次，直到症状缓解，总疗程不超过 14 天，可缓解其症状。

据研究分析，就前庭康复效果而言，外周性前庭功能障碍要好于中枢性前庭功能障碍，前者常见于单、双侧前庭功能障碍、BPPV、前庭神经元炎、迷路激惹（irritable labyrinth）等。此外，头部外伤、药物中毒、心理性眩晕的患者也都适合进行前庭康复，但不稳定性前庭功能障碍患者原则上不适合进行前庭康复。

第一节　前庭代偿机制

前庭机能具有高度可塑性，可以克服疾病、环境因素和年龄增长对前庭功能的影响，使者在前庭功能损伤后能够进行代偿（compensation），以恢复前庭功能。但是，前庭代偿机制并不只局限于前庭功能的适应（adaptation），还包括其他系统的替代（substitution）等，后者如眼动系统（扫视系统等）和姿势控制系统。

前庭适应是指前庭眼反射（vestibulo-ocular reflex，VOR）系统对刺激改变连续不断地进行调整，以获得最佳反应的过程。

感觉替代（sensory substitution）是指在前庭康复过程中，患者通过训练，学会使用视觉、本体觉、健侧迷路传来的信号，替代患侧前庭觉的损失，帮助康复。例如采用预测性扫视、平稳跟踪系统进行双侧前庭功能损伤的代偿；以及通过增加平稳跟踪增益，或者产生扫视，来减轻其在头部快速运动时的视觉模糊。

图 33-1-1 所示为前庭代偿机制示意简图。头动使前庭毛细胞的神经元活性发生改变，通过前庭神经的初级传入神经元，传递到前庭核（次级前庭神经元），再到眼动中枢，如动眼神经核和脊髓。小脑则持续监控前庭核神经元活性的改变，只要变化不超过预期，就不进行干预。反之，如果次级神经元活性的改变与前庭系统的预期目标不能匹配，就通过前庭代偿机制，改变次级神经元活性，从而修正初级神经元的传入信息，再将其传到动眼中枢，控制眼动和姿势。次级神经元活性修改包括减少或增加增益、改变时程，以及改变其他神经元活性等等。可见，小脑功能正常对于前庭代偿十分重要。

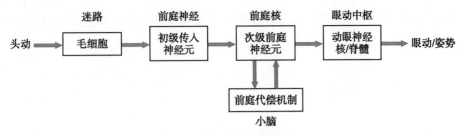

图 33-1-1　前庭代偿过程简示图

前庭代偿可以细分为静态代偿（static compensation）和动态代偿（dynamic compensation）。静态代偿几乎在损伤后立刻开始，其作用是在头部静止时缓解症状。动态代偿稍晚发生，其作用是降低前庭系统损伤的长期不良反应。相比较而言，动态代偿过程更为复杂，且并不能完全消除某些患者的症状。

一、单侧外周性前庭损伤

（一）外半规管损伤

急性单侧前庭损伤时，患者的症状表现常有一定模式：开始几天最为严重，几周后有所缓解，几个月后只有轻度的症状存在。

下面以急性右侧外半规管（或其传出神经通路）损伤为例，简单介绍前庭代偿机制。

右侧损伤刚开始时，同侧前庭核神经元活性迅速降低，对中枢而言，这个传入信息非常类似于头部向左转动的传入信息，所以被中枢误判为"头部在向左转动"，从而产生快相向左的自发性眼震（图 33-1-2）。自发性眼震的强度与损伤程度直接相关，以慢相角速度（slow phase velocity，SPV）表示，反映了患者有多长时间能感受到自己头部的转动。

但是，前庭损伤和头部转动所致的神经元活性不对称性改变终究不同：正常头部转动时的神经元活性改变是短暂的，而病变所致的活性不一致在于存在时间相对较久，对中枢而言，长时间持续存在的不对称信号输入信息将被判定为"VOR 通路功能异常"，并因此激活前庭代偿机制。

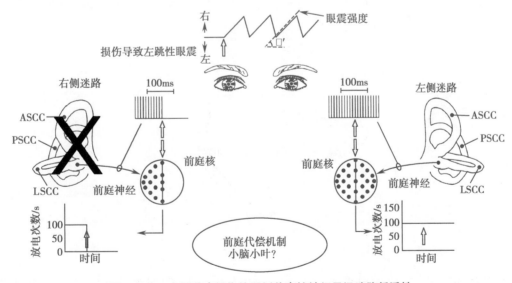

图 33-1-2　右侧前庭损伤使同侧前庭核神经元迅速降低活性

代偿过程共分为以下 4 个步骤，其中步骤 1～3 为静态代偿，步骤 4 为动态代偿。人类的静态代偿通常是自发产生的。

1. 前庭代偿步骤 1　通过小脑"钳制"（clamping）作用，使健侧前庭核神经元兴奋性降低。如图 33-1-3 所示，右侧前庭神经元活性消失后数小时，左侧神经元活性也被抑制，其目的是降低双侧前庭神经元活性的不对称性，缓解症状，类似于前庭抑制剂的药理作用。值得一提的是，钳制作用虽然缓解了患者静态时的症状,但是由于钳制了健侧神经元的活性,影响其感知正常头部运动和 VOR 功能,所以不能缓解其动态时的症状。

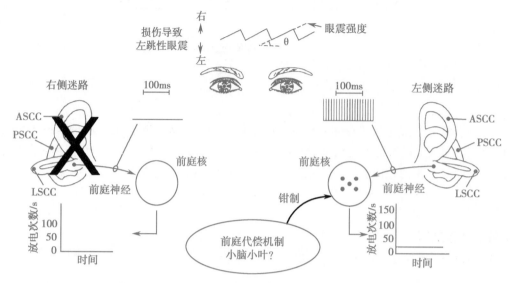

图 33-1-3 前庭代偿步骤 1:左侧(健侧)前庭核神经元活性被"钳制"

2. 前庭代偿步骤 2 患侧前庭核神经元活性开始恢复,同时健侧"钳制"作用减弱(图 33-1-4)。钳制后不久,健侧前庭核通过联合纤维,使患侧前庭核神经元的活性增加,同时健侧神经元所受的"钳制"程度也随之减弱。此阶段,双侧神经元活性的不对称仍然存在,但是程度较损伤刚开始时大为减轻。同时,"钳制"程度减弱也使健侧神经元的活性也趋于正常。在本阶段,虽然患者还有静态和动态的症状,但是都大为减轻。

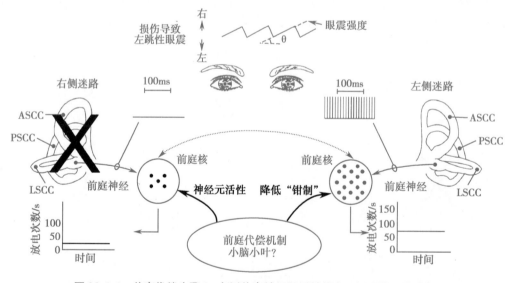

图 33-1-4 前庭代偿步骤 2:右侧前庭神经元活性恢复,左侧"钳制"减弱

3. 前庭代偿步骤 3 静态代偿(图 33-1-5)。患侧前庭核神经元活性持续增加,直至恢复到损伤前水平。与此同时,小脑对健侧的"钳制"逐渐降低,直至完全消失。至此,患者达到静态代偿,双侧神经元的不对称性消失,只要患者不转动头部,就不会有症状。

静态代偿是外周前庭功能恢复的"里程碑":①人类的静态代偿是自发产生的,但是头眼配合练习可以使其加速。②理论上,静态代偿时双侧神经元活性完全对称,且患者无自发性眼震。但实际上,当不对称性降低到一定阈值水平以下,就不会被大脑察觉,临床常表现为 SPV 低于 4°/s 的自发性眼震。③无论损伤是突发性的还是进行性的,静态代偿都会自发产生,所以听神经瘤患者常无眩晕主诉。④当前庭病变相对稳定时,静态代偿机制发挥的作用最大。波动性的前庭功能损伤如梅尼埃病,其静态代偿效果不如那些非波动性损伤。

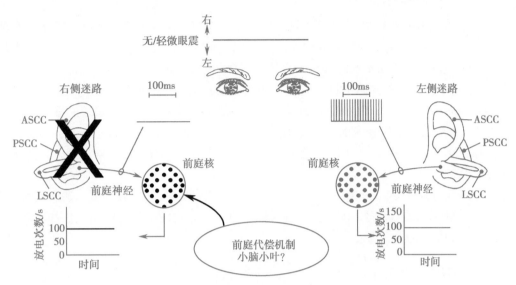

图 33-1-5 前庭代偿步骤 3:右侧神经元活性完全恢复,左侧"钳制"取消,患者无眼震

4. 前庭代偿步骤 4 动态代偿。经过前庭静态代偿持续作用,使前庭通路重新调整,达到一个新的平衡点,这一过程称为动态代偿(图 33-1-6)。

静态代偿完成以后,患者只要头部不动,就不会有明显症状,但是一有头动,患者会感到视物模糊,动态视力下降。这是由于视网膜滑动(retinal slip)所致(亦为动态代偿的起因):损伤后中枢感知的双侧不对称性程度比实际小,头动速度也比实际低,因此眼动速度也变低,造成物体不能准确成像于视网膜黄斑。

动态代偿机制较为复杂,还可能涉及其他系统,如通过眼动系统的扫视替代 VOR 功能。但是,无论最终是通过前庭适应还是前庭替代达到代偿目标,都可以用相同的训练方式提高动态代偿水平。

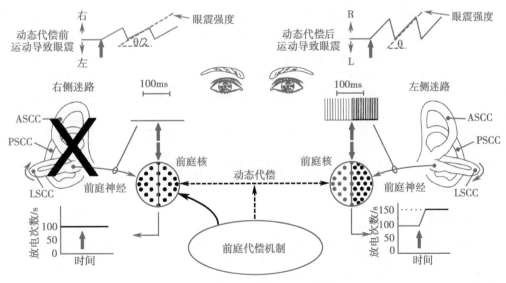

图 33-1-6 前庭代偿步骤 4:动态代偿

(二)后半规管和耳石器损伤

后半规管损伤除了和外半规管有相类似的代偿过程意外,还有以下特点:①自发性眼震有垂直和扭转的成分;②静态代偿过程较快;③健侧姿势控制系统参与代偿。

目前尚未明确耳石器损伤后的代偿机制。

二、双侧外周性前庭损伤

双侧外周性前庭功能完全丧失时，其代偿机制和单侧损伤不同：由于没有双侧神经元的不对称性输入，所以不会出现静态症状；由于没有前庭输入，也不会启动动态代偿。此时，机体代偿的方式是依靠其他"感觉运动机制"（sensorimotor mechanisms）来替代其损伤的前庭功能。但是，这种代偿常常是不完全的，有时甚至效果不大，因为不同感觉机制的感知频率不同。例如，颈部感受器虽然也可以提供头动信息［颈眼反射（cervico-ocular reflex, COR）］，但是其能感知的头动频率低于前庭系统的感知频率。

有趣的是，先天性前庭功能丧失的患者却仍然可以有平衡功能，提示他们发展出了其他的平衡策略来替代前庭系统。但是，大多数后天性双侧前庭功能丧失的患者常无法通过代偿达到先天性前庭功能丧失患者的平衡水平。

如果患者有残存的前庭功能，和前庭替代相结合，代偿效果会更好，可以使前庭功能恢复到中等水平。

当双侧前庭功能损伤的程度不同时，就出现类似于单侧前庭功能损伤的静态代偿和动态代偿过程，但是由于上述种种原因，其代偿效果不佳。

三、中枢性前庭损伤

中枢性前庭损伤时，患者出现眩晕和其他平衡障碍症状。有些病变是血管因素和头部外伤所致，对中枢结构和周围前庭通路都有影响，如某些动脉缺血梗死会导致突发性聋和前庭功能丧失，这种情况下，对前庭部分的损伤进行代偿的过程就如前所述。但是，由于合并了中枢损伤，所以代偿的效果常常不佳，前庭功能可能最终也无法恢复。动物实验显示小脑绒球是前庭代偿的关键部位，所以推测人类小脑绒球本身或者邻近部位损伤，会对前庭代偿产生不利影响。

总的说来，中枢性前庭功能损伤的前庭代偿效果不如外周性前庭功能损伤：首先，目前尚不清楚究竟何种类型的活动方式可以促进患者的康复；其次，中枢损伤患者的损伤类型不一，也会导致其代偿结果不一。

四、前庭代偿机制对前庭康复的启示

1. 目前大多数前庭康复和训练都集中在改善单侧外周前庭损伤，如前所述，虽然伤后大多数患者可以自发启动静态代偿，但是物理治疗和训练可以加快前庭功能的恢复。

2. 对头眼配合进行重点训练，可以有效增强动态代偿。这些训练必须涵盖不同头动速度和不同运动平面，此外，还需要包括视觉、本体觉和其他感觉运动机制。具体方法见本章第二节"前庭康复训练"。

3. 同样的训练也可以用于双侧前庭功能损伤，尽管患者前庭功能不一定能恢复到正常，但可以通过增强前庭替代达到康复目的。

第二节　前庭康复方法和效果评估

一、前庭功能评估

在康复前进行前庭功能评估，可以帮助医生了解患者前庭损伤的程度和类型，为其制定适合的康复训练计划。

（一）病史

病史是前庭评估的首要因素。收集病史时，要从患者处获得足够的信息支持诊断，需注意提问技巧，因此临床医师会设计一些表格使提问标准化。

病史采集时还要特别注意患者既往是否患有偏头痛。偏头痛常合并眩晕、头晕、空间感和运动障碍，提示其可能是眩晕的发病因素之一。

病史采集时还要注意患者病程中是否有过跌倒,如果有,要明确其跌倒的原因、周围环境、是否受伤等详细信息,因为前庭功能障碍患者比其他人更容易跌倒,但要注意和老年人退行性失衡相鉴别。

(二)查体

1. **一般情况** 身体一般情况会影响康复效果,例如:极度虚弱会影响患者的运动能力,颈部和足部有足够的活动范围才能进行姿势控制,远端感觉退化会使人频频跌倒等等。

2. **眼动检查** 主要包括:①第Ⅲ、Ⅳ、Ⅵ脑神经功能评估;②自发性眼震的评估;③凝视性眼震、平稳跟踪、扫视功能;④辐辏(convergence)反射,要求患者注视逐渐向其鼻尖部靠近的手指。

3. **Dix-Hallpike 试验和滚转试验** BPPV 的特异性诊断试验,注意操作中避免颈部过度拉伸和扭转,以免干扰检查结果。如果观察到眼震,还要分别在注视和注视消除状态下观察眼震有无改变,以及进行固视抑制试验。详见本书第二十一章前庭功能检查:第三节眼震电图和眼震视图检查"六、动态位置试验"部分。

4. **摇头试验(head-shaking)** 受试者佩戴视频眼罩,头部向左、右 20°～30° 方向迅速来回甩动 20 次,停止后,检查是否诱发出眼震,正常情况下是没有眼震的。

5. **头脉冲试验(head impulse test)** 评估半规管功能。患者头部迅速移动,或者偏向中间位或者偏离中间位 10°～20°,测试时要求受试者盯住前方的目标。如果眼球不能保持注视目标,发现 1 个以上的补偿性扫视,怀疑为外周性前庭功能损伤。

6. **动态视力(dynamic visual acuity)** 先用视力表测得静态视力,然后让受试者头部左右摇晃,频率为 2Hz,同时要求其读视力表。一般认为,下降 2 行以上,提示前庭障碍。前庭康复训练能够提高患者的动态视力。

记录上述所有测试的数据、还有平衡和步态的数据,康复后进行对比。

二、前庭康复训练

前庭康复训练是指根据病情,为前庭功能障碍患者制定个性化的训练方案,提高其前庭觉、本体感觉和视觉功能,改善平衡能力,缓解症状。

(一)前庭觉训练

最常用的前庭康复训练是 VOR×1,训练时要求受试者始终正视前方的靶点,做上下点头(仰俯角平面,pitch plane)或左右摇头(偏航角平面,yaw plane)运动。测试者可以通过变换背景、加快头动速度、改变受试者姿势等条件,逐步提高训练难度。

VOR×1 完成后,可以进行难度更高 VOR×2 训练。盯住一臂之外的靶点,头转向与靶点运动相反的方向,头动和靶点运动的速度保持一致,整个过程中,双眼始终注视靶点。此练习对受试者配合度要求较高。

(二)本体觉训练

为增强患者的本体觉在平衡维持中的作用,可以采用振动背心和振动鞋垫等装置,进行康复。训练分坐位和站位,目标是重新提高患者本体感觉在平衡输入中的分量,替代其损伤的前庭觉,从而达到维持姿势的目的。平衡维持中重心偏移更依赖于睁、闭眼时站立时脚部的本体感觉输入。如患者闭眼坐位,脚下滚球,更加足趾的力量。还可以让他们在坐位和站立时两脚来回踢球。

(三)视觉训练

将平坦的支撑面改成不平坦的,或采用蹦床和泡沫垫等物品,让患者睁眼站立,在其已有前庭功能受损的情况下,再阻断本体感觉输入,使其必须依赖视觉信息输入来保持平衡。

(四)Brandt-Daroff 习服训练

针对 BPPV 患者的训练方法,具体操作见图 33-2-1:①体位 A 坐位,头向一侧偏转 45°;②体位 B 躯体向头部转动方向的对侧倾倒,保持头部和躯干所成角度不变,停留在 B 位置 30～60s 或等症状完全平息;③体位 C 回到坐位,停留 30s 左右,然后将头部转向对侧 45°,再反方向倾倒,体位见 E、F。

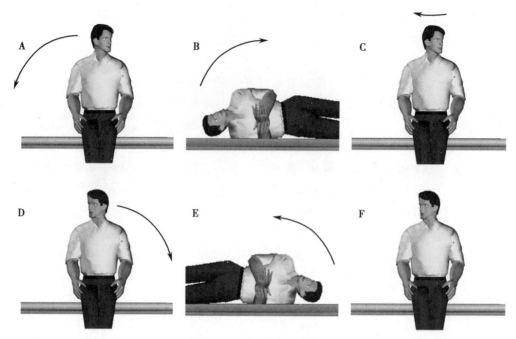

图 33-2-1　Brandt-Daroff 习服训练

如果出现麻木、复视等神经系统症状，立即停止训练。对于外半规管型 BPPV，Brandt-Daroff 习服训练要注意在其外半规管平面进行方能有效。

（五）其他训练方法

近年来，还有用虚拟现实（virtual reality，VR）技术，模拟各种感觉冲突场景，用于脑外伤和外周性前庭障碍失代偿的康复治疗。

鼓励患者进行低强度的力量训练（strengthening exercise）。虽然大多数情况下，患者站立和行走时难以保持平衡，但是医师还是要鼓励他们尽可能地站着进行力量训练，这对康复很有帮助。练习难度逐步增加，目的是尽快提高患者平衡功能。

除了上述练习，其他如行为疗法、放松 / 呼吸练习等等对前庭障碍的康复也有一定帮助。

总之，制定前庭康复训练计划时，要根据患者的临床诊断和检查结果，因人而异。例如：如果患者在检查中显示无 VOR，则不考虑 VOR 训练。对双侧前庭功能障碍的患者，建议进行感觉替代训练。

三、前庭康复效果评估

前庭康复训练后，可以很多方法进行效果评估，本节主要介绍量表评估、平衡站立测试和步态评估。

（一）量表评估

临床采用多种平衡评价量表进行康复效果的主观评估，常见有眩晕障碍量表、特异性活动平衡自信量表、日常生活前庭活动能力、视觉模拟量表和语言评价量表（visual and verbal analog scale）、眩晕症状量表、医疗结局调查：36 项简表（the medical outcomes survey：36-items short form，MOS-SF36）。MOS-36 后来发展成为健康调查简表（the MOS item short form health survey，SF36）。

1. 眩晕障碍量表　目前常用于眩晕门诊，眩晕障碍量表（dizziness handicap inventory，DHI）主要从生理（physical）、功能（function）、情感（emotion）三个方面对患者的生活质量进行评估，已经被翻译成多国语言（附录 3）。这项工具有助于向医师提供患者因为眩晕所致活动能力受限方面的信息，用于判断患者干预后症状是否改善。

（1）使用方法：初始版 DHI 有 3 大类合计 25 项组成：其中功能（36 分）、生理（28 分）、情感（36 分）。DHI 测试结果是 4 个得分：总 DHI 分，以及上述 3 个分类各自的得分。

测试时，患者逐项阅读，判断这些项目对他们的活动是：①总是影响；②有时影响；③还是从不影响。回答为①得 4 分；②得 2 分；③得 0 分。最差得分为 100，最好为 0。

DHI 得分在 60 以上为重度眩晕,0～30 分为轻度眩晕,30～60 分为中度眩晕。治疗前后 DHI 评分下降 18 分以上,为显效。

(2)临床应用:DHI 临床常用于:①评估前庭损伤患者的改变;②协助诊断 BPPV,特别是那些 Dix-Hallpike(−)但测试时主诉有眩晕感的患者;③进行老年性失衡跌倒风险的预测。

2. **特异性活动平衡自信量表** 特异性活动平衡自信量表(activities-specific balance confidence scale,ABC)由 Powel 和 Myers 设计,用于评估患者在日常活动中的平衡自信度。ABC 测试简便,只需纸笔就能完成,可以先让患者在家完成。

(1)使用方法:ABC 开始于一个引导短语:"你有多大把握在以下情况下不会失去平衡:……",后面有 16 项,从易到难,如:从和眼平面齐平的架子上拿东西这种较容易完成的动作,到在结冰的道路上行走这种复杂动作。

每一项评分从 0(表示患者对完成动作毫无信心)～100%(表示患者有十足把握完成任务),16 项分数平均后得到 ABC 得分。

ABC 得分 <50%,则提示患者活动范围局限,或身体情况较差;50%～80% 提示中度功能受限;>80% 提示可以完成较为活跃的日常活动。

(2)临床应用:①提供患者对自己前庭功能损伤程度的认识,帮助医师了解哪些患者在进行功能性活动时缺乏信心。②和其他平衡功能检查结果相互验证:例如一个 ABC 测试得分为 95% 的人,动态姿势图描记(computerized dynamic posturography,CDP)或行走时,一般不会有严重的姿势控制困难。一般很少出现 ABC 得分高而 CDP 表现很差的情况,如果有,则需要进一步检查。③识别需要活动受限的前庭障碍患者:Yardley 等建议要适当限制前庭功能低下患者的活动,避免诱发其眩晕。④记录前庭功能随时间发生的改变:通过 ABC 得分,临床医师可以得知随着康复的进行,患者的平衡信心是否也随之发生改变。

3. **其他量表**

(1)日常生活前庭活动能力(vestibular activities of daily living,VADL):由 Cohen 和 Kimball 设计,目的是客观描述前庭障碍患者日常活动(activities of daily living,ADL)随时间的变化。

VADL 量表有 3 个分量表:功能性的、器具、行走。测试有 38 项,患者将各项活动按从"能够独立完成"到"不能完成"的顺序排列,10 分制计分。VADL 帮助医师了解患者的某些高难度生活行为(如洗澡、进出浴缸)随时间的改变情况。

(2)视觉模拟量表(VAS):Hall 和 Herdman 让受试者在头部移动前、移动后 1min,根据自己感觉各画出一条垂线,康复训练结束时再重复测试,进行比较。

还可以用词语模拟量表进行类似测试。

(3)眩晕症状量表(vertigo symptom scale,VSS):由 Yardley 设计,用于定量评估前庭障碍各种症状出现的频率。测试时要求患者将其几年来的症状按发生的频率列表,从 0～5 给分,"0"表示"从没发生","5"表示"经常发生":平均每周至少一次以上。统计学分析后,主要测试因素:①与自主神经系统功能或焦虑相关的项目;②失去方向感、失平衡、恶心、呕吐;③眩晕和短暂站立不稳。

(4)MOS-SF36 和 SF36:SF36 由美国波士顿健康研究所研制,在国内已经得到较好的信效度检验,用于评估前庭障碍患者和老年人的生活质量,总共 36 个问题,分成 8 个分量表,分别测试生理功能(physical functioning,PF)、生理职能(role-physical,RP)、躯体疼痛(body pain,BP)、总体健康(general health,GH)、生命活力(vitality,VT)、社会功能(social functioning,SF)、情感职能(role-emotional,RE)、心理健康(mental health,MH),需要 5～10min 完成。附表 4 为 SF-36 中文版的内容以及评分标准。

(二)平衡站立测试

1. **闭目直立试验、踵趾足位试验和单腿站立试验**

(1)闭目直立试验(Romberg's test):也称昂白试验,受试者双脚并拢,头位保持正位,直立,双臂前伸,先睁眼直视前方,站稳后闭眼,睁眼、闭眼各测试 30s,观察受试者有无摇晃和倾倒。正常人无倾倒,前庭系统病变者可向眼震慢向侧倾倒。

（2）踵趾足位试验（Tandem Romberg，Mann test）：为强化的 Romberg 试验。如果患者可以顺利完成闭目直立试验，没有跌倒，可以接着进踵趾足位试验：要求其以一足之足跟置于另一足之足趾之前，双足成一直线站立，头位正位，直立，双臂前伸，先睁眼直视前方，站稳后闭眼；然后更换双脚前后位置；各观察 30s，观察方法同上。

（3）单腿站立试验：患者单腿站立，另一条腿抬起，不碰触承重腿，闭目站立。承重腿和手臂都不能移动。然后再交换左右脚，使用另一脚站立，记录每次姿势维持的时间。注意同一个患者在多次测试时都要保持测试条件完全一致，结果才有可比性。

前庭障碍患者难于控制姿势，会提前放下另一条腿，或在直立中非承重腿接触承重腿，或睁眼。

2. **感觉统合和站立平衡的临床测试**（clinical test of sensory integration and balance，CTSIB）　Brandt 将患者睁、闭眼站立于泡沫垫之上，颈部拉伸，进行前庭康复训练，发现 5 天后患者的姿势摇摆得到改善。在 Brandt 和 Nashner 工作基础之上，发展出了 CTSIB，测试视觉、前庭觉和本体觉在姿势控制中的作用。

CTSIB 在 3 种不同的视觉条件下（睁眼、闭眼、以及佩戴"灯笼样"头罩），分别请患者立于平坦稳定表面和会变形的泡沫垫（或海绵垫）上，测试其姿势维持时间、角度以及有无跌倒。结合姿势图描记技术，也可进行定量评价。近来，该测试可去除佩戴"灯笼样"头罩的视觉条件，成为改良 CTSIB（modified CTSIB，mCTSIB）。

CTSIB 的表现可以用来评估前庭障碍的患者、老年人、周围神经病跌倒的风险，有助于设计出适合患者的康复训练程序。

3. **动态姿势图描记**　动态姿势图描记（computerized dynamic posturography，CDP）的设计原理是基于人体在一定时间内，重心前后晃动幅度越小，人体姿态平衡能力就越强。正常人的重心位于下腹部，踝关节前部，当人向前或向后偏移时，人体重心的垂线在足的支持区域内移动，重心偏移的最大角度为 12.5°，超过这一限度，人就会摔倒。

CDP 测试包括感觉整合测试（sensory organization test，SOT）和运动协调能力测试（motor control test，MCT）2 种。SOT 测定视觉、前庭和本体感觉对平衡的影响。MCT 则是通过各项干扰性运动，测定姿势反应和运动的总体协调性。

CDP 对于制订康复计划的帮助主要体现在：①提供脑功能信息，Keim 报道中枢前庭障碍的患者普遍 SOT 得分异常，提示 SOT 对脑功能障碍的诊断优于外周性前庭障碍的诊断；②鉴别诈病：姿势测试时，如果患者前后表现不一致，或者存在某些非生理性行为，CDP 可以将其鉴别出来；③和 CTSIB 得分呈一定相关，评估患者的跌倒风险；④评价视觉、本体觉和前庭觉在维持平衡中的权重，有助于制定个体化前庭康复策略。

（三）步态评估

1. **步速**　前庭功能障碍患者通常会降低步速（gait speed），该测试通常要求受试者行走 5m，并用秒表测得受试者走过一定距离所花费的时间，步速 = 距离 / 时间，低于 0.56m/s 为异常。测试时可以借助拐杖等辅助工具。如果受试者无法走那么远，就可以缩短测试距离，直到其能够以正常步速完成，才开始测试。

还可以要求前庭功能障碍患者常做加速、减速的行走，观察其行走时是否有"僵硬步态"（stiff gait）等典型临床表现。有时还会伴有微小的躯体和头部的转动，特别是在转身时。

2. **计时起立 - 步行试验**　计时起立 - 步行试验（timed"up and go"test，TUG）用于评估患者前庭功能随时间的改变、跌倒的风险、日常生活能力。

检查者要求受试者从一把椅子上站起，走 3m，转身，回来，再坐回椅子上，总过程计时。受试者起身时可以借助扶手，行走时可以借助其他辅具。Whitney 等测试前庭功能障碍患者平均 TUG 得分为 12s，提示行走时步态不稳。

TUG 得分可以预示跌倒风险：前庭功能障碍患者，如果 TUG 得分 >13.5s，在过去 6 个月内有过跌倒的风险为正常人的 3.7 倍；如果 TUG 得分 >11.1s，则升高为 5 倍。

3. **动态步态指数**　动态步态指数（dynamic gait index，DGI）主要用于记录动态步态，为临床医师评估前庭功能障碍患者的跌倒风险。Shumway-Cook 和 Woollacott 首先公开发表了这种测试方法，DGI 包括 8 个行走任务（DGI-8）：①行走；②以不同速度行走；③偏航角边行走（yaw head movements）；④边上、下点头（俯仰角），边行走（pitch head movements）；⑤跨过物体行走；⑥绕着物体行走；⑦根据命令行走、转身、迅速停止；⑧上、下台阶行走。每一项从 0～3 计分，0 分表示无法完成任务，或者难以停止；3 分表示正常，总得分为 0～24 分。完成 DGI 测试需要 5～10min。近年来，Wollacott 等改进了 DGI-8，以增加它的测试能力。

前庭功能障碍患者 DGI 测试≤19 分，提示跌倒风险很大。

Marchetti 和 Whitney 设计了 1 种 4 项 DGI（DGI-4）替代原来 DGI-8，更节约时间，即：①在水平面行走；②变速行走；③边摇头边行走（yaw head movements）；④边上、下点头，边行走（pitch head movements）。

类似方法还有功能步态评估（functional gait assessment，FGA）等。

综上所述，对于前庭损伤患者，逐步进行平衡练习、眼/头练习（eye-head exercise）有助于前庭康复。其中，运动作用重大，必须鼓励患者，特别是那些外周前庭功能损伤的患者，尽早运动，以提高其前庭功能。对于中枢前庭障碍患者，也应鼓励进行前庭康复治疗，其康复时程和效果尚需进一步研究。

（李晓璐）

参 考 文 献

[1] ABBAS P J, BROWN C J, SHALLOP J K, et al.Summary of results using the nucleus CI24M implant to record the electrically evoked compound action potential.Ear Hear, 1999, 20（1）: 45-59.

[2] American National Standards Institute. Maximum Permissible Ambient Noise for Audiometric Test Rooms.ANSI S3.1-1999. New York: American National Standards Institute, 1999.

[3] American National Standards Institute.Specifications for Audiometers.ANSI S3.6-2010.New York: American National Standards Institute, 2010.

[4] AVAN P, GIRAUDET F, BÜKI B. Importance of binaural hearing. Audiol Neurootol, 2015, 20 Suppl 1: 3-6.

[5] BAGULEY D, MC FERRAN D, HALL D. Tinnitus.Lancet, 2013, 382（9904）: 1600-1607.

[6] BAGULEY D M.Hyperacusis.J R Soc Med, 2003, 96（12）: 582-585.

[7] BALL G R. The vibrant sound bridge: design and development. Adv Otorhinolaryngol, 2010, 69: 1-13.

[8] BATTMER R D, LASZIG R, LEHNHARDT E. Electrically elicited stapedius reflex in cochlear implant patients. Ear Hear, 1990, 11（5）: 370-374.

[9] BERLIN C I, LI L, HOOD L. Auditory neuropathy/dys-synchrony: after the diagnosis, then what? Semin Hear, 2002, 23（3）: 209-214.

[10] BICHEY B G, HOVERSLAND J M, WYNNE M K, et al. Changes in quality of life and the cost-utility associated with cochlear implantation in patients with large vestibular aqueduct syndrome. Otol Neurotol, 2002, 23（3）: 323-327.

[11] BLUESTONE C D. Pediatric otolaryngology. 4th ed. Philadelphia: Saunders, 2003: 446.

[12] BOEHEIM K, POK S M, SCHLOEGEl M, et al. Active middle ear implant compared with open-fit hearing aid in sloping high-frequency sensorineural hearing loss. Otol Neurotol, 2010, 31（3）: 424-429.

[13] BOOTHROYD A. Auditory development of the hearing child. Scand Audiol Suppl, 1997, 46: 9-16.

[14] CALLISON D M, HORN K L. Large vestibular aqueduct syndrome: an overlooked etiology for progressive childhood hearing loss. J Am Acad Audiol, 1998, 9（4）: 285-291.

[15] CARTER L, DILLON H, SEYMOUR J, et al. Cortical auditory-evoked potentials（CAEPs）in adults in response to filtered speech stimuli. J Am Acad Audiol, 2013, 24（9）: 807-822.

[16] CHOU Y F, CHEN P R, YU S H, et al. Using multi-stimulus auditory steady state response to predict hearing thresholds in high-risk infants. Eur Arch Otorhinolaryngol, 2012, 269（1）: 73-79.

[17] COLE E B, FLEXER C. Children with hearing loss: developing listening and talking, birth to six. 2nd ed. San Diego: Plural Publishing, 2011.

[18] CONEWESSON B. Bone-Conduction ABR Tests. Am J Audiol, 1995, 4（7）: 1633-1640.

[19] DAVIS H, DEATHERAGE B H, ROSENBLUT B, et al. Modification of cochlear potentials produced by streptomycin poisoning and by extensive venous obstruction. Laryngoscope, 1958, 68（3）: 596-627.

[20] DAVIS H. A model for transducer action in the cochlea. Cold Spring Harb Symp Quant Biol, 1965, 30: 181-190.

[21] DILLIER N, LAI WK, ALMQVIST B, et al. Measurement of the electrically evoked compound action potential via a neural response telemetry system. Ann Otol Rhinol Laryngol, 2002, 111（5 Pt 1）: 407-414.

[22] ELGOYHEN A B, JOHNSON D S, BOULTER J, et al. Alpha 9: an acetylcholine receptor with novel pharmacological properties expressed in rat cochlear hair cells. Cell, 1994, 79（4）: 705-715.

[23] EMMETT J R. The large vestibular aqueduct syndrome. Am J Otol, 1985, 6(5): 387-415.

[24] ERIKS-BROPHY A. Outcomes of auditory-verbal therapy: A review of the evidence and a call for action. Volta Review, 2004, 104(1): 21-35.

[25] ESTABROOKS W, MACIVER-LUX K, RHOADES E A. Auditory-verbal therapy for young children with hearing loss and their families, and the practitioners who guide them. Waukegan, IL: Plural Publishing, 2016.

[26] ESTABROOKS W. Auditory-Verbal Therapy for Parents and Professionals. Alexander Graham Bell Association for the Deaf, 1994.

[27] FEENEY M P, HUNTER L L, KEI J, et al. Consensus statement: Eriksholm workshop on wideband absorbance measures of the middle ear. Ear Hear, 2013, 34 Suppl 1: 78S-79S.

[28] FERRARO J A, KRISHNAN G. Cochlear potentials in clinical audiology. Audiol Neurootol, 1997, 2(5): 241-256.

[29] FITZPATRICK E M, DOUCET S P. Pediatric audiologic rehabilitation: from infancy to adolescence. New York: Thieme, 2013.

[30] FLIPSEN P. Intelligibility of spontaneous conversational speech produced by children with cochlear implants: a review. Int J Pediatr Otorhinolaryngol, 2008, 72(5): 559-564.

[31] GELFAND S. Essentials of Audiology. 3rd ed. New York: Thieme, 2009.

[32] GOEBEL J A. 实用眩晕诊治手册. 韩朝, 王璟, 译. 上海: 上海科学技术出版社, 2013.

[33] GOVAERTS P J, CASSELMAN J, DAEMERS K, et al. Audiological findings in large vestibular aqueduct syndrome. Int J Pediatr Otorhinolaryngol, 1999, 51(3): 157-164.

[34] Guidelines for audiometric symbols. Committee on Audiologic Evaluation. American Speech-Language-Hearing Association. ASHA Suppl, 1990, (2): 25-30.

[35] HABIB M G, WALTZMAN S B, TAJUDEEN B, et al. Speech production intelligibility of early implanted pediatric cochlear implant users. Int J Pediatr Otorhinolaryngol, 2010, 74(8): 855-859.

[36] HALL J W, MUELLER H G. Audiologists' desk reference, volume I: Diagnostic audiology principles, procedures, and practices. San Dieg: Singular, 1997.

[37] HALL J W. Handbook of Auditory Evoked Responses. Boston: Allyn & Bacon, 1992.

[38] HALL J W. Introduction to audiology today. New Jersey: Pearson Education, 2014.

[39] HALL J W. New Handbook of auditory evoked responses. Boston: Pearson Education, 2007.

[40] HARRIS F P, LONSBURY-MARTIN B L, STAGNER B B, et al. Acoustic distortion products in humans: systematic changes in amplitudes as a function of f2/f1 ratio. J Acoust Soc Am, 1989, 85(1): 220-229.

[41] HENRY J A, DENNIS K C, SCHECHTER M A. General review of tinnitus: prevalence, mechanisms, effects, and management. J Speech Lang Hear Res, 2005, 48(5): 1204-1235.

[42] HENRY J A, ZAUGG T L, SCHECHTER M A. Clinical guide for audiologic tinnitus management II: Treatment. Am J Audiol, 2005, 14(1): 49-70.

[43] HIRAI S, CUREOGLU S, SCHACHERN P A, et al. Large vestibular aqueduct syndrome: a human temporal bone study. Laryngoscope, 2006, 116(11): 2007-2011.

[44] HUNTER J B, O'CONNELL B P, WANNA G B. Systematic review and meta-analysis of surgical complications following cochlear implantation in canal wall down mastoid cavities. Otolaryngol Head Neck Surg, 2016, 155(4): 555-563.

[45] JACOBSON G P, SHEPARD N T. Balance function assessment and management. 2nd ed. San Diego: Plural Publishing, 2014.

[46] JAHRSDOERFER R A, YEAKLEY J W, AGUILAR E A, et al. Grading system for the selection of patients with congenital aural atresia. Am J Otol, 1992, 13(1): 6-12.

[47] JASTREBOFF M M, JASTREBOFF P J. Decreased sound tolerance and tinnitus retraining therapy (TRT). Australian and New Zealand Journal of Audiology, 2002, 24(2): 74-84.

[48] JASTREBOFF P J, HAZELL J W P. Tinnitus retraining therapy: implementing the neurophysicological model. New York: Cambridge University Press, 2004.

[49] JIANG D，郭朝先，徐景贤. 儿童听力筛查的意义和实践——解析美国《儿童听力筛查指南. 中国听力语言康复科学杂志，2013，（1）：58-61.

[50] KATZ J. 临床听力学. 5 版. 韩德民，译. 北京：人民卫生出版社，2006.

[51] KATZENELL U，SEGAL S. Hyperacusis: review and clinical guidelines. Otol Neurotol，2001，22（3）：321-326；discussion 326-327.

[52] KHALFA S，DUBAL S，VEUILLET E，et al. Psychometric normalization of a hyperacusis questionnaire. ORL J Otorhinolaryngol Relat Spec，2002，64（6）：436-442.

[53] KIEFER J，ARNOLD W，STAUDENMAIER R. Round window stimulation with an implantable hearing aid（Soundbridge）combined with autogenous reconstruction of the auricle - a new approach. ORL J Otorhinolaryngol Relat Spec，2006，68（6）：378-385.

[54] KILENY P R，BOERST A，ZWOLAN T. Cognitive evoked potentials to speech and tonal stimuli in children with implants. Otolaryngol Head Neck Surg，1997，117（3 Pt1）：161-169.

[55] KIRK K I，PISONI D B，OSBERGER M J. Lexical effects on spoken word recognition by pediatric cochlear implant users. Ear Hear，1995，16（5）：470-481.

[56] KORCZAK P，SMART J，DELGADO R，et al. Auditory steady-state responses.J Am Acad Audiol，2012，23（3）：146-170.

[57] KRAUS N，MICCO A G，KOCH D B，et al. The mismatch negativitycortical evoked potential elicited by speech in cochlear-implant users. Hear Res，1993，65（1/2）：118-124.

[58] KRAUS N，OZDAMAR O，STEIN L，et al. Absent auditory brain stem response: peripheral hearing loss or brain stem dysfunction? Laryngoscope，1984，94（3）：400-406.

[59] LANGERS D R，VAN DIJK P，SCHOENMAKER E S，et al. fMRI activation in relation to sound intensity and loudness. Neuroimage，2007，35（2）：709-718.

[60] LANGGUTH B，KREUZER P M，KLEINJUNG T，et al. Tinnitus: causes and clinical management. Lancet Neurol，2013，12（9）：920-930.

[61] LEMMERLING M M，MANCUSO A A，ANTONELLI P J，et al. Normal modiolus: CT appearance in patients with a large vestibular aqueduct. Radiology，1997，204（1）：213-219.

[62] LEVENSON M J，PARISIER S C，JACOBS M，et al. The large vestibular aqueduct syndrome in children. A review of 12 cases and the description of a new clinical entity. Arch Otolaryngol Head Neck Surg，1989，115（1）：54-58.

[63] LIM H H，LENARZ M，LENARZ T.Auditory midbrain implant: a review.Trends Amplif，2009，13（3）：149-180.

[64] LIN F R，METTER E J，O'BRIEN R J，et al. Hearing loss and incident dementia. Arch Neurol，2011，68（2）：214-220.

[65] LIN F R，YAFFE K，XIA J，et al. Hearing loss and cognitive decline in older adults. JAMA Intern Med，2013，173（4）：293-299.

[66] MADDEN C，RUTTER M，HILBERT L，et al. Clinical and audiological features in auditory neuropathy. Arch Otolaryngol Head Neck Surg，2002，128（9）：1026-1030.

[67] MANKEKAR G.Implantable hearing devices other than cochlear implants.New Delhi: Springer，2016.

[68] MARTIN F N. Introduction to audiology. Englewood Cliffs: Paramount Communications，1994.

[69] MATTHIES C，BRILL S，VARALLYAY C，et al. Auditory brainstem implants in neurofibromatosis type 2: is open speech perception feasible? J Neurosurg，2014，120（2）：546-558.

[70] MØLLER A R，LANGGUTH B，RIDDER D D，et al. Textbook of Tinnitus. London: Springer，2011.

[71] MORTON C C，NANCE W E. Newborn hearing screening-a silent revolution. N Engl J Med，2006，354（20）：2151-2164.

[72] MФLLER A R. 耳鸣. 韩朝，张剑宁，译. 上海：上海科学技术出版社，2015.

[73] NILSSON M，SOLI SD，SULLIVAN JA. Development of the hearing in noise test for the measurement of speech reception thresholds in quiet and in noise. J Acoust Soc Am，1994，95（2）：1085-1099.

[74] O'REILLY R C，GREYWOODE J，MORLET T，et al. Comprehensive vestibular and balance testing in the dizzy pediatric population. Otolaryngol Head Neck Surg，2011，144（2）：142-148.

[75] OTTO S R, SHANNON R V, WILKINSON E P, et al. Audiologic outcomes with the penetrating electrode auditory brainstem implant. Otol Neurotol, 2008, 29(8): 1147-1154.

[76] PURIA S, FAY R R, POPPER A N. The middle ear, science, otosurgery, and technology. New York: Springer, 2013.

[77] PYLE G M. Embryological development and large vestibular aqueduct syndrome. Laryngoscope, 2000, 110(11): 1837-1842.

[78] QIAN L, YI W, XINGQI L, et al. Development of tone-pip auditory brainstem responses and auditory steady-state responses in infants aged 0-6 months. Acta Otolaryngol, 2010, 130(7): 824-830.

[79] RANCE G, BEER D E, CONE-WESSON B, et al. Clinical findings for a group of infants and young children with auditory neuropathy. Ear Hear, 1999, 20(3): 238-252.

[80] RAPIN I, GRAVEL J. "Auditory neuropathy": physiologic and pathologic evidence calls for more diagnostic specificity. Int J Pediatr Otorhinolaryngol, 2003, 67(7): 707-728.

[81] RHOADES E A, DUNCAN J. Auditory-verbal practice: toward a family-centered approach. Springfield: Charles C Thomas Publisher, 2010.

[82] ROBBINS A M, OSBERGER M J. Meaningful use of speech scale(MUSS). Indianopolis: Indiana University School of Medicine, 1990.

[83] ROBBINS A M, RENSHAW J J, BERRY SW. Evaluating meaningful auditory integration in profoundly hearing-impaired children. Am J Otol, 1991, 12 Suppl: 144-150.

[84] ROESER R J, VALENTE M, HOSFORDDUNN H. Audiology Diagnosis. 2nd ed. New York: Thieme, 2007.

[85] ROWE M J. The brain stem auditory evoked response in neurological disease: a review. Ear Hear, 1981, 2(1): 41-51.

[86] SAUNDERS E, COHEN L, ASCHENDORFF A, et al.Threshold, comfortable level and impedance changes as a function of electrode-modiolar distance.Ear Hear, 2002, 23(1 Suppl): 28-40.

[87] SENNAROGLU L, ZIYAL I, ATAS A, et al.Preliminary results of auditory brainstem implantation in prelingually deaf children with inner ear malformations including severe stenosis of the cochlear aperture and aplasia of the cochlear nerve. Otol Neurotol, 2009, 30(6): 708-715.

[88] SHANNON R V, FU Q J, GALVIN J, et al. The number of spectral Channel required for speech recognition depends on the difficulty of the listening situation. Acta Otoloaryngol, 2004, 1(552): 50-54.

[89] SININGER Y S. Identification of auditory neuropathy in infants and children. Semin Hear, 2002, 23(3): 193-200.

[90] SNASHALL S E. Vestibular function tests in children. J R Soc Med, 1983, 76(7): 555-559.

[91] SNOW J B. Tinnitus: theory and management. Hamilton: Pmph Bc Decker, 2004.

[92] SOMDAS M A, LI P M, WHITEN D M.Quantitative evaluation of newbone and fibrous tissue in the cochlea following cochlear implantation in the human.Audil Neurootol, 2007, 12(5): 277-284.

[93] SOUZA P E.Effects of compression on speech acoustics, intelligibility, and sound quality. Trends Amplif, 2002, 6(4): 131-165.

[94] SPEAKS C E. Introduction to sound: acoustics for the hearing and speech sciences. San Diego: Singular, 1992.

[95] STACHLER R J, CHANDRASEKHAR S S, ARCHER S M, et al. Clinical practice guideline: sudden hearing loss. Otolaryngol Head Neck Surg, 2012, 146(3Suppl): S1- S35.

[96] STAPELLS D R, OATES P. Estimation of the pure-tone audiogram by the auditory brainstem response: a review. Audiol Neurootol, 1997, 2(5): 257-280.

[97] STARR A, PICTON T W, SININGER Y, et al. Auditory neuropathy. Brain, 1996, 119(Pt 3): 741-753.

[98] STOVER L, GORGA M P, NEELY S T, et al. Toward optimizing the clinical utility of distortion product otoacoustic emission measurements. J Acoust Soc Am, 1996, 100(2 Pt 1): 956-967.

[99] SU G L, COLESA D J, PFINGST B E. Effects of deafening and cochlear implantation procedures on postimplantation psychophysical electrical detection thresholds. Hear Res, 2008, 241(1/2): 64-72.

[100] TUNKEL D E, BAUER C A, SUN G H, et al. Clinical practice guideline: tinnitus. Otolaryngol Head Neck Surg, 2014, 151(2 Suppl): S1-S40.

[101] TYLER R S.Tinnitus handbook. San Diego: Singular, 2000.

[102] VALENTE L M. Assessment techniques for vestibular evaluation in pediatric patients. Otolaryngol Clin North Am，2011，44（2）：273-290.

[103] VALVASSORI G E, CLEMIS J D. The large vestibular aqueduct syndrome. Larygoscope, 1978, 88（5）：723-728.

[104] VAN WERMESKERKEN G K, VAN OLPHEN A F, SMOORENBURQ G F. Intra and postoperative electrode impedance of the straight and contourarrays of the nucleus 24 cochlear implant: relation to T and C levels. Int T Audiol, 2006, 45（9）：537-544.

[105] VASSOLER T M, BERGONSE GDA F, MEIRA JUNIOR S, et al. Cochlear implant and large vestibular aqueduct syndrome in children. Rev Bras Otorrinolaringol，2008，74（2）：260-264.

[106] VERNON J A. Hyperacusis: Testing, treatments and a possible mechanism. Australian and New Zealand Journal of Audiology, 2002, 24（2）：68-73.

[107] VINCENT C. Auditory brainstem implants: how do they work? Anat Rec（Hoboken）, 2012, 295（11）：1981-1986.

[108] WANG J, DING D, SALVI R J. Functional reorganization in chinchilla inferior colliculus associated with chronic and acute cochlear damage. Hear Res, 2002, 168（1/2）：238-249.

[109] WILLIAM L H. 特殊需要儿童教育导论. 8 版. 肖非，译. 北京：中国轻工业出版社，2007.

[110] WILSON B S, DORMAN M F. Cochlear implants: a remarkable past and a brilliant future. Hear Res, 2008, 242（1/2）：3-21.

[111] WONG L L, SOLI S D, LIU S, et al. Development of the mandarin hearing in noise test（MHINT）. Ear Hear, 2007, 28（2 Suppl）：70S-74S.

[112] YUEN K C, LUAN L, LI H, et al. Development of the computerized Mandarin pediatric lexical tone and disyllabic-word picture identification test in noise（MAPPID-N）. Cochlear Implants Int, 2009, 10Suppl1：138-147.

[113] ZEIGELBOIM B S, MANGABEIRA-ALBERNAZ P L, FUKUDA Y. High frequency audiometry and chronic renal failure. Acta Otolaryngol, 2001, 121（2）：245-248.

[114] ZHU M, WANG X, FU QJ. Development and validation of the Mandarin disyllable recognition test. Acta Otolaryngol, 2012, 132（8）：855-861.

[115] 北京市卫生局. 北京市 0～6 岁儿童听力筛查、诊断管理办. 京卫妇字 [2003]12 号.

[116] 曹文. 汉语语音教程. 北京：北京语言大学出版社，2002.

[117] 曹效平，黄志纯，李兴启. 耳蜗中的谷氨酸 - 谷氨酰胺循环. 国外医学·耳鼻咽喉科学分册，2005，29（6）：326-328.

[118] 曹永茂，陶泽璋，罗志宏，等. 不同人群高频听力测试结果分析. 中国听力语言康复科学杂志，2005，（6）：23-25.

[119] 曹永茂，陶泽璋，罗志宏，等. 阻塞性睡眠呼吸暂停低通气综合征纯音听阈检测结果分析. 临床耳鼻咽喉科杂志，2006，20（1）：1-3.

[120] 陈艾婷，郗昕，赵乌兰，等. 噪声下言语识别速测表（Quick SIN）普通话版的编制. 中国听力语言康复科学杂志，2010，（4）：27-30.

[121] 陈雪清，王靓，孔颖，等. 用有意义听觉整合量表评估儿童人工耳蜗植入后听觉能力. 中华耳鼻咽喉头颈外科杂志，2006，41（2）：112-115.

[122] 陈雪清，张忠心. 小龄儿童听觉能力发展问卷评估. 听力学及言语疾病杂志，2011，19（4）：349-352.

[123] 陈雪清. 3～6 岁听力障碍儿童听觉言语康复评估方法. 中国听力言语康复科学杂志，2016，14（4）：241-246.

[124] 陈雪清. 婴幼儿听觉能力评估. 中国医学文摘耳鼻咽喉科学，2011，26（2）：106-108.

[125] 陈振声，段吉茸. 老年人听觉康复. 北京：北京出版社，2010.

[126] 陈振声，韩睿，李炬，等. 听障老年人的助听器验配. 中国听力语言康复科学杂志，2007，（5）：14-16.

[127] 陈振声. 老年听力障碍者的辅助器具选配. 中国听力语言康复科学杂志，2013，（4）：250-253.

[128] 戴朴，蒋刈，高松. 微创人工耳蜗植入. 中国耳鼻咽喉颅底外科杂志，2016，22（5）：341-344.

[129] 戴朴，袁永一. 基于基因筛查和诊断的耳聋出生缺陷三级预防. 中华耳鼻咽喉头颈外科杂志，2013，48（12）：973-977.

[130] 但汉才，倪道凤. 不同年龄听力正常成年人 DPOAE 比较. 听力学及言语疾病杂志，2007，15（1）：32-36.

[131] 第二次残疾人抽样调查办公室. 全国第二次残疾人抽样调查主要数据手册. 北京：华夏出版社，2007.

[132] 刁明芳，孙建军. 听觉过敏. 听力学及言语疾病杂志，2009，17（6）：603-605.

[133] 董瑞娟,刘博,彭晓霞,等. Nijmegen 人工耳蜗植入量表中文版信度和效度评价. 中华耳鼻咽喉头颈外科杂志,2010, 45(10):818-823.

[134] 杜功焕. 声学基础(上册). 上海:上海科学出版社,1981.

[135] 冯葆富,齐忠政,刘运墀. 歌唱医学基础. 上海:上海科学技术出版社,1981.

[136] 冯定香,蔡振华,张峰,等. 无线技术在助听器中的应用. 中国听力语言康复科学杂志,2010,(4):70-72.

[137] 冯定香,范小利. 助听器领域的最新技术及应用. 中国听力语言康复科学杂志,2008,(2):71-73.

[138] 冯海泓,原猛,陈友元. 人工耳蜗植入者音乐感知研究. 声学技术,2012,31(1):53-60.

[139] 福文雅,武文芳. 普通话言语测听材料的研究现状. 北京生物医学工程,2014,33(3):318-321,326.

[140] 高成华,梁巍. 为了聋儿的明天. 北京:新华出版社,2004.

[141] 辜萍,戴朴,马崇智. 人工耳蜗电极设计策略和临床应用. 中华耳科学杂志,2016,14(2):282-286.

[142] 顾瑞,韩东一,翟所强,等. 临床听力学. 2版. 北京:中国协和医科大学出版社,2008.

[143] 顾瑞. 什么是听神经病. 中华耳鼻咽喉科杂志,2002,37(4):241-242.

[144] 郭倩倩,陈雪清,莫玲燕,等. 皮层听觉诱发电位评估耳聋儿童助听器验配效果的意义. 听力学及言语疾病杂志,2016, 24(1):62-66.

[145] 国家技术监督局. GB/T 16403—1996 声学测听方法纯音气导和骨导听阈基本测听法. 北京:中国标准出版社,1996.

[146] 韩德民,许时昂. 听力学基础与临床. 北京:科学技术文献出版社,2004.

[147] 韩德民. 耳鼻咽喉头颈科学. 2版. 北京:高等教育出版社,2011.

[148] 韩德民. 临床听力学. 北京:人民卫生出版社,2006.

[149] 韩德民. 新生儿及婴幼儿听力筛查. 北京:人民卫生出版社,2003.

[150] 韩东一,肖水芳. 耳鼻咽喉头颈外科学. 北京:人民卫生出版社,2016.

[151] 韩军,李奉蓉,赵翠霞,等. 畸变产物耳声发射幅值与纯音听阈相关性的研究. 听力学及言语疾病杂志,2002,10(3): 139-142.

[152] 韩睿,李炬,邵兴,等. 面向听力补偿应用的新一代多媒体无线音频系统研究. 中国听力语言康复科学杂志,2010,(5): 22-24.

[153] 何侃. 特殊儿童康复概论. 南京:南京师范大学出版社,2015.

[154] 胡向阳. 听障儿童全面康复. 北京:北京科学技术出版社,2012.

[155] 华清泉. 声导抗基本概念. 听力学及言语疾病杂志,2012,20(1):95-96.

[156] 黄丽娜,苏轼阁,刘莎,等. 中文广东话版与普通话版噪声下言语测试材料的开发. 中国耳鼻咽喉头颈外科,2005, 12(1):55-60.

[157] 黄选兆,汪吉宝,孔维佳. 实用耳鼻咽喉头颈外科学. 2版. 北京:人民卫生出版社,2010.

[158] 黄昭鸣,杜晓新. 言语障碍的评估与矫治. 上海:华东师范大学出版社,2006.

[159] 季永红,祝晓芬,杨燕珍. 汉语言语测听材料的历史与现状. 听力学及言语疾病杂志,2015,23(2):206-211.

[160] 姜泗长,顾瑞,王正敏. 耳科学. 2版. 上海:上海科学技术出版社,2002.

[161] 孔维佳,韩德民. 耳鼻咽喉头颈外科学. 2版. 北京:人民卫生出版社,2014.

[162] 李朝军. 听力残疾评定的质量控制和其他相关问题. 重庆医学,2015,44(6):721-723.

[163] 李刚,郑芸,王凯. 普通话儿童言语理解能力测试(MPSI). 中国听力语言康复科学杂志,2011,(6):29-34.

[164] 李明,黄娟. 耳鸣诊治的再认识. 中华耳鼻咽喉头颈外科杂志,2009,44(8):701-704.

[165] 李明,王洪田. 北耳鸣诊治新进展. 2版. 北京:人民卫生出版社,2017.

[166] 李明,张剑宁. 2014 年美国《耳鸣临床应用指南》解读. 听力学及言语疾病杂志,2015,23(2):112-115.

[167] 李晓璐,卜行宽,Barin K,等. 实用眼震电图和眼震视图检查. 2版. 北京:人民卫生出版社,2015.

[168] 李昕琚. 突发性聋临床实践指南(American Academy of Otolaryngology-Head and Neck Surgery 发布). 听力学及言语疾病杂志,2012,20(6):600-612.

[169] 李兴启,申卫东,卢云云,等. 从内毛细胞下突触复合体结构和功能看听神经病的发病机制及部位——读书心得. 听力学及言语疾病杂志,2005,13(4):223-225.

[170] 李兴启，王秋菊.听觉诱发电位及应用.第2版.北京：人民军医出版社，2015.

[171] 李旭，温立婷，高磊，等.Nucleus 24CA型人工耳蜗植入后电极阻抗及T/C值变化分析.中国耳科学杂志，2012，10（1）：1-22.

[172] 李宇明.语言学概论.2版.北京：高等教育出版社，2008.

[173] 历才茂.从残疾人视角看社会福利的基础保障地位.残疾人康复研究，2011，(1)：48-52.

[174] 梁爽，苗艳.FM无线调频系统的临床应用启示.中国听力语言康复科学杂志，2012，(3)：222-224.

[175] 梁思玉，李刚，郑芸.婴幼儿有意义听觉整合量表的应用现状与展望.中华耳科学杂志，2015，13（4）：631-635.

[176] 梁巍，卢晓月，王段霞，等.听障儿童全面康复质量评价指标体系的结构与变量.中国听力语言康复科学杂志，2014，(1)：5-8.

[177] 梁巍.听觉训练.中国听力语言康复科学杂志，2005，(1)：62-63.

[178] 梁巍.听力语言障碍儿童全面康复教育问答.中国听力语言康复科学杂志，2011，(3)：62-65.

[179] 梁巍.小儿听力语言康复与教育的实施途径.中国听力语言康复科学杂志，2008，(6)：52-55.

[180] 梁卫兰，郝波，王爽，等.中文早期语言与沟通发展量表——普通话版的再标准化.中国儿童保健杂志，2001，9（5）：295-297.

[181] 梁之安.脑科学丛书——听觉感受和辨别的神经机制.上海：上海科技教育出版社，1999.

[182] 林焘，王理嘉.语音学教程.北京：北京大学出版社，1992.

[183] 林馨.语言病理学.杭州：浙江工商大学出版社，2010.

[184] 刘博，陈雪清，孔颖，等.成人语后聋人工耳蜗植入者生活质量分析.中华医学杂志，2008，88（22）：1550-1552.

[185] 刘铤.内耳病.北京：人民卫生出版社，2006.

[186] 刘润楠.中国手语构词研究.北京：首都经济贸易大学出版社，2015.

[187] 刘莎，郗昕.我国儿童言语测听的现状与发展.听力学及言语疾病杂志，2013，21（3）：213-216.

[188] 刘玉和，袁慧军.遗传性聋的基因诊断与遗传咨询.中华耳鼻咽喉头颈外科杂志，2013，48（12）：1051-1056.

[189] 刘玉和.对遗传性聋基因诊断的认识.中国听力语言康复科学杂志，2015，(3)：161-165.

[190] 刘子夜，刘博，王硕，等.人工耳蜗植入者音乐感知能力的研究.临床耳鼻咽喉头颈外科杂志，2012，26（22）：1053-1056.

[191] 刘子夜，章昊，刘博，等.成人人工耳蜗植入者音乐旋律和音色感知研究.中国听力语言康复科学杂志，2013，(6)：434-437.

[192] 马大猷，沈豪.声学手册.2版.北京：科学出版社，2004.

[193] 马大猷.现代声学理论基础.北京：科学出版社，2004.

[194] 毛弈韬，伍伟景，谢鼎华.人工耳蜗植入者声调感知能力研究进展.中华耳科学杂志，2012，10（3）：392-396.

[195] 孟超，陈雪清，董瑞娟，等.语前聋儿童人工耳蜗植入术后前语言交流能力发展.听力学及言语疾病杂志，2014，22（6）：633-638.

[196] 莫玲燕，陈雪清，刘莎，等.人工耳蜗术后电诱发镫骨肌反射.听力学及言语疾病杂志，2004，12（5）：289-290.

[197] 莫玲燕，燕飞，刘辉，等.小儿听神经病的误诊和漏诊.临床耳鼻咽喉头颈外科杂志，2009，23（13）：580-583，587.

[198] 潘滔，王子健，柯嘉，等.慢性化脓性中耳炎患者的1期和分期人工耳蜗植入.临床耳鼻咽喉头颈外科杂志，2013，27（22）：1227-1231.

[199] 亓贝尔，刘博.人工耳蜗言语处理方案的研究进展.临床耳鼻咽喉头颈外科杂志，2012，26（1）：44-47.

[200] 亓贝尔，张宁，刘博，等.中文言语测听材料概述.中华耳鼻咽喉头颈外科杂志，2012，47（7）：607-610.

[201] 任丹丹，张华，陈振声.成人噪声下言语识别测试材料.中国听力语言康复科学杂志，2015，(1)：39-42.

[202] 邵茵，黄娟，李明.1 240例耳鸣患者的临床表现分析.中华耳鼻咽喉头颈外科杂志，2009，44（8）：641-644.

[203] 石颖，李永新，王顺成，等.开放式言语评估系统双音节材料在人工耳蜗植入者中等价性的初步分析.听力学及言语疾病杂志，2015，23（5）：453-456.

[204] 史伟，兰兰，丁海娜，等.不同月龄婴儿的ABR正常值分析.听力学及言语疾病杂志，2009，17（5）：420-423.

[205] 宋跃帅，戴朴.微创入路人工耳蜗植入术.中华耳科学杂志，2013，11（2）：212-215.

[206] 孙喜斌，李兴启，张华.中国第二次残疾人抽样调查听力残疾标准介绍.听力学及言语疾病杂志，2006，14（6）：447-448.

[207] 孙喜斌,刘志敏. 残疾人残疾分类和分级《听力残疾标准》解读. 听力学及言语疾病杂志,2015,23(2):105-108.

[208] 孙喜斌,张华. 助听器验配师(国家职业资格四级). 北京:中国劳动社会保障出版社,2009.

[209] 孙喜斌. 0~3 岁听障儿童听力言语评估方法. 中国听力言语康复科学杂志,2016,14(2):161-164.

[210] 孙喜斌. 康复听力学. 北京:新华出版社,2010.

[211] 孙喜斌. 听力障碍儿童听觉语言能力评估标准及方法. 北京:三辰影库音像出版社,2009.

[212] 田勇泉,韩德民,孙爱华. 耳鼻咽喉头颈外科学. 第 7 版. 北京:人民卫生出版社,2008.

[213] 王翠翠,戴朴,韩东一. 微创人工耳蜗植入术后残余听力保留的效果观察. 中华耳科学杂志,2013,11(3):375-379.

[214] 王尔贵,吴子明. 前庭康复. 北京:人民军医出版社,2004.

[215] 王海英,胡宝华,张道行. 人工耳蜗电极在耳蜗内不同部位的 NRT 阈值. 浙江临床医学,2007,9(4):461-462.

[216] 王丽燕,梁巍. 低龄儿童听觉发展评测工具. 北京:三辰影库音像出版社,2009.

[217] 王秋菊. 听神经病的临床及基础研究. 国际耳鼻咽喉头颈外科杂志,2006,30(6):394-397.

[218] 王顺成,石颖,李永新,等. 开放式言语评估系统短句材料在人工耳蜗植入者中等价性的初步分析. 听力学及言语疾病杂志,2013,21(3):278-281.

[219] 王永华. 实用助听器学. 杭州:浙江科学技术出版社,2011.

[220] 王越,李柏森,李玉兰,等. 扩展高频测听在噪声性听力损失早期诊断中的应用. 中华耳鼻咽喉科杂志,2000,35(1):26-28.

[221] 卫计委. 新生儿听力筛查技术规范(2010 版). 卫妇社发(2010)96 号.

[222] 吴宗济,林茂灿. 实验语音学概要. 北京:高等教育出版社,1989.

[223] 徐天秋,陈雪清,王红. 使用普通话听力正常婴幼儿听觉能力发育规律的研究. 中华耳鼻咽喉头颈外科杂志,2013,48(11):908-912.

[224] 许政敏,钱明理,DHOOGE I. 电听性脑干诱发电位值在聋幼儿人工耳蜗植入中的应用. 生物医学工程与临床,2003,7(1):19-21.

[225] 杨会军,姜学钧,惠莲,等. Combi 40 + 型人工耳蜗植入后电极阻抗的变化规律及其临床意义. 中国医科大学学报,2009,38(6):460-471.

[226] 杨亚利,黄丽辉. 儿童听力筛查研究进展. 中华耳鼻咽喉头颈外科杂志,2014,49(5):425-428.

[227] 姚泰. 生理学. 第 2 版. 北京:人民卫生出版社,2011.

[228] 于黎明,陈洪文. 医用声学计量测试实用技术. 北京:中国计量出版社,2006.

[229] 于黎明,邵殿华,李兴启,等. 听觉诱发电位的时变滤波叠加. 中华耳科学杂志,2003,1(2):76-78.

[230] 张道行,张岩昆,田昊,等. 人工耳蜗植入者 EABR、NRT 与 ESR 检测. 听力学及言语疾病杂志,2005,13(5):310-313.

[231] 张华,曹克利,王直中. 汉语最低听觉功能测试(MACC)的编辑和初步应用. 中华耳鼻咽喉科杂志,1990,25(2):79-83.

[232] 张华,王硕,陈静,等. 普通话言语测听材料的研发与应用. 国际耳鼻咽喉头颈外科杂志,2016,40(6):355-361.

[233] 张华. 助听器. 北京:人民卫生出版社,2004.

[234] 张华. 助听器产品与服务进展. 临床耳鼻咽喉头颈外科杂志,2013,27(16):864-867.

[235] 张华. 助听器验配师(基础知识). 北京:人民卫生出版社,2016.

[236] 张华. 助听器验配师(专业技能). 卫生行业职业技能培训教程. 北京:人民卫生出版社,2016.

[237] 张建一,西品香,马佳,等. "对证验配"助听器. 中国听力语言康复科学杂志,2013,(2):101-103.

[238] 张剑宁,李明. 耳鸣的诊治及其与听觉系统外疾病的关系. 中华全科医师杂志,2016,15(11):822-827.

[239] 张莉,陈军兰,董蓓. 听觉口语法的发展历史与现状. 中国听力语言康复科学杂志,2013,(6):425-427.

[240] 张宁,刘莎,盛玉麒,等. 普通话儿童词汇相邻性多音节词表编制研究. 中华耳科学杂志,2008,6(1):30-34.

[241] 张宁,刘莎,徐娟娟,等. 儿童版普通话噪声下言语测试年龄特异性校准因子的建立. 听力学及言语疾病杂志,2012,20(2):97-101.

[242] 张宁,刘莎,徐娟娟,等. 语前聋人工耳蜗植入儿童开放式听觉言语能力评估. 听力学及言语疾病杂志,2010,18(4):381-384.

[243] 张宁, 盛玉麒, 刘莎, 等. 普通话儿童词汇相邻性单音节词表的编制. 听力学及言语疾病杂志, 2009, 17 (4): 313-317.

[244] 张戎宝, 吴毓祥. 现代助听器的方向性传声器技术和性能. 听力学与言语疾病杂志, 2015, 23 (3): 301-306.

[245] 章句才. 工业噪声测量指南. 2 版. 北京: 中国计量出版社, 1989.

[246] 赵非, 郑亿庆. 成人听力康复学. 天津: 天津人民出版社, 2015.

[247] 赵立东, 李兴启. 耳蜗中的 ATP 和一氧化氮 / 环磷酸鸟苷途径. 中华耳科学杂志, 2003, 1 (2): 64-68, 78.

[248] 郑芸, 孟照莉, 王恺, 等. 普通话早期言语感知测试 (MESP). 中国听力语言康复科学杂志, 2011, (5): 19-23.

[249] 中华耳鼻咽喉头颈外科杂志编辑委员会, 中华医学会耳鼻咽喉头颈外科学分会. 良性阵发性位置性眩晕诊断和治疗指南 (2017). 中华耳鼻咽喉头颈外科杂志, 2017, 52 (3): 173-177.

[250] 中华耳鼻咽喉头颈外科杂志编辑委员会, 中华医学会耳鼻咽喉头颈外科学分会. 梅尼埃病诊断和治疗指南 (2017). 中华耳鼻咽喉头颈外科杂志, 2017, 52 (3): 167-172.

[251] 中华耳鼻咽喉头颈外科杂志编辑委员会. 人工耳蜗植入工作指南 (2013). 中华耳鼻咽喉头颈外科杂志, 2014, 49 (2): 89-92.

[252] 中华耳鼻咽喉头颈外科杂志编辑委员会耳科专业组. 2012 耳鸣专家共识及解读. 中华耳鼻咽喉头颈外科杂志, 2012, 47 (9): 709-712.

[253] 中华人民共和国国家市场监督管理总局, 中国国家标准管理委员会. GB/26341—010 残疾人残疾分类和分级国家标准. 北京: 中国标准出版社, 2011.

[254] 中华人民共和国质量检验检疫监督总局, 中国国家标准化管理委员会. GB/T16296.2—2016 声学测听方法第 2 部分: 用纯音及窄带测试信号的声场测听. 北京: 中国标准出版社, 2016.

[255] 中华人民共和国质量检验检疫监督总局, 中国国家标准化管理委员会. GB/T3785.1—2010 电声学声级计第 1 部: 规范. 北京: 中国标准出版社, 2010.

[256] 中华人民共和国质量检验检疫监督总局, 中国国家标准化管理委员会. GB/T7341.1—2010 电声学测听设备第 1 部分: 纯音听力计. 北京: 中国标准出版社, 2010.

[257] 中华医学会耳鼻咽喉头颈外科学分会听力学组, 中华耳鼻咽喉头颈外科杂志编辑委员会. 新生儿及婴幼儿早期听力检测及干预指南 (草案). 中华耳鼻咽喉头颈外科杂志, 2009, 44 (11): 883-887.

[258] 周蕊, 张华, 王硕, 等. 普通话快速噪声下言语测试计分公式及等价性评估. 临床耳鼻咽喉头颈外科杂志, 2014, 28 (15): 1104-1108.

[259] 周晓娓, 华清泉, 曹永茂. 儿童言语测听材料. 听力学及言语疾病杂志, 2008, 16 (2): 160-163.

附　录

附录1　耳鸣残疾评估量表

姓名：　　　　性别：　　　　年龄：　　　　耳鸣侧别：　　　　病程：

利手：　　　　职业：　　　　日期：　　　　测试者：

该量表的目的是帮助你识别耳鸣可能给你带来的困扰。请选择是、有时或不。不要跳过任何一个问题

问题	是	有时	不
1F　耳鸣会让你难以集中注意力吗？	☐	☐	☐
2F　耳鸣声会影响你听他人的声音吗？	☐	☐	☐
3E　耳鸣声会使你生气吗？	☐	☐	☐
4F　耳鸣声会使你感到困惑吗？	☐	☐	☐
5C　耳鸣会让你感到绝望吗？	☐	☐	☐
6E　你是否经常抱怨耳鸣？	☐	☐	☐
7F　耳鸣声会影响你入睡吗？	☐	☐	☐
8C　你是否觉得自己无法摆脱耳鸣？	☐	☐	☐
9F　耳鸣声是否影响你享受社会活动？（比如外出就餐、看电影等）	☐	☐	☐
10E　耳鸣是否让你有挫折感？	☐	☐	☐
11C　耳鸣是否让你觉得患了很严重的疾病？	☐	☐	☐
12F　耳鸣是否影响你享受生活？	☐	☐	☐
13F　耳鸣是否干扰你的工作或家庭责任？	☐	☐	☐
14E　耳鸣有没有使你易发火？	☐	☐	☐
15F　耳鸣有没有影响你阅读？	☐	☐	☐
16E　耳鸣有没有让你很沮丧？	☐	☐	☐
17E　你是否认为耳鸣让你和你的家人及朋友关系紧张？	☐	☐	☐
18F　你是否很难不去想耳鸣而做其他事情？	☐	☐	☐
19C　你是否认为无法控制耳鸣？	☐	☐	☐
20F　耳鸣是否让你很疲倦？	☐	☐	☐
21E　耳鸣是否让你感到压抑？	☐	☐	☐
22E　耳鸣是否让你感到焦虑？	☐	☐	☐
23C　你是否感到再也不能忍受耳鸣了？	☐	☐	☐
24F　当你有压力的时候耳鸣是否会加重？	☐	☐	☐
25E　耳鸣是否让你没有安全感？	☐	☐	☐

F功能性评分：　　　　C严重性评分：　　　　E情感评分：　　　　总分：

"是"记为4分，"有时"记为2分，"无"记为0分

附录2　耳鸣严重程度评估量表

左耳：　　　　　　右耳：　　　　　　双耳：　　　　　　　　　　　颅鸣：　　　　　左、右利手：

存在耳鸣吗？否=0分；是，请回答以下问题

1. 你在什么环境下能听到耳鸣？

   安静环境=1分，一般环境=2分，任何环境=3分

2. 你的耳鸣是间歇性或者持续性的？

   间歇时间大于持续时间=1分，持续时间大于间歇时间=2分，持续性=3分

3. 耳鸣影响你的睡眠吗？

   不影响=0分，有时影响=1分，经常影响=2分，几乎每天都影响=3分

4. 耳鸣妨碍你的学习和工作吗？

   不妨碍=0分，有时妨碍=1分，经常妨碍=2分，几乎每天都妨碍=3分

5. 耳鸣使你感到心烦吗？

   无心烦=0分，有时心烦=1分，经常心烦=2分，几乎每天都感到心烦=3分

6. 你自己对耳鸣影响程度如何评分？

   1~6分

耳鸣级别评估

1级：≤6分；2级：7~10分；3级：11~14分；4级：15~18分；5级：19~21分

耳鸣疗效评估

痊愈：耳鸣消失，且伴随症状消失，随访1个月无复发；显效：耳鸣程度降低2个级别（含2个级别；有效：耳鸣程度降低1个级别；无效：耳鸣程度无改变

总评分：　　　　　　耳鸣分级：　　　　　　疗效评估：　　　　　　日期：

附录3　眩晕障碍量表中文版

	问题	是	有时有	否
P1	抬头看的时候眩晕症状会加重吗？			
E2	你会因为眩晕的症状感到沮丧吗？			
F3	眩晕会限制你出差或娱乐吗？			
P4	在超市的过道上行走会加重你眩晕的症状吗？			
F5	因为眩晕，上床或起床有困难吗？			
F6	眩晕会大大限制你参与社交活动吗：出去吃晚餐、看电影、跳舞、聚会？			
F7	因为眩晕，使你阅读有困难吗？			
P8	参加剧烈的活动（比如运动、跳舞）、做家务琐事（比如扫地、收盘子）能加重你眩晕的症状吗？			
E9	因为眩晕，你害怕没有人陪同情况下一个人出门吗？			
E10	你会因为眩晕感到在别人面前难堪吗？			
P11	你的头快速运动时能加重你眩晕的症状吗？			
F12	因为眩晕，你会避开高的地方吗？			
P13	在床上翻身时会加重你眩晕的症状吗？			
F14	因为眩晕，做较重的家务劳动或庭院劳作对你而言有困难吗？			
E15	你担心别人把你的眩晕症状误认为你喝醉了吗？			
F16	因为眩晕，自己出去散步对你有困难吗？			
P17	在人行道上行走会加重你眩晕的症状吗？			
E18	因为眩晕，使你集中注意力有困难吗？			
F19	因为眩晕，在黑暗中绕自己家房子走一圈有困难吗？			
E20	因为眩晕，你害怕自己独自一人在家吗？			
E21	你会因为自己眩晕而觉得自己有缺陷吗？			
E22	你眩晕的病情对你与你家人、朋友的关系的压力大吗？			
E23	你因为眩晕而感到压抑吗？			
F24	你眩晕的症状妨碍你的工作和家庭责任吗？			
P25	弯腰能加重你眩晕的症状吗？			

（是：4分；有时有：2分；否：0分）

附录4　健康调查简表(SF-36量表)

1. 总体来讲,您的健康状况是:①非常好;②很好;③好;④一般;⑤差(权重或得分依次为1、2、3、4、5)

2. 跟1年以前比,您觉得自己的健康状况是:①比1年前好多了;②比1年前好一些;③跟1年前差不多;④比1年前差一些;⑤比1年前差多了(权重或得分依次为1、2、3、4、5)

健康和日常活动

3. 以下这些问题都和日常活动有关。请您想一想,您的健康状况是否限制了这些活动?如果有限制,程度如何?

   (1) 重体力活动。如跑步举重、参加剧烈运动等:①限制很大;②有些限制;③毫无限制(权重或得分依次为1、2、3;下同)。注意:如果采用汉化版本,则得分为1、2、3、4,则得分转换时做相应的改变

   (2) 适度的活动。如移动一张桌子、扫地、打太极拳、做简单体操等:①限制很大;②有些限制;③毫无限制

   (3) 手提日用品。如买菜、购物等:①限制很大;②有些限制;③毫无限制

   (4) 上几层楼梯:①限制很大;②有些限制;③毫无限制

   (5) 上一层楼梯:①限制很大;②有些限制;③毫无限制

   (6) 弯腰、屈膝、下蹲:①限制很大;②有些限制;③毫无限制

   (7) 步行1 500米以上的路程:①限制很大;②有些限制;③毫无限制

   (8) 步行1 000米的路程:①限制很大;②有些限制;③毫无限制

   (9) 步行100米的路程:①限制很大;②有些限制;③毫无限制

   (10) 自己洗澡、穿衣:①限制很大;②有些限制;③毫无限制

4. 在过去4个星期里,您的工作和日常活动有无因为身体健康的原因而出现以下这些问题?

   (1) 减少了工作或其他活动时间:①是;②不是(权重或得分依次为1、2;下同)

   (2) 本来想要做的事情只能完成一部分:①是;②不是

   (3) 想要干的工作或活动种类受到限制:①是;②不是

   (4) 完成工作或其他活动困难增多(比如需要额外的努力):①是;②不是

5. 在过去4个星期里,您的工作和日常活动有无因为情绪的原因(如压抑或忧虑)而出现以下这些问题?

   (1) 减少了工作或活动时间:①是;②不是(权重或得分依次为1、2;下同)

   (2) 本来想要做的事情只能完成一部分:①是;②不是

   (3) 干事情不如平时仔细:①是;②不是

6. 在过去4个星期里,您的健康或情绪不好在多大程度上影响了您与家人、朋友、邻居或集体的正常社会交往?①完全没有影响;②有一点影响;③中等影响;④影响很大;⑤影响非常大(权重或得分依次为5、4、3、2、1)

7. 在过去4个星期里,您有身体疼痛吗?①完全没有疼痛;②有一点疼痛;③中等疼痛;④严重疼痛;⑤很严重疼痛(权重或得分依次为6、5.4、4.2、3.1、2.2、1)

8. 在过去4个星期里,您的身体疼痛影响了您的工作和家务吗?①完全没有影响;②有一点影响;③中等影响;④影响很大;⑤影响非常大(如果7无　8无,权重或得分依次为6、4.75、3.5、2.25、1.0;如果为7有　8无,则为5、4、3、2、1)

您的感觉

9. 以下这些问题是关于过去1个月里您自己的感觉,对每一条问题所说的事情,您的情况是什么样的?

   (1) 您觉得生活充实:①所有的时间;②大部分时间;③比较多时间;④一部分时间;⑤小部分时间;⑥没有这种感觉(权重或得分依次为6、5、4、3、2、1)

   (2) 您是一个敏感的人:①所有的时间;②大部分时间;③比较多时间;④一部分时间;⑤小部分时间;⑥没有这种感觉(权重或得分依次为1、2、3、4、5、6)

   (3) 您的情绪非常不好,什么事都不能使您高兴起来:①所有的时间;②大部分时间;③比较多时间;④一部分时间;⑤小部分时间;⑥没有这种感觉(权重或得分依次为1、2、3、4、5、6)

   (4) 您的心里很平静:①所有的时间;②大部分时间;③比较多时间;④一部分时间;⑤小部分时间;⑥没有这种感觉(权重或得分依次为6、5、4、3、2、1)

   (5) 您做事精力充沛:①所有的时间;②大部分时间;③比较多时间;④一部分时间;⑤小部分时间;⑥没有这种感觉(权重或得分依次为6、5、4、3、2、1)

   (6) 您的情绪低落:①所有的时间;②大部分时间;③比较多时间;④一部分时间;⑤小部分时间;⑥没有这种感觉(权重或得分依次为1、2、3、4、5、6)

(7) 您觉得筋疲力尽：①所有的时间；②大部分时间；③比较多时间；④一部分时间；⑤小部分时间；⑥没有这种感觉（权重或得分依次为1、2、3、4、5、6）

(8) 您是个快乐的人：①所有的时间；②大部分时间；③比较多时间；④一部分时间；⑤小部分时间；⑥没有这种感觉（权重或得分依次为6、5、4、3、2、1）

(9) 您感觉厌烦：①所有的时间；②大部分时间；③比较多时间；④一部分时间；⑤小部分时间；⑥没有这种感觉（权重或得分依次为1、2、3、4、5、6）

10. 不健康影响了您的社会活动（如走亲访友）：①所有的时间；②大部分时间；③比较多时间；④一部分时间；⑤小部分时间；⑥没有这种感觉（权重或得分依次为1、2、3、4、5、6）

总体健康情况

11. 请看下列每一条问题，哪一种答案最符合您的情况？

(1) 我好像比别人容易生病：①绝对正确；②大部分正确；③不能肯定；④大部分错误；⑤绝对错误（权重或得分依次为1、2、3、4、5）

(2) 我跟周围人一样健康：①绝对正确；②大部分正确；③不能肯定；④大部分错误；⑤绝对错误（权重或得分依次为5、4、3、2、1）

(3) 我认为我的健康状况在变坏：①绝对正确；②大部分正确；③不能肯定；④大部分错误；⑤绝对错误（权重或得分依次为1、2、3、4、5）

(4) 我的健康状况非常好：①绝对正确；②大部分正确；③不能肯定；④大部分错误；⑤绝对错误（权重或得分依次为5、4、3、2、1）